"十二五"普通高等教育本科国家级规划教材

材料科学与工程系列　　国家级精品课程使用教材

材料科学与工程基础

Fundamentals of Materials Science and Engineering

第二版

蔡　珣　编著

上海交通大学出版社

内 容 提 要

本书为普通高等教育"十一五"和"十二五"国家规划教材。本书应高等院校"材料科学与工程"学科改革而生,将材料科学和材料加工的基础理论融为一体。全书共分10章,主要包括原子结构与键合,固体结构,晶体缺陷,固态扩散,相图,材料的制取,固态相变,材料加工成形的传热过程,材料加工成形的流动现象与力学基础,以及材料的变形机理和回复、再结晶。

本书为大材料专业基础课程教材,涵盖了金属材料、陶瓷材料和高分子材料,将科学性、先进性和实用性相结合,提高学生解决材料工程实际问题的能力。本书更适合于按"材料科学与工程"一级学科进行人才培养和热加工材料专业的院校师生使用,也可以作为材料科学与工程研究人员与技术人员的参考用书。

图书在版编目(CIP)数据

材料科学与工程基础/蔡珣编著. —2版. —上海:上海交通大学出版社,2017(2024重印)

ISBN 978-7-313-06526-1

Ⅰ. ①材… Ⅱ. ①蔡… Ⅲ. ①材料科学—高等学校—教材 Ⅳ. ①TB3

中国版本图书馆 CIP 数据核字(2010)第 097453 号

材料科学与工程基础

蔡 珣 编著

上海交通大学出版社出版发行

(上海市番禺路 951 号 邮政编码 200030)

电话:64071208

常熟市大宏印刷有限公司印刷 全国新华书店经销

开本:787mm×1092mm 1/16 印张:32.5 插页:2 字数:802千字

2010 年 7 月第 1 版 2017 年 6 月第 2 版 2024 年 7 月第 7 次印刷

ISBN 978-7-313-06526-1 定价:59.80 元

序

　　材料科学与工程专业酝酿于 20 世纪 50 年代末,创建于 60 年代初,已历经半个世纪。迄今,在美国几乎所有大学均已将冶金、陶瓷和高分子专业融合成材料专业,欧洲和日本等一些高校也群相仿效。我国一些高校在文革后也陆续建立起材料系、院,现约达数十所之多。各高校对材料专业设置的课程体系不一,所用教材各具特色,但都包含材料科学基础和材料加工(锻、铸、焊、烧结成形等)基础。教育部设想大多学校应设"材料科学与工程基础"课程,并试组织编写教材,这一艰苦任务光荣地落到上海交通大学。蔡珣教授主讲材料科学基础多年,对教学工作刻苦钻研,已成为名师。他义无返顾,历经三载,材料科学部分在原有基础内容外,补充了固态相变等章节;同时,还撰写了有关材料的制取、传热过程、材料形变以及流体现象等,为材料加工提供基础章节,内容相当于美国麻省理工学院材料系现行设置的"材料加工"(Materials Processing)一课的大致内容。很多学者对编写教材都有艰辛体会,他能全心投入、做出成果,实令人欣慰。当然,教材还需在教学过程中不断完善和改进。让我国材料专业的广大师生共同努力,以本教材为基础培植精良大著,不胜企望,姑以为序。

　　　　　　　　　　　　　　　　　　　　　　　　　　　　　　　　　　（签名）

　　　　　　　　　　　　　　　　　　　　　　　　　　　　　　　　　2010年5月

第一版前言

 根据教育部提出拓宽专业口径,按专业大类进行人才培养的基本思路和1997年国务院学位办颁发的新专业目录,材料类的专业设置不再按传统分为金属材料、陶瓷材料和高分子材料。目前,国内很多工科高等院校材料类专业均按"材料科学与工程"一级学科进行人才培养,与国际上"材料科学与工程"学科接轨。为适应材料类专业的教学内容和课程体系改革的需要,近年来,尽管国内相继出版了不少有关"材料科学基础"、"材料加工原理"等教材,然融合有关材料科学和材料加工的基础理论为一体的专业基础课程教材却较少。由于材料科学与工程是一个整体,材料科学是研究材料的成分/组织结构、制备加工工艺与性能之间相互关系的科学,而材料加工工程则在材料科学指导下赋予材料一定的外形尺寸和表面状态,并可控制和决定材料变成产品后的内部组织和性能,这就是所谓材料加工的"控形、控性"。何况,材料本身的结构与性能对材料加工过程有十分重要的影响,如共晶成分的合金,由于熔点低,流动性好,最适合于铸造成形;塑性成形对固态材料的变形能力有较高的要求,陶瓷等硬脆性材料就不适宜于塑性加工,而常用烧结成形。反过来,铸造、塑性成形、焊接等材料加工过程对材料的结构与性能又有直接的,甚至是决定性的影响。因此,正如著名材料专家徐祖耀院士所说的"材料科学和材料加工工程两者是不可分的"。教育部为适应面向二十一世纪材料科学与工程学科的发展,从"材料科学与工程"一级学科人才培养出发,迫切需要相应的教材以解决教学之需,这就是编写"材料科学与工程基础"的出发点。

 本书在广泛征求材料科学与工程专业师生的要求和意见的前提下,在多年"材料科学基础"的教学实践的基础上,参阅了国内外有关书籍、文献,经三年的努力撰写而成。它作为普通高等教育"十一五"国家规划教材,力图担负起拓宽专业口径、加强专业基础的特殊任务。"材料科学与工程基础"全书共分10章,主要包括以下四部分内容:①材料内部的微观结构;②材料成分、组织结构与性能之间的相互关系;③材料组织结构随化学成分、温度、载荷以及材料加工工艺变化的转变规律,并探讨在材料加工过程中改善材料组织与性能的途径和方法;④材料加工过程中的组织转变、温度场和应力场的变化以及缺陷的形成与控制,既包含了材料科学的主要基础理论知识,也包含了材料加工工程的主要基础理论知识。由于是大材料专业基础理论课程,本书编写时各部分内容特别注意尽量涵盖金属材料、陶瓷材料和高分子材料,突出材料共性化教学内容,着重于基本概念和基础理论,通常不涉及到具体的工艺方法,力求科学性、先进性和实用性的结合,以提高学生解决材料工程的实际问题的能力。

需要说明的是该书第1、2、3和10章的内容与原上海交通大学出版社出版的《材料科学基础》的第1、2、3和5章的基本相同,仅作部分修改,故从某种程度上说,它是原《材料科学基础》的修订、扩展版。在本书的编写和修改过程中,得到了徐祖耀院士、胡赓祥教授和戎咏华教授的大力帮助和支持,特别是徐祖耀院士在百忙中拨冗认真审阅了第7章固态相变,并提出了许多宝贵的意见和建议,获益匪浅,最后徐院士还亲自为本书写了序言。在此,谨向他们表示衷心的感谢。

将材料科学与工程的有关基础理论知识融合在一起,本书的编写是新的尝试过程,由于水平有限,经验不足,必然存在不少缺点和错误,敬请读者批评、指正!

2010 年 6 月

第二版前言

本书为"普通高等教育'十二五'国家级规划教材",第一版为"普通高等教育'十一五'国家级规划教材"。本教材自 2010 年出版以来,由于突出材料的共性化教学,内容丰富全面,符合"材料科学与工程"一级学科人才培养要求,深受广大师生们的欢迎。6 年来,经过多所院校教学实践,广大师生对该教材提出了许多宝贵的意见与建议,本次修订作了相应的修改与补充,包括某些内容的适当增减,对排印中文字图表错误予以纠正,并应广大学生的要求,编著了与本教材配套的教辅材料——"材料科学与工程基础辅导与习题",并于 2013 年由上海交通大学出版社出版。该教辅材料中既归纳总结了教材中各章的基本要求、内容要点、重点与难点,以及有关的基本原理、概念和公式,又能从不同的角度、不同的侧面提出问题,以帮助学生学习理解、消化所学的书本知识,起到释疑解惑、练习训练、巩固提高之作用。为了便于师生们学习和科研时查阅参考,教辅书后还附有常用物理常数、国家法定计量单位、元素周期表、元素电子结构、原子的电负性、元素的有效离子半径、7 个晶系、14 种空间点阵、晶面间距计算公式、晶体结构、常用材料有关性能、常用高分子材料链节结构、玻璃化转变温度以及无机材料的光学性能等颇为有用的数据与资料,可供读者学习研究时之需。

随着数字化校园 2.0 建设的深入,以计算机多媒体技术、网络技术和现代教育技术为支撑的数字化教学环境建设已成为我国高等院校建设的主流。为顺应这一教育发展趋势,从 2016 年又尝试着对该教材进行数字化辅助教学平台的建设,从"教学指南""知识点""实验与习题"等几方面入手企图实现整个课程的在线授课→在线学习→在线考试→教学质量在线评价→学业档案等教学全过程的在线管理,为网络化教学提供了便捷高效的系统环境,以达到教学内容更新快、教学过程交互性强、教学资源共享性好等目的,对提高精品课程建设、优质教学资源共享和网络化教学水平起到了积极的推动作用。

本书修订过程中得到了上海交通大学和兄弟院校材料类专业广大师生的大

力支持和帮助,特别是陈秋龙副教授、聂璞林博士和冯凯博士等在"材料科学与工程基础"数字化辅助教学平台的建设中做了大量的工作,在此谨向他们表示衷心的感谢!

在修订中尽管编者作了很大的努力,不妥或谬误之处在所难免,恳请批评指正!

2016 年 11 月于上海

目　　录

元素周期表

Contents

The periodic Table

第1章 原子结构与键合

材料是国民经济的物质基础。工农业生产的发展、科学技术的进步和人民生活水平的提高,均离不开品种繁多且性能各异的金属材料、陶瓷材料和高分子材料,以满足不同的需求。长期以来,人们在使用材料的同时,一直在不断地研究、了解影响材料性能的各种因素和掌握提高其性能的途径。通过实践和研究表明:决定材料性能的最根本的因素是组成材料的各元素的原子结构,原子间的相互作用、相互结合,原子或分子在空间的排列分布和运动规律,以及原子集合体的形貌特征等。为此,首先需了解材料的微观构造,即其内部结构和组织状态,以便从其内部的矛盾性找出改善和发展材料的途径。

物质是由原子组成的,而原子是由位于原子中心的带正电的原子核和核外带负电的电子构成的。在材料科学中,一般人们所最关心的是原子结构中的电子结构。

原子的电子结构决定了原子键合的本身。故掌握原子的电子结构既有助于对材料进行分类,也有助于从根本上了解材料的物理、化学和力学等特性。

1.1 原子结构

1.1.1 物质的组成

众所周知,一切物质是由无数微粒按一定的方式聚集而成的。这些微粒可能是分子、原子或离子。

分子是能单独存在、且保持物质化学特性的一种微粒。分子的体积很小,如 H_2O 分子的直径约为 $0.2nm$;而分子的质量则有大有小:H_2 分子是分子世界中最小的,它的相对分子质量只有2,而天然的高分子化合物——蛋白质的分子就很大,其相对分子质量可高达几百万。

进一步分析表明,分子又是由一些更小的微粒——原子所组成的。在化学变化中,分子可以再分成原子,而原子却不能再分,故原子是化学变化中的最小微粒。但从量子力学中得知,原子并不是物质的最小微粒。它具有复杂的结构。原子结构直接影响原子间的结合方式。

1.1.2 原子的结构

近代科学实验证明:原子是由质子和中子组成的原子核,以及核外的电子所构成的。原子核内的中子呈电中性,质子带有正电荷。一个质子的正电荷量正好与一个电子的负电荷量相等,它等于 $-e(e=1.6022\times10^{-19}C)$。通过静电吸引,带负电荷的电子被牢牢地束缚在原子核周围。因为在中性原子中,电子和质子数目相等,所以原子作为一个整体,呈电中性。

原子的体积很小,原子直径约为 $10^{-10}m$ 数量级,而其原子核直径更小,仅为 $10^{-15}m$ 数量级。然而,原子的质量主要集中在原子核内。每个质子和中子的质量大致为 $1.67\times10^{-24}g$,而电子的质量约为 $9.11\times10^{-28}g$,仅为质子的 $1/1836$。

1.1.3 原子的电子结构

电子在原子核外空间作高速旋转运动,就好像带负电荷的云雾笼罩在原子核周围,故形象地称它为电子云。电子既具有粒子性又具有波动性,即具有波粒二象性。电子运动没有固定的轨道,但可根据电子的能量高低,用统计方法判断其在核外空间某一区域内出现的几率的大小。能量低的,通常在离核近的区域(壳层)运动;能量高的,通常在离核远的区域运动。在量子力学中,反映微观粒子运动的基本方程为薛定谔(Schrödinger E.)方程,解得的波函数描述了电子的运动状态和在核外空间某处的出现几率,相当于给出了电子运动的"轨道",即原子中一个电子的空间位置和能量是由四个量子数来确定:

(1)主量子数 n——决定原子中电子能量以及与核的平均距离,即表示电子所处的量子壳层(见图 1.1),它只限于正整数 1,2,3,4,…量子壳层可用一个大写英文字母表示。例如,$n=1$ 意味着最低能级量子壳层,相当于旧量子论中讲的最靠近核的轨道,命名为 K 壳层;相继的高能级用 $n=2,3,4$ 等表示,依次命名为 L,M,N 壳层等。

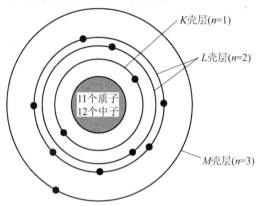

图 1.1   钠(原子序数为 11)原子结构中
K,L 和 M 量子壳层的电子分布状况

(2)轨道角动量量子数 l_i——给出电子在同一量子壳层内所处的能级(电子亚层),与电子运动的角动量有关,取值为 $0,1,2,\cdots,n-1$。例如 $n=2$,就有两个轨道角动量量子数 $l_2=0$ 和 $l_2=1$,即 L 壳层中,根据电子能量差别,还包含有两个电子亚层。为方便起见,常用小写的英文字母来标注对应于轨道角动量量子数 l_i 的电子能级(亚层):

$$l_i : \quad 0 \quad 1 \quad 2 \quad 3 \quad 4$$
$$能级: \quad s \quad p \quad d \quad f \quad g$$

在同一量子壳层里,亚层电子的能量是按 s,p,d,f,g 的次序递增的。不同电子亚层的电子云形状不同,如 s 亚层的电子云是以原子核为中心的球状,p 亚层的电子云则是纺锤形……

(3)磁量子数 m_i——给出每个轨道角动量量子数的能级数或轨道数。每个 l_i 下的磁量子数的总数为 $2l_i+1$。对于 $l_i=2$ 的情况,磁量子数为 $2\times2+1=5$,其值为 $-2,-1,0,+1,+2$。

磁量子数决定了电子云的空间取向。如果把在一定的量子壳层上具有一定的形状和伸展方向的电子云所占据的空间称为一个轨道,那么 s,p,d,f 四个亚层就分别有 1,3,5,7 个轨道。

(4)自旋角动量量子数 s_i——反映电子不同的自旋方向。s_i 规定为 $+\dfrac{1}{2}$ 和 $-\dfrac{1}{2}$,反映电

子顺时针和逆时针两种自旋方向,通常用"↑"和"↓"表示。

至于在多电子的原子中,核外电子的排布规律则遵循以下三个原则:

(1) 能量最低原理:电子的排布总是尽可能使体系的能量最低。也就是说,电子总是先占据能量最低的壳层,只有当这些壳层布满后,电子才依次进入能量较高的壳层,即核外电子排满了 K 层才排 L 层,排满了 L 层才排 M 层……由里往外依次类推;而在同一电子层中,电子则依次按 s,p,d,f 的次序排列。

(2) 泡利(Pauli)不相容原理:在一个原子中不可能有运动状态完全相同的两个电子,即不能有上述四个量子数都相同的两个电子。因此,主量子数为 n 的壳层,最多容纳 $2n^2$ 个电子。

(3) 洪德(Hund)定则:在同一亚层中的各个能级中,电子的排布尽可能分占不同的能级,而且自旋方向相同。当电子排布为全充满、半充满或全空时,是比较稳定的,整个原子的能量最低。例如,碳、氮和氧三元素原子的电子层排布应如图 1.2 所示。

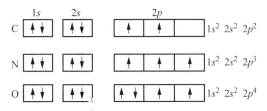

图 1.2　碳、氮、氧原子的电子层排布

但是,必须注意:电子排列并不总是按上述规则依次排列的,特别在原子序数比较大,d 和 f 能级开始被填充的情况下,相邻壳层的能级有重叠现象,见图 1.3 为电子能量随主量子数 n 和轨道角动量量子数 l_i 变化的水平图。例如,$4s$ 的能量水平反而低于 $3d$;$5s$ 的能量也低于 $4d,4f$。这样,电子填充时有可能出现内层尚未填满前就先进入下一壳层的情况。以原子序数为 26 的铁原子为例,若无能级的重叠现象,其电子结构似乎应为

$$1s^2 2s^2 2p^6 3s^2 3p^6 \boxed{3d^8}$$

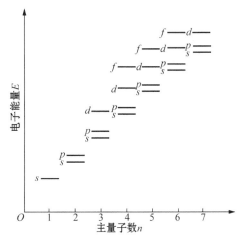

图 1.3　电子能量水平随主量子数 n 和轨道角动量量子数 l_i 的变化情况

然而,实际上铁原子的电子结构却为:

$$1s^2 2s^2 2p^6 3s^2 3p^6 \boxed{3d^6 4s^2}$$

出现了内层尚未填满前就进入下一壳层的电子填充现象。这里未填满的 3d 能级使铁产生磁性行为。

1.1.4　元素周期表

元素是具有相同核电荷数的同一类原子的总称。

元素的外层电子结构随着原子序数(核中带正电荷的质子数)的递增而呈周期性的变化规律称为元素周期律。

元素周期表(见本书末页图 1.4)是元素周期律的具体表现形式,它反映了元素之间相互联系的规律,元素在周期表中的位置反映了那个元素的原子结构和一定的性质。在同一周期中,各元素的原子核外电子层数虽然相同,但从左到右,核电荷数依次增多,原子半径逐渐减小,电离能趋于增大,失电子能力逐渐减弱,得电子能力逐渐增强,因此,金属性逐渐减弱,非金属性逐渐增强;而在同一主族的元素中,由于从上到下电子层数增多,原子半径增大,电离能一般趋于减小,失电子能力逐渐增强,得电子能力逐渐减弱,所以,元素的金属性逐渐增强,非金属性逐渐减弱。同样道理,由于同一元素的同位素在周期表中占据同一位置,尽管其质量不同,但它们的化学性质完全相同。

从元素周期表中还可方便地了解一种原子与其他元素化合的能力。元素的化合价跟原子的电子结构,特别是与其最外层电子的数目(价电子数)密切相关,而价电子数可根据它在周期表中的位置加以确定。例如,氩原子的最外层($3s+3p$)是由 8 个电子完全填满的,价电子数为零,故它无电子可参与化学反应,化学性质很稳定,属惰性类元素;而钾原子的最外层($4s$)仅有 1 个电子,价电子数为 1,它极易失去,从而使 $4s$ 能级完全空缺,属化学性质非常活泼的碱金属元素;至于过渡族元素则较复杂。这里,参加键的形成不仅有 s 电子,同时 d 电子甚至 f 电子也可参加键的形成,因此,过渡族元素一般有多种化合价。

总之,元素性质、原子结构和该元素在周期表中的位置三者有着密切的关系。故可根据元素在周期表中的位置,推断它的原子结构和一定的性质;反之亦然。

1.2　原子间的键合

自然界中,往往不存在单原子形式,原子之间通常结合成集团,再组成物质。

当两个或多个原子形成分子或固体时,它们是依靠什么样的结合力聚集在一起的,这就是原子间的键合问题。原子通过结合键可构成分子,原子之间或分子之间也靠结合键聚结成固体状态。

结合键可分为化学键和物理键两大类。化学键即主价键,它是通过外层轨道电子的转移或共享,在相邻原子间形成的强键。主价键包括金属键、离子键和共价键;物理键即次价键,它是在原子和分子间由诱导或永久电偶极矩相互作用而产生的一种副键,也称范德华(Van der Waals)力。此外,还有一种称为氢键的,其性质介于化学键和范德华力之间。下面将作一一介绍。

1.2.1　金属键

典型金属原子结构的特点是其最外层电子数很少,且原属于各个原子的价电子极易挣脱原子核的束缚而成为自由电子,并在整个晶体内运动,即弥漫于金属正离子组成的晶格之中而形成电子云。这种由构成电子云的自由电子与金属正离子之间的静电力而使诸原子结合在一起的键合称为金属键,如图 1.5 所示。绝大多数金属均以金属键方式结合,它的基本特点是电子的共有化。

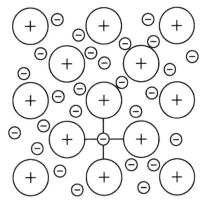

图 1.5　金属键示意图

由于金属键既无饱和性又无方向性,因而每个原子有可能同更多的原子相结合,并趋于形成低能量的密堆结构。当金属受力变形而改变原子之间的相互位置时不至于破坏金属键,这就使金属具有良好的延展性,并且,由于自由电子的存在,金属一般都具有良好的导电和导热性能。

1.2.2　离子键

大多数盐类、碱类和金属氧化物主要以离子键的方式结合。这种结合的实质是金属原子将自己最外层的价电子给予非金属原子,使自己成为带正电的正离子,而非金属原子得到价电子后使自己成为带负电的负离子,这里存在着电子转移现象。这样,正负离子依靠它们之间的静电引力结合在一起。故这种结合的基本特点是以离子而不是以原子为结合单元。离子键要求正负离子作相间排列,在库伦作用力下,同性相斥,异性相吸,并使异号离子之间吸引力达到最大,而同号离子间的斥力为最小(见图 1.6),故离子键无方向性和饱和性。因此,决定离子晶体结构的因素就是正负离子的电荷及几何因素。离子晶体中的离子一般都有较高的配位数。

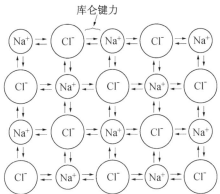

图 1.6　NaCl 离子键的示意图

一般离子晶体中正负离子静电引力较强,结合牢固。因此,其熔点和硬度均较高。另外,在离子晶体中很难产生自由运动的电子,因此,它们都是良好的电绝缘体。但当处在高温熔融状态时,正负离子在外电场作用下可以自由运动,此时即呈现离子导电性。

1.2.3 共价键

共价键是由两个或多个电负性相差不大的原子间通过共用电子对而形成的化学键。根据共用电子对在两成键原子之间是否偏离或偏近某一个原子,共价键又分成非极性键和极性键两种。

氢分子中两个氢原子的结合是最典型的共价键(非极性键)。共价键在亚金属(碳、硅、锡、锗等)、聚合物和无机非金属材料中均占有重要地位。图1.7为SiO_2中硅和氧原子间的共价键示意图。

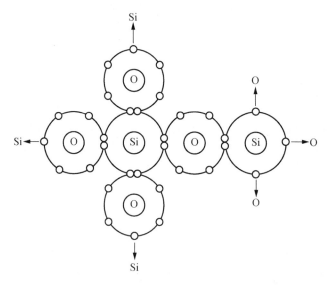

图1.7 SiO_2中硅和氧原子间的共价键示意图

原子结构理论表明,除s亚层的电子云呈球形对称外,其他亚层如p,d等的电子云都有一定的方向性。在形成共价键时,为使电子云达到最大限度的重叠,共价键就有方向性,键的分布严格服从键的方向性;当一个电子和另一个电子配对以后,就不再和第三个电子配对了,成键的共用电子对数目是一定的,这就是共价键的饱和性。

另外,共价键晶体中各个键之间都有确定的方位,配位数比较小,共价键的结合极为牢固,故共价晶体具有结构稳定、熔点高、质硬脆等特点。由于束缚在相邻原子间的"共用电子对"不能自由地运动,共价结合形成的材料一般是绝缘体,其导电能力差。

1.2.4 范德华力

尽管原先每个原子或分子都是独立的单元,但由于近邻原子的相互作用引起电荷位移而形成了偶极子。范德华力是借助这种微弱的、瞬时的电偶极矩的感应作用将原来具有稳定的原子结构的分子或原子结合为一体的键合(见图1.8)。它包括静电力、诱导力和色散力。静电力是由极性原子团或分子的永久偶极之间的静电相互作用所引起的,其大小与绝对温度和距离的7次方成反比;诱导力是当极性分(原)子和非极性分(原)子相互作用时,非极性分子中产生诱导偶极与极性分子的永久偶极间的相互作用力,其大小与温度无关,但与距离的 7 次方成反比;色散力是由于某些电子运动导致原子瞬时偶极间的相互作用力,其大小与温度无关,但与距离的 7 次方成反比,在一般非极性高分子材料中,色散力甚至可占分子间范德华力的 80%～100%。

分子或原子偶极

图 1.8　极性分子间的范德华力示意图

范德华力属物理键,系一种次价键,没有方向性和饱和性。它普遍存在于各种分子之间,有时也称分子键,对物质的性质,如熔点、沸点、溶解度等的影响很大,通常它的键能比化学键的小 1～2 个数量级,远不如化学键结合牢固。如将水加热到沸点即可破坏水分子间的范德华力而变为水蒸气,然而要破坏氢和氧之间的共价键则需要极高的温度。一些物质的键能列于表 1.1 中。注意,高分子材料的相对分子质量很大,其总的范德华力甚至超过化学键的键能,故在去除所有的范德华力作用前化学键早已断裂了。所以,高分子往往没有气态,只有液态和固态。

范德华力也能在很大程度上改变材料的性质。如不同的高分子聚合物之所以具有不同的性能,分子间的范德华力不同是一个重要的因素。

表 1.1　某些物质的键能和熔融温度

物质	键合类型	键能		熔融温度/℃
		kJ/mol	eV/原子、离子、分子	
Hg	金属键	68	0.7	−39
Al		324	3.4	660
Fe		406	4.2	1 538
W		849	8.8	3 410
NaCl	离子键	640*	3.3	801
MgO		1 000*	5.2	2 800
Si	共价键	450	4.7	1 410
C(金刚石)		713	7.4	>3 550
Ar	范德华力	7.7	0.08	−189
Cl_2		31	0.32	−101
NH_3	氢键	35	0.36	−78
H_2O		51	0.52	0

*并非准确的蒸发热。

1.2.5　氢键

氢键是一种极性分子键,存在于 HF,H_2O,NF_3 等分子间。由于氢原子核外仅有一个电子,在这些分子中氢的唯一电子已被其他原子所共有,故结合的氢端就裸露出带正电荷的原子核。这样它将与邻近分子的负端相互吸引,即构成中间桥梁,故又称氢桥(见图 1.9)。氢键具有饱和性和方向性。

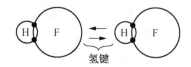

图 1.9　HF 氢键示意图

严格地讲氢键也属于次价键。因它也是靠分子或原子(原子团)的偶极吸引力结合在一起的。它的键能介于化学键与范德华力之间。氢键可以存在于分子内或分子间。氢键在高分子材料中特别重要,纤维素、尼龙和蛋白质等分子内均有很强的氢键,并显示出非常特殊的结晶结构和性能。

值得注意的是,实际材料中单一结合键的情况并不多见,大部分材料内部原子间结合往往是各种键合的混合体。例如,金属材料中占主导的是金属键,然而过渡族金属 W,Mo 等的原子结合中也会出现少量的共价结合,这也正是它们具有高熔点的原因所在;而金属与金属形成的金属间化合物,由于组成的金属之间存在电负性的差异,有一定的离子化倾向,于是出现金属键和离子键的混合现象;陶瓷化合物中出现离子键与共价键混合的现象更是常见,化合物 AB 中离子键的比例取决于组成元素 A 和 B 的电负性差,电负性相差越大,则离子键比例越高。化合物 AB 中离子键所占的比例 IC 可采用鲍林(Pauling L)推荐的以下公式来确定:

$$IC = \left[1 - e^{-0.25(x_A - x_B)^2}\right] \times 100\%, \tag{1.1}$$

式中,x_A 和 x_B 分别为 A 和 B 元素的电负性值;又如金刚石具有单一的共价键,而同族(IVA)的 Si,Ge,Sn,Pb 元素在形成共价键结合的同时,则有一定比例的自由电子,即意味着存在一部分的金属键,而且金属键所占的比例按族中自上至下的顺序递增,到 Pb 已成为完全的金属键结合。

至于聚合物和许多有机材料的长键分子内部是共价键结合,链与链之间则是范德华力或氢键结合,颇为复杂,下一节专门讨论高分子链的结构。

1.3　高分子链

与一般低分子材料不同,高分子系由若干个最基本的结构单元以共价键形式连接而成。高分子的化学组成和结构单元本身的结构一般都比较简单,但由于高分子的相对分子质量可高达几万甚至上百万,高分子中包含的结构单元可能不止一种,每一种结构单元又可能具有不同的构型,成百上千个结构单元连接起来时还可能有不同的键接方式与序列,再加上高分子结构的不均一性和结晶的非完整性,因此高分子的结构是相当复杂的。

高分子结构包括高分子链结构和聚集态结构两方面。链结构又分为近程结构和远程结构。近程结构包括构造与构型。"构造"研究分子链中原子的类型和排列、高分子链的化学结构分类、结构单元的键接顺序、链结构的成分、高分子的支化、交联与端基等内容;"构型"研究取代基围绕特定原子在空间的排列规律。近程结构属于化学结构,又称一次结构。远程结构又称二次结构,是指单个高分子的大小与形态、链的柔顺性及分子在各种环境中所采取的构象。单个高分子的几种构象示意图见图 1.10。聚集态结构是指高分子材料整体的内部结构,包括晶态结构、非晶态结构、取向态结构、液晶态结构及织态结构,其中,前四种是描述高分子聚集体中分子间是如何堆砌的,又称三次结构;而织态结构是指不同分子之间或高分子与添加剂分子之间的排列或堆砌结构,又称高次结构。

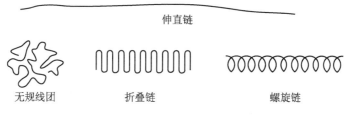

伸直链

无规线团　　　　折叠链　　　　螺旋链

图 1.10 单个高分子的构象示意图

1.3.1 高分子链的近程结构

1. 链结构单元的化学组成

人们通过长期的实践和研究,证明了高分子是链状结构。通常的合成高分子是由单体通过聚合反应(加聚反应或缩聚反应)连接而成的链状分子,称为高分子链,高分子链中的重复结构单元的数目称为聚合度。高分子链的化学组成不同,高分子的化学和物理性能也不同。按结构单元的化学组成不同,高分子可分为碳链高分子,杂链高分子,元素高分子,以及梯形和双螺旋形高分子等类型。

下面介绍一些常用的高分子链结构单元:

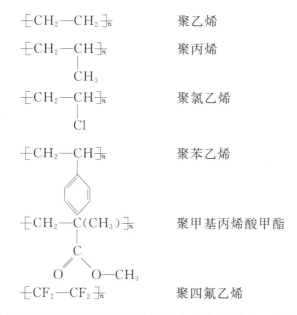

以上这些高分子均属碳链高分子类型,其分子链全部由碳原子以共价键相连接而成的,它们的结构差别仅在于侧基不同。它们大多由加聚反应制得,不易水解,而且,除聚四氟乙烯外都是典型的热塑性塑料,它们可以制成薄膜、片材、各种异型材及纺丝。

$$
\begin{array}{c}
CH_3 \\
| \\
\text{┤}Si\!-\!O\text{├}_n \\
| \\
CH_3
\end{array}
\qquad\qquad 聚二甲基硅烷
$$

这类高分子是常见的橡胶材料。前两者属碳链高分子,聚 1,4-丁二烯为合成橡胶,也称丁苯橡胶;聚异戊二烯为天然橡胶;而聚二甲基硅烷为有机硅橡胶,属元素高分子类型,其主链不含碳原子,而是由硅和氧组成,侧基含有有机机团。

$$
\begin{array}{c}
H \qquad\quad H \quad O \qquad\qquad O \\
| \qquad\quad | \quad \| \qquad\qquad \| \\
\text{┤}N\,(CH_2)_6\,N\!-\!C\,(CH_2)_4\,C\text{├}_n
\end{array}
\qquad 尼龙 66
$$

$$
\begin{array}{c}
\text{┤}CH_2\!-\!CH\text{├}_n \\
| \\
CN
\end{array}
\qquad\qquad 聚丙烯腈
$$

这类是常用的合成纤维材料。然聚丙烯腈为碳链高分子,而尼龙 66 属杂链高分子类型,其分子主链上除碳原子外还含有氮原子。

以聚乙烯为例较形象的链结构示意图见图 1.11。

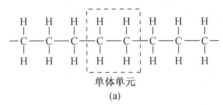

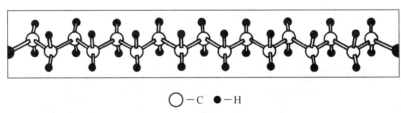

图 1.11　聚乙烯单体单元和链结构(a)及锯齿形主链结构的示意图(b)

2. 分子链的几何形态

高分子链的几何形态是由单体分子的官能度所决定的,而所谓的官能度是指在一个单体上能与别的单体发生键合的位置数目。

一般高分子都是线型的[见图 1.12(a)],分子长链可以蜷曲成团,也可以伸展成直线,这取决于分子本身的柔顺性和外部条件。如聚乙烯是典型线性链状结构,每个单体新分子连接于链节之上时,可以有两种位置,即是双官能的。具有双官能度的单体只能形成链状结构。线型高分子的分子间没有化学键结合,在受热或受力情况下分子间可相互滑移,所以线型高分子可以溶解,加热时可以熔融,易于加工成形。

线型高分子如果在缩聚过程中有三个或三个以上官能度的单体或杂质存在,或在加聚过程中,有自由基的链转移反应发生,或双烯类单体中第二个双键的活化等,都可能生成支化的

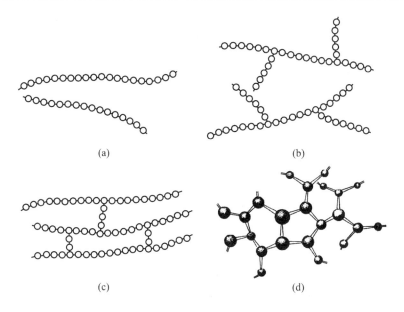

图 1.12　线型(a)、支化(b)、交联(c)和三维网状分子结构(d)示意图

或交联的高分子[见图 1.12(b)]。支化高分子也能溶解在合适的溶剂中,加热时可熔融,但支链的存在对其聚集态结构和性能都有明显的影响。高分子链之间通过支链连接成一个三维空间网状大分子时即为网状交联结构。交联与支化有质的区别,它不溶不熔,只有当交联度不太大时能在溶剂中溶胀。热固性树脂、硫化橡胶、羊毛和头发等都是交联结构的高分子。

3. 结构单元的键接方式

如果高分子链的化学组成相同,而结构单元在高分子链中的键接方式不同,聚合物的性能也会有很大的差异。在缩聚反应和开环聚合中,结构单元的连接方式一般都是明确的。但在加聚反应中,单体的键接方式可以有多种变化。

1) 均聚物结构单元的键接　单烯类单体中,除乙烯分子是完全对称的,其结构单元在分子链中的键接方式只有一种外,其他单体由于具有不对称取代基 R,其结构单元在分子链中可能有三种不同的连接方式。

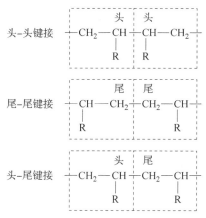

其中,头-尾键接的结构占大多数,且其强度也较高。

对双烯类单体形成聚合物的键接结构更为复杂,除上述三种外,还依双键开启位置的不同而有不同的键接方式。如异戊二烯在聚合过程中有1,2加聚、3,4加聚和1,4加聚,分别得到如下的产物:

2) 共聚物的序列结构　由两种或两种以上单体单元所组成的高分子称为共聚物。对于共聚物来说,除了存在均聚物所具有的结构因素以外,又增加了一系列复杂的结构问题。以二元共聚物为例,按其连接方式可分为交替共聚物、无规共聚物、接枝共聚物及嵌段共聚物。其示意图见图1.13,其中实心圆和空心圆分别代表两种不同的单体。嵌段共聚物和接枝共聚物是通过连续而分别进行的两步聚合反应得到的,所以称为多步高分子。

(a)

(b)

(c)

(d)

图1.13　无规(a)、交替(b)、嵌段(c)和接枝共聚物(d)示意图

不同的共聚物结构,对材料性能的影响也各不相同。对于无规共聚物,两种单体无规则地排列,不仅改变了结构单元的相互作用,而且改变了分子间的相互作用。所以其溶液性质、结晶性质或力学性质都与均聚物有很大的差异。例如,聚乙烯、聚丙烯均为塑料,而丙烯含量较高的乙烯-丙烯无规共聚的产物则为橡胶。

有时为了改善高分子的某种使用性能,往往采用几种单体进行共聚的方法,使产物兼有几种均聚物的优点。例如,ABS树脂是丙烯腈、丁二烯和苯乙烯的三元共聚物,它兼有三种组分的特性。其中丙烯腈有CN基,能使高分子耐化学腐蚀,提高制品的抗拉强度和硬度;丁二烯使高分子呈现橡胶状韧性,这是制品冲击韧性提高的主要因素;苯乙烯的高温流动性能好,便于加工成型,而且还可以改善制品的表面光洁度。所以ABS是一类性能优良的热塑性塑料。

4. 高分子链的构型

链的构型是指分子中由化学键所固定的几何排列，这种排列是稳定的，要改变构型必须经过化学键的断裂和重组。构型不同的异构体有旋光异构和几何异构两种。

1) 旋光异构　碳氢化合物分子中碳原子的 4 个共价键形成一个锥形四面体，键间角为 $109°28'$。当碳原子上 4 个基团都不相同时，该碳原子称为不对称碳原子。它能构成互为镜影的两种结构，表现出不同的旋光性，称为旋光异构体。

结构单元为 $—CH_2—C^*HR—$ 型的高分子，由于两端的链节不完全相同，在一个结构单元中有一个不对称碳原子 C^* 就有两种旋光异构单元存在。它们在高分子链中有三种排列方式。以聚丙烯为例，见图 1.14。当全部 CH_3 取代基处于主链一边时，即全部由一种旋光异构单元连接而成的高分子称为全同立构。当取代基 CH_3 交替地处于主链两侧时，即由两种旋光异构单元交替连接成的高分子称为间同立构。当取代基在主链两边不规则排列，即两种旋光异构单元完全无规连接成的高分子称为无规立构。有趣而又形象化的全同立构和无规立构高分子示意图见图 1.14(d)，其中 M 代表单体单元。图 1.14 是简化了的表示法，实际上这种分子的主链常呈螺旋状排列，因此取代基也随着螺旋的旋转而排列在螺旋链的周围。图 1.15 是聚丙烯螺旋形链的排列示意图。全同立构与间同立构的高分子也可以称为等规高分子与间规高分子。等规高分子链上的取代基在空间是规则排列的，所以分子链之间能紧密聚集形成结晶。等规高分子都有较高的结晶度和高的熔点而且不易溶解。例如，全同立构和间同立构聚丙烯熔点分别为 $180℃$ 和 $134℃$，可以纺丝，称为丙纶；而无规聚丙烯却是一种橡胶状强度很差的弹性体。

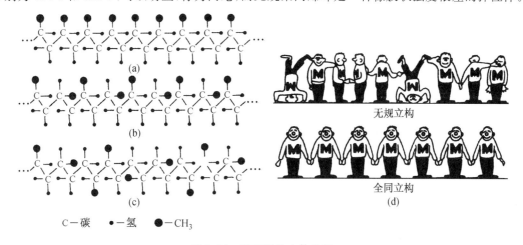

C－碳　●－氢　●－CH_3

图 1.14　聚丙烯的立体构型

（a）全同立构　（b）间同立构　（c）无规立构　（d）形象化示意图，M 代表单体

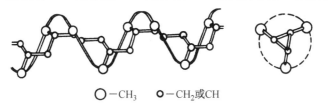

○－CH_3　◐－CH_2或CH

图 1.15　聚丙烯螺旋形链的排列

2）几何异构　双烯类单体 1,4 加成时,高分子链每一单元中有一内双键,可构成顺式和反式两种构型,称为几何异构体。所形成的高分子链可能是全反式、全顺式或顺反两者兼而有之。以聚 1,4-丁二烯为例,其顺式和反式的结构如下:

顺式:

反式:

虽然都是聚丁二烯,但由于结构的不同,性能就不完全相同,如 1,2-加成的全同立构或间同立构的聚丁二烯,由于其结构规整,容易结晶,弹性很差,只能作为塑料使用。顺式的 1,4-聚丁二烯,分子链与分子链之间的距离较大,在室温下是一种弹性很好的橡胶;反式 1,4-聚丁二烯分子链的结构也比较规整,容易结晶,在室温下是弹性很差的塑料。几何构型对 1,4-聚异戊二烯性能的影响也是如此。其中,天然橡胶含有 98% 以上的 1,4-顺式聚异戊二烯及 2% 左右的 3,4-聚异戊二烯,它柔软而具有弹性;古塔波胶为反式聚异戊二烯,它有两种结晶状态,在室温下为硬韧状物。它们的熔点和玻璃化温度见表 1.2。

表 1.2　几种高分子的熔点和玻璃化温度

高分子	熔点 T_m/℃		玻璃化温度 T_g/℃	
	顺式 1,4	反式 1,4	顺式 1,4	反式 1,4
聚异戊二烯	30	70	−70	−60
聚丁二烯	2	148	−108	−80

1.3.2　高分子链的远程结构

1. 高分子的大小

对化合物分子大小的量度,最常用的是相对分子质量。对于某一个低分子来说,其相对分子质量是一个明确的数值,并且各个分子的相对分子质量都相同。然而高分子相对分子质量不是均一的,它实际上是由结构相同、组成相同但相对分子质量大小不同的同系高分子的混合物聚集而成的。高分子的这种特性称为多分散性。因此讨论一个高分子的相对分子质量是多大并没有意义,只有讨论某一种高分子的平均相对分子质量是多少才有实际意义。高分子的平均相对分子质量是将大小不等的高分子的相对分子质量进行统计,用所得的平均值来表征的:

数均相对分子质量:

$$\overline{M}_n = \sum x_i M_i \tag{1.2}$$

重均相对分子质量:

$$\overline{M}_w = \sum w_i M_i \tag{1.3}$$

上式中,M_i 为第 i 个高分子的相对分子质量,x_i 为相应分子数分数,w_i 为相应质量分数。

因此,该高分子的聚合度 $n = \overline{M}_n/\overline{m}$（$\overline{m}$ 为每链节的质量）就很容易确定。

单用一个相对分子质量的平均值不足以描述一个多分散的高分子,最理想的是能知道该高分子的相对分子质量分布曲线。它能够揭示高分子同系物中各个组分的相对含量与相对分子质量的关系。图 1.16 是相对分子质量的微分分布曲线。从图中不仅能知道高分子的平均大小,还可以知道相对分子质量的分散程度,即所谓的相对分子质量分布宽度,分布宽时表明相对分子质量很不均一,分布窄时则表明相对分子质量比较均一。

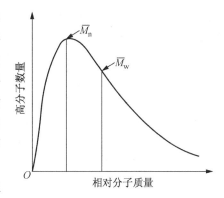

图 1.16　典型高分子的相对分子质量分布图

高分子的相对分子质量是非常重要的参数。它不仅影响高分子溶液和熔体的流变性质,而且对高分子的力学性能,例如强度、弹性、韧性等起决定性的作用。随着相对分子质量的增大,分子间的范德华力增大,分子间不易滑移,相当于分子间形成了物理交联点。所以由低聚物转向高分子时,强度有规律地增大。但增长到一定的相对分子质量后,这种依赖性又变得不明显了,强度逐渐趋于一极限值。这一性能转变的临界相对分子质量 M_c 对于不同的高分子具有不同的数值,见图 1.17(a),而对于同一高分子不同的性能也具有不同的 M_c,见图 1.17(b)。

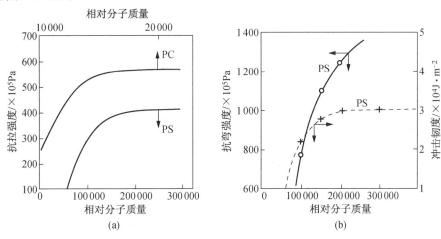

图 1.17　聚苯乙烯(PS)和聚碳酸酯(PC)的力学性能与相对分子质量的关系

相对分子质量分布对高分子材料的加工和使用也有很大影响。对于合成纤维来说,因它的平均相对分子质量比较小,如果分布较宽,相对分子质量小的组分含量高,对其纺丝性能和机械强度不利。对于塑料也是如此,一般相对分子质量分布窄一些,这有利于加工条件的控制和提高产品的使用性能。而对于橡胶来说,其平均相对分子质量很大,加工很困难,所以加工常常要经过塑炼,使相对分子质量降低及使相对分子质量分布变宽。所产生的相对分子质量较低的部分不仅本身黏度小,而且起增塑剂的作用,便于加工成型。

2. 高分子链的内旋转构象

单键由 σ 电子组成的 σ 链,其电子云分布是轴对称的,故可绕轴旋转。线型高分子链中含有成千上万个 σ 键。如果主链上每个单键的内旋转都是完全自由的,则这种高分子链称为自由联结链。它可出现的构象数将无穷多,且瞬息万变。这是柔性高分子链的理想状态。在实际的高分子链中,键角是固定的。对于碳链来说,其键角为 $109°28'$。即使单键可以自由旋转,每一个键只能出现在以前一个键为轴,以 $2\theta(\theta = \pi - 109°28')$ 为顶角的圆锥面上(见图 1.18)。高分子的每个单键都能内旋转,因此很容易想象,高分子在空间的形态可以有无穷多个。假设每个单键内旋转可取的位置数为 m,那么一个包含 n 个单键的高分子链可能的构象数为 m^{n-1}。当 n 足够大时,m^{n-1} 无疑是一个非常大的数值。另外,从统计规律可知,分子链呈伸直构象的几率是极小的,而呈蜷曲构象的几率较大。

实际上,由于分子上非键合原子之间的相互作用,内旋转一般是受阻的,即旋转时需要消耗一定的能量。以乙烷分子内旋转势能 u 对内旋转角 ϕ 作图,可以得到内旋转势能曲线,见图 1.19。其中 ΔE 是顺式构象与反式构象间的势能差,称为势垒。如果我们的视线在碳-碳键的方向,两个碳原子上的碳氢键重合时叫做顺式,其势能达到极大值;两个碳原子上的碳氢键相差 $60°$ 时叫做反式,其在势能曲线上出现最低值,它所对应的分子中原子排布方式最稳定。从反式构象转动到顺式构象需要克服势垒。这种由单键的内旋转所导致的不同构象的分子称为内旋转异构体。高分子链的内旋转也像低分子一样,因受链上的原子或基团的影响不是完全自由的。它既表现出一定的柔性,又表现出一定的刚性。它表现出柔性是因为在整个分子链上,存在着由几个、几十个甚至几百个链节构成的可以独立运动的链段。当温度一定时,对不同结构的大分子而言,可以独立运动的链段越短或每个大分子所包含的可以独立运动的链段数目越多,则大分子柔性越好;反之,则大分子刚性越大。对同一种大分子而言,温度越高链段越短,分子链的柔性越好。所以链段的长短除了与分子的结构有关外,还与大分子所处的条件,如温度、外力、介质和高分子聚集态中的分子间相互作用有关。

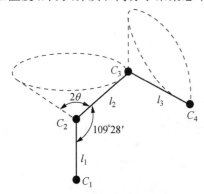

图 1.18   键角固定的高分子链的内旋转

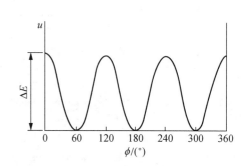

图 1.19   乙烷分子内旋转势能图

3. 影响高分子链柔性的主要因素

高分子链能够改变其构象的性质称为柔性。下面定性地讨论分子结构对链的柔性的影响。

1) 主链结构的影响   主链结构对高分子链的刚柔性的影响起决定性的作用。例如,在杂链高分子中围绕 C—O,C—N 和 Si—O 等单键进行的内旋转的势垒均比 C—C 的低。以 C—O 与 C—C 相比,由于氧原子周围不存在原子或原子基团,C—O—C 链中非键合原子之间的距离比 C—C—C 链中的远,因而相互作用小,对内旋转的阻碍小。而 Si—O 键,不仅具有 C—O 键的特点,而且 Si—O—Si 的键长和键角均比 C—O—C 和 C—C—C 的都大,这使得非键合原子之间的距离更大,相互作用力更小。所以聚酯、聚酰胺、聚氨酯和聚二甲基硅氧烷等

都是柔性高分子链,特别是聚二甲基硅氧烷 $\sim\!\!\!\text{—}\underset{\underset{CH_3}{|}}{\overset{\overset{CH_3}{|}}{Si}}\text{—O—}\underset{\underset{CH_3}{|}}{\overset{\overset{CH_3}{|}}{Si}}\text{—O—}\underset{\underset{CH_3}{|}}{\overset{\overset{CH_3}{|}}{Si}}\text{—O}\!\!\!\sim$ 的柔性非常好,它是在低温下仍能使用的特种橡胶。

　　主链中如含有芳杂环结构,由于芳杂环不能内旋转,导致这类高分子的刚性较好,因此,它们的耐高温性能优良,如聚碳酸酯、聚砜、聚苯醚都用作耐高温的工程塑料。其中,聚苯醚(PPO)的结构式为 (苯环结构) 它在主链结构中含有芳环,呈刚性,能使材料耐高温;它又带有 C—O 键,具有柔性,其产品可注塑成型。

　　双烯类高分子的主链中含有双键。虽然双键本身并不能发生旋转,但它使邻近的单键的内旋转势垒减小,这是由于非键合原子间的距离增大,因而使它们之间的排斥力减弱。它们都具有较好的柔性,可作为橡胶,如聚异戊二烯、聚丁二烯等高分子。

　　但是,具有共轭双键的高分子链由于 π 电子云没有轴对称性,而且 π 电子云在最大程度交叠时能量最低,而内旋转会使 π 键的电子云变形和破裂,所以这类分子链就不能旋转。例如,聚苯 (苯环结构) ,聚乙炔 —CH=CH—CH=CH—CH=CH— 以及某些杂环高分子均是典型的刚性分子链。

　　2) 取代基的影响　取代基团的极性、取代基沿分子链排布的距离、取代基在主链上的对称性和取代基的体积等,对高分子链的柔性均有影响。

　　取代基极性的大小决定着分子内的作用力和势垒,也决定分子间作用力的大小。取代基的极性越大,非键合原子间相互作用越强,分子内旋转阻力也越大,分子链的柔性也越差。取代基的极性越小,作用力也越小,势垒也越小,分子容易内旋转,所以分子链柔性好。例如,对于聚丙烯、聚氯乙烯和聚丙烯腈三者,聚丙烯中的甲基是极性很弱的基团,聚氯乙烯中的氯原子属于极性基团,但它的极性又不如聚丙烯腈中的 —CN 基,三者基团的极性递增,所以它们分子链的柔性依次递减。

　　一般来说,极性基团的数量少,则在链上间隔的距离较远,它们之间的作用力及空间位阻的影响也随之降低,内旋转比较容易,柔性较好。例如,将氯化聚乙烯和聚氯乙烯相比,前者由于极性取代基氯原子在主链中的数目较后者为少,因此氯化聚乙烯分子链的柔性较大,并随氯化程度的增加而降低。

　　取代基的位置对分子链的柔性也有一定的影响,同一个碳原子上连有两个不同的取代基时会使链的柔性降低。如聚甲基丙烯酸甲酯在同一碳原子上有 —CH_3, —COOCH_3 两种基团,其分子链的刚性就比只有一个基团的聚丙烯酸甲酯为大。

　　取代基团的体积大小决定着空间位阻的大小,如聚乙烯、聚丙烯、聚苯乙烯的侧基依次增大,空间位阻效应也相应增大,因而分子链的柔性依次降低。

　　3) 交联的影响　当高分子之间以化学键交联起来时,交联点附近的单键内旋转便受到很大的阻碍。当交联度较低时交联点之间的分子链长远大于链段长,这时作为运动单元的链段还可能运动。例如硫化程度低的橡胶，一方面橡胶的主链本身就有良好的柔性，另一方面交联的硫桥之间的间距较大，交联点之间能容许链段内旋转，故仍保持有很好的柔性。若交联度较大，就失去了交联点之间单键内旋转的可能性，也就不存在柔性。如橡胶的交联度超过 30% 以上时就变成硬橡胶了。

4. 高分子链的构象统计

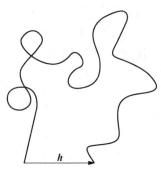

图 1.20   高分子链的末端距

高分子的柔顺性是以其所能采取的构象数目来衡量的。然而，一根长的高分子链具有成千上万个单链，每个单键可能有好几个内旋转异构体，故一根高分子链所可能采取的构象数实际上是无数的。通常分子链越长，其构象数越多，高分子链越易蜷曲，而高分子链的蜷曲程度一般采用其两端点间的直线距离——均方末端距 h 来衡量，如图 1-20 所示。这样，判断高分子链柔顺性的问题便由计算可能出现的总构象数转化为度量分子链末端距的长度问题。由于末端距随不同的分子和不同的时间在改变，所以没有确定的值，必须求其平均值。对于瞬息万变的无规线团状的高分子，在数学处理中，常采用向量运算，求末端距的平方的平均值（均方末端距）。

对于一个内旋转时既没有键角限制也没有内旋转位垒存在的自由结合链（f,j），不论是几何法，还是统计法，所求得均方末端距：

$$\overline{h_{f,j}^2} = nl^2,\qquad(1.4)$$

式中，n 为键的数量，l 为键长。

对于自由旋转链，由于受键角 θ 的限制，由几何计算法可求得

$$\overline{h_{f,r}^2} = nl^2\,\frac{1+\cos\theta}{1-\cos\theta}。\qquad(1.5)$$

事实上，任何一个高分子链既不可能是自由旋转链，也不可能为自由结合链。因为高分子链中单键旋转时互相牵制，一个键转动，势必带动附近一段链一起运动，故每个键不可能成为一个独立运动的单元。但若将若干个键组成的一段链看作一个独立单元（称之为"链段"），则令链段与链段自由结合，并且无规取向，这种链就称为"等效自由结合链"。由于等效自由结合链的链段分布符合高斯分布函数，故它又称为"高斯链"。高斯链是确确实实存在的，它体现了大量柔性高分子的共性。它的均方末端距

$$\overline{h_0^2} = n_e l_e^2,\qquad(1.6)$$

式中，n_e 为高分子链包含的链段数，l_e 为每个链段的长度。

中英文主题词对照

材料的微观结构	microstructure of material	原子结构	atomic structure
键合	interatomic bonding	物质	substance
物质的组成	substance construction	分子	molecule
原子	atom	原子核	atomic nucleus
质子	proton	中子	neutron
电子	electron	电子结构	electronic structure
薛定谔方程	Schroedinger's equation	波函数	wave function
量子力学	quantum mechanics	量子数	quantum number
主量子数	principal quantum number	角动量量子数	azimuthal quantum number
磁量子数	magnetic quantum number	自旋量子数	spin quantum number
玻尔原子模型	Bohr atomic model	电子态	electron state
电子组态	electron configuration	泡利互不相容原理	Pauli's exclusion principle
能量最低原理	minimum energy principle	洪德定则	Hund's rule
(元素)周期表	periodic table	元素	element
同位素	isotope	原子序数	atomic number
原子质量单位	atomic mass unit（amu）	电负性	electronegative
电正性	electropositive	价电子	valence electron
化学键	chemical bond	主价键	primary bonding
键能	bonding energy	金属键	metallic bond
自由电子	free electron	电子云	electron cloud
离子键	ionic bond	阳离子	kation，cation
阴离子	anion	库仑力	coulombic force
共价键	covalent bond	极性键	polar bond
非极性键	non-polar bond	物理键	physical bond
次价键	secondary bonding	范德华力	Van der Waals bond
极性分子	polar molecule	氢键	hydrogen bond
聚合物,高分子	polymer	均聚物	homopolymer
加聚反应	addition polymerization	缩聚反应	condensation polymerization
共聚物	copolymer	分子链	polymer chain
热塑性聚合物	thermoplastic polymer	热固性聚合物	thermosetting polymer
单体	monomer（repeat unit）	聚合度	degree of polymerization
官能度	functionality	侧基团	side group
交联	crosslink	构型	configuration
构象	conformation	线型聚合物	linear polymer
支化聚合物	branch polymer	网络聚合物	network polymer
全同立构	isotactic configuration	间同立构	syndiotactic configuration

无规立构	atactic configuration	无规共聚	random copolymer
交替共聚	alternating copolymer	嵌段共聚	block copolymer
接枝共聚	graft copolymer	立体异构	stereoisomerism

主要参考书目

［1］ 蔡珣. 材料科学与工程基础辅导与习题［M］.上海:上海交通大学出版社,2013.

［2］ 胡赓祥,蔡珣,戎咏华. 材料科学基础［M］. 第3版. 上海:上海交通大学出版社,2010.

［3］ 方俊鑫,陆栋. 固体物理学［M］.上海:上海科学技术出版社,1980.

［4］ 徐光宪,王祥云. 物质结构［M］. 第2版. 北京:高等教育出版社,1989.

［5］ 黄昆著,韩汝琦改编. 固体物理学［M］. 北京:高等教育出版社,1988.

［6］ 小野木重治. 高分子材料科学［M］. 林福海译. 北京:纺织工业出版社,1983.

［7］ 马德柱,徐种德,等. 高聚物的结构与性能［M］,北京:科学出版社,1995.

［8］ 何曼君,陈维孝,董西侠. 高分子物理［M］. 修订版. 上海:复旦大学出版社,1990.

［9］ Masterton W L, Hurley C N. Chemistry, Principles and Reactions［M］. 3rd, ed. Philadelphia:Saunders College Publishing, 1996.

［10］ Massalski T B. Structure of Solid Solution in Physical Metallurgy［M］. 3rd, ed. New York:North-Holland Physics Publishing,1983.

［11］ Smallman R E. Modern Physical Metallurgy［M］. 4th, ed. London: Butterworths,1985.

［12］ Kittel C. Introduction to Solid State Physics［M］. 5th, ed. USA:John Wiley & Sons,1976.

［13］ Brady J E,Humiston G E. General Chemistry Principles and Structure［M］. 3rd, ed. USA:John Wiley & Sons,1982.

［14］ William D Callister, Jr. Materials Science and Engineering:An Introduction［M］. 5th, ed. USA:John Wiley & Sons,2000.

［15］ Smith W F, Hashemi J. Foundations of Materials Science and Engineering［M］. 4th, ed. New York:McGraw-Hill Book Co. 2006.

［16］ Cahn R W,Haasen P. Physical Metallurgy［M］. 4th, ed. New York:Elsevier Science Publishing,1996.

第 2 章　固体结构

物质通常有三种聚集状态:气态、液态和固态。而按照原子(或分子)排列的特征又可将固态物质分为两大类:晶体和非晶体。

晶体中的原子在空间呈有规则的周期性重复排列;而非晶体的原子则是无规则排列的。原子排列在决定固态材料的组织和性能中起着极重要的作用。金属、陶瓷和高分子材料的一系列特性都和其原子的排列密切相关。如具有面心立方晶体结构的金属 Cu,Al 等,都有优异的延展性能,而密排六方晶体结构的金属,如 Zn,Cd 等则较脆;具有线型分子链的橡胶兼有弹性好、强韧和耐磨之特点,而具有三维网络分子链的热固性树脂,一旦受热固化便不能再改变形状,但具有较好的耐热和耐蚀性能,硬度也比较高。因此,研究固态物质内部结构,即原子排列和分布规律,是了解、掌握材料性能的基础,只有这样,才能从内部找到改善和发展新材料的途径。

必须指出的是,一种物质是否以晶体或以非晶体形式出现,还须视外部环境条件和加工制备方法而定,晶态与非晶态往往是可以互相转化的。

2.1　晶体学基础

晶体结构的基本特征是,原子(或分子、离子)在三维空间呈周期性重复排列,即存在长程有序。因此,它与非晶体物质在性能上区别主要有两点:① 晶体熔化时具有固定的熔点,而非晶体却无固定熔点,存在一个软化温度范围;② 晶体具有各向异性,而非晶体却为各向同性。

为了便于了解晶体中原子(离子、分子或原子团等)在空间的排列规律,以便更好地进行晶体结构分析,下面首先介绍有关晶体学的基础知识。

2.1.1　空间点阵和晶胞

实际晶体中的质点(原子、分子、离子或原子团等)在三维空间可以有无限多种排列形式。为了便于分析研究晶体中质点的排列规律性,可先将实际晶体结构看成完整无缺的理想晶体,并将其中的每个质点抽象为规则排列于空间的几何点,称之为阵点。这些阵点在空间呈周期性规则排列,并具有完全相同的周围环境,这种由它们在三维空间规则排列的阵列称为空间点阵,简称点阵。为便于描述空间点阵的图形,可用许多平行的直线将所有阵点连接起来,于是就构成一个三维几何格架,称为空间格子,如图 2.1 所示。

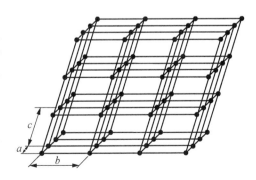

图 2.1　空间点阵的一部分

为说明点阵排列的规律和特点,可在点阵中取出一个具有代表性的基本单元(最小平行六面体)作为点阵的组成单元,称为晶胞。将晶胞作三维的重复堆砌就构成了空间点阵。

同一空间点阵可因选取方式不同而得到不相同的晶胞,图 2.2 表示在一个二维点阵中可取出多种不同晶胞。为了最能反映点阵的对称性,选取晶胞的原则为:

(1) 选取的平行六面体应反映出点阵的最高对称性。

(2) 平行六面体内的棱和角相等的数目应最多。

(3) 当平行六面体的棱边夹角存在直角时,直角数目应最多。

(4) 在满足上述条件的情况下,晶胞应具有尽可能小的体积。

为了描述晶胞的形状和大小,常采用平行六面体的三条棱边的边长 a,b,c(称为点阵常数)及棱间夹角 α,β,γ 6 个点阵参数来表达,如图 2.3 所示。事实上,采用 3 个点阵矢量 $\boldsymbol{a},\boldsymbol{b},\boldsymbol{c}$ 来描述晶胞将更为方便。这 3 个矢量不仅确定了晶胞的形状和大小,并且完全确定了此空间点阵。

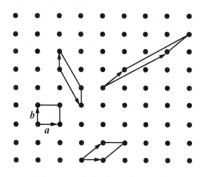

图 2.2　在点阵中选取晶胞

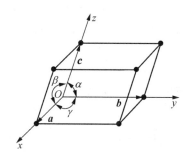

图 2.3　晶胞、晶轴和点阵矢量

根据 6 个点阵参数间的相互关系,可将全部空间点阵归属于 7 种类型,即 7 个晶系,如表 2.1 所列。

表 2.1　晶系

晶　系	棱边长度及夹角关系	举　例
三　斜	$a\neq b\neq c,\alpha\neq\beta\neq\gamma\neq90°$	K_2CrO_7
单　斜	$a\neq b\neq c,\alpha=\gamma=90°\neq\beta$	$\beta\text{-}S,CaSO_4\cdot2H_2O$
正　交	$a\neq b\neq c,\alpha=\beta=\gamma=90°$	$\alpha\text{-}S,Ga,Fe_3C$
六　方	$a_1=a_2=a_3\neq c,\alpha=\beta=90°,\gamma=120°$	$Zn,Cd,Mg,NiAs$
菱　方	$a=b=c,\alpha=\beta=\gamma\neq90°$	As,Sb,Bi
四　方	$a=b\neq c,\alpha=\beta=\gamma=90°$	$\beta\text{-}Sn,TiO_2$
立　方	$a=b=c,\alpha=\beta=\gamma=90°$	Fe,Cr,Cu,Ag,Au

按照阵点排列的周期性和等同性的要求,基于晶体的对称性,法国晶体学家布拉维(Bravais A.)于 1850 年用数学方法推导出能够反映空间点阵全部特征的单位平面六面体只有 14 种,它们分属于 7 大晶系,这 14 种空间点阵也称布拉维点阵,如表 2.2 所列。

表 2.2　布拉维点阵

布拉维点阵	晶　系	图 2.4	布拉维点阵	晶　系	图 2.4
简单三斜	三　斜	(a)	简单六方	六　方	(h)
简单单斜 底心单斜	单　斜	(b) (c)	简单菱方	菱　方	(i)
简单正交 底心正交 体心正交 面心正交	正　交	(d) (e) (f) (g)	简单四方 体心四方	四　方	(j) (k)
			简单立方 体心立方 面心立方	立　方	(l) (m) (n)

14 种布拉维点阵的晶胞,如图 2.4 所示。

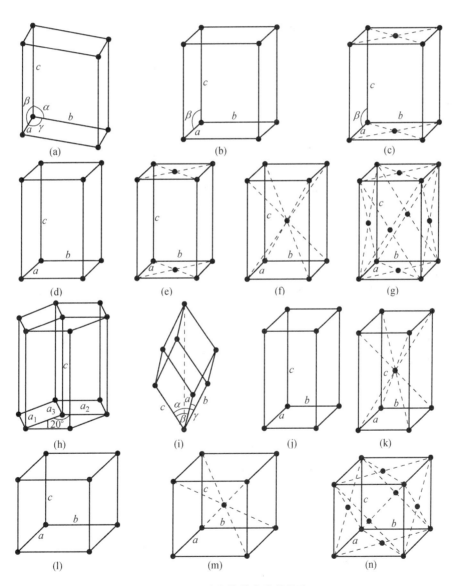

图 2.4　14 种布拉维点阵的晶胞

同一空间点阵可因选取晶胞的方式不同而得出不同的晶胞。如图 2.5 所示,立方晶系中若体心立方布拉维点阵晶胞用图 2.5(b)中实线所示的简单三斜晶胞来表示,面心立方点阵晶胞用图 2.5(c)中实线所示的简单菱方来表示,显然,新晶胞不能充分反映立方晶系空间点阵的对称性,故不能这样选取。

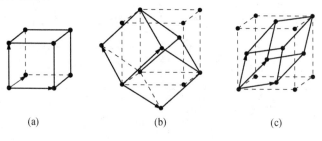

(a)   (b)   (c)

图 2.5   体心立方和面心立方晶胞的不同取法

必须注意,晶体结构与空间点阵是有区别的。空间点阵是晶体中质点排列的几何学抽象,用以描述和分析晶体结构的周期性和对称性,根据阵点排列的周期性和等同性,它只可能有 14 种类型;而晶体结构则是指晶体中实际质点(原子、离子或分子)的具体排列情况,它们能组成各种类型的结构,而且可存在缺陷。因此,实际存在的晶体结构是无限的。图 2.6 为金属中常见的密排六方晶体结构,但不能看作一种空间点阵。这是因为位于晶胞内的原子与晶胞角上的原子具有不同的周围环境。若将晶胞角上的一个原子与相应的晶胞之内的一个原子共同组成一个阵点(0,0,0 阵点可看作是由 0,0,0 和 $\frac{2}{3},\frac{1}{3},\frac{1}{2}$ 这一对原子所组成的),这样得出的密排六方结构应属简单六方点阵。图 2.7 所示为 Cu,NaCl 和 CaF_2 三种晶体结构,显然,这三种结构有着很大的差异,

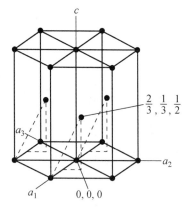

图 2.6   密排六方晶体结构

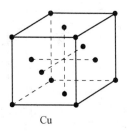   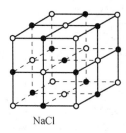   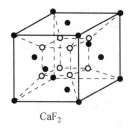

Cu   NaCl CaF_2

图 2.7   具有相同点阵的晶体结构

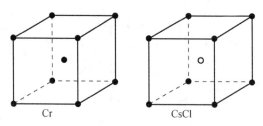

Cr   CsCl

图 2.8   晶体结构相似而点阵不同

属于不同的晶体结构类型,然而,它们却同属于面心立方点阵。又如图 2.8 所示为 Cr 和 CsCl 的晶体结构,它们都是体心立方结构,但 Cr 属体心立方点阵,而 CsCl 则属简单立方点阵。

2.1.2 晶向指数和晶面指数

在材料科学中讨论有关晶体的生长、变形、相变及性能等问题时,常须涉及晶体中原子的位置、原子列的方向(称为晶向)和原子构成的平面(称为晶面)。为了便于确定和区别晶体中不同方位的晶向和晶面,国际上通常用米勒指数(Miller indices)来统一标定晶向指数与晶面指数。

1. 晶向指数

从图 2.9 可得知,任何阵点 P 的位置可由矢量 $\boldsymbol{r}_{uvw}$ 或该阵点的坐标 u,v,w 来确定:

$$\boldsymbol{r}_{uvw} = \overrightarrow{OP} = u\boldsymbol{a} + v\boldsymbol{b} + w\boldsymbol{c}。 \tag{2.1}$$

不同的晶向只是 u,v,w 的数值不同而已。故可用约化的 $[uvw]$ 来表示晶向指数。晶向指数的确定步骤如下:

(1) 以晶胞的某一阵点 O 为原点,过原点 O 的晶轴为坐标轴 x,y,z,以晶胞点阵矢量的长度作为坐标轴的长度单位。

(2) 过原点 O 作一直线 OP,使其平行于待定的晶向。

(3) 在直线 OP 上选取距原点 O 最近的一个阵点 P,确定 P 点的 3 个坐标值。

(4) 将这 3 个坐标值化为最小整数 u,v,w,加上方括号,$[uvw]$ 即为待定晶向的晶向指数。若坐标中某一数值为负,则在相应的指数上加一负号,如 $[1\bar{1}0]$,$[\bar{1}00]$ 等。

图 2.10 中列举了正交晶系的一些重要晶向的晶向指数。

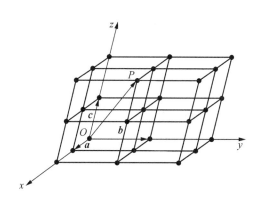

图 2.9 点阵矢量

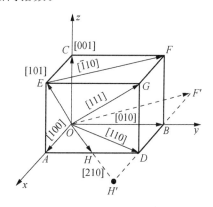

图 2.10 正交晶系一些重要晶向的晶向指数

显然,晶向指数表示着所有相互平行、方向一致的晶向。若所指的方向相反,则晶向指数的数字相同,但符号相反,如 $[1\bar{1}0]$ 和 $[\bar{1}10]$ 就是两个相互平行,而方向相反的晶向。另外,晶体中因对称关系而等价的各组晶向可归并为一个晶向族,用 $\langle uvw \rangle$ 表示。例如,立方晶系中的八条体对角线 $[111]$,$[\bar{1}11]$,$[1\bar{1}1]$,$[11\bar{1}]$ 和 $[\bar{1}\bar{1}1]$,$[\bar{1}1\bar{1}]$,$[1\bar{1}\bar{1}]$ 和 $[\bar{1}\bar{1}\bar{1}]$ 就可用符号 $\langle 111 \rangle$ 表示。

2. 晶面指数

晶面指数标定步骤如下：

（1）在点阵中设定参考坐标系，设置方法与确定晶向指数时相同，但不能将坐标原点选在待确定指数的晶面上，以免出现零截距。

（2）求得待定晶面在三个晶轴上的截距，若该晶面与某轴平行，则在此轴上截距为∞；若该晶面与某轴负方向相截，则在此轴上截距为一负值。

（3）取各截距的倒数。

（4）将三个倒数化为互质的整数比，并加上圆括号，即表示该晶面的指数，记为 (hkl)。

图 2.11 中待标定的晶面 $a_1b_1c_1$ 相应的截距为 $\frac{1}{2}, \frac{1}{3}, \frac{2}{3}$，其倒数为 $2, 3, \frac{3}{2}$，化为简单整数为 $4, 6, 3$，故晶面 $a_1b_1c_1$ 的晶面指数为 (463)。如果所求晶面在晶轴上的截距为负数，则在相应的指数上方加一负号，如 $(\bar{1}10), (\bar{1}12)$ 等。图 2.12 为正交点阵中一些晶面的晶面指数。

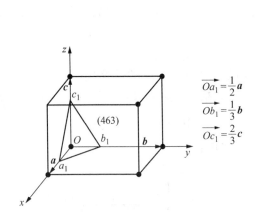

$$\overrightarrow{Oa_1} = \frac{1}{2}\boldsymbol{a}$$
$$\overrightarrow{Ob_1} = \frac{1}{3}\boldsymbol{b}$$
$$\overrightarrow{Oc_1} = \frac{2}{3}\boldsymbol{c}$$

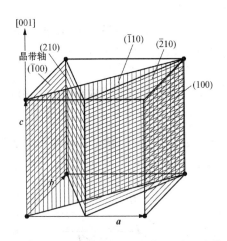

图 2.11　晶面指数的表示方法　　　　　图 2.12　正交点阵中一些晶面的晶面指数

同样，晶面指数所代表的不仅是某一晶面，而是代表着一组相互平行的晶面。另外，在晶体内凡晶面间距和晶面上原子的分布完全相同，只是空间位向不同的晶面可以归并为同一晶面族，以 $\{hkl\}$ 表示，它代表由对称性相联系的若干组等效晶面的总和。例如，在立方晶系中：

$$\{110\} = (110) + (101) + (011) + (\bar{1}10) + (\bar{1}01) + (0\bar{1}1) +$$
$$(1\bar{1}0) + (10\bar{1}) + (01\bar{1}) + (\bar{1}\bar{1}0) + (\bar{1}0\bar{1}) + (0\bar{1}\bar{1})$$

这里前六个晶面与后六个晶面两两相互平行，共同构成一个十二面体。所以，晶面族 $\{110\}$ 又称为十二面体的面。

$$\{111\} = (111) + (\bar{1}11) + (1\bar{1}1) + (11\bar{1}) +$$
$$(\bar{1}\bar{1}\bar{1}) + (1\bar{1}\bar{1}) + (\bar{1}1\bar{1}) + (\bar{1}\bar{1}1)$$

这里前四个晶面和后四个晶面两两平行，共同构成一个八面体。因此，晶面族 $\{111\}$ 又称八面体的面。

此外，在立方晶系中，具有相同指数的晶向和晶面必定是互相垂直的。例如 $[110]$ 垂直于

(110)，[111]垂直于(111)，等等。

3. 六方晶系指数

六方晶系的晶向指数和晶面指数同样可以应用上述方法标定，这时取 a_1，a_2，c 为晶轴，而 a_1 轴与 a_2 轴的夹角为 120°，c 轴与 a_1，a_2 轴相垂直，如图 2.13 所示。但按这种方法标定的晶面指数和晶向指数，不能显示六方晶系的对称性，晶体学上等价的晶面和晶向，其指数却不相类同，往往看不出它们之间的等价关系。例如，晶胞的六个柱面是等价的，但按上述三轴坐标系确定的晶面指数却分别为(100)，(010)，($\bar{1}$10)，($\bar{1}$00)，(0$\bar{1}$0)和(1$\bar{1}$0)。为了克服这一缺点，通常采用另一专用于六方晶系的四轴坐标系指数。

根据六方晶系的对称特点，对六方晶系采用 a_1，a_2，a_3 及 c 四个晶轴，a_1，a_2，a_3 之间的夹角均为 120°，这样，其晶面指数就以$(h\ k\ i\ l)$四个指数来表示。根据几何学可知，三维空间独立的坐标轴最多不超过 3 个。前三个指数中只有两个是独立的，它们之间存在以下关系：$i=-(h+k)$。晶面指数的具体标定方法同前面一样，在图 2.13 中列举了六方晶系的一些晶面的指数。采用这种标定方法，等价的晶面可以从指数上反映出来。例如，上述六个柱面的指数分别为(10$\bar{1}$0)，(0$\bar{1}$10)，($\bar{1}$100)，($\bar{1}$010)，(01$\bar{1}$0)和(1$\bar{1}$00)，这六个晶面可归并为{10$\bar{1}$0}晶面族。

采用四轴坐标时，晶向指数的确定原则仍同前述(见图 2.14)，晶向指数可用$[u\ v\ t\ w]$来表示，这里要求 $u+v=-t$，以能保持其唯一性。

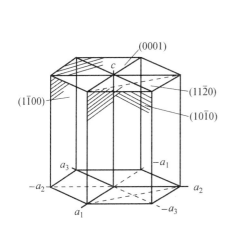

图 2.13　六方晶系一些晶面的指数

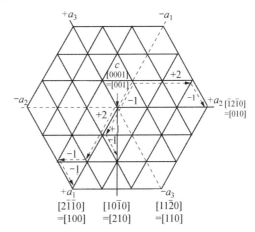

图 2.14　六方晶系晶向指数的表示方法(c 轴与图面垂直)

六方晶系按两种晶轴系所得的晶面指数和晶向指数可相互转换如下：对晶面指数而言，从$(h\ k\ i\ l)$转换成$(h\ k\ l)$只要去掉 i 即可；反之，则加上 $i=-(h+k)$。对晶向指数而言，则$[U\ V\ W]$与$[u\ v\ t\ w]$之间的互换关系为

$$U=u-t, V=v-t, W=w;$$

$$u=\frac{1}{3}(2U-V), v=\frac{1}{3}(2V-U), t=-(u+v), w=W。 \tag{2.2}$$

4. 晶带

所有平行或相交于某一晶向直线的晶面构成一个晶带,此直线称为晶带轴。属此晶带的晶面称为共带面。

晶带轴 $[u\,v\,w]$ 与该晶带的晶面 $(h\,k\,l)$ 之间存在以下关系:

$$hu + kv + lw = 0。 \tag{2.3}$$

凡满足此关系的晶面都属于以 $[u\,v\,w]$ 为晶带轴的晶带,故此关系式也称作晶带定律。根据这个基本公式,若已知有两个不平行的晶面 $(h_1k_1l_1)$ 和 $(h_2k_2l_2)$,则其晶带轴的晶向指数 $[u\,v\,w]$ 可以从下式求得:

$$u : v : w = \begin{vmatrix} k_1 & l_1 \\ k_2 & l_2 \end{vmatrix} : \begin{vmatrix} l_1 & h_1 \\ l_2 & h_2 \end{vmatrix} : \begin{vmatrix} h_1 & k_1 \\ h_2 & k_2 \end{vmatrix},$$

或写作如下形式:

$$\begin{bmatrix} u & v & w \\ h_1 & k_1 & l_1 \\ h_2 & k_2 & l_2 \end{bmatrix}。 \tag{2.4}$$

同样,已知二晶向 $[u_1\,v_1\,w_1]$ 和 $[u_2\,v_2\,w_2]$,由此二晶向所决定的晶面指数 (hkl) 则为

$$h : k : l = \begin{vmatrix} v_1 & w_1 \\ v_2 & w_2 \end{vmatrix} : \begin{vmatrix} w_1 & u_1 \\ w_2 & u_2 \end{vmatrix} : \begin{vmatrix} u_1 & v_1 \\ u_2 & v_2 \end{vmatrix},$$

或写作如下形式:

$$\begin{bmatrix} h & k & l \\ u_1 & v_1 & w_1 \\ u_2 & v_2 & w_2 \end{bmatrix}。 \tag{2.5}$$

而已知三个晶轴 $[u_1\,v_1\,w_1]$,$[u_2\,v_2\,w_2]$ 和 $[u_3\,v_3\,w_3]$,若

$$\begin{bmatrix} u_1 & v_1 & w_1 \\ u_2 & v_2 & w_2 \\ u_3 & v_3 & w_3 \end{bmatrix} = 0,$$

则三个晶轴同在一个晶面上。

已知三个晶面 $(h_1k_1l_1)$,$(h_2k_2l_2)$ 和 $(h_3k_3l_3)$,若

$$\begin{vmatrix} h_1 & k_1 & l_1 \\ h_2 & k_2 & l_2 \\ h_3 & k_3 & l_3 \end{vmatrix} = 0,$$

则此三个晶面同属一个晶带。

5. 晶面间距

晶面指数不同的晶面之间的区别主要在于晶面的位向和晶面间距不同。晶面指数一经确定,晶面的位向和面间距就确定了。晶面的位向可用晶面法线的位向来表示,而空间任一直线的位向则用它的方向余弦表示。对立方晶系而言,已知某晶面的晶面指数为 h,k,l,该晶面的位向则从以下关系求得

$$\begin{cases} h : k : l = \cos\alpha : \cos\beta : \cos\gamma, \\ \cos^2\alpha + \cos^2\beta + \cos^2\gamma = 1。 \end{cases} \tag{2.6}$$

由晶面指数还可求出面间距 d_{hkl}。通常,低指数的面间距较大,而高指数的晶面间距则较小。图 2.15 所示为简单立方点阵不同晶面的面间距的平面图,其中(100)面的面间距最大,而(320)面的间距最小。此外,晶面间距越大,则该晶面上原子排列越密集;晶面间距越小,则排列越稀疏。

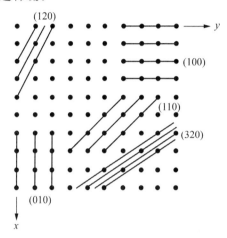

图 2.15　晶面间距

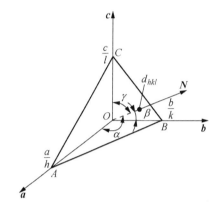

图 2.16　晶面间距公式的推导

晶面间距 d_{hkl} 与晶面指数 $(h\,k\,l)$ 的关系式可根据图 2.16 的几何关系求出。设 ABC 为距原点 O 最近的晶面,其法线 N 与 a,b,c 的夹角为 α,β,γ,则得

$$d_{hkl} = \frac{a}{h}\cos\alpha = \frac{b}{k}\cos\beta = \frac{c}{l}\cos\gamma,$$

$$d_{hkl}^2 \left[\left(\frac{h}{a}\right)^2 + \left(\frac{k}{b}\right)^2 + \left(\frac{l}{c}\right)^2 \right] = \cos^2\alpha + \cos^2\beta + \cos^2\gamma。 \tag{2.7}$$

因此,只要算出 $\cos^2\alpha + \cos^2\beta + \cos^2\gamma$ 之值就可求得 d_{hkl}。对直角坐标系 $\cos^2\alpha + \cos^2\beta + \cos^2\gamma = 1$,所以,正交晶系的晶面间距计算公式为

$$d_{hkl} = \frac{1}{\sqrt{\left(\dfrac{h}{a}\right)^2 + \left(\dfrac{k}{b}\right)^2 + \left(\dfrac{l}{c}\right)^2}}。 \tag{2.8}$$

对立方晶系,由于 $a=b=c$,故上式可简化为

$$d_{hkl} = \frac{a}{\sqrt{h^2 + k^2 + l^2}}。 \tag{2.9}$$

对六方晶系,可求得其晶面间距的计算公式为

$$d_{hkl} = \frac{1}{\sqrt{\dfrac{4}{3}\dfrac{(h^2 + hk + k^2)}{a^2} + \left(\dfrac{l}{c}\right)^2}}。 \tag{2.10}$$

2.1.3　晶体的对称性

对称性是晶体的基本性质之一。自然界的许多晶体如天然金刚石、水晶、雪花晶体等往往具有规则的几何外形。晶体外形的宏观对称性是其内部晶体结构微观对称性的表现。晶体的

某些物理参数如热膨胀、弹性模量和光学常数等也与晶体的对称性密切相关。因此,分析探讨晶体的对称性,对研究晶体结构及其性能具有重要意义。

1. 对称元素

如同某些几何图形一样,自然界的某些物体和晶体中往往存在着可分割成若干个相同的部分,若将这些相同部分借助某些辅助性的、假想的几何要素(点、线、面)变换一下,它们能自身重合复原或者能有规律地重复出现,就像未发生一样,这种性质称为对称性。具有对称性质的图形称为对称图形,而这些假想的几何要素称为对称元素,"变换"或"重复"动作称为对称操作。每一种对称操作必有一对称元素与之相对应。

晶体的对称元素可分为宏观和微观两类。宏观对称元素反映出晶体外形和其宏观性质的对称性,而微观对称元素与宏观对称元素配合运用就能反映出晶体中原子排列的对称性。

1) 宏观对称元素

(1) 回转对称轴。当晶体绕某一轴回转而能完全复原时,此轴即为回转对称轴。注意:该轴线定要通过晶格单元的几何中心,且位于该几何中心与角顶或棱边的中心或面心的连线上。在回转一周的过程中,晶体能复原 n 次,就称为 n 次对称轴。晶体中实际可能存在的对称轴有1,2,3,4 和 6 次五种,并用国际符号1,2,3,4,和 6 来表示,如图 2.17 所示。关于晶体中的旋转轴次可通过晶格单元在空间密排和晶体的对称性定律加以验证,5 次及高于 6 次的对称轴并不存在。

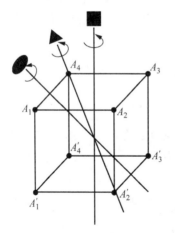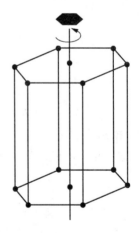

图 2.17　对称轴

(2) 对称面。晶体通过某一平面作镜像反映而能复原,则该平面称为对称面或镜面(见图 2.18 中 $B_1 B_2 B_3 B_4$ 面),用符号 m 表示。对称面通常是晶棱或晶面的垂直平分面或者为多面角的平分面,且必定通过晶体几何中心。

(3) 对称中心。若晶体中所有的点在经过某一点反演后能复原,则该点就称为对称中心(见图 2.19 中 O 点),用符号 i 表示。对称中心必然位于晶体中的几何中心处。

(4) 回转-反演轴。若晶体绕某一轴回转一定角度($360°/n$),再以轴上的一个中心点作反演之后能得到复原时,此轴称为回转-反演轴。图 2.20 中,P 点绕 BB' 轴回转 $180°$ 与 P_3 点重合,再经 O 点反演而与 P' 重合,则称 BB' 为 2 次回转-反演轴。从图中可以看出,回转-反演轴也可有1,2,3,4 和 6 次五种,分别以符号 $\bar{1},\bar{2},\bar{3},\bar{4},\bar{6}$ 来表示。事实上,$\bar{1}$ 与对称中心 i 等效;

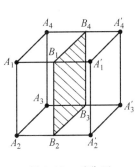

图 2.18 对称面

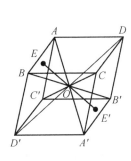

图 2.19 对称中心

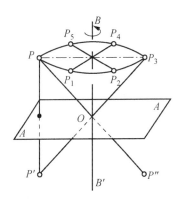

图 2.20 回转-反演轴

2 与对称面 m 等效;3 与 3 次旋转轴加上对称中心 i 等效;6 则与 3 次旋转轴加上一个与它垂直的对称面等效。为便于比较,将晶体的宏观对称元素及对称操作列于表 2.3。

表 2.3　晶体的宏观对称元素和对称操作

对称元素	对称轴					对称中心	对称面	回转-反演轴		
	1 次	2 次	3 次	4 次	6 次			3 次	4 次	6 次
辅助几何要素	直线					点	平面	直线和直线上的定点		
对称操作	绕直线旋转					对点反演	对面反映	绕线旋转+对点反演		
基转角 $\alpha/(°)$	360	180	120	90	60			120	90	60
国际符号	1	2	3	4	6	i	m	$\bar{3}$	$\bar{4}$	$\bar{6}$
等效对称元素						$\bar{1}$	$\bar{2}$	$3+i$		$3+m$

2) 微观对称元素　在分析晶体结构的对称性时,除了上面所述的宏观对称元素外,还须增加包含有平移动作的两种对称元素,这就是滑动面和螺旋轴。

(1) 滑动面。它由一个对称面加上沿着此面的平移所组成,晶体结构可借此面的反映并沿此面平移一定距离而复原。例如,图 2.21(a)中的结构,点 2 是点 1 的反映,BB' 面是对称面;但图 2.21(b)所示的结构就不同,单是反映不能得到复原,点 1 经 BB' 面反映后再平移 $a/2$ 距离才能与点 2 重合,这时 BB' 面是滑动面。

滑动面的表示符号如下:如平移为 $a/2,b/2$ 或 $c/2$ 时,写作 a,b 或 c;如沿对角线平移 1/2 距离,则写作 n;如沿着面对角线平移 1/4 距离,则写作 d。

(2) 螺旋轴。螺旋轴由回转轴和平行于轴的平移所构成。晶体结构可借绕螺旋轴回转 $360°/n$ 角度同时沿轴平移一定距离而得到重合,此螺旋轴称为 n 次螺旋轴。图 2.22 为 3 次螺旋轴,一些结构绕此轴回转 $120°$ 并沿轴平移 $c/3$ 就得到复原。螺旋轴可按其回转方向而有右旋和左旋之分。

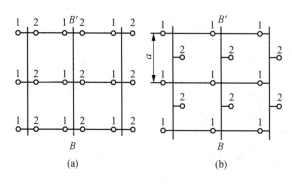

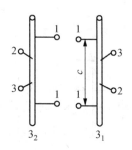

图 2.21　滑动面　　　　　　　　　图 2.22　螺旋轴

螺旋轴有 2 次(平移距离为 $c/2$,不分右旋和左旋,记为 2_1)、3 次(平移距离为 $c/3$,分为右旋或左旋,记为 3_1 或 3_2)、4 次(平移距离 $c/4$ 或 $c/2$,前者分为右旋或左旋,记为 4_1 或 4_3,后者不分左右旋,记为 4_2)、6 次(平移距离 $c/6$,分右旋或左旋,记为 6_1 或 6_5;平移距离 $c/3$,分右旋或左旋,记为 6_2 或 6_4;平移距离为 $c/2$,不分左右旋,记为 6_3)几种。

2. 32 种点群及空间群

点群是指一个晶体中所有点对称元素的集合。点群在宏观上表现为晶体外形的对称。

晶体可能存在的对称类型可通过宏观对称元素在一点上组合运用而得出。利用组合定理可导出晶体外形中只能有 32 种对称点群。这是因为:① 点对称与平移对称两者共存于晶体结构中,它们相互协调,彼此制约;② 点对称元素组合时必须通过一个公共点,必须遵循一定的规则,使组合的对称元素之间能够自洽。32 种点群如表 2.4 所列。

表 2.4　32 种点群

晶　系	三斜	单斜	正交			四方	菱方	六方	立方		
对称要素	$\overline{1}$ 1	m 2 $2/m$①	2 2 $2/m$	m 2 $2/m$	m 2 $2/m$	$\overline{4}$ 4 $4/m$ $\overline{4}$ 2 m 4 m m 4 2 2 $4/m$ $2/m$ $2/m$	3 $\overline{3}$ $3m$ 3 2 $\overline{3}$ $2/m$	$\overline{6}$ 6 $6/m$ $\overline{6}$ 2 m 6 m m 6 2 2 $6/m$ $2/m$ $2/m$	2 $2/m$ $\overline{4}$ 3 $4/m$	3 $\overline{3}$ m $\overline{4}$ 3 2 $\overline{4}$ 3 $2/m$	
特征对称要素	无	1 个 2 或 m	3 个互相垂直的2 或 2 个互相垂直的 m			1 个 4 或 $\overline{4}$	1 个 3 或 $\overline{3}$	1 个 6 或 $\overline{6}$	4 个 3		

① $2/m$ 表示其对称面与 2 次轴相垂直,其余类推。

2.1.1 节已指出,根据 6 个点阵参数间的相互关系可将晶体分为 7 种晶系,而现在按其对称性又有 32 种点群,这表明同属一种晶系的晶体可为不同的点群。因为晶体的对称性不仅决定于所属晶系,还决定于其阵点上的原子组合情况。表 2.4 中所列的特征对称元素系指能表示该晶系的最少对称元素,故可借助它来判断晶体所属的晶系,而无须将晶体中的所有对称元素都找出来。

空间群用以描述晶体中原子组合所有可能的方式,是确定晶体结构的依据,它是通过宏观和微观对称元素在三维空间的组合而得出的。属于同一点群的晶体可因其微观对称元素的不同而分属于不同的空间群。故可能存在的空间群数目远远多于点群,现已证明晶体中可能存在的空间群有 230 种,分属于 32 个点群。

2.1.4 极射投影

在进行晶体结构的分析研究时,往往要确定晶体的取向、晶面或晶向间的夹角等。为了方便起见,通过投影作图可将三维立体图形转化到二维平面上去。晶体的投影方法很多,其中以极射投影最为方便,应用也最广泛。

1. 极射投影原理

现将被研究的晶体放在一个球的球心上,这个球称为参考球。假定晶体尺寸与参考球相比很小,就可以认为晶体中所有晶面的法线和晶向均通过球心。将代表每个特定晶面或晶向的直线从球心出发向外延长,与参考球球面交于一点,这一点即为该晶面或晶向的代表点,称为该晶面或晶向的极点。极点的相互位置即可用来确定与之相对应的晶向和晶面之间的夹角。

极射投影的原理如图 2.23 所示。首先,在参考球中选定一条过球心 C 的直线 AB(直线),过 A 点作一平面与参考球相切,该平面即为投影面,也称极射面。若球面上有一极点 P,

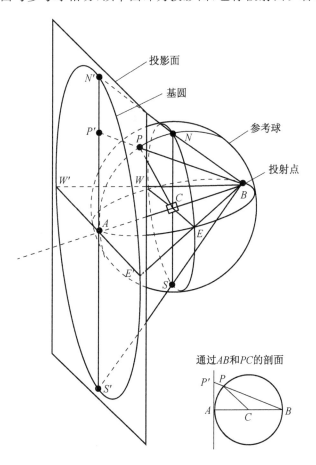

图 2.23 极射投影原理图

连接 BP 并延长之,使其与投影面相交于 P',P' 即为极点 P 在投影面上的极射投影。过球心作一平面 $NESW$ 与 AB 垂直(与投影面平行),它在球面上形成一个直径与球径相等的圆称大圆。大圆在投影面上的投影为 $N'E'S'W'$ 也是一个圆,称为基圆。参考球上包含直线 AB 的大圆在投影面上的投影为一直线,其他大圆投影到投影面上时则均呈圆弧形(两头包含基圆直径的弧段),而球面上不包含参考球直径的小圆,投影的结果既可能是一段弧,也可能是一个圆,不过其圆心将不在投影圆的圆心上。所有位于左半球球面上的极点,投影后的极射投影点均将落在基圆之内。然后,将投影面移至 B 点,并以 A 点为投射点,将所有位于右半球球面上的极点投射到位于 B 处的投影面上,并冠以负号。最后,将 A 处和 B 处的极射投影图重叠地画在一张图上。这样,球面上所有可能出现的极点,都可以包括在同一张极射投影图上。因此,晶体在三维空间取向问题就可以很方便地转化为一种二维平面关系,极射投影图上极点间的相互位置即可用来确定晶向或晶面之间的夹角。

投影面的位置沿 AB 线或其延长线移动时,仅图形的放大率改变,而投影点的相对位置不发生改变。投影面也可以置于球心,这时基圆与大圆重合。如果把参考球看似地球,A 点为北极,B 点为南极,过球心的投影面就是地球的赤道平面。以地球的一个极为投射点,将球面投射到赤道平面上就称为极射赤面投影;投影面不是赤道平面的,则称为极射平面投影。

2. 乌尔夫网(Wulff net)

分析晶体的极射投影时,乌尔夫网是很有用的工具。

如图 2.24 所示,乌尔夫网由经线和纬线组成,经线是由参考球空间每隔 2°等分且以 NS

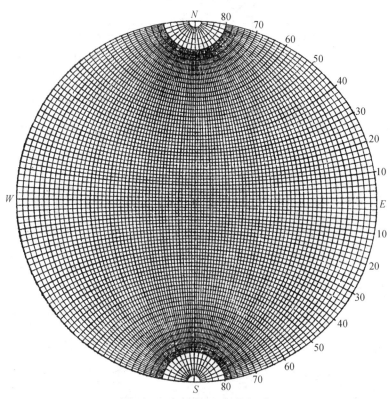

图 2.24　乌尔夫网(分度为 2°)

轴为直径的一组大圆投影而成；而纬线则是垂直于 NS 轴且按 2°等分球面空间的一组大圆投影而成。乌尔夫网在绘制时如实地保存着角度关系。经度沿赤道线读数；纬度沿基圆读数。

测量时，先将投影图画在透明纸上，其基圆直径与所用乌尔夫网的直径大小相等，然后将此透明纸复合在乌尔夫网上测量。利用乌尔夫网不仅可以方便地读出任一极点的方位，而且可以测定投影面上任意两极点间的夹角。

使用乌尔夫网时，特别注意的是，应使两极点位于乌尔夫网经线或赤道上才能正确度量晶面（或晶向）之间的夹角。图 2.25(a)中 B 和 C 两极点位于同一经线上，在乌尔夫网上可读出其夹角为 30°。对照图 2.25(b)，可见 $\beta=30°$，反映了 B,C 之间空间的真实夹角。然而位于同一纬度圆上的 A,B 两极点，它们之间的实际夹角为 α，而由乌尔夫网上量出它们之间的经度夹角相当于 α'，由于 $\alpha\neq\alpha'$，所以，不能在小圆上测量这两极点间的角度。要测量 A,B 两点间的夹角，应将复在乌尔夫网上的透明纸绕圆心转动，使 A,B 两点落在同一个乌尔夫网大圆上，然后读出这两极点的夹角。

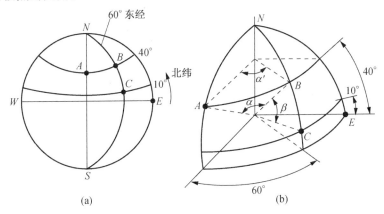

图 2.25　乌尔夫网和参考球的关系

3. 标准投影

以晶体的某个晶面平行于投影面上所作出主要晶面的极射投影图，称为标准投影。一般选择一些重要的低指数的晶面作为投影面，这样得到的图形能反映晶体的对称性。立方晶系常用的投影面是(001),(110)和(111)；六方晶系则为(0001)。立方晶系的(001)标准投影如图 2.26 所示。对于立方晶系，相同指数的晶面和晶向是相互垂直的，所以标准投影图中的极点既代表了晶面又代表了晶向。

同一晶带的各晶面的极点一定位于参考球的同一大圆上（因为晶带各晶面的法线位于同一平面上），因此，在投影图上同一晶带的晶面极点也位于同一大圆上。图 2.26 绘出了一些主要晶带的面，它们以直线或弧线连在一起。由于晶带轴与其晶面的法线是相互垂直的，所以可根据晶面所在的大圆求出该晶带的晶带轴。例如，图 2.26 中(100),(111),(011),(111),(100)等位于同一经线上，它们属于同一晶带。应用乌尔夫网在赤道线上向右量出 90°，求得其晶带轴为[011]。

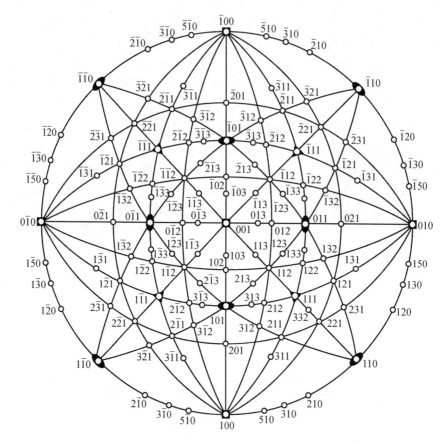

图 2.26   立方晶体详细的(001)标准投影图

2.1.5   倒易点阵

在研究晶体衍射时,某晶面(hkl)能否产生衍射的重要条件是,该晶面相对入射束的方位和晶面间距 d_{hkl} 应满足布拉格方程:$n\lambda = 2d\sin\theta$。因此,为了从几何上形象地判定衍射条件,须寻求一种新的点阵,使其每一结点对应着实际点阵中的一定晶面,而且既能反应该晶面的取向,又能反映其晶面间距。倒易点阵就是从实际点阵(正点阵)经过一定转化导出的抽象点阵。如图 2.27 所示,若已知某晶体点阵(正点阵)中的三个基矢为 a,b,c,则其相应的倒易点阵的基矢 a^*,b^*,c^* 可以定义如下:

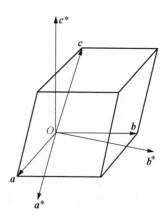

图 2.27 a^*,b^*,c^* 与 a,b,c 的关系示意图

$$\begin{cases} a^* = \dfrac{b \times c}{a \cdot (b \times c)} = \dfrac{1}{V_0}(b \times c), \\[2mm] b^* = \dfrac{c \times a}{a \cdot (b \times c)} = \dfrac{1}{V_0}(c \times a), \\[2mm] c^* = \dfrac{a \times b}{a \cdot (b \times c)} = \dfrac{1}{V_0}(a \times b), \end{cases} \qquad (2.11)$$

式中,V_0 为正点阵中晶胞体积。

可以证明,两者基本关系为

$$
\begin{cases}
\boldsymbol{a}^* \cdot \boldsymbol{b} = \boldsymbol{a}^* \cdot \boldsymbol{c} = \boldsymbol{b}^* \cdot \boldsymbol{a} = \boldsymbol{b}^* \cdot \boldsymbol{c} = \boldsymbol{c}^* \cdot \boldsymbol{a} = \boldsymbol{c}^* \cdot \boldsymbol{b} = 0, \\
\boldsymbol{a}^* \cdot \boldsymbol{a} = \boldsymbol{b}^* \cdot \boldsymbol{b} = \boldsymbol{c}^* \cdot \boldsymbol{c} = 1 。
\end{cases} \tag{2.12}
$$

这样,晶体点阵中的任一组晶面(hkl)在倒易点阵中,可用一个相应的倒易阵点$[hkl]^*$来表示,而从倒易点阵的原点到该倒易阵点的矢量称为倒易矢量$\boldsymbol{G}_{hkl}$。倒易矢量$\boldsymbol{G}_{hkl}$的方向即为晶面(hkl)的法线方向,其模则等于晶面间距d_{hkl}的倒数。通常写为

$$
\begin{aligned}
\boldsymbol{G}_{hkl} &= h\boldsymbol{a}^* + k\boldsymbol{b}^* + l\boldsymbol{c}^*, \\
|\boldsymbol{G}_{hkl}| &= 1/d_{hkl}。
\end{aligned} \tag{2.13}
$$

综上所述,正点阵与倒易点阵之间是完全互为倒易的。例如,正点阵中一个一维的阵点方向与倒易点阵中一个二维的倒易平面对应,而前者的二维点阵平面又与后者的一维倒易点阵方向对应。用倒易点阵描述或分析晶体的几何关系有时比正点阵还方便。

倒易点阵的主要应用有以下三方面:① 解释 X 射线及电子衍射图像;② 研究能带理论;③ 推导晶体学公式,如晶带定律方程,点阵平面间距公式,点阵平面的法线间的夹角及法线方向指数,等等。

2.2 金属的晶体结构

金属在固态下一般都是晶体。决定晶体结构的内在因素是原子或离子、分子间键合的类型及键的强弱。金属晶体的结合键是金属键。由于金属键具有无饱和性和无方向性的特点,从而使金属内部的原子趋于紧密排列,构成高度对称性的简单晶体结构;而亚金属晶体的主要结合键为共价键,由于共价键具有方向性,从而使其具有较复杂的晶体结构。

2.2.1 三种典型的金属晶体结构

元素周期表中的所有元素的晶体结构几乎都已用实验方法测出。最常见的金属晶体结构有面心立方结构(A1 或 fcc)、体心立方结构(A2 或 bcc)和密排六方结构(A3 或 hcp)三种。若将金属原子看作刚性球,这三种晶体结构的晶胞和晶体学特点分别如图 2.28、图 2.29、图 2.30 所示和表 2.5 所列。下面就其原子的排列方式,晶胞内原子数、点阵常数、原子半径、配位数、致密度和原子间隙大小几个方面来作进一步分析。

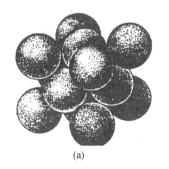
(a)
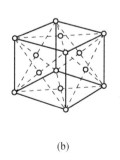
(b)
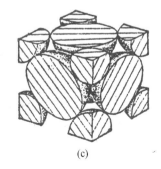
(c)

图 2.28 面心立方结构

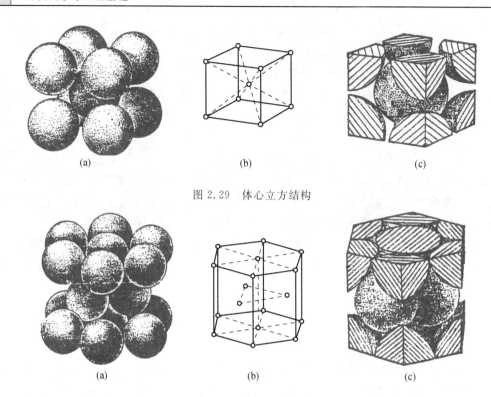

图 2.29　体心立方结构

图 2.30　密排六方结构

表 2.5　三种典型金属结构的晶体学特点

结构特征		晶体结构类型		
		面心立方（A1）	体心立方（A2）	密排六方（A3）
点阵常数		a	a	a,c $(c/a=1.633)$
原子半径（R）		$\dfrac{\sqrt{2}}{4}a$	$\dfrac{\sqrt{3}}{4}a$	$\dfrac{a}{2}\left(\dfrac{1}{2}\sqrt{\dfrac{a^2}{3}+\dfrac{c^2}{4}}\right)$
晶胞内原子数（n）		4	2	6
配位数（CN）		12	8	12
致密度（K）		0.74	0.68	0.74
四面体间隙	数量 大小	8 0.225R	12 0.291R	12 0.225R
八面体间隙	数量 大小	4 0.414R	6 0.154$R\langle100\rangle$ 0.633$R\langle110\rangle$	6 0.414R

1. 晶胞中的原子数

由于晶体具有严格对称性，故晶体可看成由许多晶胞堆砌而成。从图 2.28、图 2.29、图 2.30可以看出晶胞中顶角处为几个晶胞所共有，而位于晶面上的原子也同时属于两个相邻的晶胞，只有在晶胞体积内的原子才单独为一个晶胞所有。故三种典型金属晶体结构中每个

晶胞所占有的原子数 n 为

$$面心立方结构\quad n=8\times\frac{1}{8}+6\times\frac{1}{2}=4;$$

$$体心立方结构\quad n=8\times\frac{1}{8}+1=2;$$

$$密排六方结构\quad n=12\times\frac{1}{6}+2\times\frac{1}{2}+3=6。$$

2. 点阵常数与原子半径

晶胞的大小一般是由晶胞的棱边长度(a,b,c)即点阵常数(或称晶格常数)衡量的,它是表征晶体结构的一个重要基本参数。点阵常数主要通过 X 射线衍射分析求得。不同金属可以有相同的点阵类型,但各元素由于电子结构及其所决定的原子间结合情况不同,因而具有各不相同的点阵常数,且随温度不同而变化。

如果把金属原子看作刚球,并设其半径为 R,则根据几何关系不难求出三种典型金属晶体结构的点阵常数与 R 之间的关系:

面心立方结构:点阵常数为 a,且 $\sqrt{2}a=4R$;

体心立方结构:点阵常数为 a,且 $\sqrt{3}a=4R$;

密排六方结构:点阵常数由 a 和 c 表示。在理想的情况下,即把原子看作等径的刚球,可算得 $c/a=1.633$,此时,$a=2R$;但实际测得的轴比常偏离此值,即 $c/a\neq1.633$,这时,$(a^2/3+c^2/4)^{\frac{1}{2}}=2R$。

表 2.6 列出常见金属的点阵常数和原子半径。

表 2.6　常见金属的点阵常数和原子半径

金属	点阵类型	点阵常数/nm（室温）	原子半径（CN=12）/nm	金属	点阵类型	点阵常数/nm（室温）	原子半径（CN=12）/nm
Al	A1	0.404 96	0.143 4	Cr	A2	0.288 46	0.124 9
Cu	A1	0.361 47	0.127 8	V	A2	0.303 82	0.131 1（30℃）
Ni	A1	0.352 36	0.124 6	Mo	A2	0.314 68	0.136 3
γ-Fe	A1	0.364 68（916℃）	0.128 8	α-Fe	A2	0.286 64	0.124 1
β-Co	A1	0.354 4	0.125 3	β-Ti	A2	0.329 98（900℃）	0.142 9（900℃）
Au	A1	0.407 88	0.144 2	Nb	A2	0.330 07	0.142 9
Ag	A1	0.408 57	0.144 4	W	A2	0.316 50	0.137 1
Rh	A1	0.380 44	0.134 5	β-Zr	A2	0.360 90（862℃）	0.156 2（862℃）
Pt	A1	0.392 39	0.138 8	Cs	A2	0.614（−10℃）	0.266（−10℃）

（续表）

金属	点阵类型	点阵常数/nm（室温）	原子半径（CN＝12）/nm	金属	点阵类型	点阵常数/nm（室温）	原子半径（CN＝12）/nm
Ta	A2	0.330 26	0.143 0	α-Co	A3	0.250 2　1.625　0.406 1	0.125 3
Be	A3	*a*　0.228 56　*c/a*1.567 7　*c*　0.358 32	0.114 3	α-Zr	A3	0.323 12　1.593 1　0.514 77	0.158 5
Mg	A3	0.320 94　1.623 5　0.521 05	0.159 8	Ru	A3	0.270 38　1.583 5　0.428 16	0.132 5
Zn	A3	0.266 49　1.856 3　0.494 68	0.133 2	Re	A3	0.276 09　1.614 8　0.445 83	0.137 0
Cd	A3	0.297 88　1.885 8　0.561 67	0.148 9	Os	A3	0.273 3　1.580 3　0.431 9	0.133 8
α-Ti	A3	0.295 06　1.585 7　0.467 88	0.144 5				

注：原子半径并非一常数。它除了与温度、压力等外界条件有关外，与晶体结构（配位数）和结合键的变化也密切相关。根据 Goldschmidt VM 的工作表明，原子半径随着配位数的减小而减小，因此，只有在相同配位数的情况下来比较元素间的原子半径才有意义。故表 2.6 中所列各元素均按配位数为 12 计算的原子半径。

3. 配位数和致密度

晶体中原子排列的紧密程度与晶体结构类型有关，通常以配位数和致密度两个参数来描述晶体中原子排列的紧密程度。

所谓配位数（CN）是指晶体结构中任一原子周围最近邻且等距离的原子数；而致密度是指晶体结构中原子体积占总体积的百分数。如以一个晶胞来计算，则致密度就是晶胞中原子体积与晶胞体积之比值，即

$$K = \frac{nv}{V},$$

式中，K 为致密度；n 为晶胞中原子数；v 是一个原子的体积。这里将金属原子视为刚性等径球，故 $v=4\pi R^3/3$；V 为晶胞体积。

三种典型金属晶体结构的配位数和致密度如表 2.7 所列。

表 2.7　典型金属晶体结构的配位数和致密度

晶体结构类型	配位数（CN）	致密度（K）
A1	12	0.74
A2	8(8＋6)	0.68
A3	12(6＋6)	0.74

注：1. 体心立方结构的配位数为 8。最近邻原子相距为 $\frac{\sqrt{3}}{2}a$，此外尚有 6 个相距为 a 次近邻原子，有时也将之列入其内，故有时记为(8＋6)。

2. 密排六方结构中，只有当 $c/a=1.633$ 时其配位数为 12。如果 $c/a \neq 1.633$，则有 6 个最近邻原子（同一层的 6 个原子）和 6 个次近邻原子（上、下层的各 3 个原子），故其配位数应记为(6＋6)。

2.2.2　晶体的原子堆垛方式和间隙

从图 2.28、图 2.29、图 2.30 可看出,三种晶体结构中均有一组原子密排面和原子密排方向,它们分别是面心立方结构的{111}⟨110⟩,体心立方结构的{110}⟨111⟩和密排六方结构的{0001}⟨11$\bar{2}$0⟩。这些原子密排面在空间一层一层平行地堆垛起来就分别构成上述三种晶体结构。

从上节得知,面心立方和密排六方结构的致密度均为 0.74,是纯金属中最密集的结构。因为在面心立方和密排六方结构中,密排面上每个原子和最近邻的原子之间都是相切的;而在体心立方结构中,除位于体心的原子与位于顶角上的 8 个原子相切外,8 个顶角原子之间并不相切,故其致密度没有前者大。

进一步观察,还可发现面心立方结构中{111}晶面和密排六方结构中{0001}晶面上的原子排列情况完全相同,如图 2.31 所示。若把密排面的原子中心连成六边形的网格,这个六边形的网格又可分为六个等边三角形,而这六个三角形的中心又与原子之间的六个空隙中心相重合。从图 2.32 可看出这六个空隙可分为 B,C 两组,每组分别构成一个等边三角形。为了获得最紧密的堆垛,第二层密排面的每个原子应坐落在第一层密排面(A 层)每三个原子之间的空隙(低谷)上。不难看出,这些密排面在空间的堆垛方式可以有两种情况,一种是按 $ABAB$… 或 $ACAC$… 的顺序堆垛,这就构成密排六方结构(见图 2.30);另一种是按 $ABCABC$… 或 $ACBACB$… 的顺序堆垛,这就是面心立方结构(见图 2.28)。

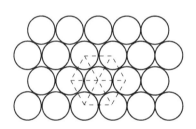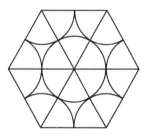

图 2.31　密排六方结构和面心立方结构中密排面上的原子排列

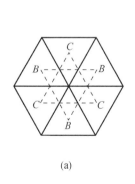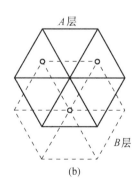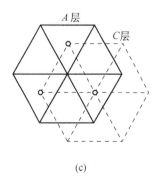

(a)	(b)	(c)

图 2.32　面心立方和密排六方结构中密排面的分析

从晶体中原子排列的刚球模型和对致密度的分析可以看出,金属晶体存在许多间隙,这种间隙对金属的性能、合金相结构和扩散、相变等都有重要影响。

图 2.33、图 2.34 和图 2.35 为三种典型金属晶体结构的间隙位置示意图。其中位于 6 个原子所组成的八面体中间的间隙称为八面体间隙,而位于 4 个原子所组成的四面体中间的间

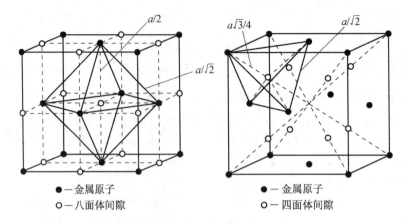

图 2.33   面心立方结构中的间隙

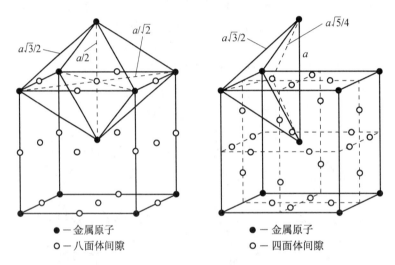

图 2.34   体心立方结构中的间隙

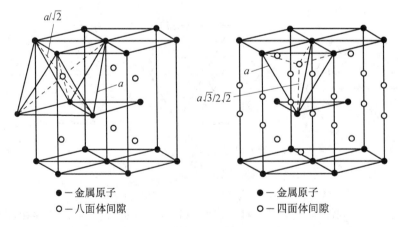

图 2.35   密排六方结构中的间隙

隙称为四面体间隙。图中实心圆圈代表金属原子,令其半径为 r_A;空心圆圈代表间隙,令其半径为 r_B。r_B 实质上表示能放入间隙内小球的最大半径(见图 2.36)。

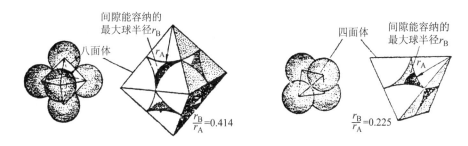

图 2.36 面心立方晶体中间隙的刚球模型

利用几何关系可求出三种晶体结构中四面体和八面体间隙的数目和尺寸大小,计算结果如表 2.8 所列。

表 2.8 三种典型晶体中的间隙

晶体结构	间隙类型	间隙数目	间隙大小(r_B/r_A)
面心立方	四面体间隙	8	0.225
（f c c）	八面体间隙	4	0.414
体心立方	四面体间隙	12	0.291
（b c c）	八面体间隙	6	0.154〈100〉 0.633〈110〉
密排六方($c/a=1.633$)	四面体间隙	12	0.225
（h c p）	八面体间隙	6	0.414

注:体心立方结构的四面体和八面体间隙都是不对称的,其棱边长度不全相等,这对以后将要讨论到的间隙原子的固溶及其产生的畸变将有明显的影响。

2.2.3 多晶型性

有些固态金属在不同的温度和压力下具有不同的晶体结构,即具有多晶型性,转变的产物称为同素异构体。例如,铁在 912℃ 以下为体心立方结构,称为 α-Fe;在 912～1 394℃ 具有面心立方结构,称为 γ-Fe;温度超过 1 394℃ 至熔点间又变成体心立方结构,称为 δ-Fe。由于不同晶体结构的致密度不同,当金属由一种晶体结构变为另一种晶体结构时,将伴随有质量体积的跃变,即体积的突变。图 2.37 为实验测得的纯铁加热时的膨胀曲线,在 α-Fe 转变为 γ-Fe 及 γ-Fe 转变为 δ-Fe 时,均会因体积突变而使曲线上出现明显的转折点。具有多晶型性的其他金属还有 Mn,Ti,Co,Sn,Zr,U,Pu 等。

同素异构转变对于金属是否能够通过热处理操作来改变它的性能具有重要的意义。

2.3 合金相结构

虽然纯金属在工业中有着重要的用途,但由于其强度低等原因,因此,工业上广泛使用的金属材料绝大多数是合金。

所谓合金,是指由两种或两种以上的金属或金属与非金属经熔炼、烧结或其他方法组合而成并具有金属特性的物质。组成合金的基本的、独立的物质称为组元。组元可以是金属和非

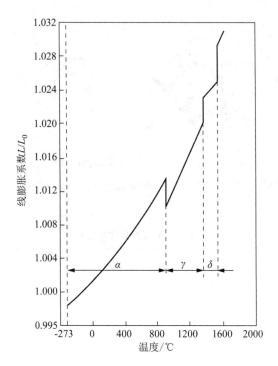

图 2.37　纯铁加热时的膨胀曲线

金属元素,也可以是化合物。例如,应用最普遍的碳钢和铸铁就是主要由铁和碳所组成的合金;黄铜则为铜和锌的合金。

改变和提高金属材料的性能,合金化是最主要的途径。要知合金元素加入后是如何起到改变和提高金属性能的作用,首先必须知道合金元素加入后的存在状态,即可能形成的合金相及其组成的各种不同组织形态。而所谓相,是指合金中具有同一聚集状态、同一晶体结构和性质并以界面相互隔开的均匀组成部分。由一种相组成的合金称为单相合金,而由几种不同的相组成的合金称为多相合金。尽管合金中的组成相多种多样,但根据合金组成元素及其原子相互作用的不同,固态下所形成的合金相基本上可分为固溶体和中间相两大类。

固溶体是以某一组元为溶剂,在其晶体点阵中溶入其他组元原子(溶质原子)所形成的均匀混合的固态溶体,它保持着溶剂的晶体结构类型;而如果组成合金相的异类原子有固定的比例,所形成的固相的晶体结构与所有组元均不同,且这种相的成分多数处在 A 在 B 中溶解限度和 B 在 A 中的溶解限度之间,即落在相图的中间部位,故称它为中间相。

合金组元之间的相互作用及其所形成的合金相的性质主要是由它们各自的电化学因素、原子尺寸因素和电子浓度三个因素控制的。

2.3.1　固溶体

固溶体晶体结构的最大特点是保持着原溶剂的晶体结构。

根据溶质原子在溶剂点阵中所处的位置,可将固溶体分为置换固溶体和间隙固溶体两类,下面将分别加以讨论。

1．置换固溶体

当溶质原子溶入溶剂中形成固溶体时，溶质原子占据溶剂点阵的阵点，或者说溶质原子置换了溶剂点阵的部分溶剂原子，这种固溶体就称为置换固溶体。

金属元素彼此之间一般都能形成置换固溶体，但溶解度视不同元素而异，有些能无限溶解，有的只能有限溶解。影响溶解度的因素很多，主要取决于以下几个因素：

1）晶体结构　晶体结构相同是组元间形成无限固溶体的必要条件。只有当组元 A 和 B 的结构类型相同时，B 原子才有可能连续不断地置换 A 原子，如图 2.38 所示。显然，如果两组元的晶体结构类型不同，组元间的溶解度只能是有限的。形成有限固溶体时，若溶质与溶剂元素的结构类型相同，则溶解度通常也较不同结构时为大。表 2.9 列出一些合金元素在铁中的溶解度，就足以说明这一点。

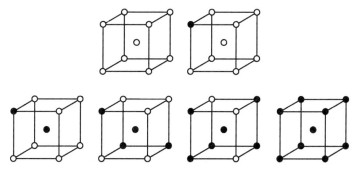

图 2.38　无限置换固溶体中两组元素原子置换示意图

表 2.9　合金元素在铁中的溶解度

元素	结构类型	在 γ-Fe 中最大溶解度/%	在 α-Fe 中最大溶解度/%	室温下在 α-Fe 中的溶解度/%
C	六方 金刚石型	2.11	0.0218	0.008(600℃)
N	简单立方	2.8	0.1	0.001(100℃)
B	正交	0.018~0.026	~0.008	<0.001
H	六方	0.000 8	0.003	~0.000 1
P	正交	0.3	2.55	~1.2
Al	面心立方	0.625	~36	35
Ti	β-Ti 体心立方(>882℃) α-Ti 密排六方(<882℃)	0.63	7~9	~2.5(600℃)
Zr	β-Zr 体心立方(>862℃) α-Zr 密排六方(<862℃)	0.7	~0.3	0.3(385℃)
V	体心立方	1.4	100	100
Nb	体心立方	2.0	α-Fe 1.8(989℃) δ-Fe 4.5(1360℃)	0.1~0.2

（续表）

元素	结构类型	在 γ-Fe 中最大 溶解度/%	在 α-Fe 中最大 溶解度/%	室温下在 α-Fe 中 的溶解度/%
Mo	体心立方	～3	37.5	1.4
W	体心立方	～3.2	35.5	4.5（700℃）
Cr	体心立方	12.8	100	100
Mn	δ-Mn 体心立方（>1133℃） γ-Mn 面心立方（1095～1133℃） α,β-Mn 复杂立方（<1095℃）	100	～3	～3
Co	β-Co 面心立方（>450℃） α-Co 密排六方（<450℃）	100	76	76
Ni	面心立方	100	～10	～10
Cu	面心立方	～8	2.13	0.2
Si	金刚石型	2.15	18.5	15

2）原子尺寸因素　大量实验表明，在其他条件相近的情况下，原子半径差 $\Delta r<15\%$ 时，有利于形成溶解度较大的固溶体；而当 $\Delta r\geqslant15\%$ 时，Δr 越大，则溶解度越小。

原子尺寸因素的影响主要与溶质原子的溶入所引起的点阵畸变及其结构状态有关。Δr 越大，溶入后点阵畸变程度越大，畸变能越高，结构的稳定性越低，溶解度则越小。

3）化学亲和力（电负性因素）　溶质与溶剂元素之间的化学亲和力越强，即合金组元间电负性差越大，倾向于生成化合物而不利于形成固溶体；生成的化合物越稳定，则固溶体的溶解度就越小。只有电负性相近的元素才可能具有大的溶解度。各元素的电负性如图 2.39 所示，并表示了电负性与原子序数的关系。从图中可以看出，它是有一定的周期性的，在同一周期

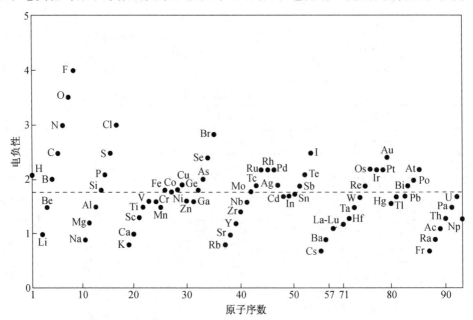

图 2.39　元素的电负性（虚线表示铁的电负性数值）

内,电负性自左向右(即随原子序数的增大)而增大;而在同一族中,电负性由上到下逐渐减小。

4) 原子价因素 实验结果表明,当原子尺寸因素较为有利时,在某些以一价金属(如 Cu, Ag,Au)为基的固溶体中,溶质的原子价越高,其溶解度越小。如 Zn,Ga,Ge 和 As 在 Cu 中的最大溶解度分别为 38%,20%,12% 和 7%(见图 2.40);而 Cd,In,Sn 和 Sb 在 Ag 中的最大溶解度则分别为 42%,20%,12% 和 7%(见图 2.41)。进一步分析得出,溶质原子价的影响实质上是"电子浓度"所决定的。所谓电子浓度就是合金中价电子数目与原子数目的比值,即 e/a。合金中的电子浓度可按下式计算:

$$e/a = \frac{A(100-x)+Bx}{100}。 \tag{2.14}$$

式中,A,B 分别为溶剂和溶质的原子价,x 为溶质的原子数分数(%)。如果分别算出上述合金在最大溶解度时的电子浓度,可发现它们的数值都接近于 1.4。这就是所谓的极限电子浓度。超过此值时,固溶体就不稳定而要形成另外的相。极限电子浓度与溶剂晶体结构类型有关。对一价金属溶剂而言,若其晶体结构为 fcc,极限电子浓度为 1.36;bcc 时为 1.48;hcp 时为 1.75。

还应指出,影响固溶度的因素除了上述讨论的因素外,固溶度还与温度有关,在大多数情况下,温度升高,固溶度升高;而对少数含有中间相的复杂合金,情况则相反。

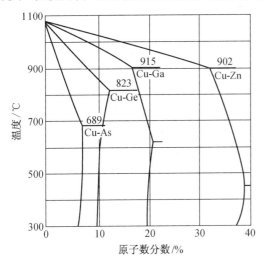

图 2.40 铜合金的固相线和固溶度曲线   图 2.41 银合金的固相线和固溶度曲线

2. 间隙固溶体

溶质原子分布于溶剂晶格间隙而形成的固溶体称为间隙固溶体。

从前面得知,当溶质与溶剂的原子半径差大于 30% 时,不易形成置换固溶体;而且当溶质原子半径很小,致使 $\Delta r > 41\%$ 时,溶质原子就可能进入溶剂晶格间隙中而形成间隙固溶体。形成间隙固溶体的溶质原子通常是原子半径小于 0.1nm 的一些非金属元素。如 H,B,C,N,O 等(它们的原子半径分别为 0.046,0.097,0.077,0.071 和 0.060nm)。

在间隙固溶体中,由于溶质原子一般都比晶格间隙的尺寸大,所以当它们溶入后,都会引起溶剂点阵畸变,点阵常数变大,畸变能升高。因此,间隙固溶体都是有限固溶体,而且溶解度较低。

间隙固溶体的溶解度不仅与溶质原子的大小有关,还与溶剂晶体结构中间隙的形状和大小等因素有关。例如,C 在 γ-Fe 中的最大溶解度为质量分数 $w(C)=2.11\%$,而在 α-Fe 中的最大溶解度仅为质量分数 $w(C)=0.0218\%$。这是因为固溶于 γ-Fe 和 α-Fe 中的碳原子均处于八面体间隙中,而 γ-Fe 的八面体间隙尺寸比 α-Fe 的大的缘故。另外,α-Fe 为体心立方晶格,而在体心立方晶格中四面体和八面体间隙均是不对称的,尽管在〈100〉方向上八面体间隙比四面体间隙的尺寸小,仅为 $0.154R$,但它在〈110〉方向上却为 $0.633R$,比四面体间隙 $0.291R$ 大得多。因此,当 C 原子挤入时只要推开 Z 轴方向的上下两个铁原子即可,这比挤入四面体间隙要同时推开四个铁原子较为容易。虽然如此,其实际溶解度仍是极微的。

3. 固溶体的微观不均匀性

图 2.42 为固溶体中溶质原子的分布示意图。

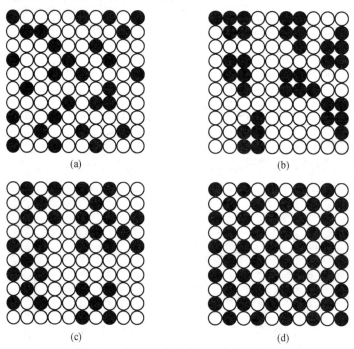

图 2.42　固溶体中溶质原子分布示意图

(a) 完全无序　(b) 偏聚　(c) 部分有序　(d) 完全有序

事实上,完全无序的固溶体是不存在的。可以认为,在热力学上处于平衡状态的无序固溶体中,溶质原子的分布在宏观上是均匀的,但在微观上并不均匀。在一定条件下,它们甚至会呈有规则分布,形成有序固溶体。这时溶质原子存在于溶质点阵中的固定位置上,而且每个晶胞中的溶质和溶剂原子之比也是一定的。有序固溶体的点阵结构有时也称超结构,这将在下面一节中另行阐述。固溶体中溶质原子取何种分布方式主要取决于同类原子间的结合能 E_{AA},E_{BB} 和异类原子间的结合能 E_{AB} 的相对大小。如果 $E_{AA} \approx E_{BB} \approx E_{AB}$,则溶质原子倾向于呈无序分布;如果 $(E_{AA}+E_{BB})/2 < E_{AB}$,则溶质原子呈偏聚状态;如果 $E_{AB} < (E_{AA}+E_{BB})/2$,则溶质原子呈部分有序或完全有序排列。

为了了解固溶体的微观不均匀性,可引用短程序参数 α 加以说明。假定在一系列以溶质 B 原子为中心的各同心球面上分布着 A,B 组元原子。如在 i 层球面上共有 c_i 个原子,其中 A

原子的平均数目为 n_i 个,若已知该合金成分中 A 的原子数分数为 m_A,则此层上 A 原子数目应为 $m_A c_i$。短程序参数 α 定义为

$$\alpha_i = 1 - \frac{n_i}{m_A c_i}。 \tag{2.15}$$

显然,当固溶体为完全无序分布时,n_i 应等于 $m_A c_i$,即 $\alpha_i = 0$。若 $n_i > m_A c_i$ 时,α_i 为负值,表明 B 原子与异类原子相邻的几率高于无序分布,即处于短程有序状态。若 $n_i < m_A c_i$ 时,α 为正值,则固溶体处于同类原子相邻几率较高的偏聚状态。

4. 固溶体的性质

和纯金属相比,由于溶质原子的溶入导致固溶体的点阵常数、力学性能、物理和化学性能产生了不同程度的变化。

1) 点阵常数改变 形成固溶体时,虽然仍保持着溶剂的晶体结构,但由于溶质与溶剂的原子大小不同,总会引起点阵畸变并导致点阵常数发生变化。对置换固溶体而言,当原子半径 $r_B > r_A$ 时,溶质原子周围点阵膨胀,平均点阵常数增大;当 $r_B < r_A$ 时,溶质原子周围点阵收缩,平均点阵常数减小。对间隙固溶体而言,点阵常数随溶质原子的溶入总是增大的,这种影响往往比置换固溶体大得多。

2) 产生固溶强化 和纯金属相比,固溶体的一个最明显的变化是由于溶质原子的溶入,使固溶体的强度和硬度升高。这种现象称为固溶强化。有关固溶强化机理将在后面章节中进一步讨论。

3) 物理和化学性能的变化 固溶体合金随着固溶度的增加,点阵畸变增大,一般固溶体的电阻率 ρ 升高,同时降低电阻温度系数 α。又如 Si 溶入 α-Fe 中可以提高磁导率,因此质量分数 $w(Si)$ 为 2%~4% 的硅钢片是一种应用广泛的软磁材料。又如 Cr 固溶于 α-Fe 中,当 Cr 的原子数分数达到 12.5% 时,Fe 的电极电位由 $-0.60V$ 突然上升到 $+0.2V$,从而有效地抵抗空气、水气、稀硝酸等的腐蚀。因此,不锈钢中至少含有 13% 以上的 Cr 原子。

有序化时因原子间结合力增加,点阵畸变和反相畴存在等因素都会引起固溶体性能突变,除了硬度和屈服强度升高,电阻率降低外,甚至有些非铁磁性合金有序化后会具有明显的铁磁性。例如,Ni_3Mn 和 Cu_2MnAl 合金,无序状态时呈顺磁性,但有序化形成超点阵后则成为铁磁性物质。

2.3.2 中间相

两组元 A 和 B 组成合金时,除了可形成以 A 为基或以 B 为基的固溶体(端际固溶体)外,还可能形成晶体结构与 A,B 两组元均不相同的新相。由于它们在二元相图上的位置总是位于中间,故通常把这些相称为中间相。

中间相可以是化合物,也可以是以化合物为基的固溶体(第二类固溶体或称二次固溶体)。中间相可用化合物的化学分子式表示。大多数中间相中,原子间的结合方式属于金属键与其他典型键(如离子键、共价键和分子键)相混合的一种结合方式。因此,它们都具有金属性。正是由于中间相中各组元间的结合含有金属的结合方式,所以表示它们组成的化学分子式并不一定符合化合价规律,如 $CuZn$、Fe_3C 等。

和固溶体一样,电负性、电子浓度和原子尺寸对中间相的形成及晶体结构都有影响。据

此,可将中间相分为正常价化合物、电子化合物、与原子尺寸因素有关的化合物和超结构(有序固溶体)等几大类,下面分别进行讨论。

1. 正常价化合物

在元素周期表中,一些金属与电负性较强的ⅣA,ⅤA,ⅥA族的一些元素按照化学上的原子价规律所形成的化合物称为正常价化合物。它们的成分可用分子式来表达,一般为 AB,A_2B(或 AB_2),A_3B_2 型。如二价的 Mg 与四价的 Pb,Sn,Ge,Si 形成 Mg_2Pb,Mg_2Sn,Mg_2Ge,Mg_2Si。

正常价化合物的晶体结构通常对应于同类分子式的离子化合物结构,如 NaCl 型、ZnS 型、CaF_2 型等。正常价化合物的稳定性与组元间电负性差有关。电负性差越小,化合物越不稳定,越趋于金属键结合;电负性差越大,化合物越稳定,越趋于离子键结合。如上例中由 Pb 到 Si 电负性逐渐增大,故上述四种正常价化合物中 Mg_2Si 最稳定,熔点为 1 102℃,而且系典型的离子化合物;而 Mg_2Pb 熔点仅 550℃,且显示出典型的金属性质,其电阻值随温度升高而增大。

2. 电子化合物

电子化合物是休姆-罗瑟里(Hume-Rothery)在研究ⅠB族的贵金属(Ag,Au,Cu)与ⅡB,ⅢA,ⅣA族元素(如 Zn,Ga,Ge)所形成的合金时首先发现的,后来又在 Fe-Al、Ni-Al、Co-Zn 等其他合金中发现,故又称休姆-罗瑟里相。

这类化合物的特点是电子浓度是决定晶体结构的主要因素。凡具有相同的电子浓度,则相的晶体结构类型相同。电子浓度用化合物中每个原子平均所占有的价电子数(e/a)来表示。计算不含ⅠB,ⅡB的过渡族元素时,其价电子数视为零。因其 d 层的电子未被填满,在组成合金时它们实际上不贡献价电子。电子浓度为 $\frac{21}{12}$ 的电子化合物称为 ε 相,具有密排六方结构;电子浓度为 $\frac{21}{13}$ 的为 γ 相,具有复杂立方结构;电子浓度为 $\frac{21}{14}$ 的为 β 相,一般具有体心立方结构,但有时还可能呈复杂立方的 β-Mn 结构或密排六方结构。这是由于除主要受电子浓度影响外,其晶体结构也同时受尺寸因素及电化学因素的影响。表 2.10 列出一些典型的电子化合物。

电子化合物虽然可用化学分子式表示,但不符合化合价规律,而且实际上其成分是在一定范围内变化,可视其为以化合物为基的固溶体,其电子浓度也在一定范围内变化。

电子化合物中原子间的结合方式以金属键为主,故具有明显的金属特性。

表 2.10 常见的电子化合物及其结构类型

电子浓度 $=\frac{3}{2}$,即 $\frac{21}{14}$			电子浓度 $=\frac{21}{13}$	电子浓度 $=\frac{7}{4}$,即 $\frac{21}{12}$
体心立方结构	复杂立方 β-Mn 结构	密排六方结构	γ 黄铜结构	密排六方结构
CuZn	Cu_5Si	Cu_3Ga	Cu_5Zn_8	$CuZn_3$
CuBe	Ag_3Al	Cu_5Ge	Cu_5Cd_8	$CuCd_3$
Cu_3Al	Au_3Al	AgZn	Cu_5Hg_8	Cu_3Sn

（续表）

电子浓度 $=\dfrac{3}{2}$，即 $\dfrac{21}{14}$			电子浓度 $=\dfrac{21}{13}$	电子浓度 $=\dfrac{7}{4}$，即 $\dfrac{21}{12}$
体心立方结构	复杂立方 β-Mn 结构	密排六方结构	γ 黄铜结构	密排六方结构
Cu_3Ga[①]	$CoZn_3$[①]	$AgCd$	Cu_9Al_4	Cu_3Si
Cu_3In		Ag_3Al	Cu_9Ga_4	$AgZn_3$
Cu_5Si[①]		Ag_3Ga	Cu_9In_4	$AgCd_3$
Cu_5Sn		Ag_3In	$Cu_{31}Si_8$	Ag_3Sn
$AgMg$[①]		Ag_5Sn	$Cu_{31}Sn_8$	Ag_5Al_3
$AgZn$[①]		Ag_7Sb	Ag_5Zn_8	$AuZn_3$
$AgCd$[①]		Au_3In	Ag_5Cd_8	$AuCd_3$
Ag_3Al[①]		Au_5Sn	Ag_5Hg_8	Au_3Sn
Ag_3In[①]			Ag_9In_4	Au_5Al_3
$AuMg$			Au_5In_8	
$AuZn$			Au_5Cd_8	
$AuCd$			Au_9In_4	
$FeAl$			Fe_5Zn_{21}	
$CoAl$			Co_5Zn_{21}	
$NiAl$			Ni_5Be_{21}	
$PdIn$			$Na_{31}Pb_8$	

① 不同温度出现不同的结构。

3. 与原子尺寸因素有关的化合物

一些化合物类型与组成元素原子尺寸的差别有关，当两种原子半径差很大的元素形成化合物时，倾向于形成间隙相和间隙化合物，而中等程度差别时倾向形成拓扑密堆相，现分别讨论如下：

1) 间隙相和间隙化合物　原子半径较小的非金属元素如 C，H，N，B 等可与金属元素（主要是过渡族金属）形成间隙相或间隙化合物。这主要取决于非金属（X）和金属（M）原子半径的比值 r_X/r_M；当 $r_X/r_M < 0.59$ 时，形成具有简单晶体结构的相，称为间隙相；当 $r_X/r_M > 0.59$ 时，形成具有复杂晶体结构的相，通常称为间隙化合物。

由于 H 和 N 的原子半径仅为 0.046nm 和 0.071nm，尺寸小，故它们与所有的过渡族金属都满足 $r_X/r_M < 0.59$ 的条件，因此，过渡族金属的氢化物和氮化物都为间隙相；而 B 的原子半径为 0.097nm，尺寸较大，则过渡族金属的硼化物均为间隙化合物。至于 C 则处于中间状态，某些碳化物如 TiC，VC，NbC，WC 等系结构简单的间隙相，而 Fe_3C、Cr_7C_3、$Cr_{23}C_6$、Fe_3W_3C 等则是结构复杂的间隙化合物。

（1）间隙相。间隙相具有比较简单的晶体结构，如面心立方（fcc）、密排六方（hcp），少数为体心立方（bcc）或简单六方结构，它们与组元的结构均不相同。在晶体中，金属原子占据正常的位置，而非金属原子规则地分布于晶格间隙中，这就构成一种新的晶体结构。非金属原子在间隙相中占据什么间隙位置，也主要取决于原子尺寸的因素。当 $r_X/r_M < 0.414$ 时，可进入四面体间隙；若 $r_X/r_M > 0.414$ 时，则进入八面体间隙。

间隙相的分子式一般为 M_4X，M_2X，MX 和 MX_2 四种。常见的间隙相及其晶体结构如表 2.11 所列。

表 2.11　间隙相举例

分子式	间隙相举例	金属原子排列类型
M_4X	Fe_4N，Mn_4N	面心立方
M_2X	Ti_2H，Zr_2H，Fe_2N，Cr_2N， V_2N，W_2C，Mo_2C，V_2C	密排六方
MX	TaC，TiC，ZrC，VC，ZrN， VN，TiN，CrN，ZrH，TiH	面心立方
	TaH，NbH	体心立方
	WC，MoN	简单六方
MX_2	TiH_2，ThH_2，ZrH_2	面心立方

在密排结构(fcc 和 hcp)中，八面体和四面体间隙数与晶胞内原子数的比值分别为 1 和 2。当非金属原子填满八面体间隙时，间隙相的成分恰好为 MX，结构为 NaCl 型(MX 化合物也可呈闪锌矿结构，非金属原子占据了四面体间隙的半数)；当非金属原子填满四面体间隙时(仅在氢化物中出现)，则形成 MX_2 间隙相，如 TiH_2(在 MX_2 结构中，H 原子也可成对地填入八面体间隙中，如 ZrH_2)；在 M_4X 中，金属原子组成面心立方结构，而非金属原子在每个晶胞中占据一个八面体间隙；在 M_2X 中，金属原子按密排六方结构排列(个别也有 fcc，如 W_2N，MoN 等)，非金属原子占据其中一半的八面体间隙位置，或四分之一的四面体间隙位置。M_4X 和 M_2X 可认为是非金属原子未填满间隙的结构。

尽管间隙相可以用化学分子式表示，但其成分也是在一定范围内变化，也可视为以化合物为基的固溶体(第二类固溶体或缺位固溶体)。特别是间隙相不仅可以溶解其组成元素，而且间隙相之间还可以相互溶解。如果两种间隙相具有相同的晶体结构，且这两种间隙相中的金属原子半径差小于 15%，它们还可以形成无限固溶体，例如 $TiC-ZrC$，$TiC-VC$，$ZrC-NbC$，$VC-NbC$ 等。

需特别指出的是间隙相与间隙固溶体之间有着本质的区别，间隙相是一种化合物，它具有与组元不同的晶体结构，而间隙固溶体则保持着溶剂组元的晶体结构。

间隙相中原子间结合键为共价键和金属键，即使非金属组元的原子数分数大于 50% 时，仍具有明显的金属特性，而且间隙相几乎全部具有高熔点和高硬度的特点，是合金工具钢和硬质合金中的重要组成相。

(2) 间隙化合物。当非金属原子半径与过渡族金属原子半径之比 $r_X/r_M > 0.59$ 时所形成的相往往具有复杂的晶体结构，这就是间隙化合物。通常过渡族金属 Cr，Mn，Fe，Co，Ni 与碳元素所形成的碳化物都是间隙化合物。常见的间隙化合物有 M_3C 型(如 Fe_3C，Mn_3C)，M_7C_3 型(如 Cr_7C_3)，$M_{23}C_6$ 型(如 $Cr_{23}C_6$)，和 M_6C 型(如 Fe_3W_3C，Fe_4W_2C)等。间隙化合物中的金属元素常常被其他金属元素所置换而形成化合物为基的固溶体。例如 $(Fe,Mn)_3C$，$(Cr,Fe)_7C_3$，$(Fe,Ni)_3(W,Mo)_3C$ 等。

间隙化合物的晶体结构都很复杂。如 $Cr_{23}C_6$ 属于复杂立方结构，晶胞中共有 116 个原子，其中 92 个为 Cr 原子，24 个为 C 原子，而每个碳原子有 8 个相邻的金属 Cr 原子。这一大晶胞可以看成是由 8 个亚胞交替排列组成的(见图 2.43)。

Fe₃C 是铁碳合金中的一个基本相,称为渗碳体。C 与 Fe 的原子半径之比为 0.63,其晶体结构如图 2.44 所示,为正交晶系,三个点阵常数不相等,晶胞中共有 16 个原子,其中 12 个 Fe 原子,4 个 C 原子,符合 Fe∶C＝3∶1 的关系。Fe₃C 中的 Fe 原子可以被 Mn,Cr,Mo,W,V 等金属原子所置换形成合金渗碳体;而 Fe₃C 中的 C 可被 B 置换,但不能被 N 置换。

间隙化合物中原子间结合键为共价键和金属键。其熔点和硬度均较高(但不如间隙相),是钢中的主要强化相。还应指出,在钢中只有周期表中位于 Fe 左方的过渡族金属元素才能形成碳化物(包括间隙相和间隙化合物),它们的 d 层电子越少,与碳的亲和力就越强,则形成的碳化物越稳定。

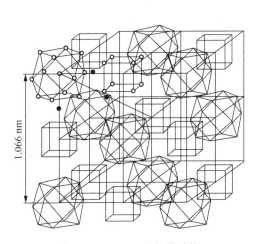

图 2.43　Cr₂₃C₆ 的晶体结构

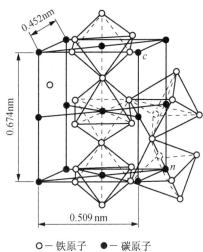

○—铁原子　●—碳原子

图 2.44　Fe₃C 晶体结构

2) 拓扑密堆相　拓扑密堆相是由两种大小不同的金属原子所构成的一类中间相,其中大小原子通过适当的配合构成空间利用率和配位数都很高的复杂结构。由于这类结构具有拓扑特征,故称这些相为拓扑密堆相,简称 TCP 相,以区别于通常的具有 fcc 或 hcp 的几何密堆相。

这种结构的特点是:

(1) 由配位数(CN)为 12,14,15,16 的配位多面体堆垛而成。所谓配位多面体是以某一原子为中心,将其周围紧密相邻的各原子中心用一些直线连接起来所构成的多面体,每个面都是三角形。图 2.45 为拓扑密堆相的配位多面体形状。

(2) 呈层状结构:原子半径较小的原子构成密排面,而密排面间嵌镶有原子半径较大的原子,由这些密排层按一定顺序堆垛而成,从而构成空间利用率很高,只有四面体间隙的密排结构。

原子密排层系由三角形、正方形或六角形组合起来的网格结构。网格结构通常可用一定的符号加以表示:取网格中的任一原子,依次写出围绕着它的多边形类型。图 2.46 为几种类型的原子密排层的网格结构。

拓扑密堆相的种类很多,已经发现的有拉弗斯相(如 MgCu₂、MgNi₂、MgZn₂、TiFe₂ 等)、σ 相(如 FeCr,FeV,FeMo,CrCo,WCo 等)、μ 相(如 Fe₇W₆,Co₇Mo₆ 等)、Cr₃Si 型相(如 Cr₃Si、Nb₃Sn、Nb₃Sb 等)、R 相(如 Cr₁₈Mo₃₁Co₅₁ 等)、P 相(如 Cr₁₈Ni₄₀Mo₄₂ 等)。下面简单介绍拉弗斯相和 σ 相的晶体结构。

(1) 拉弗斯相。许多金属之间形成金属间化合物属于拉弗斯相。二元合金拉弗斯相的典

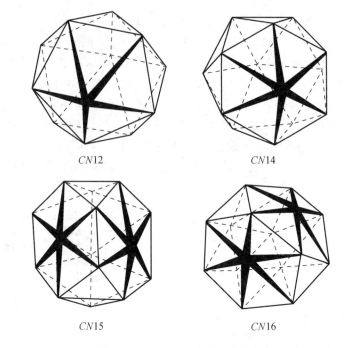

CN12   CN14

CN15   CN16

图 2.45   拓扑密堆相中的配位多面体

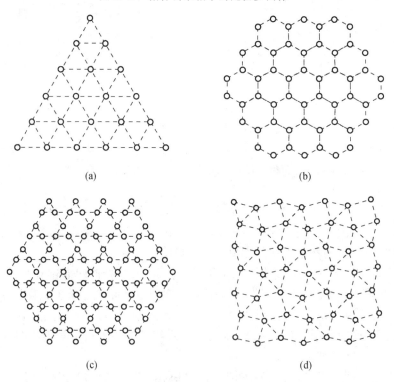

(a)   (b)

(c)   (d)

图 2.46   原子密排层的网格结构

(a) 3^6 型   (b) 6^3 型   (c) $3 \cdot 6 \cdot 3 \cdot 6$ 型   (d) $3^2 \cdot 4 \cdot 3 \cdot 4$ 型

型分子式为 AB_2,其形成条件为:

① 原子尺寸因素:A 原子半径略大于 B 原子,其理论比值应为 $r_A/r_B = 1.255$,而实际比值

约在 1.05～1.68 范围之间。

② 电子浓度：一定的结构类型对应着一定的电子浓度。

拉弗斯相的晶体结构有三种类型。它们的典型代表为 $MgCu_2$，$MgZn_2$ 和 $MgNi_2$。它们相对应的电子浓度范围见表 2.12 所列。

表 2.12 三种典型拉弗斯相的结构类型和电子浓度范围

典型合金	结构类型	电子浓度范围	属于同类的拉弗斯相举例
$MgCu_2$	复杂立方	1.33～1.75	$AgBe_2$，$NaAu_2$，$ZrFe_2$，$CuMnZr$，$AlCu_3 Mn_2$
$MgZn_2$	复杂六方	1.80～2.00	$CaMg_2$，$MoFe_2$，$TiFe_2$，$TaFe_2$，$AlNbNi$，$FeMoSi$
$MgNi_2$	复杂六方	1.80～1.90	$NbZn_2$，$HfCr_2$，$MgNi_2$，$SeFe_2$

以 $MgCu_2$ 为例，其晶胞结构如图 2.47(a)所示，共有 24 个原子，Mg 原子(A)8 个，Cu 原子(B)16 个。(110)面上原子的排列如图 2.47(b)所示，可见在理想情况下，$r_A/r_B=1.225$。晶胞中原子半径较小的 Cu 位于小四面体的顶点，一正一反排成长链，从[111]方向看，是 3·6·3·6 型密排层，如图 2.48(a)所示；而较大的 Mg 原子位于各小四面体之间的空隙中，

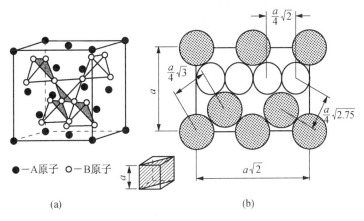

●—A原子　○—B原子

(a)　　　　　　　　　　(b)

图 2.47 $MgCu_2$ 立方晶胞中 A，B 原子的分布

(a) 晶胞　(b) (100)面上原子排列情况

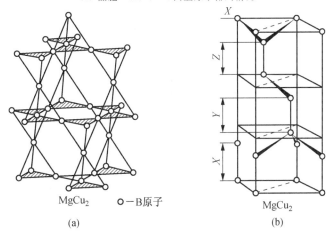

$MgCu_2$　○—B原子

(a)　　　　　　　　　　$MgCu_2$　　　(b)

图 2.48 $MgCu_2$ 结构中 A，B 原子分别构成的层网结构

本身又组成一种金刚石型结构的四面体网络,如图 2.48(b)所示,两者穿插构成整个晶体结构。A 原子周围有 12 个 B 原子和 4 个 A 原子,故配位多面体为 CN16;而 B 原子周围是 6 个 A 原子和 6 个 B 原子,即 CN12。因此,该拉弗斯相结构可看作由 CN16 与 CN12 两种配位多面体相互配合而成。

拉弗斯相是镁合金中的重要强化相;而对于高度合金化的不锈钢和铁基、镍基高温合金中,有时也会以针状的拉弗斯相分布在固溶体基体上,当其数量较多时会降低合金性能,故应适当控制。

(2)σ 相。σ 相通常存在于过渡族金属元素组成的合金中,其分子式可写作 AB 或 $A_x B_y$,如 FeCr,FeV,FeMo,MoCrNi,WCrNi,$(Cr,Wo,W)_x (Fe,Co,Ni)_y$ 等。尽管 σ 相可用化学式表示,但其成分是在一定范围内变化,即也是以化合物为基的固溶体。

σ 相具有复杂的四方结构,其轴比 $c/a \approx 0.52$,每个晶胞中有 30 个原子,如图 2.49 所示。

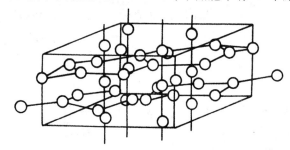

图 2.49 σ 相的晶体结构

σ 相在常温下硬而脆,它的存在通常对合金性能有害。在不锈钢中出现 σ 相会引起晶间腐蚀和脆性;在 Ni 基高温合金和耐热钢中,如果成分或热处理控制不当,会发生片状的硬而脆的 σ 相沉淀,而使材料变脆,故应避免出现这种情况。

4. 超结构(有序固溶体)

对某些成分接近于一定的原子比(如 AB 或 AB_3)的无序固溶体中,当它从高温缓冷到某一临界温度以下时,溶质原子会从统计随机分布状态过渡到占有一定位置的规则排列状态,即发生有序化过程,形成有序固溶体。长程有序的固溶体在其 X 射线衍射图上会产生外加的衍射线条,这称为超结构线,所以有序固溶体通常称为超结构或超点阵。

(1)超结构的主要类型:超结构的类型较多,主要的几种见表 2.13 所列和图 2.50 所示。

表 2.13 几种典型的超结构

结构类型	典型合金	晶胞图形	合金举例
以面心立方为基的超结构	$Cu_3 Au$ I 型	图 2.50(a)	$Ag_3 Mg$,$Au_3 Cu$,$FeNi_3$,$Fe_3 Pt$
	CuAu I 型	图 2.50(b)	AuCu,FePt,NiPt
	CuAu II 型	图 2.50(c)	CuAu II
以体心立方为基的超结构	CuZn(β 黄铜)型	图 2.50(d)	β'-CuZn,β-AlNi,β-NiZn,AgZn,FeCo,FeV,AgCd
	$Fe_3 Al$ 型	图 2.50(e)	$Fe_3 Al$,α'-$Fe_3 Si$,β-$Cu_3 Sb$,$Cu_2 MnAl$
以密排六方为基的超结构	$MgCd_3$ 型	图 2.50(f)	$CdMg_3$,$Ag_3 In$,$Ti_3 Al$

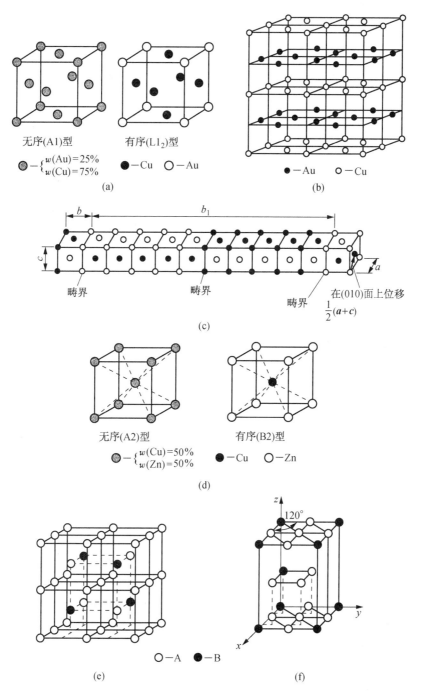

图 2.50　几种典型超点阵结构

(a) Cu_3Au I 型超点阵　(b) CuAu I 型超点阵　(c) CuAu II 型超点阵

(d) β 黄铜(CuZn)型超点阵　(e) Fe_3Al 型超点阵　(f) $MgCd_3$ 型超点阵

(2) 有序化和影响有序化的因素:有序化的基本条件是异类原子之间的相互吸引大于同类原子间的吸引作用,从而使有序固溶体的自由能低于无序态。

通常可用"长程有序度参数"S 来定量地表示有序化程度:

$$S = \frac{P - X_A}{1 - X_A}, \tag{2.16}$$

式中，P 为 A 原子的正确位置上（即在完全有序时此位置应为 A 原子所占据）出现 A 原子的几率，X_A 为 A 原子在合金中的原子数分数。完全有序时，$P = 1$，此时 $S = 1$；完全无序时，$P = X_A$，此时 $S = 0$。

从无序到有序的转变过程是依赖于原子迁移来实现的，即存在形核和长大过程。电镜观察表明，最初核心是短程有序的微小区域。当合金缓冷经过某一临界温度时，各个核心慢慢独自长大，直至相互接壤。通常将这种小块有序区域称为有序畴。当两个有序畴同时长大相遇时，如果其边界恰好是同类原子相遇而构成一个明显的分界面，称为反相畴界，反相畴界两边的有序畴称为反相畴，如图2.51所示。

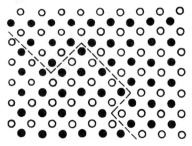

图 2.51　反相畴结构

影响有序化的因素有温度、冷却速度和合金成分等。温度升高，冷速加快，或者合金成分偏离理想成分（如 AB 或 AB_3）时，均不利于得到完全的有序结构。

5. 金属间化合物的性质和应用

金属间化合物由于原子键合和晶体结构的多样性，使得这种化合物具有许多特殊的物理、化学性能，已日益受到人们的重视，不少金属间化合物特别是超结构已作为新的功能材料和耐热材料正在被开发应用。现列举如下：

（1）具有超导性质的金属间化合物，如 Nb_3Ge，Nb_3Al，Nb_3Sn，V_3Si，NbN 等；

（2）具有特殊电学性质的金属间化合物，如 InTe-PbSe，GaAs-ZnSe 等在半导体材料中的应用；

（3）具有强磁性的金属间化合物，如稀土元素（Ce，La，Sm，Pr，Y 等）和 Co 的化合物，具有特别优异的永磁性能；

（4）具有奇特吸释氢本领的金属间化合物（常称为储氢材料），如 $LaNi_5$，FeTi，R_2Mg_{17} 和 $R_2Ni_2Mg_{15}$ 等（R 代表稀土 La，Ce，Pr，Nd 或混合稀土）是一种很有前途的储能和换能材料；

（5）具有耐热特性的金属间化合物，如 Ni_3Al，NiAl，TiAl，Ti_3Al，FeAl，Fe_3Al，$MoSi_2$，N_bBe_{12}，$ZrBe_{12}$ 等不仅具有很好的高温强度，并且在高温下具有比较好的塑性；

（6）耐蚀的金属间化合物，如某些金属的碳化物、硼化物、氮化物和氧化物等在侵蚀介质中仍很耐蚀，若通过表面涂覆方法，可大大提高被涂覆件的耐蚀性能；

（7）具有形状记忆效应、超弹性和消振性的金属间化合物，如 TiNi，CuZn，CuSi，MnCu，Cu_3Al 等已在工业上得到应用。

此外，LaB_6 等稀土金属硼化物所具有的热电子发射性，Zr_3Al 的优良中子吸收性等在新型功能材料的应用中显示了广阔的前景。

2.4　离子晶体结构

陶瓷材料属于无机非金属材料，是由金属与非金属元素通过离子键或兼有离子键和共价键的方式结合起来的。陶瓷的晶体结构大多属于离子晶体。

典型的离子晶体是元素周期表中 ⅠA 族的碱金属元素 Li,Na,K,Rb,Cs 和 ⅦA 的卤族元素 F,Cl,Br,I 之间形成的化合物晶体。这种晶体是以正负离子为结合单元的。例如,NaCl 晶体是以 Na^+ 和 Cl^- 为单元结合成晶体的。它们的结合是依靠离子键的作用,即依靠正、负离子间的库仑作用。

为形成稳定的晶体还必须有某种近距的排斥作用与静电吸引作用相平衡。这种近距的排斥作用归因于泡利原理引起的斥力:当两个离子进一步靠近时,正负离子的电子云发生重叠,此时电子倾向于在离子之间作共有化运动。由于离子都是满壳层结构,共有化电子必倾向于占据能量较高的激发态能级,使系统的能量增高,即表现出很强的排斥作用。这种排斥作用与静电吸引作用相平衡就形成稳定的离子晶体。

在人们对晶体结构进行长期的研究过程中,从大量的实验数据和结晶化学理论中,发现了离子化合物晶体结构的一些规律。在讨论典型的离子晶体结构前,先来讨论离子晶体的结构规则。

2.4.1 离子晶体的结构规则

鲍林(L. Pauling)在大量的实验基础上,应用离子键理论,归纳总结出离子晶体的结构规则如下:

1. 负离子配位多面体规则

鲍林认为:"在离子晶体中,正离子的周围形成一个负离子配位多面体,正负离子间的平衡距离取决于离子半径之和,而正离子的配位数则取决于正负离子的半径比"。这就是鲍林第一规则。实际上它是对晶体结构的直观描述。这一规则是符合最小内能原理的。运用它,将离子晶体结构视为由负离子配位多面体按一定方式连接而成,正离子则处于负离子多面体的中央,故配位多面体才是离子晶体的真正结构基元。

为了降低晶体的总能量,正负离子趋向于形成尽可能紧密的堆积,即一个正离子趋向于以尽可能多的负离子为邻。因此,一个最稳定的结构应当有尽可能大的配位数,而这个配位数又取决于正、负离子半径的比值(R^+/R^-),如表 2.14 所列。另外,只有当正、负离子相互接触时,离子晶体的结构才稳定。因此,配位数一定时,(R^+/R^-)有一下限值,这就引入一个临界离子半径比值的概念。

离子晶体中,正离子的配位数通常为 4 和 6,但也有少数为 3,8,12。

表 2.14 离子半径比(R^+/R^-)、配位数与负离子配位多面体的形状

R^+/R^-	正离子配位数	负离子配位多面体的形状		
$0 \rightarrow 0.155$	2	哑铃状	○- - - -●- - - -○	
$0.155 \rightarrow 0.225$	3	三角形		

（续表）

R^+/R^-	正离子配位数	负离子配位多面体的形状		
0.255→0.414	4	四面体		
0.414→0.732	6	八面体		
0.732→1.00	8	立方体		
1.00	12	最密堆积		

2. 电价规则

在一个稳定的离子晶体结构中，每个负离子的电价 Z_- 等于或接近等于与之邻接的各正离子静电键强度 S 的总和：

$$Z_- = \sum_i S_i = \sum_i \left(\frac{Z_+}{n}\right)_i, \qquad (2.17)$$

式中，S_i 为第 i 种正离子静电键强度，Z_+ 为正离子的电荷，n 为其配位数。这就是鲍林第二规则，也称电价规则。

由于静电键强度实际是离子键强度，也是晶体结构稳定性的标志。在具有大的正电位的地方，放置带有大负电荷的负离子，将使晶体的结构趋于稳定。这就是鲍林第二规则所反映的物理实质。因此，鲍林第二规则可用来判断晶体是否稳定，判断共用一个顶点的负离子多面体的数目。

3. 负离子多面体共用顶、棱和面的规则

在分析离子晶体中负离子多面体相互间的连接方式时，电价规则只能指出共用同一个顶点的多面体数，而没有指出两个多面体间所共用的顶点数。鲍林第三规则指出："在一配位结构中，共用棱特别是共用面的存在，会降低这个结构的稳定性。对于电价高，配位数低的正离子来说，这个效应尤为显著。"

鲍林第三规则是多面体连接规则，这与其中心正离子之间的库仑斥力密切相关。从几何关系得知，两个四面体中心间的距离，在共用一个顶点时设为 1，则共用棱和共用面时，分别等于 0.58 和 0.33；在八面体的情况下，分别为 1，0.71 和 0.58。根据库仑定律，同种电荷间的斥力与其距离的平方成反比，这种距离的显著缩短，必然导致正离子间库仑斥力的激增，使结构稳定性大大降低。

4. 不同种类正离子配位多面体间连接规则

在硅酸盐和多元离子化合物中,正离子的种类往往有多种,可能形成一种以上的配位多面体。鲍林第四规则认为:"在含有一种以上正离子的离子晶体中,一些电价较高,配位数较低的正离子配位多面体之间,有尽量互不结合的趋势。"这一规则总结了不同种类正离子配位多面体的连接规则。

5. 节约规则

鲍林第五规则指出:"在同一晶体中,同种正离子与同种负离子的结合方式应最大限度地趋于一致,即晶体中,配位多面体的类型力图最少。"因为在一个均匀的结构中,不同形状的配位多面体很难有效地堆积在一起。

鲍林规则虽是一个经验性的规则,但在分析、理解离子晶体结构时简单明了,突出了结构的特点。它不但适用于结构简单的离子晶体,也适用于结构复杂的离子晶体及硅酸盐晶体。

2.4.2　典型的离子晶体结构

离子晶体按其化学组成分为二元化合物和多元化合物。其中二元化合物中介绍 AB 型,AB_2 型和 A_2B_3 型化合物;多元化合物中主要讨论 ABO_3 型和 AB_2O_4 型。

1. AB 型化合物结构

1) CsCl 型结构　CsCl 型结构是离子晶体结构中最简单的一种,属立方晶系简单立方点阵,$Pm3m$ 空间群。Cs^+ 和 Cl^- 半径之比为 0.169nm/0.181nm=0.933,Cl^- 离子构成正六面体,Cs^+ 在其中心,Cs^+ 和 Cl^- 的配位数均为 8,一个晶胞内含 Cs^+ 和 Cl^- 各一个,如图 2.52 所示。属于这种结构类型的有 CsBr,CsI。

2) NaCl 型结构　自然界有几百种化合物都属于 NaCl 型结构,有氧化物 MgO,CaO,SrO,BaO,CdO,MnO,FeO,CoO,NiO;氮化物 TiN,LaN,ScN,CrN,ZrN;碳化物 TiC,VC,ScC 等;所有的碱金属硫化物和卤化物(CsCl,CsBr,Csl 除外)也都具有这种结构。

NaCl 属立方晶系,面心立方点阵,$Fm3m$ 空间群,Na^+ 和 Cl^- 的半径比为 0.525,Na^+ 位于 Cl^- 形成的八面体空隙中,如图 2.53 所示。实际上,NaCl 结构可以看成是两个面心立方结构,一个是钠离子的,一个是氯离子的相互在棱边上穿插而成,其中每个钠离子被 6 个氯离子包围,反过来氯离子也被等数的钠离子包围。每个晶胞的离子数为 8,即 4 个 Na^+ 和 4 个 Cl^-。

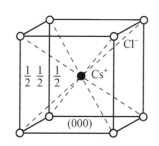

图 2.52　CsCl 型结构的立方晶胞

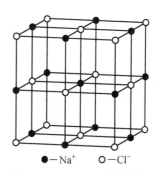

图 2.53　NaCl 型晶体结构

3）立方 ZnS 型结构　立方 ZnS 结构类型又称闪锌矿型（β-ZnS），属于立方晶系，面心立方点阵，$F\bar{4}3m$ 空间群，如图 2.54 所示。从图中可以看出 S^{2-} 位于立方晶胞的顶角和面心上，构成一套完整的面心立方晶格，而 Zn^{2+} 也构成了一套面心立方格子，在体对角线 1/4 处互相穿插。这可从图 2.54（b）的投影图中清楚看到，这里所标注的数字是以 Z 轴晶胞的高度为 100，其他离子根据各自的位置标注为 75，50，25，0。

在闪锌矿的晶胞中，一种离子（S^{2-} 或 Zn^{2+}）占据面心立方结构的结点位置，另一种离子（Zn^{2+} 或 S^{2-}）则占据四面体间隙的一半。Zn^{2+} 配位数为 4，S^{2-} 的配位数也为 4。四面体共顶连接［见图 2.54（c）］。理论上 $r_{Zn^{2+}}/r_{S^{2-}}$ 为 0.414，配位数应为 6，但 Zn^{2+} 极化作用很强，S^{2-} 又极易变形，因此，配位数降至 4，一个 S^{2-} 被 4 个［ZnS_4］四面体共用。

Be，Cd 的硫化物，硒化物，碲化物及 CuCl 也属此类型结构。

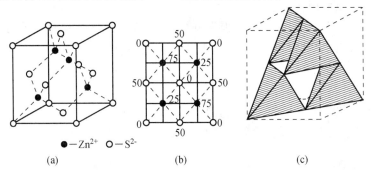

● —Zn^{2+}　○ —S^{2-}

(a)　　　　(b)　　　　(c)

图 2.54　立方 ZnS 型结构

（a）晶胞结构　（b）（001）面上的投影图　（c）多面体图

4）六方 ZnS 型结构　六方 ZnS 型又叫纤锌矿型，属六方晶系，$P6_3mc$ 空间群，晶体结构如图 2.55 所示。

从图中可看出每个晶胞内包含 4 个离子，其坐标为

$$2S^{2-}:0\,0\,0;\ \frac{2}{3}\,\frac{1}{3}\,\frac{1}{2} \qquad 2Zn^{2+}:0\,0\,\frac{7}{8};\ \frac{2}{3}\,\frac{1}{3}\,\frac{3}{8}$$

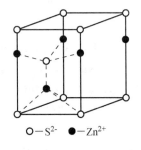

○ —S^{2-}　● —Zn^{2+}

图 2.55　六方 ZnS 型结构

这个结构可以看成较大的负离子构成 hcp 结构，而 Zn^{2+} 占据其中一半的四面体空隙，构成［ZnS_4］四面体。由于离子间极化的影响，使配位数由 6 降至 4，每个 S^{2-} 被 4 个［ZnS_4］四面体共用，且 4 个四面体共顶连接。

属于这种结构类型的有 ZnO，ZnSe，AgI，BeO 等。

2. AB₂ 型化合物结构

1）CaF_2（萤石）型结构　CaF_2 属立方晶系，面心立方点阵，$Fm3m$ 空间群，其结构如图 2.56 所示，正负离子数比为 1：2。

从图中可看出，Ca^{2+} 处在立方体的顶角和各面心位置，形成面心立方结构。F^- 离子位于立方体内 8 个小立方体的中心位置，即填充了全部的四面体空隙，构成了［FCa_4］四面体，见图 2.56（c），配位数为 4。若 F^- 作简单立方堆积，Ca^{2+} 填于半数的立方体空隙中，则构成 ［CaF_8］立方体，故 Ca^{2+} 的配位数为 8，立方体之间共棱连接，见图 2.56（b）。从空间结构看，

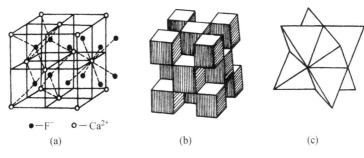

$\bullet-F^-$　$\circ-Ca^{2+}$

(a)　　　　　(b)　　　　　(c)

图 2.56　萤石(CaF_2)型结构

(a)晶胞图　(b)[CaF_8]多面体图　(c)[FCa_4]多面体图

Ca^{2+} 构成一套完整的面心立方结构,F^- 构成了两套面心立方格子,它们在体对角线 $\frac{1}{4}$ 和 $\frac{3}{4}$ 处互相穿插。属于 CaF_2 型结构的化合物有 ThO_2,CeO_2,VO_2,$C\text{-}ZrO_2$ 等。

2)TiO_2(金红石)型结构　金红石是 TiO_2 的一种稳定型结构,属四方晶系,$P\frac{4}{m}nm$ 空间群,其结构如图 2.57 所示。每个晶胞有 2 个 Ti^{4+} 离子,4 个 O^{2-} 离子;正负离子半径比为 0.45,配位数为 6:3,每个 O^{2-} 同时与 3 个 Ti^{4+} 键合,即每 3 个[TiO_6]八面体共用一个 O^{2-};而 Ti^{4+} 位于晶胞的顶角和中心,即处在 O^{2-} 构成的稍有变形的八面体中心,这些八面体之间在(001)面上共棱边,但八面体间隙只有一半为钛离子所占据。

属于这类结构的还有 GeO_2,PbO_2,SnO_2,MnO_2,VO_2,NbO_2,TeO_2 及 MnF_2,FeF_2,MgF_2 等。

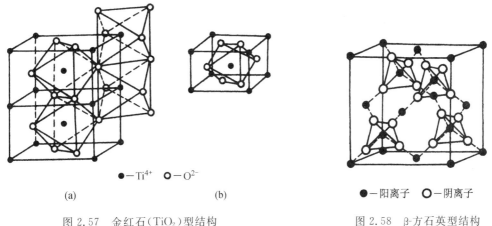

$\bullet-Ti^{4+}$　$\circ-O^{2-}$

(a)　　　　　(b)

图 2.57　金红石(TiO_2)型结构

(a)负离子多面体图　(b)晶胞图

$\bullet-$阳离子　$\circ-$阴离子

图 2.58　β-方石英型结构

3)β-方石英(方晶石)型结构　方晶石为 SiO_2 高温时的同素异构体,属立方晶系,其晶体结构如图 2.58 所示。Si^{4+} 离子占据全部面心立方结点位置和立方体内相当于 8 个小立方体中心的 4 个。每个 Si^{4+} 同 4 个 O^{2-} 结合形成[SiO_4]四面体;每个 O^{2-} 都连接 2 个对称的[SiO_4]四面体,多个四面体之间相互共用顶点,并重复堆垛而形成 β-方石英结构,故与球填充模型相比,这种结构中的 O^{2-} 排列是很疏松的。

SiO_2 虽有多种同素异构体,但其他的结构都可看成是由 β-方石英的变形而得。石英晶体中由于具有较强的 Si—O 键及完整的结构,因此具有熔点高、硬度高、化学稳定性好等特点。

3. A_2B_3 型化合物结构

以 α-Al_2O_3 为代表的刚玉型结构，是 A_2B_3 型的典型结构。

刚玉即 α-Al_2O_3，无色透明的天然 α-Al_2O_3 单晶体称为白宝石，呈红色(含铬)的称红宝石(ruby)，呈蓝色(含钛)的称蓝宝石(sapphire)。其结构属菱方晶系，$R3C$ 空间群。正负离子的配位数为 $6:4$，O^{2-} 近似作密排六方堆积，Al^{3+} 位于八面体间隙中，但只填满这种空隙的 $2/3$。铝离子的排列要使它们之间的距离最大，因此每三个相邻的八面体空隙，就有一个是有规则地空着的，这样六层构成一个完整周期，如图 2.59 所示。按电价规则，每个 O^{2-} 可与 4 个 Al^{3+} 键合，即每一个 O^{2-} 同时被 4 个$[AlO_6]$八面体所共有；Al^{3+} 与 6 个 O^{2-} 的距离有区别，其中 3 个距离较近为 $0.189nm$，另外 3 个较远为 $0.193nm$。每个晶胞中有 4 个 Al^{3+} 和 6 个 O^{2-}。

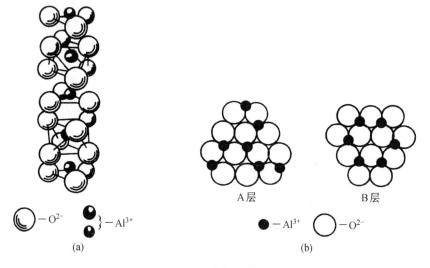

图 2.59 α-Al_2O_3 的结构

（a）晶格结构 （b）密堆积模型

刚玉性质极硬，莫氏硬度 9，不易破碎，熔点 2050℃，这与结构中 Al—O 键的结合强度密切相关。属于刚玉型结构的化合物还有 Cr_2O_3，α-Fe_2O_3，α-Ga_2O_3 等。

4. ABO_3 型化合物结构

1）$CaTiO_3$（钙钛矿）型结构 钙钛矿又称灰钛石，系以 $CaTiO_3$ 为主要成分的天然矿物，理想情况下为立方晶系，在低温时转变为正交晶系，$PCmm$ 空间群。

图 2.60 为理想钙钛矿型结构的立方晶胞。Ca^{2+} 和 O^{2-} 构成 fcc 结构，Ca^{2+} 在立方体的顶角，O^{2-} 在立方体的六个面心上；而较小的 Ti^{4+} 填充由 6 个 O^{2-} 所构成的八面体$[TiO_6]$空隙中，这个位置刚好在由 Ca^{2+} 构成的立方体的中心。由组成得知，Ti^{4+} 只填满 $1/4$ 的八面体空隙。$[TiO_6]$八面体群相互以顶点相接，Ca^{2+} 则填于$[TiO_6]$八面体群的空隙中，并被 12 个 O^{2-} 所包围，故 Ca^{2+} 的配位数为 12，而 Ti^{4+} 的配位数为 6，如图 2.60(b)所示。

从鲍林规则得知：Ti—O 离子间的静电键强度 S 为 $\dfrac{2}{3}$，而 Ca—O 离子间的 S 为 $\dfrac{1}{6}$，每个 O^{2-} 被 2 个$[TiO_6]$八面体和 4 个$[CaO_{12}]$十四面体所共用，O^{2-} 的电价为 $\dfrac{2}{3}\times2+\dfrac{1}{6}\times4=2$，即

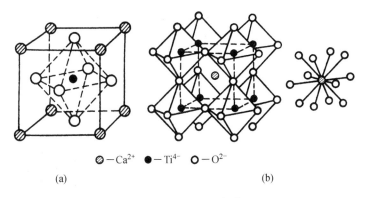

$\bigcirc\!\!\!/\ -Ca^{2+}$ 　$\bullet\ -Ti^{4+}$ 　$\bigcirc\ -O^{2-}$

(a)　　　　　　　　　　(b)

图 2.60　钙钛矿型结构

(a) 晶胞结构　(b) 配位多面体的连接和 Ca^{2+} 配位数为 12 的情况

饱和,结构稳定。

属于钙钛矿型结构的还有 $BaTiO_3$,$SrTiO_3$,$PbTiO_3$,$CaZrO_3$,$PbZrO_3$,$SrZrO_3$,$SrSnO_3$ 等。

2) 方解石($CaCO_3$)型结构　方解石属菱方晶系,$R3C$ 空间群,其结构如图 2.61 所示。每个晶胞有 4 个 Ca^{2+} 和 4 个 $[CO_3]^{2-}$ 络合离子。每个 Ca^{2+} 被 6 个 $[CO_3]^{2-}$ 所包围,Ca^{2+} 的配位数为 6;络合离子 $[CO_3]^{2-}$ 中 3 个 O^{2-} 作等边三角形排列,C^{4+} 在三角形之中心位置,C—O 间是共价键结合;而 Ca^{2+} 同 $[CO_3]^{2-}$ 是离子键结合。$[CO_3]^{2-}$ 在结构中的排布均垂直于三次轴。

属方解石型结构的还有 $MgCO_3$(菱镁矿),$CaCO_3 \cdot MgCO_3$(白云石)等。

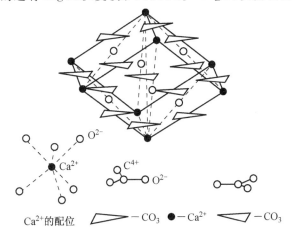

O^{2-}

Ca^{2+}

C^{4+}　O^{2-}

Ca^{2+}的配位　　　▷ —CO_3　● —Ca^{2+}　◁ —CO_3

图 2.61　方解石型结构

5. AB₂O₄ 型化合物结构

AB_2O_4 型化合物中最重要的化合物是尖晶石($MgAl_2O_4$)。

$MgAl_2O_4$ 结构如图 2.62 所示,属立方晶系,面心立方点阵,$Fd3m$ 空间群。每个晶胞内有 32 个 O^{2-},16 个 Al^{3+} 和 8 个 Mg^{2+} 离子。O^{2-} 呈面心立方密排结构,Mg^{2+} 的配位数为 4,处在氧四面体中心;Al^{3+} 的配位数为 6,居于氧八面体空隙中。其结构颇为复杂,为了清楚起见,可把这种结构看成是由 8 个立方亚晶胞所组成,如图 2.63 所示,它们在结构上又可分甲、乙两种类型。在甲型立方亚胞中，Mg^{2+} 位于单元的中心和 4 个顶角上（相应于晶胞的角和面心），4 个 O^{2-} 分别位于各条体对角线上距临空的顶角 1/4 处。在乙型立方亚胞中，Mg^{2+} 处在 4 个顶角上，4 个 O^{2-} 位于各条体对角线上距 Mg^{2+} 顶角的 1/4 处，而 Al^{3+} 位于 4 条体对角线上距临空顶角的 1/4 处。若把 $MgAl_2O_4$ 晶格看作是 O^{2-} 立方最密排结构，八面体间隙有一半被 Al^{3+} 所填，而四面体间隙则只有 1/8 被 Mg^{2+} 所填。

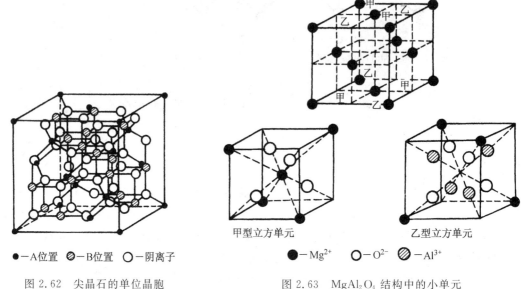

●—A位置 ◐—B位置 ○—阴离子

图 2.62　尖晶石的单位晶胞

甲型立方单元　　　乙型立方单元

●—Mg^{2+}　○—O^{2-}　◐—Al^{3+}

图 2.63　$MgAl_2O_4$ 结构中的小单元

按电价规则，$S_{Al^{3+}} = 3/6 = \dfrac{1}{2}$，$S_{Mg^{2+}} = 2/4 = \dfrac{1}{2}$，这样每个 O^{2-} 离子的电价要由 4 个正离子提供，其中 3 个为 Al^{3+}，1 个为 Mg^{2+}，即 3 个 $[AlO_6]$ 八面体与 1 个 $[MgO_4]$ 四面体共顶连接，电价饱和，结构稳定。而且结构中的 Al—O 键，Mg—O 键均为较强的离子键，故结合牢固，硬度高，熔点高（2135 ℃），化学稳定性好。

属于尖晶石型结构的还有 $ZnFe_2O_4$，$CdFe_2N_4$，$FeAl_2O_4$，$CoAl_2O_4$，$NiAl_2O_4$，$MnAl_2O_4$ 和 $ZnAl_2O_4$ 等。

2.4.3　硅酸盐的晶体结构

硅酸盐晶体是构成地壳的主要矿物，它们也是制造水泥、陶瓷、玻璃、耐火材料的主要原料。

硅酸盐的成分复杂，结构形式多种多样。但硅酸盐的结构主要由三部分组成，一部分是由硅和氧按不同比例组成的各种负离子团，称为硅氧骨干，这是硅酸盐的基本结构单元，另外两部分为硅氧骨干以外的正离子和负离子。因此，硅酸盐晶体结构的基本特点可归纳如下：

（1）构成硅酸盐的基本结构单元是硅和氧组成的 $[SiO_4]^{4-}$ 四面体，如图 2.64 所示。在 $[SiO_4]^{4-}$ 中，4 个氧离子围绕位于中心的硅离子，每个氧离子有一个电子可以和其他离子键合。硅氧之间的平均距

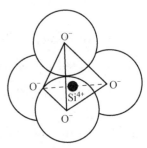

图 2.64　$[SiO_4]^{4-}$ 四面体

离为0.160nm,这个值比硅氧离子半径之和要小,说明硅氧之间的结合除离子键外,还有相当成分的共价键,一般视为离子键和共价键各占 50%。

（2）按电价规则,每个 O^{2-} 最多只能为两个$[SiO_4]^{4-}$ 四面体所共有。如果结构中只有一个 Si^{4+} 提供给 O^{2-} 电价,那么 O^{2-} 的另一个未饱和的电价将由其他正离子如 Al^{3+},Mg^{2+},…提供,这就形成各种不同类型的硅酸盐。

（3）按第三规则,$[SiO_4]^{4-}$ 四面体中未饱和的氧离子和金属正离子结合后,可以相互独立地在结构中存在,或者可以通过共用四面体顶点彼此连接成单链、双链或成层状、网状的复杂结构,但不能共棱和共面连接,否则结构不稳定（见图 2.65）,且同一类型硅酸盐中,$[SiO_4]^{4-}$四面体间的连接方式一般只有一种。

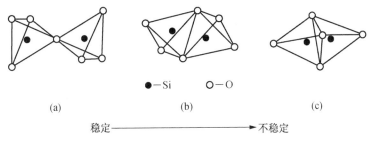

$$\bullet - Si \qquad \circ - O$$

（a）　　　　　　　（b）　　　　　　　（c）

稳定　————————————→　不稳定

图 2.65　$[SiO_4]^{4-}$ 四面体相互连接

（a）共角连接　（b）共棱连接　（c）共面连接

（4）$[SiO_4]^{4-}$ 四面体中的 Si—O—Si 结合键通常并不是一条直线,而是呈键角为 $145°$ 的折线。

所以,硅酸盐结构是由$[SiO_4]^{4-}$四面体结构单元以不同方式相互连成的复杂结构。因此其分类不能按化学上的正、偏硅酸盐来分,而是按照$[SiO_4]^{4-}$的不同组合,即按$[SiO_4]^{4-}$四面体在空间发展的维数来分。下面即来简单介绍孤岛状、组群状、链状、层状和架状硅酸盐的晶体结构。

1. 孤岛状硅酸盐

所谓孤岛状结构,是指在硅酸盐晶体结构中,$[SiO_4]^{4-}$ 四面体是以孤立状态存在,共用氧数为零,即一个个$[SiO_4]^{4-}$ 四面体只通过与其他正离子连接,而使化合价达到饱和时,就形成了孤立的或岛状的硅酸盐结构,又称原硅酸盐。正离子可是 Mg^{2+},Ca^{2+},Fe^{2+},Mn^{2+} 等金属离子。

属于孤岛状硅酸盐结构的矿物有镁橄榄石 $Mg_2[SiO_4]$,锆英石 $Zr[SiO_4]$ 等。下面即以镁橄榄石为例说明该结构的特点。镁橄榄石 $Mg_2[SiO_4]$属正交晶系,$P6nm$ 空间群。每个晶胞中有 4 个"分子",28 个离子。其中有 8 个镁离子,4 个硅离子和 16 个氧离子。图 2.66 为镁橄榄石结构在(100)面投影图。为醒目起见,位于四面体中心的 Si^{4+} 未画出。其结构的主要特点如下:

（1）各$[SiO_4]^{4-}$ 四面体是单独存在的,其顶角相间地朝上朝下。

（2）各$[SiO_4]^{4-}$ 四面体只通过 O—Mg—O 键连接在一起。

（3）Mg^{2+} 离子周围有 6 个 O^{2-} 离子位于几乎是正八面体的顶角,因此整个结构可以看成是由四面体和八面体堆积而成的。

（4）O^{2-} 离子近似按照六方排列，这是由于氧离子与大多数其他离子相比尺寸较大的缘故。氧离子成密堆积结构是许多硅酸盐结构的一个特征。

二价铁离子 Fe^{2+} 和钙离子 Ca^{2+} 可以取代镁橄榄石中的 Mg^{2+}，而形成 $(Mg,Fe)_2[SiO_4]$ 或 $(Ca,Mg)_2[SiO_4]$ 橄榄石。

镁橄榄石结构紧密，静电键也很强，结构稳定，熔点高达 1890℃，是碱性耐火材料中的重要矿物相。

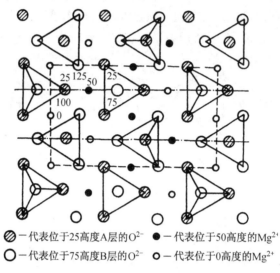

○⃫—代表位于25高度A层的O^{2-}　●—代表位于50高度的Mg^{2+}
○—代表位于75高度B层的O^{2-}　○—代表位于0高度的Mg^{2+}

图 2.66　镁橄榄石结构在(100)面投影图

2. 组群状硅酸盐晶体结构

组群状结构是指由 $[SiO_4]^{4-}$ 通过共用 1 个或 2 个氧（桥氧）相连成的含成对、3 节、4 节或 6 节硅氧团组群（见图 2.67）。这些组群之间再由其他正离子按一定的配位形式构成硅酸盐结构。下面以绿柱石 $Be_3Al_2[Si_6O_{18}]$ 为例来说明这类结构的特点。

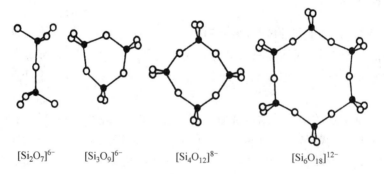

$[Si_2O_7]^{6-}$　　$[Si_3O_9]^{6-}$　　　$[Si_4O_{12}]^{8-}$　　　　$[Si_6O_{18}]^{12-}$

图 2.67　孤立的有限硅氧四面体群的各种形状

绿柱石 $Be_3Al_2[Si_6O_{18}]$ 结构属六方晶系，$P6/mcc$ 空间群。图 2.68 是其 $\frac{1}{2}$ 晶胞投影。其基本结构单元是 6 个硅氧四面体形成的六节环，这些六节环之间靠 Al^{3+} 和 Be^{2+} 离子连接，Al^{3+} 的配位数为 6，与硅氧网络的非桥氧形成 $[AlO_6]$ 八面体；Be^{2+} 配位数为 4，构成 $[BeO_4]$ 四面体。环与环相叠，上下两层错开 30°。从结构上看，在上下叠置的六节环内形成了巨大的通道,可储有 K^+,Na^+,Cs^+ 离子及 H_2O 分子,使绿柱石结构成为离子导电的载体。

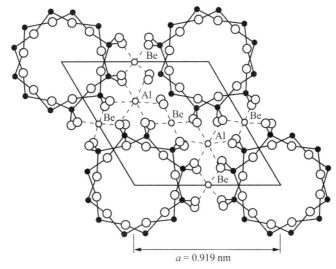

$a = 0.919\ \text{nm}$

图 2.68　绿柱石的结构

具有优良抗热、抗振性能的董青石 $Mg_2Al_3[AlSi_5O_{18}]$ 的结构与绿柱石相似,只是在六节环中有一个 $[SiO_4]$ 四面体中的 Si^{4+} 被 Al^{3+} 所取代,环外的 (Be_3Al_2) 被 (Mg_2Al_3) 所取代而已。

3. 链状硅酸盐

$[SiO_4]^{4-}$ 四面体通过桥氧的连接,在一维方向伸长成单链或双链,而链与链之间通过其他正离子按一定的配位关系连接就构成了链状硅酸盐结构(见图 2.69)。

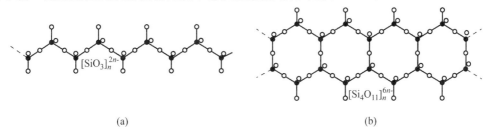

$[SiO_3]_n^{2n-}$

$[Si_4O_{11}]_n^{6n-}$

(a)　　　　　　　　　　　　　　　　(b)

图 2.69　链状硅酸盐结构

（a）单链　（b）双链

单链结构单元的分子式为 $[SiO_3]_n^{2n-}$。一大批陶瓷材料具有这种单链结构,如顽辉石 $Mg[SiO_3]$,透辉石 $CaMg[Si_2O_6]$,锂辉石 $LiAl[Si_2O_6]$,顽火辉石 $Mg_2[Si_2O_6]$。在单链状结构中由于 Si—O 键比链间 M—O 键强得多,因此链状硅酸盐矿物很容易沿链间结合较弱处裂成纤维。

双链的结构单元分子式为 $[Si_4O_{11}]_n^{6n-}$。透闪石 $Ca_2Mg_5[Si_4O_{11}]_2(OH)_2$,斜方角闪石 $(Mg,Fe)_7[Si_4O_{11}]_2(OH)_2$,硅线石 $Al[AlSiO_5]$ 和莫来石 $Al[Al_{1+x}\cdot Si_{1-x}O_{5-x/2}]_{(x=0.25\sim0.40)}$ 及石棉类矿物都属双链结构。

4. 层状结构硅酸盐

$[SiO_4]^{4-}$ 四面体的某一个面(由 3 个氧离子组成)在平面内以共用顶点的方式连接成六角

对称的二维结构即为层状结构。它多为二节单层,即以两个$[SiO_4]^{4-}$四面体的连接为一个重复周期,且它有 1 个氧离子处于自由端,价态未饱和,称为活性氧,将与金属离子(如 Mg^{2+},Al^{3+},Fe^{2+},Fe^{3+},Mn^{3+},Li^+,Na^+,K^+ 等)结合而形成稳定的结构,如图 2.70 所示。在六元环状单层结构中,Si^{4+} 分布在同一高度,单元大小可在六元环层中取一个矩形,结构单元内氧与硅之比为 10:4,其化学式可写成 $[Si_4O_{10}]^{4-}$。

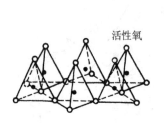
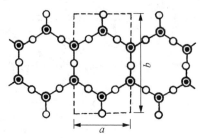

活性氧

图 2.70　层状硅酸盐中的四面体

当活性氧与其他负离子一起与金属正离子如 Mg^{2+},Ca^{2+},Fe^{2+},Al^{3+} 等相连接,构成了 $[Me(O,OH)_6]$ 八面体层。它与四面体层相连接就构成双层结构;若八面体层的两侧各与四面体层结合的硅酸盐结构称为三层结构。

在层状硅酸盐结构中,层内 Si—O 键和 Me—O 键要比层与层之间分子键或氢键强得多,因此这种结构容易从层间剥离,形成片状解理。

具有层状结构的硅酸盐矿物高岭土 $Al_4[Si_4O_{10}](OH)_8$ 为典型代表,此外还有滑石 $Mg_3[Si_4O_{10}](OH)_2$,叶蜡石 $Al_2[Si_4O_{10}](OH)_2$,蒙脱石 $(M_x \cdot nH_2O)(Al_{2-x}Mg_x)[Si_4O_{10}](OH)_2$ 等。

5. 架状硅酸盐

当 $[SiO_4]^{4-}$ 四面体连成无限六元环状,层中未饱和氧离子交替指向上或向下,把这样的层叠置起来,使每两个活性氧为一个公共氧所代替,就可以得到架状结构硅酸盐。这个结构的特点是每个 $[SiO_4]^{4-}$ 四面体中的氧离子全部被共用。因此,架状结构的硅氧结构单元化学式为 SiO_2。

典型的架状结构硅酸盐是石英及其各变种(见图 2.58),还有长石 $(K,Na,Ca)[AlSi_3O_8]$,霞石 $Na[AlSiO_4]$ 和沸石 $Na[AlSi_2O_6] \cdot H_2O$ 等。

2.5　共价晶体结构

元素周期表中Ⅳ,Ⅴ,Ⅵ族元素、许多无机非金属材料和聚合物都是共价键结合。由于共价晶体中相邻原子通过共用价电子形成稳定的电子满壳层结构,因此,共价晶体的共同特点是配位数服从 8-N 法则,N 为原子的价电子数,这就是说结构中每个原子都有 8-N 个最近邻的原子。这一特点就使得共价键结构具有饱和性。另外,共价晶体中各个键之间都有确定的方位,即共价键有着强烈的方向性,这也导致共价晶体中原子的配位数要比金属型和离子型晶体的小。

共价晶体最典型代表是金刚石结构,如图 2.71 所示。金刚石是碳的一种结晶形式,具有配位数为 4 的共价键四面体三维网络结构。这里,每个碳原子均有 4 个等距离(0.154nm)的最近邻原子,全部按共价键结合,符合 8-N 规则。其晶体结构属于复杂的面心立方结构,碳原子除按通常的 fcc 排列外,立方体内还有 4 个原子,它们的坐标分别为 $\frac{1}{4}\frac{1}{4}\frac{1}{4}$,$\frac{3}{4}\frac{3}{4}\frac{1}{4}$,$\frac{3}{4}\frac{1}{4}\frac{3}{4}$,$\frac{1}{4}\frac{3}{4}\frac{3}{4}$,相当于晶内其中 4 个四面体间隙中心的位置。故晶胞内共含 8 个原子。实际上,该晶体结构可视为两个面心立方晶胞沿体对角线相对位移 $\frac{1}{4}$ 距离穿插而成。

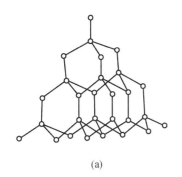 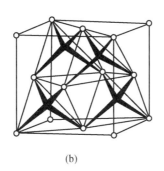 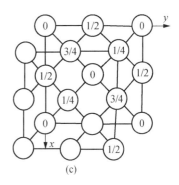

(a)　　　　　　　　　(b)　　　　　　　　　(c)

图 2.71　金刚石型结构

(a) 共价键　(b) 晶胞　(c) 原子在底面上的投影

　　具有金刚石型结构的还有 α-Sn,Si,Ge。另外,SiC,闪锌矿(ZnS)等晶体结构与金刚石结构也完全相同,只是在 SiC 晶体中硅原子取代了复杂立方晶体结构中位于四面体间隙中的碳原子,即一半原碳原子占据的位置被 Si 原子取代;而在闪锌矿(ZnS)中,S 离子取代了 fcc 结点位置的碳原子,Zn 离子则取代了 4 个四面体间隙中的碳原子而已。

　　图 2.72 为 As,Sb,Bi 的晶体结构。它属菱方结构(A7),配位数为 3,即每个原子有 3 个最近邻的原子,以共价键方式相结合并形成层状结构,层间具有金属键性质。

　　图 2.73 为 Se,Te 的三角晶体结构(A8)。它的配位数为 2,每个原子有 2 个近邻原子,以共价键方式相结合。原子组成呈螺旋形分布的链状结构。

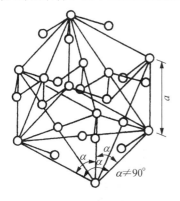 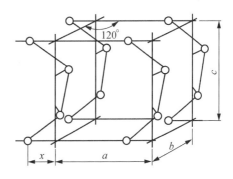

图 2.72　第ⅤA族元素 As,Sb,　　图 2.73　Se 和 Te 的晶体结构
　　　　Bi 的晶体结构

2.6　聚合物的晶态结构

聚合物聚集态结构也称三次结构。它是指在分子间力作用下大分子相互敛集在一起所形成的组织结构。聚合物聚集态结构分为晶态结构和非晶态(无定形)结构两种类型,且有两个不同于低分子物质聚集态的明显特点:

(1) 聚合物晶态总是包含一定量的非晶相。

(2) 聚合物聚集态结构不但与大分子链本身的结构有关,如聚合物一次和二次结构规则,简单的及分子间作用力强的大分子有利于结晶,分子链越长,则结晶越困难;而且还强烈地依赖外界条件,如温度对结晶过程有很大影响,应力也可加速结晶。

也正因为是大分子结构的缘故,分子内原子间的健合(共价健)很强,而分子间的键合(次价键)却很弱,故带来高分子结晶结构的特征,例如,高分子的结晶是分子的结晶;结晶速度慢和结晶不完整性;晶内存在大量的缺陷;一个大分子可以贯穿若干个晶胞,甚至可从结晶区到非晶区再穿入结晶区等,这就使其晶态结构要比小分子复杂得多。

2.6.1　聚合物的晶体形态

聚合物的晶态多种多样,主要有单晶、片晶、球晶、树枝状晶、孪晶、纤维状晶和串晶等。

1. 高分子单晶

通常只能在特殊条件下得到高分子单晶。例如,从浓度在 0.01% 以下的极稀溶液中缓慢结晶可以获得具有规则外形的薄片状晶体。在电镜下观察到它们的厚度通常在 10nm 左右,大小从几个微米至几十微米,甚至更大。

2. 高分子球晶

球晶是高分子多晶体的一种主要形式,它可以从浓溶液或熔体冷却结晶时获得。当它的生长不受阻碍时其外形呈球状。其直径通常在 0.5 至 $100\mu m$ 之间,大的甚至可达 cm 数量级。较大的球晶($5\mu m$ 以上)很容易在光学显微镜下观察到。

球晶的光学特征是可以在偏光显微镜下观察到黑十字消光图案(即 Maltese Cross),有时在消光黑十字上还重叠有一系列同心圆环状消光图案。

对球晶的生长过程,已进行了很多研究。图2.74形象地描绘了球晶生长各阶段的情况。成核初始阶段它只是一个多层片晶[见图 2.74(a)],然后逐渐向外张开生长[见图 2.74(b),(c)],不断分叉生长成捆束状形式[见图 2.74(d)],最后形成球状晶体[见图 2.74(e)]。实际

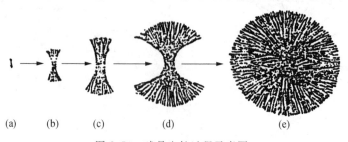

$$(a) \quad (b) \quad (c) \quad (d) \quad (e)$$

图 2.74　球晶生长过程示意图

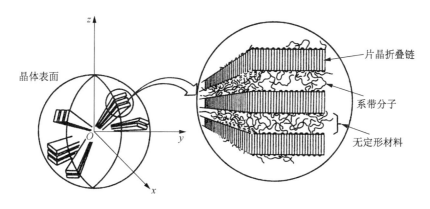

图 2.75　球晶结构的详细示意图

上这还属早期阶段,最后的球晶通常还要大得多。详细的球晶结构示意图见图 2.75。

3. 高分子树枝状晶

当结晶温度较低或溶液浓度较大,或相对分子质量过大时,高分子从溶液析出结晶时不再形成单晶,结晶的过度生长会产生较复杂的结晶形式。这时高分子的扩散成为结晶生长的控制因素,突出的棱角在几何学上将比生长面上邻近的其他点更为有利,能从更大的立体角接受结晶分子,所以棱角处倾向于在其余晶粒前头向前生长变细变尖,更增加树枝状生长的倾向,最终形成树枝状晶。

4. 高分子串晶

串晶也称 Shish-Kabab 结构。最早是在高分子溶液边搅拌边结晶中形成。在电子显微镜下观察,串晶貌如串珠,因而得名。这种高分子串晶具有伸直链结构的中心线,中心线周围间隔地生长着折叠链的晶片,其模型见图 2.76。搅拌速度越快,高分子在结晶过程中受到的切应力就越大,所形成的串晶中伸直链晶体的比例就越大,晶体的熔点也增高。这种晶体因具有伸直链结构的中心线,所以提供了材料的高强度、抗溶剂和耐腐蚀等优良性能。例如聚乙烯串晶的断裂强度为 374.4MPa,延伸率为 22%,弹性模量相当于普通聚乙烯纤维的 6 倍,达 1999.2MPa。在高速挤出淬火所获得的高分子薄膜中也发现有串晶结构,这种薄膜的模量和透明度提高很大。所以高分子串晶的发现,对了解纤维纺丝和薄膜成型等工艺过程中结构与性能的关系具有实际意义。

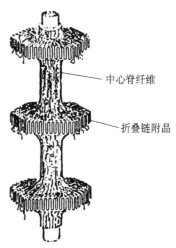

中心脊纤维

折叠链附晶

图 2.76　串晶的结构示意图

5. 伸直链晶体

高分子在高温高压下结晶时,有可能获得由完全伸展的高分子链平行规则排列而成的伸直链片晶,片晶厚度与分子链的长度相当。例如,聚乙烯在温度高于 200℃,压力大于 405.3MPa 下进行结晶时,就得到伸直链片晶。所得到的片晶熔点为 140.1℃,结晶度为 97%,密度超过 0.99g/cm³。片晶厚度达 10^3 nm~10^4 nm,基本上等于伸直了的分子链长度。厚度与相对分子质量分布相当,而且不随热处理条件的变化而变化。所以现在认为伸直链结构是高分子中热力学上最稳定的一种聚集态结构。

2.6.2　聚合物晶态结构的模型

随着人们对高分子晶体的认识的逐渐深入,在实验的基础上提出了各种各样的模型,试图解释观察到的各种实验现象,进而探讨结晶结构与高分子性能之间的关系。

(1)缨状微束模型。它是 Bryant 在 1947 年提出的。他们用 X 射线研究了很多结晶型高分子,结果否定了以往关于高分子无规线团杂乱无章的聚集态概念,证明不完善结晶结构的存在,并认为结晶高分子中晶区与非晶区互相穿插同时存在,见图 2.77。这个模型有时也称为两相模型。它解释了 X 射线衍射和其他很多实验观察的结果,如高分子的密度比晶胞的密度小是因为两相共存的结果;高分子拉伸后,由于微晶的取向使得 X 射线衍射图上出现圆弧形;由于微晶大小的差异使得结晶高分子在熔融时存在一定大小的熔限;由于非晶区比晶区的可渗透性大,造成化学反应和物理作用的不均匀性;拉伸高分子的光学双折射现象是由于非晶区中分子链取向的结果。

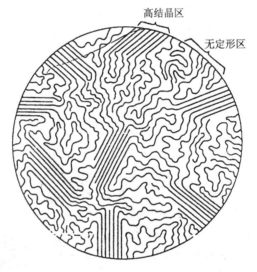

图 2.77　半结晶高分子的缨状微束模型示意图

(2)折叠链模型。折叠链模型是在聚合物晶体中,大分子链以折叠的形式堆砌起来的,如图 2.78 所示。

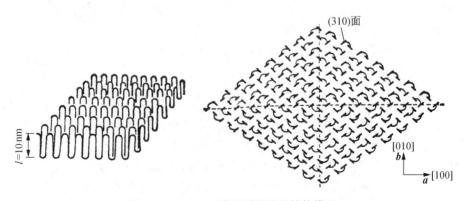

图 2.78　Keller 近邻规则折叠链结构模型

（3）伸直链模型。对聚乙烯和聚四氟乙烯等不带侧基的高分子化合物,在极高压下结晶的大分子链垂直排列在片晶中。

（4）串晶的结构模型。它是伸直链和折叠链的组合结构。

（5）球晶的结构模型。多层片晶是聚合物中常见的一种结构单元。若大量多层片晶以晶核为中心,以相同的速率辐射型生长,则形成球状多晶聚合体。

（6）Hosemann 模型。由于各种结晶模型都有其片面性,为此 R. Hosemann 综合了各种结晶模型,提出了一种折中的模型,见图 2.79。它综合了在高分子晶态结构中所可能存在的各种形态。因而特别适用于描述半结晶高分子中复杂的结构形态。

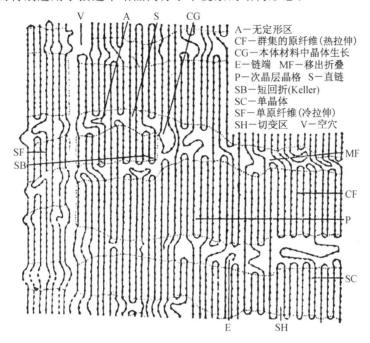

A—无定形区
CF—群集的原纤维(热拉伸)
CG—本体材料中晶体生长
E—链端　MF—移出折叠
P—次晶层晶格　S—直链
SB—短回折(Keller)
SC—单晶体
SF—单原纤维(冷拉伸)
SH—切变区　V—空穴

图 2.79　霍斯曼(Hosemann)模型

2.6.3　聚合物晶体的晶胞结构

具有各种构象的分子链是如何被堆砌到晶格中去的,通过电镜和 X 射线衍射实验可进一步研究聚合物的晶胞结构。

聚合物晶胞中,沿大分子链的方向和垂直于大分子链方向的原子间距是不同的,使得聚合物不能形成立方晶系。由 X 射线结构分析,可以求出晶胞的具体参数和晶体的类型。一般取大分子链的方向为晶胞的 c 轴。晶胞结构和参数与大分子链的化学结构、构象及结晶条件有关。例如,聚乙烯的稳定晶型是正交晶系,但拉伸时能形成三斜或单斜晶型;全同立构聚丙烯在不同的温度下结晶,可形成单斜、六方和菱方三种晶型。

图 2.80 为聚乙烯的晶体结构。右图为与聚乙烯结晶的纤维轴(c 轴)平行的平面上和垂直平面上的投影。若在纤维轴方向上看分子链的堆砌时,则分子链的水准线全部一致。聚乙烯的晶格属斜方晶系,晶格常数 a 为 0.736nm,b 为 0.492nm,c 为 0.253nm;两条分子链贯穿一个晶胞。

图 2.81 为纤维素葡萄糖单元的晶体结构。它属单斜晶系,(a)图为垂直 b 轴的平面投影,

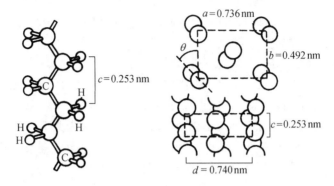

图 2.80　聚乙烯分子的形态和在晶胞中的排列

(b)图为垂直 a 轴的平面投影。(a)图中每个晶胞贯穿两条平行于 b 轴,且上下呈相反方向的分子链。各条分子链中的所有原子间的距离相当于主价键的长度,C—C 键为 0.154nm,C—O 键为0.145nm。位于晶胞中央和角上的分子链,沿 a 轴方向形成氢链,两个羟基间的距离为0.26nm,即只要把这两条分子链的高度上下错开半个葡萄糖剩基,氢链就可形成。

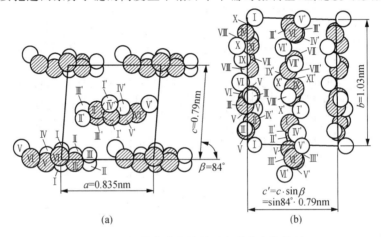

图 2.81　纤维素葡萄糖单元在晶胞中的排列

图 2.82 为尼龙类的晶体结构。尼龙 6 晶胞两侧的分子链与中央的分子链成反向平行,所

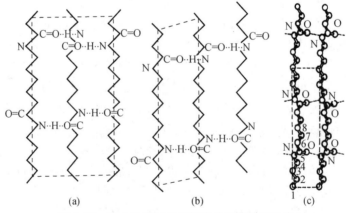

图 2.82　尼龙类的结晶结构中分子薄片的形成

(图中:点线表示氢键,虚线表示一个晶胞)

(a)尼龙 6(反向平行)　(b)尼龙 66　(c)尼龙 77(γ 型)

有的酰胺基都参与氢键的形成。在与此相应的尼龙 77 的结晶中,单键 HN—CH₂ 和 CH₂—
CO 的内旋转角,由 T 型移动了位置而采取缩短的(γ 型)构象,因此所有的酰胺基仍然能建立
氢键。尼龙 66 与尼龙 77 不同,虽然具有完全伸直的(α 型)构象,但薄片平面内分子链的水平
线相继错开,同时,薄片间的薄片水平面也依次错开,并由此形成氢键。

图 2.83 为间同立构型聚氯乙烯的晶体结构。

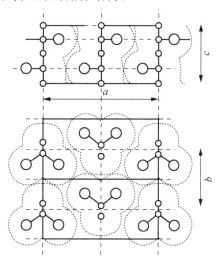

图 2.83　聚氯乙烯的结晶结构

(图中:大圆圈表示氯原子的位置,点线表示范德华接触,虚线表示属于斜方晶系的晶胞,
晶格常数为 $a=1.06nm$,$b=0.54nm$,c(纤维周期)$=0.51nm$。)

图 2.84 为全同立构型聚丙烯的晶体结构。

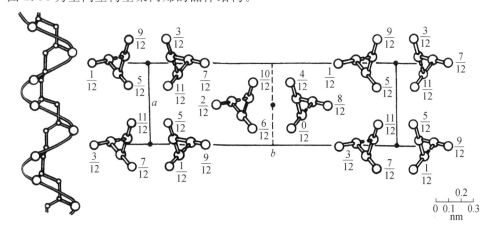

图 2.84　聚丙烯分子的形态和在晶胞中的排列

一些聚合物在 25℃ 的晶胞参数和结构如表 2.15 所列。

表 2.15　某些高分子化合物在 25℃ 的晶胞参数和晶体形状

聚　合　物	晶胞中单基数目	晶胞参数/nm			螺旋[①]	晶系
		a	b	c		
聚乙烯	2	0.736	0.492	0.2534	—	斜方
间同聚氯乙烯	4	1.040	0.530	0.510	—	斜方
聚异丁烯	16	0.694	1.196	1.863	8/5	斜方
全同聚丙烯（α 型）	12	0.665	2.096	0.650	3/1	单斜
全同聚丙烯（β 型）	—	0.647	1.071	—	3/1	假六方
全同聚丙烯（γ 型）	3	0.638	0.638	0.633	3/1	三斜
间同聚丙烯	8	1.450	0.581	0.73	4/1	斜方
全同聚乙烯基环己烷	16	2.19	2.19	0.65	4/1	正方
全同聚邻甲基苯乙烯	16	1.901	1.901	0.810	4/1	正方
全同聚-1-丁烯（1 型）	18	1.769	1.769	0.650	3/1	三斜
全同聚-1-丁烯（2 型）	44	1.485	1.485	2.060	11/1	正方
全同聚-1-丁烯（3 型）	—	1.249	0.896	—	—	斜方
全同聚苯乙烯	18	2.208	2.208	0.663	3/1	三斜

①　由于取代基的形状和大小不同，以及取代基的极性不同，有时一个等同周期中可形成多个螺旋，如 8/5 就表示它由 8 个结构单元旋转 5 圈形成的一个等同周期。

2.7　准晶态结构

准晶是准周期性晶体的简称，它是一种介于晶态和非晶态之间的新的原子聚集状态的固态结构。

从 2.1"晶体学基础"一节中得知，晶体的空间点阵中各个阵点，具有完全相同的周围环境，且具有平移对称性，晶体结构只能有 1,2,3,4,6 次旋转对称轴，故原子呈三维周期有序排列的晶体不可能有 5 次及高于 6 次的对称轴，因为它们不能满足平移对称的条件。但是，随着近代材料制备技术的发展，谢特曼（Shechtman）等人于 1984 年报道了在快冷 $Al_{86}Mn_{14}$ 合金的电子衍射图中发现了具有二十面体对称性的斑点分布，斑点的明锐程度不亚于晶体情况，说明其中含有 5 次对称轴的结构，如图 2.85 所示。这种不符合晶体的对称条件、但呈一定的周期性有序排列的类似于晶态的固体被称为准晶。

图 2.86 是采用高分辨电子显微分析获得的准晶态 $Al_{65}Cu_{20}Fe_{15}$ 合金的原子结构像，可见其原子分布不具有平移对称性，但仍有一定的规则，其 5 次对称性明显可见，且呈长程的取向性有序分布，故可认为是一种准周期性排列。除了少数准晶为稳态相之外，大多数准晶相均属亚稳态结构，它们主要通过快冷方法形成。此外经喷涂、离子轰击或气相沉积等途径也能形成准晶。目前已在数十种合金系中发现了准晶，除了 5 次对称，还有 8,10,12 次对称轴结构。

准晶态的结构既不同于晶体，也不同于非晶态。如何描绘准晶态结构？由于它不能通过平移操作实现周期性，故不能像晶体那样取一个晶胞来代表其结构。目前较常用的是以拼砌

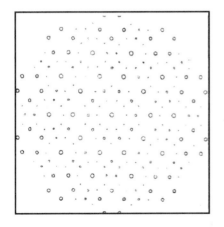 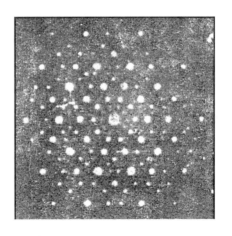

图 2.85 $Al_{86}Mn_{14}$合金的电子衍射图

花砖方式的模型来表征准晶态结构,其典型例子见图 2.87,它表示了 5 次对称的准周期结构。它由两种菱形单元(花砖)构成:一种是宽的菱方形,其四个角分别为 72°、108°、72° 和 108°,它是由顶角为 108°、底角为 36° 的等腰三角形底边连接而成;另一种是窄的菱方形,其四个角分别为 36°、144°、36° 和 144°,它是由顶角为 36°、底角为 72° 的等腰三角形底边连接而成。它们的边长分别记为 1 和 τ,其边长比 $\tau=2\cos(\pi/5)=1.61803398\cdots$,正好是黄金分割无理数。按一定规则可将它们拼砌成具有准周期性和 5 次对称性图形。这就是著名的彭罗斯(Penrose)拼图之一。从拼图中间的

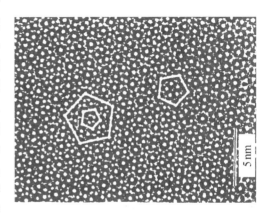

图 2.86 准晶态 $Au_{65}Cu_{20}Fe_{15}$ 合金高分辨电子显微像

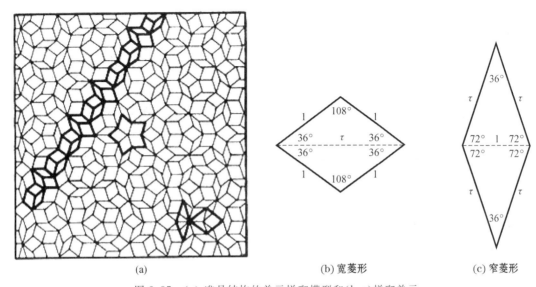

(a)　　　　　　　　　(b) 宽菱形　　　　　　(c) 窄菱形

图 2.87 (a) 准晶结构的单元拼砌模型和(b,c)拼砌单元

五角形可以清楚看出许多局部区域具有五次对称性,所有拼块的边都和一个正五边形边的方向平行。拼图左上方的一串菱形(粗线)都有平行边,总共在 5 个方向可以找到这种菱形串。另外,拼图中存在明显的局域同构性,同时局域相同的结构可反复在不同处出现。在拼图的右下方用粗线勾画出宽、窄两种菱形,可看出彭罗斯拼块可以按一定程序进行缩小或放大,表明彭罗斯拼砌也具有相似性及自相似性。

上述的拼砌模型是二维图形,可用两种边长相等、体积比为 τ 的宽、窄菱面体单元拼砌出三维的图形,如图 2.88 所示(大圈占据顶点位置,三角形位于棱中心,小圈则位于面对角线为 $\tau^{-2}:\tau^{-3}:\tau^{-2}$ 的位置),可认为它们是构成准晶(二十面体对称的准晶相)的准点阵。

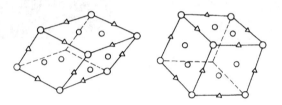

图 2.88 拼砌单元的三维模型

准晶态结构有多种形式,就目前所知可分为一维、二维和三维准晶,下面分别加以简介。

2.7.1 一维准晶

这类准晶在一个取向是准周期性,而其他两个取向是周期性的。例如,Al—Cu 系(Al_{65} $Cu_{20}Mn_{15}$,$Al_{65}Cu_{20}Co_{15}$,$Al_{65}Cu_{20}Fe_{10}Mn_5$ 等),Al—Ni 系($Al_{80}Ni_{14}Si_6$),Al—Pd 系($Al_{75}Fe_{10}Pd_{15}$)的准晶相,它们具有 CsCl 型的简单立方结构,但在[111]取向呈准周期的结构。这类准晶态结构常发生于二十面体相或十面体相与结晶相之间发生相互转变的中间状态,故属亚稳状态。但在 $Al_{65}Cu_{20}Fe_{10}Mn_5$ 的充分退火样品中也发现一维准晶态结构,此时应属稳定态结构,它沿着 10 次对称轴呈六层的周期性,而垂直于此轴则呈八层周期性。

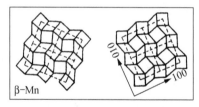

2.7.2 二维准晶

它们是由准周期有序的原子层周期地堆垛而构成的,是将准晶态和晶态的结构特征两者结合在一起。按照它们的对称特点,可分为八边形、十边形或十二边形准晶。八边形准晶相的结构很接近 β—Mn 型结构,其准周期原子层沿着 8 次对称轴周期地(按恒定的点阵常数 $a=0.6315nm$)堆垛上去。这类准晶的例子有 Ni_{10} SiV_{15},$Cr_5Ni_3Si_2$,Mn_4Si,$Al_3Mn_{82}Si_{15}$,Fe—Mn—Si 等,图 2.89 表示根据高分辨电子显微像作出的 Cr—Ni—Si 八边形准晶相的结构拼砌模型。十边形准晶已在很多合金中发现,它们的结构沿着 10 次轴周期地堆垛,其平

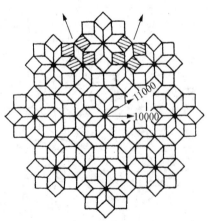

图 2.89 Cr—Ni—Si 八边形准晶结构的拼砌模型

(斜线的砌块表示 β—Mn 结构单元)

移周期可为 0.4nm（如 $Al_{65}Co_{15}Cu_{20}$，$Al_{70}Co_{15}Ni_{15}$，$Al_{70}Ni_{15}Rh_{15}$，$Al_{71}Fe_5Ni_{24}$，Al_4Ni，$Fe_{32}Nb_{18}$ 等），0.8nm（如 $Al_{10}Co_4$），1.2nm（如 Al_4Mn，$Al_{79}Fe_{2.6}Mn_{19.4}$，$Al_{65}Cu_{20}Mn_{15}$，$Al_{65}Cr_7Cu_{20}Fe_8$ 等），1.6nm（如 Al_5Ir，Al_5Pd，Al_5Pt，Al_4Fe，$Al_{74}Mg_5Pd_{21}$，$Al_{80}Fe_{10}Pd_{10}$ 等）等，这些间距相应于二层、四层、六层、八层等堆垛为一周期。十二边形准晶目前发现的还不多，如 $Cr_{70.6}Ni_{29.4}$，Ni_2V_3，$Ni_{10}SiV_{15}$，Ta_xTe，其结构类似于 σ—CrFe 型，由六方—三角及三角—正方结构的原子层堆垛所构成。

2.7.3　二十面体准晶

　　二十面体准晶可分为 A 和 B 两类。A 类以含有 54 个原子的二十面体作为结构单元，图 2.90 展示了半个由 54 个原子构成的二十面体构造。A 类二十面体多数是铝过渡族元素化合物；B 类则以含有 137 个原子的多面体为结构单元，它极少含有过渡族元素。

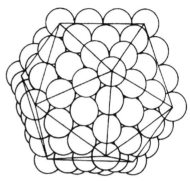

图 2.90　半个由 54 原子构成的二十面体准晶结构单元

2.8　液晶态结构

　　某些物质的结晶受热熔融或被溶剂溶解之后，虽然失去固态物质的刚性，而获得液态的流动性，却仍然部分地保留着晶态物质分子的有序排列，从而在物理性质上呈现各向异性，形成一种兼有晶体和液体的部分性质的过渡态，这种由固态向液态转化过程中存在的中间态称为液晶态，处在这种状态下的物质称为液晶。

　　液晶现象最早在 1889 年由奥地利植物学家赖尼策尔（Reinitzer）对苯甲酸胆甾醇酯加热时发现，在 145℃下该固体熔解为白色浑浊各向异性液体；而当这种液体再加热到 179℃时，又转变为各向同性清澈透明液体。

　　液晶具有液体的易流动性，然又不同一般的液体，其组成分子呈现各向异性排列，即液晶分子具有长程一维或两维的取向序但没有长程的位置序（只可能具有短程位置序）。因此，液晶又可称为位置无序晶体或取向有序液体，液晶材料无论在结构方面或是在稳定温度范围方面均是介乎各向同性液体与各向异性晶体之间的一种物质。液晶的堆垛分数比正常的各向同性液体略高。形成液晶的有机分子通常是具有刚性结构的分子，把这样的结构部分称为液晶原或介原，是液晶各向异性所必须的结构因素。由于液晶分子取向分布易通过所加的外场控制，所以液晶材料在光—电装置，特别是液晶显示器（LCD）技术中有很多应用。此外，因为它的分子具有取向序，所以可以由取向液晶聚合物获得高强度的纤维。

　　作为液晶晶原的刚性结构部分大致有以下几种不同类型：第一类是棒状结构，属于"筏型"（nematic），这种分子的长度和宽度比，即轴比 R≫1，具有这种结构的液晶种类最多，例如 4，4'—二甲氧基氧化偶氮苯：分子的长宽比 $R \approx 2.6$，长厚比 $R' \approx 5.2$；第二类是平面结构属于"碟型"（discoic），中间的碟包括各种芳环、稠环、杂环和酞菁等化合物；第三类液晶是双亲性分子的溶液。前两类刚性的液晶原几乎无一例外地都连有一个或几个柔性的分子链，如同"尾巴"一样。除了刚性结构和柔性"尾巴"外，一般能形成液晶的分子多含有极性基团。刚性晶原和极性基团是分子在液态仍保留一定有序性的必要条件，而柔性"尾巴"使体系具有液体的形变能力和流动性。

双亲性液晶分子的形状像一个长蝌蚪,其一端是一个亲水的极性头,另一端是疏水的非极性链,例如肥皂、正壬酸钾、磷酸、多肽的溶液都可呈液晶态。

根据液晶分子的排列形式和有序性的不同,液晶主要有四种不同的结构类型,即近晶型、向列型、胆甾型和柱状型,如图 2.91 所示。

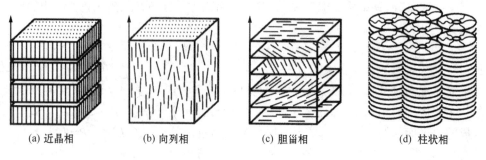

(a) 近晶相　　　(b) 向列相　　　(c) 胆甾相　　　(d) 柱状相

图 2.91　液晶四种不同的结构类型

2.8.1　近晶型结构

近晶型液晶是所有液晶中具有最接近结晶结构的一类,并因此而得名。近晶型液晶分子分布的示意图参看图 2.91(a)。在这类液晶中,棒状分子依靠所含官能团提供的垂直于分子长轴方向的强有力的相互作用,互相平行排列成层状结构,分子的长轴垂直于层片平面。在层内,分子排列保持着大量二维固体有序性,但这些层片又不是严格刚性的,分子可以在本层内活动,但不能来往于各层之间,结果这些柔性的二维分子薄片之间可以互相滑动,而垂直于层片方向的流动则要困难得多。这种结构决定了其黏度呈现各向异性的可能性,只是在通常情况下,各部分的层片取向并不统一,因而近晶型液晶一般在各个方向上都是非常黏滞的。

2.8.2　向列型结构

向列型液晶分子分布的示意图参看图 2.91(b)。向列型液晶中,棒状分子之间只是互相平行排列,但它们的重心排列则是无序的,因而只保存着固体的一维有序性,并且这些分子的长轴方向是到处都在发生着连续的变化。在外力作用下发生流动时,由于这些棒状分子容易沿流动方向取向,并可在流动取向相中互相穿越,因此,向列型液晶都有相当大的流动性。

2.8.3　胆甾型结构

胆甾型液晶分子分布的示意图参看图 2.91(c)。由于属于这类液晶的物质中,许多是胆甾醇的衍生物,因此胆甾醇型液晶成了这类液晶的总称。其实,胆甾型液晶中,许多是与胆甾醇结构毫无关系的分子,确切的分类原则应该以它们共同的结构特征导致共同的光学及其他特性为依据。在这类液晶中,长形分子基本上是扁平的,依靠端基的相互作用,彼此平行排列成层状结构,但它们的长轴是在层片平面上的。层内分子排列与向列型相似,而相邻两层间,分子长轴的取向,由于伸出层片平面外的光学活性基团的作用,依次规则地扭转一定角度,层层累加而形成螺旋面结构。分子的长轴方向在旋转 360° 角后复原,这两个取向相同的分子层之间的距离,称为胆甾型液晶的螺距,它是表征这类液晶的一个重要物理量。由于这些扭转的分子层的作用,反射的白光发生色散,透射光发生偏振旋转,使胆甾型液晶具有彩虹般的颜色和极高的旋光本领等独特的光学性质。

2.8.4　柱状型结构

　　柱状型液晶分子分布的示意图参看图 2.91(d)。碟状或盘状分子在低温或高浓度下可以构成这样的柱状液晶相。柱状相比由碟状或盘状分子组成的液晶向列相更有序。在柱状结构中,碟状或盘状分子堆垛成柱体,这些柱体形成二维长程有序的六角形排列,而在柱内分子仅像液体那样面对面堆垛。嵌段共聚物也会形成柱状相,在 A－B 嵌段共聚物中,它们均是柔顺的非晶线团,其中小的嵌段(20％～30％)以六角形柱体排列。A－B 嵌段的连接(连接两嵌段的共价键)存在于两嵌段的截面之间,嵌段链尾部到尾部的矢量垂直于圆柱轴。

2.9　非晶态结构

　　固态物质除了上述讨论的各类晶体、准晶外,还有一大类称为非晶体。从内部原子(或离子、分子)排列的特征来看,晶体结构的基本特征是原子在三维空间呈周期性排列,即存在长程有序;而非晶体中的原子排列却无长程有序的特点,不呈现周期性和平移对称性,但可存在短程有序。

　　非晶态物质包括玻璃、凝胶、非晶态金属和合金、非晶态半导体、无定型碳及非晶态聚合物等。若将它们分类的话,非晶态物质可分为玻璃和其他非晶态两大类。所谓玻璃,是指具有玻璃转变点(玻璃化温度)的非晶态固体。玻璃与其他非晶态的区别就在于有无玻璃转变点。

　　玻璃系一种快速凝固的"过冷液体"。对于能进行结晶的材料,决定熔融液体冷却时是否能结晶或形成玻璃的外部条件是冷却速度,内部条件是其黏度。如果冷却速率足够高,任何液体原则上都可以转变为玻璃。特别是对那些分子结构复杂、材料熔融态时黏度很大,即流体层间的内摩擦力很大或者是结晶动力学迟缓的物质,冷却时原子迁移扩散困难,则结晶过程很难进行,容易形成过冷液体。随着温度的继续下降,过冷液体的黏度迅速增大,原子间的相互运动变得更加困难,所以当温度降至某一临界温度以下时,即固化成玻璃。这个临界温度称为玻璃化温度 T_g。一般 T_g 不是一个确定的数值,而是随冷却速度变化而变化的温度区间,通常在 $\left(\dfrac{1}{2}\sim\dfrac{1}{3}\right) T_m$(熔点)范围内。对于高分子材料而言,玻璃化转变并不是真正的热力学二级转变,而是高分子链段运动的弛豫过程。

　　在这方面,金属、陶瓷和聚合物有较大的区别。金属材料由于其晶体结构比较简单,且熔融时的黏度小,冷却时很难阻止结晶过程的发生,故固态下的金属大多为晶体;但如果冷速很快时,如利用激冷技术,充分发挥热传导机制的导热能力,可获得 $10^5\sim10^{10}\,\mathrm{K/s}$ 的冷却速度,就能阻止某些金属或合金的结晶过程,此时,过冷液态的原子排列方式保留至固态,原子在三维空间则不再呈周期性的规则排列,形成非晶态的所谓"金属玻璃",但它不存在玻璃化转变温度,例如铁基非晶磁性材料就是这样制得的。随着现代材料制备技术的发展,通过蒸镀、溅射、激光辐照、离子轰击、溶胶凝胶法和化学镀法均可以获得"金属玻璃"和非晶薄膜材料。

　　陶瓷材料晶体一般比较复杂,特别是能形成三维网络的 SiO_2 等。尽管大多数陶瓷材料可进行结晶,但也有一些是非晶体,这主要是指玻璃和硅酸盐结构。硅酸盐的基本结构单元是 $[SiO_4]^{4-}$ 四面体(见图 2.64),其中 Si 离子处在 4 个氧离子构成的四面体间隙中。值得注意的是,这里每个氧离子的外层电子不是 8 个而是 7 个。为此,它或从金属原子那里获得电子,或再和第二个硅原子共用一个电子对,于是形成多个四面体群。对于纯 SiO_2,没有金属离子,每个氧都作为氧桥连接着 2 个硅离子。若$[SiO_4]^{4-}$四面体可以在空间无限延伸,形成长程的有规则网络结构,这就是前面讨论的石英晶体结构;若$[SiO_4]^{4-}$四面体在三维空间排列是无序的,不存在对称性及周期性,这就是石英玻璃结构。图 2.92 是石英晶体及无规则网络的石英玻璃结构示意图。

目前非晶态合金结构模型有两种:①"微晶"无序模型,认为非晶态结构内的原子排列在三维空间不具有长程有序和周期性,但结构内存在尺寸很小(~1nm)的且有晶格畸变的微晶粒,即存在短程有序区域;②无规则网络结构模型,认为非晶态结构内的原子排列在三维空间是无序的,杂乱无章,不存在对称性和周期性。

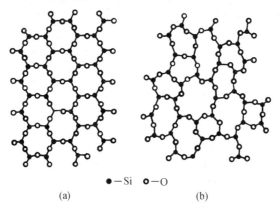

●—Si　○—O

(a)　　　　　　　　　(b)

图 2.92　按无规则网络结构学说的结构模型示意图

(a) 石英晶体结构模型　(b) 石英玻璃结构模型

高聚物也有晶态和非晶态之分。高聚物的结晶在结构上存在以下两方面困难:

(1) 大分子的结晶很少有简单的基元;

(2) 已有的链段在不断开键,在不重新形成的条件下,要实现规则重排只能通过所有链段的缓慢扩散来完成。因此,细长、柔软而结构复杂的高分子链很难形成完整的晶体。大多数聚合物容易得到非晶结构,结晶只起次要作用。

高分子非晶态可以以液体、高弹性或玻璃体存在。它们共同的结构特点是只具有近程有序。无规立构聚苯乙烯、甲基丙烯酸甲酯、未拉伸的橡胶,以及从熔融态淬火的聚对苯二甲酸乙二酯等的广角 X 射线衍射花样只呈现一个弥散环,这就是实验证据。

在高分子结构研究的初期,由于缺乏研究手段,对非晶态结构的研究进行得很少。当时把高分子非晶态看成是由高分子链完全无规则缠结在一起的"非晶态毛毡"。利用这种模型比较成功地建立了橡胶的弹性理论,因此这种模型曾被广泛引用。随着晶态结构研究的发展,特别是在 1957 年 Keller 提出折叠链模型并迅速被很多人所接受以后,对"非晶态毛毡"模型产生了怀疑,因为它无法解释有些高分子(如聚乙烯)几乎能瞬时结晶的实验事实。电子显微镜观察发现,非晶态结构中可能存在某种局部有序的束状或球状结构。具有代表性的模型是 Yeh 于 1972 年提出的折叠链缨状胶束粒子模型,简称两相球粒模型。这种模型说明,非晶态高分子存在着一定程度的局部有序,由粒子相和粒间相两部分组成。粒子又可分成有序区(OD)和粒界区(GB)两部分。OD 的大小约为 2~4nm,分子链是互相平行排列的,其有序程度与热历史、链结构和范德华相互作用等因素有关。有序区周围有 1～2nm 大小的粒间区，由折叠链的弯曲部分构成。而粒间相(IG)则由无规线团、低分子物、分子链末端和联结链组成，尺寸约为 1～5nm，见图 2.93(a)。另一种是 Vollmert 提出的分子链互不贯穿，各自成球的塌球模型，见图 2.93(b)。还有一种是 W. Pechhold 等提出的非晶链束整体曲折的曲棍状模型，见图 2.93(c)。

另一方面，P. J. Flory 于 1949 年用统计热力学的观点推导出无规线团模型，见图 2.93(d)。这种模型说明，非晶固体中的每一根高分子链都取无规线团的构象，各高分子链之间可以相互贯通，它们之间可以缠结，但并不存在局部的有序的结构，因而非晶态高分子在聚集态结构上是均相的。

图 2.93　聚合物的几种非晶结构模型

(a) 折叠链缨状胶束粒子模型　(b) 塌球模型　(c) 曲棍状模型　(d) 无规线团模型

无规线团模型也有很多实验证据。比较重要的有：

(1) 橡胶的弹性理论就是利用了链末端距高斯分布函数，假设形变具有放射性得到了应力-应变关系式。当形变比较小时，理论与实验结果符合很好。这就间接证明了处于非晶态的弹性体的分子链构象为无规线团。而且实验证明，橡胶的弹性模量和应力-温度系数关系并不随稀释剂的加入而有反常的改变，这说明非晶态弹性体的结构是均匀的、无远程有序的。

(2) 利用高能辐射使在本体和溶液中的非晶态高分子分别发生交联，实验结果并未发现本体体系中发生分子内交联的倾向比溶液中更大，说明本体中并不存在诸如紧缩的线团或折叠链那些局部的有序结构。

(3) 人们已经用中子散射等技术测定了聚苯乙烯、聚甲基丙烯酸甲酯，以及相应的氘代聚合物等非晶态高分子在 T_g 温度以下的分子尺寸。它们的旋转半径与在 θ 溶剂中测得的数值相同,第二维利系数 A_2 也等于零。说明高分子链在 T_g 以下的非晶态中具有无规线团的形态,其尺寸等于无扰尺寸,从而证实了 Flory 的无规线团模型。

最后须指出两点:

(1) 固态物质虽有晶体和非晶体之分,但并不是一成不变的,在一定条件下,两者是可以相互转换的。例如,非晶态的玻璃经高温长时间加热后可获得结晶玻璃;而呈晶态的某些合金,若将其从液态快速冷凝下来,也可获得非晶态合金。

(2) 正因为非晶态物质内的原子(或离子、分子)排列在三维空间不具有长程有序和周期性,故决定它在性质上是各向同性的,并且熔化时没有明显的熔点,而是存在一个软化温度范围。

中英文主题词对照

晶体结构	crystal structure	晶体学	crystallography
空间点阵	space lattice	布拉维点阵	Bravais lattice
晶胞	unit cells	晶系	crystal system
三斜晶系	triclinic system	单斜晶系	monoclinic system
正交晶系	orthogonal system	六方晶系	hexagonal system
菱方晶系	rhombohedral system	四方晶系	tetragonal system
立方晶系	cubic system	对称变换	symmetry transformation
旋转操作	rotation operation	旋转轴	rotation axe
反演	inversion	参考球	reference sphere
吴氏网	Wulff's net	标准投影图	standard projection
倒易点阵	reciprocal lattice	布拉格定律	Bragg's law
X 射线衍射	X-ray diffraction(XRD)	晶格(点阵)参数	lattice parameters
点阵常数	lattice constant	米勒指数	Miller indices
晶面	crystal plane	晶向	crystal direction
晶面间距	interplanar distance	金属晶体	metal crystal
面心立方	face-center cubic (FCC)	体心立方	body-center cubic (BCC)
密排六方	hexagonal close-packed (HCP)	原子半径	atomic radius
离子半径	ionic radius	配位数	coordination number
配位多面体	coordination polyhedron	致密度	tightness，atomic packing factor (APF)
堆垛	stacking	间隙位置	interstitial sites
八面体间隙	octahedral sites	四面体间隙	tetrahedral sites
单晶	single crystal	晶界	grain boundary
各项异性	anisotropy	各项同性	isotropic
同素异构	allotropy	多晶型	polymorphism
合金的相结构	phase structure of alloys	固溶体	solid solution
长程有序参数	long-range order parameter	短程有序参数	short -range order parameter
有序固溶体	ordered solid solution	无序固溶体	random solid solution
置换固溶体	substitutional solid solution	间隙固溶体	interstitial solid solution
固溶强化	solution strengthening	中间相	intermediate phase
尺寸因素	size factor	价电子浓度	valency electron concentration
正常价化合物	electrochemical compound	电子化合物	electron compound
间隙化合物	interstitial compound	原子尺寸因素化合物	atomic size factor compound
拓扑密堆相	topological close-packed phase	拉弗斯相	Laves phase
σ 相	σ phase	超点阵	superlattice

金属间化合物	intermetallic compound	离子晶体	ionic crystal
鲍林规则	Pauling's rule	萤石结构	fluorite structure
氯化铯结构	cesium chloride structure	刚玉(α-Al_2O_3)结构	corundum structure
闪锌矿结构	zinc blende structure	纤维锌矿结构	wurtzite structure
尖晶石结构	spinel structure	金红石结构	rutile structure
钙钛矿结构	perovskite structure	镁橄榄石结构	forsterite structure
硅酸盐	silicate	链状硅酸盐	chain silicate
层状硅酸盐	phyllo silicate	岛状硅酸盐	island silicate
黏土矿	clay mineral	云母	mica
石英	quartz	共价晶体	covalent crystal
金刚石结构	diamond structure	分子晶体	molecular crystal
聚合物结晶度	polymer crystallinity	球晶	spherulite
树枝状晶体	tree-like crystal	折叠链模型	chain-folded model
缨束状微晶胞模型	fringed-micelle model	液晶	liquid crystalline
近晶相	smactic phase	向列相	nematic phase
胆甾相	cholesteric phase	柱状相	columnar mesophase
准晶	quasicrystal	非晶态	noncrystalline
无定形	amorphous		

主要参考书目

[1]　蔡珣.材料科学与工程基础辅导与习题[M].上海:上海交通大学出版社,2013.

[2]　徐祖耀,李鹏兴.材料科学导论[M].上海:上海科学技术出版社,1986.

[3]　胡赓祥,蔡珣,戎咏华.材料科学基础[M].第3版.上海:上海交通大学出版社,2010.

[4]　胡赓祥,钱苗根.金属学[M].上海:上海科学技术出版社,1980.

[5]　曹明盛.物理冶金基础[M].北京:冶金工业出版社,1988.

[6]　石德珂.材料科学基础[M].第2版.北京:机械工业出版社,2003.

[7]　徐光宪,王祥云.物质结构[M].第2版.北京:高等教育出版社,1989.

[8]　田风仁.无机材料结构基础[M].北京:冶金工业出版社,1993.

[9]　宋晓岚,黄学辉.无机材料科学基础[M].北京:化学工业出版社,2006.

[10]　马德柱,徐种德,等.高聚物的结构与性能[M].北京:科学出版社,1995.

[11]　江明 著.高分子合金的物理化学[M].四川:四川教育出版社,1988.

[12]　何曼君,陈维孝,董西侠.高分子物理[M].修订版.上海:复旦大学出版社,1990.

[13]　刘有延,傅秀军.准晶体[M].北京:科教出版社,1999.

[14]　Askeland D R, Phule P P. The Science and Engineering of Materials [M]. 4th, ed. USA：Thomson Learning,2004.

[15]　William D. Callister, Jr. Materials Science and Engineering：An Introduction [M].

5th，ed. USA：John Wiley & Sons，2000.

[16] Smith W F.，Hashemi J. Foundations of Materials Science and Engineering [M]. 4th，ed. New York：McGraw—Hill Book Co. 2006.

[17] Cahn R W，Haasen P. Physical Metallurgy [M]. 4th，ed. New York：Elsevier Science Publishing，1996.

[18] Massalski T B. Structure of Solid Solution in Physical Metallurgy [M]. 3rd，ed. New York：North—Holland Physics Publishing，1983.

[19] Smallman R E. Modern Physical Metallurgy [M]. 4th，ed. London：Butterworths，1985.

[20] Kittel C. Introduction to Solid State Physics [M]. 5th，ed. USA：John Wiley & Sons，1976.

[21] Barrett C S，Massalski T B. Structure of metals [M]. 3rd，ed. Pergamon Press，1980.

[22] Kingery W D，Bowen H K，Uhlmann D R. Introduction to Ceramics [M]. 2nd，ed. USA：John Wiley & Sons，1976.

[23] Wells A F. Structural Inorganic Chemistry [M]. 5th，ed. London：Oxford Press，1984.

第3章 晶体缺陷

在实际晶体中,由于原子(或离子、分子)的热运动,以及晶体的形成条件、冷热加工过程和其他辐射、杂质等因素的影响,实际晶体中原子的排列不可能那样规则、完整,常存在各种偏离理想结构的情况,即晶体缺陷。晶体缺陷对晶体的性能,特别是对那些结构敏感的性能,如屈服强度、断裂强度、塑性、电阻率、磁导率等都有很大的影响。另外,晶体缺陷还与扩散、相变、塑性变形、再结晶、氧化、烧结等有着密切关系。因此,研究晶体缺陷具有重要的理论与实际意义。

根据晶体缺陷的几何特征,可以将它们分为三类:

(1) 点缺陷,其特征是在三维空间的各个方向上尺寸都很小,尺寸范围约为一个或几个原子尺度,故称零维缺陷,包括空位、间隙原子、杂质或溶质原子等;

(2) 线缺陷,其特征是在两个方向上尺寸很小,另外一个方向上延伸较长,也称一维缺陷,如各类位错;

(3) 面缺陷,其特征是在一个方向上尺寸很小,另外两个方向上扩展很大,也称二维缺陷。晶界、相界、孪晶界和堆垛层错等都属于面缺陷。

在晶体中,这三类缺陷经常共存,它们互相联系,互相制约,在一定条件下还能互相转化,从而对晶体性能产生复杂的影响。下面就分别讨论这三类缺陷的产生和发展、运动方式、交互作用,以及与晶体的组织和性能有关的主要问题。

3.1 点缺陷

点缺陷是最简单的晶体缺陷,它是在结点上或邻近的微观区域内偏离晶体结构的正常排列的一种缺陷。晶体点缺陷包括空位、间隙原子、杂质或溶质原子,以及由它们组成的复杂点缺陷,如空位对、空位团和空位-溶质原子对等。对于溶质原子的问题已在上一章中讨论过,故在此主要讨论空位和间隙原子。

3.1.1 点缺陷的形成

在晶体中,位于点阵结点上的原子并非是静止的,而是以其平衡位置为中心作热振动。原子的振动能是按几率分布,有起伏涨落的。当某一原子具有足够大的振动能而使振幅增大到一定限度时,就可能克服周围原子对它的制约作用,跳离其原来的位置,使点阵中形成空结点,称为空位。离开平衡位置的原子有三个去处:一是迁移到晶体表面或内表面的正常结点位置上,而使晶体内部留下空位,称为肖特基(Schottky)缺陷;二是挤入点阵的间隙位置,而在晶体中同时形成数目相等的空位和间隙原子,则称为弗仑克尔(Frenkel)缺陷;三是跑到其他空位中,使空位消失或使空位移位。另外,在一定条件下,晶体表面上的原子也可能跑到晶体内部的间隙位置形成间隙原子,如图3.1所示。

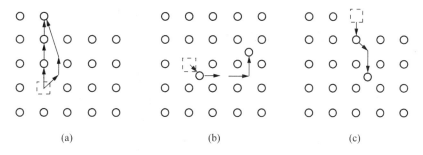

图 3.1　晶体中的点缺陷

(a) 肖特基缺陷　(b) 弗仑克尔缺陷　(c) 间隙原子

晶格正常结点位置出现空位后,其周围原子由于失去了一个近邻原子而使相互间的作用力失去平衡,因而它们会朝空位方向作一定程度的弛豫,并使空位周围出现一个波及一定范围的弹性畸变区。空位形成时,除引起点阵畸变,产生畸变能外,还会割断键力,改变周围的电子能量(势能和动能)。因此,空位的形成能 E_v 被定义为在晶体内取出一个原子放在晶体表面上(但不改变晶体的表面积和表面能)所需要的能量。通常材料的熔点越高,结合能越大,则空位的形成能也越大。处于间隙位置的间隙原子,同样会使其周围点阵产生弹性畸变,而且畸变程度要比空位引起的畸变大得多,也同样会改变其周围的电子能量,因此,它的形成能大,在晶体中的浓度一般低得多。

上述由于热起伏促使原子脱离点阵位置而形成的点缺陷称为热平衡缺陷。另外,晶体中的点缺陷还可以通过高温淬火、冷变形加工和高能粒子(如中子、质子、α粒子等)的辐照效应等形成。这时,往往晶体中的点缺陷数量超过了其平衡浓度,通常称为过饱和的点缺陷。

对于高分子晶体除了上述的空位、间隙原子和杂质原子等点缺陷外,还有其特有的点缺陷。图 3.2(a)所示的点缺陷是由分子链上的异常键合所形成的。如在顺 1.4-丁二烯分子链上有个别 1.2-加成的点就形成这种点缺陷;图 3.2(b)是分子链位置发生交换的情况;图 3.2 (c)表示两个分子链相对方向折叠的情况。

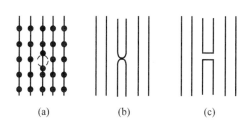

图 3.2　高分子晶体中特有的点缺陷

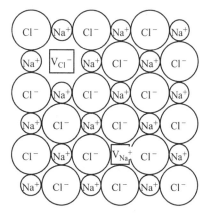

图 3.3　NaCl 点阵中(100)面上离子位置及空位分布的示意图

在离子晶体中,由于要维持电中性,点缺陷更加复杂,当离子晶体中有 1 个正离子产生空缺,则邻近必有 1 个负离子空位,就形成了 1 个正负离子空位对,即 Schottky 缺陷,如图 3.3 所示;如果 1 个正离子跳到离子晶体的间隙位置,则在正常的正离子位置出现了 1 个正离子空位,这种空位—间隙离子对即为 Frenkel 缺陷。当离子晶体中出现这种点缺陷时,电导率会增加。另外,离子晶体内质点的电子通常都是稳定在原子核周围的特定位置上,不会脱离原子核对它的束缚而自由运动,但某电子由于受激活而逸出,脱离原子核束缚变成载流子进入到负离子的空位上,在它原来位置上就留下空位(正孔),这种并发的缺陷称为色心 F_{ch};空位进入到正离子空位上的并发缺陷称为色心 V_{ch},这种缺陷常在卤化碱晶体中出现,对其导电性有明显的影响。因为失去电子的位置就留下了电子空穴,得到电子的位置就使之负电量增加,从而造成晶体内电场的改变,引起周围势场的畸变,造成晶体的不完整性,故这种缺陷也称为电荷缺陷。

3.1.2 点缺陷的平衡浓度

晶体中点缺陷的存在,一方面造成点阵畸变,使晶体的内能升高,降低了晶体的热力学稳定性,另一方面,由于增大了原子排列的混乱程度,并改变了其周围原子的振动频率,引起组态熵和振动熵的改变,使晶体熵值增大,增加了晶体的热力学稳定性。这两个相互矛盾的因素使得晶体中的点缺陷在一定的温度下有一定的平衡浓度。它可根据热力学理论求得。现以空位为例,计算如下:

由热力学原理可知,在恒温下,系统的自由能

$$F = U - TS。 \tag{3.1}$$

式中,U 为内能,S 为总熵值(包括组态熵 S_c 和振动熵 S_f),T 为绝对温度。

设由 N 个原子组成的晶体中含有 n 个空位,若形成一个空位所需能量为 E_v,则晶体中含有 n 个空位时,其内能将增加 $\Delta U = nE_v$,而几个空位造成晶体组态熵的改变为 ΔS_c,振动熵的改变为 $n\Delta S_f$,故自由能的变化为

$$\Delta F = nE_v - T(\Delta S_c + n\Delta S_f)。 \tag{3.2}$$

根据统计热力学,组态熵可表示为

$$S_c = k\ln W, \tag{3.3}$$

式中,k 为玻耳兹曼常数(1.38×10^{-23} J/K),W 为微观状态的数目。因此,在晶体中 $N+n$ 阵点位置上存在 n 个空位和 N 个原子时,可能出现的不同排列方式数目

$$W = \frac{(N+n)!}{N!n!}。 \tag{3.4}$$

于是,晶体组态熵的增值

$$\Delta S_c = k\left[\ln\frac{(N+n)!}{N!n!} - \ln 1\right] = k\ln\frac{(N+n)!}{N!n!}。 \tag{3.5}$$

当 N 和 n 值都非常大时,可用 Stirling 近似公式($\ln x! \approx x\ln x - x$)将上式改写为:

$$\Delta S_c = k[(N+n)\ln(N+n) - N\ln N - n\ln n]。$$

于是

$$\Delta F = n(E_v - T\Delta S_f) - kT[(N+n)\ln(N+n) - N\ln N - n\ln n]。$$

在平衡时,自由能为最小,即 $\left(\dfrac{\partial \Delta F}{\partial n}\right)_T = 0$。

$$\left(\frac{\partial \Delta F}{\partial n}\right)_T = E_v - T\Delta S_f - kT[\ln(N+n) - \ln n] = 0。$$

当 $N \gg n$ 时,

$$\ln \frac{N}{n} \approx \frac{E_{\mathrm{v}} - T\Delta S_{\mathrm{f}}}{kT}。$$

故空位在 T 温度时的平衡浓度

$$C = \frac{n}{N} = \exp\left(\frac{\Delta S_{\mathrm{f}}}{k}\right)\exp\left(-\frac{E_{\mathrm{v}}}{kT}\right) = A\exp\left(-\frac{E_{\mathrm{v}}}{kT}\right)。 \tag{3.6}$$

式中，$A = \exp(\Delta S_{\mathrm{f}}/k)$ 系由振动熵决定的系数，一般估计在 $1 \sim 10$ 之间，如果将上式中指数的分子分母同乘以阿伏伽德罗常数 $N_{\mathrm{A}}(6.023 \times 10^{23}\,\mathrm{mol}^{-1})$，于是有

$$C = A\exp(-N_{\mathrm{A}}E_{\mathrm{v}}/kN_{\mathrm{A}}T) = A\exp(-Q_{\mathrm{f}}/RT)。 \tag{3.7}$$

式中，$Q_{\mathrm{f}} = N_{\mathrm{A}}E_{\mathrm{v}}$ 为形成 1 摩尔空位所需作的功，单位为 J/mol，$R = kN_{\mathrm{A}}$ 为气体常数[8.31J/(mol·K)]。

按照类似的计算，也可求得间隙原子的平衡浓度：

$$C' = \frac{n'}{N'} = A'\exp(-E'_{\mathrm{v}}/kT)， \tag{3.8}$$

式中，N' 为晶体中间隙位置总数，n' 为间隙原子数，E'_{v} 为形成一个间隙原子所需的能量。

在一般的晶体中间隙原子的形成能 E'_{v} 较大（约为空位形成能 E_{v} 的 $3 \sim 4$ 倍）。因此，在同一温度下，晶体中间隙原子的平衡浓度 C' 要比空位的平衡浓度 C 低得多。例如，铜的空位形成能为 1.7×10^{-19}J，而间隙原子形成能为 4.8×10^{-19}J，在 1273K 时，其空位的平衡浓度约为 10^{-4}，而间隙原子的平衡浓度仅约为 10^{-14}，两者浓度比接近 10^{10}。因此，在通常情况下，相对于空位，间隙原子可以忽略不计；但是在高能粒子辐照后，产生大量的弗仑克尔缺陷，间隙原子数就不能忽略了。

对离子晶体而言，计算时应考虑到无论是 Schottky 缺陷还是 Frenkel 缺陷均是成对出现的事实；而且相对于纯金属而言，离子晶体的点缺陷形成能一般都相当大，故一般离子晶体中，在平衡状态下存在的点缺陷浓度是极其微小的，实验测定相当困难。

须指出，有时晶体的点缺陷的浓度可能高于平衡浓度，特别是晶体从高温快速冷却至低温（淬火）、冷加工和受到高能粒子（中子、质子、氘核、α粒子、电子等）辐照时，其点缺陷浓度显著高于平衡浓度，即形成过饱和空位或过饱和间隙原子。这种过饱和点缺陷是不稳定的，会通过种种复合过程消失掉或形成较稳定的复合体。

3.1.3　点缺陷的运动

从上面分析得知，在一定温度下，晶体中达到统计平衡的空位和间隙原子的数目是一定的，而且晶体中的点缺陷并不是固定不动的，而是处于不断的运动过程中。例如，空位周围的原子，由于热激活，某个原子有可能获得足够的能量而跳入空位中，并占据这个平衡位置。这时，在该原子的原来位置上，就形成一个空位。这一过程可以看作空位向邻近阵点位置的迁移。同理，由于热运动，晶体中的间隙原子也可由一个间隙位置迁移到另一个间隙位置。在运动过程中，当间隙原子与一个空位相遇时，它将落入该空位，而使两者都消失，这一过程称为复合。与此同时，由于能量起伏，在其他地方可能又会出现新的空位和间隙原子，以保持在该温度下的平衡浓度不变。

点缺陷从一个平衡位置到另一平衡位置，必须获得足够的能量来克服周围能垒的障碍，故称这一能量的增加为点缺陷的迁移能 E_{m}。点缺陷的迁移能 E_{m} 与迁移频率 ν 存在如下关系：

$$\nu = \nu_0 Z \exp[S_m/k] \exp[-E_m/kT], \tag{3.9}$$

式中，ν_0 为点缺陷周围原子的振动频率，Z 为点缺陷周围原子配位数，S_m 为点缺陷的迁移熵，k 为玻耳兹曼常数。

晶体中的原子正是由于空位和间隙原子不断地产生与复合才不停地由一处向另一处作无规则的布朗运动，这就是晶体中原子的自扩散，也是固态相变、表面化学热处理、蠕变、烧结等物理化学过程的基础。

由于点缺陷的存在也导致晶体性能产生一定的变化。例如，使金属的电阻增加，体积膨胀，密度减小，使离子晶体的导电性改善。另外，过饱和点缺陷，如淬火空位、辐照缺陷，还可以提高金属的屈服强度。

3.2　位错

晶体的线缺陷表现为各种类型的位错。

位错的概念最早是在研究晶体滑移过程时提出来的。当金属晶体受力发生塑性变形时，一般是通过滑移过程进行的，即晶体中相邻两部分在切应力作用下沿着一定的晶面和晶向相对滑动，滑移的结果在晶体表面上出现明显的滑移痕迹——滑移线。为了解释此现象，根据刚性相对滑动模型，对晶体的理论抗剪强度进行了理论计算，所估算出的使完整晶体产生塑性变形所需的临界切应力约等于 $G/30$，其中 G 为切变模量。但是，由实验测得的实际晶体的屈服强度要比这个理论值低 3～4 个数量级。为了解释这种差异，1934 年 Taylor，Orowan 和 Polanyi 几乎同时提出了晶体中位错的概念，他们认为，晶体实际滑移过程并不是滑移面两边的所有原子都同时作整体刚性滑动，而是通过在晶体存在着的称为位错的线缺陷来进行的，位错在较低应力的作用下就能开始移动，使滑移区逐渐扩大，直至整个滑移面上的原子都先后发生相对位移。按照这一模型进行理论计算，其理论屈服强度比较接近于实验值。在此基础上位错理论有了很大发展，直至 20 世纪 50 年代后，随着电子显微分析技术的发展，位错模型才为实验所证实，位错理论有了进一步的发展。目前，位错理论不仅成为研究晶体力学性能的基础理论，而且还广泛地被用来研究固态相变，晶体的光、电、声、磁和热学性，以及催化和表面性质等。

本节将就位错的基本概念，位错的弹性性质，位错的运动、交割、增殖和实际晶体的位错进行分析和讨论。

3.2.1　位错的基本类型和特征

位错是晶体原子排列的一种特殊组态。从位错的几何结构来看，可将它们分为两种基本类型，即刃型位错和螺型位错。

1. 刃型位错

刃型位错的结构如图 3.4 所示，设含位错的晶体为简单立方晶体，在其晶面 $ABCD$ 上半部存在有多余的半排原子面 $EFGH$，这个半原子面中断于 $ABCD$ 面上的 EF 处，它好像一把刀刃插入晶体中，使 $ABCD$ 面上下两部分晶体之间产生了原子错排，故称"刃型位错"，多余的半原子面与滑移面的交线 EF 就称作刃型位错线。

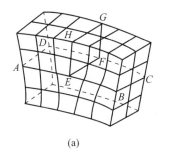
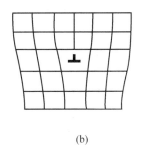

(a) (b)

图 3.4　含有刃型位错的晶体结构
(a) 立体模型　(b) 平面图

刃型位错结构的特点：

(1) 刃型位错有一个额外的半原子面。一般把多出的半原子面在滑移面上边的称为正刃型位错，记为"⊥"；而把多出在下边的称为负刃型位错，记为"⊤"。其实这种正、负之分只具相对意义，而无本质的区别。

(2) 刃型位错线可理解为晶体中已滑移区与未滑移区的边界线。它不一定是直线，也可以是折线或曲线，但它必与滑移方向相垂直，也垂直于滑移矢量，如图 3.5 所示。

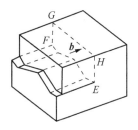
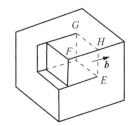
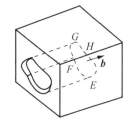

图 3.5　几种形状的刃型位错线

(3) 滑移面必定是同时包含有位错线和滑移矢量的平面，在其他面上不能滑移。由于在刃型位错中，位错线与滑移矢量互相垂直，因此，由它们所构成的平面只有一个。

(4) 晶体中存在刃型位错之后，位错周围的点阵发生弹性畸变，既有切应变，又有正应变。就正刃型位错而言，滑移面上方点阵受到压应力，下方点阵受到拉应力；负刃型位错与此相反。

(5) 在位错线周围的过渡区（畸变区）每个原子具有较大的平均能量。但该区只有几个原子间距宽，畸变区是狭长的管道，所以刃型位错是线缺陷。

2. 螺型位错

螺型位错是另一种基本类型的位错，它的结构特点可用图 3.6 来加以说明。设立方晶体右侧受到切应力 τ 的作用，其右侧上下两部分晶体沿滑移面 $ABCD$ 发生了错动，如图 3.6(a) 所示。这时已滑移区和未滑移区的边界线 bb'（位错线）不是垂直，而是平行于滑移方向。图 3.6(b) 是其 bb' 附近原子排列的顶视图。图中以圆点"·"表示滑移面 $ABCD$ 下方的原子，用圆圈"○"表示滑移面上方的原子。可以看出，在 aa' 右边晶体的上下层原子相对错动了一个原子间距，而在 bb' 和 aa' 之间出现了一个约有几个原子间距宽的、上下层原子位置不相吻合的过渡区，这里原子的正常排列遭到破坏。如果以位错线 bb' 为轴线，从 a 开始，按顺时针方向依次连接此过渡区的各原子,则其走向与一个右螺旋线的前进方向一样[见图3.6(c)]。这就是说,位错线附近的原子是按螺旋形排列的,所以把这种位错称为螺型位错。

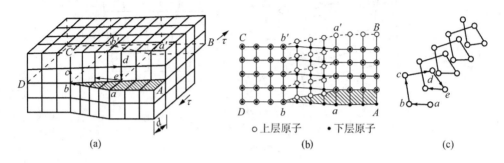

图 3.6 螺型位错

螺型位错具有以下特征:

(1)螺型位错无额外半原子面,原子错排是呈轴对称的。

(2)根据位错线附近呈螺旋形排列的原子的旋转方向不同,螺型位错可分为右旋和左旋螺型位错。

(3)螺型位错线与滑移矢量平行,因此一定是直线,而且位错线的移动方向与晶体滑移方向互相垂直。

(4)纯螺型位错的滑移面不是唯一的。凡是包含螺型位错线的平面都可以作为它的滑移面。但实际上,滑移通常是在那些原子密排面上进行的。

(5)螺型位错线周围的点阵也发生了弹性畸变,但是,只有平行于位错线的切应变而无正应变,则不会引起体积膨胀和收缩,且在垂直于位错线的平面投影上,看不到原子的位移,看不出有缺陷。

(6)螺型位错周围的点阵畸变随离位错线距离的增加而急剧减少,故它也是包含几个原子宽度的线缺陷。

3. 混合位错

除了上面介绍的两种基本型位错外,还有一种形式更为普遍的位错,其滑移矢量既不平行也不垂直于位错线,而与位错线相交成任意角度,这种位错称为混合位错。图3.7为形成混合位错时晶体局部滑移的情况。这里,混合位错线是一条曲线。在 A 处,位错线与滑移矢量平行,因此是螺型位错;而在 C 处,位错线与滑移矢量垂直,因此是刃型位错。A 与 C 之间,位错线既不垂直也不平行于滑移矢量,每一小段位错线都可分解为刃型和螺型两个分量。混合位错附近的原子组态如图3.7(c)所示。

注意:由于位错线是已滑移区与未滑移区的边界线。因此,位错具有一个重要的性质,即一根位错线不能终止于晶体内部,而只能露头于晶体表面(包括晶界)。若它终止于晶体内部,则必与其他位错线相连接,或在晶体内部形成封闭线。形成封闭线的位错称为位错环,如图3.8所示。图中的阴影区是滑移面上一个封闭的已滑移区。显然,位错环各处的位错结构类型也可按各处的位错线方向与滑移矢量的关系加以分析,如 A,B 两处是刃型位错,C,D 两处是螺型位错,其他各处均为混合位错。

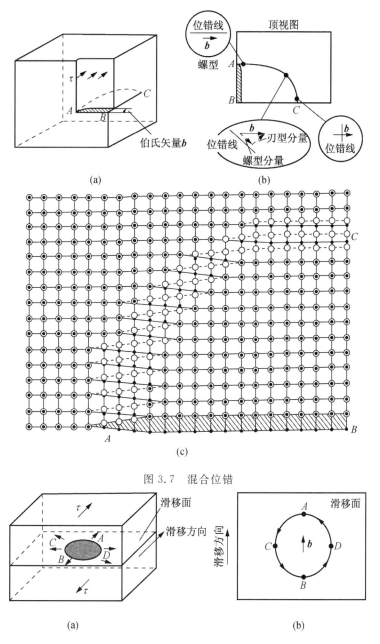

图 3.7　混合位错

图 3.8　晶体中的位错环

（a）晶体的局部滑移形成位错环　（b）位错环各部分的结构

3.2.2　伯氏矢量

为了便于描述晶体中的位错，以及更为确切地表征不同类型位错的特征，1939 年伯格斯 (J. M. Burgers) 提出了采用伯氏回路来定义位错，借助一个规定的矢量即伯氏矢量可揭示位错的本质。

1. 伯氏矢量的确定

伯氏矢量可以通过伯氏回路来确定。图 3.9(a),(b)分别为含有一个刃型位错的实际晶体和用作参考的不含位错的完整晶体。确定该位错伯氏矢量的具体步骤如下：

(1)首先选定位错线的正向(ξ),例如,通常规定出纸面的方向为位错线的正方向。

(2)在实际晶体中,从任一原子出发,围绕位错(避开位错线附近的严重畸变区)以一定的步数作一右旋闭合回路 $MNOPQ$(称为伯氏回路),如图 3.9(a)所示。

(3)在完整晶体中按同样的方向和步数作相同的回路,该回路并不封闭,由终点 Q 向起点 M 引一矢量 b,使该回路闭合,如图 3.9(b)所示。这个矢量 b 就是实际晶体中位错的伯氏矢量。

由图 3.9 可见,刃型位错的伯氏矢量与位错线垂直,这是刃型位错的一个重要特征。刃型位错的正、负,可借右手法则来确定(参考图 3.16),即用右手的拇指、食指和中指构成直角坐标,以食指指向位错线的方向,中指指向伯氏矢量的方向,则拇指的指向代表多余半原子面的位向,且规定拇指向上者为正刃型位错;反之为负刃型位错。

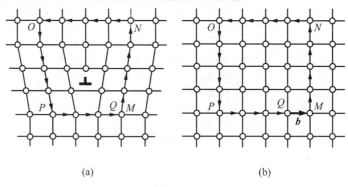

(a)   (b)

图 3.9 刃型位错伯氏矢量的确定

(a)实际晶体的伯氏回路 (b)完整晶体的相应回路

螺型位错的伯氏矢量也可按同样的方法加以确定,如图 3.10 所示。由图中可见,螺型位错的伯氏矢量与位错线平行,且规定 b 与 ξ 正向平行者为右螺旋位错,b 与 ξ 反向平行者为左螺旋位错。

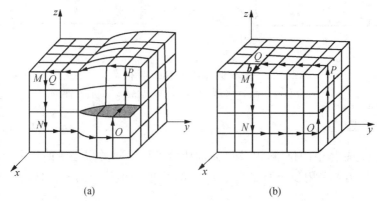

(a)   (b)

图 3.10 螺型位错伯氏矢量的确定

(a)实际晶体的伯氏回路 (b)完整晶体的相应回路

　　至于混合位错的伯氏矢量既不垂直也不平行于位错线,而与它相交成 φ 角 $\left(0<\varphi<\dfrac{\pi}{2}\right)$,可将其分解成垂直和平行于位错线的刃型分量($b_e = b\sin\varphi$)和螺型分量($b_s = b\cos\varphi$)。

　　用矢量图解法(见图 3.11)可形象地概括了三种类型位错的主要特征:

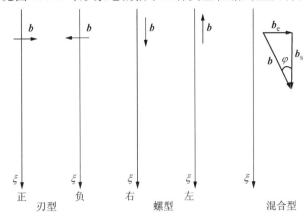

图 3.11　三种类型位错的主要特征

据此可定义:

刃 型 位 错:$\boldsymbol{b} \cdot \boldsymbol{\xi} = 0$,

右螺旋位错:$\boldsymbol{b} \cdot \boldsymbol{\xi} = b$,

左螺旋位错:$\boldsymbol{b} \cdot \boldsymbol{\xi} = -b$,

混合型 $\begin{cases} \text{螺型分量}:\boldsymbol{b}_s = (\boldsymbol{b} \cdot \boldsymbol{\xi})\boldsymbol{\xi}; \quad b_s = b\cos\varphi, \\ \text{刃型分量}:\boldsymbol{b}_e = [(\boldsymbol{b} \times \boldsymbol{\xi}) \cdot \boldsymbol{e}](\boldsymbol{\xi} \times \boldsymbol{e}); \quad b_e = b\sin\varphi, \end{cases}$

其中,$\boldsymbol{e}$ 为垂直于滑移面的单位矢量,$\boldsymbol{e} = \dfrac{\boldsymbol{b} \times \boldsymbol{\xi}}{|\boldsymbol{b} \times \boldsymbol{\xi}|}$。

2. 伯氏矢量的特性

　　(1) 位错周围的所有原子,都不同程度地偏离其平衡位置。通过伯氏回路确定伯氏矢量的方法表明,伯氏矢量是一个反映位错周围点阵畸变总累积的物理量。该矢量的方向表示位错的性质与位错的取向,即位错运动导致晶体滑移的方向;而该矢量的模 $|\boldsymbol{b}|$ 表示了畸变的程度,称为位错的强度,这就是伯氏矢量的物理意义。由此,我们也可把位错定义为伯氏矢量不为零的晶体缺陷。

　　(2) 在确定伯氏矢量时,只规定了伯氏回路必须在好区内选取,而对其形状、大小和位置并没有作任何限制。这就意味着伯氏矢量与回路起点及其具体途径无关。如果事先规定了位错线的正向,并按右螺旋法则确定回路方向,那么一根位错线的伯氏矢量就是恒定不变的。换句话说,只要不和其他位错线相遇,不论回路怎样扩大、缩小或任意移动,由此回路确定的伯氏矢量是唯一的,这就是伯氏矢量的守恒性。

　　(3) 一根不分岔的位错线,不论其形状如何变化(直线、曲折线或闭合的环状),也不管位错线上各处的位错类型是否相同,其各部位的伯氏矢量都相同;而且当位错在晶体中运动或者改变方向时,其伯氏矢量不变,即一根位错线具有唯一的伯氏矢量。

　　(4) 若一个伯氏矢量为 $\boldsymbol{b}$ 的位错可以分解为伯氏矢量分别为 $\boldsymbol{b}_1, \boldsymbol{b}_2, \cdots, \boldsymbol{b}_n$ 的 n 个位错,则

分解后各位错伯氏矢量之和等于原位错的伯氏矢量，即 $\boldsymbol{b} = \sum\limits_{i=1}^{n} \boldsymbol{b}_i$。如图 3.12(a)所示，$\boldsymbol{b}_1$ 位错分解为 $\boldsymbol{b}_2$ 和 $\boldsymbol{b}_3$ 两个位错，则 $\boldsymbol{b}_1 = \boldsymbol{b}_2 + \boldsymbol{b}_3$。显然，若有数根位错线相交于一点(称为位错结点)，则指向结点的各位错线的伯氏矢量之和应等于离开结点的各位错线的伯氏矢量之和 $\sum \boldsymbol{b}_i = \sum \boldsymbol{b}'_i$。作为特例，如果各位错线的方向都是朝向结点或都是离开结点的，则伯氏矢量之和恒为零，即 $\sum \boldsymbol{b}_i = 0$，如图 3.12(b)所示。

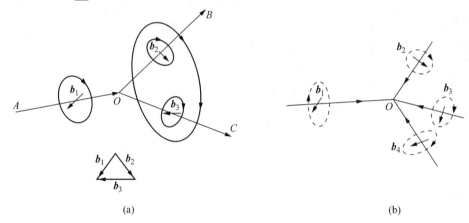

(a)   (b)

图 3.12　位错线相交与伯氏矢量的关系

(a) 位错结点 $\boldsymbol{b}_2 + \boldsymbol{b}_3 = \boldsymbol{b}_1$　(b) 伯氏矢量的总和为零的情况 $\sum \boldsymbol{b}_i = 0$

(5) 位错在晶体中存在的形态可形成一个闭合的位错环，或连接于其他位错(交于位错结点)，或终止在晶界，或露头于晶体表面，但不能中断于晶体内部。这种性质称为位错的连续性。

3. 伯氏矢量的表示法

伯氏矢量的大小和方向可以用它在晶轴上的分量，即用点阵矢量 a，b 和 c 来表示。对于立方晶系晶体，由于 $a = b = c$，故可用与伯氏矢量 $\boldsymbol{b}$ 同向的晶向指数来表示。例如伯氏矢量等于从体心立方晶体的原点到体心的矢量，则 $\boldsymbol{b} = a/2 + b/2 + c/2$，可写成 $\boldsymbol{b} = \dfrac{a}{2}[111]$。一般立方晶系中伯氏矢量可表示为 $\boldsymbol{b} = \dfrac{a}{n}\langle u\,v\,w \rangle$，其中 n 为正整数。

如果一个伯氏矢量 $\boldsymbol{b}$ 是另外两个伯氏矢量 $\boldsymbol{b}_1 = \dfrac{a}{n}[u_1 v_1 w_1]$ 和 $\boldsymbol{b}_2 = \dfrac{a}{n}[u_2 v_2 w_2]$ 之和，则按矢量加法法则有

$$\boldsymbol{b} = \boldsymbol{b}_1 + \boldsymbol{b}_2 = \frac{a}{n}[u_1 v_1 w_1] + \frac{a}{n}[u_2 v_2 w_2]$$

$$= \frac{a}{n}[u_1 + u_2 \quad v_1 + v_2 \quad w_1 + w_2]. \tag{3.10}$$

通常还用 $|\boldsymbol{b}| = \dfrac{a}{n}\sqrt{u^2 + v^2 + w^2}$ 来表示位错的强度，称为伯氏矢量的大小或模，即位错的强度。

同一晶体中，伯氏矢量越大，表明该位错导致点阵畸变越严重，它所处的能量也越高。能

量较高的位错通常倾向于分解为两个或多个能量较低的位错：$b_1 \rightarrow b_2 + b_3$，并满足 $|b_1|^2 >$ $|b_2|^2 + |b_3|^2$，以使系统的自由能下降。

3.2.3　位错的运动

位错的最重要性能之一是它可以在晶体中运动，而晶体宏观的塑性变形是通过位错运动来实现的。晶体的力学性能如强度、塑性和断裂等均与位错的运动有关。因此，了解位错的运动的有关规律，对于改善和控制晶体力学性能是有益的。

位错的运动方式有两种最基本形式，即滑移和攀移。

1. 位错的滑移

位错的滑移是在外加切应力的作用下，通过位错中心附近的原子沿伯氏矢量方向在滑移面上不断地作少量的位移（小于一个原子间距）而逐步实现的。

图 3.13 是刃型位错的滑移过程。在外切应力 τ 的作用下，位错中心附近的原子由"·"位置移动小于一个原子间距的距离到达"。"位置，使位错在滑移面上向左移动了一个原子间距，如图 3.13(b)所示。如果切应力继续作用，位错将继续向左逐步移动。当位错线沿滑移面滑移通过整个晶体时，就会在晶体表面沿伯氏矢量方向产生宽度为一个伯氏矢量大小的台阶，即造成了晶体的塑性变形。从图中可知，随着位错的移动，位错线所扫过的区域 $ABCD$（已滑移区）逐渐扩大，未滑移区则逐渐缩小，两个区域始终由位错线为分界线。另外，值得注意的是，在滑移时，刃型位错的运动方向始终垂直于位错线而平行于伯氏矢量。刃型位错的滑移面就是由位错线与伯氏矢量所构成的平面，因此刃型位错的滑移限于单一的滑移面上。

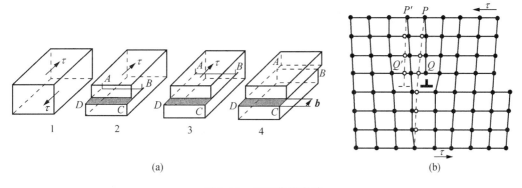

图 3.13　刃型位错滑移

(a) 滑移过程　(b) 正刃型位错滑移时周围原子的位移

图 3.14 为螺型位错滑移过程示意图。由图 3.14(b)和(c)可见，如同刃型位错一样，滑移时位错线附近原子（图面为滑移面，图中"。"表示滑移面以下的原子，"·"表示滑移面以上的原子）的移动量很小，所以使螺型位错运动所需的力也是很小的。当位错线沿滑移面滑过整个晶体时，同样会在晶体表面沿伯氏矢量方向产生宽度为一个伯氏矢量 b 的台阶。应当注意，在滑移时，螺型位错的移动方向与位错线垂直，也与伯氏矢量垂直。对于螺型位错，由于位错线与伯氏矢量平行，故它的滑移不限于单一的滑移面上。

图 3.15 是混合位错沿滑移面的移动情况。前已指出，任一混合位错均可分解为刃型分量和螺型分量两部分，故根据以上两种基本类型位错的分析，不难确定其混合情况下的滑移运

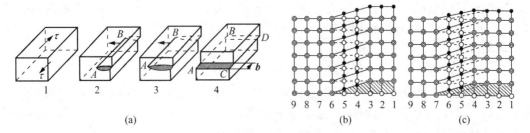

图 3.14　螺型位错的滑移

（a）滑移过程　（b）原始位置　（c）位错向左移动了一个原子间距

动。根据确定位错线运动方向的右手法则（见图 3.16），即以拇指代表沿着伯氏矢量 **b** 移动的那部分晶体，食指代表位错线方向，则中指就表示位错线移动方向，即伯氏矢量所指的方向，该混合位错在外切应力 τ 作用下将沿其各点的法线方向在滑移面上向外扩展，最终使上下两块晶体沿伯氏矢量方向移动一个 b 大小的距离。

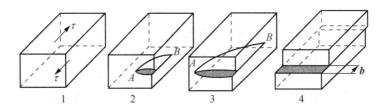

图 3.15　混合位错的滑移过程

图 3.16　确定位错线运动方向的右手定则　　　图 3.17　螺型位错的交滑移

必须指出，对于螺型位错，由于所有包含位错线的晶面都可成为其滑移面，因此，当某一螺型位错在原滑移面上运动受阻时，有可能从原滑移面转移到与之相交的另一滑移面上去继续滑移，这一过程称为交滑移。如果交滑移后的位错再转回和原滑移面平行的滑移面上继续运动，则称为双交滑移，如图 3.17 所示。

2. 位错的攀移

　　刃型位错除了可以在滑移面上滑移外，还可以在垂直于滑移面的方向上运动，即发生攀移。通常把多余半原子面向上运动称为正攀移，向下运动称为负攀移，如图 3.18 所示。刃型位错的攀移实质上就是构成刃型位错的多余半原子面的扩大或缩小，因此，它可通过物质迁移即原子或空位的扩散来实现。如果有空位迁移到半原子面下端或者半原子面下端的原子扩散到别处时，半原子面将缩小，即位错向上运动，则发生正攀移［见图 3.18(b)］；反之，若有原子扩散到半原子面下端,半原子面将扩大,位错向下运动,发生负攀移[见图 3.18(c)]。螺型位错没有多余的半原子面,因此,不会发生攀移运动。

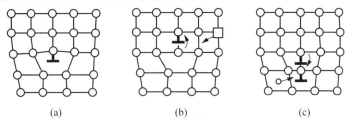

$$(a) \qquad\qquad (b) \qquad\qquad (c)$$

图 3.18　刃型位错的攀移运动模型

(a) 未攀移的位错　(b) 空位运动引起的正攀移　(c) 间隙原子引起的负攀移

由于攀移伴随着位错线附近原子增加或减少,即有物质迁移,因此需要通过扩散才能进行。故把攀移运动称为"非守恒运动";而相对应的位错滑移为"守恒运动"。位错攀移需要热激活,较之滑移所需的能量更大。对大多数材料,在室温下很难进行位错的攀移,而在较高温度下,攀移较易实现。

经高温淬火、冷变形加工和高能粒子辐照后晶体中将产生大量的空位和间隙原子,晶体中过饱和点缺陷的存在有利于攀移运动的进行。

3. 运动位错的交割

当一位错在某一滑移面上运动时,会与穿过滑移面的其他位错(通常将穿过此滑移面的其他位错称为林位错)交割。位错交割时会发生相互作用,这对材料的强化、点缺陷的产生有重要意义。

1)割阶与扭折　在位错的滑移运动过程中,其位错线往往很难同时实现全长的运动。因而一根运动的位错线,特别是在受到阻碍的情况下,有可能通过其中一部分线段(n 个原子间距)首先进行滑移。若由此形成的曲折线段就在位错的滑移面上时,称为扭折;若该曲折线段垂直于位错的滑移面时,称为割阶。扭折和割阶也可由位错之间交割而形成。

从前面得知,刃型位错的攀移是通过空位或原子的扩散来实现的,而原子(或空位)并不是在一瞬间就能一起扩散到整条位错线上,而是逐步迁移到位错线上的。这样,在位错的已攀移段与未攀移段之间就会产生一个台阶,于是也在位错线上形成了割阶。有时位错的攀移可理解为割阶沿位错线逐步推移,而使位错线上升或下降,因而攀移过程与割阶的形成能和移动速度有关。

图 3.19 为刃型和螺型位错中的割阶与扭折示意图。应当指出,刃型位错的割阶部分仍为刃型位错,而扭折部分则为螺型位错;螺型位错中的扭折和割阶线段,由于均与伯氏矢量相垂

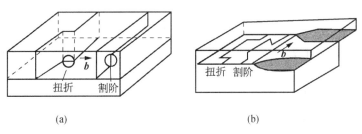

$$(a) \qquad\qquad\qquad\qquad (b)$$

图 3.19　位错运动中出现的割阶与扭折示意图

(a) 刃型位错　(b) 螺型位错

直,故均属于刃型位错。

2）几种典型的位错交割

（1）两个伯氏矢量互相垂直的刃型位错交割。如图 3.20(a)所示,伯氏矢量为 b_1 的刃型位错 XY 和伯氏矢量为 b_2 的刃型位错 AB 分别位于两垂直的平面 P_{XY},P_{AB} 上。若 XY 向下运动与 AB 交割,由于 XY 扫过的区域,其滑移面 P_{XY} 两侧的晶体将发生 b_1 距离的相对位移,因此,交割后,在位错线 AB 上产生 PP' 小台阶。显然,PP' 的大小和方向取决于 b_1。由于位错伯氏矢量的守恒性,PP' 的伯氏矢量仍为 b_2,b_2 垂直于 PP',因而 PP' 是刃型位错,且它不在原位错线的滑移面上,故是割阶。至于位错 XY,由于它平行于 b_2,因此,交割后不会在 XY 上形成割阶。

（2）两个伯氏矢量互相平行的刃型位错交割。如图 3.20(b)所示,交割后,在 AB 和 XY 位错线上分别出现平行于 b_1,b_2 的 PP',QQ' 台阶,但它们的滑移面和原位错的滑移面一致,故为扭折,属螺型位错。在运动过程中,这种扭折在线张力的作用下可能被拉直而消失。

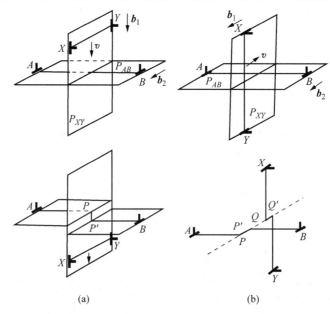

图 3.20 两根互相垂直的刃型位错的交割

(a) 伯氏矢量互相垂直　(b) 伯氏矢量互相平行

（3）两个伯氏矢量垂直的刃型位错和螺型位错的交割。如图 3.21 所示,交割后在刃型位错 AA' 上形成大小等于 $|b_2|$ 且方向平行于 b_2 的割阶 MM',其伯氏矢量为 b_1。由于该割阶的滑移面[图 3.21(b)中的阴影区]与原刃位错 AA' 的滑移面不同,因而当带有这种割阶的位错继续运动时,将受到一定的阻力。同样,交割后在螺型位错 BB' 上也形成长度等于 $|b_1|$ 的一段折线 NN',由于它垂直于 b_2,故属刃型位错;又由于它位于螺型位错 BB' 的滑移面上,因此 NN' 是扭折。

（4）两个伯氏矢量相互垂直的两螺型位错交割。如图 3.22 所示,交割后在 AA' 上形成大小等于 $|b_2|$,方向平行于 b_2 的割阶 MM'。它的伯氏矢量为 b_1,其滑移面不在 AA' 的滑移面上,是刃型割阶。同样,在位错线 BB' 上也形成一刃型割阶 NN'。这种刃型割阶都阻碍螺型位错的移动。

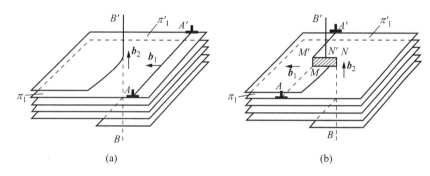

图 3.21　刃型位错和螺型位错的交割

（a）交割前　（b）交割后

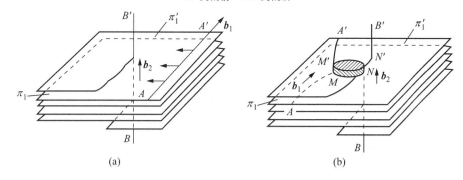

图 3.22　两个螺型位错的交割

（a）交割前　（b）交割后

　　综上所述，运动位错交割后，每根位错线上都可能产生一扭折或割阶，其大小和方向取决于另一位错的伯氏矢量，但具有原位错线的伯氏矢量，所有的割阶都是刃型位错，而扭折可以是刃型也可是螺型的。另外，扭折与原位错线在同一滑移面上，可随主位错线一道运动，几乎不产生阻力，而且扭折在线张力作用下易于消失。但割阶则与原位错线不在同一滑移面上，故除非割阶产生攀移，否则割阶就不能跟随主位错线一道运动，成为位错运动的障碍，通常称此为割阶硬化。

　　对于带割阶的螺型位错的运动，按割阶高度的不同，又可分为三种情况：第一种割阶的高度只有 1～2 个原子间距，在外力足够大的条件下，螺型位错可以把割阶拖着走，在割阶后面留下一排点缺陷［见图 3.23（a）］；第二种割阶的高度很大，约在 20nm 以上，此时割阶两端的位错相隔太远，它们之间的相互作用较小，它们可以各自独立地在各自的滑移面上滑移，并以割阶为轴，在滑移面上旋转［见图 3.23（c）］，这实际也是在晶体中产生位错的一种方式；第三种割阶的高度是在上述两种情况之间，位错不可能拖着割阶运动。在外应力作用下，割阶之间的位错线弯曲，位错前进就会在其身后留下一对拉长了的异号刃型位错线段（常称位错偶）［见图3.23（b）］。为降低应变能，这种位错偶常会断开而留下一个长的位错环，而位错线仍回复原来带割阶的状态，而长的位错环又常会再进一步分裂成小的位错环，这是形成位错环的机理之一。

　　而对于刃型位错而言，其割阶段与伯氏矢量所组成的面，一般都与原位错线的滑移方向一致，能与原位错一起滑移。但此时割阶的滑移面并不一定是晶体的最密排面，故运动时割阶段所受到的晶格阻力较大，然相对于螺型位错的割阶的阻力则小得多。

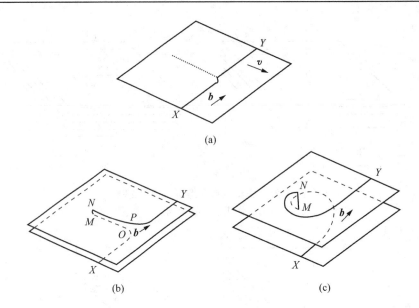

图 3.23　螺型位错中不同高度的割阶的行为

(a) 小割阶被拖着一起走,后面留下一串点缺陷　(b) 中等割阶——位错 NP 和 MO 形成位错偶
(c) 非常大的割阶——位错 NY 和 XM 各自独立运动

3.2.4　位错的弹性性质

位错在晶体中的存在,使其周围原子偏离平衡位置而导致点阵畸变和弹性应力场的产生。要进一步了解位错的性质,就须讨论位错的弹性应力场,由此可推算出位错所具有的能量、位错的作用力、位错与晶体其他缺陷间交互作用等问题。

1. 位错的应力场

对晶体中位错周围的弹性应力场准确地进行定量计算,是复杂而困难的。为简化起见,通常可采用弹性连续介质模型来进行计算。该模型首先假设晶体是完全弹性体,服从胡克定律;其次,把晶体看成是各向同性的;第三,近似地认为晶体内部由连续介质组成,晶体中没有空隙,因此晶体中的应力、应变、位移等量是连续的,可用连续函数表示。应注意,该模型未考虑到位错中心区的严重点阵畸变情况,因此导出结果不适用于位错中心区,而对位错中心区以外的区域还是适用的,并已为很多实验所证实。

从材料力学中得知,固体中任一点的应力状态可用 9 个应力分量来表示,详见 9.4 节。图 3.24(a),(b) 分别用直角坐标和圆柱坐标给出单元体上这些应力分量,其中 σ_{xx},σ_{yy} 和 σ_{zz}(σ_{rr},$\sigma_{\theta\theta}$ 和 σ_{zz})为 3 个正应力分量,而 τ_{xy},τ_{yx},τ_{xz},τ_{zx},τ_{yz} 和 τ_{zy}($\tau_{r\theta}$,$\tau_{\theta r}$,τ_{zr},τ_{rz},$\tau_{z\theta}$ 和 $\tau_{\theta z}$)则为 6 个切应力分量。这里应力分量中的第一个下标表示应力作用面的外法线方向,第二个下标表示应力的指向。

由于物体处于平衡状态时,$\tau_{ij} = \tau_{ji}$,即 $\tau_{xy} = \tau_{yx}$,$\tau_{yz} = \tau_{zy}$,$\tau_{zr} = \tau_{rz}$($\tau_{r\theta} = \tau_{\theta r}$,$\tau_{\theta z} = \tau_{z\theta}$,$\tau_{zr} = \tau_{rz}$),因此实际上只要 6 个应力分量就可决定任一点的应力状态。相对应的也有 6 个应变分量,其中 ε_{xx},ε_{yy} 和 ε_{zz} 为 3 个正应变分量,γ_{xy},γ_{yz} 和 γ_{zx} 为 3 个切应变分量。

1) 螺型位错的应力场　设想有一各向同性材料的空心圆柱体,先把圆柱体沿 xz 面切开,

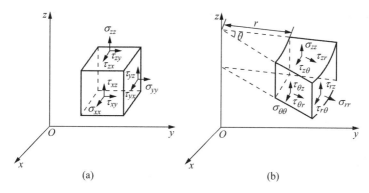

图 3.24　单元体上的应力分量

（a）直角坐标　　（b）圆柱坐标

然后使两个切开面沿 z 方向作相对位移 b，再把这两个面胶合起来，这样就相当于形成了一个伯氏矢量为 $\boldsymbol{b}$ 的螺型位错，如图 3.25 所示。图中 OO' 为位错线，$MNO'O$ 即为滑移面。

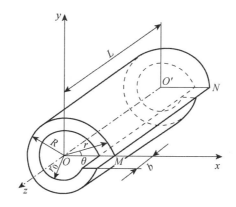

图 3.25　螺型位错的连续介质模型

由于圆柱体只有沿 z 方向的位移，因此只有一个切应变：$\gamma_{\theta z} = b/2\pi r$。而相应的切应力便为 $\tau_{z\theta} = \tau_{\theta z} = G\gamma_{\theta z} = Gb/2\pi r$。其余应力分量均为 0，即 $\sigma_{rr} = \sigma_{\theta\theta} = \sigma_{zz} = \tau_{r\theta} = \tau_{\theta r} = \tau_{rz} = \tau_{zr} = 0$。

若用直角坐标表示，则

$$\left.\begin{array}{l} \tau_{yz} = \tau_{zy} = \dfrac{Gb}{2\pi} \cdot \dfrac{x}{x^2 + y^2}, \\[2mm] \tau_{zr} = \tau_{xz} = -\dfrac{Gb}{2\pi} \cdot \dfrac{y}{x^2 + y^2}, \\[2mm] \sigma_{xx} = \sigma_{yy} = \sigma_{zz} = \tau_{xy} = \tau_{yx} = 0。 \end{array}\right\} \tag{3.11}$$

因此，螺型位错的应力场具有以下特点：

（1）只有切应力分量，正应力分量全为零，这表明螺位错不引起晶体的膨胀和收缩。

（2）螺型位错所产生的切应力分量只与 r 有关（成反比），而与 θ，z 无关。只要 r 一定，$\tau_{z\theta}$ 就为常数。因此，螺型位错的应力场是轴对称的，即与位错等距离的各处，其切应力值相等，并随着与位错距离的增大，应力值减小。

注意，这里当 $r \to 0$ 时，$\tau_{\theta z} \to \infty$，显然与实际情况不符，这说明上述结果不适用于位错中心的严重畸变区。

2）刃型位错的应力场　刃型位错的应力场要比螺型位错复杂得多。同样，若将一空心的弹性圆柱体切开,使切面两侧沿径向(x轴方向)相对位移一个 b 的距离,再胶合起来,于是,就形成了一个正刃型位错应力场,如图 3.26 所示。

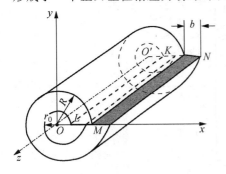

图 3.26　刃型位错的连续介质模型

根据此模型,按弹性理论可求得刃型位错诸应力分量:

$$\left.\begin{aligned}
\sigma_{xx} &= -D\,\frac{y(3x^2+y^2)}{(x^2+y^2)^2}, \\
\sigma_{yy} &= D\,\frac{y(x^2-y^2)}{(x^2+y^2)^2}, \\
\sigma_{zz} &= \nu(\sigma_{xx}+\sigma_{yy}), \\
\tau_{xy} = \tau_{yx} &= D\,\frac{x(x^2-y^2)}{(x^2+y^2)^2}, \\
\tau_{xz} = \tau_{zx} &= \tau_{yz} = \tau_{zy} = 0。
\end{aligned}\right\} \quad (3.12)$$

若用圆柱坐标,则其应力分量

$$\left.\begin{aligned}
\sigma_{rr} = \sigma_{\theta\theta} &= -D\,\frac{\sin\theta}{r}, \\
\sigma_{zz} &= -\nu(\sigma_{rr}+\sigma_{\theta\theta}), \\
\tau_{r\theta} = \tau_{\theta r} &= D\,\frac{\cos\theta}{r}, \\
\tau_{rz} = \tau_{zr} &= \tau_{\theta z} = \tau_{z\theta} = 0。
\end{aligned}\right\} \quad (3.13)$$

式中,$D = \dfrac{Gb}{2\pi(1-\nu)}$,$G$ 为切变模量,ν 为泊松比,b 为伯氏矢量。

可见,刃型位错应力场具有以下特点:

(1)同时存在正应力分量与切应力分量,而且各应力分量的大小与 G 和 b 成正比,与 r 成反比,即随着位错距离的增大,应力的绝对值减小。

(2)各应力分量都是 x,y 的函数,而与 z 无关。这表明在平行于位错线的直线上,任一点的应力均相同。

(3)刃型位错的应力场对称于多余的半原子面(y-z 面),即对称于 y 轴。

(4)$y=0$ 时,$\sigma_{xx}=\sigma_{yy}=\sigma_{zz}=0$,说明在滑移面上,没有正应力,只有切应力,而且切应力 τ_{xy} 达到极大值 $\left(\dfrac{Gb}{2\pi(1-\nu)}\cdot\dfrac{1}{x}\right)$。

(5)$y>0$ 时,$\sigma_{xx}<0$;而 $y<0$ 时,$\sigma_{xx}>0$。这说明正刃型位错的位错滑移面上侧为压应力,滑移面下侧为张应力。

(6)在应力场的任意位置处,$|\sigma_{xx}|>|\sigma_{yy}|$。

(7)$x=\pm y$ 时,σ_{yy},τ_{xy} 均为 0,说明在直角坐标的两条对角线处,只有 σ_{xx},而且在每条对角线的两侧,τ_{xy}(τ_{yx})及 σ_{yy} 的符号相反。

图 3.27 显示了刃型位错周围的应力分布情况。注意,如同螺型位错一样,上述公式不能用于刃型位错的中心区。

2. 位错的应变能

位错周围点阵畸变引起弹性应力场导致晶体能量增

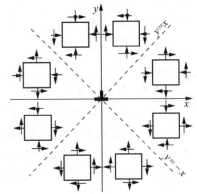

图 3.27　刃型位错各应力分量符号与位置的关系

加,这部分能量称为位错的应变能,或称为位错的能量。

位错的能量可分为两部分:位错中心畸变能 E_c 和位错应力场引起的弹性应变能 E_e。位错中心区域由于点阵畸变很大,不能用胡克定律,而须借助点阵模型直接考虑晶体结构和原子间的相互作用。据估算,这部分能量大约为总应变能的 $1/10 \sim 1/15$ 左右,故常予以忽略,而以中心区域以外的弹性应变能代表位错的应变能,此项能量可采用连续介质弹性模型根据单位长度位错所作的功求得。

假定图 3.26 所示的刃型位错系一单位长度的位错。由于在造成这个位错的过程中,沿滑移方向的位移是从 0 逐渐增加到 b 的,因而位移是个变量,同时滑移面 MN 上所受的力也随 r 而变化。故在位移过程中,当位移为 x 时,切应力 $\tau_{\theta r} = \dfrac{Gx}{2\pi(1-\nu)} \cdot \dfrac{\cos\theta}{r}$,这里 $\theta = 0$,因此,为克服切应力 $\tau_{\theta r}$ 所作的功

$$W = \int_{r_0}^{R} \int_0^b \tau_{\theta r} \, \mathrm{d}x \mathrm{d}r = \int_{r_0}^{R} \int_0^b \frac{Gx}{2\pi(1-\nu)} \cdot \frac{1}{r} \mathrm{d}x \mathrm{d}r = \frac{Gb^2}{4\pi(1-\nu)} \ln \frac{R}{r_0} \text{。} \tag{3.14}$$

这就是单位长度刃型位错的应变能 E_e^e。

同理,可求得单位长度螺型位错的应变能:

$$E_e^s = \frac{Gb^2}{4\pi} \ln \frac{R}{r_0} \text{。}$$

而对于一个位错线与其伯氏矢量 $\boldsymbol{b}$ 成 φ 角的混合位错,可以分解为一个伯氏矢量为 $\boldsymbol{b}\sin\varphi$ 的刃型位错分量和一个伯氏矢量为 $\boldsymbol{b}\cos\varphi$ 的螺型位错分量。由于互相垂直的刃型位错和螺型位错之间没有相同的应力分量,它们之间没有相互作用能,因此,分别算出这两个位错分量的应变能,它们的和就是混合位错的应变能,即

$$E_e^m = E_e^e + E_e^s = \frac{Gb^2 \sin^2\varphi}{4\pi(1-\nu)} \ln \frac{R}{r_0} + \frac{Gb^2 \cos^2\varphi}{4\pi} \ln \frac{R}{r_0} = \frac{Gb^2}{4\pi K} \ln \frac{R}{r_0} \text{,} \tag{3.15}$$

式中,$K = \dfrac{1-\nu}{1-\nu\cos^2\varphi}$,称为混合位错的角度因素,$K \approx 1 \sim 0.75$。

实际上,所有的直位错的能量均可用上式表达。显然,对螺型位错,$K=1$;刃型位错,$K=1-\nu$;而对混合型位错,则 $K = \dfrac{1-\nu}{1-\nu\cos^2\varphi}$。由此可见,位错应变能的大小与 r_0 和 R 有关。一般认为 r_0 与 b 值相近,约为 10^{-10} m,而 R 是位错应力场最大作用范围的半径,实际晶体中由于存在亚结构或位错网络,一般取 $R \approx 10^{-6}$ m。因此,单位长度位错的总应变能可简化为

$$E = \alpha Gb^2 \text{,} \tag{3.16}$$

式中,α 为与几何因素有关的系数,其值约为 $0.5 \sim 1$。

综上所述,可得出如下结论:

(1) 位错的能量包括两部分:E_c 和 E_e。位错中心区的能量 E_c 一般小于总能量 $1/10$,常可忽略;而位错的弹性应变能 $E_e \propto \ln \dfrac{R}{r_0}$,它随 R 缓慢地增加,所以位错具有长程应力场。

(2) 位错的应变能与 b^2 成正比。因此,从能量的观点来看,晶体中具有最小 b 的位错应该是最稳定的,而 b 大的位错有可能分解为 b 小的位错,以降低系统的能量。由此也可理解为滑移方向总是沿着原子的密排方向的。

(3) $E_e^s/E_e^e = 1-\nu$,常用金属材料的 ν 约为 $1/3$,故螺型位错的弹性应变能约为刃型位错

的 2/3。

（4）位错的能量是以位错线单位长度的能量来定义的，故位错的能量还与位错线的形状有关。由于两点间以直线为最短，所以直线位错的应变能小于弯曲位错的，即更稳定，因此，位错线有尽量变直和缩短其长度的趋势。

（5）位错的存在均会使体系的内能升高，虽然位错的存在也会引起晶体中熵值的增加，但相对来说，熵值增加有限，可以忽略不计。因此，位错的存在使晶体处于高能的不稳定状态，可见位错是热力学上不稳定的晶体缺陷。

3. 位错的线张力

位错总应变能与位错线的长度成正比。为了降低能量，位错线有力求缩短的倾向，故在位错线上存在一种使其变直的线张力 T。

线张力是一种组态力，类似于液体的表面张力，可定义为使位错增加单位长度所需的能量。所以位错的线张力 T 可近似地用下式表达：

$$T \approx kGb^2, \tag{3.17}$$

式中，k 为系数，约为 $0.5 \sim 1.0$。

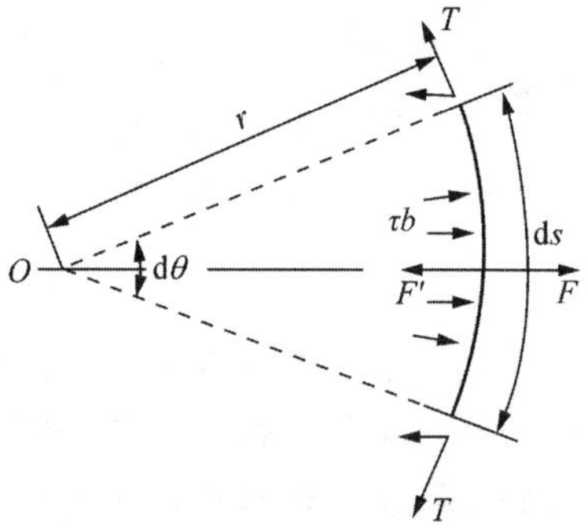

需要指出，位错的线张力不仅驱使位错变直，而且也是晶体中位错呈三维网络分布的原因。因为位错网络中相交于同一结点的诸位错，其线张力处于平衡状态，从而保证了位错在晶体中的相对稳定性。

当位错受切应力 τ 而弯曲，其曲率半径 r 时，线张力将

图 3.28 位错的线张力

产生一指向曲率中心的力 F'，以平衡此切应力，$F' = 2T\sin\left(\dfrac{\mathrm{d}\theta}{2}\right)$（如图 3.28 所示）。若位错长度为 $\mathrm{d}s$，单位长度位错线所受的力为 τb，则平衡条件为

$$\tau b \cdot \mathrm{d}s = 2T\sin\frac{\mathrm{d}\theta}{2}。 \tag{3.18}$$

由于 $\mathrm{d}s = r\mathrm{d}\theta$，当 $\mathrm{d}\theta$ 很小时，$\sin\dfrac{\mathrm{d}\theta}{2} \approx \dfrac{\mathrm{d}\theta}{2}$，故

$$\tau b = \frac{T}{r} \approx \frac{Gb^2}{2r} \quad \text{或} \quad \tau = \frac{Gb}{2r}。 \tag{3.19}$$

即一条两端固定的位错在切应力 τ 作用下将呈曲率半径 r 的弯曲。

4. 作用在位错上的力

在外切应力的作用下，位错将在滑移面上产生滑移运动。由于位错的移动方向总是与位错线垂直，因此，可理解为有一个垂直于位错线的"力"作用在位错线上。

利用虚功原理可以导出这个作用在位错上的力。如图 3.29 所示，设有切应力 τ 使一小段位错线 $\mathrm{d}l$ 移动了 $\mathrm{d}s$ 距离，结果使晶体中 $\mathrm{d}A$ 面积（$\mathrm{d}A = \mathrm{d}l \cdot \mathrm{d}s$）沿滑移面产生了 b 的滑移，故切应力所做的功为

$$\mathrm{d}W = (\tau\mathrm{d}A) \cdot b = \tau\mathrm{d}l\mathrm{d}s \cdot b。$$

此功也相当于作用在位错上的力 F 使位错线移动 $\mathrm{d}s$ 距离所作的功,即 $\mathrm{d}W = F \cdot \mathrm{d}s$,

$$\tau \mathrm{d}l \mathrm{d}s \cdot b = F \cdot \mathrm{d}s。$$

$$F = \tau b \cdot \mathrm{d}l, \tag{3.20}$$

$$F_{\mathrm{d}} = F/\mathrm{d}l = \tau b。$$

F_{d} 是作用在单位长度位错上的力,它与外切应力 τ 和位错的伯氏矢量 $\boldsymbol{b}$ 成正比,其方向总是与位错线相垂直并指向滑移面的未滑移部分。

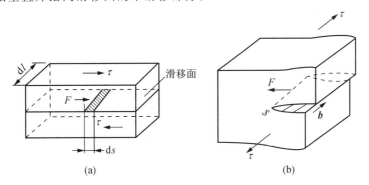

图 3.29　作用在位错上的力

（a）一小段位错线移动　（b）作用在螺型位错上的力

　　需要特别指出的是,作用于位错的力只是一种组态力,它不代表位错附近原子实际所受到的力,也区别于作用在晶体上的力。F_{d} 的方向与外切应力 τ 的方向可以不同,如对纯螺型位错,F_{d} 的方向与 τ 的方向相互垂直[见图 3.29(b)];其次,由于一根位错具有唯一的伯氏矢量,故只要作用在晶体上的切应力是均匀的,那么各段位错线所受的力的大小完全相同。

　　以上是切应力作用在滑移面上使位错发生滑移的情况,这种位错线的受力也称滑移力。但如果对晶体加上一正应力分量,显然,位错不会沿滑移面滑移,然而对刃型位错而言,则可在垂直于滑移面的方向运动,即发生攀移,此时刃型位错所受的力也称为攀移力。

　　如图 3.30 所示,设有一单位长度的位错线,当晶体受到 x 方向的拉应力 σ 作用后,此位错线段在 F_y 作用下向下运动 $\mathrm{d}y$ 距离,则 $F_y \cdot \mathrm{d}y$ 为位错攀移所消耗的功。位错线向下攀移 $\mathrm{d}y$ 距离后,在 x 方向推开了一个 b 大小,引起晶体体积膨胀为 $\mathrm{d}y \cdot b \cdot 1$,而正应力所作膨胀功为 $-\sigma \cdot \mathrm{d}y \cdot b \cdot 1$ 。

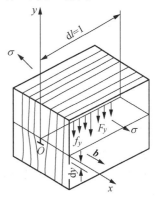

图 3.30　刃型位错的攀移力

　　根据虚功原理,

$$F_y \mathrm{d}y = -\sigma \cdot \mathrm{d}y \cdot b \cdot 1,$$

$$F_y = -\sigma b。 \tag{3.21}$$

　　由此可见,作用在单位长度刃型位错上的攀移力 F_y 的方向和位错线攀移方向一致,也垂直于位错线。σ 是作用在多余半原子面上的正应力,它的方向与 $\boldsymbol{b}$ 平行。至于负号表示 σ 为拉应力时,F_y 向下;若 σ 为压应力时,F_y 向上。

5. 位错间的交互作用力

晶体中存在位错时,在它的周围便产生一个应力场。实际晶体中往往有许多位错同时存在。任一位错在其相邻位错应力场作用下都会受到作用力,此交互作用力随位错类型、伯氏矢量大小、位错线相对位向的变化而变化。

1) 两平行螺型位错的交互作用 如图 3.31 所示,设有两个平行螺型位错 s_1,s_2,其伯氏矢量分别为 b_1,b_2,位错线平行于 z 轴,且位错 s_1 位于坐标原点 O 处,s_2 位于 (r,θ) 处。由于螺型位错的应力场中只有切应力分量,且具有径向对称之特点,位错 s_2 在位错 s_1 的应力场作用下受到的径向作用力为

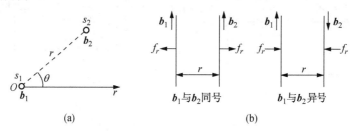

图 3.31 两平行螺型位错的交互作用力

(a) 计算交互作用力的示意图 (b) 交互作用力的方向

$$f_r = \tau_{\theta z} \cdot b_2 = \frac{Gb_1 b_2}{2\pi r}。 \tag{3.22}$$

f_r 方向与矢径 r 方向一致。同理,位错 s_1 在位错 s_2 应力场作用下也将受到一个大小相等、方向相反的作用力。

因此,两平行螺型位错间的作用力,其大小与两位错强度的乘积成正比,而与两位错间距成反比,其方向则沿径向 r 垂直于所作用的位错线,当 b_1 与 b_2 同向时,$f_r > 0$,即两同号平行螺型位错相互排斥;而当 b_1 与 b_2 反向时,$f_r < 0$,即两异号平行螺型位错相互吸引[见图 3.31(b)]。

2) 两平行刃型位错间的交互作用 如图 3.32 所示,设有两平行 z 轴,相距为 $r(x, y)$ 的刃型位错 e_1,e_2,其伯氏矢量 b_1 和 b_2 均与 x 轴同向。令 e_1 位于坐标原点上,e_2 的滑移面与 e_1 的平行,且均平行于 x-z 面。因此,在 e_1 的应力场中只有切应力分量 τ_{yx} 和正应力分量 σ_{xx} 对位错 e_2 起作用,分别导致 e_2 沿 x 轴方向滑移和沿 y 轴方向攀移。这两个交互作用力分别为

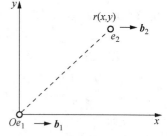

图 3.32 两平行刃型位错间的交互作用

$$\left.\begin{aligned} f_x &= \tau_{yx} \cdot b_2 = \frac{Gb_1 b_2}{2\pi(1-\nu)} \frac{x(x^2 - y^2)}{(x^2 + y^2)^2}, \\ f_y &= -\sigma_{xx} \cdot b_2 = \frac{Gb_1 b_2}{2\pi(1-\nu)} \frac{y(3x^2 + y^2)}{(x^2 + y^2)^2}。 \end{aligned}\right\} \tag{3.23}$$

对于两个同号平行的刃型位错,滑移力 f_x 随位错 e_2 所处的位置而变化,它们之间的交互作用如图 3.33(a) 所示,现归纳如下:

当 $|x| > |y|$ 时,若 $x > 0$,则 $f_x > 0$;若 $x < 0$,则 $f_x < 0$,这说明当位错 e_2 位于图 3.33(a) 中的①,②区间时,两位错相互排斥。

当 $|x| < |y|$ 时,若 $x > 0$,则 $f_x < 0$;若 $x < 0$,则 $f_x > 0$,这说明当位错 e_2 位于图 3.33(a) 中

的③,④区间时,两位错相互吸引。

当$|x|=|y|$时,$f_x=0$,位错e_2处于介稳定平衡位置,一旦偏离此位置就会受到位错e_1的吸引或排斥,使它偏离得更远。

当$x=0$时,即位错e_2处于y轴上时,$f_x=0$,位错e_2处于稳定平衡位置,一旦偏离此位置就会受到位错e_1的吸引而退回原处,使位错垂直地排列起来。通常把这种呈垂直排列的位错组态称为位错墙,它可构成小角度晶界。

当$y=0$时,若$x>0$,则$f_x>0$;若$x<0$,则$f_x<0$。此时f_x的绝对值和x成反比,即处于同一滑移面上的同号刃型位错总是相互排斥的,位错间距离越小,排斥力越大。

至于攀移力f_y,由式(3.23)可知,它与y同号,当位错e_2在位错e_1的滑移面上边时,受到的攀移力f_y是正值,即指向上;当e_2在e_1滑移面下边时,f_y为负值,即指向下。因此,两位错沿y轴方向是互相排斥的。

对于两个异号的刃型位错,它们之间的交互作用力f_x,f_y的方向与上述同号位错时相反,而且位错e_2的稳定位置和介稳定平衡位置正好互相对换,$|x|=|y|$时,e_2处于稳定平衡位置,如图 3.33(b)所示。

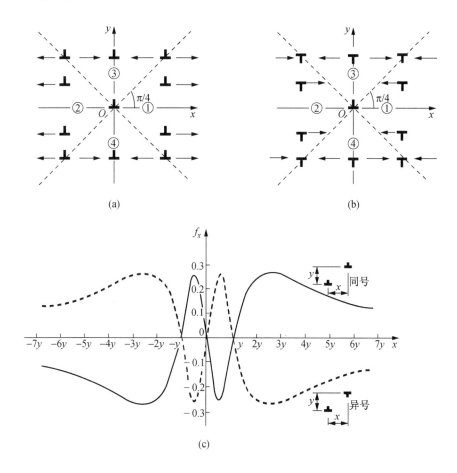

图 3.33　两刃型位错在 x 轴方向上的交互作用

(a)同号位错　(b)异号位错　(c)两平行刃型位错沿伯氏矢量方向的交互作用力

图 3.33(c)综合地展示了两平行刃型位错间的交互作用力 f_x 与距离 x 之间的关系。图中 y 为两位错的垂直距离(即滑移面间距),x 表示两位错的水平距离(以 y 的倍数度量),f_x 的单位为 $\dfrac{Gb_1b_2}{2\pi(1-\nu)y}$。可以看出,两同号位错间的作用力(图中实线)与两异号位错间的作用力(图中虚线)大小相等,方向相反。

至于异号位错的 f_y,由于它与 y 异号,所以沿 y 轴方向的两异号位错总是相互吸引,并尽可能靠近乃至最后消失。

除上述情况外,在互相平行的螺型位错与刃型位错之间,由于两者的伯氏矢量相垂直,各自的应力场均没有使对方受力的应力分量,故彼此不发生作用。

若是两平行位错中有一根或两根都是混合位错时,可将混合位错分解为刃型和螺型分量,再分别考虑它们之间作用力的关系,叠加起来就得到总的作用力。

3.2.5 位错的生成和增殖

1. 位错的密度

除了精心制作的细小晶须外,在通常的晶体中都存在大量的位错。晶体中位错的量常用位错密度表示。

位错密度定义为单位体积晶体中所含的位错线的总长度,其数学表达式为

$$\rho = \frac{L}{V} \quad (l/\text{cm}^2), \tag{3.24}$$

式中,L 为位错线的总长度,V 是晶体的体积。

但是,在实际上,要测定晶体中位错线的总长度是不可能的。为了简便起见,常把位错线当作直线,并且假定晶体的位错是平行地从晶体的一端延伸到另一端,这样,位错密度就等于穿过单位面积的位错线数目,即

$$\rho = \frac{nl}{lA} = \frac{n}{A}, \tag{3.25}$$

式中,l 为每根位错线的长度,n 为在面积 A 中所见到的位错数目。显然,并不是所有位错线与观察面相交,故按此求得位错密度将小于实际值。

实验结果表明,一般经充分退火的多晶体金属中,位错密度约为 $10^6 \sim 10^8\,\text{cm}^{-2}$;但经精心制备和处理的超纯金属单晶体,位错密度可低于 $10^3\,\text{cm}^{-2}$;而经过剧烈冷变形的金属,位错密度可高达 $10^{10} \sim 10^{12}\,\text{cm}^{-2}$。

2. 位错的生成

上面曾述及大多数晶体的位错密度都很大,即使经精心制备的纯金属单晶中也存在着许多位错。这些原始位错究竟是通过哪些途径产生的? 晶体中的位错来源主要可有以下几种。

(1)晶体生长过程中产生位错。其主要来源有:

① 由于熔体中杂质原子在凝固过程中不均匀分布,使晶体先后凝固部分的成分不同,从而点阵常数也有差异,可能形成位错作为过渡;

② 由于温度梯度、浓度梯度、机械振动等的影响,致使生长着的晶体偏转或弯曲引起相邻晶块之间有位相差,它们之间就会形成位错;

③ 晶体生长过程中由于相邻晶粒发生碰撞或因液流冲击，以及冷却时体积变化的热应力等原因会使晶体表面产生台阶或受力变形而形成位错。

（2）由于自高温较快凝固及冷却时晶体内存在大量过饱和空位，空位的聚集能形成位错。

（3）晶体内部的某些界面（如第二相质点、孪晶、晶界等）和微裂纹的附近，由于热应力和组织应力的作用，往往出现应力集中现象，当此应力高至足以使该局部区域发生滑移时，就在该区域产生位错。

3. 位错的增殖

由于在晶体中一开始已存在一定数量的位错，因而晶体在受力时，这些位错会发生运动，最终移至晶体表面而产生宏观变形。

但按照这种观点，变形后晶体中的位错数目应越来越少。然而，事实恰恰相反，经剧烈塑性变形后的金属晶体，其位错密度可增加 4～5 个数量级。这个现象充分说明晶体在变形过程中位错必然是在不断地增殖。

位错的增殖机制可有多种，其中一种主要方式是弗兰克-里德（Frank-Read）位错源。

图 3.34 表示弗兰克-里德源的位错增殖机制。若某滑移面上有一段刃型位错 AB，它的两端被位错网节点钉住，不能运动。现沿位错 b 方向施加切应力，使位错沿滑移面向前滑移运动。但由于 AB 两端固定，所以只能使位错线发生弯曲［见图 3.34(b)］。单位长度位错线所受的滑移力 $F_d = \tau b$，它总是与位错线本身垂直，所以弯曲后的位错每一小段继续受到 F_d 的作用沿它的法线方向向外扩展，其两端则分别绕节点 A、B 发生回转［见图 3.34(c)］。当两端弯出来的线段相互靠近时［见图 3.34(d)］，由于该两线段平行于 b，但位错线方向相反，分别属于左螺旋和右螺旋位错，它们互相抵消，形成一闭合的位错环和位错环内的一小段弯曲位错线。只要外加应力继续作用，位错环便继续向外扩张，同时环内的弯曲位错在线张力作用下又被拉直，恢复到原始状态，并重复以前的运动，络绎不绝地产生新的位错环，从而造成位错的增殖，并使晶体产生可观的滑移量。

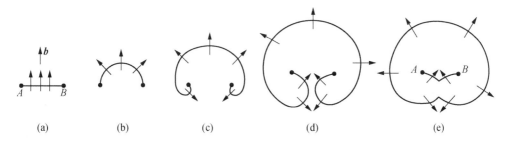

$$(a) \qquad (b) \qquad (c) \qquad (d) \qquad (e)$$

图 3.34　弗兰克-里德源动作过程

为使弗兰克-里德源动作，外应力须克服位错线弯曲时线张力所引起的阻力。由位错的线张力一节中得知，外加切应力 τ 与位错弯曲时的曲率半径 r 之间的关系为 $\tau = \dfrac{Gb}{2r}$，即曲率半径越小，要求与之相平衡的切应力越大。从图 3.34 可以看出当 AB 弯成半圆形时，曲率半径最小，所需的切应力最大，此时 $r = \dfrac{L}{2}$，L 为 A 与 B 之间的距离，故使弗兰克-里德源发生作用的临界切应力为

$$\tau_c = \frac{Gb}{L} \text{。} \tag{3.26}$$

弗兰克-里德位错增殖机制已为实验所证实,人们已在硅、镉、Al-Cu,Al-Mg 合金,不锈钢和氯化钾等晶体直接观察到类似的弗兰克-里德源的迹象。

位错的增殖机制还很多,例如双交滑移增殖、攀移增殖等。前面已指出,螺型位错经双交滑移后可形成刃型割阶,由于此割阶不在原位错的滑移面上,因此它不能随原位错线一起向前运动,使对原位错产生"钉扎"作用,并使原位错在滑移面上滑移时成为一个弗兰克-里德源。图 3.35 给出双交滑移的位错增殖模型。由于螺型位错线发生交滑移后形成了两个刃型割阶 AC 和 BD,因而使位错在新滑移面(111)上滑移时成为一个弗兰克-里德源。有时在第二个(111)面扩展出来的位错圈又可以通过交滑移转移到第三个(111)面上进行增殖。从而使位错迅速增加,因此,它是比上述的弗兰克-里德源更有效的增殖机制。

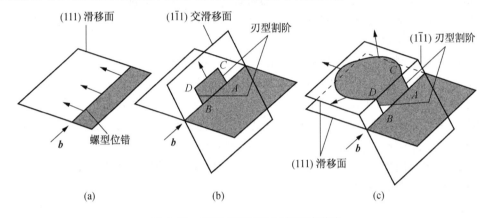

图 3.35　螺型位错通过双交滑移增殖

3.2.6　实际晶体结构中的位错

前面所讲的有关晶体中的位错结构及其一般性质,主要以简单立方晶体为研究对象,而实际晶体结构中的位错更为复杂,它们除具有前述的共性外,还有一些特殊性质和复杂组态。

1. 实际晶体中位错的伯氏矢量

简单立方晶体中位错的伯氏矢量 b 总是等于点阵矢量。但实际晶体中,位错的伯氏矢量除了等于点阵矢量外,还可能小于或大于点阵矢量。通常把伯氏矢量等于单位点阵矢量的位错称为"单位位错";把伯氏矢量等于点阵矢量或其整数倍的位错称为"全位错",故全位错滑移后晶体原子排列不变;把伯氏矢量不等于点阵矢量整数倍的位错称为"不全位错",而伯氏矢量小于点阵矢量的称为"部分位错",不全位错滑移后原子排列规律发生变化。

实际晶体结构中,位错的伯氏矢量不能是任意的,它要符合晶体的结构条件和能量条件。晶体结构条件是指伯氏矢量必须连接一个原子平衡位置到另一平衡位置。从能量条件看,由于位错能量正比于 b^2,b 越小越稳定,即单位位错应该是最稳定的位错。

表 3.1 给出了典型晶体结构中,单位位错的伯氏矢量及其大小和数量。

表 3.1 典型晶体结构中单位位错的伯氏矢量

结构类型	伯氏矢量	方　　向	$\|\boldsymbol{b}\|$	数　量
简单立方	$a<100>$	$<100>$	a	3
面心立方	$\dfrac{a}{2}<110>$	$<110>$	$\dfrac{1}{2}\sqrt{2}a$	6
体心立方	$\dfrac{a}{2}<111>$	$<111>$	$\dfrac{1}{2}\sqrt{3}a$	4
密排六方	$\dfrac{a}{3}<11\bar{2}0>$	$<11\bar{2}0>$	a	3

2. 堆垛层错

实际晶体中所出现的不全位错通常与其原子堆垛结构的变化有关。第 2 章中曾述及,密排晶体结构可看成由许多密排原子面按一定顺序堆垛而成:面心立方结构是以密排的{111}按 $ABCABC\cdots$ 顺序堆垛而成的;密排六方结构则是以密排面{0001}按 $ABAB\cdots$ 顺序堆垛起来的。为了方便起见,若用△表示 $AB,BC,CA,\cdots$ 顺序;▽表示相反的顺序,如 $BA,AC,CB,\cdots$。因此,面心立方结构的堆垛顺序表示为△△△△···〔见图 3.36(a)〕,密排六方结构的堆垛顺序表示为△▽△▽···〔见图 3.36(b)〕。

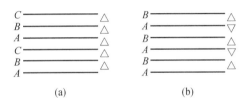

图 3.36 密排面的堆垛顺序
(a) 面心立方结构 (b) 密排六方结构

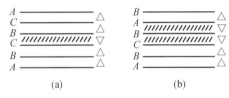

图 3.37 面心立方结构的堆垛层错
(a) 抽出型 (b) 插入型

实际晶体结构中,密排面的正常堆垛顺序有可能遭到破坏和错排,称为堆垛层错,简称层错。例如,面心立方结构的堆垛顺序若变成 $ABC\ BCA\cdots$(即 $\triangle\triangle\underset{\downarrow}{\triangledown}\triangle\triangle\cdots$),其中箭头所指相当于抽出一层原子面($A$ 层),故称为抽出型层错,如图 3.37(a)所示;相反,若在正常堆垛顺序中插入一层原子面(B 层),即可表示为 $ABC\ B\ ABCA\cdots$ ($\triangle\triangle\underset{\downarrow}{\triangledown}\underset{\downarrow}{\triangledown}\triangle\triangle\cdots$),其中箭头所指的为插入 B 层后所引起的二层错排,称为插入型层错,如图 3.37(b)所示。两者对比结果,可见一个插入型层错相当于两个抽出型层错。从图 3.37 中还可看出,面心立方晶体中存在堆垛层错时相当于在其间形成了一薄层的密排六方晶体结构。

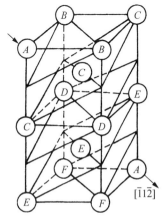

图 3.38 体心立方结构
(112)面的堆垛顺序示意图

密排六方结构也可能形成堆垛层错,其层错包含有面心立方晶体的堆垛顺序:具有抽出型层错时,堆垛顺序变为 $\cdots\triangledown\triangle\triangledown\triangle\triangledown\cdots$,即 $\cdots BABACAC\cdots$;而插入型层错则为 $\cdots\triangledown\triangle\triangledown\triangledown\triangle\triangledown\cdots$,即 $\cdots BABACBCB\cdots$。

体心立方晶体的密排面{110}和{100}的堆垛顺序只能是 $ABABAB\cdots$，故这两组密排面上不可能有堆垛层错。但是，它的{112}面堆垛顺序却是周期性的，如图3.38所示。由于立方结构中相同指数的晶向与晶面互相垂直，所以可沿[112]方向观察(112)面的堆垛顺序为 $ABC\text{-}DEFAB\cdots$。当{112}面的堆垛顺序发生差错时，可产生 $ABCDCDEFA\cdots$堆垛层错。

形成层错时几乎不产生点阵畸变，但它破坏了晶体的完整性和正常的周期性，使电子发生反常的衍射效应，故使晶体的能量有所增加，这部分增加的能量称"堆垛层错能 $\gamma(J/m^2)$"。它一般可用实验方法间接测得。表3.2列出了部分面心立方结构晶体层错能的参考值。从能量的观点来看，显然，晶体中出现层错的几率与层错能有关，层错能越高则几率越小。如在层错能很低的奥氏体不锈钢中，常可看到大量的层错，而在层错能高的铝中，就看不到层错。

表 3.2　一些金属的层错能和平衡距离

金　属	层错能 $\gamma/J \cdot m^{-2}$	不全位错的平衡距离 d（原子间距）	金　属	层错能 $\gamma/J \cdot m^{-2}$	不全位错的平衡距离 d（原子间距）
银	0.02	12.0	铝	0.20	1.5
金	0.06	5.7	镍	0.25	2.0
铜	0.04	10.0	钴	0.02	35.0

3. 不全位错

若堆垛层错不是发生在晶体的整个原子面上而只是部分区域存在，那么，在层错与完整晶体的交界处就存在伯氏矢量 b 不等于点阵矢量的不全位错，如图3.39所示。

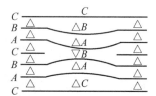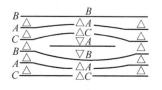

图 3.39　层错的边界为位错

在面心立方晶体中，有两种重要的不全位错：肖克利（Shockley）不全位错和弗兰克（Frank）不全位错。

1）肖克利不全位错　图3.40为肖克利不全位错的结构。图面代表 $(10\bar{1})$ 面，密排面(111)垂直于图面。图中右边晶体按 $ABCABC\cdots$ 正常顺序堆垛，而左边晶体按 $ABCBCAB\cdots$ 顺序堆垛，即有层错存在，层错与完整晶体的边界就是肖克利位错。这相当于左侧原来的 A 层原子面在 $[\bar{1}2\bar{1}]$ 方向沿滑移面到 B 层位置，从而形成了位错。位错的伯氏矢量 $b=\dfrac{a}{6}[\bar{1}2\bar{1}]$，它与位错线互相垂直，故系刃型不全位错。

根据其伯氏矢量与位错线的夹角关系，它既可以是纯刃型，也可以是纯螺型或混合型。肖克利不全位错可以在其所在的{111}面上滑移，滑移的结果使层错扩大或缩小。但是，即使是纯刃型的肖克利不全位错也不能攀移，这是因为它有确定的层错相联，若进行攀移，势必离开此层错面，故不可能进行。

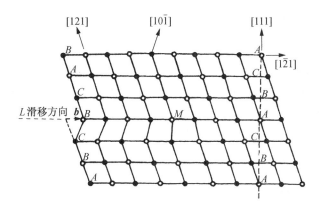

图 3.40　面心立方晶体中的肖克利不全位错

2）弗兰克不全位错　图 3.41 为抽去半层密排面形成的弗兰克不全位错。与抽出型层错联系的不全位错通常称负弗兰克不全位错,而与插入型层错相联系的不全位错称为正弗兰克不全位错。它们的伯氏矢量都属于 $\frac{a}{3}\langle111\rangle$,且都垂直于层错面 $\{111\}$,但方向相反。弗兰克位错属纯刃型位错。显然这种位错不能在滑移面上进行滑移运动,否则将使其离开所在的层错面,但能通过点缺陷的运动沿层错面进行攀移,使层错面扩大或缩小。所以弗兰克不全位错又称不滑动位错或固定位错,而肖克利不全位错则属于可动位错。

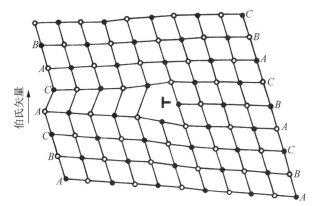

图 3.41　抽去半层密排面形成的弗兰克不全位错

不全位错特性和全位错一样,也由其伯氏矢量来表征。但注意,不全位错的伯氏回路的起始点必须从层错上出发。

密排六方晶体和面心立方晶体相似,可以形成肖克利不全位错或弗兰克不全位错。对于体心立方晶体,当在 $\{112\}$ 面出现堆垛层错时,在层错边界也出现不全位错。

4. 位错反应

实际晶体中,组态不稳定的位错可以转化为组态稳定的位错;具有不同伯氏矢量的位错线可以合并为一条位错线;反之,一条位错线也可以分解为两条或更多条具有不同伯氏矢量的位错线。通常,将位错之间的相互转化(分解或合并)称为位错反应。

位错反应能否进行,决定于是否满足如下两个条件:

(1) 几何条件:按照伯氏矢量守恒性的要求,反应后诸位错的伯氏矢量之和应该等于反应

前诸位错的伯氏矢量之和,即

$$\sum \boldsymbol{b}_b = \sum \boldsymbol{b}_a。 \tag{3.27}$$

(2) 能量条件:从能量角度,位错反应必须是一个伴随着能量降低的过程。为此,反应后各位错的总能量应小于反应前各位错的总能量。由于位错能量正比于其 b^2,故可近似地把一组位错的总能量看作是 $\sum |\boldsymbol{b}_i|^2$,于是便可引入位错反应的能量判据,即

$$\sum |\boldsymbol{b}_b|^2 > \sum |\boldsymbol{b}_a|^2。 \tag{3.28}$$

下面将结合实际晶体中的位错组态进行讨论。

5. 面心立方晶体中的位错

1) 汤普森(Thompson N.)四面体   面心立方晶体中所有重要的位错和位错反应可用汤普森提出的参考四面体和一套标记清晰而直观地表示出来。

如图 3.42 所示,A,B,C,D 依次为面心立方晶胞中 3 个相邻外表面的面心和坐标原点,以 A,B,C,D 为顶点连成一个由 4 个 {111} 面组成的,且其边平行于 <110> 方向的四面体,这就是汤普森四面体。如果以 $\alpha,\beta,\gamma,\delta$ 分别代表与 A,B,C,D 点相对面的中心,把 4 个面以三角形 ABC 为底展开,得图 3.42(c)。由图中可见:

(1) 四面体的 4 个面即为 4 个可能的滑移面:$(111),(1\bar{1}1),(\bar{1}11),(11\bar{1})$ 面。

(2) 四面体的 6 个棱边代表 12 个晶向,即为面心立方晶体中全位错 12 个可能的伯氏矢量。

(3) 每个面的顶点与其中心的连线代表 24 个 $\frac{1}{6}$<112> 型的滑移矢量,它们相当于面心立方晶体中可能的 24 个肖克利不全位错的伯氏矢量。

(4) 4 个顶点到它所对的三角形中点的连线代表 8 个 $\frac{1}{3}$<111> 型的滑移矢量,它们相当于面心立方晶体中可能有的 8 个弗兰克不全位错的伯氏矢量。

(5) 4 个面中心相连即 $\alpha\beta,\alpha\gamma,\alpha\delta,\beta\gamma,\gamma\delta,\beta\delta$ 为 $\frac{1}{6}$<110> 是压杆位错的一种,详见后述。

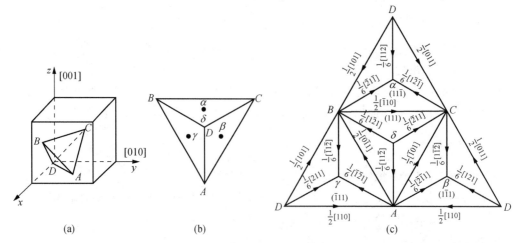

图 3.42   Thompson 四面体及记号

有了汤普森四面体,面心立方晶体中各类位错反应尤其是复杂的位错反应都可极为简便地用相应的汤普森符号来表达。例如(111)面上伯氏矢量为 $\frac{a}{2}[\bar{1}10]$ 的全位错的分解,可以简便地写为

$$\boldsymbol{BC} \rightarrow \boldsymbol{B\delta} + \boldsymbol{\delta C}。 \tag{3.29}$$

2) 扩展位错　面心立方晶体中,能量最低的全位错是处在{111}面上的伯氏矢量,它为 $\frac{a}{2}<110>$ 的单位位错。现考虑它沿{111}面的滑移情况。

从第 2 章中可知,面心立方晶体{111}面是按 $ABCABC\cdots$ 顺序堆垛的。若单位位错 $\boldsymbol{b}=\frac{a}{2}[\bar{1}10]$ 在切应力作用下沿着(111)$[\bar{1}10]$ 在 A 层原子面上滑移时,则 B 层原子从 B_1 位置滑动到相邻的 B_2 位置,需要越过 A 层原子的"高峰",这需要提供较高的能量(见图 3.43)。但如果滑移分两步完成,即先从 B_1 位置沿 A 原子间的"低谷"滑移到邻近的 C 位置,即 $\boldsymbol{b}_1=\frac{1}{6}[\bar{1}2\bar{1}]$;然后再由 C 滑移到另一个 B_2 位置,即 $\boldsymbol{b}_2=\frac{1}{6}[\bar{2}11]$ 这种滑移比较容易。显然,第一步当 B 层原子移到 C 位置时,将在(111)面上导致堆垛顺序变化,即由原来的 $ABCABC\cdots$ 正常堆垛顺序变为 $ABCACB\cdots$,而第二步从 C 位置再移到 B 位置时,则又恢复正常堆垛顺序。既然第一步滑移造成了层错,因此,层错区与正常区之间必然会形成两个不全位错。故 $\boldsymbol{b}_1$ 和 $\boldsymbol{b}_2$ 为肖克利不全位错。也就是说,一个全位错 $\boldsymbol{b}$ 分解为两个肖克利不全位错 $\boldsymbol{b}_1$ 和 $\boldsymbol{b}_2$,全位错的运动由两个不全位错的运动来完成,即 $\boldsymbol{b}=\boldsymbol{b}_1+\boldsymbol{b}_2$。

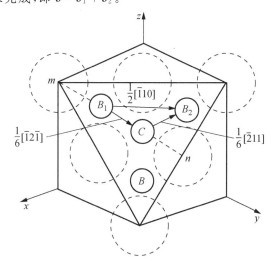

图 3.43　面心立方晶体中(111)面上全位错 $\frac{a}{2}[\bar{1}10]$ 的分解

这个位错反应从几何条件和能量条件判断均是可行的,因为

$$\frac{a}{2}[\bar{1}10] \rightarrow \frac{a}{6}[\bar{1}2\bar{1}] + \frac{a}{6}[\bar{2}11], \tag{3.30}$$

$$\boldsymbol{BC} \rightarrow \boldsymbol{B\delta} + \boldsymbol{\delta C},$$

几何条件:

$$\frac{a}{6}[\overline{1}2\overline{1}] + \frac{a}{6}[\overline{2}11] = \frac{a}{2}[\overline{1}10],\tag{3.31}$$

能量条件:

$$b^2 = \frac{1}{2}a^2, b_1{}^2 + b_2{}^2 = \frac{a^2}{6} + \frac{a^2}{6} = \frac{1}{3}a^2,$$

故

$$b^2 > b_1{}^2 + b_2{}^2。\tag{3.32}$$

由于这两个不全位错位于同一滑移面上，彼此同号且其伯氏矢量的夹角 θ 为 $60°$，且 $\theta < \frac{\pi}{2}$，故它们必然相互排斥并分开，其间夹着一片堆垛层错区。通常把一个全位错分解为两个不全位错，中间夹着一个堆垛层错的整个位错组态称为扩展位错，图 3.44 即为 $\frac{a}{2}[\overline{1}10]$ 扩展位错的示意图。

（1）扩展位错的宽度。为了降低两个不全位错间的层错能，力求把两个不全位错的间距缩小，这相当于给予两个不全位错一个吸力，数值等于层错的表面张力 γ（即层错能）。而两个不全位错间的斥力则力图增加宽度，当斥力与吸力相平衡时，不全位错之间的距离一定，这个平衡距离便是扩展位错的宽度 d。

从前面已知，两个平行不全位错之间的斥力

$$f = \frac{Gb_1 \cdot b_2}{2\pi r},$$

式中 r 为两不全位错的间距。当层错的表面张力与不全位错的斥力达到平衡时，两不全位错的间距 r 即为扩展位错的宽度 d，即

$$\gamma = f = \frac{Gb_1 \cdot b_2}{2\pi d},$$

$$d = \frac{Gb_1 \cdot b_2}{2\pi \gamma}。\tag{3.33}$$

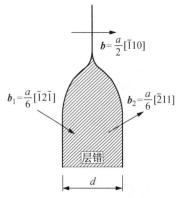

图 3.44　面心立方晶体中的扩展位错

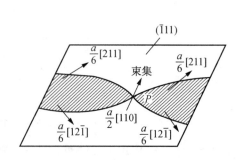

图 3.45　扩展位错在障碍处束集

由此可见，扩展位错的宽度与晶体的单位面积层错能 γ 成反比，与切变模量 G 成正比。例如，铝的层错能（见表 3.2）很高，故扩展位错的宽度很窄（仅 1~2 个原子间距），实际上可认为铝中不会形成扩展位错；而奥氏体不锈钢，由于其层错能很低，扩展位错可宽达几十个原子

间距。

（2）扩展位错的束集。由于扩展位错的宽度主要取决于晶体的层错能，因此凡影响层错能的因素也必然影响扩展位错的宽度。当扩展位错的局部区域受到某种障碍时，扩展位错在外切应力作用下其宽度将会缩小，其至重新收缩成原来的全位错，称为束集，如图 3.45 所示。束集可以看作位错扩展的反过程。

（3）扩展位错的交滑移。由于扩展位错只能在其所在的滑移面上运动，若要进行交滑移，扩展位错必须首先束集成全螺位错，然后再由该全位错交滑移到另一滑移面上，并在新的滑移面上重新分解为扩展位错，继续进行滑移。图 3.46 给出了面心立方晶体中 $\frac{a}{2}[110]$ 扩展位错的交滑移过程。

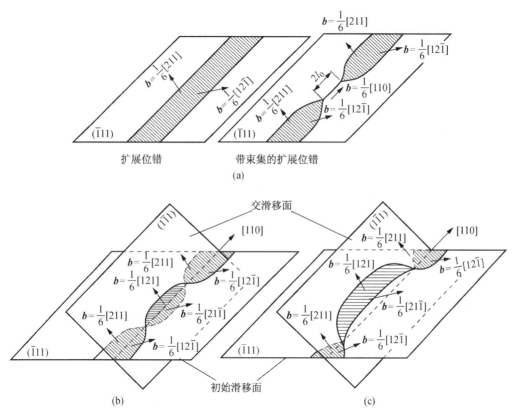

图 3.46 扩展位错的交滑移过程

显然，扩展位错的交滑移比全位错的交滑移要困难得多。层错能越低，扩展位错越宽，束集越困难，交滑移越不容易。

3）位错网络 实际晶体中当存在几种伯氏矢量的位错时，有时会组成二维或三维的位错网络。图 3.47(a)a 面上有一组塞积的位错群(b_1)和 d 面上一个螺型位错(b_2)相交截，两伯氏矢量的夹角为 120°，相交吸引，由位错反应产生 b_3 的位错：$b_1 + b_2 \rightarrow b_3$［见图 3-47(b)］。由于线张力的作用，在平衡条件下，位错线如图 3.47(c)所示，形成六方位错网络。

4）面角位错（Lomer-Cottrell 位错） 面角位错是 fcc 中除 Frank 位错外又一类固定位错。

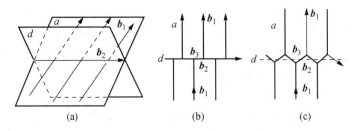

图 3.47　位错交截形成网络

如图 3.48(a)所示,在(111)和(11$\bar{1}$)面上分别有全位错$\dfrac{a}{2}[10\bar{1}]$和$\dfrac{a}{2}[011]$,它们在各自滑移面上分解为扩展位错:

$$
\begin{cases}
\dfrac{a}{2}[10\bar{1}] = \dfrac{a}{6}[2\bar{1}\bar{1}] + \dfrac{a}{6}[11\bar{2}], & 即\ \boldsymbol{CA} = \boldsymbol{C\delta} + \boldsymbol{\delta A}, \\[3mm]
\dfrac{a}{2}[011] = \dfrac{a}{6}[112] + \dfrac{a}{6}[\bar{1}21], & 即\ \boldsymbol{DC} = \boldsymbol{D\alpha} + \boldsymbol{\alpha C}.
\end{cases}
\tag{3.34}
$$

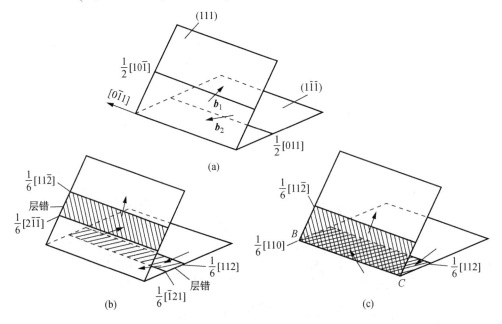

图 3.48　Lomer-Cottrell 位错的形成过程

该两扩展位错各在自己的滑移面上相向移动,当每个扩展位错中的一个不全位错达到滑移面的交截线 BC 时,就会通过位错反应,生成新的先导位错:

$$
\dfrac{a}{6}[\bar{1}21] + \dfrac{a}{6}[2\bar{1}\bar{1}] \rightarrow \dfrac{a}{6}[110], \quad 即\ \boldsymbol{\alpha C} + \boldsymbol{C\delta} \rightarrow \boldsymbol{\alpha\delta}.
\tag{3.35}
$$

这个新位错$\dfrac{a}{6}[110]$是纯刃型的,其伯氏矢量位于(001)面上,其滑移面是(001),但 fcc 的滑移面应是{111},因此,这个位错是固定位错,又称压杆位错。不仅如此,它还带着两片分别位于(111)和(11$\bar{1}$)面上的层错区,以及$\dfrac{a}{6}[11\bar{2}]$和$\dfrac{a}{6}[11\bar{2}]$两个不全位错。这种形成于两个{111}面之间的面角上,由三个不全位错和两片层错所构成的位错组态称为"Lomer-cottrell 位错",

简称面角位错。它对面心立方晶体的加工硬化可起重大作用。

6. 其他晶体中的位错

1) **体心立方晶体的位错** 前已指出,体心立方晶体的单位位错为$\frac{a}{2}<111>$,其滑移方向为$<111>$方向,但体心立方的滑移面则是不确定的,通常可能的滑移面有$\{110\}$,$\{112\}$和$\{123\}$,它随成分、温度及形变速度而异。由于滑移面很多,因而常由于交滑移而使滑移线呈波纹形。体心立方易发生交滑移的事实说明它的层错能很高,因而它不易出现扩展位错(或层错宽度极窄)。实际上,迄今为止也没有在电子显微镜中直接观察到 bcc 的扩展位错和层错,因而对全位错的分解只是几种可能的推测。然而值得注意的是,bcc 的位错在某一方向运动所需的切应力与同一滑移面上的位错往相反方向运动所需的切应力不相同,即它滑移的不对称性,此现象是不能用全位错的运动来解释的。

最近的理论分析表明,$\frac{a}{2}<111>$螺型位错核心可在几个伯氏矢量大小的范围内展宽,从而使它的运动受到限制。用计算机模拟求得的 α-Fe 中 $\frac{1}{2}[111]$ 螺型位错核心的位移场如图3.49所示,可见螺型位错平行三重对称轴是其一个显著的特点。

2) **密排六方晶体的位错** 对 hcp,最短的点阵矢量是沿$<11\bar{2}0>$,次短的点阵矢量为$<0001>$,因此它的单位位错为$\frac{a}{3}<11\bar{2}0>$,$c<0001>$,其外还有$\frac{1}{3}<11\bar{2}3>$等;而滑移面与轴比有关,当$c/a \geqslant 1.633$时,滑移面为(0001),当$c/a < 1.633$时,滑移面将变为$\{10\bar{1}0\}$或斜面$\{10\bar{1}1\}$。

对于层错能小的 Co,Zn 和 Cd 等晶体曾观察到伯氏矢量为$\frac{1}{3}<11\bar{2}0>$的位错在基面上按下列反应分解:

$$\frac{1}{3}[11\bar{2}0] \rightarrow \frac{1}{3}[10\bar{1}0] + \frac{1}{3}[01\bar{1}0] \tag{3.36}$$

右边两项为肖克利不全位错的伯氏矢量,它们之间存在一片层错,构成扩展位错,如图 3.50 所示。

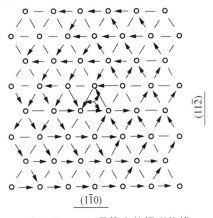

图 3.49 α-Fe 晶体中的螺型位错

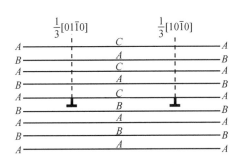

图 3.50 密排六方晶体中的扩展位错

3）NaCl 晶体的位错   NaCl 是一典型的离子晶体（见图 2.52），它实际上是面心立方点阵，每个阵点对应一对 Na^+ 和 Cl^- 离子。

NaCl 晶体的滑移系是 $\{110\}<1\overline{1}0>$，对最密排面 $\{100\}$，由于正、负离子成对跨过滑移面，静电作用很强，一般不能滑移。

NaCl 晶体中单位位错的伯氏矢量 $b=\frac{a}{2}<110>$，即联结相邻同类离子的最短距离。图 3.51 为 $(110)[1\overline{1}0]$ 滑移系上的刃型位错，可见它有两个多余的半原子面，这样晶体中在电荷分布上无错排，仍是中性的，但在晶体表面位错露头处会带电荷，或正或负，视何种电荷暴露在晶体的表面上（见图 3.52）而定。

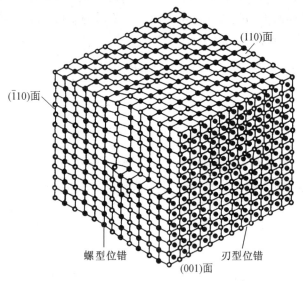

图 3.51   NaCl 晶体中的位错

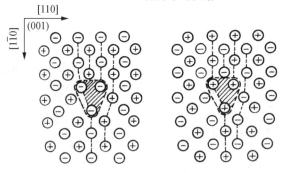

图 3.52   NaCl 中带电的位错

4）α-Al_2O_3 晶体的位错   刚玉（α-Al_2O_3）的结构属三方晶系（见图 2.59）。从堆垛角度看，O^{2-} 近似作六方最密排，Al^{3+} 配列在八面体空隙上，且只填满这种空隙的 2/3。图 3.53 为 (0001) 面上的离子排列及位错反应示意图。从能量降低角度看 α-Al_2O_3 晶体的单位位错 $b_0=\frac{1}{3}<11\overline{2}0>$ 可以分解成两个伯氏矢量 $b_1=\frac{1}{3}<10\overline{1}0>$ 的不全位错，即

$$\frac{1}{3}[11\overline{2}0] \rightarrow \frac{1}{3}[10\overline{1}0] + \frac{1}{3}[01\overline{1}0] \tag{3.37}$$

从图中还可看出,伯氏矢量 $b_1 = \frac{1}{3}<10\bar{1}0>$ 是 Al_2O_3 晶体中 O^{2-} 离子点阵晶格方向单位矢量。因此产生 b_1 位错并不引起 O^{2-} 离子堆垛顺序的变化,但却引起 Al^{3+} 离子堆垛顺序的变化,故两个 b_1 之间就产生堆垛层错。所以,上述反应也即为扩展位错 b_0 的分解。

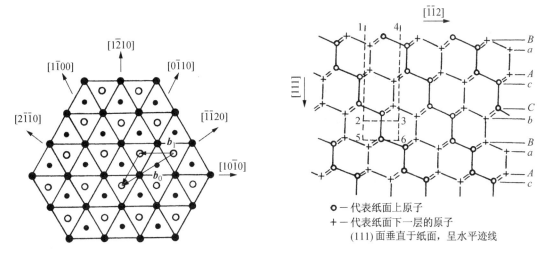

图 3.53　$Al_2O_3(0001)$ 面上的离子排列

图 3.54　金刚石结构垂直于 $(1\bar{1}0)$ 面的投影

　5) 金刚石型晶体的位错　金刚石型晶体(如金刚石、硅和锗等)为共价晶体,属复杂立方晶体结构,可视为两个面心立方晶胞沿体对角线相对位移 1/4 长度穿插而成(见图 2.71)。

　金刚石结构中,原子密排面仍为 {111} 面,其堆垛次序为 $AaBbCcAaBbCc\cdots$ 如图 3.54 所示。同名面,如 A 与 a 在 {111} 面上的投影位置互相重合,如果把一对同名面用一个字母表示,则 {111} 面的堆垛次序可以简化为 $ABCABC\cdots$。

　金刚石结构中滑移面为密排面 {111},全位错的伯氏矢量为 $\frac{1}{2}<110>$,由于共价键的方向性强,使得沿 <110> 方向有较低的位错中心能量,位错趋向于沿 <110> 方向排列,因此,多数情况下它们是纯螺型位错或 60° 位错,如图 3.55 所示。由于点阵阻力大,位错很难运动。当层

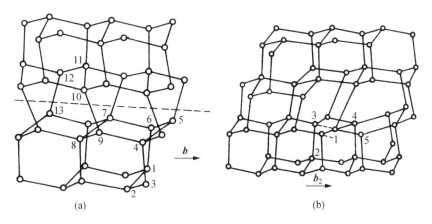

(a)　　　　　　　　(b)

图 3.55　金刚石晶体中的位错

(a) 纯螺型位错　(b) 60° 位错

错能较低时,{111}面上的全位错也能分解成扩展位错。

6）高分子晶体中的位错   如前所述,细长、柔软而结构复杂的高分子链很难形成完善的晶体。事实上即使在很理想的条件下生成的单晶体或伸直链晶体,也不可避免地存在许多晶体缺陷,如图 3.56(a)所示为在结晶中存在分子末端时,晶体中存在的细长空洞,它可视为两个边缘位错的交会。当与这个空洞相邻的分子移向空洞时,空洞的位置就发生移动,由于相邻分子依次移动,就形成了图 3.56(b)所示的一对螺型位错,并有可能形成嵌镶块结构。

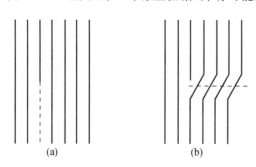

图 3.56   因结晶内的分子末端而引起的晶格缺陷

Holland V. F. 在聚乙烯的单晶中不仅观察到边缘位错,而且还观察到网状位错,并发现它是螺型位错。

3.3   表面及界面

严格来说,界面包括外表面(自由表面)和内界面。表面是指固体材料与气体或液体的分界面,它与摩擦、磨损、氧化、腐蚀、偏析、催化、吸附现象,以及光学、微电子学等均密切相关;而内界面可分为晶粒边界和晶内的亚晶界、孪晶界、层错及相界面等。

界面通常包含几个原子层厚的区域,该区域内的原子排列甚至化学成分往往不同于晶体内部,又因它系二维结构分布,故也称为晶体的面缺陷。界面的存在对晶体的物理、化学和力学等性能产生重要的影响。

3.3.1   外表面

在晶体表面上,原子排列情况与晶内不同。这里,每个原子只是部分地被其他原子包围着,它的相邻原子数比晶体内部少。另外,由于成分偏聚和表面吸附作用往往导致表面成分与体内不一。这些均将导致表面层原子间结合键与晶体内部并不相等。故表面原子就会偏离其正常的平衡位置,并影响到邻近的几层原子,造成表层的点阵畸变,使它们的能量比内部原子高,这几层高能量的原子层称为表面。晶体表面单位面积自由能的增加称为表面能 $\gamma(\text{J/m}^2)$。表面能也可理解为产生单位面积新表面所作的功:

$$\gamma = \frac{\mathrm{d}W}{\mathrm{d}S},\qquad(3.38)$$

式中,$\mathrm{d}W$ 为产生 $\mathrm{d}S$ 表面所作的功。表面能也可用单位长度上的表面张力(N/m)表示。

由于表面是一个原子排列的终止面,另一侧无固体中原子的键合,如同被割断,故其表面能可用形成单位新表面所割断的结合键数目来近似表达:

$$\gamma = \left[\dfrac{\text{被割断的结合键数目}}{\text{形成单位新表面}}\right] \times \left[\dfrac{\text{能量}}{\text{每个键}}\right]。 \tag{3.39}$$

表面能与晶体表面原子排列致密程度有关,原子密排的表面具有最小的表面能。若以原子密排面作表面时,晶体的能量最低,最稳定,所以自由晶体暴露在外的表面通常是低表面能的原子密排晶面。图 3.57 为 fcc 的 Au 晶体表面能的极图。图中径向矢量为垂直于该矢量的晶体表面上表面张力的大小。由图可知,原子密排面{111}具有最小的表面能。如果晶体的外表面与密排面成一定角度,为了保持低能量的表面状态,晶体的外表面大多呈台阶状(见图 3.58),台阶的平面是低表面能晶面,台阶密度取决于表面和低能面的交角。晶体表面原子的较高能量状态及其所具有的残余结合键,将使外来原子易于被表面吸附,并引起表面能的降低。此外,台阶状的晶体表面也为原子的表面扩散,以及表面吸附现象提供一定条件。

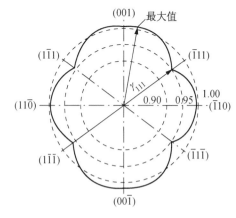

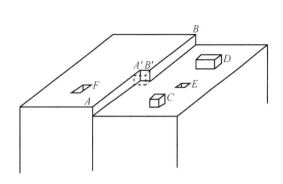

图 3.57　金在 1030℃于氢气氛中的表面能的极图(以 γ_{210} 为 1.000)

图 3.58　一个低指数晶面(图中表示具有扭折 $A'B'$ 的台阶 AB,单和双吸附原子 C 和 D,单和双空位 E 和 F)

表面能除了与晶体表面原子排列致密程度有关外,还与晶体表面曲率有关。当其他条件相同时,曲率越大,表面能也越大。表面能的这些性质,对晶体的生长、固态相变中新相形成都起着重要作用。

3.3.2　晶界和亚晶界

多数晶体物质由许多晶粒所组成,属于同一固相但位向不同的晶粒之间的界面称为晶界,它是一种内界面;而每个晶粒有时又由若干个位向稍有差异的亚晶粒所组成,相邻亚晶粒间的界面称为亚晶界。晶粒的平均直径通常在 $0.015 \sim 0.25\,\mathrm{mm}$ 范围内,而亚晶粒的平均直径则通常为 $0.001\,\mathrm{mm}$ 数量级。

为了描述晶界和亚晶界的几何性质,须说明晶界的取向及其两侧晶粒的相对位向。二维点阵中晶界的几何关系可用图 3.59 来描述,即晶界位置可用两个晶粒的位向差 θ 和晶界相对于一个点阵某一平面的夹角 ϕ 来确定。而三维点阵的晶界几何关系应由五个位向角度确定。设想将图 3.60(a)所示晶体沿 xOz 平面切开,然后让右侧晶体绕 x 轴旋转,这样就会使两个晶体之间产生位向差。同样,右侧晶体还可以绕 y 或 z 轴旋转。因此,为了确定两个晶体之间的位向,必须给定三个角度。现在再来考虑位向差一定的两个晶体之间的界面。如图 3.60(b)所示,若在 xOz 平面有一个界面,将这个界面绕 x 轴或 z 轴旋转,可以改变界面的位置;但绕 y 轴旋转时,界面的位置不变。显然,为了确定界面本身的位向,还需要确定两个角度。这就是说,一般空间点阵中的晶界具有五个自由度。

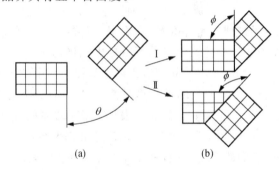

图 3.59　二维平面点阵中的晶界

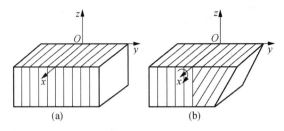

图 3.60　三维点阵中的晶界

根据相邻晶粒之间位向差 θ 角的大小不同可将晶界分为两类:① 小角度晶界——相邻晶粒的位向差小于 $10°$ 晶界;亚晶界均属小角度晶界,一般小于 $2°$;② 大角度晶界——相邻晶粒的位向差大于 $10°$ 晶界,多晶体中的晶界大多属于此类。

1. 小角度晶界的结构

按照相邻亚晶粒之间位向差的型式不同,可将小角度晶界分为倾斜晶界、扭转晶界和重合晶界等,它们的结构可用相应的模型来描述。

1) 对称倾斜晶界　对称倾斜晶界可看作把晶界两侧晶体互相倾斜的结果(见图 3.61)。由于相邻两晶粒的位向差 θ 角很小,其晶界可看成由一列平行的刃型位错所构成(见图 3.62),位错的间距 D 与伯氏矢量 b 之间的关系为

$$D = \frac{b}{2\sin\dfrac{\theta}{2}}。 \tag{3.40}$$

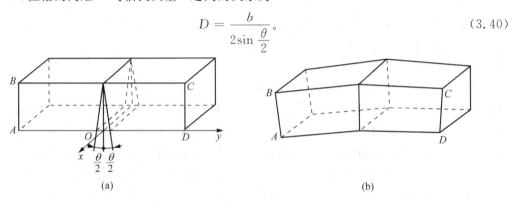

图 3.61　对称倾斜晶界的形成

(a) 倾斜前　(b) 倾斜后

当 θ 很小时, $\dfrac{b}{D} \approx \theta$。

2）不对称倾斜晶界 如果对称倾斜晶界的界面绕 x 轴转了一角度 ϕ，如图 3.63 所示，则此时两晶粒之间的位向差仍为 θ 角，但此时晶界的界面对于两个晶粒是不对称的，因此，称为不对称倾斜晶界。它有两个自由度 θ 和 ϕ。该晶界结构可看成由两组伯氏矢量相互垂直的刃型位错 $b_\perp b_\vdash$ 交错排列而构成的。两组刃型位错各自的间距 $D_\perp$ 和 $D_\vdash$ 可根据几何关系分别求得，即

$$D_\perp = \frac{b_\perp}{\theta \sin\phi}, \quad D_\vdash = \frac{b_\vdash}{\theta \cos\phi}。 \tag{3.41}$$

3）扭转晶界 扭转晶界是小角度晶界的又一种类型。它可看成是两部分晶体绕某一轴在一个共同的晶面上相对扭转一个 θ 角所构成的，扭转轴垂直于这一共同的晶面，如图 3.64 所示。它的自由度为 1。

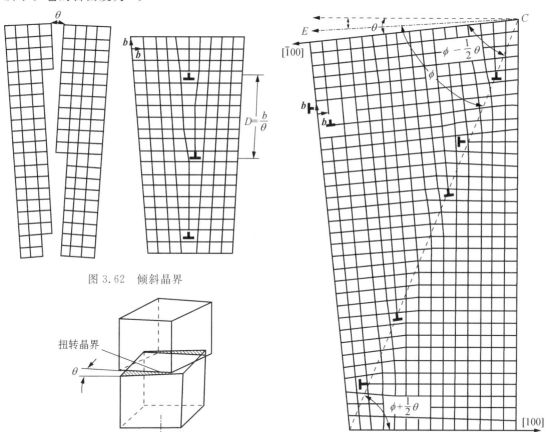

图 3.62 倾斜晶界

图 3.64 扭转晶界的形成过程

图 3.63 不对称倾斜晶界

该晶界的结构可看成由互相交叉的螺型位错所组成，如图 3.65 所示。

纯扭转晶界和倾斜晶界均是小角度晶界的简单情况，两者不同之处在于倾斜晶界形成时，转轴在晶界内；而扭转晶界的转轴则垂直于晶界。在一般情况下，小角度晶界都可看成是两部分晶体绕某一轴旋转一角度而形成的，只不过其转轴既不平行于晶界也不垂直于晶界。对这样的任意小角度晶界，可看作是由一系列刃型位错、螺型位错或混合位错的网络所构成，这已被实验所证实。

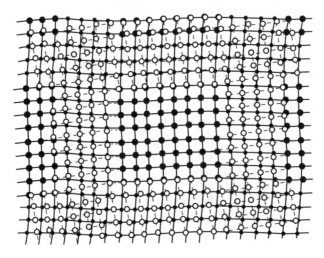

图 3.65　扭转晶界位错模型

2. 大角度晶界的结构

多晶体材料中各晶粒之间的晶界通常为大角度晶界。大角度晶界的结构较复杂,其中原子排列较不规则,不能用位错模型来描述。对于大角度晶界的结构了解远不如小角度晶界清楚,有人认为大角度晶界的结构接近于图 3.66 所示的模型。图中表明取向不同的相邻晶粒的界面不是光滑的曲面,而是由不规则的台阶组成的。分界面上既包含有同时属于两晶粒的原子 D,也包含有不属于任一晶粒的原子 A;既包含有压缩区 B,也包含有扩张区 C。这是由于晶界上的原子同时受到位向不同的两个晶粒中原子的作用所致。总之,大角度晶界上原子排列比较紊乱,但也存在一些比较整齐的区域。因此,晶界可看成由坏区与好区交替相间组合而成。随着位向差 θ 的增大,坏区的面积将相应增加。纯金属中大角度晶界的宽度不超过 3 个原子间距。

近年来,有人应用场离子显微镜研究晶界,提出了大角度晶界的"重合位置点阵"模型,并得到实验证实。如图 3.67 所示,在二维正方点阵中,当两个相邻晶粒的位向差为 37°时(相当

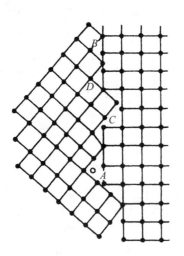

图 3.66　大角度晶界模型

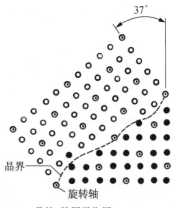

● —晶粒1的原子位置
○ —晶粒2的原子位置
◎ —重合位置点阵中的原子位置

图 3.67　当两相邻晶粒位向差为 37°时,
存在的 1/5 重合位置点阵

于晶粒 2 相对晶粒 1 绕某固定轴旋转了 37°),若设想两晶粒的点阵彼此通过晶界向对方延伸,则其中一些原子将出现有规律的相互重合。由这些原子重合位置所组成比原来晶体点阵大的新点阵,通常称为重合位置点阵。由于在上述具体图例中,每五个原子即有一个是重合位置,故重合位置点阵密度为 1/5 或称为 1/5 重合位置点阵。显然,由于晶体结构及所选旋转轴与转动角度的不同,可以出现不同重合位置密度的重合点阵。表 3.3 列出了立方晶系金属中重要的重合位置点阵。

根据该模型,在大角度晶界结构中将存在一定数量重合点阵的原子。显然,晶界上重合位置越多,即晶界上越多的原子为两个晶粒所共有,原子排列的畸变程度越小,则晶界能也相应越低。然而从表 3.3 得知,不同晶体结构具有重合点阵的特殊位向是有限的。所以,重合位置点阵模型尚不能解释两晶粒处于任意位向差的晶界结构。

表 3.3　立方晶系金属中重要的重合位置点阵

晶体结构	旋转轴	转动角度/(°)	重合位置密度
体心立方	〔100〕	36.9	1/5
	〔110〕	70.5	1/3
	〔110〕	38.9	1/9
	〔110〕	50.5	1/11
	〔111〕	60.0	1/3
	〔111〕	38.2	1/7
面心立方	〔100〕	36.9	1/5
	〔110〕	38.9	1/9
	〔111〕	60.0	1/7
	〔111〕	38.2	1/7

总之,对于大角度晶界的结构还正在继续研究和讨论中。

3. 晶界能

由于晶界上的原子排列是不规则的,有畸变,从而使系统的自由能增高。晶界能定义为形成单位面积界面时,系统的自由能变化 $\left(\dfrac{\mathrm{d}F}{\mathrm{d}A}\right)$,它等于界面区单位面积的能量减去无界面时该区单位面积的能量。

小角度晶界的能量主要来自位错能量(形成位错的能量和将位错排成有关组态所作的功),而位错密度又决定于晶粒间的位向差,所以,小角度晶界能 γ 也和位向差 θ 有关:

$$\gamma = \gamma_0 \theta (A - \ln\theta), \tag{3.42}$$

式中,$\gamma_0 = \dfrac{Gb}{4\pi(1-\nu)}$ 为常数,取决于材料的切变模量 G、泊松比 ν 和伯氏矢量 b,A 为积分常数,取决于位错中心的原子错排能。由上式可知,小角度晶界的晶界能随位向差增加而增大(见图 3.68)。但注意,该公式只适用于小角度晶界,而对大角度晶界不适用。

实际上,多晶体的晶界一般为大角度晶界,各晶粒的位向差大多在 30°~40° 左右,实验测出各种金属大角度晶界能约在 0.25~1.0 J/m² 范围内,与晶粒之间的位向差无关,大体上为定值,如图 3.68 所示。

晶界能可以界面张力的形式来表现,且可以通过界面交角的测定求出它的相对值。图

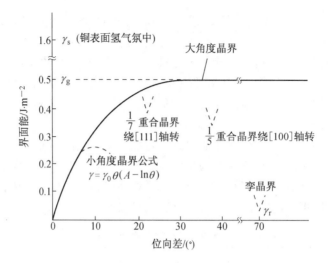

图 3.68   铜的不同类型界面的界面能

3.69所示为当 3 个晶粒相遇时,它们两两相交于一界面,3 个界面相交于 1 个三叉界棱。在达到平衡状态时,O 点处的界面张力 γ_{1-2},γ_{2-3},γ_{3-1} 必须达到力学平衡,即其矢量和为零,故

$$\gamma_{1-2} + \gamma_{2-3}\cos\varphi_2 + \gamma_{3-1}\cos\varphi_1 = 0$$

或 $$\frac{\gamma_{1-2}}{\sin\varphi_3} = \frac{\gamma_{2-3}}{\sin\varphi_1} = \frac{\gamma_{3-1}}{\sin\varphi_2} \text{。} \quad (3.43)$$

因此,若取其中某一晶界能作为基准,则通过测量 φ 角即可求得其他晶界的相对能量。

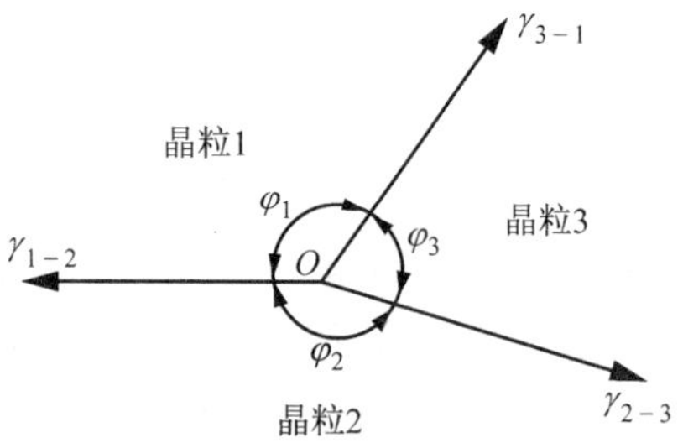

图 3.69   三个晶界相交于一直线
（垂直于图面）

在平衡状态下,三叉晶界的各面角均趋向于最稳定的 $120°$,此时,各晶粒之间的晶界能基本相等。

4. 晶界的特性

（1）晶界处点阵畸变大,存在着晶界能,因此,晶粒的长大和晶界的平直化都能减小晶界面积,从而降低晶界的总能量,这是一个自发过程。然而晶粒的长大和晶界的平直化均须通过原子的扩散来实现,因此,随着温度升高和保温时间的增长,均有利于这两过程的进行。

（2）晶界处原子排列不规则,因此在常温下晶界的存在会对位错的运动起阻碍作用,致使塑性变形抗力提高,宏观表现为晶界较晶内具有较高的强度和硬度。晶粒越细,材料的强度越高,这就是细晶强化;而高温下则相反,因高温下晶界存在一定的粘滞性,易使相邻晶粒产生相对滑动。

（3）晶界处原子偏离平衡位置,具有较高的动能,并且晶界处存在较多的缺陷,如空穴、杂质原子和位错等,故晶界处原子的扩散速度比在晶内快得多。

（4）在固态相变过程中,由于晶界能量较高且原子活动能力较大,所以新相易于在晶界处优先形核。显然,原始晶粒越细,晶界越多,则新相形核率也相应越高。

（5）由于成分偏析和内吸附现象,特别是晶界富集杂质原子情况下,往往晶界熔点较低,故在加热过程中,因温度过高将引起晶界熔化和氧化,导致"过烧"现象产生。

（6）由于晶界能量较高、原子处于不稳定状态，以及晶界富集杂质原子的缘故，与晶内相比，晶界的腐蚀速度一般较快。这就是用腐蚀剂显示金相样品组织的依据，也是某些金属材料在使用中发生晶间腐蚀破坏的原因。

3.3.3 孪晶界

孪晶是指两个晶体（或一个晶体的两部分）沿一个公共晶面构成镜面对称的位向关系，这两个晶体就称为"孪晶"，此公共晶面就称孪晶面。

孪晶界可分为两类，即共格孪晶界和非共格孪晶界，如图 3.70 所示。

共格孪晶界就是孪晶面[见图 3.70(a)]。在孪晶面上的原子同时位于两个晶体点阵的结点上，为两个晶体所共有，属于自然地完全匹配，是无畸变的完全共格晶面，因此它的界面能很低（约为普通晶界界面能的 1/10），很稳定，在显微镜下呈直线，这种孪晶界较为常见。

如果孪晶界相对于孪晶面旋转一角度，即可得到另一种孪晶界——非共格孪晶界[见图 3.70(b)]。此时，孪晶界上只有部分原子为两部分晶体所共有，因而原子错排较严重，这种孪晶界的能量相对较高，约为普通晶界的 1/2。

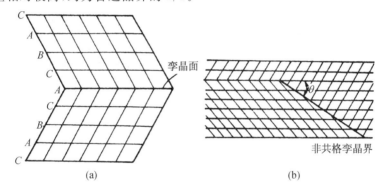

图 3.70 （a）面心立方晶体的孪晶关系和（b）非共格孪晶界

孪晶的形成与堆垛层错有密切关系。例如，面心立方晶体是以{111}面按 $ABCABC\cdots$ 的顺序堆垛而成的，可用 △△△△△… 表示。如果从某一层始，其堆垛顺序发生颠倒，就成为 $ABCACBACBA\cdots$，即 △△△▽▽▽▽…，则上下两部分晶体就构成了镜面对称的孪晶关系（图 3.70(a)）。可以看出…CAC 处相当于堆垛层错，接着就按倒过来的顺序堆垛，仍属正常的 fcc 堆垛顺序，但与出现层错之前的那部分晶体顺序正好相反，故形成了对称关系。

依孪晶形成原因的不同，可分为"形变孪晶"、"生长孪晶"和"退火孪晶"等。正因为孪晶与层错密切相关，一般层错能高的晶体不易产生孪晶。

3.3.4 相界

具有不同结构的两相之间的分界面称为"相界"。

按结构特点，相界面可分为共格相界、半共格相界和非共格相界三种类型。

1. 共格相界

所谓"共格"是指界面上的原子同时位于两相晶格的结点上，即两相的晶格是彼此衔接的，界面上的原子为两者共有。如图 3.71(a)所示是一种无畸变的具有完全共格的相界，其界面能很低。但是理想的完全共格界面,只有在孪晶界,且孪晶界即为孪晶面时才可能存在。对相界而言,其两侧为两个不同的相,即使两个相的晶体结构相同,其点阵常数也不可能相等,因此在形成共格界面时,必然在相界附近产生一定的弹性畸变,晶面间距较小者发生伸长,较大者产生压缩[见图3.71(b)],以互相协调,使界面上原子达到匹配。显然,这种共格相界的能量相对于具有完善的共格关系的界面(如孪晶界)的能量要高。

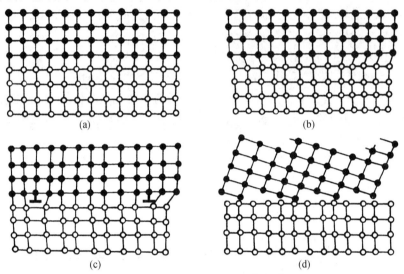

图 3.71　各种形式的相界

(a) 具有完善的共格关系的相界　(b) 具有弹性畸变的共格相界

(c) 半共格相界　(d) 非共格相界

2. 半共格相界

若两相邻晶体在相界面处的晶面间距相差较大,则在相界面上不可能做到完全的一一对应,于是在界面上将产生一些位错[见图3.71(c)],以降低界面的弹性应变能,这时界面上两相原子部分地保持匹配,这样的界面称为半共格界面或部分共格界面。

半共格相界上位错间距取决于相界处两相匹配晶面的错配度。错配度 δ 定义为

$$\delta = \frac{a_\alpha - a_\beta}{a_\alpha}, \tag{3.44}$$

式中,a_α 和 a_β 分别表示相界面两侧的 α 相和 β 相的点阵常数,且 $a_\alpha > a_\beta$。由此可求得位错间距:

$$D = a_\beta/\delta。 \tag{3.45}$$

当 δ 很小时,D 很大,α 和 β 相在相界面上趋于共格,即成为共格相界;当 δ 很大时,D 很小,α 和 β 相在相界面上完全失配,即成为非共格相界。

3. 非共格相界

当两相在相界面处的原子排列相差很大时,即 δ 很大时,只能形成非共格界面[见图3.71(d)]。这种相界与大角度晶界相似,可看成是由原子不规则排列的很薄的过渡层构成的。

　　相界能也可采用类似于测晶界能的方法来测量。从理论上来讲,相界能包括两部分,即弹性畸变能和化学交互作用能。弹性畸变能大小取决于错配度 δ 的大小;而化学交互作用能取决于界面上原子与周围原子的化学键结合状况。相界面结构不同,这两部分能量所占的比例也不同。如对共格相界,由于界面上原子保持着匹配关系,故界面上原子结合键数目不变,因此这里应变能是主要的;而对于非共格相界,由于界面上原子的化学键数目和强度与晶内相比发生了很大变化,故其界面能以化学能为主,而且总的界面能较高。从相界能的角度来看,从共格至半共格到非共格依次递增。

中英文主题词对照

点阵不完整性	lattice imperfection	点缺陷	point defect
点阵畸变	lattice disorder	零维缺陷	zero-dimensional defect
空位	vacancy	溶质原子	solute atom
间隙原子	self-interstitial atom	杂质原子	impurity atom
肖特基缺陷	Schottky defect	弗仑克尔缺陷	Frenkel defect
点缺陷的运动	movement of point defects	平衡浓度	equilibrium concentration
玻耳兹曼常数	Boltzmann's constant	固溶体	solid solution
质量分数	mass fraction	原子分数	atomic fraction
位错	dislocation	一维缺陷	one-dimensional defect
位错线	dislocation line	伯氏回路	Burgers circuit
伯氏矢量	Burgers vector	刃位错	edge dislocation
螺位错	screw dislocation	混合位错	mixed dislocation
位错的弹性能	elastic energy of dislocations	位错的线张力	tension force of dislocations
位错的运动	movement of dislocations	滑移	slip
滑移变形	slip deformation	滑移带	glide (slip) band
滑移面	glide (slip) plane	滑移方向	glide (slip) direction
滑移系	slip system	滑移区	slip zone
滑移线	slip (sliding) line	交滑移	cross-slip
位错攀移	dislocation climb	位错割阶	dislocation jog
位错扭折	dislocation kink	位错的交互作用	interaction of dislocations
位错的割切	crossing of dislocation	位错的增殖	multiplication of dislocations
位错的交截	dislocation intersections	位错网	dislocation network
位错缠结	dislocation tangle	位错塞积	pile-up of dislocations
位错密度	dislocation density	位错环	dislocation loop
位错墙	dislocation wall	位错的钉扎	anchoring of dislocations
在实际晶体中的位错	dislocations in real crystals	堆垛层错	stacking fault
层错能	stacking fault energy	内禀层错	intrinsic stacking fault
外禀层错	extrinsic stacking fault	全位错	perfect dislocation
不全位错	imperfect dislocation	部分位错或偏位错	partial dislocation
扩展位错	extended dislocation	面缺陷	surface defects
二维缺陷	two-dimensional defect	表面能	surface energy
亚晶界	sub-grain boundary	小角度晶界	small-angle grain boundary
倾斜晶界	titl boundary	扭转晶界	twist boundary
大角度晶界	large-angle grain boundary	重合位置点阵	coincidence site lattice
晶界能	grain boundary energy	孪晶界	twin boundary

| 相界 | phase boundary | 共格界面 | coherent interface |
| 半共格界面 | semicoherent interface | 非共格界面 | incoherent interface |

主要参考书目

［1］　蔡珣. 材料科学与工程基础辅导与习题［M］. 上海：上海交通大学出版社，2013.

［2］　徐祖耀，李鹏兴. 材料科学导论［M］. 上海：上海科学技术出版社，1986.

［3］　胡赓祥，蔡珣，戎咏华. 材料科学基础［M］. 第 3 版. 上海：上海交通大学出版社，2010.

［4］　胡赓祥，钱苗根. 金属学［M］. 上海：上海科学技术出版社，1980.

［5］　林栋梁. 晶体缺陷［M］. 上海：上海交通大学出版社，1984.

［6］　弗里埃德尔 J，位错［M］. 增订版. 北京：科学出版社. 1984.

［7］　钱临照，等. 晶体缺陷和金属强度（上册）［M］. 北京：科学出版社，1962.

［8］　李庆生，材料强度学［M］. 太原：山西科学教育出版社，1990.

［9］　卢光熙，侯增寿. 金属学教程［M］. 上海：上海科学技术出版社，1985.

［10］　曹明盛. 物理冶金基础［M］. 北京：冶金工业出版社，1988.

［11］　Askeland D R，Phule P P. The Science and Engineering of Materials. ［M］. 4th ed. USA：Thomson Learning，2004.

［12］　William D Callister，Jr. Materials Science and Engineering：An Introduction. ［M］. 5th ed. USA：John Wiley & Sons，2000.

［13］　Smith W F. Foundations of Materials Science and Engineering［M］. New York：McGraw-Hill Book Co. 1992.

［14］　Cahn R W，Haasen P. Physical Metallurgy［M］. 4th ed. New York：Elsevier Science Publishing，1996.

［15］　Honeycombe R W K. The Plastic Deformation of Metals［M］. 2nd ed. London：Edward Arnold Ltd，1984.

［16］　Hull D，Bacon D J. Introduction to Dislocations［M］. 4th ed. Oxford：Butterworth-Heinemann，2001.

［17］　Read W T. Dislocations in Crystals［M］. New York：McGraw — Hill，1953.

［18］　Hirth J P，Lothe J. Theory of Dislocations［M］. 2nd ed. New York：John Wiley，1982.

［19］　Dederichs P H，Schroeder K，Zeller R. Point Defects in Metals Ⅱ［M］. New York：Springer Verlag，1980.

［20］　Mclean D. Grain Boundaries in Metals［M］. London：Oxford Univ. pr.，1957.

［21］　Chadwick G A，Smith D A. Grain Boundary Structure and Properties［M］. London：Academic Press，1976

第4章　固态扩散

扩散是物质中原子或分子的迁移现象,是物质传输的一种方式。在气体和液体中,物质的传输一般是通过对流和扩散相结合的方式来实现的。但在固体中不存在对流,扩散是唯一的物质传输方式。扩散是固态材料中的一个重要现象,它与材料的提纯、除气,金属的腐蚀与氧化,铸件的均匀化退火,变形金属的回复和再结晶,粉末冶金的烧结,材料的固态相变,晶体缺陷与高温蠕变,物理和化学气相沉积以及各种表面化学热处理等等均密切相关。要深入了解和控制这些过程,就必须掌握相关扩散知识。

本章主要讨论固态材料中扩散的基本规律和微观理论、扩散机制和影响扩散的因素等内容。

4.1　扩散的基本定律

固态材料在扩散过程中,根据某处扩散物质质量浓度的变化情况,可将扩散分为稳态扩散和非稳态扩散两大类。若某处扩散物质的质量浓度不随时间而变化的扩散,称为稳态扩散;而扩散物质的质量浓度随时间而变化的扩散则称为非稳态扩散。扩散定律描述的是扩散的宏观规律,不涉及扩散系统内部原子运动的微观过程。下面,即来分析讨论这两类扩散方式的宏观统计规律。

4.1.1　菲克第一定律

菲克(Fick A.)早在1855年所进行的固态原子从高浓度处向低浓度处扩散的实验研究中就指出:在单位时间内通过垂直于扩散方向 x 的单位面积的扩散物质流量,即扩散通量 J 与该截面处的质量浓度梯度 $\dfrac{\mathrm{d}\rho}{\mathrm{d}x}$ 成正比,该规律称为菲克第一定律,其数学表达式称为扩散第一方程,即

$$J = -D\,\frac{\mathrm{d}\rho}{\mathrm{d}x}。 \tag{4.1}$$

式中,J 为扩散通量,其单位为 g/(cm² · s);D 为扩散系数,其单位为 cm²/s;而 ρ 是扩散物质的质量浓度,其单位为 g/cm³。式中的负号表示物质的扩散方向与质量浓度梯度 $\mathrm{d}\rho/\mathrm{d}x$ 方向相反,即表示物质从高的质量浓度区向低的质量浓度区方向迁移。菲克第一定律描述了一种稳态扩散,即质量浓度不随时间而变化的规律。

对于菲克第一定律,以下几点值得注意:①式(4.1)是唯象的关系式,并不涉及扩散系统内部原子运动的微观过程;②扩散系数 D 反映了扩散系统的特性,并不仅仅取决于某一种组元的特性;③式(4.1)不仅适用于扩散系统的任何位置,而且适用于扩散过程的任一时刻。

史密斯(Smith R. P.)于1953年应用菲克第一定律成功地测定了碳在 γ-Fe 中的扩散系数。他将一个半径为 r,长度为 l 的纯铁空心圆筒置于1000℃高温中渗碳,即筒内和筒外分别通以压力保持恒定的渗碳和脱碳气氛。当时间足够长时,筒壁内各点的浓度不再随时间而变

化,满足稳态扩散条件,此时,单位时间内通过管壁的碳量 q/t 为恒定值。

根据扩散通量的定义,可得

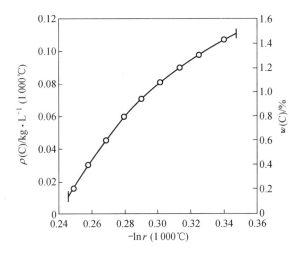

图 4.1　在 1000 ℃ 时 lnr 与 ρ 的关系

$$J = \frac{q}{At} = \frac{q}{2\pi rlt}。$$

根据菲克第一定律可得

$$-D\frac{\mathrm{d}\rho}{\mathrm{d}r} = \frac{q}{2\pi rlt}。$$

故可解得

$$q = -D(2\pi lt)\frac{\mathrm{d}\rho}{\mathrm{d}\ln r},$$

式中, q, l, t 均可在实验中测得,因此,只要测得碳含量沿筒壁径向分布,则扩散系数 D 就可从碳的质量浓度 ρ 对 $\ln r$ 作图中求得。若 D 不随成分而变,则 ρ-$\ln r$ 为一直线。但实验测得结果表明 ρ-$\ln r$ 为曲线,并非一直线,这表明扩散系数 D 是碳浓度的函数,如

图 4.1 所示。由图 4.1 实验测得,在 1000 ℃ 且碳的质量分数为 0.15% 时,由于在低浓度区 $\mathrm{d}\rho/\mathrm{d}\ln r$ 大,碳在 γ-Fe 中的扩散系数为 $D = 2.5 \times 10^{-11}$ $\mathrm{m^2/s}$;而在高浓度区,如碳的质量分数为 1.4% 时, $\mathrm{d}\rho/\mathrm{d}\ln r$ 小,则 $D = 7.7 \times 10^{-11}$ $\mathrm{m^2/s}$ 。

4.1.2　菲克第二定律

通常在固态材料中物质的传输是非稳态扩散过程,即各点的浓度是随时间而变化的。解决这类的扩散问题,除了利用上面的式(4.1)外,还须从物质的平衡关系着手来建立相应的偏微分方程。如图 4.2 所示,在垂直于物质传输的方向 x 上,取一个横截面面积为 A、长度为 Δx 的体积元 $A\Delta x$,设流入及流出该体积元的通量分别为 J_1 和 J_2,则在 Δt 时间内,体积元中扩散物质的积累量则有

$$\frac{\Delta m}{\Delta x A \Delta t} = \frac{J_1 - J_2}{\Delta x},$$

当 $\Delta x, \Delta t \to 0$ 时,

$$\frac{\partial \rho}{\partial t} = -\frac{\partial J}{\partial x},$$

将菲克第一定律代入上式得

$$\frac{\partial \rho}{\partial t} = \frac{\partial}{\partial x}\left(D\frac{\partial \rho}{\partial x}\right)。 \qquad (4.2)$$

这就是菲克第二定律的数学表达式,或称为扩散第二方程。假定 D 与浓度无关,则式(4.2)可简化为

$$\frac{\partial \rho}{\partial t} = D\frac{\partial^2 \rho}{\partial x^2}。 \qquad (4.3)$$

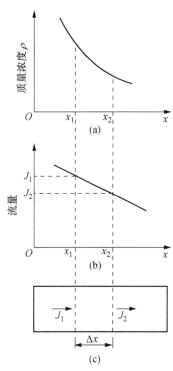

图 4.2　体积元中扩散物质浓度的变化速率

(a) 浓度和距离的瞬时变化　(b) 通量和距离的瞬时关系　(c) 扩散通量 J_1 的物质经过体积元后的变化的关系

在三维扩散的情况下,并假定扩散系数是各向同性的(立方晶系),与空间位置无关,且与浓度无关,则菲克第二定律普遍式为

$$\frac{\partial \rho}{\partial t} = D\left(\frac{\partial^2 \rho}{\partial x^2} + \frac{\partial^2 \rho}{\partial y^2} + \frac{\partial^2 \rho}{\partial z^2}\right)。 \tag{4.4}$$

在圆柱坐标系中 $\begin{cases} x = r\cos\theta, \\ y = r\sin\theta。 \end{cases}$

体积元的各边为 $dr, rd\theta$ 和 dz,故对圆柱对称扩散而言,且 D 与浓度无关时,有

$$\frac{\partial \rho}{\partial t} = \frac{D}{r}\left[\frac{\partial}{\partial r}\left(r\frac{\partial \rho}{\partial r}\right)\right]。 \tag{4.5}$$

在球坐标系中 $\begin{cases} x = r\sin\theta\cos\varphi, \\ y = r\sin\theta\sin\varphi, \\ z = r\cos\theta。 \end{cases}$

体积元的各边为 $dr, rd\theta$ 和 $r\sin\theta d\varphi$,故对球对称扩散而言,且 D 与浓度无关时,则有

$$\frac{\partial \rho}{\partial t} = \frac{D}{r^2}\frac{\partial}{\partial r}\left(r^2\frac{\partial \rho}{\partial r}\right)。 \tag{4.6}$$

4.1.3　扩散方程的解

由于在固体中扩散是唯一的物质传输方式,固体中发生的许多变化过程都与扩散有关。因此,在许多变化过程中,经常需要计算单位面积上的扩散通量 J,单位时间通过截面 A 的物质量(AJ),某一点、某一时刻的浓度 ρ 以及浓度 ρ 的变化规律等等。为此,很有必要对相应的扩散方程进行求解。

一般情况下,扩散系数 D 是浓度的函数,扩散微分方程是非线性的,这需要用数值方法求解。如果 D 和成分无关,则扩散微分方程是线性的,这样在适当的边界条件和初始条件下可以获得解析解。

应用菲克第一定律计算稳态扩散问题,实质是求解一阶微分方程,确定边界条件后,计算相对容易。例如,考虑金属的高温氧化问题,氢透过金属膜的扩散问题,以及研究固态相变过程中球形晶核的生长速率问题等等均可方便地通过求解扩散第一方程得以解决。

应用菲克第二定律解决非稳态扩散问题时,需要求解以时间和空间坐标为自变量的微分方程,求解过程比较复杂。显然,不同的初始条件和边界条件将导致方程的不同解。

扩散第二方程的解,可以有多种数学表达式。在生产中对不同的实际问题,可采用不同的浓度分布形式来处理,如正态分布、误差分布、正弦分布和指数分布等。故针对不同的实际问题,就有相应的高斯解:

$$\rho = \frac{M}{2\sqrt{\pi Dt}}\exp\left(-\frac{x^2}{4Dt}\right) \quad (薄膜),$$

误差函数解:

$$\rho = \frac{\rho_1 + \rho_2}{2} + \frac{\rho_1 - \rho_2}{2}\,\mathrm{erf}\left(\frac{x}{2\sqrt{Dt}}\right) \quad (无限长棒),$$

$$\rho = \rho_1 - (\rho_1 - \rho_2)\,\mathrm{erf}\left(\frac{x}{2\sqrt{Dt}}\right) \quad (半无限长棒),$$

正弦解:

$$\rho = A_0 \sin \frac{2\pi x}{\lambda} \exp(-\pi^2 Dt/\lambda^2) + \rho_0,$$

下面介绍几种较简单而实用的方程解。

1. 一维无限长物体中的扩散——误差函数解

若将两根无限长、截面一致且成分均匀的,质量浓度分别为 ρ_2,ρ_1 的 A 棒和 B 棒焊接在一起,构成一扩散偶。令焊接面垂直于 x 轴,然后让这扩散偶在高温进行适当的扩散,焊接面($x=0$)附近的质量浓度将随扩散时间长短发生不同程度的变化,然试样两端的质量浓度仍保持它们原来的数值,不受扩散的影响,如图 4.3 所示。

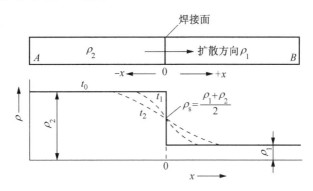

图 4.3　扩散偶的成分－距离曲线

根据上述情况,符合无限长棒的扩散问题。其初始条件:

$$t=0, x>0, 则 \rho=\rho_1; x<0, 则 \rho=\rho_2,$$

边界条件:

$$t \geqslant 0, x=\infty, 则 \rho=\rho_1; x=-\infty, 则 \rho=\rho_2。$$

解扩散偏微分方程的目的在于求出任何时刻 t 的质量浓度分布 $\rho=f(x,t)$。下面采用中间变量代换,使偏微分方程变为常微分方程的解法。设中间变量 $\beta=\dfrac{x}{2\sqrt{Dt}}$,则将 $\rho=f(x,t)$ 转换为 $\rho=f(\beta)$ 单变量函数关系。根据拉氏变换,公式(4.3)两边分别为

$$\frac{\partial \rho}{\partial t} = \frac{d\rho}{d\beta} \frac{\partial \beta}{\partial t} = \frac{d\rho}{d\beta}\left(-\frac{x}{4t\sqrt{Dt}}\right) = -\frac{\beta}{2t} \frac{d\rho}{d\beta},$$

$$\frac{\partial^2 \rho}{\partial x^2} = \frac{\partial}{\partial x}\left(\frac{d\rho}{d\beta} \frac{\partial \beta}{\partial x}\right) = \frac{1}{4Dt} \frac{d^2\rho}{d\beta^2}。$$

将上面两式代入菲克第二定律式(4.3)得

$$-\frac{\beta}{2t} \frac{d\rho}{d\beta} = D \frac{1}{4Dt} \frac{d^2\rho}{d\beta^2},$$

即

$$\frac{d^2\rho}{d\beta^2} = -2\beta \frac{d\rho}{d\beta},$$

解得

$$\frac{d\rho}{d\beta} = A_1 \exp(-\beta^2),$$

积分,最终的通解为

$$\rho = A_1 \int_0^\beta \exp(-\beta^2) d\beta + A_2。 \tag{4.7}$$

式中，A_1 和 A_2 是待定常数，积分函数称为误差函数 $\mathrm{erf}(\beta)$，其定义为

$$\mathrm{erf}(\beta) = \frac{2}{\sqrt{\pi}} \int_0^\beta \exp(-\beta^2) \mathrm{d}\beta。$$

可证明：$\mathrm{erf}(\infty) = 1$，$\mathrm{erf}(-\beta) = -\mathrm{erf}(\beta)$，不同 β 值所对应的误差函数值如表 4.1 所示。

表 4.1　β 与 $\mathrm{erf}(\beta)$ 的对应值（β 为 0～2.7）

β	0	1	2	3	4	5	6	7	8	9
0.0	0.000 0	0.011 3	0.022 6	0.033 8	0.045 1	0.056 4	0.067 6	0.078 9	0.090 1	0.101 3
0.1	0.112 5	0.123 6	0.134 8	0.145 9	0.156 9	0.168 0	0.179 0	0.190 0	0.200 9	0.211 8
0.2	0.222 7	0.233 5	0.244 3	0.255 0	0.265 7	0.276 3	0.286 9	0.297 4	0.307 9	0.318 3
0.3	0.328 6	0.338 9	0.349 1	0.359 3	0.369 4	0.379 4	0.389 3	0.399 2	0.409 0	0.418 7
0.4	0.428 4	0.438 0	0.447 5	0.456 9	0.466 2	0.475 5	0.484 7	0.493 7	0.502 7	0.511 7
0.5	0.520 5	0.529 2	0.537 9	0.546 5	0.554 9	0.563 3	0.571 6	0.579 8	0.587 9	0.595 9
0.6	0.603 9	0.611 7	0.619 4	0.627 0	0.634 6	0.642 0	0.649 4	0.656 6	0.663 8	0.670 8
0.7	0.677 8	0.684 7	0.691 4	0.698 1	0.704 7	0.711 2	0.717 5	0.723 8	0.730 0	0.736 1
0.8	0.742 1	0.748 0	0.753 8	0.759 5	0.765 1	0.770 7	0.776 1	0.781 4	0.786 7	0.791 8
0.9	0.796 9	0.801 9	0.806 8	0.811 6	0.816 3	0.820 9	0.825 4	0.829 9	0.834 2	0.838 5
1.0	0.842 7	0.846 8	0.850 8	0.854 8	0.858 6	0.862 4	0.866 1	0.869 8	0.873 3	0.876 8
1.1	0.880 2	0.883 5	0.886 8	0.890 0	0.893 1	0.896 1	0.899 1	0.902 0	0.904 8	0.907 6
1.2	0.910 3	0.913 0	0.915 5	0.918 1	0.920 5	0.922 9	0.925 2	0.927 5	0.929 7	0.931 9
1.3	0.934 0	0.936 1	0.938 1	0.940 0	0.941 9	0.943 8	0.945 6	0.947 3	0.949 0	0.950 7
1.4	0.952 3	0.953 9	0.955 4	0.956 9	0.958 3	0.959 7	0.961 1	0.962 4	0.963 7	0.964 9
1.5	0.966 1	0.967 3	0.968 7	0.969 5	0.970 6	0.971 6	0.972 6	0.973 6	0.974 5	0.975 5
β	1.55	1.6	1.65	1.7	1.75	1.8	1.9	2.0	2.2	2.7
$\mathrm{erf}(\beta)$	0.971 6	0.976 3	0.980 4	0.983 8	0.986 7	0.989 1	0.992 8	0.995 3	0.998 1	0.999 9

根据误差函数的定义和性质可得

$$\int_0^\infty \exp(-\beta^2) \mathrm{d}\beta = \frac{\sqrt{\pi}}{2}, \qquad \int_0^{-\infty} \exp(-\beta^2) \mathrm{d}\beta = -\frac{\sqrt{\pi}}{2}。$$

将它们代入式（4.7），并根据边界条件，可解得待定常数 A_1 和 A_2：

$$A_1 = \frac{\rho_1 - \rho_2}{2} \frac{2}{\sqrt{\pi}}, \quad A_2 = \frac{\rho_1 + \rho_2}{2}。$$

故质量浓度 $\rho(x, t)$ 随距离 x 和时间 t 变化的解析式为

$$\rho(x, t) = \frac{\rho_1 + \rho_2}{2} + \frac{\rho_1 - \rho_2}{2} \frac{2}{\sqrt{\pi}} \int_0^\beta \exp(-\beta^2) \mathrm{d}\beta$$

$$= \frac{\rho_1 + \rho_2}{2} + \frac{\rho_1 - \rho_2}{2} \mathrm{erf}\left(\frac{x}{2\sqrt{Dt}}\right) \tag{4.8}$$

在界面($x=0$)处，$\mathrm{erf}(0)=0$，则界面上质量浓度 ρ_s 为

$$\rho_s = \frac{\rho_1 + \rho_2}{2}。$$

因此，ρ_s 始终保持不变，为一常数，即界面左侧的浓度衰减与右侧的浓度增加是对称的，这是因为假定 D 与浓度无关所致。

如果焊接面右侧棒的原始质量浓度 ρ_1 为零，则式(4.8)可简化为：

$$\rho(x,t) = \frac{\rho_2}{2}\left[1 - \mathrm{erf}\left(\frac{x}{2\sqrt{Dt}}\right)\right] \tag{4.9}$$

此时，界面上的浓度等于 $\rho_2/2$。

2. 半无限长物体中的扩散——误差函数解

工业生产中广泛应用的低碳钢高温奥氏体渗碳工艺是半无限长物体中扩散的典型实例。这时，原始碳质量浓度为 ρ_0 的渗碳零件可被视为半无限长的扩散体，即在整个渗碳过程中远离渗碳源一端的碳质量浓度不受扩散的影响，始终保持为 ρ_0。因此，其初始条件为 $t=0, x \geqslant 0, \rho = \rho_0$；边界条件为 $t>0, x=0, \rho = \rho_s$（表面与渗碳介质直接接触处的质量浓度），$x=\infty, \rho = \rho_0$。

由式(4.7)可解得

$$\rho(x,t) = \rho_s - (\rho_s - \rho_0)\mathrm{erf}\left(\frac{x}{2\sqrt{Dt}}\right)。 \tag{4.10}$$

如果渗碳件为纯铁（即 $\rho_0=0$），则上式可简化为

$$\rho(x,t) = \rho_s\left[1 - \mathrm{erf}\left(\frac{x}{2\sqrt{Dt}}\right)\right]。 \tag{4.11}$$

在渗碳中，常需要估算经一定渗碳时间后离表面某一深度所能达到的碳质量浓度，可根据式(4.10)方便地求出。例如，已知碳在 γ-Fe 中 930℃时的扩散系数 $D = 1.61 \times 10^{-11}\,\mathrm{m^2/s}$，在这一温度下将碳质量分数为 0.1% 的低碳钢置于碳质量分数为 1.0% 的渗碳气氛中进行渗碳，经 4 小时后，距离表面 0.2mm 处的碳质量分数为

$$\rho = \left[1 - (1-0.1)\mathrm{erf}\left(\frac{2\times10^{-4}}{2\sqrt{1.61\times10^{-11}\times14\,400}}\right)\right]\%$$
$$= [1 - 0.9\mathrm{erf}(0.207\,7)]\% = [1 - 0.9\times0.231]\% = 0.792\%。$$

在渗碳问题中，还常规定某质量浓度 ρ_{x_0} 作为渗碳层深度 x_0 所要达到的界限，则

$$\frac{\rho_1 - \rho_{x_0}}{\rho_1 - \rho_2} = \mathrm{erf}\left(\frac{x_0}{2\sqrt{Dt}}\right),$$

由于上面公式的左边为已知量，即误差函数 $\mathrm{erf}\left(\dfrac{x_0}{2\sqrt{Dt}}\right)$ 为定值，因此渗碳层深度 x 和扩散时间 t 有以下关系：

$$x = A\sqrt{Dt}, \quad 或 \ x^2 = BDt, \tag{4.12}$$

式中，A 和 B 为常数。从式(4.12)可知，若要渗碳层深度 x 增加 2 倍，则扩散时间需延长 4 倍。

从上面的讨论可以得知,当表面浓度保持常数时,向半无限大介质(当扩散距离比扩散介质尺寸小得多时)扩散时,因扩散引起的浓度改变都符合这样的关系,即任一点达到给定浓度所需要的时间和该点距表面的距离平方 x^2 成正比,和扩散系数成反比,这一性质简称为平方根关系。

3. 平面源——高斯解

若在金属 B 长棒的一端沉积一薄层金属 A,将这样的两个样品连接起来,就形成在两个金属 B 棒之间的夹有一金属 A 薄层,然后将此扩散偶进行扩散退火,那么在一定的温度下,金属 A 元素在金属 B 棒中的浓度将随退火时间 t 而变。由于扩散开始时扩散元素汇集在在宽度趋于零的极薄区域内,好像浓集在一个平面上,这样的扩散称为平面源扩散。由于这类扩散问题的解都具有高斯分布的特点,故也常被称为高斯解。

令棒轴和 x 坐标轴平行,金属 A 平面源位于 x 轴的原点上。若扩散过程中扩散元素 A 质量保持不变,其值为 M,扩散的初始条件为 $\rho(x=0,t=0)=\rho,\rho(x\neq0,t=0)=0$;边界条件为 $\rho(x=\pm\infty,t=0)=0,\int_{-\infty}^{\infty}\rho\mathrm{d}x=M$。

当扩散系数 D 与浓度无关时,式(4.3)所示的菲克第二定律对平面源的解可用下面高斯解的方式给出:

$$\rho=\frac{M}{2\sqrt{\pi Dt}}\exp\left(-\frac{x^2}{4Dt}\right) \tag{4.13}$$

图 4.4 为当 $Dt=1/16,1/4$ 和 1 时,由式(4.13)计算得的扩散物质浓度分布曲线。

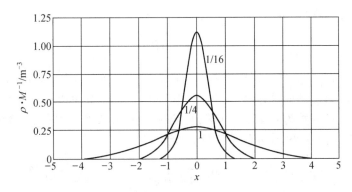

图 4.4　平面源扩散后的浓度-距离曲线

图中 $\dfrac{M}{2\sqrt{\pi Dt}}$ 为分布曲线的振幅,它随扩散时间的延长而衰减。当 $t=0$ 时,分布宽度为零,振幅为无穷大。注意,对扩散物质初始分布范围具有一定宽度的扩散问题,其高斯解存在一定的误差。当扩散时间越长,扩散物质初始分布范围越窄,高斯解就越精确。

假如仅在金属 B 棒一侧表面沉积扩散物质 A(单位面积质量为 M),扩散物质由原来向左右两侧扩散改变为仅向一侧扩散,经扩散退火后,其质量浓度为上述扩散偶的 2 倍,即

$$\rho=\frac{M}{\sqrt{\pi Dt}}\exp\left(-\frac{x^2}{4Dt}\right), \tag{4.14}$$

同样的道理,从高斯解也可得到扩散距离与扩散时间的平方根关系。

上述平面源常被用于测定金属的示踪原子的自扩散系数。所谓的自扩散是指不依赖于浓度梯度,而仅由热振动而产生的扩散。自扩散系数的定义可由式(4.1)得出:

$$D_s = \lim_{\frac{\partial \rho}{\partial x} \to 0} \left(\frac{-J}{\frac{\partial \rho}{\partial x}} \right), \tag{4.15}$$

式(4.15)表示合金中某一组元的自扩散系数是它的质量浓度梯度趋于零时的扩散系数。

若在纯金属元素 A 的表面上沉积一薄层放射性同位素 A^* 作为示踪原子,由于同位素 A^* 的化学性质与元素 A 相同,扩散退火后,在这种没有浓度梯度情况下测出同位素 A^* 的扩散系数,即为元素 A 的自扩散系数。

此外,制作半导体器件时,常需对硅半导体进行掺杂,即在硅表面沉积一层杂质 B 或 P 等元素,然后加热使之扩散。利用高斯解即可求得给定温度下扩散一定时间后杂质含量的分布。例如,测得 $1\,100\,℃$ 硼在硅中的扩散系数 D 为 $4 \times 10^{-7}\,\mathrm{m^2/s}$,硼薄膜质量 $M = 9.43 \times 10^{19}$ 原子/$\mathrm{m^3}$,由高斯解可求得扩散 $7 \times 10^7\,\mathrm{s}$ 后,表面$(x=0)$处

$$\rho = \frac{9.43 \times 10^{19}}{\sqrt{\pi \times 4 \times 10^{-7} \times 7 \times 10^7}} = 1 \times 10^{19} \text{原子}/\mathrm{m^3}。$$

4. 成分偏析的均匀化扩散——正弦解

观察工业生产中合金铸件的铸态组织时,往往在晶内会发现明显的枝晶偏析,须通过均匀化扩散退火来削弱这种枝晶偏析带来的不利影响。这种均匀化扩散退火过程中组元浓度的变化规律可用菲克第二定律来进行描述。

如图 4.5(a)所示,若将沿某一横越二次枝晶轴直线方向上的溶质质量浓度变化按正弦波来处理,则在 x 轴上各点的初始浓度可用表示为

$$\rho(x) = \rho_0 + A_0 \sin \frac{\pi x}{\lambda}, \tag{4.16}$$

式中,ρ_0 为平均质量浓度,$A_0 = \rho_{max} - \rho_0$ 为铸态合金中原始成分偏析的振幅,λ 是溶质质量浓度最大值 ρ_{max} 与最小值 ρ_{min} 之间的距离,即二次枝晶轴之间的一半距离[见图 4.5(b)]。

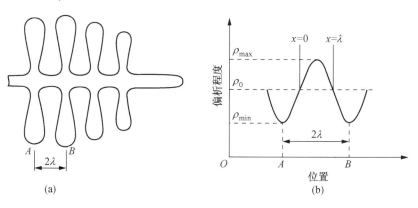

图 4.5 二次枝晶及溶质变化示意图

(a) 二次枝晶示意图 (b) 横跨枝晶从 A 到 B 的溶质变化(枝晶偏析按正弦波处理)

在均匀化扩散退火过程中,由于溶质原子从高浓度区流向低浓度区,这里,正弦波的振幅逐渐减小,最终趋近于平均质量浓度 ρ_0,然正弦波长 λ 不变。从图 4.5(b)中可得边界条件:

$$\rho(x=0,t)=\rho_0,$$

$$\frac{\mathrm{d}\rho}{\mathrm{d}x}\left(x=\frac{\lambda}{2},t\right)=0 \tag{4.17}$$

这表明在 $x=0$ 的位置处,浓度保持 ρ_0 不变,正弦波波峰的位置在衰减时始终在 $x=\lambda/2$ 处。

若以式(4.16)为初始条件,以式(4.17)为边界条件,就可求得菲克第二定律方程的解为

$$\rho(x,t)=\rho_0+A_0\sin\frac{\pi x}{\lambda}\exp\left(-\frac{D\pi^2 t}{\lambda^2}\right)。 \tag{4.18}$$

由于在均匀化扩散退火时,只需考虑函数的最大值,即在 $x=\lambda/2$ 时的浓度变化值,此时 $\sin(\pi x/\lambda)=1$,所以

$$\rho\left(\frac{\lambda}{2},t\right)=\rho_0+A_0\exp\left(-\frac{D\pi^2 t}{\lambda^2}\right)。 \tag{4.19}$$

因为 $A_0=\rho_{max}-\rho_0$,所以

$$\frac{\rho\left(\frac{\lambda}{2},t\right)-\rho_0}{\rho_{max}-\rho_0}=\exp\left(-\frac{D\pi^2 t}{\lambda^2}\right), \tag{4.20}$$

式(4.20)的右边项称为衰减函数。

若要求铸锭经均匀化扩散退火后,使成分偏析的振幅降低到 1%,即

$$\frac{\rho\left(\frac{\lambda}{2},t\right)-\rho_0}{\rho_{max}-\rho_0}=\frac{1}{100},$$

则得
$$t=0.467\lambda^2/D。 \tag{4.21}$$

从式(4.21)可知,在给定温度下(即 D 为定值),均匀化扩散退火所需的时间与 λ 的平方成正比,枝晶间距越小,则所需的扩散时间越少。因此,可通过快速凝固技术来抑制枝晶生长或通过热锻、热轧工艺方法来打碎枝晶,将 λ 缩短,这都有利于减少扩散退火时间。当 λ 为定值时,采用固相线下尽可能高的扩散温度,使 D 值大大提高,从而有效地减少扩散时间。

5. 扩散系数 D 与浓度相关时的扩散方程解——侯野法

上述 4 种情况中均假设扩散系数 D 与浓度无关,故可通过解析法求解其扩散方程。但实际上,D 往往随浓度而变化。例如,在奥氏体中,随间隙碳原子的浓度增加,其扩散系数 D 随之增加;在 Ni-Cu,Au-Pt,Au-Ni 等扩散偶中,置换原子的浓度增加,则其扩散系数 D 也同样随之变化。因此,菲克第二定律的原始数学表达式

$$\frac{\partial\rho}{\partial t}=\frac{\partial}{\partial x}\left(D\frac{\partial\rho}{\partial x}\right)$$

中的 D 不能从括号中提出,故不能用上面的解析法求解。玻耳兹曼(Boltzmann)和侯野(Matano)找到了根据实验的浓度分布曲线 $\rho(x,t)$ 来计算不同质量浓度下扩散系数 $D(\rho)$ 的方法,有时也称为侯野法。

铜-黄铜扩散偶经扩散 t 时间后的浓度曲线如图 4.6 中实线所示。设式(4.2)的初始条件为

当 $t=0$ 时,$x>0,\rho=\rho_0$,

$$x<0,\rho=0; \tag{4.22}$$

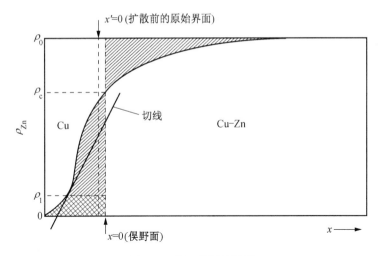

图 4.6　铜-黄铜扩散偶

边界条件为
$$\frac{\mathrm{d}\rho}{\mathrm{d}x}\bigg|_{x=-\infty}=0,\ \frac{\mathrm{d}\rho}{\mathrm{d}x}\bigg|_{x=+\infty}=\rho_0\,. \tag{4.23}$$

引入参量 $\eta=\dfrac{x}{\sqrt{t}}$，使偏微分方程变为常微分方程：

$$\frac{\partial\rho}{\partial t}=\frac{\mathrm{d}\rho}{\mathrm{d}\eta}\frac{\partial\eta}{\partial t}=-\frac{\eta}{2t}\Big(\frac{\mathrm{d}\rho}{\mathrm{d}\eta}\Big), \tag{4.24}$$

$$\frac{\partial\rho}{\partial x}=\frac{\mathrm{d}\rho}{\mathrm{d}\eta}\frac{\partial\eta}{\partial x}=\frac{1}{\sqrt{t}}\frac{\mathrm{d}\rho}{\mathrm{d}\eta},$$

$$\frac{\partial}{\partial x}\Big(D\,\frac{\partial\rho}{\partial x}\Big)=\frac{\mathrm{d}}{\mathrm{d}\eta}\Big(D\,\frac{1}{\sqrt{t}}\frac{\mathrm{d}\rho}{\mathrm{d}\eta}\Big)\frac{\partial\eta}{\partial x}=\frac{\mathrm{d}}{t\,\mathrm{d}\eta}\Big(D\,\frac{\mathrm{d}\rho}{\mathrm{d}\eta}\Big)\,. \tag{4.25}$$

　　将式(4.24)、式(4.25)代入式(4.2)，得

$$-\frac{\eta}{2t}\Big(\frac{\mathrm{d}\rho}{\mathrm{d}\eta}\Big)=\frac{1}{t}\frac{\mathrm{d}}{\mathrm{d}\eta}\Big(D\,\frac{\mathrm{d}\rho}{\mathrm{d}\eta}\Big),$$

即
$$-\frac{\eta}{2}\mathrm{d}\rho=\mathrm{d}\Big(D\,\frac{\mathrm{d}\rho}{\mathrm{d}\eta}\Big)\,.$$

　　现求质量浓度为 ρ_1 时的扩散系数，ρ_1 在 0 到 ρ_1 之间，对 $\mathrm{d}\rho$ 从 0 到 ρ_1 积分，

$$-\frac{1}{2}\int_0^{\rho_1}\eta\mathrm{d}\rho=\int_0^{\rho_1}\mathrm{d}\Big(D\,\frac{\mathrm{d}\rho}{\mathrm{d}\eta}\Big), \tag{4.26}$$

注意到浓度分布曲线上的任一点表示同一时刻 $\rho\text{-}x$ 的关系，因此 t 为常数，可把与 t 有关的因子提到积分号前边，则式(4.26)变为

$$-\frac{1}{2}\frac{1}{\sqrt{t}}\int_0^{\rho_1}x\mathrm{d}\rho=\sqrt{t}\int_0^{\rho_1}\mathrm{d}\Big(D\,\frac{\mathrm{d}\rho}{\mathrm{d}x}\Big),$$

因为当 $\rho=0$ 时，$\dfrac{\mathrm{d}\rho}{\mathrm{d}x}=0$，

即
$$-\frac{1}{2}\frac{1}{t}\int_0^{\rho_1}x\mathrm{d}\rho=\int_0^{\rho_1}\mathrm{d}\Big(D\,\frac{\mathrm{d}\rho}{\mathrm{d}x}\Big)=\Big(D\,\frac{\mathrm{d}\rho}{\mathrm{d}x}\Big)_{\rho_1}-\Big(D\,\frac{\mathrm{d}\rho}{\mathrm{d}x}\Big)_0=\Big(D\,\frac{\mathrm{d}\rho}{\mathrm{d}x}\Big)_\rho, \tag{4.27}$$

所以
$$D(\rho)=-\frac{1}{2t}\Big(\frac{\mathrm{d}x}{\mathrm{d}\rho}\Big)_\rho\int_0^{\rho_1}x\mathrm{d}\rho\,. \tag{4.28}$$

式(4.28)即扩散系数 D 与浓度 ρ 之间的关系式,式中 $\left(\dfrac{\mathrm{d}x}{\mathrm{d}\rho}\right)_\rho$ 是 $\rho\text{-}x$ 曲线上浓度为 ρ 处斜率的倒数;$\displaystyle\int_0^{\rho_1} x\mathrm{d}\rho$ 为从 0 到 ρ_1 的积分面积。

至此原则上已解决了求 $D(\rho)$ 的问题,但在 $\displaystyle\int_0^{\rho_1} x\mathrm{d}\rho$ 中,x 的原点应定在何处,是否应定在原始焊接面处?俣野确定了 $x=0$ 的平面位置,该面称为俣野面,具体方法如下:

对 $\mathrm{d}\rho$ 从 0 到 ρ_0 积分,因为当 $\rho=0$ 和 $\rho=\rho_0$ 时,$\dfrac{\mathrm{d}\rho}{\mathrm{d}x}=0$,从式(4.27)可知:

$$-\frac{1}{2}\frac{1}{t}\int_0^{\rho_0} x\mathrm{d}\rho=\int_0^{\rho_0}\mathrm{d}\left(D\frac{\mathrm{d}\rho}{\mathrm{d}x}\right)=\left(D\frac{\mathrm{d}\rho}{\mathrm{d}x}\right)_{\rho_0}-\left(D\frac{\mathrm{d}\rho}{\mathrm{d}x}\right)_0=0。$$

上式表明,在 $x=0$ 平面两侧组元的扩散通量相等,方向相反,此时扩散的净通量为零,也就是俣野面两侧的阴影线面积相等。在图 4.6 中,用 ρ_c 表示 $x=0$ 处的质量浓度,用 $x'=0$ 表示原始焊接面。应注意,只有当扩散偶的密度不变时,俣野面才与原始焊接面重合。

总之,俣野面就是物质流经该平面进行扩散时,扩散流入的量与扩散流出的量正好相等,即扩散偶中通过它的两组元的反向通量相等的平面,这就是俣野面的物理意义。

4.2　扩散的微观理论

上一节讨论了宏观的扩散过程和扩散基本规律,宏观的扩散流是大量原子无数次微观过程的总和。本节将从原子跳跃运动和随机行走出发,讨论扩散的原子理论,分析扩散的微观机制,并建立宏观量与微观量、宏观现象与微观理论之间的联系。

4.2.1　随机行走与扩散

布朗(Brown)观察花粉在水中的运动时,发现花粉粒子是作无规则运动的。这一运动可描述为大量的步进运动,每一步的方向与前一步无关。这类问题称为无规行走问题。布朗运动与原子扩散的情形很相似,扩散是带有统计性质的原子迁移现象,原子向各个方向的跳动是等几率的,原子的总位移是多次跳动的矢量和。从统计角度看,宏观扩散流是由大量原子无数次随机跳动组合而成的。

下面就用随机行走模型来加以讨论。

若一个原子从它的原始位置出发,进行 n 次跳跃($n\gg1$),并以 $\boldsymbol{r}_i$ 表示各次跳跃位移矢量,从原始位置到原子最终位置的总位移用矢量 $\boldsymbol{R}_n$ 表示,则有

$$\boldsymbol{R}_n=\boldsymbol{r}_1+\boldsymbol{r}_2+\cdots+\boldsymbol{r}_i=\sum_{i=1}^n \boldsymbol{r}_i。 \tag{4.29}$$

为求 $\boldsymbol{R}_n$ 的模,对式(4.29)与(4.29)做点乘,即

$$\boldsymbol{R}_n\cdot\boldsymbol{R}_n=\boldsymbol{R}_n^2=\sum_{i=1}^n \boldsymbol{r}_i^2+2\sum_{j=1}^{n-1}\sum_{i=1}^{n-j}\boldsymbol{r}_j\cdot\boldsymbol{r}_{j+i}=\sum_{i=1}^n \boldsymbol{r}_i^2+2\sum_{j=1}^{n-1}\sum_{i=1}^{n-j}|\boldsymbol{r}_j||\boldsymbol{r}_{j+i}|\cos\theta_{j,j+i}。$$

$$\tag{4.30}$$

对大量原子多次跳动后位移平方的平均值为

$$\overline{\boldsymbol{R}_n^2}=\overline{\sum_{i=1}^n \boldsymbol{r}_i^2+2\sum_{j=1}^{n-1}\sum_{i=1}^{n-j}|\boldsymbol{r}_j||\boldsymbol{r}_{j+i}|\cos\theta_{j,j+i}} \tag{4.31}$$

在晶体中,特别是对称性高的立方晶体,可假设原子每次跃迁的距离大小都相等,则 $r_1 = r_2 = r_3 = \cdots = r_n = r_0$,同时,由于原子的跃迁是随机的,每次跃迁的方向与前次跃迁方向无关,并且正向跳动与反向跳动机会均等,则大量原子多次跳动的结果将使对任一 $\cos\theta_{j,j+i}$ 的正值和负值出现的几率相等,因此,式(4.31)右边的余弦项等于零,于是

$$\overline{\boldsymbol{R}_n^2} = nr^2 \quad 即 \quad \sqrt{\overline{\boldsymbol{R}_n^2}} = \sqrt{nr^2} \tag{4.32}$$

由此可见,原子的平均迁移值与跳跃次数 n 的平方根成正比。

假定原子的跳动频率是 Γ,即每秒跳动 Γ 次,则 t 秒内跳动的次数

$$n = \Gamma t$$

因此

$$\overline{\boldsymbol{R}_n^2} = \Gamma t r^2 \tag{4.33}$$

式(4.33)成功地建立了扩散过程中宏观量均方位移 $\overline{\boldsymbol{R}_n^2}$ 和原子的跳动频率 Γ 及原子跳跃距离 r 之间的关系。

可以证明,原子的扩散系数 D 与原子跳动频率 Γ 及其跳跃距离 r 的平方成正比(见下面 4.2.2 节),故有

$$\overline{\boldsymbol{R}_n^2} = \gamma D t , \tag{4.34}$$

式中,γ 是由物质结构决定的几何参数,并可导出:

$$\sqrt{\overline{\boldsymbol{R}_n^2}} = \gamma' \sqrt{Dt} \tag{4.35}$$

这正是抛物线扩散规律的表达式。

由式(4.33)、式(4.34),有

$$\gamma D t = \Gamma t r^2 ,$$

$$D = \frac{1}{\gamma} \Gamma r^2 = \alpha \Gamma r^2 . \tag{4.36}$$

式中,$\alpha = \dfrac{1}{\gamma}$ 也是由物质结构决定的几何参数。式(4.36)就是重要的爱因斯坦方程,它建立了扩散过程中扩散系数与原子的跳动频率 Γ、原子跳跃距离 r 之间的关系。

4.2.2 原子的跳跃和扩散系数

1. 原子的跳跃

从前面所学的知识中得知,在一定的温度下,晶体中的原子始终处于不断的热运动过程中。这包括两种运动,一种是对大部分原子而言的围绕平衡位置的热振动;另一种是由于热激活,致使某些获得足够能量的原子脱离平衡位置的跳跃运动,对扩散过程有直接贡献的是指后一种运动。扩散是带有统计性质的原子迁移现象,宏观扩散流是由大量原子无数次随机跳动组合而成的。假设原子向各个方向的跳动是等几率的,那么,从统计角度看,从浓度高的一侧跳到浓度低的一侧的原子数目比其反向的多,这就是浓度梯度引起宏观扩散流的原因。

下面来分析晶体中原子运动的特点。图 4.7 中画出含有间隙原子的两个相邻且与纸面垂直的平行晶面。假定晶面 1 和晶面 2 的单位面积上的间隙原子数分别为 n_1 和 n_2,若 Γ 为在某一温度下单位时间内间隙原子跳离其原来位置到邻近另一位置的次数,即原子跳跃频率,由晶面 1 跳到晶面 2,或反之从晶面 2 跳到晶面 1,它们的几率均为 P。则在 Δt 时间内,单位面积上由晶面 1→2 或 2→1 的跳跃原子数分别为

$$N_{1-2} = n_1 P \Gamma \Delta t,$$
$$N_{2-1} = n_2 P \Gamma \Delta t$$

如果 $n_1 > n_2$,在晶面 2 上得到间隙溶质原子的净值:

$$N_{1-2} - N_{2-1} = (n_1 - n_2) P \Gamma \Delta t,$$

由扩散通量的定义得到

$$J = (n_1 - n_2) P \Gamma A_r / N_A \tag{4.37}$$

式中,N_A 为阿伏加德罗常数,A_r 为相对原子质量。

设晶面 1 和晶面 2 之间的距离为 d,可得其质量浓度分别为

$$\rho_1 = \frac{n_1 A_r}{N_A d}, \quad \rho_2 = \frac{n_2 A_r}{N_A d}, \tag{4.38}$$

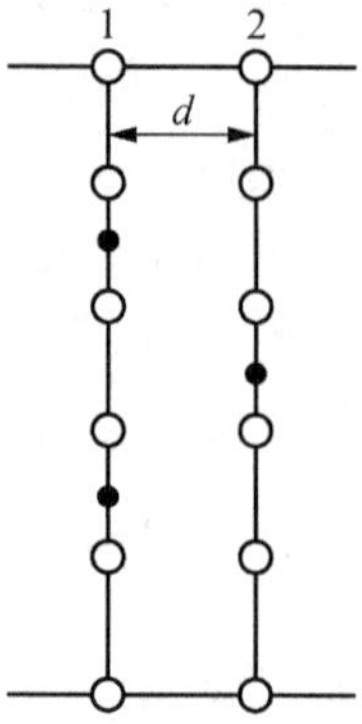

则式(4.37)变为

$$J = (\rho_1 - \rho_2) d P \Gamma 。 \tag{4.39}$$

图 4.7　相邻晶面间间隙原子的跳动

由于 d 很短,有

$$\frac{\partial \rho}{\partial x} \approx \frac{\rho_2 - \rho_1}{d},$$

代入式(4.39)得

$$J = -\Gamma d^2 \frac{\partial \rho}{\partial x}, \tag{4.40}$$

将式(4.40)与菲克第一定律比较,可得

$$D = P \Gamma d^2 。 \tag{4.41}$$

式(4.41)表明扩散系数 D 不仅与 P,d^2 等和晶体结构的参数成正比,还与对温度以及物质本身性质非常敏感的跳跃频率 Γ 成正比。例如,碳在室温 γ-奥氏体中的 Γ 为 $2.1 \times 10^{-9}/s$,而从 γ-Fe 的 1198K 时碳的扩散系数中求得的跳跃频率为 $1.7 \times 10^9/s$,两者之比高达 10^{18} 倍,这充分说明了温度对原子跳跃频率影响之大。式(4.41)也同样适用于置换型扩散。

2. 扩散系数

对于间隙型扩散,若假定原子的振动频率为 ν,溶质原子最邻近的间隙位置数为 z,则原子跳跃频率 Γ 应该为 ν,z 和具有跳跃条件原子分数 $e^{\Delta G/kT}$ 的乘积:

$$\Gamma = \nu z \exp\left(\frac{-\Delta G}{kT}\right) 。$$

由于

$$\Delta G = \Delta H - T \Delta S \approx \Delta U - T \Delta S,$$

则

$$\Gamma = \nu z \exp\left(\frac{\Delta S}{k}\right) \exp\left(\frac{-\Delta U}{kT}\right), \tag{4.42}$$

代入式(4.41)得

$$D = P d^2 \nu z \exp\left(\frac{\Delta S}{k}\right) \exp\left(\frac{-\Delta U}{kT}\right) 。$$

令

$$D_0 = P d^2 \nu z \exp\left(\frac{\Delta S}{k}\right),$$

则

$$D = D_0 \exp\left(\frac{-\Delta U}{kT}\right) = D_0 \exp\left(\frac{-Q}{kT}\right) 。 \tag{4.43}$$

式中,D_0 称为扩散常数,ΔU 是间隙型扩散时原子跳跃所需的额外热力学内能,它等于间隙原

子的扩散激活能 Q。

至于在固溶体中的置换扩散或纯金属中的自扩散,原子的迁移主要是通过空位扩散机制,即通过原子与空位进行位置的交换来完成的。故与间隙型扩散相比,置换扩散或自扩散时除了需要扩散原子具有从一个空位跳跃到另一个空位时的迁移能外,还需要扩散原子近旁空位的形成能。

从前面得知,温度为 T 时晶体中空位的平衡摩尔分数

$$X_v = \exp\left(\frac{-\Delta U_v}{kT} + \frac{\Delta S_v}{k}\right),$$

式中,ΔU_v 为空位形成能,ΔS_v 为熵增值。在置换固溶体或纯金属中,若配位数为 Z_0 时,则空位周围原子所占的分数应为

$$Z_0 X_v = Z_0 \exp\left(\frac{-\Delta U_v}{kT} + \frac{\Delta S_v}{k}\right)。 \tag{4.44}$$

设扩散原子跳入空位所需的自由能 $\Delta G \approx \Delta U - T\Delta S$,那么,原子跳跃频率 Γ 应是原子的振动频率 ν 及空位周围原子所占的分数 $Z_0 X_v$ 和具有跳跃条件原子所占的分数 $\exp\left(\frac{-\Delta G}{kT}\right)$ 的乘积:

$$\Gamma = \nu Z_0 \exp\left(\frac{-\Delta U_v}{kT} + \frac{\Delta S_v}{k}\right) \exp\left(\frac{-\Delta U}{kT} + \frac{\Delta S}{k}\right)。$$

将上式代入式(4.41),得

$$D = d^2 P \nu Z_0 \exp\left(\frac{\Delta S_v + \Delta S}{k}\right) \exp\left(\frac{-\Delta U_v - \Delta U}{kT}\right)。$$

令扩散常数

$$D_0 = d^2 P \nu Z_0 \exp\left(\frac{\Delta S_v + \Delta S}{k}\right),$$

所以

$$D = D_0 \exp\left(\frac{-\Delta U_v - \Delta U}{kT}\right) = D_0 \exp\left(\frac{-Q}{kT}\right)。 \tag{4.45}$$

式中扩散激活能 $Q = \Delta U_v + \Delta U$。由此可知,置换扩散或自扩散时除了需要扩散原子迁移能 ΔU 外,还比间隙型扩散增加了一项空位形成能 ΔU_v。实验证明,置换扩散或自扩散时其激活能均比间隙型扩散的激活能要大,如表 4.2 所列。

表 4.2　某些扩散系统的 D_0 与 Q(近似值)

扩散组元	基体金属	$D_0/\times 10^{-5}$ m$^2\cdot$s	$Q/\times 10^{3}$ J$\cdot$mol^{-1}	扩散组元	基体金属	$D_0/\times 10^{-5}$ m$^2\cdot$s	$Q/\times 10^{3}$ J$\cdot$mol^{-1}
C	γ-Fe	2.0	140	Mn	γ-Fe	5.7	277
C	α-Fe	0.20	84	Cu	Al	0.84	136
Fe	α-Fe	19	239	Zn	Cu	2.1	171
Fe	γ-Fe	1.8	270	Ag	Ag(晶界扩散)	1.2	190
Ni	γ-Fe	4.4	283	Ag	Ag(晶界扩散)	1.4	96

上述式(4.43)和式(4.45)的扩散系数都遵循阿仑尼乌斯(Arrhenius)方程:

$$D = D_0 \exp\left(\frac{-Q}{RT}\right). \tag{4.46}$$

式中，R 为气体常数，其值为 8.314J/(mol·K)，Q 代表每摩尔原子的激活能，T 为热力学温度。由此表明，不同扩散机制的扩散系数表达形式相同，但 D_0 和 Q 值不同。

3. 扩散激活能

从前面表 4.2 中可发现，在不同的材料、不同的晶体结构中的原子进行扩散时，原子从原始平衡位置迁移到新的平衡位置所必须越过的能垒值——扩散激活能 Q 值是不同的；而且，就是在相同的晶体结构中原子以不同方式扩散时，有晶界扩散、表面扩散、位错扩散等，它们的扩散激活能也是各不相同的。下面介绍通过实验方法来求解扩散激活能值。

扩散系数的一般表达式，如式(4.46)所示，将该式两边取对数，则有

$$\ln D = \ln D_0 - Q/RT. \tag{4.47}$$

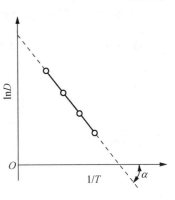

通过实验测得不同 T 下的对应 D 变化值，利用图解法可确定 $\ln D$ 与 $1/T$ 的关系，如果两者呈线性关系(见图 4.8)，则图中的直线斜率为 $-Q/R$ 值，该直线外推至与纵坐标相交的截距则为 $\ln D_0$ 值。

一般认为 D_0 和 Q 的大小与温度无关，只与扩散机制和材料相关。这时，对 $\ln D$ 与 $1/T$ 进行作图，它为一直线，否则，得不到直线。

值得注意的是，当原子在高温和低温中以两种不同扩散机制进行扩散时，由于扩散激活能不同，将在 $\ln D$-$1/T$ 图中出现两段不同斜率的折线。另外，在用 $Q = -R\tan\alpha$ 求 Q 值时，不能采用直接测量图中的 α 角来求 $\tan\alpha$ 值，而必须用 $\Delta(\ln D)/\Delta(1/T)$ 来求 $\tan\alpha$ 值，这是因为在 $\ln D$-$1/T$ 图中的横坐标和纵坐标量纲是不同的。

图 4.8　$\ln D$-$1/T$ 的关系图

4.3　扩散机制

在具有多晶结构的固态物质中，原子在其平衡位置作热振动，并会从一个平衡位置跳到另一个平衡位置，即发生扩散。原子的扩散途径可划分为：表面扩散、晶界扩散、位错扩散和体积扩散(晶格扩散)等。针对晶体中原子可能通过的扩散途径及其所引起的扩散现象，以往曾提出了不同扩散机制的模型。其中有关体扩散过程的微观机制，根据单原子的跳动方式，一些可能的扩散机制总结在图 4.9 中。

4.3.1　交换机制

相邻原子之间的直接交换机制如图 4.9 中 1 所示，即两个相邻原子互换彼此的位置。显然，当采用这种交换机制时，可供回旋的余地太小，它将引起周围点阵巨大的畸变，需要克服很高的能垒，故很难实现。甄纳(Zener)在 1951 年提出环形交换机制，如图 4.9 中的 2 所示，4 个原子同时交换，其所需的能量远小于直接交换，但这种机制的可能性仍不大，因为它受到集体运动之约束。不管是直接交换还是环形交换，均使扩散原子通过垂直于扩散方向平面的净通

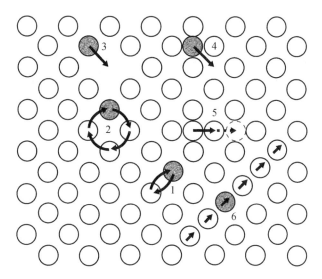

图 4.9　晶体中的扩散机制

1—直接交换　2—环形交换　3—空位　4—间隙

5—推填　6—挤列

量为零,即扩散原子是等量互换。这种互换机制不可能出现柯肯达尔效应。目前,尚没有实验结果在金属和合金中能验证这种交换机制的存在。也许在金属液体中或非晶体中,这种原子的协作运动容易实现。

4.3.2　间隙机制

在间隙扩散机制中(如图 4.9 中的 4 所示),原子从一个晶格中间隙位置迁移到另一个间隙位置。在间隙型固溶体中,像氢、碳、氮等这类原子半径小于 0.1nm 的非金属溶质原子易以这种方式在晶体中扩散。如果一个原子半径比较大的原子(置换型溶质原子)进入晶格的间隙位置[即弗仑克尔(Frenkel)缺陷],那么这个原子将难以通过间隙机制从一个间隙位置迁移到邻近的间隙位置,因为这种迁移将导致很大的点阵畸变。为此,有人提出了"推填"(interstitialcy)机制,即一个填隙原子可以把它近邻的、在晶格结点上的原子先"推"到附近的间隙中,然后自己则"填"到被推出去的原子的原来位置上,如图 4.9 中的 5 所示。另外,也有人提出另一种类似"推填"的"挤列"(crowdion)机制。若一个间隙原子挤入体心立方晶体对角线(即原子密排方向)上,致使该方向的若干个原子均偏离其平衡位置,形成如同一列火车一样,则该集体称为"挤列"(如图 4.9 中的 6 所示),原子可沿此对角线方向扩散向前。

4.3.3　空位机制与柯肯达尔效应

对置换型固溶体和纯金属而言,由于溶剂与溶质原子的半径相差不大,而且一般间隙位置尺寸大小要比组元原子直径小得多,故很难进行间隙扩散。从前面晶体的点缺陷中得知,在晶体中总存在着一定数量的空位,且在一定温度下有一定的空位平衡浓度,温度越高,则空位平衡浓度越大。这些空位的存在使原子迁移变得容易。特别是在置换型固溶体中的原子扩散就是借助空位机制的。这里,原子先迁移到邻近的空位,再通过原子与空位交换位置来实现扩散,如图 4.9 中 3 所示。因此,欲实现空位扩散需具备结构和能量两个条件,即扩散原子周围应存在点阵空位,同时该扩散原子还应具有可以超越能垒的自由能。

柯肯达尔效应是研究固态扩散的一个重要发现,根据它可摒弃直接换位机制,证明在置换型固溶体中空位扩散机制是扩散的主要机制。1947 年,柯肯达尔(Kirkendall)和斯密吉斯加斯(Smigeiskas)进行了这样一个有趣的实验,即在质量分数 $w(Zn) = 30\%$ 的长方形黄铜棒上先摆放两排很细钼丝作为标记,再在黄铜上镀一层铜,将钼丝包在黄铜与铜的中间,这样黄铜与铜就构成了一扩散偶,如图 4.10 所示。由于高熔点的钼丝既不溶于铜,也不溶于黄铜中,仅仅作为标志物,在整个过程中并不参与扩散。然而,将该样品经 56 天的 785℃ 扩散退火后,发现上下两排钼丝的距离,减小了 0.124mm。在扩散退火过程中,可以设想黄铜中的 Zn 原子通过界面向外扩散;而外面纯铜镀层内的 Cu 原子则向黄铜内扩散。由于终了钼丝界面向内侧移动,这说明从黄铜内流出的 Zn 原子数多,而铜层中 Cu 原子流入黄铜内较少,Zn 和 Cu 原子两者的扩散速度不一样,即 $D_{Zn} > D_{Cu}$。假如 Zn 原子和 Cu 原子系直接互换位置,两者的扩散速度应相等,不可能有 $D_{Zn} > D_{Cu}$。只有设想向纯铜的一方流入较多的 Zn 原子,要建立较多的新原子平面,促使其体积胀大;而所产生较多的空位,反向流入界面内的黄铜,黄铜内的空位则多了,事实上也发现靠近界面内侧的黄铜出现疏松多孔现象。由于界面两侧的 A,B 两种原子,互相扩散到对方的基体中,且其扩散速率又不相等,正是这种不等量的原子交换造成了原始界面的移动,并移向原子扩散速率较大的一方,这种现象称为柯肯达尔效应。该效应后来在 Ag-Au,Ag-Cu,Au-Ni ,Cu-Al,Cu-Sn 及 Ti-Mo 等多种二元合金中也均被发现。图4.11是在 $w(Al) = 12\%$ 的 Cu-Al 合金与 Cu 焊成的扩散偶中观察到的柯肯达尔效应,中间的黑线是原始焊接面,左边界面是标记面。该试样的处理条件是 900℃ 保温 1h,用 $w(CuCl_2) = 8\%$ 的氨水溶液浸蚀。柯肯达尔效应在置换型固溶体的互扩散过程中是一普遍现象。

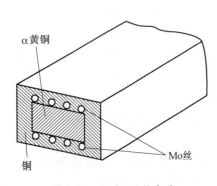

图 4.10 Kirkendall 实验

图 4.11 $w(Al) = 12\%$ 的 Cu-Al 合金
与 Cu 焊接成的扩散偶(500×)

达肯(Darken)对柯肯达尔效应进行了详尽的讨论。他引入了两个平行的坐标系。一个是固定坐标系,一个是坐落在晶面上和晶面一起运动的动坐标系,把标记飘移看作类似流体运动的结果,即整体地流过了参考平面(焊接面)。并同时采用了两个扩散系数 D_1 和 D_2,分别表示组元 1 和 2 的本征扩散系数,最后推导得达肯方程:

$$(J_1)_t = -(D_1 x_2 + D_2 x_1)\frac{\mathrm{d}\rho_1}{\mathrm{d}x} = -\overline{D}\,\frac{\mathrm{d}\rho_1}{\mathrm{d}x},$$
$$(J_2)_t = -(D_1 x_2 + D_2 x_1)\frac{\mathrm{d}\rho_2}{\mathrm{d}x} = -\overline{D}\,\frac{\mathrm{d}\rho_2}{\mathrm{d}x}。$$

(4.48)

式(4.48)中 $\overline{D}=(D_1 x_2 + D_2 x_1)$ 称为互扩散系数。

由此得到置换固溶体中的组元扩散通量仍具有菲克第一定律的形式,只是用互扩散系数 $\overline{D}$ 来代替两种原子的扩散系数 D_1 和 D_2,并且两种组元的扩散通量的方向是相反的。

4.3.4　晶界扩散及表面扩散

对于多晶材料,扩散物质可沿三种不同路径进行,即晶体内扩散(或称体扩散)、晶界扩散和样品自由表面扩散,并分别用 D_L 和 D_B 和 D_S 表示三者的扩散系数。前面的讨论主要涉及体扩散机制。下面来讨论晶界扩散及表面扩散。

一般晶界上原子排列不规则,且存在大量的空位等缺陷,能量较高,因而晶界上原子的跳动频率比晶内大,扩散激活能较小。因此,原子沿晶界扩散的速度要比体扩散的大得多;而且,当温度愈低,晶界扩散愈显得重要。至于晶体表面,这里,晶体的三维周期性在表面处突然中断,暴露在晶体外侧无固体原子的键合,每个原子只是部分地被其他原子包围着,其相邻原子数比晶内少。同时,由于表面弛豫和表面重构现象,表面原子可沿垂直表面方向或横向位移,发生胀缩和排列上的高低不平,也较易形成空位。何况,表面处的应力分布、电荷势能分布、势能分布、电子能态等均发生了变化,这一特殊结构和环境就决定了表面扩散所需的扩散激活能最低,所以,表面系高扩散率通道,沿自由表面扩散的速率往往在体扩散、晶界扩散和表面扩散这三者中是最快的。

研究晶界扩散及表面扩散的实验,通常是采用示踪原子法,即在与晶界和表面垂直的 $y=0$ 处蒸发沉积一层溶质或基体金属的放射性同位素 M(见图 4.12),经扩散退火保温一定时间后,这些示踪原子由表面向内扩散。由于示踪原子沿表面和晶界扩散较快,使它在表面和晶界上的浓度高于晶内,从而又促使这些原子由表面和晶界向其两侧扩散,造成等浓度面,成为如图 4.12 所示的形状。由图中箭头表示的扩散方向和由箭头端点表示的等浓度处可知,扩散物质 M 穿透到晶体内去的深度远比沿表面和晶界的要小,由此得出,$D_L < D_B < D_S$。由于晶界、表面及位错等都可视为晶体中的缺陷,缺陷产生的畸变使原子迁

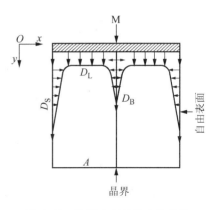

图 4.12　物质在双晶体中的扩散

移比在完整晶体内容易,导致这些缺陷中的扩散速率大于完整晶体内的扩散速率,因此,常把这些缺陷中的扩散称为"短路"扩散。

4.3.5　位错扩散

众所周知,晶体中存在着大量的位错,它是晶体中一种线缺陷,位错周围的原子偏离了平衡位置,点阵发生了畸变。实际上,位错可视为晶体中点阵畸变为几个原子间距大小的一条长"管道"。特别是刃型位错线系多余半原子面与滑移面的交线,在滑移面的下侧沿刃型位错线还存在着为拉应力的半根有较大空隙度的管道。因此,扩散原子沿位错管道迁移激活能较小(约为体扩散激活能的 1/2),扩散速率较高,位错可看成高扩散率通道,也属一种"短路"扩散。

4.4　扩散的驱动力与上坡扩散

由菲克第一定律 $J = -D\dfrac{\mathrm{d}\rho}{\mathrm{d}x}$ 得知,扩散是物质从高浓度区流向低浓度区的过程,扩散的结果导致浓度梯度的降低,使成分趋于均匀,这种扩散现象称为下坡扩散。但是,在浓度梯度作用下的这种下坡扩散并不具有普遍意义。实际上,物质也可能从低浓度区向高浓度区扩散,扩散的结果反而提高了浓度梯度。例如,在固态相变中会看到铝-铜合金过饱和固溶体分解时,最初析出富铜的 G P 区;钢中奥氏体向珠光体转变时,领先析出相是 Fe_3C 时,也要富集比母相奥氏体的平均成分高得多的含碳量。这就是说,转变时会发生浓度低的向浓度高的方向扩散,产生成分的偏聚而不是成分的均匀化,这种扩散现象通常称为上坡扩散,以便与菲克第一定律所描述的现象相区别。

这两种扩散现象看似互相矛盾,但可用热力学进行解释,且均可统一于热力学所表达的扩散公式中。

在热力学中,组元 i 的化学势 μ_i 可用下式表达:

$$\mu_i = \left(\frac{\partial G}{\partial n_i}\right)_{T, P, n_j},$$

式中,G 为系统的吉布斯自由能,n_i 为组元 i 的摩尔分散,n_j 为除 i 组元外,其余各组元的摩尔分数。化学势 μ_i 属于势能,扩散原子所受的驱动力 F 可从化学势对距离求导得到:

$$F = -\frac{\partial \mu_i}{\partial x}, \tag{4.49}$$

式中,负号表示驱动力与化学势下降的方向一致,即扩散总是向化学势减小的方向进行。这就是说,在等温等压条件下,不管浓度梯度如何,只要两个区域中 i 组元存在化学势差 $\Delta\mu_i$,i 组元原子总是从化学势高的地区自发地转移到化学势低的地区,直至 $\Delta\mu_i = 0$,其扩散才停止。

因此,从热力学的观点,扩散的驱动力并不是浓度梯度 $\dfrac{\partial\rho}{\partial x}$,而应是化学势梯度 $\dfrac{\partial\mu}{\partial x}$。化学势梯度是一种化学力,原子在这种化学力的作用下由化学势高的向化学势低的方向移动。扩散原子在固体中的沿给定方向在这一化学势的驱动下加速前进,同时也受到与扩散速度成正比的来自于固体中的溶剂原子对它产生的阻力。当溶质原子扩散加速到其受到的阻力等于其驱动力大小时,溶质原子的扩散速度就达到了它的极限速度,也就是达到了原子的平均扩散速度。溶质原子的扩散平均速度 v 正比于其驱动力 F:

$$v = BF,$$

式中,比例系数 B 为单位驱动力作用下的速度,称为迁移率,它的大小与运动阻力有关。

扩散通量等于扩散原子的质量浓度与其平均速度的乘积:

$$J = \rho_i v_i。$$

因此

$$J = \rho_i B_i F_i = -\rho_i B_i \frac{\partial \mu_i}{\partial x}。 \tag{4.50}$$

将式(4.50)与菲克第一定律的通式:

$$J = -D\frac{\partial \rho}{\partial x}$$

进行比较,可得

$$D = \rho_i B_i \frac{\partial \mu_i}{\partial \rho_i} = B_i \frac{\partial \mu_i}{\partial \ln \rho_i} = B_i \frac{\partial \mu_i}{\partial \ln x_i}, \quad (4.51)$$

式中,$x_i = \rho_i / \rho$。

由热力学可知,$\partial \mu_i = kT \partial \ln a_i$,$a_i$ 为组元 i 在固溶体中的活度,并有 $a_i = r_i x_i$,r_i 为活度系数,故上式可变换为

$$D = kTB_i \frac{\partial \ln a_i}{\partial \ln x_i} = kTB_i \left(1 + \frac{\partial \ln r_i}{\partial \ln x_i}\right)。 \quad (4.52)$$

式中括号内的部分称为热力学因子。

对于理想固溶体($r_i = 1$)或稀固溶体($r_i =$ 常数),上式括号内的因子等于 1,因而

$$D = kTB_i。 \quad (4.53)$$

式(4.53)称为能斯特一爱因斯坦(Nernst-Einstein)方程。由此可见,在理想或稀固溶体中,不同组元的扩散速率仅取决于迁移率 B 的大小。

对于一般实际固溶体来说,上述结论也是正确的,可证明如下:

在二元系中,由吉布斯一杜亥姆(Gibbs-Duhem)关系:

$$N_1 \mathrm{d}\mu_1 + N_2 \mathrm{d}\mu_2 = 0,$$

式中,N_1 和 N_2 分别为组元 1 和组元 2 的摩尔分数。

由于 μ_i 是 N_i 的函数,从 $\mathrm{d}\mu_i = RT \mathrm{d}\ln a_i$ 可得

$$N_i \mathrm{d}\mu_i = RT(\mathrm{d}N_i + N_i \mathrm{d}\ln r_i),$$

同样　　　　　　　　　$$N_2 \mathrm{d}\mu_2 = RT(\mathrm{d}N_2 + N_2 \mathrm{d}\ln r_2)。$$

把此式代入上式,并注意到 $\mathrm{d}N_1 = -\mathrm{d}N_2$,整理可得

$$N_1 \mathrm{d}\ln r_1 + N_2 \mathrm{d}\ln r_2 = 0,$$

上式两边同除以 $\mathrm{d}N_1$,并有 $\mathrm{d}N_1 = -\mathrm{d}N_2$ 及 $\mathrm{d}N_i / N_i = \mathrm{d}\ln N_i$,则有

$$\frac{\mathrm{d}\ln r_1}{\mathrm{d}\ln N_1} = \frac{\mathrm{d}\ln r_2}{\mathrm{d}\ln N_2}。 \quad (4.54)$$

由式(4.52)和式(4.54)可知,组元 1 和组元 2 的热力学因子相等,D_1 和 D_2 不同的原因是迁移率 B_1 和 B_2 的差异。

根据式(4.52),当 $\left(1 + \dfrac{\partial \ln r_i}{\partial \ln x_i}\right) > 0$ 时,$D > 0$,表明组元是从高浓度区向低浓度区迁移的"下坡扩散";当 $\left(1 + \dfrac{\partial \ln r_i}{\partial \ln x_i}\right) < 0$ 时,$D < 0$,表明组元是从低浓度区向高浓度区迁移的"上坡扩散"。综上所述可知,决定组元扩散的根本因素是化学势梯度,不管是上坡扩散还是下坡扩散,扩散结果总是导致扩散组元化学势梯度的减小,直至化学势梯度为零。

引起上坡扩散还可能有以下一些情况:

(1)弹性应力的作用。晶体中存在弹性应力梯度时,则与浓度梯度一样,它促使较大半径的原子跑向点阵伸长部分,较小半径原子跑向受压部分,造成固溶体中溶质原子的不均匀分布。

(2)晶界的内吸附。晶界能量比晶内高,原子规则排列较晶内差,如果溶质原子位于晶界上可降低体系总能量,因此它们会优先向晶界扩散,富集于晶界上,此时溶质在晶界上的浓度就高于在晶内的浓度。

(3)很大的电场或温度场也促使晶体中原子按一定方向扩散,造成扩散原子的不均匀性。

4.5 反应扩散

前面讨论的主要是纯金属和单相固溶体中的扩散,在扩散过程中不发生化学反应,不生成第二相。但是,在某些具有有限固溶度的合金系中,如果渗入元素的浓度超过了固溶度极限,则除通过扩散形成端际固溶体外,还会通过化学反应形成新的第二相(中间相或另一种固溶体)。这种通过扩散而形成新相的现象,称为"反应扩散"、"相变扩散"或"多相扩散"。钢铁的化学热处理和某些合金的内氧化处理均属反应扩散的常见实例。

反应扩散速度取决于化学反应和原子扩散两个因素。当反应扩散单纯由化学反应因素控制时,其渗层厚度与时间呈线性关系,反应扩散速度则基本恒定;当反应扩散单纯由原子扩散因素控制时,其渗层厚度与时间呈抛物线关系,与此相应,反应扩散速度则按曲线规律变化。在实际反应扩散过程中,由于开始阶段渗层较薄,原子扩散不是主要影响因素,故扩散过程由表面化学反应所支配,但随着渗层厚度的增加,原子扩散则逐渐成为控制因素。

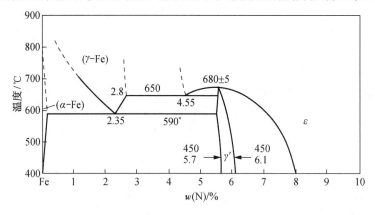

图 4.13 Fe-N 相图

由反应扩散所形成的相可参考平衡相图进行分析。例如,纯铁在 520℃氮化时,由 Fe-N 相图(见图 4.13)可以得知,当表面 N 的质量分数超过 7.8% 时,可在表面形成密排六方结构的 ε 相。这是一种氮含量变化范围相当宽的铁氮化合物,氮原子有序地位于铁原子构成的密排六方点阵中的间隙位置,其氮的质量分数大致在 7.8%～11.0% 之间变化,视 N 含量的不同可形成 Fe_3N,$Fe_{2-3}N$ 或 Fe_2N。往心部方向走,氮含量由表及里逐渐降低,越远离表面,氮的质量分数越低,随之是 γ' 相(Fe_4N),它是一种中间相,氮的质量分数可在 5.7%～6.1% 之间变化,氮原子有序地占据铁原子构成的面心立方点阵中的间隙位置。再往里是含氮更低的 α 固溶体,为体心立方点阵。纯铁氮化后的表层氮浓度和组织示于图 4.14 中。

实验结果表明:在二元合金经反应扩散的渗层组织中不存在两相混合区,而且在相界面上的浓度是突变的,它对应于该相在一定温度下的极限溶解度。不存在两相

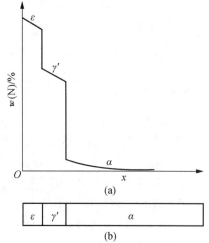

图 4.14 纯铁氮化后的表层氮浓度分布(a)和对应的组织分布(b)

混合区的原因可用相的热力学平衡条件来解释:如果渗层组织中出现两相共存区,则两平衡相的化学势 μ_i 必然相等,即化学势梯度 $\dfrac{\partial \mu_i}{\partial x}=0$,这段区域中就没有扩散驱动力,扩散不能进行。同理,三元系中渗层的各部分也不能出现三相共存区,但可以有两相混合构成的渗层;四元系中渗层的各部分也不能出现四相共存区,但可以有三相混合构成的渗层。

4.6 影响扩散的因素

影响扩散的因素很多,概括起来,可分为外因和内因两大类。

由扩散第一定律式(4.1)可以看出,单位时间内扩散通量 J 的大小取决于扩散系数 D 和浓度梯度。因此,当浓度梯度已知时,扩散过程的快慢主要取决于扩散系数 D;而从扩散阿仑尼乌斯方程(4.46)中得知,扩散系数 D 与温度、扩散常数 D_0 和扩散激活能 Q 密切有关。这表明,温度以及凡是能改变 D_0,Q 的因素都影响着扩散过程。

4.6.1 温度

从阿仑尼乌斯方程(4.46)中得知,D 与 T 之间呈指数关系,随着温度的升高,扩散系数急剧增大。这是因为温度升高,借助于热起伏,原子获得足够的能量而越过势垒进行扩散的几率增大;温度升高则空位浓度增大,有利于扩散。例如,从表 4.2 可以查得,碳在 γ-Fe 中扩散时,$D_0=2.0\times10^{-5}\,\mathrm{m^2/s}$,$Q=140\times10^3\,\mathrm{J/mol}$,由式(4.46)可以算出在 927℃ 和 1 027℃ 时碳的扩散系数分别为

$$D_{927}=2.0\times10^{-5}\exp\left(\frac{-140\times10^3}{8.314\times1200}\right)=1.61\times10^{-11}\,(\mathrm{m^2/s}),$$

$$D_{1027}=2.0\times10^{-5}\exp\left(\frac{-140\times10^3}{8.314\times1300}\right)=4.74\times10^{-11}\,(\mathrm{m^2/s}).$$

由此可见,温度从 927℃ 提高到 1 027℃,就使扩散系数增大约 3 倍,即渗碳速度加快了约 3 倍,故任何受扩散控制的过程,均应考虑温度的影响。

运用半对数坐标($\ln D$-$1/T$),采用图解法可清楚地描述扩散系数与温度之间的这种依赖关系。

4.6.2 压力

在真空实验、气相沉积和化学热处理等过程中均发现扩散过程与压力有关。

根据热力学可知

$$\left(\frac{\partial G}{\partial p}\right)_T=V,$$

其中,G 是吉布斯自由能($G=H-TS$),p 是压力,V 是体积。根据式(4.45)可得

$$\left(\frac{\partial \ln D}{\partial p}\right)_T\approx-\frac{\Delta V_p+\Delta V_m}{kT}=\frac{\Delta V}{kT}$$

其中,$\Delta V=\Delta V_p+\Delta V_m$ 是激活体积,ΔV_p 和 ΔV_m 分别是点缺陷形成的和迁移的体积变化。上式是忽略了 $\partial \ln f_0/\partial p$ 和 $\partial \ln v/\partial p$ 两项而获得的,前一项对于自扩散为零,而后一项是很小的。ΔV 值大体在 $0.5\sim1.3\Omega$(Ω 是原子体积)范围,对于间隙型扩散机制,ΔV 是负值。

一般是增加压力使扩散激活能增加。但对于凝聚态材料,除了在非常高的压力下之外,压力的影响不大。

4.6.3　化学成分

1. 组元特性

从扩散的微观机制可以得知,原子在点阵中扩散需跃过能垒时,必须挤开近邻原子而引起局部的点阵畸变,也就是要求部分地破坏邻近原子的结合键才能通过。因此,扩散激活能必然与表征原子间结合力的微观参量和宏观参量有关。

一般组元间的原子尺寸相差愈大,畸变能愈大,溶质原子离开畸变位置进行扩散愈容易,即 Q 愈小,而 D 值愈大;组元间的亲和力愈强,即电负性相差愈大,则溶质原子扩散愈困难,而溶解度愈小的元素扩散愈容易进行。

至于金属元素的自扩散激活能与表征原子间结合力的宏观参量,如熔点 T_m,熔化潜热 L_m,体积膨胀系数 α 或压缩系数 χ 往往具有一定的对应关系。如大多数金属的自扩散激活能 Q 可根据如下关系进行粗略估算:$Q \approx 0.14 T_m (\text{kJ/mol})$;$Q \approx 15.2 L_m$;$Q \approx 2.4/\alpha$;$Q \approx \Delta V/4\chi$(其中 ΔV 是激活体积)。

2. 组元浓度

扩散系数的大小除了与上述的组元特性有关外,还往往是浓度的函数。例如,铁的自扩散系数随含碳量的升高而增大,不含碳的 γ-Fe,950℃时的自扩散系数为 $0.5 \times 10^{-12}\,\text{cm}^2/\text{s}$;而含碳量 1.1% 时,则增大到 $9 \times 10^{-12}\,\text{cm}^2/\text{s}$。又如在 Au-Ni 合金中,随着镍含量的增加,$D$,$D_{Ni}$,$D_{Au}$ 均明显降低,900℃时,Ni 在稀薄固溶体中的扩散系数可定为 $10^{-9}\,\text{cm}^2/\text{s}$,而浓度达到 50% 时,为 $4 \times 10^{-10}\,\text{cm}^2/\text{s}$,比前者降低 50% 多。

在求解扩散方程时,为了计算方便,通常把 D 假定为与浓度无关的常量,这与实际情况不完全符合。但是当固溶体浓度较低或扩散层中浓度变化不大时,这样的假定所导致的误差不大,还是允许的。

3. 第三组元的影响

第三组元(或杂质)对二元合金的扩散系数影响较为复杂,有的促进扩散,有的阻碍扩散。如在碳钢中添加 4% Co,可使 C 在 γ-Fe 中的扩散速率增加一倍;而添加 3% Mo 或 W,则使其减小一半;但 Mn 和 Ni 的添加,却无影响。又如在 Al-Mg 合金中添加 2.7% Zn,可使 Mg 在 Al 中的扩散速率减半。

值得指出的是,某些第三组元的加入不仅影响扩散速率而且影响其扩散方向。例如,达肯将两种单相奥氏体合金 $w(C)=0.441\%$ 的 Fe-C 合金和 $w(C)=0.478\%$,$w(Si)=3.80\%$ 的 Fe-C-Si 合金组成扩散偶。在初始状态,它们各自所含的碳没有浓度梯度,而且两者的碳浓度几乎相同。然而在 1050℃ 扩散 13 天后,形成了浓度梯度,碳的分布如图 4.15 所示。由于在 Fe-C 合金中加入的 Si 使碳的化学势升高,以致碳向不含 Si 的钢中扩散,导致了碳的上坡扩散。

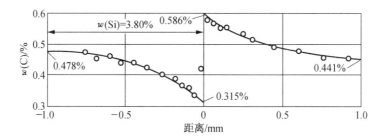

图 4.15　扩散偶在扩散退火 13 天后碳的浓度分布

4.6.4　材料的结构

扩散是原子在点阵中的迁移,因此,在密排结构中的原子扩散通常比在非密堆结构中要慢,因为致密度越高,原子扩散时的路径越窄,产生的晶格畸变越大,并使所需扩散激活能越大。这个规律对溶剂、溶质、置换原子或间隙原子都适用。特别是在具有同素异构转变的金属中,不同结构的自扩散系数完全不同。

1. 固溶体类型

不同类型的固溶体,原子的扩散机制是不同的。间隙固溶体中的间隙原子通过间隙扩散机制进行扩散,其间隙原子已位于间隙,所需的扩散激活能一般较小;而置换固溶体中的原子通过空位机制扩散时,则需要先形成空位,因此置换式原子的扩散激括能比间隙原子大。例如,C,N 等溶质原子在 γ-Fe 中的间隙扩散激活能分别为 134,146kJ/mol;而 Cr,Al 等置换原子在 γ-Fe 中的扩散激活能则为 335,184 kJ/mol。因此,钢件表面热处理在获得同样渗层浓度时,渗 C,N 比渗 Cr 或 Al 等金属的周期短。因此,固溶体类型会显著地影响 D 值。

2. 晶体结构

晶体结构对扩散的影响,主要表现在以下两方面:

(1) 在具有同素异构转变的材料中,扩散系数随晶体结构改变会有明显的变化。例如,铁在 912℃时发生 γ-Fe$\Leftrightarrow\alpha$-Fe 转变,α-Fe 的自扩散系数大约是 γ-Fe 的 280 倍。合金元素在不同结构的固溶体中扩散也有差别,例如,在置换固溶体中,镍于 900℃时在 α-Fe 比在 γ-Fe 中的扩散系数高约 1400 倍。在间隙固溶体中,氮于 527℃时在 α-Fe 中比在 γ-Fe 中的扩散系数约大 1500 倍。所有元素在 α-Fe 中的扩散系数都比在 γ-Fe 中大,其原因是体心立方结构的致密度比面心立方结构的致密度小,原子较易迁移。

另外,结构不同的固溶体对扩散元素的溶解限度是不同的,由此所造成的浓度梯度不同,也会影响扩散速率。例如,钢渗碳时,通常选取在高温下奥氏体状态时进行,除了由于温度作用外,还因碳在 γ-Fe 中的溶解度远远大于在 α-Fe 中的溶解度,这使碳在奥氏体中形成较大的浓度梯度,而有利于加速碳原子的扩散以增加渗碳层的深度。

(2) 在各向异性晶体中,沿晶轴各个方向的原子间距各异,因而扩散系数也随晶轴方向的不同而改变。一般来说,晶体的对称性越低,则扩散各向异性越显著。例如,具有低对称性的菱方结构的铋,沿不同晶向的 D 值差别很大,最高可达近 1000 倍;而在高对称性的立方晶体中,却未发现其明显的差异。

4.6.5　晶体缺陷

如前所述,对于多晶材料,物质扩散通常可沿三种途径扩散,即晶内扩散、晶界扩散和表面扩散。以 Q_L,Q_S,Q_B 和 D_L,D_S,D_B 分别表示晶内、表面、晶界扩散激活能和扩散系数。由于原子沿面缺陷(晶界和自由表面等)和线缺陷(位错)的扩散速率远比沿晶内的体扩散速率为大,通常把沿这些缺陷所进行的扩散称为"短路扩散"。一般规律是:$Q_L > Q_B > Q_S$,所以 $D_S > D_B > D_L$。图 4.16 表示银的多晶体、单晶体自扩散系数与温度的关系。显然,单晶体的扩散系数表征了晶内扩散系数,而多晶体的扩散系数是晶内扩散和晶界扩散共同起作用的表象扩散系数。从图 4.16 可知,当温度高于 700℃时,多晶体的扩散系数和单晶体的扩散系数基本相同;但当温度低于 700℃时,多晶体的扩散系数明显大于单晶体扩散系数,晶界扩散的作用就显示出来了;而且扩散与晶粒大小有关,晶粒越细则扩散系数越大。值得一提的是,晶界扩散也有各向异性的性质。

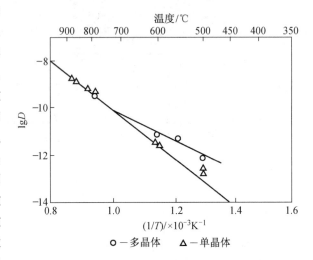

图 4.16　Ag 的自扩散系数 D 与 $1/T$ 的关系

对银的晶界自扩散的测定后发现,晶粒的夹角很小时,晶界扩散的各向异性现象很明显,并且,一直到夹角至 45°时,这性质仍存在。

位错对扩散速率的影响与晶界的作用相当,有利于原子的扩散。因为位错周围的原子偏离了平衡位置,点阵发生了畸变,特别是沿刃型位错线还存在着一根有一定空隙度的管道。因此,扩散元素沿位错管道迁移激活能较小(沿刃型位错的扩散激活能大约为体扩散激活能的 1/2)),扩散速率较高。但是,由于位错线所占横截面相对于晶粒的横截面来说是很小的,所以在温度较高时,位错对晶体总扩散的贡献并不很大,只有在较低温度时才显得重要。例如过饱和固溶体在较低温度分解时,沿位错管道的扩散就起着重要的作用,沉淀相往往在位错线上优先形核,而且溶质原子会较快地沿着位错管道扩散到沉淀相去,使之迅速长大。冷变形会增加金属材料的分界面和位错密度,因此,可加速扩散过程。

最近有研究指出,由于间隙固溶体中的溶质原子落入位错中心或空位时自由能减低,具有"钉扎"作用,故欲脱离这些晶体缺陷进行跳动的激活能增大,因而这时可能会阻碍间隙扩散。

总之,晶界、表面和位错等对扩散起着快速通道的作用,这是由于晶体缺陷处点阵畸变较大,原子处于较高的能量状态,易于跳跃,故各种缺陷处的扩散激活能均比晶内扩散激活能小,加快了原子的扩散。

4.6.6　应力的作用

如果材料内部存在着应力梯度,应力就会提供原子扩散的驱动力。为降低系统的畸变能,通常原子半径较大的组元向点阵伸长的拉压力区扩散,而原子半径较小的组元则向压应力区扩散,于是,进一步造成溶质原子的不均匀分布。

其他如电场、磁场、热场以及表面张力等都为影响扩散的因素。

4.7 离子晶体中的扩散

离子晶体中的扩散主要通过空位扩散机制来进行。从 3.1 点缺陷一节中得知,当离子晶体中有一个正离子产生空位,则临近必有一个负离子空位,以维持电中性。这样形成的正负离子空位对,称为 Schottky 型缺陷,如图 3.3 所示 NaCl 晶体中形成的 Na$^+$ 离子空位和 Cl$^-$ 离子空位,Schottky 型缺陷的特点是离开正常格点位置的正负离子的数目正比于它们的化学计量比。在离子晶体中,若一个正离子跳到晶体的间隙位置处,则在原来正常的正离子位置出现了 1 个正离子空位,这种空位-间隙离子对即为弗仑克尔(Frenkel)缺陷,如图 4.17 所示。同样,若一个负离子跳到晶体的间隙位置处,则在原来正常的负离子位置出现了 1 个负离子空位,这是另一种弗仑克尔无序态的缺陷组合。

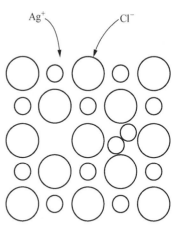

图 4.17 弗仑克尔缺陷

在金属和合金中,原子可以跃迁进入邻近的任何空位和间隙位置。但是在离子晶体中,扩散离子只能进入具有同样电荷的位置上,不能进入相邻的异类离子的位置上。对 Schottky 型缺陷,正离子平衡空位摩尔分数 x_{vc} 和负离子平衡空位摩尔分数 x_{va} 同样可用金属平衡空位摩尔分数的计算方法。在平衡态时,

$$(x_{va})(x_{vc}) = A\exp\left(\frac{-\Delta G_{va} - \Delta G_{vc}}{RT}\right) = A\exp\left(\frac{-\Delta G_S}{RT}\right), \tag{4.55}$$

式中,ΔG_S 为形成一对肖特基型空位的形成能,A 为振动熵决定的系数,通常可取 $A=1$。

同样,对 Frenkel 缺陷,设 x_{ic} 为间隙正离子摩尔分数,当完全无序分布的平衡态时:

$$(x_{ic})(x_{vc}) = A\exp\left(\frac{-\Delta G_F}{RT}\right), \tag{4.56}$$

式中,ΔG_F 为形成一对弗仑克尔缺陷(一个间隙离子和一个离子空位)所需的能量。

当形成一个间隙正离子所需的能量 ΔG_{ic} 近似等于形成一个负离子空位能量 ΔG_{va} 时,且同时存在间隙正离子和负离子空位缺陷时,必须有足够的正离子空位存在,以保持电中性,当所有离子的电荷相等时,则有 $x_{vc} = x_{va} + x_{ic}$。同理,当 $\Delta G_{ia} \approx \Delta G_{vc}$,且同时存在间隙负离子和正离子空位缺陷时,必须有足够的负离子空位存在,为保持电中性,则有 $x_{va} = x_{ia} + x_{vc}$。

当化合物中离子的化合价发生变化时也会出现与上述两种缺陷类型相似的情况。图 4.18 中示出两个实例。当方铁矿(FeO)中部分 Fe^{2+} 离子被氧化为 Fe^{3+} 离子时,为了维持电中性,不得不空出一些正离子的位置,即出现正离子欠缺,如图 4.18(a)所示。这样形成的化合物与纯 FeO 化合物对比,就出现氧过量,而形成一种非化学计量化合物。相反的,若在 TiO$_2$ 中,由于一部分 Ti^{4+} 还原成 Ti^{3+},为了使电荷平衡,就出现氧离子空位,导致了缺氧的情况。除此以外,当化合物中离子被不同价的离子所取代时,也会导致上述缺氧或过氧的情况。图 4.18(b)展示了添加 CaO 作为 ZrO$_2$ 的稳定剂,低价的 Ca^{2+} 离子置换高价的 Zr^{4+},为了保持电

Fe^{2+}	O^{2-}	Fe^{3+}	O^{2-}	Fe^{2+}	O^{2-}
O^{2-}	□	O^{2-}	Fe^{2+}	O^{2-}	Fe^{2+}
Fe^{3+}	O^{2-}	Fe^{2+}	O^{2-}	Fe^{3+}	O^{2-}
O^{2-}	Fe^{2+}	O^{2-}	□	O^{2-}	Fe^{2+}
Fe^{2+}	O^{2-}	Fe^{3+}	O^{2-}	Fe^{2+}	O^{2-}
O^{2-}	Fe^{2+}	O^{2-}	Fe^{2+}	O^{2-}	Fe^{2+}

(a)

O^{2-}	O^{2-}	O^{2-}	O^{2-}	O^{2-}
Zr^{4+}		Zr^{4+}		Zr^{4+}
O^{2-}	□	O^{2-}	O^{2-}	O^{2-}
Ca^{2+}		Zr^{4+}		Zr^{4+}
O^{2-}	O^{2-}	O^{2-}	□	O^{2-}
Zr^{4+}		Zr^{4+}		Ca^{2+}

(b)

图 4.18　非当量化合物的结构示意图
(a) FeO　(b) 用 CaO 稳定的 ZrO_2

中性,必然出现相应的氧离子空位。

当固体材料在恒压的电场中,材料中的电子、离子将定向迁移而产生电流。在金属和半导体中电导是由电子流动而实现的;然在离子晶体中,高温时的离子比电子更易活动,电导是由离子的定向扩散而实现的。在采用同位素示踪原子测量扩散系数 D_T 时,若单位体积上某离子数为 c,粒子电荷为 q_i 时,则扩散系数 D_T 与电导率 σ 存在下列关系式:

当以间隙机制进行扩散时,

$$\frac{\sigma}{D_T}=\frac{cq_i^2}{kT},\tag{4.57}$$

当以空位机制进行扩散时,

$$\frac{\sigma}{D_T}=\frac{cq_i^2}{fkT},\tag{4.58}$$

式中,f 为空位机制扩散时的相关因子($f<1$)。由式(4.57)和式(4.58)可知,不同扩散机制具有不同 σ-D_T 间的关系。

图 4.19 为采用同位素钠实验测得和根据已知导电率由式(4.58)计算得到 NaCl 晶体的扩散系数与温度关系曲线。NaCl 晶体中主要由 Na^+ 运送电荷,并由空位机制进行扩散($f=0.78$)。从图中可看到在 550℃ 以上两者符合得很好,在 550℃ 以下由于不同于 Na 原子价的杂质存在,使两者出现明显的差异。这是由于高温和低温下的扩散激活能和激活机制不同。在较低温度下,扩散激活能较小,主要为由杂质引起的非本征扩散,是通过晶粒间界进行的,需要较低的激活能;而在高温区域,除了 Na 离子的移动外,还有 Schottky 缺陷的形成,在此阶段主要为热激活的本征扩散。高低温区两直线的交点代表由杂质引起的空位浓度与由热激活引起的空位浓度数目相当的温度,因此,从曲线的高温

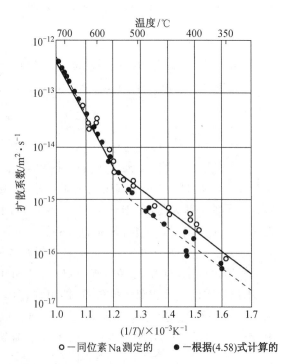

图 4.19　NaCl 中 Na 的扩散系数对 $1/T$ 的关系

区可以得到迁移激活能和晶格缺陷激活能之和,而从曲线的低温区可以得到扩散激活能。

总之,对离子晶体中的扩散而言,上面所讨论的有关扩散的基本规律同样适用。但是,离子晶体中的扩散比金属晶体中的复杂,离子扩散速率通常远小于金属原子的扩散速率。首先,由于离子键的结合能一般大于金属键的结合能(见表 4.3),离子扩散所需克服的能垒比金属材料中的大得多。其次,离子是带电的,为了保持局部的电中性,某个离子的跃迁必伴随与之电荷相反且相等的其他诸如空位、杂质或带电体的迁动,即实际上是成对的带电偶的迁动,这就需要增加额外的能量。何况,在离子晶体中,离子扩散只能进入具有同样电荷的位置上,不能进入相邻的异类离子的位置上,故迁移的距离相对较长,这些都导致了其扩散速率大大下降。

还应指出,正离子的扩散系数通常比负离子大,因为正离子失去了它们的价电子后,其离子半径比负离子的小,因而更易扩散。例如,在 NaCl 中,Cl^- 的扩散激活能约为 Na^+ 的 2 倍。

表 4.3　某些离子材料中的扩散激活能

扩散原子	$Q/KJ \cdot mol^{-1}$	扩散原子	$Q/KJ \cdot mol^{-1}$
Fe 在 FeO 中	96	Cr 在 $NiCr_2O_4$ 中	318
Na 在 NaCl 中	172	Ni 在 $NiCr_2O_4$ 中	272
O 在 UO_2 中	151	O 在 $NiCr_2O_4$ 中	226
U 在 UO_2 中	318	Mg 在 MgO 中	347
Co 在 CoO 中	105	Ca 在 CaO 中	322
Fe 在 Fe_3O_4 中	201		

4.8　高分子材料中的扩散

由于高分子材料的结构是链状结构,并且相对分子质量很大,其分子链中的原子之间、链节之间是强的共价键结合,属主价键,其键能相当高;分子链之间的相互结合是弱的范德华力和氢键,属次价键,其键能仅为主价键的 $1\% \sim 10\%$。因此,不像金属中的原子或离子晶体中的离子一样可自由移动,高分子链中单个原子不能单独自由移动,这里所谓扩散只能是分子运动。正因为高聚物结构的这一特殊性和复杂性,其分子运动也要比金属和低分子化合物更复杂和多样化。归纳起来,其分子运动具有以下特点:

1. 运动的多重性

高分子运动的多重性包括运动单元的多重性和运动方式的多样性。高分子运动单元可以是侧基、支链、链节、链段和整个分子链;运动方式除了整个分子链作振动、转动和移动外,各运动单元也可以作转动、移动和摇摆运动,可以是链段绕主链单键的旋转运动,而链段的运动可以只引起链的构象的改变,也可以通过各链段的协同运动而引起整个分子链相互位移,即链分子重心发生位移。

2. 高分子运动的时间依赖性

由于高分子材料的相对分子量很大,总的分子间次价键作用力相当强,高分子各运动单元的运动,特别是链段从一种状态到另一种状态的运动需要克服这种强大内摩擦力的束缚,因而需要时间,具有弛豫特性。

3. 高分子运动的温度依赖性

温度升高时,一方面可以提高各运动单元的热运动能;另一方面由于热膨胀,分子间距离增加,加大了各运动单元活动的空间,因而有利于分子运动,弛豫时间下降。弛豫时间与温度的关系同样也符合 Arrhenius 方程。

需指出的是在高分子材料中自扩散概念相当于整个热塑性链的移动。在晶态区这种移动很难实现,通常在非晶态区及熔体中才能进行。在非晶态区以及熔体中,可用一种简化模型来描述大高分子链运动:高分子链被限制在弯曲的管内,如同蛇爬行一样地移动,而这个管又被相邻高分子在空间的缠绕所限制,如图 4.20 所示。因此,可用爬行理论的数学模型来讨论这种运动,获得的扩散系数也具有式(4.43)的形式,但其 D_0 与链长平方成反比。

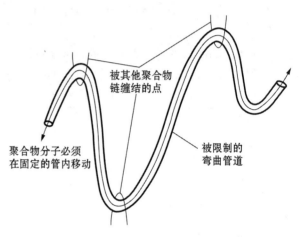

图 4.20　聚合物中长分子链相互缠结限制了分子的自扩散

至于在金属或离子晶体中的杂质扩散可通过单个原子或离子穿过点阵进行,而非晶态高聚物中小分子杂质从一个相对开放体积区域迁移到另一个类似的开放体积区域同样需要能量,这个能量相当于扩散时扩散分子的迁移激活能 ΔH_m。高聚物中杂质的扩散系数也呈现出式(4.43)所示出 D 与 T 之间的关系,并且,杂质的扩散在非晶态区比晶态区快。表 4.4 中给出了 CO_2 和 O_2 在 PET,PE 和 PVC 中扩散的扩散常数 D_0 和扩散激活能 Q。从表中可看出,尽管是分子扩散,但它们的扩散激活能比金属或离子晶体中原子或离子扩散时的低得多。

表 4.4　CO_2 和 O_2 在 PET,PE 和 PVC 中扩散的 D_0 和 Q

材料	$D_0/(m^2/s)$	$Q/(J/mol)$
CO_2 在 PET 中	$6.0×10^{-5}$	51
CO_2 在 PE 中	$2.0×10^{-4}$	38
CO_2 在聚氟乙烯(PVC)中	$4.2×10^{-2}$	64
O_2 在 PET 中	$5.2×10^{-5}$	47
O_2 在 PE 中	$6.2×10^{-4}$	41
O_2 在聚氟乙烯(PVC)中	$4.1×10^{-3}$	54

类似于在玻璃中的扩散一样,在高分子材料中也常用渗透率而不是扩散系数来描述扩散行为。由于高聚物中非晶态区域的结构比较开放,一些小分子也可以在高聚物中穿过,其机制与金属中的间隙扩散相似。结构越开放,渗透率越高,而且渗透率还与分子大小、极性有关。

例如,低密度聚乙烯比高密度聚乙烯的渗透率高;聚乙烯的氧气渗透率远远高于水蒸气的渗透率;极性基聚合物(如乙烯醇)的水蒸气渗透率高于氧气的渗透率。根据各种聚合物对不同介质的不同渗透率和各种使用场合的要求,合理选用聚合物是非常重要的。例如,用于包装食品的聚合物应具有适当的阻隔水、气等性质,以避免空气透过薄膜致使食物腐烂;类似的,由于陶瓷或金属粉末对水蒸气、氧气或二氧化碳等相对敏感,保存它们的容器应具有适当的阻隔水、气等性质,在这些场合下可采用对空气渗透率低的高密度聚乙烯容器。又例如,用于橡胶、涂料和陶瓷的氧化锌必须储存在聚乙烯袋中以避免与空气中的水蒸气发生作用。

针对聚合物对不同介质具有不同渗透率的这一特性,可用它来作分离膜(过滤器)。如需要分离两种有机气体,且这两种气体分子的尺寸相差又较大,可选用一种聚合物分离膜,让小分子渗透过该聚合物膜到达另一侧,而大分子则完全不发生扩散,留了下来。又如一种极性膜允许非极性分子通过,而对极性分子则起到屏障作用。图 4.21 所示为不同尺寸杂质分子在天然橡胶中的扩散系数:

$$D = K/S,$$

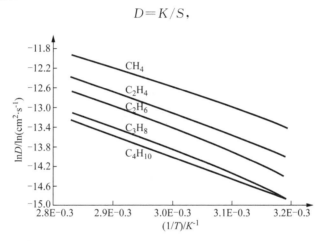

图 4.21　CH_4(甲烷),C_2H_4(乙烯),C_2H_6(乙烷),C_3H_3(丙烷)和 C_4H_{10}(丁烷)
在天然橡胶中的扩散系数

式中,K 为渗透率,S 为标准状态下气体在天然橡胶中的溶解度。从图中可清楚地看到扩散系数随扩散分子尺寸加大而降低的现象。

中英文主题词对照

物质传输	mass transport	扩散	diffusion
稳态扩散	steady state diffusion	非稳态扩散	nonsteady-state diffusion
菲克第一定律	Fick's first law	菲克第二定律	Fick's second law
扩散通量	diffusion flux	扩散率	diffusion rate
驱动力	driving force	浓度梯度	concentration gradient
化学势梯度	chemical potential gradient	扩散系数	diffusion coefficient
热激活	thermal activation	激活能	activation energy
无规行走	random walk	漂移	drift
原子跳跃	atomic jumping	迁移率	mobility
相对分子质量	relative molecular mass	相对原子质量	relative atomic mass
质量分数	mass fraction	质量浓度	mass concentration
原子分数	atomic fraction	摩尔分数	mole fraction
热扩散	thermal diffusion	扩散距离	diffusion distance
扩散机制	diffusion mechanism	交换机制	exchange mechanism
空位机制	vacancy diffusion mechanism	间隙机制	interstitial mechanism
晶格间原子	interstiticalcy	挤列	crowdion
晶界扩散	grain boundary diffusion	晶格扩散	lattice diffusion
表面扩散	surface diffusion	体扩散	volume diffusion
空位扩散	vacancy diffusion	自扩散	self diffusion
自扩散系数	self-diffusion coefficient	互扩散	interdiffusion
短路扩散	shortcircuit diffusion	高扩散率通道	high-diffusivity path
位错扩散	dislocation pipe diffusion	间隙扩散	interstitial diffusion
杂质扩散	impurity diffusion	上坡扩散	up-hill diffusion
下坡扩散	down-hill diffusion	反应扩散	reaction diffusion
扩散相变	diffusion transformation	浓度分布曲线	concentration profile
柯肯达尔效应	Kirkendall effect	俣野面	Matano interface
影响扩散因素	factors affecting diffusion	阿仑尼乌斯方程	Arrhenius equation
渗碳	carburzing, carburization	渗氮	nitriding, nitridation
离子扩散	ionic diffusion	化学计量比	stoichiometric ratio
肖脱基型缺陷	Schottky defect	弗伦克尔缺陷	Frenkel defect
扩散偶	diffusion couple	分子扩散	molecular diffusion
分子运动	molecular motion	多重性	multiplicity
时间依赖性	time dependence	驰豫时间	relaxation time
渗透性,透气性	permeability		

主要参考书目

[1] 蔡珣. 材料科学与工程基础辅导与习题[M]. 上海：上海交通大学出版社，2013.

[2] 徐祖耀，李鹏兴. 材料科学导论 [M]. 上海：上海科学技术出版社，1986.

[3] 胡赓祥，蔡珣，戎咏华. 材料科学基础 [M]. 第 3 版. 上海：上海交通大学出版社，2010.

[4] 胡赓祥，钱苗根. 金属学 [M]. 上海：上海科学技术出版社，1980.

[5] 卢光熙，侯增寿. 金属学教程 [M]. 上海：上海科学技术出版社，1985.

[6] 曹明盛. 物理冶金基础 [M]. 北京：冶金工业出版社，1988.

[7] 余永宁. 材料科学基础 [M]. 北京：高等教育出版社，2006.

[8] Kirkaldy J S. Diffusion in the Condensed State [M]. Belfast：The Universities Press Ltd，1987.

[9] Shewmon P G. Diffusion in Solids [M]. USA：McGraw-Hill，1963.

[10] Kingery W D，Bowen H K，Uhlmann D R. Introduction to Ceramics [M]. 2nd ed. USA：John Wiley & Sons,1976.

[11] Crank J. The Mathematics of Diffusion [M]. 2nd ed. Oxford：Oxford Clarendon Press，1980.

[12] Askeland D R，Phule P P. The Science and Engineering of Materials [M]. 4th ed. USA：Thomson Learning,2004.

[13] William D. Callister，Jr. Materials Science and Engineering：An Introduction [M]. 5th ed. USA：John Wiley & Sons,2000.

[14] Smith W F. Foundations of Materials Science and Engineering [M]. New York：McGraw-Hill Book Co. ，1992.

[15] Cahn R W，Haasen P. Physical Metallurgy [M]. 4th ed. New York：Elsevier Science Publishing,1996.

第5章 相 图

从第 2 章"固体结构"中,得知组成材料最基本的、独立的物质为组元,组元可以是纯元素,也可以是化合物。材料可由单一组元组成,也可以由多种组元组成。研究多组元材料的性能,首先要了解各组元间在不同的物理、化学条件下的相互作用,以及由此而引起的系统状态的变化及相的转变。而相是材料中在化学上和结构上均匀的区域。单相材料是在各点具有相同成分和结构的材料。工程上所用的材料大都由两个或多个相组成。多相材料的整体性能往往取决于材料中存在相的数目、各相的成分与结构、这些相的相对含量以及尺寸大小和空间分布等等。相图就是描写在平衡条件下,系统状态或相的转变与成分、温度及压力间关系的简明图解。从相图上可以清楚地了解该体系在各种温度和压力下所存在的相态、相成分和各个相的含量,以及当温度和压力变化时,将发生什么类型的相转变,在什么条件下转变等等。这些知识在材料科学中是极为重要的,所以,掌握相图的分析和使用方法,可以帮助分析和了解材料在不同条件下的相的平衡存在状态和相转变规律,研制、开发新的材料以及预测材料的性能。相图还可为制定材料制备工艺,如金属材料的熔炼、锻造、焊接、热处理工艺以及陶瓷的烧结等工艺提供重要理论依据。

本章将在回顾相图热力学的基础上,分析讨论单元系、二元系和三元系相图的几何结构,并结合典型的相图实例进行分析,最后则简单介绍相图的计算。需要说明的是对于高分子材料,由于其相对分子质量很大,高分子中包含的结构单元可能不止一种,每一种结构单元又可能具有不同的构型,成百上千个结构单元连接起来时,还可能有不同的键接方式与序列,再加上大多数高聚物熔化过程极难达到平衡和结晶的非完整性,因此,高聚物系统相当复杂。而且,实验观察和计算表明,除非高聚物的化学结构非常相似,否则它们通常是不相容的。所以,本章不予讨论高聚物相图。

5.1 相图的热力学基础

相图就是描写系统中各相的平衡存在条件以及相与相之间平衡关系的图解。系统中的相平衡必然遵循一般的热力学规律,故相图是以热力学为基础的。相图热力学理论对于指导相图的建立、正确理解分析和应用相图等方面具有十分重要的作用。

5.1.1 吉布斯自由能与成分的关系

由热力学原理可知,吉布斯(Gibbs)自由能为

$$G = H - TS = u + pV - TS,$$ (5.1)

对上式微分,得

$$dG = du + pdV + Vdp - TdS - SdT。$$ (5.2)

而在一个给定系统内,当发生任意无限小可逆变化时,系统内能变化则为

$$du = TdS - pdV + \sum_{i}^{k} \mu_i dx_i,$$ (5.3)

式中，μ_i 代表组元 i 的化学位，或称偏摩尔吉布斯自由能；x_i 为组元 i 的摩尔分数。

现将式(5.3)代入式(5.2)，则

$$\mathrm{d}G = V\mathrm{d}p - S\mathrm{d}T + \sum_{i}^{k}\mu_i\mathrm{d}x_i, \tag{5.4}$$

式(5.4)即为组分可变体系的吉布斯自由能的微分式，是热力学的基本方程式。当温度和压力恒定时，自由能主要受成分控制。

下面以二元系为例来讨论，当 A，B 两种组元形成一种固溶体时，引起的自由能变化。若热力学温度为 T，吉布斯自由能的变化值为

$$\Delta G_{\mathrm{m}} = \Delta H_{\mathrm{m}} - T\Delta S_{\mathrm{m}}。 \tag{5.5}$$

式中，$\Delta G_{\mathrm{m}} = G - G_0$，而 G_0 为 A，B 组元混合前的吉布斯自由能总和，可写为

$$G_0 = \mu_A^0 x_A + \mu_B^0 x_B \tag{5.6}$$

式中，μ_A^0，μ_B^0 分别为 A，B 组元在 T 时的化学位；x_A，x_B 分别为 A，B 组元的摩尔分数，且 $x_A + x_B = 1$。

因此，

$$G = G_0 + \Delta G_{\mathrm{m}} = \mu_A^0 x_A + \mu_B^0 x_B + \Delta H_{\mathrm{m}} - T\Delta S_{\mathrm{m}}, \tag{5.7}$$

式中，ΔS_{m} 为混合熵，即形成固溶体后系统熵的增量：

$$\Delta S_{\mathrm{m}} = S_{AB} - S_A - S_B, \tag{5.8}$$

式中，S_{AB} 为固溶体的熵值，S_A 和 S_B 分别为固溶前纯组元 A 和 B 的熵。

根据统计热力学，组态熵的定义：$S = k\ln W$，上式可写为

$$\Delta S_{\mathrm{m}} = k(\ln W_{AB} - \ln W_A - \ln W_B), \tag{5.9}$$

式中，k 为波耳兹曼常数，W_{AB} 表示固溶体中 N_A 个 A 原子和 N_B 个 B 原子互相混合的任意排列方式的总数目：

$$W_{AB} = \frac{(N_A + N_B)!}{N_A!\ N_B!}$$

$$\ln W_{AB} = \ln\left[\frac{(N_A + N_B)!}{N_A!\ N_B!}\right]。$$

当 N_A 和 N_B 值都非常大时，可用 Stirling 公式($\ln N! \approx N\ln N - N$)将上式简化为

$$S_{AB} = -k(N_A + N_B)\left(\frac{N_A}{N_A + N_B}\ln\frac{N_A}{N_A + N_B} + \frac{N_B}{N_A + N_B}\ln\frac{N_B}{N_A + N_B}\right). \tag{5.10}$$

$$= -R(x_A\ln x_A + x_B\ln x_B),$$

式中，$R = kN$ 为气体常数。

由于 W_A 及 W_B 是同类原子的排列，所以

$$W_A = 1, \quad \ln W_A = 0;$$

$$W_B = 1, \quad \ln W_B = 0。$$

所以　　$\Delta S_{\mathrm{m}} = S_{AB} - S_A - S_B = k(\ln W_{AB} - \ln W_A - \ln W_B) = -R(x_A\ln x_A + x_B\ln x_B)。$ (5.11)

而式(5.5)中的 ΔH_{m} 为混合焓。根据 $H = U + pV$，得 $\Delta H = \Delta U + p\Delta V$，考虑混合时体积变化不大，$\Delta V$ 可忽略，故 $\Delta H \approx \Delta U$，$\Delta H_{\mathrm{m}} \approx \Delta U_{\mathrm{m}}$，即混合焓的变化主要反映在内能的变化上。内能的变化则是由最近邻原子的结合键能的变化所引起，次近邻原子之间的结合键能可忽略，而通常最近邻原子的结合键能仅与原子对的种类有关。可以推导得

$$\Delta H_{\mathrm{m}} \approx \Delta U_{\mathrm{m}} = U - U_0 = \Omega x_A x_B, \tag{5.12}$$

式中，$\Omega=Nz\left(e_{AB}-\dfrac{e_{AA}+e_{BB}}{2}\right)$，称为相互作用参数，表示固溶体中 A，B 原子间的作用大小，N 为阿伏加德罗常数，z 为配位数，e_{AA}，e_{BB} 和 e_{AB} 分别为 A-A，B-B 和 A-B 对组元的结合键能。

将式(5.11)、式(5.12)代入式(5.7)，即得固溶体的吉布斯自由能表达式，

$$G=\mu_A^0 x_A+\mu_B^0 x_B+\Omega x_A x_B+RT(x_A\ln x_A+x_B\ln x_B)。 \tag{5.13}$$

图 5.1 表示了三种不同 Ω 情况下固溶体的吉布斯自由能-成分曲线。

图 5.1(a)是 $\Omega<0$，具有放热效应的固溶体情况，即组元间形成 A-B 对的能量低于 A-A 和 B-B 对的平均能量，所以固溶体的 A，B 组元互相吸引，形成短程有序分布，在极端情况下会形成长程有序。在整个成分范围内，曲线为 U 形，只有一个极小值，其曲率 $\dfrac{d^2G}{dx^2}$ 均为正值。

图 5.1(b)是 $\Omega=0$，形成时没有热效应的情况，即组元间形成 A-B 对的能量等于 A-A 和 B-B 对的平均能量，组元的配置是随机的，这种固溶体称为理想固溶体，曲线也是 U 形的。固溶度很小的固溶体往往可以作为理想溶体来处理。

图 5.1(c)是 $\Omega>0$ 为具有吸热效应的固溶体情况，即组元间形成 A-B 对的能量高于 A-A 和 B-B 对的平均能量，意味着 A-B 对结合不稳定，A，B 组元倾向于分别聚集起来，形成偏聚状态，自由能-成分曲线有两个极小值，即 E 和 F。在拐点$\left(\dfrac{d^2G}{dx^2}=0\right)q$ 和 r 之间的成分内，曲率 $\dfrac{d^2G}{dx^2}<0$，故曲线为 $\bigcap$ 形；在 E 和 F 之间成分范围内的体系，都分解成两个成分不同的固溶体，即固溶体有一定的溶混间隙。

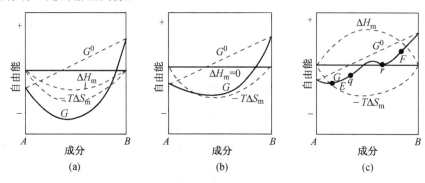

图 5.1 固溶体的吉布斯自由能-成分曲线

(a) $\Omega<0$　(b) $\Omega=0$　(c) $\Omega>0$

总而言之，二元系中固溶体吉布斯自由能与成分的关系曲线为平面曲线，呈简单"U"形或波浪形，两相混合物的吉布斯自由能在连接两组成相吉布斯自由能的直线上；三元系中相的吉布斯自由能—成分关系呈一空间曲线。

5.1.2 相平衡的公切线法则

当获得某一相的吉布斯自由能-成分关系曲线后，即可很方便地根据自由能-成分曲线用图解法求出其化学势。这时可在任一相的吉布斯自由能-成分曲线上某一点作切线，使其与两端纵坐标相交，与 A 组元的截距表示 A 组元在固溶体成分为切点成分时的化学势 μ_A；而与 B 组元的截距表示 B 组元在固溶体成分为切点成分时的化学势 μ_B。在二元系中，若 α 和 β 两相平衡时，热力学条件为 $\mu_A^\alpha=\mu_A^\beta$，$\mu_B^\alpha=\mu_B^\beta$，即两组元分别在两相中的化学势相等，因此，两相平衡

时的成分可由两相自由能-成分曲线的公切线所确定,如图 5.2 所示。

$$\begin{cases} \dfrac{\mathrm{d}G_\alpha}{\mathrm{d}x}=\dfrac{\mu_B^\alpha-\mu_A^\alpha}{\overline{AB}}=\mu_B^\alpha-\mu_A^\alpha, \\[3mm] \dfrac{\mathrm{d}G_\beta}{\mathrm{d}x}=\dfrac{\mu_B^\beta-\mu_A^\beta}{\overline{AB}}=\mu_B^\beta-\mu_A^\beta, \end{cases} \tag{5.14}$$

从图中可知,

式中,$\overline{AB}=1$,根据上述相平衡条件,可得两者切线斜率相等。对于二元系,在特定温度下可出现三相平衡,如出现 α,β 和 γ 三相平衡,其热力学条件为 $\mu_A^\alpha=\mu_A^\beta=\mu_A^\gamma$,$\mu_B^\alpha=\mu_B^\beta=\mu_B^\gamma$,根据上述分析可知,三相的切线斜率相等,即为它们的公切线,其切点所示的成分分别表示 α,β,γ 三相平衡时的成分,切线与 A,B 组元轴相交的截距就是 A,B 组元在三相中的化学势,如图 5.3 所示。

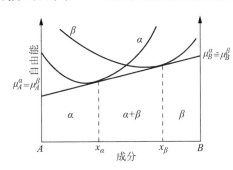

图 5.2　两相平衡的自由能曲线

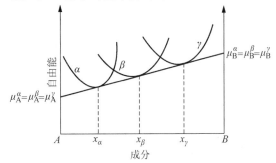

图 5.3　二元系中三相平衡时的自由能-成分曲线

5.1.3　相图的几何热力学作图法

利用对吉布斯自由能曲线作公切线,找出平衡相的成分和存在范围,然后综合画在温度-成分坐标图上,从而构造相图的方法称为几何热力学作图法。因此,可利用热力学原理来推测相应的相图。但这种几何作图法求解相平衡成分虽然直观,但繁琐,对于多元系不适用,通常只用于二元系相图。

图 5.4 为在 T_1,T_2,T_3,T_4 及 T_5 温度下液相(L)和固相(S)的自由能-成分曲线求得的 A,B 两组元完全互溶的匀晶相图。图 5.5 为在上述 5 个不同温度下 L,α 和 β 相的自由能-成

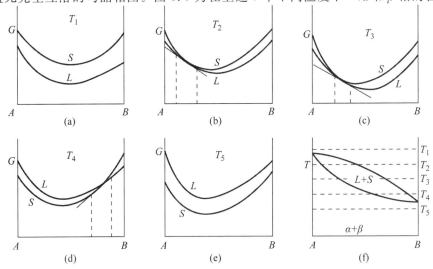

图 5.4　由一系列自由能曲线求得的两组元互相完全溶解相图

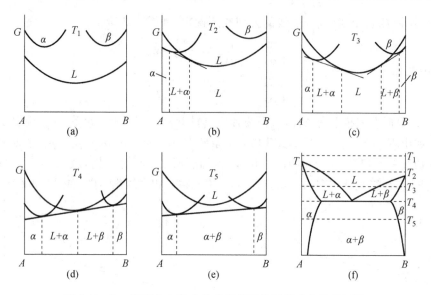

图 5.5   由一系列自由能曲线求得的两组元组成共晶系相图

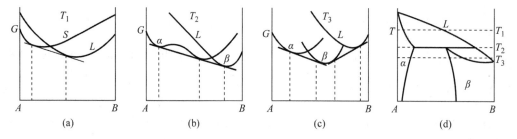

图 5.6   包晶相图与自由能的关系

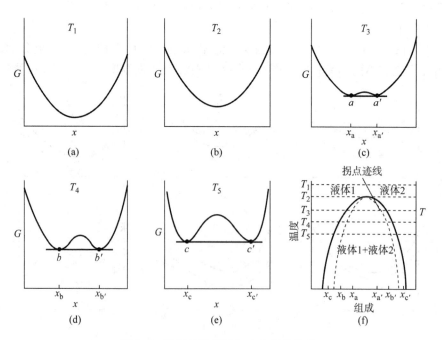

图 5.7   溶混间隙相图与自由能的关系

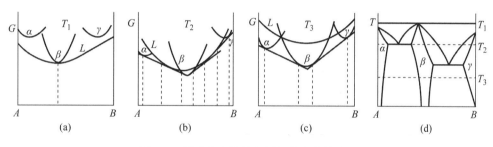

图 5.8　形成化合物的相图与自由能的关系

分曲线求得的 A,B 两组元形成共晶系相图。图 5.6、图 5.7 和图 5.8 分别为包晶相图、溶混间隙相图和形成化合物相图与自由能-成分曲线的关系。

5.2　相图的基本知识

采用的热力学变量不同,可以构成不同类型的相图,所以相图的形式和种类很多,如温度-浓度(T-x)图、温度-压力-浓度(T-p-x)图、温度-压力(T-p)图,以及立体模型图解(如三元相图)和它们的某种切面图、投影图等。根据研究内容的需要,可选择方便的图解,以形象地阐明其相互关系。但是,并不是任意选用热力学变量所获得的相图都有实用意义。对于材料科学工作者来说,最关心的是凝聚态。压力变化不大的情况下,压力对凝聚态相平衡的影响可以忽略。所以,除了特殊情况外,通常使用以温度 T 和成分 x_i(第 i 组元的摩尔分数)或 w_i(第 i 组元的质量分数)为坐标的相图。

5.2.1　相图的建立

相图的建立可以用实验方法,也可以用计算方法,目前所用的相图基本上都是通过实验测定的。具体的实验方法有:热分析法、金相分析法、硬度测定法、X 射线结构分析法、膨胀法及磁性法等。所有这些方法都是以相变发生时其物理参量发生突变(如比体积、磁性、比热容、硬度、结构等)为依据的。通过实验测出突变点,依此确定相变发生的温度。这些方法中,热分析法最为常用和直观,下面简单说明热分析法的基本操作过程。

现以 Cu-Ni 二元合金为例,说明绘制二元相图的过程。先配制一系列不同含 Ni 量的 Cu-Ni 合金,测出它们从液态到室温的冷却曲线,得到相应临界点。图 5.9(a)给出 w(Ni)为 30%,50%,70% 的 Cu-Ni 合金及纯 Cu,Ni 的冷却曲线。从图中可见,纯组元 Cu 和 Ni 的冷却曲线均有一个水平台,表明其凝固在恒温下进行,凝固温度分别为 1083℃ 和 1452℃;而其他 3 条二元合金曲线则为二次转折线,不出现水平台,温度较高的转折点(临界点)表示凝固的开始温度,而温度较低的转折点对应凝固的终了温度。这说明这 3 个 Cu-Ni 合金的凝固与纯金属不同,是在一定温度区间内进行的。将这些临界点所对应的温度和成分分别标在二元相图的纵坐标和横坐标上,每个临界点在二元相图中对应一个点,再将凝固的开始温度点和终结温度点分别连接起来,就得到图 5.9(b)所示的 Cu-Ni 二元相图。由凝固开始温度连接起来的相界线称为液相线,由凝固终了温度连接起来的相界线称为固相线。为了精确测定相变的临界点,用热分析法测定时必须非常缓慢冷却,力求达到热力学的平衡条件,一般控制在每分钟 0.15~0.5℃ 之内。

实验方法建立的相图精确度的影响因素有材料的纯度、实验方法的灵敏度、样品平衡条件

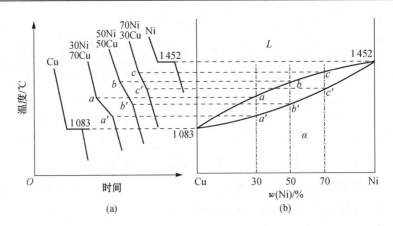

图 5.9　用热分析法建立 Cu-Ni 相图

(a) 冷却曲线　(b) 相图

的控制以及人为主观因素等，因此，同一合金系，不同研究者，不同的历史年代，测出的相图会有所不同，可用热力学方法进行分析、校正。

5.2.2　相律

相律是描述系统的组元数、相数和自由度间关系的法则。相律有多种，其中最基本的是吉布斯相律，其通式如下：

$$f = C - P + 2,\tag{5.15}$$

式中，f 为体系的自由度数，它是指不影响体系平衡状态的独立可变参数（如温度、压力、浓度等）的数目，不包括材料的成分，C 为体系的组元数，P 为平衡共存的相数目。

对于不含气相的凝聚体系，压力在通常范围的变化对平衡的影响极小，一般可认为是常量。因此相律可写成下列形式：

$$f = C - P + 1。\tag{5.16}$$

相律给出了平衡状态下体系中存在的相数与组元数及温度、压力之间的关系，对分析和研究相图有重要的指导作用。

首先，利用相律可以判断在一定条件下系统最多可能平衡共存的相数目。从式(5.15)可以看出，当组元数 C 给定时，自由度 f 越小，平衡共存的相数便越多。由于 f 不能为负值，其最小值为零。取其最小值 $f = 0$，从式(5.15)可以得出：

$$P = C + 2,$$

若压力给定，应去掉一个自由度：

$$P = C + 1,\tag{5.17}$$

式(5.17)表明：在压力给定的情况下，系统中可能出现的最多平衡相数比组元数多 1。例如：一元系 $C = 1$，$P = 2$，即最多可以两相平衡共存。如纯金属结晶时，其温度固定不变，同时共存的平衡相为液相和固相；二元系 $C = 2$，$P = 3$，最多可以三相平衡共存；三元系 $C = 3$，$P = 4$，最多可以四相平衡共存；依此类推，n 元系，最多可以 $n + 1$ 相平衡共存。

根据相律还可知，系统中可独立改变的自由度数。例如，在二元系中，在单相区内，$f = 2 - 1 + 1 = 2$，说明有两个独立变量，可独立改变温度和成分而仍然能保持单相状态；若在两相区内，$f = 2 - 2 + 1 = 1$，温度和成分中只有一个独立变量，即在此相区内任意改变温度，则成分随之而变,不能独立变化,反之亦然;若在合金中有三相共存,则 $f=0$,说明此时三个平衡相的成分和温度都固定不变,属恒温转变,故在相图上表示为水平线,这称为三相平衡水平线。

5.2.3 杠杆定律

根据相律得知,二元系统两相平衡共存时,其自由度 $f=1$。若温度一定,则自由度 $f=0$,说明在该温度下,两个平衡相的成分也随之而定。

图 5.10 为 Cu-Ni 二元匀晶相图,若在 t 温度下通过合金的表象点 O' 作一水平线,水平线与液相线、固相线分别交于 a,b 两点,而在成分轴上的其投影点分别为 w_{Ni}^L 和 w_{Ni}^a,即为该温度下 Ni 在液相 L 及固相 α 中的质量分数。

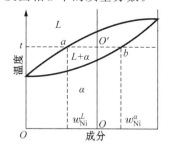 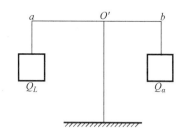

图 5.10 Cu-Ni 二元匀晶相图和杠杆定律示意图

若 Cu-Ni 二元合金的总质量为 Q_0,t 温度时液相的质量为 Q_L,而固相 α 的质量为 Q_a。由于液、固两相的质量和应等于合金的总质量 Q_0,

$$Q_0 = Q_L + Q_a。$$

液相中所含镍的质量应为 $Q_L w_{\text{Ni}}^L$,固相中所含镍的质量为 $Q_a w_{\text{Ni}}^a$,合金中所含镍的总质量为 $Q_0 w_{\text{Ni}}^0$。由此可得

$$Q_0 w_{\text{Ni}}^0 = Q_L w_{\text{Ni}}^L + Q_a w_{\text{Ni}}^a = (Q_0 - Q_a) w_{\text{Ni}}^L + Q_a w_{\text{Ni}}^a,$$

整理可得

$$\frac{Q_a}{Q_0} = \frac{w_{\text{Ni}}^0 - w_{\text{Ni}}^L}{w_{\text{Ni}}^a - w_{\text{Ni}}^L} \times 100\%, \frac{Q_L}{Q_0} = \frac{w_{\text{Ni}}^a - w_{\text{Ni}}^0}{w_{\text{Ni}}^a - w_{\text{Ni}}^L} \times 100\%,$$

$$Q_a (w_{\text{Ni}}^a - w_{\text{Ni}}^0) = Q_L (w_{\text{Ni}}^0 - w_{\text{Ni}}^L)。 \tag{5.18}$$

从式(5.18)可以看出,合金中两相相对含量的关系就如力学中的杠杆原理一样,故称为"杠杆定律"。

应用杠杆定律,关键在于正确选择杠杆的两个端点和支点。两个端点是组成该系统的两个子系统的成分点,而杠杆的支点则是两个子系统的成分的加权平均值。因此,杠杆定律既可用来计算系统中相的相对量,又可用来计算系统中组织组成物的相对量;不仅可用来计算两个子系统的相对量,还可用来计算多个子系统的相对量;不但可用于平衡系统,而且还可用于非平衡系统。

5.2.4 相图的类型和结构

根据相图组元的多少,可分为单元系、二元系、三元系…相图。仅以二元系相图为例,相图的类型则有:①二组元在液态无限溶解,固态下也无限溶解,形成连续固溶体的匀晶相图;②二组元在液态无限溶解,固态有限溶解,有共晶反应,形成机械混合物的共晶相图;③二组元在液态无限溶解,固态有限溶解,有包晶反应的包晶相图;④二组元在液态无限溶解,固态形成化合物的相图;⑤二组元在液态无限溶解,固态有共析或包析转变的相图;⑥二组元在液态有限溶解,有偏晶或合晶反应的相图;⑦其他相图等等。至于三元系、伪三元系相图的类型则更加复杂。

然而,尽管相图类型不同,其基本结构相似,每一相图都包括以下部分:

(1)组元——系指组成相图的独立组成物,它有确定的熔点,且不会转化为其他组成物。组元可以是纯的元素,也可以是稳定的化合物。

(2)相区——相图中代表不同相的状态的区域叫相区,可分为单相区、两相区、三相区和四相区等。相图内两个毗邻相区的相数差总是等于一,不能大于一,也不能等于零,即单相区与两相区或两相区与三相区总是交迭相间的。相数差大于一的相区只能相交于一点。这就是相区接触法则。在常压下,相区接触法则可用下式表示:$n=C-\Delta P$。式中,C 为组元数,ΔP 为相邻相区相数的差值,n 为相邻相区接触的维数,即 $n=0$ 时为点接触,$n=1$ 时为线接触,$n=2$ 时为面接触。

在二元相图上,将各相区分隔开的曲线称为相界线。相界线是相平衡的体现,平衡相成分必须沿着相界线随温度而变化。由于相界线的特性不同,可分为:①液相线:其上全为液相,线下有固相出现。②固相线:其下全为固相。③固溶线:当单相固溶体处于有限溶解时,其饱和溶解度取决于温度。温度降低,溶解度减少。因此,自固溶体中析出第二相,相图中以固溶线反应这种析出转变。④水平反应线:在共晶、包晶等类型相图中有水平线,代表在此恒定温度下发生某种三相反应。⑤其他相界线:不具有以上特性,仅作为相区分界线的相界线。在二元相图上,单相区中液相一般以 L 表示,当有几个固态单相区时,则由左向右依次以 α,β,γ 等符号表示。在两个单相区之间必定有一个由该两相组成的两相区把它们分开,而不能以一条线接界。两个两相区必须以单相区或三相水平线隔开,三相平衡区是水平反应线。

三元相图与二元相图的区别在于增加了一个成分变量,故三元相图是三维的立体模型。在三元相图上,将各相区分隔开的面叫相界面。这里,分隔每一个相区的是一系列空间曲面。同样,有液相面、固相面、固溶面等。两相区与三相区的界面由不同温度下两个平衡相的共轭线组成,四相平衡区是恒温水平面。

(3)组织区——组织是指在显微镜下观察到的具有独特形态的组成部分。组织由相组成,有单相组织、二相组织、三相组织、四相组织等。由于相的相对含量、尺寸大小、形状和空间分布不同,在显微镜下呈现的特征不同,因而显示不同的组织形貌,从而使材料具有不同的性能。

5.3　单元相图

根据相律的通式(5.14),单元系相图的相律可写为
$$f=C-P+2=1-P+2=3-P。$$

从上式中可得知,单相状态时,$f=2$,即温度、压力均可独立变动;两相共存时,$f=1$,说明温度或压力只有一个可以独立变化;三相共存时,$f=0$,即温度、压力均固定而不能变动,在相图上表现为一点。可见,对于单元系统,在压力不为常量的情况下,最多可有三相平衡共存。

下面以 H_2O 为例,说明单元系相图的表示和测定方法。

众所周知,H_2O 可以气态、液态和固态的形式存在,即以气、水和冰的形式存在。绘制 H_2O 的相图时,首先测出水-气、冰-气和水-冰两相平衡时的各个温度和压力,然后,以温度为横坐标,压力为纵坐标作图,将它们标在图中

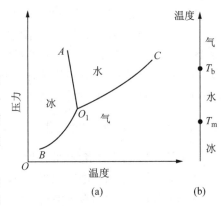

图 5.11　H_2O 的相图
(a) 温度与压力能都变动的情况
(b) 只有温度能变动的情况

相应位置上,再将这些点连接起来,就得到如图 5.11 所示的 H_2O 相图。

在图 5.11(a)中有三条曲线:水和水蒸气两相共存的平衡曲线 O_1C;冰和气两相共存的平衡曲线 O_1B 以及水与冰两相共存的平衡曲线 O_1A。它们将相图分为三个区域:气相区、水区和冰区。在每个区中只有一相存在,由相律可知,其自由度为 2,表示在该区内温度和压力的变化不会产生新相。在 O_1A、O_1B 和 O_1C 三条曲线上,两相共存,$P=2$,故 $f=1$。这就是说,为了维持两相平衡,温度和压力两个变量中只有一个可独立变化,另一个必须按曲线作相应改变。O_1A、O_1B 和 O_1C 三条曲线交于 O_1 点,它是气、水、冰三相平衡点。根据相律,此时,$f=0$,因此,三相共存时,温度和压力都不能变动。

若外界压力保持恒定,如均为一个标准大气压,那么单元系相图只需用一个温度轴来表示,如图 5.11(b)所示。根据相律,在气、水、冰的各单相区内($f=1$),温度可在一定范围内变动。在熔点 T_m 和沸点 T_b 处,两相共存,$f=0$,故温度不能变化,系恒温过程。

在单元系中,除了有气、液、固三相之间的转变外,某些物质固相中还可能出现同素异构转变,或称多晶型转变。图 5.12 是纯铁相图,其固相就有同素异构转变,随温度的变化,先后有三种同素异构体出现,其中 δ-Fe 和 α-Fe 是体心立方结构,两者点阵常数略有不同,而 γ-Fe 是面心立方结构。图中三个固相区之间有两条晶型转变线把它们彼此分开。工程上,通常外界压力为一个标准大气压,对金属往往也只考虑沸点以下的温度变化情况,因此,纯金属相图完全可用一根温度轴来表示,如图 5.12(b)所示。这里,T_m(1 538℃)是纯铁的熔点;A_4 点(1 394℃)是 δ-

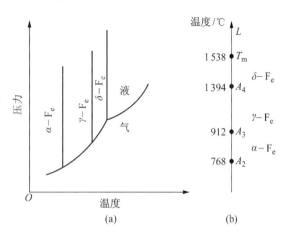

图 5.12 (a) 纯铁的相图和(b)仅温度变动的情况

Fe 和 γ-Fe 的转变点;A_3 点(912℃)是 γ-Fe 和 α-Fe 的转变点;A_2 点(768℃)是磁性转变点。

具有多晶型转变的物质,除了某些纯金属外,还有某些化合物。例如,全同聚丙烯在不同的结晶温度下,可形成单斜(α 型),六方(β 型)和三方(γ 型)三种晶系结构。又如在硅酸盐材料中,SiO_2 在不同温度和压力下可呈现四种晶体结构,即 α-石英,β-石英,β_2-鳞石英,β-方石英,如图 5.13 所示。

下面从热力学角度加以讨论。

设在一定温度和压力下,某物质处于两相平衡状态,若温度改变 dT,压力相应地改变 dp 之后,两相仍呈平衡状态。

根据等温等压下的平衡条件 $\Delta G=0$,考虑 1mol 物质吉布斯自由能变化

$$\Delta G=G_2-G_1=0,\text{即 } dG_2=dG_1,$$

因为

$$dG=-SdT+Vdp,$$

于是

$$-S_1dT+V_1dp=-S_2dT+V_2dp,$$

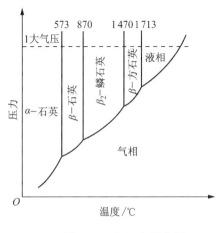

图 5.13 SiO_2 相平衡图

$$\frac{\mathrm{d}p}{\mathrm{d}T} = \frac{S_2 - S_1}{V_2 - V_1} = \frac{\Delta S}{\Delta V}. \tag{5.19}$$

由于过程是在恒温恒压下进行,故

$$\Delta S = \int_1^2 \frac{\mathrm{d}Q}{T} = \int_1^2 \frac{\mathrm{d}H}{T} = \frac{\Delta H}{T},$$

代入式(5.19)得

$$\frac{\mathrm{d}p}{\mathrm{d}T} = \frac{\Delta H}{T\Delta V}. \tag{5.20}$$

式中,ΔH 为摩尔相变焓,ΔV 为参加反应的相的摩尔体积变化,T 为两相平衡温度。

此公式(5.20)即为克劳修斯-克莱普隆方程,适应于任何物质的两相平衡体系。

在单元系的 $p\text{-}T$ 相图中,$\dfrac{\mathrm{d}p}{\mathrm{d}T}$ 表示每一条两相平衡曲线的斜率,其大小与 ΔH 及 ΔV 有关。

如果是从固相或液相过渡到气相,前者的体积与后者相比可以忽略,将气体方程式 $V = RT/p$ 代入式(5.20)得

$$\frac{\mathrm{d}p}{\mathrm{d}T} = \frac{p\Delta H}{RT^2},$$

$$\ln p = K - \frac{\Delta H}{RT},$$

$$\lg p = \frac{A}{T} + B\lg T + C. \tag{5.21}$$

式(5.21)即为蒸气压方程式,式中 K,A,B,C 为积分常数。

多数晶体由液相变为固相或高温固相变为低温固相时,会放热和收缩,即 $\Delta H < 0$ 和 $\Delta V < 0$,由此 $\mathrm{d}p/\mathrm{d}T > 0$,故相界线的斜率为正。但也有少数晶体凝固时或高温相变为低温相时,$\Delta H < 0$,而 $\Delta V > 0$,得 $\mathrm{d}p/\mathrm{d}T < 0$,则相界线的斜率为负,例如,图 5.11(a)中水和冰的相界线 (AO_1),斜率为负。对于固态中的同素(分)异构转变,由于 ΔV 常很小,所以固相线通常几乎是垂直的,见图 5.12 和图 5.13。

上述讨论的是平衡相之间的转变图,但对有些物质,相与相之间达到平衡需要很长时间,稳定相形成速度很慢,因而会在稳定相形成前,先形成亚稳相,其自由能较稳定相的高,这称为奥斯特瓦尔德(Ostwald)阶段。例如,图 5.13 所示的 SiO_2 相图,在一个标准大气压时,α-石英$\leftrightarrow\beta$-石英在 573℃ 转变能较快地进行,而且是可逆的,但图中示出的其他相变却是缓慢的,不可逆的,其原因是前者是位移型转变(在温度或压力变化时,晶体沿某一方向伸长或压缩,从而引起晶体结构的改变),后者是重建型转变(原先的化学键被破坏而重新建立,并伴随着晶胞类型、大小、对称性等的改变)。为方便起见,有时也可把亚稳相画在其上,将相图扩充,如图 5.14 所示,这里包含可能出现的亚稳型二氧化

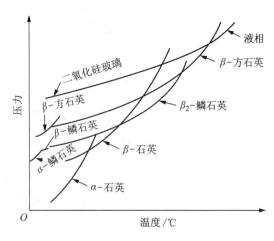

图 5.14 包含亚稳相的 SiO_2 相图

硅。注意,这时就不是平衡相图了。表 5.1 列出了 SiO_2 中可能出现的多晶型转变。室温下的稳定晶型是低温型石英,它在 573℃ 时由位移型转变成高温型石英;在 870℃ 时通过重建型转变缓慢地变成稳定的高温型鳞石英;直至 1 470℃,高温型鳞石英又一次通过重建型转变成为高温方石英。从高温冷却下来时,方石英和鳞石英会通过位移型转变形成亚稳相;高温型方石英在 200~270℃ 时转变为低温型方石英;高温型鳞石英在 160℃ 时转变成中间型鳞石英,后者到 105℃ 时再转变成低温型鳞石英。

表 5.1 二氧化硅的多晶型转变

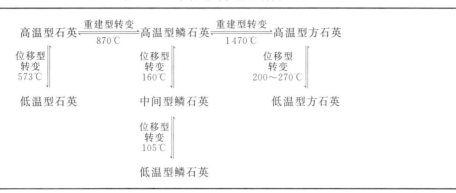

5.4 二元相图

组成相图的独立组成物,即组元为 2 的相图称为二元相图。本节着重分析、讨论二元相图中的匀晶相图、共晶相图、包晶相图以及具有重要应用价值 Fe-C 相图和 SiO_2-Al_2O_3 相图,以便我们对二元系合金在凝固过程中成分与组织之间的关系,以及它们的变化规律有较系统的了解。

5.4.1 二元匀晶相图

1. 匀晶相图

二组元在液态、固态均呈现无限互溶之特性,形成固溶体的二元相图叫二元匀晶相图。绝大多数的二元相图都包括匀晶转变部分。在金属材料中如 Cu-Ni,Fe-Cr,Ag-Au,W-Mo,Nb-Ti,Cr-Mo,Cd-Mg,Pt-Rh 等合金系均只发生匀晶转变;又如 NiO-CoO,CoO-MgO,NiO-MgO 等二元陶瓷也只发生匀晶转变。

从第 2.3 节"合金相结构"中得知,在两个组元之间形成合金时,欲达到无限互溶必须满足以下条件:两者的晶体结构相同,彼此原子尺寸相近(原子半径差小于 15%),并希望两者有相同的原子价和相似的电负性。这一适用于合金固溶体的规则,也基本适用于以离子晶体化合物为组元的固溶体,只是需以离子半径替代原子半径。例如,NiO 和 MgO 之间能无限互溶,正是因为两者的晶体结构均为 NaCl 型的,且 Ni^{2+} 和 Mg^{2+} 的离子半径分别为 0.069nm 和 0.066nm,十分接近,两者的原子价又相同;而 CaO 和 MgO 两者虽然晶体结构和原子价均相同,但它们之间不能无限互溶,因 Ca^{2+} 的离子半径为 0.099nm,与 Mg^{2+} 的相差甚远。

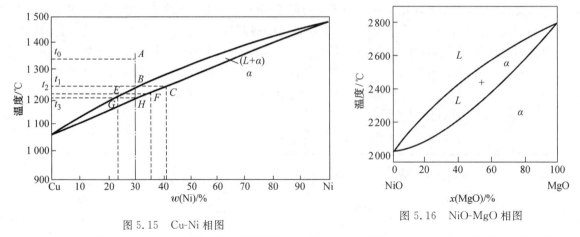

图 5.15　Cu-Ni 相图　　　　　图 5.16　NiO-MgO 相图

Cu-Ni 和 NiO-MgO 二元匀晶相图分别示于图 5.15 和图 5.16 中。匀晶相图还可有其他形式,如 Au-Cu,Fe-Co 等在相图上具有极小点,而在 Pb-Tl 等相图上具有极大点,分别如图 5.17(a)和(b)所示。对应于极大点和极小点的合金,由于液、固两相的成分相同,此时用来确定体系状态的变量数应去掉一个,于是自由度 $f=C-P+1-1=2-2+1-1=0$,即恒温转变。

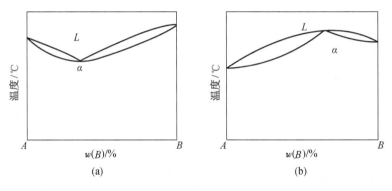

图 5.17　具有极小点与极大点的相图

（a）具有极小点　（b）具有极大点

2. 固溶体的平衡凝固

所谓平衡凝固是指在极为缓慢地冷却条件下,使合金在相变过程中有充分的时间进行组元间的互扩散,以达到平衡相的均匀成分。现以 $w(Ni)$ 为 30% 的 Cu-Ni 合金(见图 5.15)为例来说明。

液态合金自高温 A 点冷却,当冷却比到与液相线相交的 B 点($t_1=1245$℃)略低的温度后开始结晶,固相的成分可由 BC 连接线与固相线的交点 C 标出,此时含 Ni 量约为 41%。这时成分为 B 的液相和成分为 C 的固相在该温度形成两相平衡。在液相内为了形成结晶核心,需要形核功,所以需要有一定的过冷度。因此,需略低于 t_1 温度时合金才能形核和长大,此时结晶出来的固溶体成分接近于 C。随温度继续降低,固相成分沿固相线变化,液相成分沿液相线变化。当冷却到 t_2 温度(1 220℃)时,EF 连接线与液相线相交点为 E,其成分 $w(Ni)$ 约为 24%,而与固相线相交点为 F,其成分 $w(Ni)$ 约为 36%。由杠杆法即可算出,此时液、固两相的相对量各为 50%。当冷却到 t_3 温度(1 210℃)时,固溶体的成分即为原合金成分[w(Ni)为 30%],它和最后一滴液体(成分为 G)形成平衡。当温度略低于 t_3 温度时,这最后一滴液体也结晶成固溶体。合金凝固完毕后,得到的是均匀单相固溶体。该合金整个凝固过程中的组织变化示于图 5.18 中。

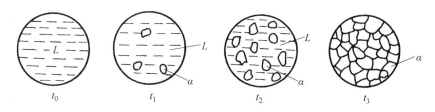

图 5.18　Cu-Ni 固溶体平衡凝固时组织变化示意图

固溶体的凝固过程与纯金属一样,也包括形核与长大两个阶段。但由于合金中存在第二组元,使其凝固过程较纯金属复杂。例如,液相合金中结晶出来的固相成分与母相(液态)合金的不同,所以形核时除需要能量起伏外还需要一定的成分起伏。另外,固溶体的凝固系在一个温度区间内进行,这时液、固两相的成分随温度下降不断地发生变化,因此,这种凝固过程必然依赖两组元原子的扩散,且有两类扩散:一是在单相(液相或固相)内进行的体内扩散;另一种则是在两相界面处发生的相间扩散。

3. 固溶体的非平衡凝固

固溶体的凝固依赖于组元的扩散,要实现平衡凝固,必须有充裕的时间让扩散顺利进行。但在工业生产中,液态合金浇铸后的冷却速度较快,组元原子得不到充分扩散,使凝固过程偏离了平衡条件,所形成的组织为非平衡组织。

在非平衡凝固中,液、固两相的成分将偏离相图中的液相线和固相线。由于固相内组元扩散相对液相内的慢得多,故固相成分偏离固相线的程度就大得多,这成了非平衡凝固过程中的主要特点。图 5.19(a)是非平衡凝固时液、固两相成分变化的示意图。由于冷速较快,往往在较大的过冷度下才开始结晶,若过冷的液态合金 I 在 t_1 温度时首先结晶出成分为 α_1 的固相,因其含铜量远低于母相的原始成分 I,故与之相邻的液相含铜量势必升高至 L_1。随后冷却到 t_2 温度,固相的平衡成分应为 α_2,液相成分则变至 L_2。但由于冷却较快,液相和固相,尤其是固相中的扩散不充分,其内部成分仍低于 α_2,甚至保留为 α_1,从而出现成分不匀现象。此时,整个固相的平均成分 α'_2 应在 α_1 和 α_2 之间,而整个液体的平均成分 L'_2 应在 L_1 和 L_2 之间。再继续冷却到 t_3 温度,结晶后的固相平衡成分应变为 α_3,液相成分变为 L_3,同样,因扩散不充分而达不到平衡凝固成分,固相的实际成分为 α_1、α_2 和 α_3 的平均值 α'_3;液相的实际成分则是 L_1、L_2 和 L_3 的平均值 L'_3。合金冷却到 t_4 温度才凝固结束。此时固相的平均成分从 α'_3 变到 α'_4,即原合金的成分 I。若把每一温度下的固相和液相的平均成分点连接起来,则分别得到图 5.19(a)中的虚线 $\alpha_1\alpha'_2\alpha'_3\alpha'_4$ 和 $L_1L'_2L'_3L'_4$,它们分别称为固相平均成分线和液相平均成分线。液、固两相的成分及组织变化如图 5.19(b)所示。

上述分析表明:

(1) 非平衡凝固时,致使固、液相平均成分不再沿原固、液相线变化,冷却速度越快,它们偏离固、液相线越严重;反之,冷却速度越慢,它们越接近固、液相线。

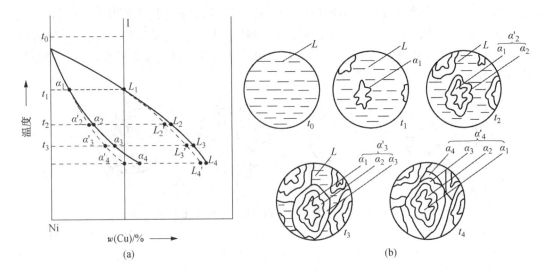

图 5.19   固溶体在不平衡凝固时液、固两相的成分变化及组织变化示意图

（2）先结晶部分总是富含高熔点组元（Ni），后结晶的部分则富含低熔点组元（Cu）。

（3）非平衡凝固最终导致凝固终了温度低于平衡凝固时的终了温度。

固溶体凝固时通常以树枝状生长方式结晶，非平衡凝固导致先结晶的枝干和后结晶的枝间的成分不同，被称为枝晶偏析。由于一个树枝晶是由一个晶核结晶而成的，故枝晶偏析属于晶内偏析。图 5.20 是 Cu-Ni 合金的铸态组织，树枝晶形貌的显示是由于枝干和枝间的成分差异引起浸蚀后颜色的深浅不同所致。如用电子探针测定，可以得出枝干是富镍的（不易浸蚀而呈白色）；分枝之间是富铜的（易受浸蚀而呈黑色）。固溶体在非平衡凝固条件下产生上述的枝晶偏析是一种普遍现象。

枝晶偏析是非平衡凝固的产物，在热力学上是不稳定的，可通过"均匀化退火"加以消除，即在固相线以下较高的温度经过长时间的保温，使原子充分扩散转变为平衡组织。注意，均匀化退火时要确保不能出现液相，以免合金"过烧"。图 5.21 是经扩散退火后的 Cu-Ni 合金的显微组织，树枝状形态已消失，电子探针微区分析的结果也证实了这点。

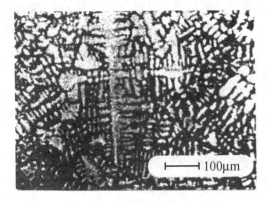

图 5.20   Cu-Ni 合金的铸态组织
（树枝晶）

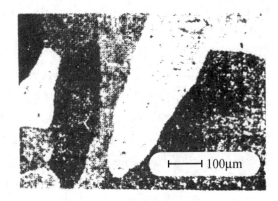

图 5.21   经扩散退火后的 Cu-Ni 合金的
显微组织

5.4.2　二元共晶相图

1. 共晶相图

两组元在液态无限互溶,固态有限互溶或完全不互溶,且冷却过程中通过共晶反应,液相可同时结晶出两个成分不同的固相($L \rightarrow \alpha + \beta$)的相图,称为共晶相图。由于共晶合金的熔点均比两组元的低,因此,共晶相图的液相线系从两端纯组元向中间凹下,两液相线的交点所对应的温度称为共晶温度。在该温度下,所生成的两相混合物($\alpha + \beta$)称为共晶组织或共晶体。

图 5.22 所示的 Pb-Sn 相图是一典型的二元共晶相图。属于这类相图的合金还有 Al-Si,Pb-Sb,Pb-Sn,Ag-Cu 等。共晶合金在铸造工业中有广泛的应用,其原因在于:①共晶合金比纯组元熔点低,便于熔化和铸造的操作;②共晶合金比纯金属有更好的流动性,可防止或降低枝晶形成,从而改善其铸造性能;③恒温转变(无凝固温度范围)减少了铸造缺陷,如偏聚和缩孔等;④共晶凝固可获得多种形态的显微组织,尤其是规则排列的层状或杆状共晶组织,可能成为优异性能的原位复合材料(in situ composite)。

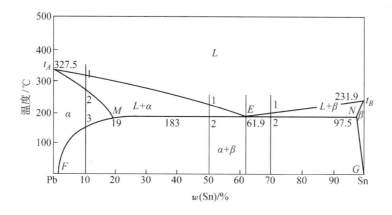

图 5.22　Pb-Sn 相图

在图 5.22 中,Pb 的熔点(t_A)为 327.5℃,Sn 的熔点(t_B)为 231.9℃。两条液相线交于 E 点,该共晶温度为 183℃。图中 α 是 Sn 溶于以 Pb 为基的固溶体,β 是 Pb 溶于以 Sn 为基的固溶体。液相线 $t_A E$ 和 $t_B E$ 分别表示 α 相和 β 相结晶的开始温度,而 $t_A M$ 和 $t_B N$ 分别表示 α 相和 β 相结晶的终了温度。水平线 MEN 称为共晶线,表示 L, α, β 三相共存的温度和各相的成分。发生共晶反应时,成分为 M 的固相 α_M 和成分为 N 的固相 β_N 同时从成分为 E 的液相 L_E 结晶出来,($\alpha_M + \beta_N$)两相混合组织称为共晶组织,该共晶反应可写成:

$$L_E \rightarrow \alpha_M + \beta_N。$$

根据相律,在二元系中,三相共存时,自由度为零,共晶转变是恒温转变,故是一条水平线。图中 MF 和 NG 线分别为 α 固溶体和 β 固溶体的饱和溶解度曲线,它们分别为随温度下降 α 和 β 固溶体的溶解度变化曲线。

在图 5.22 中,相界线把相图划分为三个单相区:L, α, β;三个两相区:$L + \alpha, L + \beta, \alpha + \beta$;而 L 相区在共晶线上部的中间,α 相区和 β 相区分别位于共晶线的两端。

2. 共晶合金的平衡凝固及其组织

现以 Pb-Sn 合金为例,讨论各种典型成分合金的平衡凝固及其显微组织。

1) $w(Sn)<19\%$ 的合金 由图 5.22 可见,当 $w(Sn)=10\%$ 的 Pb-Sn 的合金由液相缓冷至 t_1(图中标为 1)温度时,开始从液相中结晶出 α 固溶体。随着温度的降低,初生 α 固溶体的量随之增多,液相量减少,液相和固相的成分分别沿 t_AE 液相线和 t_AM 固相线变化。当冷却到 t_2 温度时,合金凝固结束,全部转变为单相 α 固溶体。这一结晶过程与匀晶相图中的平衡转变相同。在 t_2 至 t_3 温度之间,α 固溶体不发生任何变化。当温度冷却到 t_3 以下时,Sn 在 α 固溶体中呈过饱和状态,因此,多余的 Sn 以 β 固溶体的形式从 α 固溶体中析出,称为次生 β 固溶体,用 β_{II} 表示,以区别于从液相中直接结晶出的初生 β 固溶体。次生 β 固溶体通常沿初生 α 相的晶界或晶内的缺陷处优先析出。随着温度的继续降低,β_{II} 不断增多,而 α 和 β_{II} 相的平衡成分将分别沿 MF 和 NG 溶解度曲线变化。正如前已指出,可运用杠杆法则来确定 $L+\alpha$ 或 $\alpha+\beta$ 两相区内各相的相对含量。

图 5.23 为 $w(Sn)=10\%$ 的 Pb-Sn 合金平衡凝固过程示意图。所有位于 M 和 F 点之间成分的合金,平衡凝固过程都与上述合金相似,凝固至室温后的平衡组织均为 $\alpha+\beta_{II}$,只不过两相的相对含量不同而已。而成分位于 N 和 G 点之间的合金,平衡凝固过程与上述合金基本相似,但凝固后的平衡组织为 $\beta+\alpha_{II}$。

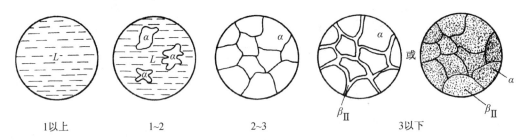

| 1以上 | 1~2 | 2~3 | | 3以下 |

图 5.23 $w(Sn)=10\%$ 的 Pb-Sn 合金平衡凝固示意图

2) 共晶合金 $w(Sn)=61.9\%$ 的合金为共晶合金(见图 5.22)。该合金从液态缓冷至 183℃ 时发生共晶反应,液相 L_E 同时结晶出 α 和 β 两种固溶体,这一过程在恒温下进行,直至凝固结束。共晶体中的 α 和 β 相的相对量可用杠杆法则计算,在共晶线下方两相区($\alpha+\beta$)中画联结线,其长度可近似为是 MN,则有

$$w(\alpha_M)=\frac{EN}{MN}\times100\%=\frac{97.5-61.9}{97.5-19}\times100\%=45.4\%,$$

$$w(\beta_N)=\frac{ME}{MN}\times100\%=\frac{61.9-19}{97.5-19}\times100\%=54.6\%。$$

继续冷却时,共晶体中 α 相和 β 相将各自沿 MF 和 NG 溶解度曲线而改变其固溶度,从 α 和 β 中分别析出 β_{II} 和 α_{II}。由于共晶体中析出的次生相常与共晶体中同类相结合在一起,所以在显微镜下难以区分。图 5.24 为该共晶合金呈片层交替分布的室温组织[经 $\varphi(HNO_3)$ 为 4% 硝酸酒精浸蚀],黑色为 α 相,白色为 β 相。该合金的平衡凝固过程示于图 5.25 中。

3) 亚共晶合金 在图 5.22 中,成分位于 M,E 两点之间的合金称为亚共晶合金,因为它的成分低于共晶成分,只有部分液相可转变为共晶体。现以 $w(Sn)=50\%$ 的 Pb-Sn 合金为例,分析其平衡凝固过程(见图 5.26)。

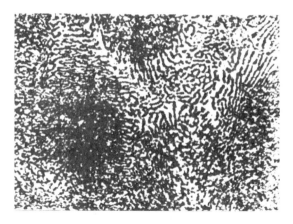

图 5.24　共晶组织

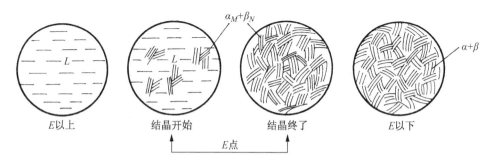

图 5.25　Pb-Sn 共晶合金平衡凝固过程示意图

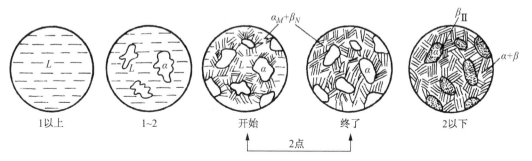

图 5.26　亚共晶合金的平衡凝固示意图

该合金缓冷至 t_1 和 t_2 温度之间时,初生 α 相(或称先共晶体 α)以匀晶转变方式不断地从液相中析出。随着温度的下降,α 相的成分沿 $t_A M$ 固相线变化,而液相的成分则沿 $t_A E$ 液相线变化。当温度降至 t_2 温度时,剩余的液相成分到达 E 点,此时发生共晶转变,形成共晶体。共晶转变结束后,合金的平衡组织由初生 α 固溶体和共晶体($\alpha+\beta$)组成,可简写成 $\alpha+(\alpha+\beta)$。两种组织相对含量,也用杠杆法则计算,即在共晶线上方两相区($L+\alpha$)中画连接线,其长度可近似为 ME,则用质量分数表示两种组织的相对含量为

$$w(\alpha+\beta)=w(L)=\frac{50-19}{61.9-19}\approx72\%$$

$$w(\alpha)=\frac{61.9-50}{61.9-19}\approx28\%。$$

上述的计算表明,$w(\mathrm{Sn})=50\%$ 的 Pb-Sn 合金在共晶反应结束后,初生相 α 占 28%,共晶

体$(\alpha+\beta)$占72%。上述两种组织是由α相和β相组成的,故称两者为组成相。在共晶反应结束后,组成相α和β的相对量分别为

$$w(\alpha)=\frac{97.5-50}{97.5-19}\approx60.5\%,$$

$$w(\beta)=\frac{50-19}{97.5-19}\approx39.5\%。$$

注意:上式计算中的α组成相包括初生相α和共晶体中的α相。由上述计算可知,不同成分的亚共晶合金,经共晶转变后的组织均为$\alpha+(\alpha+\beta)$。但随成分的不同,具有两种组织的相对量不同,越接近共晶成分E的亚共晶合金,共晶体越多,反之,成分越接近成分M点,则初生α相越多。上述分析强调了运用杠杆定律计算组织组成体相对量和组成相的相对量的方法,关键在于联结线所应画的位置。组织不仅反映相的结构差异,而且反映相的形态不同。

在t_2温度以下,合金继续冷却时,由于固溶体溶解度随之减小,β_{II}将从初生相α和共晶体中的α相内析出,而α_{II}从共晶体中的β相中析出,直至室温。此时室温组织应为:$\alpha_{初}+(\alpha+\beta)+\alpha_{\mathrm{II}}+\beta_{\mathrm{II}}$,但由于$\alpha_{\mathrm{II}}$和$\beta_{\mathrm{II}}$析出量较少,除了在初生相$\alpha$固溶体中可能看到$\beta_{\mathrm{II}}$外,共晶组织的特征保持不变,故室温组织通常可写为$\alpha_{初}+(\alpha+\beta)+\beta_{\mathrm{II}}$,甚至可写为$\alpha_{初}+(\alpha+\beta)$。

图5.27是Pb-Sn亚共晶合金经$\varphi(\mathrm{HNO_3})$为4%硝酸酒精浸蚀后显示的室温组织,暗黑色树枝状晶为初生相α固溶体,其中的白点为β_{II},而黑白相间为$(\alpha+\beta)$共晶体。

4)过共晶合金　成分位于E,N两点之间的合金称为过共晶合金。其平衡凝固过程及平衡组织与亚共晶合金相似,只是初生相为β固溶体而不是α固溶体。室温时的组织为$\beta_{初}+(\alpha+\beta)$,见图5.28所示。

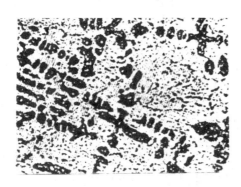 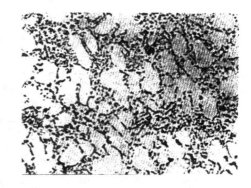

图5.27　Pb-Sn亚共晶组织200×　　　　图5.28　Pb-Sn合金过共晶组织,β初晶呈椭圆形
　　　　　　　　　　　　　　　　　　　　　　分布其中,黑色物为Pb-Sn共晶(200×)

上述不同成分合金的组织分析表明,尽管它们具有不同的显微组织,但在室温下,FG范围内的合金组织均由α和β两个基本相构成。所以,两相合金的显微组织实际上是通过组成相的不同形态,以及其数量、大小和分布等形式体现出来的,由此得到不同性能的合金。

3. 共晶合金的非平衡凝固

1)伪共晶　在平衡凝固条件下,只有共晶成分的合金方可得到全部的共晶组织。然而在非平衡凝固条件下,某些亚共晶或过共晶成分的合金也能得全部的共晶组织,这种由非共晶成分的合金在非平衡凝固条件下所得到的共晶组织称为伪共晶组织。

对于具有共晶转变的合金,当合金熔液过冷到两条液相线的延长线所包围的影线区(见图

5.29)时,就可得到共晶组织,影线区称为伪共晶区或配对区。显然,随着过冷度的增加,伪共晶区也扩大。

　　实际上,伪共晶的形成不但要考虑热力学条件,同时还应考虑动力学条件,即 α 相和 β 相的凝固速度问题。伪共晶区在相图中的位置对于不同类型的共晶合金可能有很大的差别。若两组元熔点相近,伪共晶区一般呈图5.29 中的对称分布;若两组元熔点相差很大,共晶点通常偏向于低熔点组元一方,而伪共晶

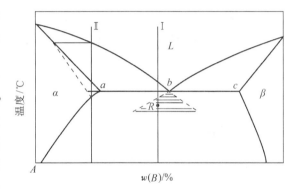

图 5.29　共晶系合金的不平衡凝固

区则偏向高熔点组元一侧,如图5.30所示的 Al-Si 合金的伪共晶区那样。一般认为,共晶中两组成相的成分与液相不同,它们的形核和生长都需要两组元的扩散,而以低熔点为基的组成相与液相成分差别较小,较容易通过扩散而达到该组成相的成分,其结晶速度较大。这就是两组成相熔点相差悬殊,共晶点偏向于低熔点相时,伪共晶区的位置必然偏向高熔点相一侧的原因。

　　伪共晶区在相图中的位置通常是通过实验测定的。知道伪共晶区在相图中的位置和大小,对于正确解释合金非平衡组织的形成是极其重要的。例如在 Al-Si 合金中,共晶成分的 Al-Si 合金在快冷条件下得到的组织不是共晶组织,而是亚共晶组织;而过共晶成分的合金则可能得到共晶组织或亚共晶组织,这种异常现象通过图5.30 所示的伪共晶区的位置就不难解释了。

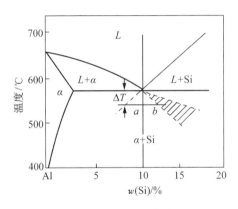

图 5.30　Al-Si 合金的伪共晶区

　　2) 非平衡共晶组织　某些合金在平衡凝固条件下获得单相固溶体,在快冷时可能出现少量的非平衡共晶体,如图5.29中 a 点以左或 c 点以右的合金。图中合金Ⅱ在非平衡凝固条件下,固溶体呈枝晶偏析,其平均浓度将偏离相图中固相线所示的成分。图5.29中虚线表示快冷时的固相平均成分线。该合金冷却到固相线时还未结晶完毕,仍剩下少量液体。待其继续冷却到共晶温度时,剩余液相的成分达到共晶成分而发生共晶转变,由此产生的非平衡共晶组织分布在 α 相晶界和枝晶间,这些均是最后凝固处。非平衡共晶组织的出现将严重影响材料的性能,应该消除。这种非平衡共晶组织在热力学上是不稳定的,因此可在稍低于共晶温度下进行扩散退火,来消除非平衡共晶组织和固溶体的枝晶偏析,得到均匀单相 α 固溶体组织。由于非平衡共晶体数量较少,通常共晶体中的 α 相依附于初生 α 相生长,将共晶体中另一相 β 推到最后凝固的晶界处,从而使共晶体两组成相间的组织特征消失,这种两相分离的共晶体称为离异共晶。例如,$w(\mathrm{Cu})=4\%$ 的 Al-Cu 合金,在铸造状态下,非平衡共晶体中的 α 固溶体有可能依附在初生相 α 上生长,剩下共晶体中的另一相 $CuAl_2$ 则分布在晶界或枝晶间而得到离异共晶,如图5.31所示。

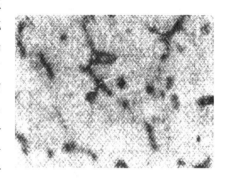

图 5.31　$w(\mathrm{Cu})$ 为 4% 的 AlCu
合金的离异共晶组织 $300\times$

应当指出，离异共晶可通过非平衡凝固得到，也可能在平衡凝固条件下获得。例如，靠近固溶度极限的亚共晶或过共晶合金，如图5.29中 a 点右边附近或 c 点左边附近的合金，它们的特点是初生相很多，共晶量很少，因而可能出现离异共晶。

5.4.3 二元包晶相图

1. 包晶相图

组成包晶相图的两组元，在液态可无限互溶，而在固态只能部分互溶，形成有限固溶体，并且，当达到某一温度时，已结晶的固相与剩余液相通过三相平衡的包晶转变形成另一固相。具有包晶转变的二元合金有 Fe-C，Cu-Zn，Ag-Sn，Ag-Pt 等。

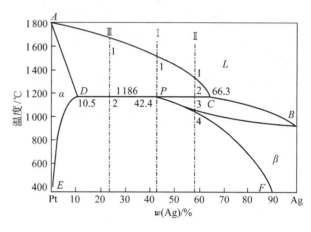

图5.32所示的 Pt-Ag 相图是一典型具有包晶转变的相图。图中 ACB 是液相线，AD，PB 是固相线，DE 是 Ag 在 Pt 为基的 α 固溶体的溶解度曲线，PF 是 Pt 在 Ag 为基的 β 固溶体的溶解度曲线。

图5.32 Pt-Ag 合金相图

水平线 DPC 是包晶转变线，成分在 DC 范围内的合金在该温度下都将发生包晶转变：

$$L_C + \alpha_D \rightarrow \beta_P。$$

包晶反应是恒温转变，图中 P 点称为包晶点。在平衡条件下，参与反应的各相成分均为定值。

2. 包晶合金的凝固及其平衡组织

1）$w(Ag)$ 为 42.4％的 Pt-Ag 合金（合金 I） 由图5.32可知，该合金的成分与包晶点相同。当合金自液态冷至 t_1 温度时与液相线相交，开始结晶出初生相 α。在继续冷却的过程中，α 固相量逐渐增多，而液相 L 量不断减少，它们的成分分别沿固相线 AD 和液相线 AC 变化。当温度降至1186℃与包晶线相交时，α 相与 L 相的成分分别达到 D，C 点，于是通过包晶转变形成成分为 P 的 β 固溶体。包晶反应时的两平衡相的相对量可由杠杆法求出：

$$w(L) = \frac{DP}{DC} \times 100\% = \frac{42.4-10.5}{66.3-10.5} \times 100\% = 57.2\%,$$

$$w(\alpha) = \frac{PC}{DC} \times 100\% = \frac{66.3-42.4}{66.3-10.5} \times 100\% = 42.8\%。$$

包晶转变结束后，液相 L 和 α 相恰好全部转变为 β 固溶体。

随着温度继续下降，由于 Pt 在 β 相中的溶解度随温度降低而沿 PF 线减小，因此将不断从 β 固溶体中析出 α_{II}。于是该合金的室温平衡组织为 $\beta + \alpha_{II}$，凝固过程如图5.33所示。

在大多数情况下，为降低形核功，由包晶反应所形成的 β 相倾向于依附初生相 α 的表面形核，并不断消耗液相和 α 相而生长。当 α 相被新生的 β 相包围以后，α 相就不能直接与液相 L 接触。由图5.32可知，液相中的 Ag 含量较 β 相高，而 β 相的 Ag 含量又比 α 相高，因此，液相

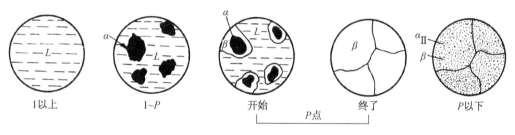

图 5.33　合金 I 的平衡凝固示意图

中 Ag 原子不断通过 β 相向 α 相扩散，而 α 相的 Pt 原子以反方向通过 β 相向液相中扩散，这一过程示于图 5.34 中。这样，β 相同时向液相和 α 相方向生长，直至把液相和 α 相全部吞食为止。由于 β 相是在包围初生相 α，并使之与液相隔开的形式下生长的，故称之为包晶反应。也有少数情况，比如 α-β 间表面能很大，或过冷度较大，β 相可能不依赖初生相 α 形核，而是在液相 L 中直接形核，并在生长过程中 L,α,β 三者始终互相接触，即通过 L 和 α 的直接反应来生成 β 相。显然，这种方式的包晶反应速度比上述方式快得多。

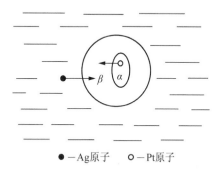

●—Ag原子　○—Pt原子

图 5.34　包晶反应时原子迁移示意图

2）42.4%＜$w(Ag)$＜66.3% 的 Pt-Ag（合金 II）　合金 II 缓冷至包晶转变前的结晶过程与上述包晶成分合金相同，由于合金 II 中液相的相对量大于包晶转变所需的相对量，所以包晶转变后，剩余的液相在继续冷却过程中，将按匀晶转变方式继续结晶出 β 相，其成分沿 CB 液相线变化，而 β 相的成分沿 PB 线变化，直至 t_3 温度全部凝固结束，β 相成分为原合金成分。在 t_3 至 t_4 温度之间，单相 β 无任何变化。在 t_4 温度以下，随着温度下降，将从 β 相中不断地析出 α_{II}。因此，该合金的室温平衡组织为 $\beta+\alpha_{II}$。图5.35显示出该合金 II 的平衡凝固过程。

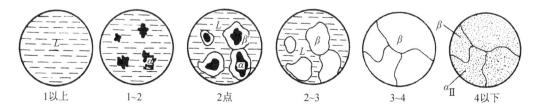

图 5.35　合金 II 的平衡凝固示意图

3）10.5%＜$w(Ag)$＜42.4% 的 Pt-Ag 合金（合金 III）　合金 III 在包晶反应前的结晶情况与上述情况相似。包晶转变前合金中 α 相的相对量大于包晶反应所需的量，所以在包晶反应后，除了新形成的 β 相外，还有剩余的 α 相存在。包晶温度以下，β 相中将析出 α_{II}，而 α 相中析出 β_{II}，因此该合金的室温平衡组织为 $\alpha+\beta+\alpha_{II}+\beta_{II}$，图 5.36 是合金 III 的平衡凝固示意图。

3. 包晶合金的非平衡凝固

如前所述，包晶转变的产物 β 相包围着初生相 α，使液相与 α 相分隔，阻止了液相和 α 相中原子间直接互扩散，显然，通过 β 相来进行扩散较液相中难得多，这就导致了包晶转变的速度往往是极缓慢的。

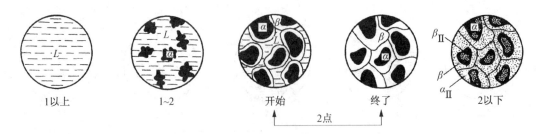

图 5.36　合金Ⅲ的平衡凝固示意图

实际生产中冷速较快,包晶反应所依赖的固体中原子扩散往往不能充分进行,导致包晶反应的不完全性,即在低于包晶温度下,将同时存在参与转变的液相和 α 相,其中液相在继续冷却过程可能直接结晶出 β 相或参与其他反应,而 α 相仍保留在 β 相的芯部,形成包晶反应的非平衡组织。例如,$w(Cu)$ 为 35% 的 Sn-Cu 合金冷却到 415℃时发生 $L+\varepsilon \rightarrow \eta$ 的包晶转变,如图 5.37(a)所示,剩余的液相 L 冷至 227℃又发生共晶转变,所以最终的平衡组织为 $\eta+(\eta+Sn)$。而实际的非平衡组织[见图 5.37(b)]却保留相当数量的初生相 ε(灰色),包围它的是 η 相(白色),外面则是黑色的共晶组织($\eta+Sn$)。

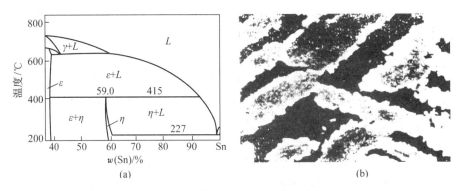

图 5.37　Cu-Sn 合金部分相图(a)及其不平衡组织(b)

另外,某些原来不发生包晶反应的合金,如图 5.38 中的合金Ⅰ,在快冷条件下,由于初生相 α 凝固时存在枝晶偏析而使剩余的 L 和 α 相发生包晶反应,所以出现了某些平衡状态下不应出现的相。

应该指出,上述包晶反应不完全性主要与新相 β 包围 α 相的生长方式有关。因此,当某些合金(如 Al-Mn)的包晶相单独在液相中形核和长大时,其包晶转变可迅速完成。包晶反应的不完全性,特别容易在那些包晶转变温度较低或原子扩散速率小的合金中出现。

与非平衡共晶组织一样,包晶转变产生的非平衡组织也可通过扩散退火加以消除。

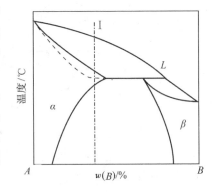

图 5.38　因快冷而可能发生的包晶反应示意图

5.4.4　复杂二元相图的分析方法

二元相图的基本类型不外乎匀晶、共晶和包晶三种,其他的二元相图,如两组元形成化合物的相图,熔晶(一个固相转变成一个液相和另一个固相)、偏晶(由一个液相分解为一个固相和另一成分的液相的恒温转变)和合晶(由两个液相互相作用形成一个固相的恒温转变)相图，具有固态转变的二元相图(如具有固溶体异晶转变、共析转变、包析转变、脱溶过程、形成中间相转变、有序—无序转变以及具有磁性转变的相图等等)或是上述三种基本相图的变种，或是它们的组合。故只要掌握上述三种基本相图的特点和转变规律，复杂二元相图就能化繁为简。一般的分析方法如下：

(1) 先看相图中是否存在稳定化合物。如有，则以这些化合物为界，把相图分成几个区域进行分析。

(2) 相图中的所有线条都代表发生相转变的温度和平衡相的成分。合金在加热或冷却过程中，每碰到一条线，都表示将发生某种相转变，并且，相成分随温度的改变也是沿着这些线条变化的。相图中由线条围成相区，每一相区代表相型相同的状态。二元相图中的相区有单相区、两相区和三相区三种，可根据相区接触法则，区别各相区。

(3) 找出三相共存水平线，根据与水平线相邻的相区情况，确定相变特性点及转变反应式，明确在这里发生的转变类型。这是分析复杂相图的关键步骤。表 5.2 列出了二元系各类三相恒温转变的图型，借此，可有助于分析复杂二元相图。

表 5.2　二元系各类恒温转变图型

恒温转变类型		反应型	图型特征
共晶式	共晶转变	$L \rightleftharpoons \alpha + \beta$	$a \diagdown \underset{}{\overset{L}{\vee}} \diagup \beta$
	共析转变	$\gamma \rightleftharpoons \alpha + \beta$	$a \diagdown \overset{\gamma}{\vee} \diagup \beta$
	偏晶转变	$L_1 \rightleftharpoons L_2 + \alpha$	$L_2 \diagdown \overset{L_1}{\vee} \diagup \alpha$
	熔晶转变	$\delta \rightleftharpoons L + \gamma$	$\gamma \diagdown \overset{\delta}{\vee} \diagup L$
包晶式	包晶转变	$L + \beta \rightleftharpoons \alpha$	$L \diagdown \underset{\alpha}{\wedge} \diagup \beta$
	包析转变	$\gamma + \beta \rightleftharpoons \alpha$	$\gamma \diagdown \underset{\alpha}{\wedge} \diagup \beta$
	合晶转变	$L_1 + L_2 \rightleftharpoons \alpha$	$L_2 \diagdown \underset{\alpha}{\wedge} \diagup L_1$

(4) 应用相图分析具体合金随温度改变而发生的相转变和组织变化规律。在单相区，该相的成分与原合金相同；在两相区，不同温度下两相成分分别沿其相界线而变化。根据所研究的温度画出连接线，其两端分别与两条相界线相交，由此根据杠杆法则可求出两相的相对量。三相共存时，三个相的成分是固定的，可用杠杆法则求出恒温转变后组成相的相对量。

(5) 在应用相图分析实际情况时，切记：相图只给出体系在平衡条件下存在的相和相对量，并不能表示出相的形状、大小和分布；相图只表示平衡状态的情况，而实际生产条件下合金和陶瓷很少能达到平衡状态，因此要特别重视它们在非平衡条件下可能出现的相和组织。尤其是陶瓷材料，其熔体的黏度较金属及其合金大，组元的扩散也比金属及其合金慢，因此，许多陶瓷凝固后极易形成非晶体或亚稳相。

（6）采用某种方法在一定条件下建立的相图可能存在误差和错误，则可用相律来判断。实际研究中的合金，其原材料的纯度与相图中的不同，这也会影响分析结果的准确性。

5.4.5 Fe-C 相图分析

1. Fe-Fe₃C 相图

二元合金相图中最为典型的实例是铁碳合金相图。

众所周知，铁碳合金是目前工程上最为广泛使用的金属材料。工业上把铁-碳二元合金中碳质量分数小于 2.11% 的合金称为钢；而把碳质量分数大于 2.11% 的合金称为铸铁。尽管工业用钢和铸铁中除铁、碳元素外还含有其他组元，但为研究方便起见，可有条件地将它们看成二元合金，在此基础上再考虑其他合金元素的影响。

不同成分的碳钢和铸铁，其组织和性能也不相同。铁碳相图是研究钢铁材料的组织、性能及其热加工工艺的重要工具。纯铁在固态有两种同素异构体，存在于不同的温度范围。在 912℃ 以下和 1 394～1 538℃ 之间为体心立方结构。为了加以区别，室温至 912℃ 范围称 α-Fe，1 394℃～1 538℃ 称 δ-Fe；而在 912～1 400℃ 温度范围 Fe 以面心立方结构存在，称 γ-Fe。

碳在钢铁中有四种存在形式：①碳原子溶于 α-Fe 形成的固溶体，称为铁素体（体心立方结构）；②碳原子溶于 γ-Fe 形成的固溶体，称为奥氏体（面心立方结构）；③碳原子与铁原子形成复杂结构的间隙化合物 Fe₃C（正交点阵），称为渗碳体；④碳在特殊情况下也可以石墨相（六方结构）存在。在通常情况下，铁碳合金是按 Fe-Fe₃C 系进行转变的，其中 Fe₃C 系亚稳相，在一定条件下可分解为铁和石墨，即 Fe₃C→3Fe＋C（石墨）。因此，铁碳相图可有两种形式：Fe-Fe₃C相图和 Fe-C 相图，为了便于使用，通常将两者画在一起，称为铁碳双重相图，如图5.39所示（图中实线所示为 Fe-Fe₃C 相图，而虚线所示为 Fe-C 相图）。本节只讨论 Fe-Fe₃C 相图。

在 Fe-Fe₃C 相图中，存在 3 个三相恒温转变，即在 1 495℃ 发生的包晶转变：$L_B＋\delta_H→\gamma_J$，转变产物是奥氏体；在 1 148℃ 发生的共晶转变：$Lc→\gamma_E＋Fe_3C$，转变产物是奥氏体和渗碳体的机械混合物，称为莱氏体（Ld）；在 727℃ 发生的共析转变：$\gamma_S→\alpha_P＋Fe_3C$，转变产物是铁素体与渗碳体的机械混合物，称为珠光体（P）。共析转变温度常标为 A_1 温度。

此外，在 Fe-Fe₃C 相图中还有 3 条重要的固态转变线：

（1）GS 线——降温时奥氏体中开始析出铁素体或升温时铁素体全部溶入奥氏体的转变线，常称此温度为 A_3 温度。

（2）ES 线——碳在奥氏体中的溶解度曲线。此温度常称 A_{cm} 温度。低于此温度时，奥氏体中将析出渗碳体，称为二次渗碳体，用 Fe₃C$_{II}$ 表示，以区别于从液体中经 CD 线结晶出的一次渗碳体 Fe₃C$_I$。

（3）PQ 线——碳在铁素体中的溶解度曲线。在 727℃ 时，碳在铁素体中的最大 $w(C)$ 为 0.021 8%，因此，铁素体从低于 727℃ 冷却下来时也会析出极少量的渗碳体，以三次渗碳体 Fe₃C$_{III}$ 称之，以区别上述两种情况产生的渗碳体。

图中 770℃ 的水平线表示铁素体的磁性转变温度，常称为 A_2 温度，而 230℃ 的水平线表示渗碳体的磁性转变。

Fe-Fe₃C 相图中各点的成分、温度及其特性综合列于表 5.3。

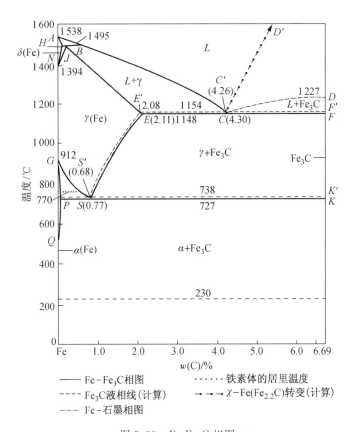

图 5.39 Fe-Fe₃C 相图

表 5.3 Fe-Fe₃C 相图中各点的特性

符号	温度/℃	含碳量×10⁻²	特性说明
A	1 538	0	纯铁的熔点
B	1 495	0.53	包晶反应时的液相浓度
C	1 148	4.3	共晶反应点
D	1 227	6.69	渗碳体的熔点
E	1 148	2.11	碳在 γ-Fe 中的最大溶解度
F	1 148	6.69	Fe₃C
G	912	0	α-Fe ⇌ γ-Fe 的异晶转变点(A_3)
H	1 495	0.09	碳在 δ-Fe 中的最大溶解度
J	1 495	0.17	包晶反应点
K	727	6.69	Fe₃C
N	1 394	0	γ-Fe ⇌ δ-Fe 的异晶转变点(A_4)
P	727	0.0218	碳在 α-Fe 中的最大溶解度
S	727	0.77	共析反应点
Q	600	0.008	600℃时碳在 α-Fe 中的溶解度

2. 铁碳合金的平衡组织

铁碳合金通常可按含碳量及其室温平衡组织分为三大类:工业纯铁、碳钢和铸铁。碳钢和铸铁是按有无共晶转变来区分的。有共晶转变的称为铸铁;无共晶转变即无莱氏体的铁碳合金,称为碳钢。在碳钢中,又分为亚共析钢、共析钢及过共析钢。

根据 Fe-Fe$_3$C 相图中获得的不同组织特征,将铁碳合金按含碳量划分为 7 种类型,如图 5.40 所示。

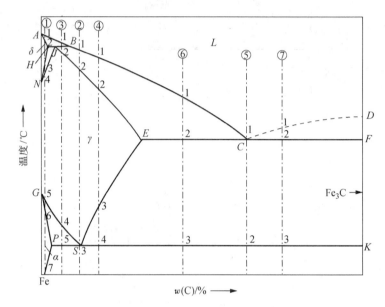

图 5.40　典型铁碳合金冷却时的组织转变过程分析

铁碳合金按含碳量划分为下列 7 种类型:

① 工业纯铁,$w(C) < 0.0218\%$;

② 共析钢,$w(C) = 0.77\%$;

③ 亚共析钢,$0.0218\% < w(C) < 0.77\%$;

④ 过共析钢,$0.77\% < w(C) < 2.11\%$;

⑤ 共晶白口铸铁,$w(C) = 4.30\%$;

⑥ 亚共晶白口铸铁,$2.11\% < w(C) < 4.30\%$;

⑦ 过共晶白口铸铁,$4.30\% < w(C) < 6.69\%$。

现对每种类型选择一个合金来分析其平衡凝固时的转变过程和室温组织。

1) $w(C) = 0.01\%$的合金(工业纯铁)　此合金在相图的位置见图 5.40 中①。合金熔液冷至 1~2 点之间,由匀晶转变结晶出 δ 固溶体:$L \rightarrow \delta$。2~3 点之间为单相 δ。在 3~4 点继续冷却则发生多晶型转变:$\delta \rightarrow \gamma$。γ 相奥氏体不断在 δ 相的晶界上形核并长大,直至 4 点结束,合金全部为单相 γ,并保持到 5 点温度以上。冷至 5~6 点间又发生多晶型转变:$\gamma \rightarrow \alpha$。α 相铁素体同样在 γ 晶界上优先形核并长大,并保持到 7 点温度以上。当温度降至 7 点以下,将从 α 中析出三次渗碳体 Fe$_3$C$_{\text{Ⅲ}}$。工业纯铁的室温组织如图 5.41 所示。

2) $w(C) = 0.77\%$的合金(共析钢)　此合金在相图的位置见图 5.40 中②。合金熔液在

1～2 点按匀晶转变结晶出奥氏体：$L\rightarrow\gamma$。在 2 点凝固结束后全部转变成单相 γ，并使这一状态保持到 3 点温度以上。当温度冷至 3 点温度（727 ℃）时，发生共析转变：$\gamma_{0.77}\rightarrow\alpha_{0.0218}+Fe_3C$，转变结束后 γ 全部转变为珠光体 P，它是铁素体与渗碳体的层片交替的混合物。珠光体中的渗碳体称为共析渗碳体。当温度继续下降时，从 α 相铁素体中析出的少量 Fe_3C_{III}，它与共析渗碳体长在一起无法辨认，其室温组织如图 5.42 所示。

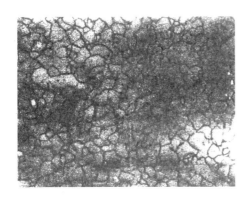

图 5.41　工业纯铁的显微组织（300×）

图 5.42　光学显微镜下观察的
珠光体组织（600×）

在室温下，珠光体中 α 与 Fe_3C 相的相对量可用杠杆定律求得：

$$w(\alpha)=\frac{6.69-0.77}{6.69-0.0008}\times100\%=88\%,$$

$$w(Fe_3C)=100\%-88\%=12\%。$$

上式中的 $w(C)=0.0008\%$ 为 α 相铁素体在室温时的碳溶解度极限。图 5.42 所示的珠光体中，白色片状是铁素体，黑色薄片是渗碳体，这种黑白衬度系由金相浸蚀剂对铁素体、渗碳体及两者相界面浸蚀的速度不同所致。由于层片间距很小，通常渗碳体不易浸蚀而凸出，其两侧的相界面在光学显微镜下无法分辨而合为一条黑线。若采用高分辨率的透射电镜观察珠光体组织，渗碳体的形态和层片宽度都很清晰，如图 5.43 所示。

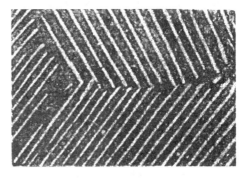

图 5.43　珠光体组织（电镜 8000×）

在共析转变开始时，珠光体的组成相中任意一相——α 相或 Fe_3C 优先在奥氏体晶界上形核并以薄片形态长大。通常若 Fe_3C 作为领先相在奥氏体晶界上形核并长大，导致其周围奥氏体中贫碳，有利于 α 相晶核在 Fe_3C 两侧形成，这样就形成了由 α 相和 Fe_3C 组成的珠光体晶核。由于 α 相对碳的溶解度有限，它的形成使原溶在奥氏体中的碳绝大部分被排挤到附近未转变的奥氏体中和晶界上，因此，当该区域中碳的质量分数到达一定程度（6.69%）时，又生成第二片渗碳体 Fe_3C，这样的过程继续交替地进行，便形成珠光体领域，或称珠光体群。在生长着的珠光体领域和未转变的奥氏体之间的界面上，也可形核生长出与原珠光体领域不同位向的珠光体领域，或者在晶界上长出新的珠光体领域，直至各个珠光体领域彼此相碰，奥氏体完全消失为止。同一珠光体领域中的层片方向一致，α 相和 Fe_3C 具有一定的晶体学位向关系：

$$(A) \begin{bmatrix} (001)_{Fe_3C} \parallel (21\bar{1})_\alpha \\ [100]_{Fe_3C} \parallel [01\bar{1}]_\alpha \\ [010]_{Fe_3C} \parallel [111]_\alpha \end{bmatrix}, \quad (B) \begin{bmatrix} (001)_{Fe_3C} \parallel (5\bar{2}1)_\alpha \\ [100]_{Fe_3C} \parallel [131]_\alpha \ \text{差}2.6° \\ [010]_{Fe_3C} \parallel [1\bar{1}3]_\alpha \ \text{差}2.6° \end{bmatrix}。$$

另外,珠光体的层片间距随冷却速度增大而减小,珠光体层片越细,其强度越高,韧性和塑性也越好。

如果层片状珠光体经适当退火处理,其形貌发生变化,共析渗碳体可球化,在铁素体的基体上呈球状分布,称为球状(或粒状)珠光体,如图 5.44 所示。球状珠光体的强度比层片状珠光体低,但塑性、韧性比其好,故易切削加工。

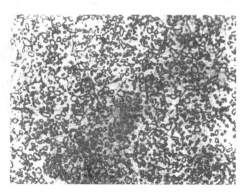

图 5.44 球状珠光体(400×)

3) $w(C) = 0.40\%$ 的合金(亚共析钢) 此合金在图 5.40 中③的位置上。合金在 1～2 点间按匀晶转变结晶出 δ 固溶体。冷却至 2 点(1 495 ℃),发生

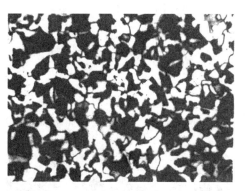

图 5.45 亚共析钢的室温组织(200×)

包晶反应: $L_{0.53} + \delta_{0.09} \rightarrow \gamma_{0.17}$。由于合金的碳含量大于包晶点的成分(0.17%),所以包晶转变结束后,还有剩余液相。在 2～3 点间,液相继续凝固成 γ 相奥氏体,温度降至 3 点,合金全部由 $w(C)$ 为 0.40% 的 γ 相组成,继续冷却,γ 相不变,直至冷至 4 点时,开始析出 α 相铁素体。随着温度下降,α 相不断增多,其含碳量沿 GP 线变化,而剩余 γ 相的含碳量则沿 GS 线变化。当温度达到 5 点(727 ℃)时,剩余 γ 相的 $w(C)$ 达到 0.77%,发生共析转变形成珠光体 P。在 5 点以下,先共析铁素体中将析出三次渗碳体,但其数量很少,一般可忽略。该合金的室温组织由先

共析 α 相和珠光体组成,如图 5.45 所示。

4) $w(C) = 1.2\%$ 的合金(过共析钢) 此合金在相图中的位置是图 5.40 中④。合金在 1～2 点按匀晶过程结晶出单相奥氏体 γ。冷至 3 点开始从 γ 相中析出二次渗碳体,直至 4 点为止。γ 相的成分沿 ES 线变化;由于 Fe_3C_{II} 沿 γ 相晶界析出,故呈网状分布。当冷至 4 点温度(727 ℃)时,γ 相的 $w(C)$ 降为 0.77%,因而发生恒温下的共析转变,最后得到的组织为网状的二次渗碳体和珠光体,如图 5.46 所示。

5) $w(C) = 4.3\%$ 的合金(共晶白口铸铁) 此合金在相图中的位置见图 5.40 中⑤。合金熔液冷至 1 点(1 148 ℃)时,发生共晶转变: $L_{4.30} \rightarrow \gamma_{2.11} + Fe_3C$,此共晶体称为莱氏体($L_d$)。继续冷却至 1～2 点间,共晶体中的 γ 相不断析出二次渗碳体,它通常依附在共晶渗碳体上而不能分辨,二次渗碳体的相对量由杠杆定律计算可达 11.8%。当温度降至 2 点(727 ℃)时,共晶奥氏体的碳含量降至共析点成分 0.77%,此时在恒温下发生共析转变: $\gamma_{0.77} \rightarrow \alpha_{0.0218} + Fe_3C$,形成珠光体 P。忽略 2 点以下冷却时析出的 Fe_3C_{III},最后得到的组织是室温莱氏体,称为变态莱

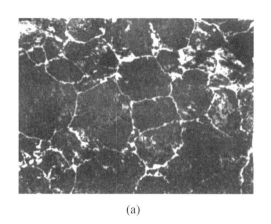

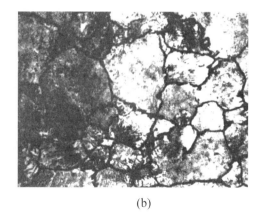

(a)　　　　　　　　　　　　　　　　(b)

图 5.46　$w(C)＝1.2\%$ 的过共析钢缓冷后的组织 500×

(a) 硝酸酒精浸蚀,白色网状相为二次渗碳体,暗黑色为珠光体

(b) 苦味酸钠浸蚀,黑色为二次渗碳体,浅白色为珠光体

氏体,用 L'_d 表示,它保持原莱氏体的形态,只是共晶奥氏体已转变为珠光体,如图 5.47 所示。

6) $w(C)＝3.0\%$ 的合金(亚共晶白口铸铁) 此合金在相图中的位置见图 5.40 中⑥。合金熔液在 1～2 点结晶出奥氏体,此时液相成分按 BC 线变化,而奥氏体成分沿 JE 线变化。当温度到达 2 点(1 148℃)时,初生奥氏体 $w(C)$ 为 2.11%,液相 $w(C)$ 为 4.3%,此时发生共晶转变:$L_{4.30}\rightarrow\gamma_{2.11}＋Fe_3C$,生成莱氏体。在 2 点以下,初生相奥氏体(或称先共晶奥氏体)和共晶奥氏体中都会析出二次渗碳体,奥氏体成分随之沿 ES 线变化。当温度降至 3 点(727℃)时,所有奥氏体都发生共析转变:$\gamma_{0.77}\rightarrow\alpha_{0.0218}＋Fe_3C$,生成珠光体 P。图 5.48 是该合金的室温组织。图中树枝状的大块黑色组成体是由先共晶奥氏体转变成的珠光体,其余部分为变态莱氏体。由先共晶奥氏体中析出的二次渗碳体依附在共晶渗碳体上而难以分辨。

7) $w(C)＝5.0\%$ 的合金(过共晶白口铸铁) 此合金的位置见图 5.40 中⑦。合金熔液在 1～2 点之间结晶出渗碳体,先共晶相为一次渗碳体,它以条状形态生长,其余的转变同共晶白口铸铁的转变过程相同。过共晶白口铸铁的室温组织为一次渗碳体和变态莱氏体,如图 5.49 所示。

根据上述铁碳合金转变过程的分析,可将铁碳合金相图中的相区按组织加以标注,如图 5.50 所示。

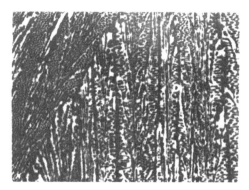

图 5.47　共晶白口铸铁的室温组织

(白色基体是共晶渗碳体,黑色部分是由共晶奥氏体转变而来的珠光体)250×

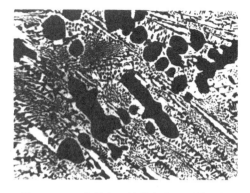

图 5.48　亚共晶白口铸铁在室温下的组织

(深黑色的树枝状组成体是珠光体,其余为变态莱氏体)80×

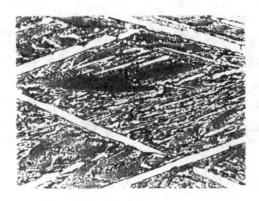

图 5.49 过共晶白口铸铁冷却到室温后的组织
（白色条片是一次渗碳体，其余为变态莱氏体）（250×）

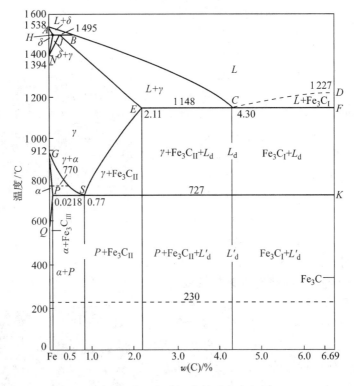

图 5.50 按组织分区的铁碳合金相图

3. 含碳量对铁碳合金组织和性能的影响

随着含碳量的增加，铁碳合金的组织发生以下的变化：

$$\alpha + Fe_3C_{III} \rightarrow \alpha + P(珠光体) \rightarrow P \rightarrow P + Fe_3C_{II} \rightarrow P + Fe_3C_{II} + L'_d \rightarrow L'_d \rightarrow L'_d + Fe_3C_I$$

含碳量对钢的力学性能的影响，主要是通过改变显微组织及其组织中各组成相的相对量来实现的。铁碳合金的室温平衡组织均由铁素体和渗碳体两相组成。铁素体是碳原子溶于 α-Fe 形成的固溶体，呈体心立方结构，系塑性相，而渗碳体是碳原子与铁原子形成复杂结构的间隙化合物 Fe_3C，呈正交点阵，系硬脆相。珠光体由铁素体和渗碳体组成层片状的机械混合物。珠光体的强度比铁素体高，比渗碳体低，而且珠光体的强度随其层片间距减小而提高；至于它的塑性和韧性则比铁素体低,但比渗碳体高。

在钢中渗碳体是一个强化相。如果合金的基体是铁素体,随含碳量的增加,渗碳体越多,则合金的强度越高。但若渗碳体这种脆性相分布在晶界上,特别是形成连续的网状分布时,则合金的塑性和韧性显著下降。例如,当 $w(C) > 1\%$,因二次渗碳体的数量增多而呈连续的网状分布,致使钢具有很大的脆性,塑性很低,抗拉强度也随之降低。当渗碳体成为基体时,如在白口铁中,则合金硬而脆。

5.4.6 SiO_2-Al_2O_3 相图分析

1. SiO_2-Al_2O_3 系相图

图 5.51 为有限固溶且有化合物中间相产生的 SiO_2-Al_2O_3 二元相图,这里,两个组元都不是纯元素,而是化合物。它对研究耐火材料和陶瓷有着相当重要的作用。

在 SiO_2-Al_2O_3 相图中有三个化合物:一是组元 α-Al_2O_3(又称刚玉),属菱方晶系,R3C 空间群;二是组元 SiO_2,随温度的变化它具有多种同素异构形态,如表 5.4 所示;而中间相——莫来石(Mullite)则为单斜点阵。从 1909 年公布第一张 SiO_2-Al_2O_3 相图起,就有分歧,其争论的焦点就是中间相莫来石究竟是稳定化合物还是非稳定化合物?莫来石的成分是否固定?目前,后一问题得到了统一,其成分是不固定的,它的 $w(Al_2O_3)$ 在 72%~78% 之间波动,相当于分子式 $3Al_2O_3 \cdot 2SiO_2$ 与 $2Al_2O_3 \cdot SiO_2$ 之间,因而也可理解为莫来石在相图中是一种可溶入少量 Al_2O_3 的有限固溶体。由于 SiO_2 具有高温挥发性,因此前一问题,恐怕与原材料的纯度和相平衡实验是否在密封条件下进行有关。

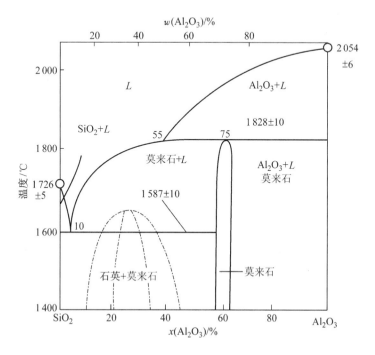

图 5.51 SiO_2-Al_2O_3 系相图

在 SiO_2-Al_2O_3 相图中有两个三相恒温转变:

共晶转变(1 587℃)：$L \rightarrow SiO_2 +$ 莫来石；

包晶转变(1 828℃)：$L + Al_2O_3 \rightarrow$ 莫来石.

在相图富 SiO_2 一侧出现亚稳的溶混间隙,在该区内两相将通过调幅分解的方式自动分离,或通过形核长大的方式进行分离。在含有 SiO_2 的体系中,大多会出现这种亚稳态的两相分离。

表 5.4 SiO_2 的同素异构形态

稳定形态	点阵类型	温度范围/℃
α 石英	六方点阵	室温～573
β 石英	六方点阵	573～870
β_2 鳞石英	菱方点阵	870～1470
β 方石英	正方点阵	1470～1713
硅酸玻璃	无晶形	1713 以上

2. SiO_2-Al_2O_3 系平衡组织

由于在 SiO_2-Al_2O_3 相图中既有共晶转变又有包晶转变,因此,根据 Al_2O_3 含量的不同,可将 SiO_2-Al_2O_3 陶瓷分为亚共晶、共晶、过共晶陶瓷和含有包晶转变的等六种类型。现来分析每种类型合金其平衡凝固时的转变过程和室温组织。

1) $w(Al_2O_3) < 10\%$ 的亚共晶陶瓷 $w(Al_2O_3)$ 小于 10% 的 SiO_2-Al_2O_3 的陶瓷熔液冷至液相线温度,开始以匀晶方式结晶出 SiO_2(方石英)。随着温度的降低,SiO_2 含量不断增多,而液相中的 Al_2O_3 含量也不断增多。当温度降至 1587℃ 时,液相的成分达到共晶成分——$w(Al_2O_3)$ 为 10%,发生共晶反应：$L \rightarrow SiO_2 +$ 莫来石,生成共晶体。共晶反应结束后的组织为初生相方石英和共晶体。随着温度继续下降,初生相 SiO_2 和共晶体中的 SiO_2 均将发生同素异构转变,在 1 470℃ 通过重建型转变成为高温鳞石英；然后,在 870℃ 再通过重建型转变成为高温石英；最终,在 573℃ 通过位移型转变成为低温石英。由于结构转变通过重建型方式是极其缓慢的,因此在共晶反应后的冷却过程中,高温方石英在 200～270℃ 通过位移型转变成为低温方石英,也可能高温方石英先通过重建型转变成为高温鳞石英(在某些相图已标出),随后在 160℃ 通过位移型转变成为中间型鳞石英,最终在 105℃ 通过位移型转变成为低温鳞石英(详见表 5.1)。SiO_2 在室温时是低温方石英、低温鳞石英还是低温石英？这取决于冷却速度和是否外加溶剂促进重建型转变。在共晶反应结束后的冷却过程中,由于 SiO_2 和莫来石几乎不相互溶,两者没有脱溶现象。

2) $w(Al_2O_3) = 10\%$ 的共晶陶瓷 共晶成分 $w(Al_2O_3) = 10\%$ 的熔液在 1587℃ 时发生共晶反应：$L \rightarrow SiO_2 +$ 莫来石,生成共晶体,共晶体中两组成相的相对量可由杠杆定律计算得到：

$$w(SiO_2) = \frac{72-10}{72-0} \times 100\% = 86\%,$$

$$w(莫来石) = \frac{10-0}{72-0} \times 100\% = 14\%.$$

共晶转变结束后,SiO_2 将视不同的冷却速度从高温方石英转变成三种低温石英中的一种。

3) $10\% < w(Al_2O_3) < 55\%$ 的过共晶陶瓷 该成分内的陶瓷熔液冷却至液相线温度,开

始按匀晶方式结晶出莫来石。随着温度下降,莫来石含量不断增多,而熔液中的 Al_2O_3 含量则逐渐减少。当温度降至 1 587℃时,液相成分达到共晶成分,发生共晶转变: $L \rightarrow SiO_2 +$ 莫来石。共晶反应结束后的组织为莫来石和共晶体。在此成分范围内,初生相莫来石的最大相对量为

$$w(莫来石_{max}) = \frac{55-10}{72-10} \times 100\% = 72.5\%。$$

同样,从共晶反应后,共晶体中的 SiO_2 要发生同素异构转变。

4) $55\% < w(Al_2O_3) < 72\%$ 的陶瓷 该成分内的陶瓷熔液冷却至液相线温度,先按匀晶方式结晶出 Al_2O_3,随着温度的降低, Al_2O_3 含量增多,液相量减少。当温度降至 1 828℃时,则发生包晶反应: $L + Al_2O_3 \rightarrow$ 莫来石。包晶反应结束后,初生相 Al_2O_3 耗尽,但尚有液相剩余。液相继续按匀晶方式结晶出莫来石,它们和包晶反应生成的莫来石结合在一起。随后液相的成分按液相线变化,最终在 1 587℃,当 $w(Al_2O_3)$ 为 10%时,则发生共晶转变: $L \rightarrow SiO_2 +$ 莫来石,生成共晶体。共晶反应后的组织为莫来石和共晶体。

5) $72\% < w(Al_2O_3) < 78\%$ 的陶瓷 该成分内的陶瓷熔液冷却至液相线温度将结晶出 Al_2O_3,随温度继续冷却至 1 828℃时发生包晶反应: $L + Al_2O_3 \rightarrow$ 莫来石。如果取包晶相成分 $w(Al_2O_3)$ 为 75%的陶瓷,则包晶反应所需的液相和 Al_2O_3 的相对量分别为

$$w(液相) = \frac{100-75}{100-55} \times 100\% = 55.6\%,$$

$$w(Al_2O_3) = 100\% - 55.6\% = 44.4\%。$$

包晶反应结束后,进入莫来石单相区,冷至室温仍为单相莫来石。

6) $w(Al_2O_3) > 78\%$ 的陶瓷 该成分内的陶瓷熔液冷至液相线将结晶出 Al_2O_3,随温度降至 1 828℃时发生包晶反应: $L + Al_2O_3 \rightarrow$ 莫来石。包晶反应结束后,液相耗尽,但尚有部分的初生相 Al_2O_3,故此时的组织为初生相 Al_2O_3 和包晶产物莫来石。随温度降至室温,由于初生相 Al_2O_3 和莫来石均无溶解度变化,故室温组织仍为上述包晶反应后的组织。

在 SiO_2-Al_2O_3 二元系中,不同的 Al_2O_3 含量对应于几种不同的常用耐火材料制品。硅砖的质量分数 $w(Al_2O_3)$ 为 0.2%~1.0%,黏土砖为 35%~50%,高铝砖为 60%~90%。

硅砖主要用途是作为平炉的炉顶砖,常用的炉内温度为 1 625~1 650℃。由相图可知,在这个温度范围,实际上砖的一部分处于液态,对硅砖的使用寿命不利。由于这个原因,可通过进一步提高其氧化铝含量方法,制成氧化铝含量更高的高铝砖,来提高硅砖的使用温度和寿命。

耐火黏土砖在 1 587℃以下时,由平衡相莫来石和二氧化硅组成。两相的相对量随耐火黏土砖中 Al_2O_3 的含量而变化,砖的性能也相应地变化。温度超过 1 600℃将出现大量液相,故黏土砖不适于高于此温度时使用。

$w(Al_2O_3)$ 大于 10%的耐火材料,随 Al_2O_3 含量增大其耐高温性能提高。耐火砖完全由莫来石或莫来石和氧化铝组成,故其耐火性能得到显著的改善。使用纯氧化铝可获得最高的耐火温度。烧结 Al_2O_3 用作实验室器皿,熔铸 Al_2O_3 用作玻璃池窑耐火材料。

注意,在 SiO_2-Al_2O_3 系统中,除在相图上标出莫来石外,在自然界还存在硅线石类矿物,如硅线石、红柱石和蓝晶石等。它们属于变质作用形成的矿物,以相同的化学式 $Al_2O_3 \cdot SiO_2$ 表示,但具有不同的晶体结构。由于它们的晶体不够稳定,加热至高温时分解为莫来石和石英,但冷却时并无可逆变化,故在相图上没有表示这类矿物。

5.5 三元相图

工业上应用的金属材料多半是由两种以上的组元构成的多元合金,陶瓷材料也往往含有不止两种化合物。由于第三组元或第四组元的加入,不仅引起组元之间溶解度的改变,而且会因新组成相的出现致使组织转变过程和相图变得更加复杂,因此,为了更好地了解和掌握各种材料的成分、组织和性能之间的关系,除了了解二元相图之外,还须掌握三元甚至多元相图的知识。而三元以上的相图却又过于复杂,测定和分析十分不便,故有时常将多元系作为伪三元系来处理,因此用得较多的是三元相图。

将三元相图与二元相图比较,前者组元数增加了一个,即成分变量为两个,故表示成分的坐标轴应为两个,需要用一个平面来表示,再加上一个垂直该成分平面的温度坐标轴,这样三元相图就演变成一个在三维空间的立体图形。这里,分隔每一个相区的是一系列空间曲面,而不是平面曲线。

要实测一个完整的三元相图,工作量很繁重,加之应用立体图形并不方便,因此,在研究和分析材料时,往往只需要参考那些有实用价值的截面图和投影图,即三元相图的各种等温截面、变温截面及各相区在浓度三角形上的投影图等。立体的三元相图也就是由许多这样的截面和投影图组合而成的。

本节主要讨论三元相图的使用,着重于截面图和投影图的分析。

5.5.1 三元相图的基础

三元相图与二元相图的差别,在于增加了一个成分变量。三元相图的基本特点为:

(1) 完整的三元相图是三维的立体模型。

(2) 三元系中可以发生四相平衡转变。由相律可以确定,二元系中的最大平衡相数为3,而三元系中的最大平衡相数为4。三元相图中的四相平衡区是恒温水平面。

(3) 除单相区及两相平衡区外,三元相图中三相平衡区也占有一定的空间。根据相律得知,三元系三相平衡时存在一个自由度,所以三相平衡转变是变温过程,反映在相图上,三相平衡区必将占有一定的空间,不再是二元相图中的水平线。

1. 三元相图成分表示方法

二元系的成分可用一条直线上的点来表示;表示三元系成分的点则位于两个坐标轴所限定的三角形内,这个三角形叫做成分三角形或浓度三角形。常用的成分三角形是等边三角形,有时也用直角三角形或等腰三角形表示成分。

1) 等边成分三角形 图5.52为等边三角形表示法,三角形的三个顶点 A,B,C 分别表示3个组元,三角形的边 AB,BC,CA 分别表示3个二元系的成分坐标,则三角形内的任一点都代表三元系的某一成分。例如,成分三角形 ABC 内 S 点所代表的成分可通过下述方法求出:

设等边三角形各边长为 100%,依 AB,BC,CA 顺序分别

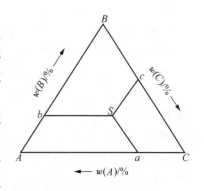

图 5.52 用等边成分三角形
表示三元合金的成分

代表 B，C，A 三组元的含量。由 S 点出发，分别向 A，B，C 顶角对应边 BC，CA，AB 引平行线，相交于三边的 c，a，b 点。根据等边三角形的性质，可得

$$Sa + Sb + Sc = AB = BC = CA = 100\%,$$

其中，$Sc = Ca = w(A)(\%)$，$Sa = Ab = w(B)(\%)$，$Sb = Bc = w(C)(\%)$。于是，Ca，Ab，Bc 线段分别代表 S 相中三组元 A，B，C 各自的质量分数。反之，如已知 3 个组元质量分数时，也可求出 S 点在成分三角形中的位置。

2）等边成分三角形中的特殊线　在等边成分三角形中有下列具有特定意义的线：

（1）凡成分点位于与等边三角形某一边相平行的直线上的各三元相，它们所含的与此线对应顶角代表的组元的质量分数相等。如图 5.53 所示，平行于 AC 边的 ef 线上的所有三元相含 B 组元的质量分数都为 $Ae = w(B)(\%)$。

（2）凡成分点位于通过三角形某一顶角的直线上的所有三元系，所含此线两旁另两顶点所代表的两组元的质量分数比值相等。如图 5.53 中 Bg 线上的所有三元相含 A 和 C 两组元的质量分数比值相等，即 $w(A)/w(C) = Cg/Ag$。

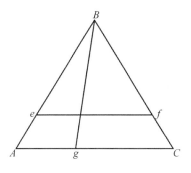

图 5.53　等边成分三角形中的特殊线

3）成分的其他表示方法

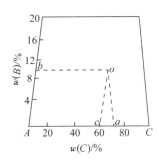

图 5.54　等腰成分三角形

（1）等腰成分三角形。当三元系中某一组元含量较少，而另两个组元含量较多时，合金成分点将靠近等边三角形的某一边。为了使该部分相图清晰地表示出来，可将成分三角形两腰放大，成为等腰三角形。如图 5.54 所示，由于成分点 O 靠近底边，所以在实际应用中只取等腰梯形部分即可。O 点合金成分的确定与前述等边三角形的求法相同，即过 O 点分别作两腰的平行线，交 AC 边于 a，c 两点，则 $w(A) = Ca = 30\%$，$w(C) = Ac = 60\%$；而过 O 点作 AC 边的平行线，与腰相交于 b 点，则组元 B 的质量分数 $w(B) = Ab = 10\%$。

（2）直角成分坐标。当三元系成分以某一组元为主，其他两个组元含量很少时，合金成分点将靠近等边三角形某一顶角。若采用直角坐标表示成分，则可使该部分相图清楚地表示出来。设直角坐标原点代表高含量的组元，则两个互相垂直的坐标轴即代表其他两个组元的成分。例如，图 5.55 中的 P 点成分为 $w(Mn) = 0.8\%$，$w(Si) = 0.6\%$，余量为 Fe 的合金。

（3）局部图形表示法。如果只需要研究三元系中一定成分范围内的材料，就可以在浓度三角形中取出有用的局部（见图 5.56）加以放大，这样会表现得更加清晰。在这个基础上得到的局部三元相图（见图 5.56 中的 Ⅰ，Ⅱ 或 Ⅲ）与完整的三元相图相比，不论测定、描述或者分析，都要简单一些。

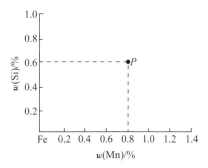

图 5.55　直角成分三角形

2. 三元相图的空间模型

如前所述,包含成分和温度变量的三元合金相图是一个三维的立体图形。最常见的是以等边的浓度三角形表示三元系的成分,过浓度三角形的各个顶点分别作与浓度平面垂直的温度轴,构成一个外廓是正三棱柱体的三元合金相图。由于浓度三角形的每一条边代表一组相应的二元系,所以三棱柱体的三个侧面分别是三组二元相图。在三棱柱体内部,由一系列空间曲面分隔出若干相区。

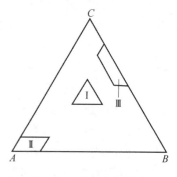

图 5.56 浓度三角形中的各种局部

图 5.57(a)是一种最简单的三元相图的空间模型。A,B,C 三个组元组成的浓度三角形和温度轴构成了三棱柱体的框架。

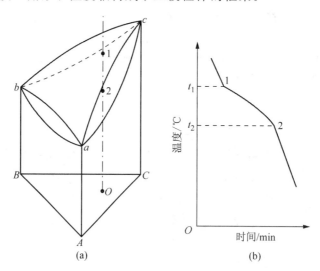

图 5.57 三元匀晶相图及合金的凝固
(a) 相图 (b) 冷却曲线

a,b,c 三点分别表明 A,B,C 三个组元的熔点。由于这三个组元在液态和固态都彼此完全互溶,所以 3 个侧面都是简单的二元匀晶相图。在三棱柱体内,以 3 个二元系的液相线作为边框构成的向上凸的空间曲面是三元系的液相面,它表明不同成分的合金开始凝固的温度;以 3 个二元系的固相线作为边框构成的向下凹的空间曲面是三元系的固相面,它表明不同成分的合金凝固终了的温度。液相面以上的区域是液相区,固相面以下的区域是固相区,中间区域如图中 O 成分三元系在与液相面和固相面交点 1 和 2 所代表的温度区间为液、固两相平衡区。

显然,即使是上述这样最简单的三元相图都是由一系列空间曲面所构成的,故很难在纸面上清楚而准确地描绘出液相面和固相面的曲率变化,更难确定各个合金的相变温度。在复杂的三元系相图中要做到这些更是不可能的。

因此,三元相图能够实用的办法是使之平面化。

3. 三元相图的截面图和投影图

欲将三维立体图形分解成二维平面图形,必须设法"减少"一个变量。例如可将温度固定,只剩下两个成分变量,所得的平面图表示一定温度下三元系状态随成分变化的规律;也可将一个成分变量固定,剩下一个成分变量和一个温度变量,所得的平面图表示温度与该成分变量组成的变化规律。不论选用哪种方法,得到的图形都是三维空间相图的一个截面,故称为截面图。

1)水平截面 三元相图中的温度轴和浓度三角形垂直,所以固定温度的截面图必定平行于浓度三角形,这样的截面称为水平截面,也称为等温截面。

完整水平截面的外形应该与浓度三角形一致,截面图中的各条曲线是这个温度截面与空间模型中各个相界面相截而得到的相交线,即相界线。图 5.58 是三元匀晶相图在两相平衡温度区间的水平截面。图中 de 和 fg 分别为液相线和固相线,它们把这个水平截面划分为液相区 L、固相区 α 和液固两相平衡区 $L+\alpha$。

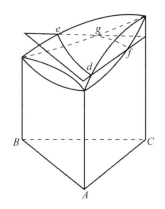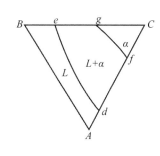

图 5.58 三元合金相图的水平截面图

2)垂直截面 固定一个成分变量并保留温度变量的截面,必定与浓度三角形垂直,所以称为垂直截面,或称为变温截面。常用的垂直截面有两种:一种是通过浓度三角形的顶角,使其他两组元的含量比固定不变,如图 5.59(a)的 Ck 垂直截面;另一种是固定一个组元的成分,其他两组元的成分可相对变动,如图 5.59(a)的 ab 垂直截面。ab 截面的成分轴的两端并不代表纯组元,而代表 B 组元为定值的两个二元系 $A+B$ 和 $C+B$。例如图 5.59(b)中原点 a 成分为 $w(B)=10\%$,$w(A)=90\%$,$w(C)=0\%$;而横坐标"50"处的成分为 $w(B)=10\%$,$w(A)=40\%$ 和 $w(C)=50\%$。

必须指出的是:尽管三元相图的垂直截面与二元相图的形状很相似,但是它们之间存在着本质上的差别。二元相图的液相线与固相线可以用来表示合金在平衡凝固过程中液相与固相浓度随温度变化的规律,而三元相图的垂直截面就不能表示相浓度随温度而变化的关系,只能用于了解冷凝过程中的相变温度,不能应用直线法则来确定两相的质量分数,也不能用杠杆定律计算两相的相对量。

3)三元相图的投影图 把三元立体相图中所有相区的交线都垂直投影到浓度三角形中,就得到了三元相图的投影图。利用三元相图的投影图可分析合金在加热和冷却过程中的转变。

若把一系列不同温度的水平截面中的相界线投影到浓度三角形中,并在每一条投影上标明相应的温度,这样的投影图就叫等温线投影图。实际上,它是一系列等温截面的综合。等温线投影图中的等温线好像地图中的等高线一样,可以反映空间相图中各种相界面的高度随成

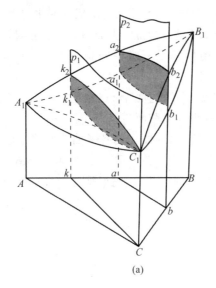

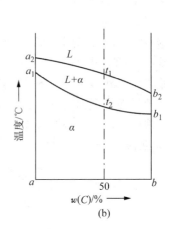

图 5.59   三元匀晶相图上的垂直截面

分变化的趋势。如果相邻等温线的温度间隔一定,则投影图中等温线距离越密,表示相界面的坡度越陡;反之,等温线距离越疏,说明相界面的高度随成分变化的趋势越平缓。

为了使复杂三元相图的投影图更加简单明了,也可以根据需要,只把一部分相界面的等温线投影下来。经常用到的是液相面投影图或固相面投影图。图 5.60 为三元匀晶相图的等温线投影图,其中实线为液相面投影,而虚线为固相面投影。

图 5.60   三元合金相图投影图示例

4. 三元相图中的杠杆定律及重心定律

在研究多元系时,往往要了解已知成分材料在不同温度的组成相成分及相对量,又如在研究加热或冷却转变时,由一个相分解为两个或三个平衡相,那么新相和旧相的成分间有何关系,两个或三个新相的相对量各为多少,要解决上述等问题,就要用杠杆定律或重心定律。

1) 直线法则   在一定温度下三组元材料两相平衡时,材料的成分点和其两个平衡相的成分点必然位于成分三角形内的一条直线上,该规律称为直线法则或三点共线原则,可证明如下:

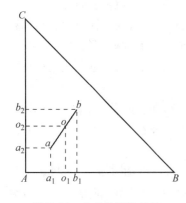

图 5.61   共线法则的导出

如图 5.61 所示,设在一定温度下成分点为 o 的合金处于 $\alpha + \beta$ 两相平衡状态,α 相及 β 相的成分点分别为 a 及 b。由图中可读出三元合金 o,α 相及 β 相中 B 组元含量分别为 Ao_1,Aa_1 和 Ab_1;C 组元含量分别为 Ao_2,Aa_2 和 Ab_2。设此时 α 相的质量分数为 w_a,则 β 相的质量分数应为 $1-w_a$。α 相与 β 相

中 B 组元质量之和及 C 组元质量之和应分别等于合金中 B，C 组元的质量。由此可以得到

$$Aa_1 \cdot w_a + Ab_1 \cdot (1-w_a) = Ao_1,$$

$$Aa_2 \cdot w_a + Ab_2 \cdot (1-w_a) = Ao_2,$$

移项整理得

$$w_a(Aa_1 - Ab_1) = Ao_1 - Ab_1,$$

$$w_a(Aa_2 - Ab_2) = Ao_2 - Ab_2,$$

上下两式相除，得

$$\frac{Aa_1 - Ab_1}{Aa_2 - Ab_2} = \frac{Ao_1 - Ab_1}{Ao_2 - Ab_2}.$$

这就是解析几何中三点共线的关系式。由此证明 o，a，b 三点必在一条直线上。同样可证明，以等边三角形作成分三角形时，上述关系依然存在。

2）杠杆定律　由前面推导中还可导出：

$$w_a = \frac{Ab_1 - Ao_1}{Ab_1 - Aa_1} = \frac{o_1 b_1}{a_1 b_1} = \frac{ob}{ab}.$$

这就是三元系中的杠杆定律。

由直线法则及杠杆定律可作出下列推论：当给定材料在一定温度下处于两相平衡状态时，若其中一相的成分给定，另一相的成分点必在两已知成分点连线的延长线上；若两个平衡相的成分点已知，材料的成分点必然位于此两个成分点的连线上。

3）重心定律　当一个相完全分解成三个新相，或是一个相在分解成两个新相的过程时，研究它们之间的成分和相对量的关系，则须用重心定律。

根据相律，三元系处于三相平衡时，自由度为 1。在给定温度下这三个平衡相的成分应为确定值。合金成分点应位于三个平衡相的成分点所连成的三角形内。图 5.62 中 O 为合金的成分点，P，Q，S 分别为三个平衡相 α，β，γ 的成分点。计算合金中各相相对含量时，可设想先把三相中的任意两相，例如 $\alpha+\gamma$ 相混合成一体，然后再把这个混合体和 β 相混合成合金 O。根据直线法则，$\alpha+\gamma$ 混合体的成分点应在 PS 线上，同时又必定在 β 相和合金 O 的成分点连线 QO 的延长线上。由此可以确定，QO 延长线与 PS 线的交点 R 便是 $\alpha+\gamma$ 混合体的成分点。进一步由杠杆定律可以得出 β 相的质量分数：

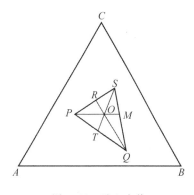

图 5.62　重心定律

$$w_\beta = \frac{OR}{QR}.$$

用同样的方法可求出 α 相和 γ 相的质量分数分别为

$$w_a = \frac{OM}{PM},$$

$$w_\gamma = \frac{OT}{ST}.$$

结果表明，O 点正好位于成分三角形 PQS 的质量重心，这就是三元系的重心定律。

但注意，在用重心定律计算三个平衡相的相对量时，三个相的质量是被分别"挂在"三个顶点上，其"重点"并不是共轭三角形的几何重心，合金的成分点就是三个相的质量重心。随合金

成分不同,它可在共轭三角形内变动。

除几何作图法外,也可直接利用代数方法计算三个平衡相的相对量。

5.5.2 固态有限互溶的三元共晶相图

1. 相图分析

图 5.63 所示为三组元在液态完全互溶、固态有限互溶的三元共晶空间模型。它由 $A\text{-}B$, $B\text{-}C$, $C\text{-}A$ 3 个简单的二元系共晶相图所组成。由于 $A\text{-}B$, $B\text{-}C$, $C\text{-}A$ 组元间在固态下有限互溶,故在靠近纯组元 A, B, C 处形成了三个单相固溶体区:α、β 和 γ 相区。

图中 a, b, c 分别是组元 A, B, C 的熔点。在共晶合金中,合金的熔点会由于其他组元的加入而降低,因此在三元相图中形成了三个向下汇聚的液相面。其中,

ae_1Ee_3a 是 α 相的初始结晶面;

be_1Ee_2b 是 β 相的初始结晶面;

ce_2Ee_3c 是 γ 相的初始结晶面。

3 个二元共晶系中的共晶转变点 e_1, e_2, e_3 在三元系中都伸展成为共晶转变线,这就是 3 个液相面两两相交所形成的 3 条熔化沟线 e_1E, e_2E 和 e_3E。当液相成分沿这 3 条曲线变化时,分别发生共晶转变:

e_1E:$L \rightarrow \alpha + \beta$

e_2E:$L \rightarrow \beta + \gamma$

e_3E:$L \rightarrow \gamma + \alpha$

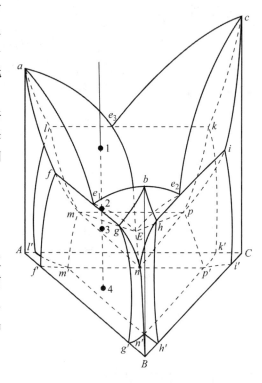

图 5.63 组元在固态有限溶解的共晶相图

图中每个液、固两相平衡区和单相固溶体区之间都存在一个和液相面共轭的固相面,即

固相面 $afmla$ 和液相面 ae_1Ee_3a 共轭;

固相面 $bgnhb$ 和液相面 be_1Ee_2b 共轭;

固相面 $cipkc$ 和液相面 ce_2Ee_3c 共轭。

3 个发生两相共晶转变的三相平衡区,分别以 6 个过渡面为界与液、固两相区相邻,并且在 t_E 温度汇聚于三相共晶水平面 mnp,即成分为 E 的液相在这里发生四相平衡的共晶转变。

$$\left. \begin{array}{l} L_{e_1 \sim E} \rightarrow \alpha_{f \sim m} + \beta_{g \sim n} \\ L_{e_2 \sim E} \rightarrow \beta_{h \sim n} + \gamma_{i \sim p} \\ L_{e_3 \sim E} \rightarrow \gamma_{k \sim p} + \alpha_{l \sim m} \end{array} \right\} L_E \rightarrow \alpha_m + \beta_n + \gamma_p \text{。}$$

四相平衡平面 mnp 下面的不规则三棱柱体是 α, β, γ 三相三平衡区,室温时这三相的连接三角形为 $m'n'p'$。

每两个固溶体单相之间的固态两相区,分别由一对共轭的溶解度曲面包围,它们是 $\alpha + \beta$

两相区为 $fmm'f'f$ 和 $gnn'g'g$ 面;$\beta+\gamma$ 两相区为 $hnn'h'h$ 和 $ipp'i'i$ 面;$\gamma+\alpha$ 两相区为 $kpp'k'k$ 和 $lmm'l'l$ 面。

因此,组元间在固态有限互溶的三元共晶相图中主要存在五种相界面:3 个液相面,6 个两相共晶转变起始面,3 个单相固相面及 3 个两相共晶终止面(即为两相固相面),1 个四相平衡共晶平面和 3 对共轭的固溶度曲面。它们把相图划分成六种区域,即液相区,3 个单相固溶体区,3 个液、固两相平衡区,3 个固态两相平衡区,3 个发生两相共晶转变的三相平衡区及 1 个固态三相平衡区。为便于理解,图 5.64 单独描绘了三相平衡区和固态两相平衡区的形状。

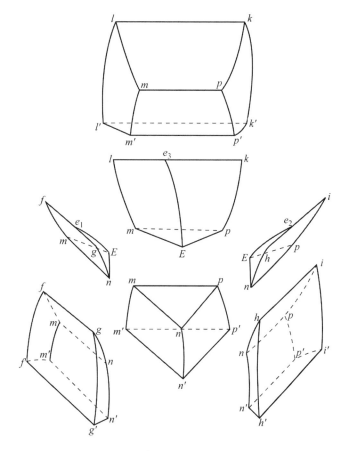

图 5.64 三元共晶相图的两相区和三相区

2. 投影图

图 5.65 为三元共晶相图的投影。从图中可清楚看到 3 条共晶转变线的投影 e_1E,e_2E 和 e_3E 把浓度三角形划分成 3 个区域 Ae_1Ee_3A,Be_1Ee_2B 和 Ce_2Ee_3C,这是 3 个液相面的投影。当温度降到这些液相面以下时分别生成初晶 α,β 和 γ 相。液、固两相平衡区中与液相面共轭的三个固相面的投影分别是 $AfmlA,BgnhB$ 和 $CipkC$。固相面以外靠近纯组元 A,B,C 的不规则区域,即为 α,β 和 γ 的单相区。

3 个发生共晶转变的三相平衡区(呈空间三棱柱体)在投影图上可看到相当于棱边的三条单变量线的投影:$L+\alpha+\beta$ 三相平衡区中相应的单变量线为 $e_1E(L),fm(\alpha)$ 和 $gn(\beta)$;$L+\beta+\gamma$ 三相平衡区中相应的单变量线为 $e_2E(L),hn(\beta)$ 和 $ip(\gamma)$;$L+\gamma+\alpha$ 三相平衡区中相应的单变

量线为 $e_3E(L)$，$kp(\gamma)$ 和 $lm(\alpha)$。这 3 个三相平衡
区分别起始于二元系的共晶转变线 fg，hi 和 kl，终
止于四相平衡平面上的连接三角形 mEn，nEp
和 pEm。

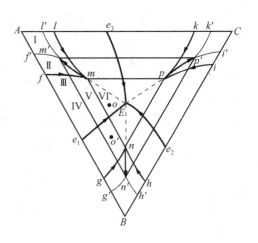

图 5.65　三元共晶相图的投影图

　　投影图中间的三角形 mnp 为四相平衡共晶平
面。成分为 E 的熔体在 T_E 温度发生四相平衡共晶
转变以后，形成 $\alpha+\beta+\gamma$ 三相平衡区。

　　为了醒目起见，投影图中所有单变量线都以粗
线画出，并用箭头表示其从高温到低温的走向。可
以看出，每个零变量点都是 3 条单变量线的交点。
其中 3 条液相单变量线都自高温向下聚于四相平衡
共晶转变点 E。投影图上 3 条液相单变量线箭头齐
指四相平衡共晶点 E，这是三元共晶型转变投影图
的共同特征。

　　图 5.66 为该三元共晶系四相平衡前后的三相浓度三角形。从图中可看到，在四相平衡三
元共晶转变之前可具有 $L\rightarrow\alpha+\beta$，$L\rightarrow\beta+\gamma$，$L\rightarrow\gamma+\alpha$ 共 3 个三相平衡转变；而四相平衡共晶转
变后，则存在 $\alpha+\beta+\gamma$ 三相平衡。四相平衡时，根据相律，其自由度为零，即平衡温度和平衡相
的成分都是固定的，故此四相平衡三元共晶转变面为水平三角形。反应相的成分点在 3 个生
成相成分点连接的三角形内。

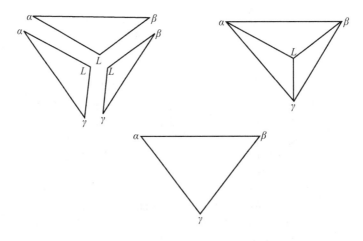

图 5.66　三元共晶系四相平衡前、后的三相浓度三角形

3. 截面图

　　图 5.67 为该三元系在不同温度下的水平截面。由图中可看到它们的共同特点是：

　　(1) 三相区都呈三角形。这种三角形是共轭三角形，3 个顶点与 3 个单相区相连。这 3 个
顶点就是该温度下三个平衡相的成分点。

　　(2) 三相区以三角形的边与两相区连接，相界线就是相邻两相区边缘的共轭线。

　　(3) 两相区一般以两条直线及两条曲线作为周界。直线边与三相区接邻，一对共轭的曲
线把组成这个两相区的两个单相区分隔开。

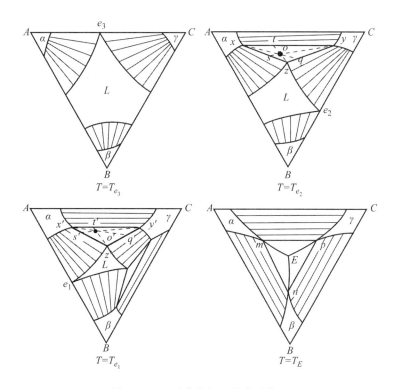

图 5.67　三元共晶相图的水平截面

（4）单相区的形状可以是各种各样的。

合金 o 在 $T=e_2$ 温度为 $\alpha+\gamma+L$ 三相平衡状态，三相的成分分别是 x,y,z，根据重心法则可知合金 o 中三相的相对量：

$$L\%=\frac{ot}{tz}\times100\% , \quad \alpha\%=\frac{oq}{xq}\times100\% , \quad \gamma\%=\frac{os}{ys}\times100\% 。$$

当温度降至 e_1 时，合金虽仍处于 $\alpha+\gamma+L$ 三相平衡状态，但是三相的成分变为 x',y' 和 z'，这时合金中三个相的相对量是

$$L\%=\frac{o't'}{t'z'}\times100\% , \quad \alpha\%=\frac{o'q'}{x'q'}\times100\% , \quad \gamma\%=\frac{o's'}{y's'}\times100\% 。$$

由于 $\frac{o't'}{t'z'}<\frac{ot}{tz}$，$\frac{o'q'}{x'q'}>\frac{oq}{xq}$，$\frac{o's'}{y's'}>\frac{os}{ys}$，说明合金中液相 L 的相对量在减少，而 α 相和 γ 相的相对量则相应地增加了。这表明降温时在 $\alpha+\gamma+L$ 三相区中，发生了 $L\rightarrow\alpha+\gamma$ 的转变。

图 5.68 为该相图的两种典型垂直截面，其中图（a）表示垂直截面在浓度三角形上相应的位置，而图（b）为 VW 垂直截面。凡截到四相平衡共晶平面时，在垂直截面中都形成水平线和顶点朝上的曲边三角形，呈现出共晶型四相平衡区和三相平衡区的典型特性。VW 截面中就可清楚地看到四相平衡共晶平面及与之相连的 4 个三相平衡区的全貌。

利用 VW 截面可分析合金 P 的凝固过程。合金 P 从 1 点起凝固出初晶 α；至 2 点开始进入三相区，发生 $L\rightarrow\alpha+\beta$ 转变；冷至 3 点凝固即告终止；3 点与 4 点之间处在 $\alpha+\beta$ 两相区，无相变发生；在 4 点以下温度，由于溶解度变化而析出 γ 相进入三相区。室温组织为 $\alpha+(\alpha+\beta)+\gamma$（少量）。显然，在只须确定相变临界温度时，用垂直截面图比投影图更为简便。

图 5.68（c）为过 E 点的 QR 截面，这里，四相平衡共晶转变可一目了然地观察到。

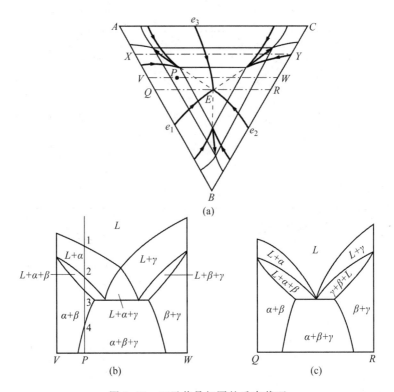

图 5.68　三元共晶相图的垂直截面

（a）投影图　（b）*VW* 截面　（c）*QR* 截面

4. 相区接触法则

三元相图也遵循二元相图同样的相区接触法则,即相邻相区的相数差 1（点接触除外）,不论在空间相图、水平截面或垂直截面中都是这样。因此,任何单相区总是和二相区相邻;二相区要么和单相区相邻,要么和三相区相邻;而四相区一定和三相区相邻,这可在图 5.63、图 5.67 和图 5.68 中清楚地看到。但应用相区接触法则时,对于立体图只能根据相区接触的面,而不能根据相区接触的线或点来判断;对于截面图只能根据相区接触的线,而不能根据相区接触的点来判断。另外,根据相区接触法,除截面截到四相平面上的相成分点（零变量点）外,截面图中每个相界线交点上必定有四条相界线相交,这也是判断截面是否正确的几何法则之一。

5.5.3　包共晶型三元系相图

包共晶转变的反应式为

$$L+\alpha \Leftrightarrow \beta+\gamma$$

从反应相的情况看,这种转变具有包晶转变的性质;从生成相的情况看,这种转变又具有共晶转变的性质,因此,把它叫做包共晶转变。

图 5.69（a）为具有共晶－包晶四相反应的三元系空间模型,其中 *A*-*B* 系具有包晶转变,*A*-*C* 系也具有包晶转变,*B*-*C* 系具有共晶转变,且 $T_A > T_{p_1} > T_{p_2} > T_B > T_p > T_C > T_e$（其中 T_p 表示四相平衡温度）,四边形 *abpc* 为包共晶转变平面。

从图中可看到该三元系在包共晶平面 *abpc* 上方的两个三相平衡棱柱分别属 $L+\alpha \rightarrow \beta$ 和

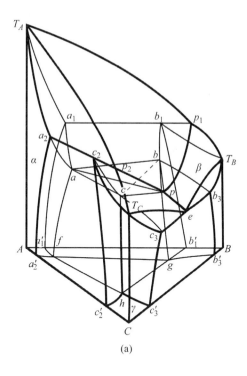

(a)

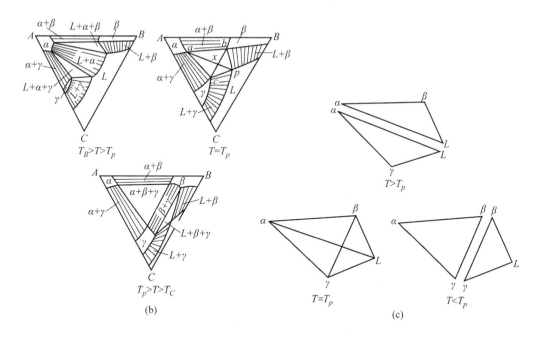

图 5.69 具有共晶-包晶四相反应的三元系

(a) 空间模型 (b) 等温截面 (c) 共晶-包晶四相平衡前、后的三相浓度三角形

$L+\alpha \rightarrow \gamma$ 包晶型；而四相平衡包共晶转变$[L_{(p)}+\alpha_{(a)} \Leftrightarrow \beta_{(b)}+\gamma_{(c)}]$后，则存在一个三相平衡共晶转变 $L \rightarrow \beta+\gamma$ 和一个三相平衡区 $\alpha+\beta+\gamma$。图 5.69(b)和(c)都可以进一步说明这点：四相平

衡包共晶转变面呈四边形,反应相和生成相成分点的连接线是四边形的两条对角线。

图 5.70(a)为该三元系的冷凝过程的投影图,图(b)为 a_2-2 垂直截面和它的组织结构变化情况。

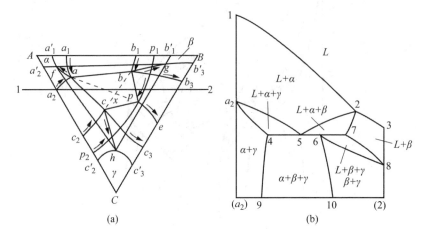

图 5.70　冷凝过程投影图(a)和 a_2-2 的垂直截面(b)

5.5.4　具有四相平衡包晶转变的三元系相图

四相平衡包晶转变的反应式为

$$L+\alpha+\beta \longrightarrow \gamma。$$

这表明四相平衡包晶转变之前,应存在 $L+\alpha+\beta$ 三相平衡,而且,除特定合金外,三个反应

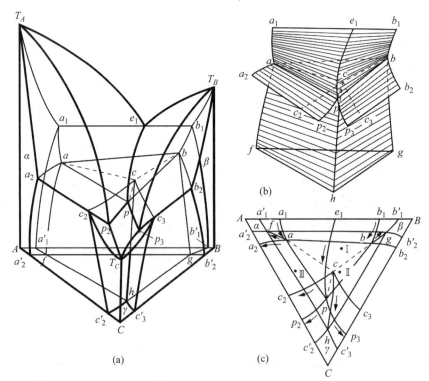

图 5.71　具有三元包晶四相平衡三元系相图的立体模型

相不可能在转变结束时同时完全消失,也不可能都有剩余。一般是只有一个反应相消失,其余两个反应相有剩余,与生成相 γ 形成新的三相平衡。

图 5.71(a)为具有三元包晶四相平衡的三元相图立体模型。这里 $A\text{-}B$ 系具共晶转变,$A\text{-}C$ 和 $B\text{-}C$ 系都具包晶转变,且 $T_A > T_B > T_{e_1} > T_p > T_{p_2} > T_{p_3} > T_C$,其中 T_p 表示四相平衡温度,在该温度下发生包晶转变:

$$L + \alpha + \beta \Leftrightarrow \gamma。$$

空间模型中包晶型四相平衡区是一个三角平面 abp,称四相平衡包晶转变平面。这个平面上方有一个三相平衡棱柱($L \to \alpha + \beta$ 共晶型)与之接合,下方有 3 个三相平衡棱柱:($\alpha + \beta + \gamma$)三相区,一个包晶反应 $L + \alpha \Leftrightarrow \gamma$ 区和另一个包晶反应 $L + \beta \Leftrightarrow \gamma$ 区与之接合[见图 5.71(b)]。图 5.71(c)为该三元系冷凝过程的投影图。图 5.72 为该三元包晶四相平衡前、后的三相浓度三角形,从这里还可看出三元包晶转变生成相 γ 的成分点在 3 个反应相成分点连接三角形内。

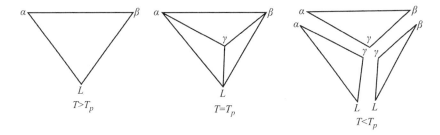

图 5.72 三元包晶四相平衡前后的三相浓度三角形

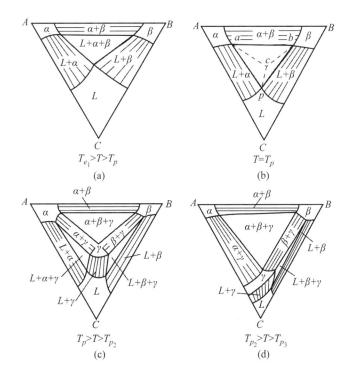

图 5.73 三元系的一系列等温截面

　　图 5.73 为该三元系等温截面。当 $T_{e1} > T > T_p$ 时从图（a）可看到只有一个三相平衡区；而 $T = T_p$ 时正是四相平衡包晶转变平面［见图（b）］；当 $T_p > T > T_{p_2}$ 时，从图（c）可看到有 3 个三相平衡区。这进一步说明，四相平衡包晶转变平面上面有一个三相平衡棱柱，下面有 3 个三相平衡棱柱，因水平截面上的三相平衡区，正是相应温度下三相平衡棱柱的截面。

5.5.5　三元相图实例

1. Fe-C-Si 三元系垂直截面

　　图 5.74 是质量分数 $w(Si)$ 为 2.4% 和 4.8% 的 Fe-C-Si 三元系的两个垂直截面图。它们在 Fe-C-Si 浓度三角形中都是平行于 Fe-C 边的。这些垂直截面是研究灰口铸铁组元含量与组织变化规律的重要依据。

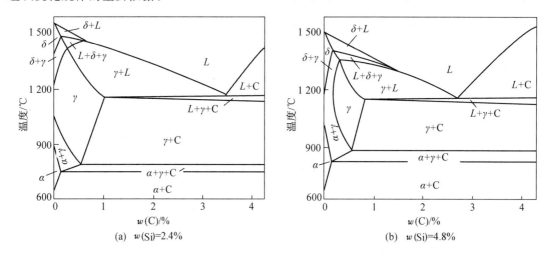

(a)　$w(Si)=2.4\%$　　　　　　　　(b)　$w(Si)=4.8\%$

图 5.74　Fe-C-Si 三元系垂直截面

　　这两个垂直截面中有四个单相区：液相 L、铁素体 α、高温铁素体 δ 和奥氏体 γ，还有 7 个两相区和 3 个三相区。从图中可看到，它们和铁碳二元相图有些相似，只是包晶转变（$L + \delta \rightarrow \gamma$）、共晶转变（$L \rightarrow \gamma + C$）及共析转变（$\gamma \rightarrow \alpha + C$）等三相平衡区不是水平直线，而是由几条界线所限定的相区。同时，由于加入 Si，包晶点、共晶点和共析点的位置都有所移动，且随着 Si 含量的增加，包晶转变温度降低，共晶转变和共析转变温度升高，γ 相区逐渐缩小。

2. Fe-Cr-C 三元系相图

　　Fe-Cr-C 系三元合金，如铬不锈钢 0Cr13，1Cr13，2Cr13 以及高碳高铬型模具钢 Cr12 等在工业上被广泛地应用。此外，其他常用钢种也有很多是以 Fe-Cr-C 为主的多元合金。图 5.75 是质量分数 w_{Cr} 为 13% 的 Fe-Cr-C 三元系的垂直截面。它的形状比 Fe-C-Si 三元系的垂直截面稍为复杂，除了 4 个单相区、8 个两相区和 8 个三相区之外，还有 3 条四相平衡的水平线。

　　4 个单相区是液相 L、铁素体 α、高温铁素体 δ 和奥氏体 γ。图中 C_1 和 C_2 是以 Cr_7C_3 和 $Cr_{23}C_6$ 为基础、溶有 Fe 原子的碳化物，C_3 是以 Fe_3C 为基础溶有 Cr 原子的合金渗碳体。各个两相平衡区、三相平衡区及四相平衡区内所发生的转变列于表 5.5 中。

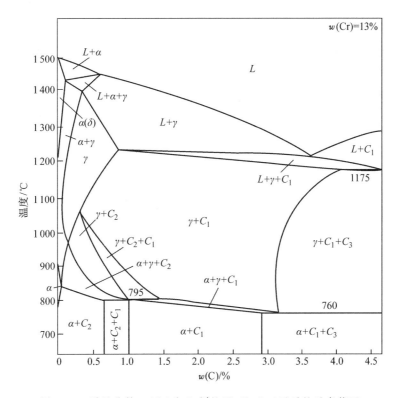

图 5.75　质量分数 $w(Cr)$ 为 13% 的 Fe-Cr-C 三元系的垂直截面

表 5.5　Fe-Cr-C 三元系[质量分数 $w(Cr)$ 为 13%]垂直截面中各相区在合金冷却时发生的转变

两相平衡区	三相平衡区	四相平衡区
$L \rightarrow \alpha$	$L + \alpha \rightarrow \gamma$	$L + C_1 \xrightarrow{1175℃} \gamma + C_3$
$L \rightarrow \gamma$	$L \rightarrow \gamma + C_1$	
$L \rightarrow C_1$	$\gamma \rightarrow \alpha + C_1$	$\gamma + C_2 \xrightarrow{795℃} \alpha + C_1$
$\alpha \rightarrow \gamma$	$\gamma + C_1 \rightarrow C_2$	$\gamma + C_1 \xrightarrow{760℃} \alpha + C_3$
$\gamma \rightarrow \alpha$	$\gamma \rightarrow \alpha + C_1$	

　　图 5.76 为 Fe-Cr-C 三元系在 1 150℃ 和 850℃ 的水平截面,在这两个截面中,Cr 和 C 的含量分别采用不同比例的直角坐标表示。从图中可看到均有 $\alpha, \gamma, C_1, C_2, C_3$ 等单相区,但 1 150℃ 截面图中多了液相区,表明有些合金在该温度下已经熔化。图中各三相区都是三角形,顶点都与单相区衔接,三相平衡区之间均隔以两相平衡区。

3. Fe-C-N 三元系水平截面

　　图 5.77 为 Fe-C-N 三元系在 565℃ 和 600℃ 的水平截面。对碳钢渗氮或碳氮共渗处理后渗层进行组织分析时,常使用这些水平截面。图中 α 表示铁素体,γ 表示奥氏体,C 表示渗碳体,ε 表示 $Fe_{2\sim3}(N.C)$ 相,γ' 表示 $Fe_4(N.C)$ 相,χ 表示碳化物。图(a)中有一个大三角形,其顶点都与单相区 α, γ' 和 C 相接,三条边都与两相区相接。这是四相平衡共析转变平面:$\gamma \leftrightarrow \alpha + \gamma' + C$。当钢中质量分数 $w(C)$ 为 0.45% 时(见图中的水平虚线),并且工件表面氮含量足够

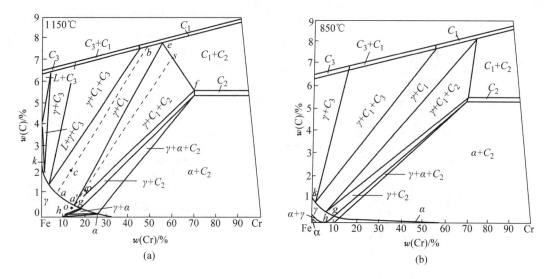

图 5.76　Fe-Cr-C 三元系的水平截面

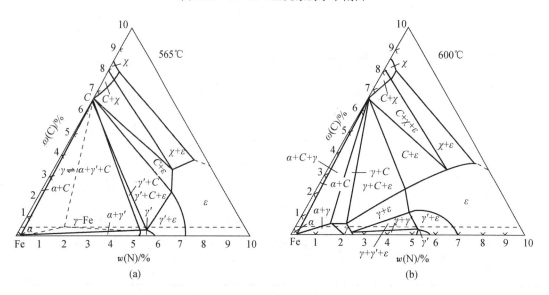

图 5.77　Fe-C-N 三元系水平截面

高,45 钢在略低于 565℃的温度下氮化,由表及里各分层相组成依次为:$\varepsilon,\gamma'+\varepsilon,C+\gamma',\alpha+C$;在 600℃氮化时,45 钢氮化层各分层的相组成应为 $\varepsilon,\varepsilon+\gamma',\gamma+\varepsilon,\gamma,\alpha+\gamma,\alpha+C$。

4. Al-Cu-Mg 三元系投影图

图 5.78 为 Al-Cu-Mg 三元系液相面投影图的富铝部分。图中细实线为等温(x℃)线。带箭头的粗实线是液相面交线投影,也是三相平衡转变的液相单变量线投影。其中一条单变量线上标有两个方向相反的箭头,并在曲线中部画有一个黑点(518℃),说明空间模型中相应的液相面在此处有凸起。图中每液相面都标有代表初生相的字母,这些字母的含意为

α-Al:以 Al 为溶剂的固溶体

θ: $CuAl_2$　　　　β: Mg_2Al_3　　　　　　γ: $Mg_{17}Al_{12}$

S：$CuMgAl_2$ T：$Mg_{32}(Al,Cu)_{49}$

Q：$Cu_3Mg_6Al_7$

根据四相平衡转变平面的特点,该三元系存在下列四相平衡转变:

三相共晶转变(508℃) $L \to \alpha + \theta + S$ (E_T)

包共晶转变(475℃) $L + Q \to S + T$ (P_1)

三相共晶转变(450℃) $L \to \alpha + \beta + T$ (E_V)

包共晶转变(467℃) $L + S \to \alpha + T$ (P_2)

图 5.79 为 Al-Cu-Mg 三元相图富 Al 部分固相面的投影图。它有以下几个内容:

(1) 7 个四相平衡水平面。四边形 $P_{13}SUV$ 为包共晶四相平衡转变 $L + U \leftrightarrow S + V$ 的投影面,其中三角形 SUV 为固相面;四边形 $P_{12}SV\theta$ 为包共晶四相平衡转变 $L + V \leftrightarrow S + \theta$ 的投影图,

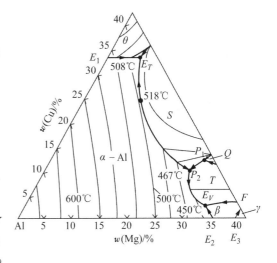

图 5.78 Al-Cu-Mg 三元系液相面投影图

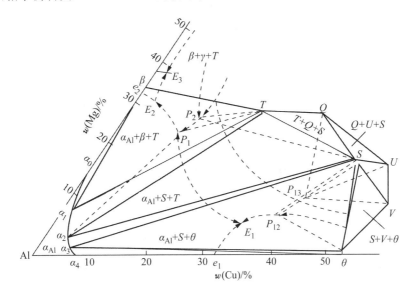

图 5.79 Al-Cu-Mg 三元相图富 Al 部分固相面投影图

其中三角形 $S\theta V$ 为固相面;三角形 $P_{13}QU$ 为包晶四相平衡转变 $L + U + Q \leftrightarrow S$,其中三角形 QUS 为固相面;四边形 P_2TQS 为包共晶四相平衡转变 $L + Q \leftrightarrow S + T$,其中三角形 TQS 为固相面;三角形 $\alpha_3 S\theta$ 为共晶四相平衡转变 $L \leftrightarrow \alpha_{Al} + S + \theta$ 的投影;四边形 $P_1TS\alpha_2$ 为包共晶四相平衡转变 $L + S \leftrightarrow \alpha_{Al} + T$,其中三角形 $\alpha_2 TS$ 为固相面;三角形 $\alpha_1 T\beta$ 为共晶四相平衡转变 $L \leftrightarrow \alpha_{Al} + \beta + T$ 的投影。

(2) 4 个三相平衡转变终了面。共晶三相平衡 $L \leftrightarrow \alpha_{Al} + \theta$,温度自 548℃ 降至 508℃ 时,各相浓度分别沿着 $e_1 E_1$ 和 $\alpha_4 \alpha_3$ 变化,连接 $\alpha_3 \alpha_4$ 与 θ 的曲面为其转变终了面,投影为 $\alpha_3 \alpha_4 \theta$;共晶三相平衡 $L \leftrightarrow \alpha_{Al} + S$,温度自液相单变线 $E_1 P_1$ 上的最高温度 518℃,分别变为 508℃ 及 467℃,各相浓度分别沿着 $P_1 E_1$ 及 $\alpha_2 \alpha_3$ 曲线上的最高点向两边变化,连接 $\alpha_2 \alpha_3$ 与 S 的曲面为其转变终了面,投影为 $\alpha_2 \alpha_3 S$;共晶三相平衡 $L \leftrightarrow \alpha_{Al} + T$,温度自 467℃ 降至 450℃ 时,各相浓度分别沿着

P_1E_2 及 $\alpha_2\alpha_1$ 变化,连接 $\alpha_2\alpha_1$ 与 T 的曲面为转变终了面,投影为 $\alpha_1\alpha_2T$;共晶三相平衡 $L\leftrightarrow\alpha_{Al}+\beta$,温度自 451℃ 降至 450℃,各相浓度分别沿着 e_2E_2 及 $\alpha_0\alpha_1$ 变化,连接 $\alpha_0\alpha_1$ 与 β 的曲面为其转变终了面,投影为 $\alpha_0\alpha_1\beta$。

（3）1 个初生相凝固终了面。初生相 α_{A1} 凝固终了面的投影为 $Al\alpha_0\alpha_1\alpha_2\alpha_3\alpha_4$。

5. 陶瓷三元相图

图 5.80 为 $MgO\text{-}Al_2O_3\text{-}SiO_2$ 系的液相面投影图,各点的四相平衡反应如表 5.6 所列。这里,二元和三元化合物的名称为

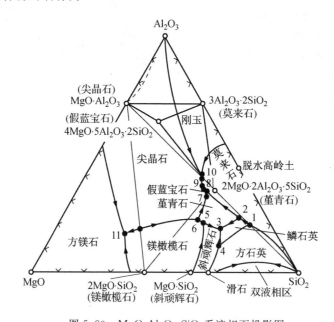

图 5.80 $MgO\text{-}Al_2O_3\text{-}SiO_2$ 系液相面投影图

$MgO\cdot SiO_2$（斜顽辉石）	1 830K 分解
$2MgO\cdot SiO_2$（镁橄榄石）	2 173K 分解
$3Al_2O_3\cdot 2SiO_2$（莫来石）	2 123K 分解
$MgO\cdot Al_2O_3$（尖晶石）	2 408K 分解
$2MgO\cdot 2Al_2O_3\cdot 5SiO_2$（堇青石）	1 813K 分解
$4MgO\cdot 5Al_2O_3\cdot 2SiO_2$（假蓝宝石）	1 748K 分解

表 5.6 $MgO\text{-}Al_2O_3\text{-}SiO_2$ 三元系中平衡反应温度及液相组成

图 5.80 上标志	相间平衡	平衡温度 /K	组元的质量分数/%		
			MgO	Al_2O_3	SiO_2
1	方英石+溶液⇌鳞石英+莫来石	1 743±5	5.5	18	76.5
2	$3Al_2O_3\cdot 2SiO_2$+溶液⇌α鳞石英+堇青石	1 713±5	9.5	22.5	68
3	$MgO\cdot SiO_2$+α鳞石英+堇青石⇌溶液	1 708±5	20.5	17.5	62
4	方英石+溶液⇌斜顽辉石+鳞石英	1 743±5	26.5	8.5	65

（续表）

图 5.80 上标志	相间平衡	平衡温度 /K	组元的质量分数/%		
			MgO	Al$_2$O$_3$	SiO$_2$
5	2MgO · SiO$_2$＋MgO · SiO$_2$＋董青石 $\Longleftrightarrow$ 溶液	1 633±5	25	21	54
6	MgO · Al$_2$O$_3$＋溶液 $\Longleftrightarrow$ 2MgO · SiO$_2$＋董青石	1 643±5	25.5	23	51.5
7	假蓝宝石＋溶液 $\Longleftrightarrow$ 董青石＋尖晶石	1 726±5	17.5	33.5	49
8	莫来石＋溶液 $\Longleftrightarrow$ 董青石＋假蓝宝石	1 733±5	16.5	34.5	49
9	MgO · Al$_2$O$_3$＋莫来石＋溶液 $\Longleftrightarrow$ 假蓝宝石	1 755±5	17	37	46
10	刚玉＋溶液 $\Longleftrightarrow$ 莫来石＋尖晶石	1 851±5	15	42	43
11	MgO＋MgO · Al$_2$O$_3$＋2MgO · SiO$_2$ $\Longleftrightarrow$ 溶液	1 973±5	51	20	29

图 5.81～图 5.84 为 Na$_2$O-CaO-SiO$_2$ 系，K$_2$O-SiO$_2$-Al$_2$O$_3$ 系，CaO-SiO$_2$-Al$_2$O$_3$ 系和 Li$_2$O-SiO$_2$-Al$_2$O$_3$ 系的三元相图，以供查阅参考。

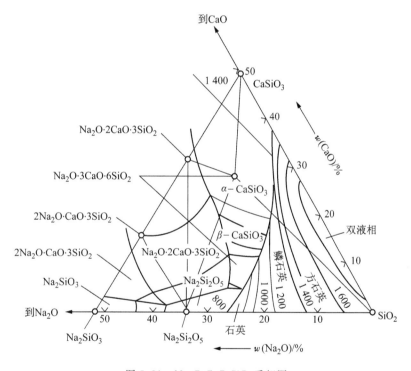

图 5.81　Na$_2$O-CaO-SiO$_2$ 系相图

5.5.6　三元相图小结

三元相图与二元相图相比，由于增加了一个成分变量，即成分变量是两个，从而使相图形状变得更加复杂。

根据相律，在不同状态下，三元系的平衡相数可以从单相至四相。三元系中的相平衡和相区特征归纳如下。

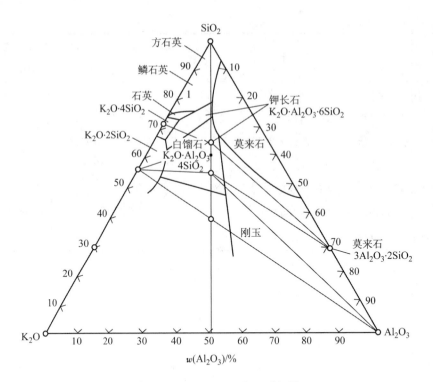

图 5.82 K₂O-SiO₂-Al₂O₃ 系相图

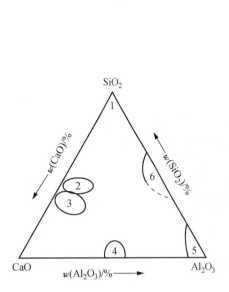

图 5.83 CaO-SiO₂-Al₂O₃ 系相图

1—石英玻璃 2—炉渣 3—水泥
4—低硅黏土 5—高铝耐火材料 6—耐火材料

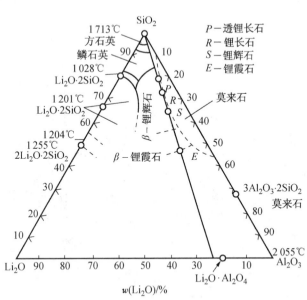

图 5.84 Li₂O-SiO₂-Al₂O₃ 系相图

1. 单相状态

当三元系处于单相状态时,根据吉布斯相律可算得其自由度数为 $f=4-1=3$,它包括一个温度变量和两个相成分的独立变量。在三元相图中,自由度为 3 的单相区占据了一定的温度和成分范围,在这个范围内温度和成分可以独立变化,彼此间不存在相互制约的关系。它的截面可以是各种形状的平面图形。

2. 两相平衡

三元系中两相平衡区的自由度为 2,这说明,除了温度之外,在共存两相的组成方面还有一个独立变量,即其中某一相的某一个组元的含量是独立可变的,而这一相中另两种组元的含量,以及第二相的成分都随之被确定,不能独立变化。在三元系中,一定温度下的两个平衡相之间存在着共轭关系。无论在垂直截面还是水平截面中,都由一对曲线作为它与两个单相区之间的界线。

两相区与三相区的界面由不同温度下两个平衡相的共轭线组成,因此在水平截面中,两相区以直线与三相区隔开,这条直线就是该温度下的一条共轭线。

3. 三相平衡

三相平衡时系统的自由度为 1,即温度和各相成分只有一个是可以独立变化的。这时系统称为单变量系,三相平衡的转变称为单变量系转变。

三元系中三相平衡的转变有:

1) 共晶型转变　$I \leftrightarrow II + III$,包括

　　共晶转变:$L \leftrightarrow \alpha + \beta$

　　共析转变:$\gamma \leftrightarrow \alpha + \beta$

　　偏晶转变:$L_1 \leftrightarrow L_2 + \alpha$

　　熔晶转变:$\gamma \leftrightarrow L + \alpha$

2) 包晶型转变　$I + II \leftrightarrow III$,包括

　　包晶转变:$L + \alpha \leftrightarrow \beta$

　　包析转变:$\alpha + \gamma \leftrightarrow \beta$

　　合晶转变:$L_1 + L_2 \leftrightarrow \alpha$

在空间模型中,随着温度的变化,三个平衡相的成分点形成三条空间曲线,称为单变量线。每两条单变量线中间是一个空间曲面,三条单变量线构成一个空间不规则的三棱柱体,其棱边与单相区连接,其柱面与两相区接壤。这个三棱柱体可以开始或终止于二元系的三相平衡线,也可以开始或终止于四相平衡的水平面。如图 5.63 中包含液相的三相区都起始于二元系的三相平衡线而终止于四相平面。

任何三相空间的水平截面都是一个共轭三角形,顶点触及单相区,连接两个顶点的共轭线就是三相区和两相区的相区边界线。三角空间的垂直截面一般都是一个曲边三角形。

以合金冷却时发生的转变为例,无论发生何种三相平衡转变,三相空间中反应相单变量线的位置都比生成相单变量线的位置要高,因此其共轭三角形的移动都是以反应相的成分点为前导的。在垂直截面中,则应该是反应相的相区在三相处的上方,生成相的相区在三相区的下方。具体来说,对共晶型转变($L \rightarrow \alpha + \beta$),因为反应相是一相,所以共轭三角形的移动以一个

顶点领先,如图 5.85(a)所示。共晶转变时三相成分的变化轨迹为从液相成分作切线和 $\alpha\beta$ 边相交,三相区的垂直截面则是顶点朝上的曲边三角形(见图 5.68);对于包晶型转变($L+\beta\rightarrow\alpha$),因为反应相是两相,生成相是一相,所以共轭三角形的移动是以一条边领先,如图 5.85(b)所示。包晶转变时的三相浓度的变化轨迹为从液相成分作切线只和 $\alpha\beta$ 线的延长线相交,而从 α 相成分作切线则和 $L\beta$ 边相交,三相区的垂直截面则是底边朝上的曲边三角形[见图 5.70(b)]。

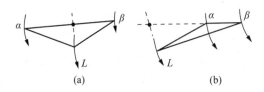

(a)   (b)

图 5.85　共晶三角形移动规律(a)和包晶三角形移动规律(b)

4. 四相平衡

根据相律,三元系四相平衡的自由度为零,即平衡温度和平衡相的成分都是固定的。
三元系中四相平衡转变大致可分为三类:

1) 共晶型转变　Ⅰ↔Ⅱ+Ⅲ+Ⅳ,包括
    共晶转变:$L\leftrightarrow\alpha+\beta+\gamma$
    共析转变:$\delta\leftrightarrow\alpha+\beta+\gamma$

2) 包共晶型转变　Ⅰ+Ⅱ↔Ⅲ+Ⅳ,包括
    包共晶转变:$L+\alpha\leftrightarrow\beta+\gamma$
    包共析转变:$\delta+\alpha\leftrightarrow\beta+\gamma$

3) 包晶型转变　Ⅰ+Ⅱ+Ⅲ↔Ⅳ,包括
    包晶转变:$L+\alpha+\beta\leftrightarrow\gamma$
    包析转变:$\delta+\alpha+\beta\leftrightarrow\gamma$

四相平衡区在三元相图中是一个水平面,在垂直截面中是一条水平线。

四相平面以 4 个平衡相的成分点分别与 4 个单相区相连;以 2 个平衡相的共轭线与两相区为界,共与 6 个两相区相邻;同时又与 4 个三相区以相界面相隔。各种类型四相转变平面与周围相区的空间结构关系如图 5.86 所示。

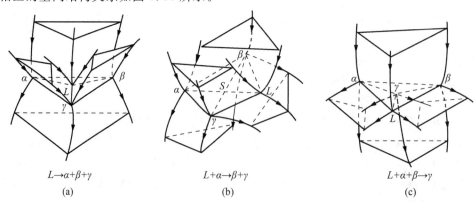

$L\rightarrow\alpha+\beta+\gamma$ $L+\alpha\rightarrow\beta+\gamma$ $L+\alpha+\beta\rightarrow\gamma$
(a)   (b)   (c)

图 5.86　3 种四相平衡区的空间结构

　　各种类型四相平面的空间结构各不相同,这就是说,在四相转变前后合金系中可能存在的三相平衡是不一样的,同时,各种单变量线的空间走向也不相同。因此,只要根据四相转变前后的三相空间,或者根据单变量线的走向,就可以判断四相平衡转变的类型。表 5.7 中列出了各种四相平衡转变的特点(单变量线投影以液相面交线为例)。

表 5.7　三元系中的四相平衡转变

转变类型	$L \rightarrow \alpha + \beta + \gamma$	$L + \alpha \rightarrow \beta + \gamma$	$L + \alpha + \beta \rightarrow \gamma$
转变前的三相平衡			
四相平衡			
转变后的三相平衡			
液相面交线的投影			

　　最后还需说明的是本节讨论的是三元系相图,但实际上有不少材料的组元数目会超过 3 个,如果组元数增加到 4 个、5 个甚至更多个,就不可能用空间模型来直接表示它们的相组成随温度和成分的变化规律。通常可把系统的某些组元的含量固定,使其成分只剩一个,最多两个自变量,利用实验或计算的方法,绘制出由温度轴和成分轴为坐标的二维或三维图形,其分析和使用方法,与前面讨论的二元和三元相图相似。我们称这样的相图为伪二元或伪三元相图。

5.6　相图计算

　　相图的建立可以用实验方法,也可以用计算方法,前面所述的相图基本上都是通过实验测定的。尽管人类测定相图已有百余年历史,但是,材料品种繁多,新材料又层出不穷,已发表的相图资料严重不全,远不能满足现今材料快速发展的需求。何况,在实验测定相图过程中有的合金成分难以控制;有些则是组分熔点很高,使测定相图时要涉及高温技术;另外有一些则是体系难以达到相平衡,这都给实验技术带来很大困难。从实验工作量角度,按测定相图所需要的样品数目来说,如果二元系需要 n 个,则三元系一般需要 n^2 个。若考虑的是多元系,测定相图的工作量是相当巨大的。由此看来,发展相图计算的方法很有必要。20 世纪 70 年代以来,利用计算机绘制相图已经成为一个新的学科,被称为 CALPHAD(Calculation of Phase Diagram),即利用已知的 n 元相图来绘制 $(n+1)$ 元相图。需指出的是对于组元数大于 3 的多元系,由于其相图难以几何表达,故常按需要来计算某确定成分体系在指定温度下的平衡成分,而不是计算整个相图。

相图计算目前有两种方法,一是从头计算方法(ab-inito calculation of phase diagram),即根据物质结构基本原理(基于第一性原理)计算出溶体吉布斯自由能的有关热力学参数,然后再通过热力学参数计算吉布斯自由能。它是从热力学参数一直到相图全部都通过计算来获得的方法。但由于体系中原子间交互作用的复杂性,用这种方法来计算相图还有待长时间的探索。另一种更常用的方法是通过实验测定或者根据一定模型从已测定的相图来提取吉布斯自由能表达式中的热力学参量,据此再计算相图。这种方法称为热力学和相图的计算机耦合法(the computer coupling of thermodynamics and phase diagrams)。目前所谓的相图计算一般指的就是这种办法。

相图计算具体的做法是,根据热力学的定律及函数,结合体系的初始条件,以体系吉布斯自由能最小或以组元在各相中化学势相等作为依据,求平衡相成分以确定在一定的温度和压力下某组分体系的平衡状态和结构相。这里,若按体系吉布斯自由能最小作为依据来计算,这就是非线性最优化问题;若按组元在各相中化学势相等来计算,这就是求解非线性方程组的问题。解决这些非线性函数问题只能用数值计算方法,其运算工作量很大。随着计算机技术的快速发展,这类计算均可借助计算机来完成。因此,只要有足够的热力学数据和资料,从低组分体系的已知相图来推测高组分体系的未知相图在理论上和实际上均是可行的。

下面以体系吉布斯自由能最小为判据求平衡相成分为例,介绍相图计算过程。

设 A-B 二元系中某一成分合金在某一温度下存在 α 和 β 两相,两相的摩尔相对量分别为 N^α 和 N^β,并且,$N^\alpha + N^\beta = 1$,则体系的总摩尔吉布斯自由能 G 为

$$G = N^\alpha G^\alpha + N^\beta G^\beta = N^\alpha G^\alpha + (1-N^\alpha)G^\beta, \tag{5.22}$$

式中,G^α 和 G^β 可根据 5.1.1 节的固溶体的吉布斯自由能表达式,

$$G = \mu_A^0 x_A + \mu_B^0 x_B + \Omega x_A x_B + RT(x_A \ln x_A + x_B \ln x_B)$$

算出。其中的 $^\alpha\mu_A^0$,$^\beta\mu_A^0$,$^\alpha\mu_B^0$,$^\beta\mu_B^0$ 可通过有关文献或热力学数据库查找,而反映实际溶体与理想溶体的差别的吉布斯自由能增量可按设定的模型或给定的经验关系式算出,其中相互作用参数 Ω 则可通过有关文献资料查找。当 α 和 β 成分变化时,N^α 和 N^β 量变化,G^α 和 G^β 相应改变,从而致使体系总吉布斯自由能 G 也改变。

现采用最速下降法来求体系总吉布斯自由能 G 的最小值。选择两个相平衡成分的某一近似值 $(x_B^\alpha)_1$ 和 $(x_B^\beta)_1$,作为计算的成分起点,然后在这个成分点周围取上、下、左、右四个参考点:

$$1: [(x_B^\alpha)_1+\delta, (x_B^\beta)_1] \qquad 2: [(x_B^\alpha)_1, (x_B^\beta)_1+\delta]$$
$$3: [(x_B^\alpha)_1-\delta, (x_B^\beta)_1] \qquad 4: [(x_B^\alpha)_1, (x_B^\beta)_1-\delta]$$

式中,δ 是可任意选取的一个微量值。把上述成分代入上面的关系式,计算各成分所对应的 α 相和 β 相吉布斯自由能,然后代入式(5.22)中计算各点对应的体系的总吉布斯自由能 G。对比后,选取具有最小 G 值的成分点,又以它为原始成分起点重复上述计算,逐渐地逼近 G 的最小值。若运算 n 次后,获得成分 $(x_B^\alpha)_n$ 和 $(x_B^\beta)_n$ 的周围没有更低的 G 值点,可减小 δ 值,再缩小范围作同样的探索。如此反复运算,当 δ 小于规定值,并且所得的成分点周围又没有更低 G 值点,这组成分就定为该温度下的平衡成分。改变温度,用最速下降法作同样的计算,就可以求得不同成分下的两相平衡成分而获得相图中的两相平衡共轭线。

然而,相图是由多个平衡相组合而成的,因而在相平衡计算完成以后,仍需按一定的规则来合成相图。相图合成通常采用两种方法:第一种方法是在变量空间内按一定规律布置网格,计算每个格点处所有可能的平衡,比较该格点处各种平衡态下的系统吉布斯自由能,选取最低的稳态平衡。连接各网格点的稳定平衡,就可以合成整个相图。第二种方法是首先计算自由度为 0 的不变平衡及单变量平衡,先不考虑它们是否属于稳定平衡。单变量平衡可由组成二元或多元系的各个单元系(称边缘子系)开始计算,在子系中这些平衡就是不变平衡。相图就可由这些单变量平衡及不变平衡来确定。

总之,与实测相图相比,计算相图有以下显著特点:

(1) 可用来判别实测相图数据和热化学数据本身及它们之间的一致性,从而对来自不同作者和运用不同实验方法所获得的实验结果进行合理的评估,为使用者提供准确可靠的相图信息。

(2) 外推和预测相图的亚稳部分,从而得到亚稳相图;通过计算两个相吉布斯自由能曲线,获得等吉布斯自由能曲线,可预测无扩散相变的成分范围;外推和预测多元相图,计算多元相平衡。

(3) 可提供相变动力学研究所需的相变驱动力、活度等重要信息,并可方便地获得以不同热力学变量为坐标的各种相图形式。

(4) 由于计算机相图计算远比做实验快速得多,且可以任意设点,因此利用 CALPHAD 绘制相图可以大大节约人力、物力、财力和时间。

中英文主题词对照

相图	phase diagram	相平衡	phase equilibrium
相	phase	平衡相	equilibrium phase
组元	component, constituent	相区	phase regions
相变	phase transformation	位移型相变	displacive transformation
热激活转变	thermally activated transformation	非热转变	athermal transformation
扩散型相变	diffusion transformation	无扩散相变	diffusionless transformation
同成分转变	congruent transformation	同素异构转变	allotropic transformation
热力学	thermodynamics	自由能	free energy
化学势	chemical potential	相律	phase rule
吉布斯相律	Gibbs phase rule	杠杆定律	lever rule
公切线法则	common tangent principle	转变速率	transformation rate
单元系	one-component system	二元相图	binary phase diagram
等温转变相图	isothermal transformation diagram	无限混溶相图	isomorphous phase diagram
连续冷却转变图	continuous cooling transformation diagram	凝固	solidify
连接线	tie line	凝固点	solidifying point
凝固前沿	solidification front	凝固曲线	solidification curve
凝固速度	solidification rate	凝固线	line of solidification
凝固温度	solidification temperature	液相线	liquidus line
固相线	solidus line	溶解度	solubility
溶解曲线	solvus curve	有限溶解度	limited solubility
溶解度极限	solubility limit	固溶处理	solution heat treatment
固溶度曲线	solvus line	匀晶转变	isomorphous transformation
共晶反应	eutectic reaction	共晶相	eutectic phase
共晶结构	eutectic structure	共析反应	eutectoid reaction
共析结构	eutectoid structure	包晶	peritectic
包晶反应	peritectic reaction	包析	peritectoid
包析反应	peritectoid reaction	三相平衡	three-phase equilibrium
三相平衡点，不变点	invariant point	初相	primary phase
基体相	matrix phase	中间固溶体	intermediate solid solution
端际固溶体	terminal solid solution	铁素体	ferrite
渗碳体	cementite	奥氏体	austenite
奥氏体化	austenitizing	珠光体	pearlite

伪共晶	quasi-eutectic	伪共析	quasi-eutectoid
机械混合物	mechanical mixture	细晶珠光体	fine pearlite
粗晶珠光体	coarse pearlite	球化处理	spheroidizing
索氏体	sorbite	托氏体	troostite
球状组织	spheroidite	亚共析钢	hypoeutectoid steel
先共析铁素体	proeutectoid ferrite	过共析钢	hypereutectoid steel
先共析渗碳体	proeutectoid cementite	微量元素	microconstituent
铸铁	cast iron	白口铸铁	white cast iron
灰铸铁	gray cast iron	球墨铸铁	ductile cast-iron
可锻铸铁	malleable cast-iron	三元相图	ternary phase diagram
三维空间	three-dimensional space	空间模型	space pattern
投影图	projection drawing	等温截面	isothermal section
水平截面	horizontal section	垂直截面	vertical section
成分三角形	composition triangle	直线法则	linear law
重心法则	barycentre rule	等温线	isothermal line
等高线	contour line	共轭面	conjugate curved surface
固液界面	solid-liquid interface	四相平衡反应	four-phase equilibrium reactions

主要参考书目

［1］ 蔡珣.材料科学与工程基础辅导与习题［M］.上海：上海交通大学出版社，2013.

［2］ 徐祖耀,李鹏兴.材料科学导论［M］.上海：上海科学技术出版社，1986.

［3］ 胡赓祥,蔡珣,戎咏华.材料科学基础［M］.第 3 版.上海：上海交通大学出版社，2010.

［4］ 胡赓祥,钱苗根.金属学［M］.上海：上海科学技术出版社，1980.

［5］ 侯增寿,陶岚琴.实用三元合金相图［M］.上海：上海科学技术出版社，1986.

［6］ 胡德林.三元合金相图及其应用［M］.西安：西北工业大学出版社，1982.

［7］ 曹明盛.物理冶金基础［M］.北京：冶金工业出版社，1988.

［8］ 萨尔满 H,舒尔兹 H.陶瓷学［M］.黄照柏译.北京：轻工业出版社，1989.

［9］ 余永宁.材料科学基础［M］.北京：高等教育出版社，2006.

［10］ Alloy Phase Diagrams［M］. ASM Handbook, vol. 3. Asm International，Materials Park，OH，1992.

［11］ Pelton A D. Phase Diagrams in Physical Metallurgy［M］. 3rd ed，NewYork：North-Holland Physics Publishing，1983.

［12］ Rhines F N. Phase Diagrams in Metallurgy［M］. New York：McGraw-Hill,1956.

［13］ Prince A. Alloy Phase Equilibria［M］. USA：Elsevier Publishing Co,1966.

［14］ Gorden P. Principles of Phase Diagrams in Materials Science［M］. USA：New York，1968.

［15］ Askeland D R，Phule P P. The Science and Engineering of Materials［M］. 4th ed. USA：Thomson Learning,2004.

［16］　William D. Callister，Jr. Materials Science and Engineering：An Introduction ［M］. 5th ed. USA：John Wiley & Sons，2000.

［17］　Smith W F. Foundations of Materials Science and Engineering ［M］. New York：McGraw-Hill Book Co. 1992.

［18］　Cahn R W，Haasen P. Physical Metallurgy ［M］. 4th ed. New York：Elsevier Science Publishing，1996.

第6章　材料的制取

除了天然材料外,人们使用前首先要将材料制取出来。材料的种类、用途不同,则对其性能要求不同,而且往往其制取方法也不同。如对大多数金属材料、无机非金属化合物、半导体材料和玻璃制品等而言,其生产、制取的重要途径是熔炼和凝固;对陶瓷、水泥、高纯粉末原材料以及高熔点金属材料等而言,其制取的重要手段是粉末冶金烧结技术;而对橡胶、塑料等高分子聚合物则采用合成的方法。而随着近代科学技术的高速发展,采用气相沉积方法来制取各种功能薄膜材料和高纯半导体化合物材料,在半导体、航天、通信和新材料领域已成为关键技术。当然,上述途径制取的材料,有的并非是最终产品,还需进一步加工成材,才能投入使用状态。

本章针对不同种类的材料,主要从凝固、烧结、合成和气相沉积四种基本材料制取方法的基本概念和基础理论着手来加以讨论。

6.1　凝固

众所周知,对大多数金属、半导体材料和玻璃制品而言,在其制备过程中均要经过熔化和凝固过程,即先将其加热到液态,然后根据人们预先设计的形状、尺寸以及组织形态,冷却凝固后形成所需的铸件或制品。因此,凝固是材料加工成形过程中一个相当重要的环节。在这液-固转化过程中,材料要发生一系列的物理、化学变化,如体积变化、外形变化、熵值变化、组织结构变化以及凝固(结晶)潜热的释放等等。通常,材料从液态到固态的转变过程称为凝固,而结晶是指物质从液态转变为具有晶体结构固相的过程。金属和半导体材料在凝固后一般均为晶体。结晶过程是一个通过形核和长大而形成的相变过程。材料从液态冷却得到的凝固组织包括各种相的晶粒大小、形状和成分分布等,与凝固过程的参数,如形核率、长大速度等有着密切的关系。因此,控制凝固过程,形成合理的凝固组织,对提高材料的性能,发挥材料潜力,保证铸锭或铸件质量有重要的实际意义。

6.1.1　凝固的热力学条件

由热力学第二定律得知,在等温等压下,只有使体系自由能 G 降低的过程,转变才会自动进行,即转变的热力学判据是

$$\Delta G < 0。$$

根据热力学,$G = H - TS$。这里,H 是热焓,T 是热力学温度,S 是熵,可推导得

$$dG = Vdp - SdT。$$

在等压时,$dp = 0$,故上式简化为

$$\frac{dG}{dT} = -S。 \tag{6.1}$$

因为熵 S 恒为正值,所以,体系自由能随温度增高而呈下降的趋势,自由能-温度曲线应是

向上凸起的下降曲线,如图 6.1 所示。

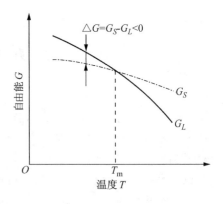

图 6.1　自由能随温度变化的示意图

　　凝固是指材料由液态至固态的转变。X 射线衍射分析表明,液态结构的重要特征是原子排列为长程无序、短程有序的不稳定结构。由于它的原子排列的混乱程度比固态材料大得多,因而液相组态熵大得多;何况,其原子振动振幅大,振动熵也大,这就导致液态熵 S_L 大于固态熵 S_S,即液相的自由能随温度变化曲线的斜率比固相的大。这样,液、固两条斜率不同的曲线必然相交于一点。该点表示液、固两相的自由能相等,故两相处于平衡而共存,此温度即为理论凝固温度,也就是材料的熔点 T_m。事实上,在此两相共存的温度,既不能完全结晶,也不能完全熔化,要发生结晶则体系温度必须降至低于 T_m 温度,而发生熔化则必须高于 T_m。

　　在一定温度下,从一相转变为另一相的自由能变化:

$$\Delta G = \Delta H - T \Delta S。$$

　　若 G_S 为固相吉布斯自由能,G_L 为液相吉布斯自由能,液相到固相转变的单位体积自由能变化为 ΔG_V,则

$$\Delta G_V = G_S - G_L = (H_S - H_L) - T(S_S - S_L)。 \tag{6.2}$$

由于恒压下

$$\Delta H_P = H_S - H_L = -L_m, \tag{6.3}$$
$$\Delta S_m = S_S - S_L = -L_m / T_m。 \tag{6.4}$$

式中,L_m 是熔化热,表示固相转变为液相时,体系向环境吸热,定义为正值;ΔS_m 为固体的熔化熵,它主要反映固体转变成液体时组态熵的增加,可从熔化热与熔点的比值求得。

　　将(6.3)和式(6.4)代入式(6.2),整理后,得

$$\Delta G_V = -L_m + \frac{T L_m}{T_m} = -L_m \left(\frac{T_m - T}{T_m} \right) = -\frac{L_m \Delta T}{T_m}, \tag{6.5}$$

式中,$\Delta T = T_{m} - T$,是熔点 T_m 与实际凝固温度 T 之差。

　　式(6.5)表明,要使 $\Delta G_V < 0$,必须使 $\Delta T > 0$,即 $T < T_m$,故 ΔT 称为过冷度。因此,材料凝固时必须要有一定的过冷度,这就是凝固的热力学条件。过冷度越大,ΔG_V 的绝对值越大,凝固的驱动力越大。

6.1.2　形核

　　材料的凝固结晶均通过形核与长大两个过程进行,即固相核心的形成和晶核长大,直至液相最终耗尽为止。形核方式可以分为两类:

　　(1)均匀形核:在母相中依靠自身的结构变化均匀自发地形成核心,即在液相中各个区域出现新相晶核的几率都是相同的,是无择优位置的形核。

　　(2)非均匀形核:新相优先在母相中存在的异质处形核,即依附于液相中的杂质或外来表面上形核。

　　通常,实际熔液中总不可避免地存在杂质和外表面(如铸模内壁),故其主要凝固方式为非均匀形核。但是,非均匀形核的原理是建立在均匀形核的基础上的,有必要先对液态金属均匀

形核的基本规律进行分析讨论。

1. 均匀形核

1）均匀形核的能量条件和临界晶核　根据研究,液态金属结构的重要特征是长程无序的,而在短程范围内却存在短程有序,并且这种短程有序原子集团不是固定不变的,它是一种此消彼长、瞬息万变、尺寸不稳定的结构,存在结构起伏。当温度降到熔点以下,这种在液相中时聚时散的短程有序原子结构,就可能成为均匀形核的"胚芽"或称晶胚,其内层的原子呈现晶态的规则排列,而其外层原子则与液体中不规则排列的原子相接触而构成界面。因此,当过冷液体中出现晶胚时,一方面,由于局部区域中原子转变为晶态,使体系内的自由能降低($\Delta G_V < 0$),这是相变的驱动力;另一方面,由于晶胚构成新的表面,又会引起表面自由能的增加,成为相变的阻力。在液-固相变中,晶胚形成时的体积应变能可在液相中完全释放掉,故在凝固中不考虑此阻力;而在固-固相变中,体积应变能项却不能忽略。

若晶胚为球形,半径为 r,单位体积自由能变化为 ΔG_V,晶胚单位面积的表面能为 σ(即表面张力),则体系总的自由能变化为

$$\Delta G = \frac{4}{3}\pi r^3 \Delta G_V + 4\pi r^2 \sigma \tag{6.6}$$

在过冷条件下,$\Delta G_V < 0$,σ 恒为正值。故式(6.6)的第一项为负,使体系自由能降低;第二项为正,使体系自由能升高,并且 ΔG_V 和 σ 为确定值,故 ΔG 为 r 的函数。ΔG 随 r 变化的曲线如图 6.2 所示。从图中可知,ΔG 在 r^* 时达到最大值。当晶胚的 $r < r^*$ 时,晶胚长大将导致体系自由能的增加,故这种尺寸晶胚不稳定,难以长大,最终熔化而消失;而当 $r \geqslant r^*$ 时,晶胚的长大则使体系自由能降低,这些晶胚能成为稳定的晶核。因此,半径 r^* 称为临界半径,此时的晶核称为临界晶核。由此可见,在过冷液体($T < T_m$)中,不是所有晶胚都能成为稳定的晶核,只有达到临界半径的晶胚时才行。

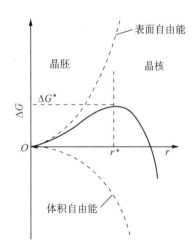

图 6.2　ΔG 随 r 的变化曲线示意图

临界半径 r^* 可通过对式(6.6)求导获得。令 $\mathrm{d}\Delta G/\mathrm{d}r = 0$,求得

$$r^* = -\frac{2\sigma}{\Delta G_V}。 \tag{6.7}$$

将式(6.5)代入式(6.7),得

$$r^* = \frac{2\sigma \cdot T_m}{L_m \cdot \Delta T}。 \tag{6.8}$$

由式(6.5)可知,ΔG_V 与过冷度相关。由于 σ 随温度的变化较小,可视为定值,所以由式(6.8)可知,临界半径 r^* 系由过冷度 ΔT 决定,ΔT 越大,r^* 越小,则形核的几率增大,晶核的数目也增多。当液相处于熔点 T_m 时,即 $\Delta T = 0$,由上式得 $r^* = \infty$,故任何晶胚都不能成为晶核,凝固不能发生。

将式(6.7)代入式(6.6),得

$$\Delta G^* = \frac{16\pi\sigma^3}{3\ (\Delta G_V)^2} = \frac{16\pi\sigma^3\ T_m^2}{3\ (L_m \cdot \Delta T)^2}, \tag{6.9}$$

式中,ΔG^* 为形成临界晶核所需的功,简称形核功,它与 $(\Delta T)^2$ 成反比,ΔT 越大,所需的 ΔG^* 越小。

若以临界晶核表面积:

$$A^* = 4\pi\ (r^*)^2 = \frac{16\pi\sigma^2}{\Delta G_V^2}$$

代入式(6.9),得

$$\Delta G^* = \frac{1}{3} A^* \sigma。 \tag{6.10}$$

由此可见,临界晶核的形成功相当于其表面能的 1/3。这意味着形成临界晶核时,液、固之间的体积自由能降低值只能补偿表面能的 2/3,而不足的 1/3 则需靠系统自身存在的能量起伏来补偿。因此,并不是只要低于 T_m 的任何温度液-固转变都能发生,液相必须达到一临界过冷度时方能结晶,而液体中客观存在的结构起伏和能量起伏则是促成均匀形核的充分条件。

2) 形核率 形核率 N 是单位时间、单位体积中形成的晶核数。当绝对温度低于 T_m 时,N 受两个因素的控制:一方面随着 ΔT 增大,晶核的 r^* 及 ΔG^* 减小,因而需要的能量起伏小,稳定的晶核容易形成;另一方面随着 ΔT 的增大,原子的活动性降低,它从液相转移到固相上的几率降低,不利于晶核的形成。故形核率可用下式表示:

$$N = N_1 \cdot N_2,$$

式中,N 为总的形核率,N_1 为受 ΔG^* 影响的形核率因子,N_2 为受原子扩散影响的形核率因子。由于

$$N_1 \propto e^{-\frac{\Delta G^*}{kT}}, \quad N_2 \propto e^{-\frac{Q}{kT}},$$

所以

$$N = K e^{-\frac{\Delta G^*}{kT}} \cdot e^{-\frac{Q}{kT}}. \tag{6.11}$$

式中,K 为比例常数,ΔG^* 为形核功,Q 为原子越过液、固相界面的扩散激活能,k 为玻耳兹曼常数,T 为热力学温度。形核率 N 与过冷度 ΔT 之间的关系如图 6.3 所示。当过冷度较小时,形核率主要受形核功影响的形核率因子控制,随着过冷度增加,所需的临界形核半径减小,因此,形核率迅速增加,并达到最高值;随后若过冷度继续增大时,尽管所需的临界晶核半径继续减小,但由于原子在较低温度下扩散变得困难,此时,形核率受扩散的几率因子所控制,形核率随之减小。

对于流动性好的液体来说,在 T_m 以下,随温度下降至某值 T^* 时,形核率突然显著增大,此温度 T^* 可视为均匀形核的有效形核温度。由于一般金属的晶体结构简单,凝固倾向大,形核率在未达图 6.3 中的峰值前即已凝固完毕,不会出现形核率曲线的下降趋势。但是,对某些有机材料,如赛璐珞(Salol)在过冷过程中于 40℃ 开始凝固,在 24℃ 时出现形核率曲线的极大值;过冷度进一步增加,形核率则降低,在 −10℃ 以下形核渐渐终止。表 6.1 列出了多种易流动液体的结晶实验结果,对于大多数液体,观察到均匀形核处在相对过冷度 $\Delta T^*/T_m$ 为 0.15～0.25 之间,其中 $\Delta T^* = T_m - T^*$,或者说有效形核过冷度 $\Delta T^* \approx 0.2 T_m$(热力学温度),如图6.4所示。

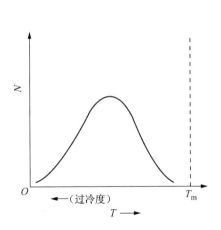

图 6.3　形核率与温度的关系

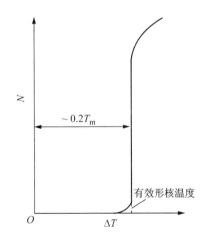

图 6.4　金属的形核率 N 与过冷度 ΔT 的关系

表 6.1　实验的成核温度

	T_m/K	T^*/K	$\Delta T^*/T_m$
汞	234.3	176.3	0.247
锡	505.7	400.7	0.208
铅	600.7	520.7	0.133
铝	931.7	801.7	0.140
锗	1 231.7	1 004.7	0.184
银	1 233.7	1 006.7	0.184
金	1 366	1 106	0.172
铜	1 356	1 120	0.174
铁	1 803	1 508	0.164
铂	2 043	1 673	0.181
三氟化硼	144.5	126.7	0.123
二氧化硫	197.6	164.6	0.167
CCl_4	250.2	200.2±2	0.202
H_2O	273.2	273.7±1	0.148
C_5H_5	278.4	208.2±2	0.252
萘	353.1	258.7±1	0.267
LiF	1 121	889	0.21
NaF	1 265	984	0.22
NaCl	1 074	905	0.16
KCl	1 045	874	0.16
KBr	1 013	845	0.17
KI	958	799	0.15
RbCl	988	832	0.16
CsCl	918	766	0.17

注：T_m(K)为熔点；T^*(K)为液体过冷的最低温度；$\Delta T^*/T_m$ 为折算温度单位的最大过冷度。注意：$\Delta T^*/T_m$ 接近常数。

从表 6.1 可知,均匀形核所需的过冷度是相当大的,约为 $0.2T_m$。下面以铜为例,计算形核时临界晶核中的原子数。已知纯铜的凝固温度 $T_m = 1\,356K$,$\Delta T = 236K$(见表 6.2),熔化热 $L_m = 1\,628 \times 10^6 \text{J/m}^3$,比表面能 $\sigma = 177 \times 10^{-3} \text{J/m}^2$,由式(6.11)可得

$$r^* = \frac{2\sigma T_m}{L_m \Delta T} = \frac{2 \times 177 \times 10^{-3} \times 1356}{1628 \times 10^6 \times 236} = 1.249 \times 10^{-9} \text{(m)}。$$

铜的点阵常数　$a_0 = 3.615 \times 10^{-10} \text{m}$,晶胞体积　$V_L = (a_0)^3 = 4.724 \times 10^{-29} \text{(m}^3\text{)}$,而临界晶核的体积

$$V_c = \frac{4}{3}\pi r^{*3} = 8.157 \times 10^{-27} \text{m}^3,$$

则临界晶核中的晶胞数目

$$n = \frac{V_c}{V_L} \approx 173。$$

而铜是面心立方结构,每个晶胞中有 4 个原子,因此,一个临界晶核的原子数目为 692 个原子。从上面的计算中,按均匀形核机制需要近七百个原子自发地聚合在一起成核,这种可能性是相当小的,即产生的几率很小,故均匀形核的难度较大。

对于高黏滞性的液体,均匀形核速率则更加小,以致常常不存在有效形核温度。

表 6.2　液体金属的最大过冷度及其比表面能

金属	最大过冷度/K	比表面能 $\sigma/\times10^{-3} \text{Jm}^{-2}$	金属	最大过冷度/K	比表面能 $\sigma/\times10^{-3} \text{Jm}^{-2}$
Al	195	121	Au	230	132
Mn	308	206	Ga	76	56
Fe	295	204	Ge	227	181
Co	330	234	Sn	118	59
Ni	319	255	Sb	135	101
Cu	236	177	Hg	77	28
Pd	332	209	Bi	90	54
Ag	227	126	Pb	80	33
Pt	370	240			

2. 非均匀形核

如上所述,液态金属或易流动的化合物均匀形核所需的过冷度很大,如纯铁均匀形核时的最大过冷度高达 295K。故除非在特殊的试验室条件下,液态金属中不会出现均匀形核。

实际上,金属凝固形核的过冷度一般不超过 20℃,其原因在于母相中的杂质颗粒或铸型内壁等促进了结晶晶核的形成,即依附于它们的表面可使形核界面能降低,在较小过冷度下形核,这就是非均匀形核现象。

如图 6.5(a)所示,设在型壁平面 W 上形成一晶核 α,且 α 系圆球(半径为 r)被 W 平面所截的球冠,令其圆截面半径为 R,θ 为晶核 α 和型壁 W 的接触角。

当该晶核形成时,体系总表面能的变化为 ΔG_S:

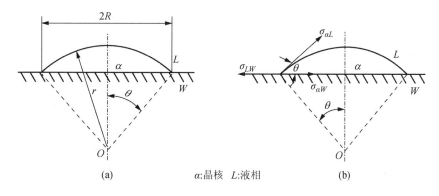

α:晶核　L:液相

图 6.5　非均匀形核示意图

$$\Delta G_S = A_{aL} \cdot \sigma_{aL} + A_{aW} \cdot \sigma_{aW} - A_{aW} \cdot \sigma_{LW} \tag{6.12}$$

式中，A_{aL}，A_{aW} 分别为晶核 α 与液相 L 及型壁 W 之间的界面面积，σ_{aL}，σ_{aW}，σ_{LW} 分别为 αL，αW，LW 界面的比表面能，相当于表面张力。如图 6.5(b)所示，在三相交点处，表面张力应处于平衡状态：

$$\sigma_{LW} = \sigma_{aL} \cos\theta + \sigma_{aW}, \tag{6.13}$$

由于

$$A_{aW} = \pi R^2 = \pi r^2 \sin^2\theta,$$
$$A_{aL} = 2\pi r^2 (1 - \cos\theta),$$

将它们代入式(6.12)，整理后可得

$$\Delta G_S = A_{aL}\sigma_{aL} - \pi r^2 \sin^2\theta\cos\theta\sigma_{aL}$$
$$= (A_{aL} - \pi r^2 \sin^2\theta\cos\theta)\sigma_{aL} 。 \tag{6.14}$$

球冠晶核 α 的体积：

$$V_a = \pi r^3 \left(\frac{2 - 3\cos\theta + \cos^3\theta}{3} \right) 。 \tag{6.15}$$

晶核形核时体系总的自由能变化应为体积自由能变化与表面能增量之和：

$$\Delta G = V_a \Delta G_V + \Delta G_S 。 \tag{6.16}$$

将式(6.14)、(6.15)代入式(6.16)，整理可得

$$\Delta G = \pi r^3 \left(\frac{2 - 3\cos\theta + \cos^3\theta}{3} \right) \Delta G_V + \left[2\pi r^2 (1 - \cos\theta) - \pi r^2 \sin^2\theta\cos\theta \right]\sigma_{aL}$$
$$= \left(\frac{4}{3}\pi r^3 \Delta G_V + 4\pi r^2 \sigma_{aL} \right) \left(\frac{2 - 3\cos\theta + \cos^3\theta}{4} \right) = \left(\frac{4}{3}\pi r^3 \Delta G_V + 4\pi r^2 \sigma_{aL} \right) f(\theta) 。 \tag{6.17}$$

对式(6.17)与均匀形核的式(6.6)进行比较，可发现两者差别仅仅是与 θ 相关的系数项 $f(\theta)$。由于对一定的体系，θ 为定值，故从 $\mathrm{d}G/\mathrm{d}r = 0$ 可求出非均匀形核时的临界晶核半径：

$$r^* = -\frac{2\sigma_{aL}}{\Delta G_V} 。 \tag{6.18}$$

由此可见，非均匀形核时，临界球冠的曲率半径与均匀形核时临界球形晶核的半径公式相同。把式(6.18)代入式(6.17)，得非均匀形核的形核功：

$$\Delta G_{het}^* = \Delta G_{hom}^* \left(\frac{2 - 3\cos\theta + \cos^3\theta}{4} \right) = \Delta G_{hom}^* f(\theta) 。 \tag{6.19}$$

从图 6.5(b) 可以看出，θ 在 $0\sim180°$ 之间变化。由于 $\left(\dfrac{2-3\cos\theta+\cos^3\theta}{4}\right)$ 永远小于 1，则

$$\Delta G_{het}^* < \Delta G_{hom}^* 。$$

这表明与均匀形核相比，非均匀形核所需的形核功较小，故它可在较小的过冷度下发生，并且，θ 越小，ΔG_{het}^* 也越低，即越有利于非均匀形核。

图 6.6 为过冷度与非均匀、均匀形核率之间的关系。由于非均匀形核所需的形核功要小得多，因而非均匀形核在 $\sim0.02T_m$ 的过冷度时，形核率达到最大值。另外，非均匀形核率由低向高的变化较为平缓；达到最大值后，结晶并未结束，形核率下降至凝固完毕。这是因为随新相晶核的增多，非均匀形核需要的合适"基底"在减少，在"基底"减少到一定程度时，将使形核率降低。

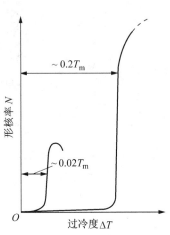

图 6.6　均匀和非均匀形核率随
过冷度变化的对比示意图

在杂质和型壁上形核可减少单位体积的表面能，因而使非均匀形核时临界晶核的原子数较均匀形核的少。仍以铜为例，计算其非均匀形核时临界晶核中的原子数。球冠体积

$$V_{cap}=\frac{\pi h^2}{3}(3r-h)，$$

式中，h 为球冠高度，假定为 $0.2r$，而 r 为球冠的曲率半径，取铜的均匀形核临界半径 r^*。用上述的计算方法可得 $V_{cap}=2.284\times10^{-28}\,\mathrm{m}^3$，而 $V_L=(a_0)^3=4.724\times10^{-29}\,\mathrm{m}^3$，故临界晶核中的晶胞数目 $V_{cap}/V_L\approx5$ 个晶胞，那么一个非均匀形核的临界晶核中原子数目仅为 20 个原子。由此可见，非均匀形核中临界晶核所需的原子数远小于均匀形核时的 692 个原子数，这样，出现的几率当然就大得多。

6.1.3　晶体长大

从过冷液相中形核后，晶核便在液、固相自由能差 $\Delta G<0$ 的驱动下开始长大。长大的实质是液相中的原子向晶核表面上迁移，即可理解为液-固界面向液相中推移的过程。晶体长大的方式与液-固界面的结构有关，并对结晶后的组织有显著的影响。

1. 液-固界面的构造

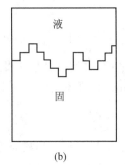

图 6.7　液-固界面示意图
(a) 光滑界面　(b) 粗糙界面

晶体长大既然是液-固界面向液相中推移的过程，界面的微观结构必然会影响到晶体长大方式和形态。晶体的长大是通过液体中单个原子或若干个原子同时依附到晶体的表面上，并按照晶面原子排列的要求与晶体表面原子结合起来。液-固两相的界面按微观结构可分为光滑界面和粗糙界面两类，如图 6.7 所示。

从图 6.7(a) 中可看到，在光滑界面处液、固两相原子存在明显的边界，固相的表

面为基本完整的原子密排面。所以,从微观上看界面是光滑的,但在宏观上它往往由不同位向的小平面所组成,故呈台阶状折线特征,这类界面也称小平面界面。

所谓粗糙界面,可以认为在界面处固、液两相原子分布较为混杂而无明显的边界,存在几个原子层厚度的过渡层,在过渡层中约有半数的位置为固相原子所占据。但由于过渡层很薄,从微观来看界面呈高低不平的;宏观来看,界面显得平直,不出现曲折的小平面。

杰克逊(Jackson K. A.)根据液–固界面处于局部平衡状态,运用统计力学提出了判断平滑和粗糙界面的定量模型。他认为液–固界面的平衡结构应是界面能最低的结构。如果有 N 个原子随机地沉积到具有 N_T 个原子位置的固–液界面时,则界面自由能的相对变化 ΔG_S 可由下式表示:

$$\frac{\Delta G_S}{N_T k T_m} = \alpha x(1-x) + x\ln x + (1-x)\ln(1-x), \tag{6.20}$$

式中,k 是玻耳兹曼常数,T_m 是熔点,x 是界面上被固相原子占据位置的分数,$\alpha = \dfrac{\xi L_m}{k T_m}$,其中 L_m 为熔化热,晶体学因子 $\xi = \eta/\nu$,η 是界面原子的平均配位数,ν 是晶体配位数。ξ 恒小于 1。

将式(6.20)按 $\dfrac{\Delta G_S}{N_T k T_m}$ 与 x 的关系作图,并改变 α 值,得到一系列曲线,如图 6.8 所示,由此得到如下的结论:

(1) 对于 $\alpha \leqslant 2$ 的曲线,在 $x=0.5$ 处界面能具有极小值,即界面的平衡结构约有一半的原子被固相原子占据而另一半位置空着,这时界面为微观粗糙界面。

(2) 对于 $\alpha > 2$ 时,曲线有两个最小值,分别位于 x 接近 0 处和接近 1 处,说明界面的平衡结构应是只有少数几个原子位置被占据,或者极大部分原子位置都被固相原子占据,即界面基本上为完整的平面,这时界面呈平滑界面。

金属和某些低熔化熵的有机化合物的 $\alpha \leqslant 2$,其液–固界面为粗糙界面;多数无机化合物的 $\alpha \geqslant 5$,其液–固界面为光滑界面;至于亚金属铋、锑、镓、砷和半导体锗、硅等的 α 为 2～5,处于中

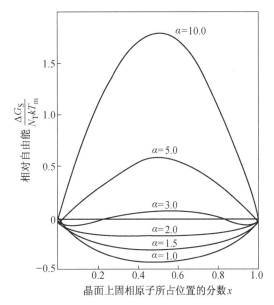

图 6.8　当 α 取不同值时 $\dfrac{\Delta G_S}{N_T k T_m}$ 与 x 的关系曲线图

间状态,其界面常属于混合型。但注意,以上的预测不适用于高分子,由于它们具有长链分子结构的特点,其固相结构不同于上述的原子模型。

根据杰克逊模型进行的预测,已被一些透明物质的实验观察所证实,但并不完善,它没有考虑界面推移的动力学和晶体的各向异性等因素,故不能解释在非平衡温度凝固时过冷度对晶体形状的影响。例如,磷随长大速率的提高,其液–固界面将由小平面界面变为粗糙界面。尽管如此,此理论对认识凝固过程中影响界面形状的因素仍有重要意义。

2. 晶体长大方式和长大速率

晶体的长大方式与界面构造密切相关,归纳起来,有连续长大、二维晶核、螺型位错长大等方式。

1) 连续长大机制　对于粗糙界面,由于界面上约有一半的原子位置空着,故液相的原子似乎可垂直地添加进入这些位置而连续地向液相中生长,并与固态晶体稳定结合,故这种长大方式也称为垂直生长。通常,当动态过冷度(液-固界面向液相移动时所需的过冷度)$\Delta T_{\rm K}$增大时,平均长大速率$v_{\rm g}$初始阶段呈线性增大,如图6.9(a)所示。对多数金属而言,由于动态过冷度很小,因此其平均长大速率与过冷度成正比,即

$$v_{\rm g} = u_1 \Delta T_{\rm K}, \tag{6.21}$$

式中,u_1为比例常数,与材料有关,单位是 m/(s·K)。有人估计u_1约为10^{-2} m/(s·K),故在较小的过冷度下,即可获得较大的长大速率。但对于无机化合物以及有机化合物等黏性材料,随过冷度增大,长大速率是一极值曲线,如图6.9(b)所示。当然,凝固时长大速率还受结晶潜热的热传导率所控制,由于具有粗糙界面的物质一般结晶潜热较小,所以长大速率较高。

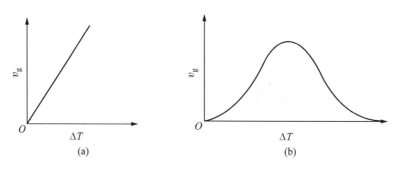

图6.9　连续长大速率和过冷度的关系

2) 二维晶核长大机制　若液-固界面为平滑界面,则首先在界面上形成具有一定临界尺寸的薄层状二维晶核,然后液相原子沿着二维晶核侧边所形成的台阶不断地附着上去,使此薄层很快扩展而铺满整个表面(见图6.10),这时生长中断。晶体的进一步长大,需在此界面上再形成二维晶核,又很快地长满一层,如此反复进行。因此晶核长大随时间是不连续的,平均长大速率由下式决定:

$$v_{\rm g} = u_2 \exp\left(\frac{-b}{\Delta T_{\rm K}}\right) \tag{6.22}$$

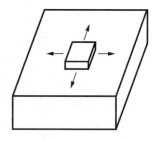

图6.10　二维晶核长大机制示意图

式中,u_2和b均为常数。当$\Delta T_{\rm K}$很小时,$v_{\rm g}$非常小,这是因为二维晶核形核功较大。二维晶核也须达到一定临界尺寸后才能进一步扩展,故这种长大方式实际上甚少见到。

3) 借螺型位错台阶式长大　若平滑界面上存在螺型位错露头时,垂直于位错线的表面呈现螺旋形的台阶,且不会消失。因为原子很容易填充台阶,而当一个面的台阶被原子进入后,又出现螺旋型的台阶。在最接近位错处,只需要添加少量原子就完成一个螺旋生长,而离位错较远处需较多的原子加入方可完成。这样就使晶体表面呈现由螺旋形台阶形成的蜷线。借螺型位错台阶式长大的模型示于图6.11中。这种方式的平均长大速率为:

$$v_g = u_3 \Delta T_K{}^2 \qquad (6.23)$$

式中，u_3 为比例常数。由于界面上所提供的缺陷有限，即添加原子的台阶位置有限，故长大速率小，即 $u_3 \ll u_1$。但在一些非金属晶体上观察到借螺型位错回旋生长的蜷线，表明了螺型位错长大机制是可行的。

有时，可利用一个位错形成单一螺旋台阶，生长出晶须，这种晶须除了中心核心部分以外是完整的晶体，故具有许多特殊优越的力学性能，如很高的屈服强度。已知可从多种材料中生长出晶须，包括氧化物、硫化物、碱金属、卤化物及许多金属。

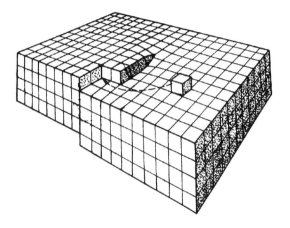

图 6.11　螺型位错台阶长大机制示意图

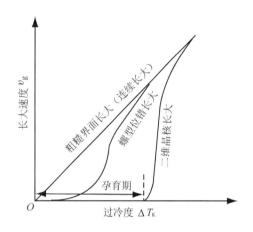

图 6.12　三种长大机制的长大速率和过冷度间关系的比较

将上述三种机制 v_g 与 ΔT_K 之间的关系汇总在同一张图上，见图 6.12。从图中可看出，在所有的长大方式中，连续长大的速度最快，因粗糙界面上相当于存在大量的现成的台阶；当 ΔT_K 较小时，光滑界面以螺型位错长大机制长大；当 ΔT_K 很大时，三者的长大速度趋于一致，此时平整界面上会产生大量的二维核心，或产生大量的螺旋台阶，使平整界面变成粗糙界面。

此外，在晶体长大过程中，可能发生堆垛次序的错排，往往造成以某个晶面为对称面的两部分晶体，称为孪晶或双晶。当晶体中存在孪晶时，界面处出现不同位向的小平面，并形成台阶源，有利于二维晶核形成和长大。

6.1.4　结晶动力学及生长形态

1. 结晶动力学

结晶动力学是研究恒温结晶过程中有关结晶量与时间的变化规律。实验表明，不同等温温度下过冷液体的结晶均存在一个孕育期 τ_0，并且温度越高，孕育期越长。结晶开始时，其相对结晶量 $\varphi = V/V_0$（V_0 为液体总体积，V 为已结晶体积）较小，随结晶速度增大，结晶量逐渐增加，而当达到一定程度后（$\varphi \approx 50\%$）达到极大值。随后，又趋于减小，直至终了结束，呈现典型的"S"曲线特征，如图 6.13 所示，其中 $T_1 > T_2 > T_3 > T_4 > T_5$。

随着结晶温度降低、过冷度增大，由于能量起伏以及形核速率与生长速率的增加，有助于孕育期减小和结晶速度加快，故结晶过程的时间有所缩短。分析表明，开始阶段其结晶量较少与形核率较小有关，而后期结晶速度降低，则是由于相邻晶体彼此接触所致。

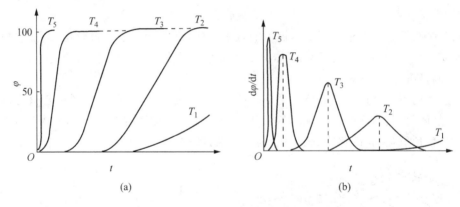

图 6.13　不同温度下的结晶动力学曲线(a)和结晶速率曲线(b)

由新相的形核率 N 及长大速率 v_g 可算得在一定温度下随时间改变的转变量,从而获得结晶动力学方程。设晶核为球形,它在各方向生长速率相同,恒温下形核速率 N 与长大速率 v_g 不随时间 τ 而改变,若不考虑生长晶体相接触后的情况,则

$$\varphi = \frac{V}{V_0} = 1 - \exp\left(-\frac{\pi}{3} N v_g^3 \tau^4\right) \text{。} \tag{6.24}$$

这就是著名的约翰逊-梅尔(Johnson-Mehl)动力学方程,它给出了恒温条件下结晶过程的相对结晶量与时间关系的数学表达式,适用于任何均匀形核,且 N 和 v_g 为常数,以及小的 τ 值的形核与长大的转变过程,包括材料冷塑性变形组织的再结晶过程。

但是,事实上,形核率和长大速率是随时间变化的,需对式(6.24)进行修正。结晶动力学方程通常用 Avrami 提出的经验方程式来加以描述更符合实际情况:

$$\varphi = 1 - \exp(-B\tau^n) \text{,} \tag{6.25}$$

式中,B 和 n 均为常数。B 值与形核率和长大速度有关,对温度颇为敏感。N 随时间而减小时,$3 \leqslant n \leqslant 4$;$N$ 随时间增加时,$n > 4$。

2. 生长形态

由于凝固时散热条件的关系,纯金属凝固时的生长形态不仅与液-固界面的微观结构有关,而且取决于界面前沿液相中的温度分布情况。纯金属凝固时界面前沿液相中的温度分布可分为两种情况:即正的温度梯度和负的温度梯度,如图 6.14 所示。

1) 正的温度梯度分布情况　当液态金属注入铸模中进行凝固时,热量从模壁散出,凝固从模壁开始,所以液体中心的温度总是高于液-固界面的温度,而且随着离开界面的距离增加而升高。这就属于典型的正温度梯度分布情况。正的温度梯度指的是随着离开液-固界面的距离 z 的增大,液相温度 T 随之升高的情况,即 $dT/dz > 0$。此时,结晶潜热只能通过固相而散出,相界面的推移速度受固相传热速度所控制。由于温度梯度是正的,当界面上偶尔有凸起部分而伸入温度较高的液体中时,它的生长速度就会减缓甚至停止,而这时周围部分的过冷度较凸起部分大的则会赶上来,使凸起部分消失,晶体的生长以接近平面状向液相中推移,但界面的形态按界面的性质仍有不同。

(1) 若是平滑界面结构的晶体,其生长形态呈台阶状,组成台阶的平面(前述的小平面)是晶体的一定晶面,如图 6.15(a)所示。液-固界面自左向右推移,虽与等温面平行,但小平面却与溶液等温面呈一定的角度。

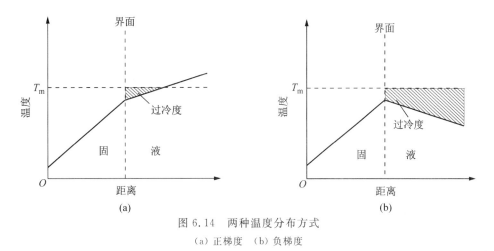

图 6.14　两种温度分布方式

(a) 正梯度　(b) 负梯度

(2) 若是粗糙界面结构的晶体,按垂直长大机制,其生长形态呈平面状,界面与液相等温面平行,如图 6.15(b)所示。

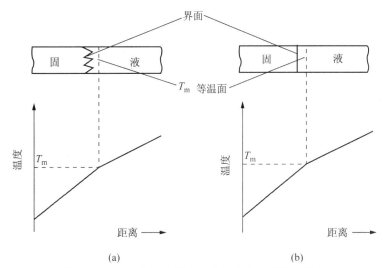

图 6.15　在正的温度梯度下观察到的两种界面形态

(a) 台阶状(光滑界面结构的晶体)　(b) 平面状(粗糙界面结构的晶体)

2) 负的温度梯度分布情况　在某些特殊情况下,由于结晶潜热的释放致使相界面处的温度升高,使液相处于过冷条件时,则可能产生负的温度梯度。负的温度梯度是指液相温度随着离开液-固界面的距离增大而降低,即 $dT/dz < 0$。此时,相界面上产生的结晶潜热既可通过固相又可通过液相传导逸散。相界面的推移不再为固相的传热速度所控制,如果部分的相界面生长凸出到前面的液相中,则能处于温度更低(即过冷度更大)的液相中,使凸出部分的生长速度增大而进一步伸向液体中。在这种情况下,液-固界面就不可能保持平面状而会形成许多伸向液体的分枝(沿一定的晶向轴),同时在这些枝晶上又可能会长出二次枝晶,在二次枝晶再长出三次枝晶,如图 6.16 所示。晶体的这种生长方式称为树枝生长或树枝状结晶。树枝状生长时,伸展的枝晶轴具有一定的晶体取向,这与其晶体结构类型有关,如面心立方结构为〈100〉,体心立方结构为〈100〉,密排六方结构则为〈10$\bar{1}$0〉。

树枝状生长在具有粗糙界面的物质(如金属模)中表现最为显著,而对于具有平滑界面的物质来说,在负的温度梯度下虽也出现树枝状生长的倾向,但往往不甚明显;而某些 α 值大的物质则变化不多,仍保持其小平面特征。

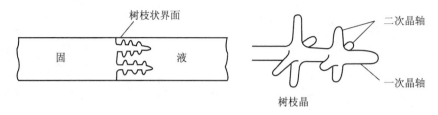

图 6.16　树枝状晶体生长示意图

6.1.5　凝固后的晶粒大小

1. 结晶后晶粒大小及其控制

结晶后铸态组织,如晶粒形状、大小、取向以及夹杂、气孔等缺陷,受结晶条件等诸多因素的控制。其中,晶粒大小通常以单位体积(或面积)中晶粒的平均数目或晶粒的平均直径表示,对材料的性能有重要的影响。例如金属材料,其强度、硬度、塑性和韧性都随着晶粒细化而提高。因此,应用凝固理论控制结晶后晶粒大小对提高和改善材料的性能具有重要的实际意义。这里以细化金属铸件的晶粒为目的,可采取以下几个途径:

1) 增加过冷度　由约翰逊-梅尔(Johnson-Mehl)动力学方程可导出,在 τ 时间内形成的晶核数 $Z(\tau)$ 与形核率 N 及长大速率 v_{g} 之间的关系:

$$Z(\tau) = k \left(\frac{N}{v_{\mathrm{g}}} \right)^{3/4}, \tag{6.26}$$

式中,k 为常数,与晶核形状有关。根据晶粒大小的定义,$Z(\tau)$ 与晶粒尺寸 d 成反比,由式 (6.26) 可知,形核率 N 越大,晶粒越细;晶体长大速率 v_{g} 越大,则晶粒越粗。同一材料的 N 和 v_{g} 都取决于过冷度,因 $N \propto \exp(-1/\Delta T^2)$,而连续长大时 $v_{\mathrm{g}} \propto \Delta T$;以螺型位错长大时,$v_{\mathrm{g}} \propto (\Delta T)^2$。由此可见,增加过冷度,$N$ 迅速增大,且比 v_{g} 更快,因此,在一般凝固条件下,增加过冷度可使凝固后的晶粒细化。

2) 变质处理　由于实际生产中的凝固均为非均匀形核,为了提高形核率,通常在熔液凝固之前加入能作为非均匀形核基底的人工形核剂,也称孕育剂或变质剂。根据非均匀形核原理,对形核剂的选择,其接触角 θ 大小相当关键。θ 角越小,形核剂对非均匀形核的作用越大。由式 (6.13) 可知 $\cos\theta = (\sigma_{LW} - \sigma_{aW})/\sigma_{aL}$,为了使 θ 角减小,应使 σ_{aW} 尽可能降低,故要求形核剂与晶体具有相近的结合键类型,而且与晶核相接的彼此晶面具有相似的原子配置和小的点阵错配度 δ,而 $\delta = |a - a_1|/a$,其中 a 为晶核的相接晶面上的原子间距,a_1 为形核剂相接面上的原子间距。表 6.3 列出了一些物质对纯铝(面心立方结构)结晶时形核的作用,可以看出这些化合物的实际形核效果与上述理论推断符合得较好。但是,也有一些研究结果表明,晶核和基底之间的点阵错配并不像上述所强调的那样重要,例如,对纯金的凝固来说,WC,ZrC,TiC,TiN 等对形核作用较氧化钨、氧化锆、氧化钛大得多,但它们的错配度相近;又如锡在金属基底上的形核率高于非金属基底,而与错配度无关,因此在生产中主要通过试验来确定有效的形核剂。

表 6.3　加入不同物质对纯铝不均匀形核的影响

化合物	晶体结构	密排面之间的 δ 值	形核效果	化合物	晶体结构	密排面之间的 δ 值	形核效果
VC	立方	0.014	强	NbC	立方	0.086	强
TiC	立方	0.060	强	W_2C	六方	0.035	强
TiB_2	六方	0.048	强	Cr_3C_2	复杂	–	弱或无
AlB_2	六方	0.038	强	Mn_3C	复杂	–	弱或无
ZrC	立方	0.145	强	Fe_3C	复杂	–	弱或无

3）振动与搅拌　实践证明，对金属熔液凝固时施加振动或搅拌作用可获得细小的晶粒。振动方式可采用机械振动、电磁振动或超声波振动等，都具有细化晶粒效果。因为一方面靠这种外部输入能量的方法可促使形核；另一方面振动使枝晶破碎，而这些碎片又可作为结晶核心，提高形核率。

但若过冷液态金属在晶核出现之前，在正常的情况下并不凝固，而当它受到剧烈的振动时，就会开始结晶，这是与上述形核增殖不同的机制，目前对该动力学形核的机制还不清楚。

2. 单晶的制备

单晶体在材料本征特性研究方面具有重要的理论意义，而且在工业中的应用也日益广泛。如单晶是电子元件和激光器的重要材料，又如喷气发动机金属单晶叶片可应用于高温工作等。因此，单晶制备是一项重要的技术。

单晶制备的基本要求就是防止凝固时形成多个晶核，而只允许存在一个晶核，由它直接成长获得单晶体。为了获得单晶，必须采用定向凝固技术。下面介绍两种最基本的制备单晶的方法。

1）垂直提拉法　这是制备大单晶的主要方法，其原理如图 6.17(a)所示。加热器先将坩埚中原料加热熔化，并保持在稍高于材料的熔点温度以上。将籽晶夹在籽晶杆上，若想使单晶按某一晶向生长，则籽晶的夹持方向应使籽晶中某一晶向与籽晶杆轴向平行。然后，将籽晶杆下降，使籽晶与液面接触，籽晶的温度在熔点以下，而液体和籽晶的固液界面处的温度恰好为材料的熔点。为了保持液体的均匀和固-液界面处温度的稳定，籽晶与坩埚通常以相反的方向旋转。籽晶杆一边旋转，一边向上提拉，这样液体就以籽晶为晶核不断地结晶生长而形成单晶。半导体电子工业所需的无位错 Si 单晶就是采用上述方法制备的。

2）尖端形核法　图 6.17(b)是尖端形核法原理图，这是利用容器的特殊形状在液体中制备单晶的方法。它是先将原料放入一个尖底的圆柱形坩埚中加热熔化，然后让坩埚缓慢地向冷却区下降，底部尖端的液体首先到达过冷状态，开始形核。恰当地控制凝固条件，就可能只形成一个晶核。随着坩埚的继续下降，晶核不断生长而获得单晶。

3. 非晶态金属的制备

非晶态金属由于其长程无序的原子排列这一结构的特殊性而使其性能不同于普通的晶态金属。它具有一系列突出的性能，如特高的强度和韧性、优异的软磁性能、高的电阻率和良好的抗蚀性等。因此，非晶态金属引起广泛的关注。

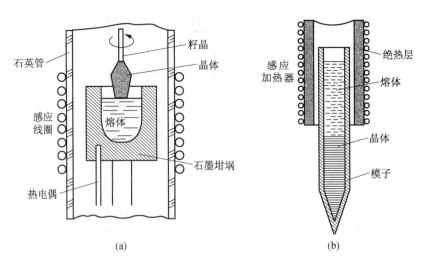

图 6.17　单晶制备原理

（a）垂直提拉法　（b）尖端形核法

　　金属与非金属不同，它的熔体即使在接近凝固温度时仍然黏度很小，而且晶体结构又较简单，故在快冷时也易发生结晶。但是，近年来随着科技的发展，发现在特别高的冷却条件下金属可得到非晶态，它又称金属玻璃。

　　熔液凝固成晶体或非晶体时，其体积变化规律不同，如图 6.18 所示。图中 T_m 为结晶温度，T_g 为玻璃（非晶）态温度。当液体发生结晶时，其体积发生突变，而液体转变为玻璃态时，其体积无突变而是连续地变化。当材料的 $T_m - T_g$ 间隔越小，越容易转变成玻璃态。如纯 SiO_2 的 $T_m = 1\,993K$，$T_g = 1\,600K$，$T_m - T_g = 393K$；而由于金属的 $T_m - T_g$ 间隔很大，尤其是高熔点金属的间隔更大，如纯钯的 $T_m = 1\,825K$，$T_g = 550K$，$T_m - T_g$ 高达 1275K，故普通的冷却速度条件下无法使其获得非晶态组织。

　　最初，科学家应用气相沉积法把亚金属（Se，Te，P，As，Bi）制成玻璃态的薄膜。自 20 世纪 60 年代开始，发展了液态急冷方法，使其冷速可大于 $10^7\,℃/s$，从而为获得非晶态的合金创造了有利的条件。另外，加入合金元素可使合金的 T_m 降低，T_g 提高，如上述的纯钯加入原子数为 20% 的 Si 后，T_m 降至约 1\,100K，T_g 升至约 700K。目前广泛地用于制备非晶态金属的方法有离心急冷法和轧制急冷法等。前者是把液态金属连续喷射到高速旋转的冷却铜圆筒壁上，使之急冷而形成非晶态金属；后者使液态金属连续流入冷却轧辊之间而被快速冷却，并且这些方法能使非晶态金属薄带生产实现工业化。对于大块非晶的获得相对难度较大，首先在合金成分的设计上需加入大量的合金元素，

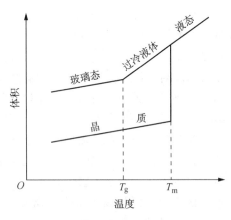

图 6.18　液态金属凝固成晶态和
非晶态的体积变化

以尽可能地降低材料的 $T_m - T_g$ 间隔，同时采用急冷技术方能实现。

6.1.6　合金的凝固

前面的讨论主要是围绕纯金属的凝固过程,它只与熔液的温度梯度有关,没有成分变化,而对于合金的凝固而言,除了遵循纯金属结晶的一般规律外,由于加入第 2,3,⋯组元,合金元素要在液、固两相中发生重新分布,这对合金的凝固方式和晶体的生长形态产生重要影响,而且会引起宏观偏析和微观偏析。本节主要讨论二元合金在匀晶转变和共晶转变中的凝固理论,在这基础上,简述合金铸锭(件)的组织与缺陷。

1. 固溶体合金的凝固

固溶体合金凝固过程既与温度梯度有关,又有成分变化。特别是凝固过程中固、液相的成分与母相液体的原成分不同,且由于冷却条件的不同,固、液相中溶质原子的重新分布特点不同,引起界面前沿液体过冷度和生长形态的变化不同等现象⋯下面分三种典型情况加以分析讨论:

1) 平衡凝固　平衡凝固是指在非常缓慢的冷却凝固过程中,固、液相始终保持平衡,它们的成分冷却时分别沿固、液相线变化,这通常在理想的实验室条件下才能实现。

由于合金凝固时,要发生溶质原子的重新分布,重新分布的程度可用平衡分配系数 k_0 表示。k_0 定义为平衡凝固时固相与液相中溶质的质量分数 w_S, w_L 之比,即

$$k_0 = w_S/w_L。$$

图 6.19 是合金匀晶转变时的两种情况。图 6.19(a)是 $k_0 < 1$ 的情况,也就是随溶质含量增加,合金凝固的开始和终结温度均降低;反之,随溶质含量的增加,合金凝固的开始和终结温度均升高,此时 $k_0 > 1$。k_0 越接近 1,表示该合金凝固时重新分布的溶质原子成分与原合金成分越接近,即重新分布的程度越小。当固、液相线为直线时,不难证明 k_0 为常数。

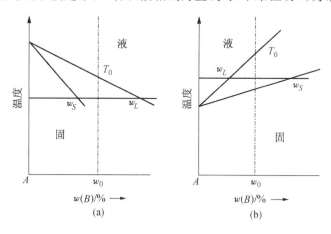

图 6.19　两种 k_0 的情况
(a) $k_0 < 1$　(b) $k_0 > 1$

将成分为 w_0 的单相固溶体合金的熔液置于圆棒形锭子内,由左向右进行定向凝固,如图 6.20(a)所示。在冷却速度非常缓慢的平衡凝固条件下,固相内的溶质原子可充分扩散和液相也可充分对流和扩散,故在任何时间内已凝固的固相成分是均匀的,其对应该温度下的固相线成分。凝固终结时的固相成分即为 w_0 的原合金成分,如图 6.20(b)所示。

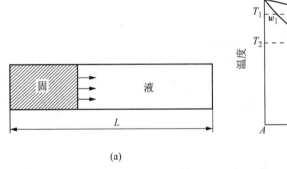
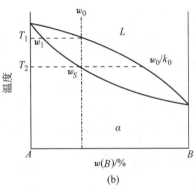

图 6.20　长度为 L 的圆棒形锭子(a)和平衡冷却示意图(b)

2) 固相中溶质无扩散、液相溶质完全混合的凝固　在冷却速度较快的非平衡凝固下,液相内的溶质原子通过对流和搅拌,可得到充分混合,保持成分均匀;而固相内的溶质原子来不及扩散,成分不均匀,已凝固的固相成分随着凝固的先后而变化。这种非平衡凝固也称为正常凝固。现在来推导固溶体非平衡凝固时,溶质原子的质量浓度 ρ_S 随凝固距离 x 变化的解析式。

设圆棒的截面积为 A,长度为 L。若取体积元 $A\mathrm{d}x$ 发生凝固,如图 6.21(a)中所示的阴影区,体积元的质量为 $\mathrm{d}M$,其凝固前的溶质量为

$$\mathrm{d}M_1 = \rho_L A \mathrm{d}x,$$

凝固后,溶质在液、固二相中重新分布:

$$\mathrm{d}M_2 = \rho_S A \mathrm{d}x + \mathrm{d}\rho_L A(L - x - \mathrm{d}x),$$

式中,ρ_L,ρ_S 分别为液相和固相的质量浓度(见图 6.21(b),(c))。

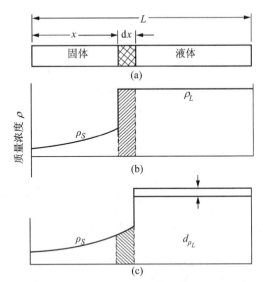

此时,界面处液、固二相保持局部平衡,由溶质原子的质量守恒可得

$$\rho_L A \mathrm{d}x = \rho_S A \mathrm{d}x + \mathrm{d}\rho_L A(L - x - \mathrm{d}x)。$$

忽略高阶小量 $\mathrm{d}\rho_L \mathrm{d}x$,整理后得

$$\mathrm{d}\rho_L = \frac{(\rho_L - \rho_S)\mathrm{d}x}{L - x}。$$

假设固相和液相密度相同,两边同除以液相(或固相)的密度 ρ,故 $\dfrac{\rho_S}{\rho_L} = \dfrac{w_S}{w_L} = k_0$,积分,有

$$\int_{\rho_0}^{\rho_L} \frac{\mathrm{d}\rho_L}{\rho_L} = \int_0^x \frac{1 - k_0}{L - x}\mathrm{d}x。$$

因为最初结晶的液相质量浓度为 ρ_0(即原合金的质量浓度),故上式积分下限值为 ρ_0,积分得

图 6.21　体积元 $\mathrm{d}x$ 的凝固(a),凝固前的溶质分布(b)及凝固后的溶质分布(c)

$$\rho_L = \rho_0 \left(1 - \frac{x}{L}\right)^{k_0 - 1}。 \tag{6.27}$$

上式表示了液相质量浓度随凝固距离的变化规律。由于 $\rho_L = \rho_S / k_0$,所以

$$\rho_S = \rho_0 k_0 \left(1 - \frac{x}{L}\right)^{k_0 - 1}, \tag{6.28}$$

式(6.28)称为正常凝固方程,它表示了固相质量浓度随凝固距离的变化规律。

以 $f_s = \dfrac{x \cdot A}{L \cdot A}$(凝固体积分数)代入,得到

$$\rho_L = \rho_0 \, (1 - f_s)^{k_0 - 1} = \rho_0 f_L^{k_0 - 1}, \tag{6.29}$$

$$\rho_s = \rho_0 k_0 \, (1 - f_s)^{k_0 - 1}, \tag{6.30}$$

式中,f_L,f_s 为给定温度下液、固相的相对量,故上式即为非平衡杠杆定律,或称 Scheil 公式。

固溶体经正常凝固后,整个锭子的质量浓度分布,如图 6.22 所示。在 $k_0 < 1$ 的情况下,凝固后其成分沿长度方向变化,左端溶质原子含量最少,而右端富集溶质组元,k_0 愈小,这个效应愈显著。这种溶质质量浓度由铸锭表面向中心逐渐增加的不均匀分布,称为正偏析,它是宏观偏析的一种,这种偏析通过扩散退火通常也难以消除。

注意固溶体合金的结晶过程中,由于低熔点组元在液、固相界面产生富集现象,使液相中溶质分布发生变化,改变了液相的熔点,从而使结晶前沿的过冷情况改变。这种由成分变化和实际温度分布两个因素共同决定的过冷称成分过冷。当然,发生成分过冷有一定条件,而且铸件的凝固速度、温度梯度以及合金的凝固范围等等均是成分过冷的主要影响因素。

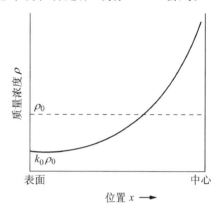

图 6.22　正常凝固后溶质质量浓度
在铸锭内的分布

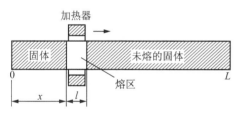

图 6.23　区域熔炼示意图

利用正常凝固的溶质重新分布现象,发展了一种区域熔炼技术,可用来对金属或半导体材料进行提纯。区域熔炼是以感应加热方法将金属或半导体材料逐步熔化以达到其提纯的目的,如图 6.23 所示。区域熔炼时感应线圈从欲提纯料棒一端逐渐移到另一端使之局部熔化,凝固过程也随之逐步进行。熔化区从始端到终端,杂质元素就富集于终端,重复移动多次,最终欲提纯材料的纯度得以大大提高。

3) 固相中溶质无扩散、液相内溶质只有扩散没有对流的凝固　在快速冷却的不平衡条件下,当液相没有搅拌、对流,而只有扩散时,在凝固过程中从固相中排出的溶质原子往往堆积在固-液界面处液相一侧,其成分变化分为三个阶段,如图 6.24 所示。

(1) 开始阶段:若合金的原始成分为 ρ_0,凝固刚开始瞬间,固相成分为 $k_0\rho_0$。参考图 6.19(a)和图 6.24(a),凝固时固相的溶质含量比 ρ_0 低,结晶势必将过剩的溶质原子排向液体中,界面前沿的液相成分必然高于 ρ_0,而为 ρ_L。由于液相没有搅拌、对流,只有扩散时,远离界面处却仍然保持原始成分 ρ_0。随着凝固过程的进行,固相中排出的溶质量也越来越多,界面前沿的液相的浓度也越来越高,但 k_0 为定值,为保持界面的局部平衡,当 ρ_L 增高,ρ_s 也相应增高,ρ_s 随距离的变化曲线也变陡。

(2) 稳态生长阶段:当固相成分 ρ_s 达到合金的成分 ρ_0,界面前沿液相成分 ρ_L 达到 ρ_0/k_0。此时,由固相中排出的溶质量与从界面处液相中扩散开去的溶质量相等,达到稳定状态,结晶出的固相成分总是 ρ_0,界面前沿液相成分始终保持为 ρ_0/k_0[见图 6.24(b)]。若取界面为坐标

原点,距界面 x 处液相成分不变,此时有两个因素在起作用:①扩散引起浓度随时间的变化,通过 x 处截面溶质的右移量为 $\partial \rho_L / \partial t$;②由于界面以速度 v 运动,通过 x 处截面的左移量为 $v \cdot \dfrac{\partial \rho_L}{\partial x}$。稳态下两者相等:

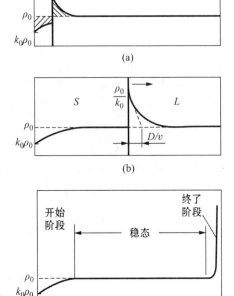

$$\frac{\partial \rho_L}{\partial t} = D \frac{\partial^2 \rho_L}{\partial x^2} = -v \frac{\partial \rho_L}{\partial x},$$

$$\frac{\partial^2 \rho_L}{\partial x^2} = \frac{-v}{D} \frac{\partial \rho_L}{\partial x},$$

此方程的通解为 $\quad \rho_L = K + A \exp\left(\dfrac{-vx}{D}\right)$。

根据边界条件,$x=0,\rho_L = \rho_0 / k_0$,$x = \infty,\rho_L = \rho_0$,可得 $K = \rho_0$,$A = \dfrac{1 - k_0}{k_0}\rho_0$,

故

$$\rho_L = \rho_0 \left[1 + \frac{1 - k_0}{k_0} \exp\left(\frac{-vx}{D}\right) \right],$$

当 $x = D/v,\rho_L - \rho_0 = (\rho_0 / k_0 - \rho_0)/e$,$D/v$ 称为特征距离。

(3) 终了阶段:凝固的最后阶段,剩余的液体量很少,溶质原子扩散致使液体中溶质浓度提高,而不再保持 ρ_0[见图 6.24(c)]。此时,由于液体中浓度梯度降低,扩散减慢,界面浓度增高,与之保持界面的局部平衡的固相浓度也增高。

图 6.24　液相内只有扩散时的溶质分布

实际固溶体合金的凝固介于上述的情况 2)与情况 3)之间。这是因为液体在管道内流动,在管壁附近总有一薄层的流速为零,在液-固界面上的液体也应有一薄层是静止的,这里只有扩散没有对流,所以不能使全部液相的成分都是均匀的,即液相内溶质完全混合是不可能的。另一方面,第 3)种情况也不完全符合实际,不存在只发生扩散而无对流的液体,液体内的长程扩散必将伴随有部分对流,液体内溶质的混合程度要比单纯只有扩散的情况好一些。

2. 共晶合金的凝固

共晶合金的凝固过程是指从液相中同时结晶出两个固相组织。凝固后的共晶组织的基本特征是两相交替排列,但共晶组织形态众多,按其中两相分布的形态,可分为层片状、棒状(纤维状)、球状、针状和螺旋状等,如图 6.25 所示。某些组织的立体模型则如图 6.26 所示。

共晶组织的具体形态受到多种因素的影响。近年的研究表明,共晶组织形态主要取决于组成相生长时液-固相界面的性质。如果按共晶两相的液-固相界面特性进行分类,可将共晶组织形成体系分为三类:①粗糙-粗糙界面(即金属-金属型)共晶;②粗糙-平滑界面(即金属-非金属型)共晶;③平滑-平滑界面(即非金属-非金属型)共晶。下面主要针对金属-金属型共晶和金属-非金属型共晶两种类型进行讨论。

金属-金属型共晶,其两组成相的液-固相界面都是粗糙界面,金属与金属组成的共晶组织具有典型层片状或棒状(纤维状)形态。如 Pb-Cd,Cd-Zn,Zn-Sn,Pb-Sn 等,以及许多由金属-

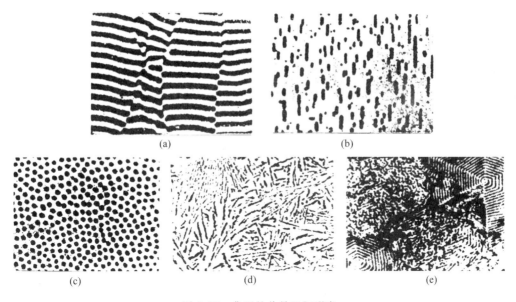

图 6.25　典型的共晶组织形态

（a）层片状　（b）棒状（条状或纤维状）　(c)球状（短棒状）　(d)针状　(e)螺旋状

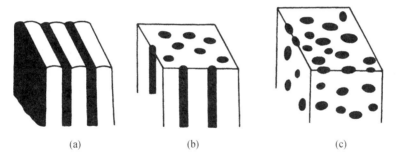

图 6.26　某些共晶组织的立体模型

（a）层片状共晶　（b）棒状共晶　（c）球状共晶

金属间化合物组成的合金，如 Al-Ag$_2$Al、Cd-SnCd 等均属于此类。由于金属的熔化熵低，其长大靠单原子扩散方式连续进行，所需过冷度很小，约 $0.01\sim0.02\,^\circ\mathrm{C}$，而二组成相又具有接近的过冷度和长大方式，长大过程中得以齐头并进、相互协调和促进，从而界面为平直状，最终形成规则的层片状或棒状共晶组织。

究竟它们形成层片状还是棒状形态，主要取决于两个因素：①两组成相的体积分数；②两组成相界面的单位面积界面能。当某一相的体积分数小于 $1/\pi$，则采取棒状形态生长。因为在一定的体积分数下，棒状比层片状有更低的总表面积；而当某相体积分数超过总体积的 $1/\pi$ 分额时，则采取层片状，因为层片状单位面积表面能较低。这种金属与金属型的共晶两相通常维持一定的结晶学关系。例如在 Al-CuAl$_2$ 共晶体中

$$(111)_{\alpha(\mathrm{Al})}\parallel(211)_{\mathrm{CuAl_2}},[110]_{\alpha(\mathrm{Al})}\parallel[120]_{\mathrm{CuAl_2}}。$$

层片状共晶组织的粗细，一般以层片间距 λ 表示。实践证明，结晶前沿液体的过冷度 ΔT 越大，则凝固速度 v 越大，层片间距 λ 越小，共晶组织越细。根据扩散理论，可以推导出 v 与 λ 之间的关系为

$$\lambda = \frac{k}{\sqrt{v}},\qquad(6.31)$$

式中，k 为常数，因不同合金而异。

共晶组织的层片间距显著影响合金的力学性能。共晶组织越细，则合金强度越高。它可用霍尔-佩奇（Hall-Petch）公式来表示。设 σ_s 为共晶体的屈服强度，σ_0 为与材料有关的常数，则有

$$\sigma_s = \sigma_0 + K\lambda^{-\frac{1}{2}},\qquad(6.32)$$

式中，K 为常数。上述讨论结果也大致适用于棒状共晶组织。

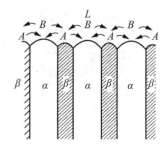

图 6.27　层片状共晶凝固时的横向扩散示意图

但需指出的是共晶合金结晶时，往往在共晶两相中有一个相是领先形核和长大的相，称为领先相。设共晶组织的两相中 α 相富含 A 组元，β 相富含 B 组元，领先相为 α，则在液相中形成 α 相的两侧及生长前沿会富含较多的 B 组元，故 β 相就在 α 相表面上形核，β 相生长时又会将较多的 A 组元排除到周围的液体中，这又有利于 α 相生长。如此反复交替形核生长，依靠组元的横向扩散，并以"搭桥机制"的形核长大方式最终形成 α 和 β 相间排列的组织形态，如图 6.27 和图 6.28 所示。

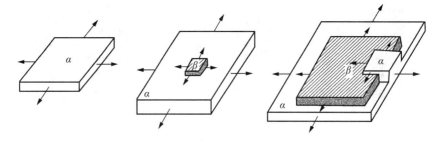

图 6.28　层片状共晶形核的搭桥机制

金属和非金属（或类金属）组成的共晶组织通常形态复杂，如针片状、骨骼状等具有非典型形态。对此，一种观点认为金属组成相的液-固相界面为粗糙界面，界面前沿液相的动态过冷度约为 $0.02\,℃$，而非金属（或类金属）具有平滑界面，长大依靠二维晶核形成，所需过冷度大，约 $1\sim2\,℃$，因而二组成相的动态过冷度不同引起它们生长不同时，金属晶体领先，非金属（或类金属）晶体滞后，二相之间无协调和促进关系。领先相可形成树枝状、鱼骨状，或弯曲状，而滞后生长的非金属相只能填补金属相长大中未占据的间隙，最后成为非典型形态的共晶组织。

但上述的动态过冷度观点不能解释某些金属-非金属型共晶的形成方式。例如，Al-Si 共晶凝固时，长在界面前沿的领先相不是金属 α(Al) 相，而是非金属 β(Si) 相。因为 Al-Si 系共晶界面的过冷度，主要来源于成分过冷，而不是动态过冷，其成长方式是由两相的质量分数差异和成分过冷所决定的。Al-Si 共晶点成分 ω(Si) 为 11.7%，Al 和 Si 所形成的固溶体 α 和 β 的相互固溶度均很小，约为 1%，所以共晶体 α 和 β 相的质量分数之比约为 $9:1$，共晶成长时两相的固-液界面前沿所排出的溶质量差别也很大，导致共晶凝固时 α 相的液-固界面宽，β 相的液-固界面窄。由于 β 相界面前沿所排出的 Al 浓度高，导致更大的成分过冷而加速 β 相成长，而 α 相界面较宽，不但排出的 Si 量少，成分过冷小，而且 Si 原子不易扩散而阻止 α 相成长。α

相长大时,其界面处排出的 Si 原子向 β 相的界面前沿扩散时,因 β 相的界面窄,故其界面处 Si 浓度迅速增加,成分过冷倾向大,这有利于 β 相的快速生长。β 相因其生长的各向异性而形成取向不同的针状或枝晶。在 β 相长大时,其界面处排出的 Al 原子在向邻近的 α 相界面前沿扩散时,因 α 相的界面宽,近邻 β 相的 α 相处长大速度大于远离 β 相的 α 相处,这就使 α 相的液-固界面呈现凹陷状。图 6.29(a),(b)分别为 Al-Si 共晶生长形态的示意图及其二次电子形貌像。

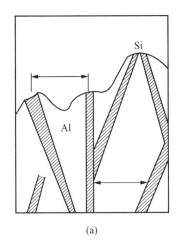
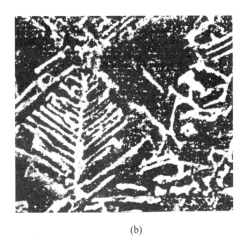

(a)   (b)

图 6.29 Al-Si 共晶长大示意图(a)以及定向凝固 Al-Si 共晶深浸后的二次电子像(b)

(浸蚀剂:2%盐水水溶液)500×

在金属-非金属型共晶中适当加入第三组元,共晶组织的形态可能发生很大变化。例如,在 Al-Si 合金中加入少量的钠盐,可使 β(Si)相细化,分枝增多;又如往铸铁中加入少量镁和稀土元素,使片状石墨球化,这种方法称为"变质处理"。变质处理方法是一种经济、实用并可改善共晶合金组织与性能的有效方法,故在工业界中受到普遍地关注。

6.1.7 铸锭宏观组织与缺陷

1. 铸锭(件)的宏观组织

铸锭的典型宏观组织如图 6.30 所示。它由表层细晶区、柱状晶区和中心等轴晶区三个部分所组成。至于这三个区域的相对比例大小,取决于加热与冷却条件、合金成分、变质剂等因素,可能有时观察到的只有其中两个甚至仅仅一个晶区,如经变质处理的铝合金中可能全部为等轴晶。下面来讨论铸锭的典型宏观组织。

1)表层细晶区 表层细晶区是与型壁接触的很薄一层熔液在强过冷条件下结晶而形成的。当液体注入锭模中后,获得很大的过冷,而且型壁可作为非均匀形核的基底,因此,立刻形成大量的晶核,这些晶核迅速

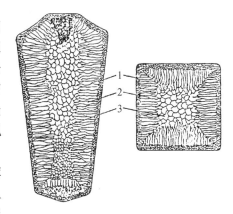

图 6.30 钢锭的 3 个晶区示意图

1-表层细晶区 2-柱状晶区 3-中心等轴晶区

长大至互相接触,形成由细小的、方向杂乱的等轴晶粒组成的表层细晶区。

2)柱状晶区　随着表层"细晶区"形成,改变了铸锭内的温度场分布,型壁被熔液加热而不断升温,散热减慢,使剩余液体的冷速降低,并且由于结晶潜热的释放,细晶区前沿液体产生了负的温度梯度。由于沿垂直于型壁方向散热最快,细晶区中那些主轴与型壁垂直的树枝晶将优先向液体中生长,而其他取向的晶粒,由于受邻近晶粒的限制而不能发展,因此,就形成大致与型壁垂直的、粗大的柱状晶区。由于各柱状晶的生长方向是相同的,例如,立方晶系的各柱状晶的长轴方向为⟨100⟩方向,密排六方的为⟨10$\bar{1}$0⟩方向,这种晶体学位向一致的铸态组织,称为"铸造织构"或"结晶织构"。

3)中心等轴晶区　柱状晶生长到一定程度,由于前沿液体远离型壁,散热困难,冷速变慢,而且熔液中的温差随之减小,这将阻止柱状晶的快速生长,当整个熔液温度降至熔点以下时,熔液中出现许多晶核并沿各个方向长大,就形成中心等轴晶区。关于中心等轴晶形成有许多不同观点,现概括如下:

(1)成分过冷。随着柱状晶的生长,发生成分过冷,并使成分过冷区从液-固界面前沿延伸至熔液中心,导致中心区晶核的大量形成并向各方向生长而成为等轴晶,这样就阻碍了柱状晶的发展,形成中心等轴晶区。

(2)熔液对流。当液态金属或合金注入锭模时,靠近型壁处的液体温度急剧下降,在形成大量表层细晶区的同时,造成锭内熔液的很大温差。由于外层较冷的液体密度大而下沉,中心较热的液体密度小而上升,于是造成剧烈的对流,如图6.31所示。对流冲刷已结晶的部分,可能造成局部脱落并将它们带入中心液体,作为籽晶而生长成为中心等轴晶。

(3)枝晶局部重熔产生籽晶。合金铸锭的柱状晶呈树枝状生长时,枝晶的二次轴、三次轴头部较细,且头部通常溶质含量均较高,熔点较低,由于温度的波动,这些"细颈"处发生局部重熔,脱落成为碎片,漂移到液体中心,成为"籽晶"而长大成为中心等轴晶。

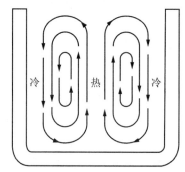

图6.31　液体金属注入
铸模后的对流

应强调的是,铸锭(件)的宏观组织与浇注条件有密切关系,随着浇注条件的变化可改变三个晶区的相对厚度和晶粒大小,甚至可使某个晶区不再出现。通常快的冷却速度、高的浇注温度和定向散热有利于柱状晶的形成;如果金属纯度较高、铸锭(件)截面较小,柱状晶快速成长,有可能形成穿晶。相反,慢的冷却速度、低的浇注温度、加入有效形核剂或搅动等均有利于形成中心等轴晶。

柱状晶的优点是组织致密,而且柱状晶的"铸造织构"也可被利用。例如,磁感应是各向异性的,沿立方晶系的⟨001⟩方向较高。这可用定向凝固方法使磁性材料所有晶粒均沿⟨001⟩方向排列,并与柱状晶长轴平行。"铸造织构"还可被用来提高合金的力学性能。燃气轮机叶片如采用定向凝固得到的全部是柱状晶组织,晶界与外力作用方向平行,这可以有效地阻止高温下晶界的滑动和空位的定向流动,因而使高温强度明显提高。柱状晶的缺点是相互平行的柱状晶接触面,尤其是相邻垂直的柱状晶区交界面较为脆弱,并常聚集低熔点杂质和非金属夹杂物,所以铸锭热加工时极易沿这些弱面开裂,或铸件在使用时也易在这些地方断裂。等轴晶无择优取向,没有脆弱的分界面,同时取向不同的晶粒彼此咬合,裂纹不易扩展,故获得细小的等轴晶可提高铸件的性能。但等轴晶组织的致密度不如柱状晶。表层细晶区对铸件性能的影响不大,由于它很薄,通常可在机加工时被除掉。

2. 铸锭(件)的缺陷

1) 缩孔 熔液浇入锭模后,与型壁接触的液体先凝固,中心部分的液体则后凝固。由于多数金属在凝固时发生体积收缩,使铸锭(件)内形成收缩孔洞,或称缩孔。

缩孔可分为集中缩孔和分散缩孔两类,分散缩孔又称疏松。集中缩孔有多种不同形式,如缩管、缩穴、单向收缩等,而疏松也有一般疏松和中心疏松等,如图 6.32 所示。

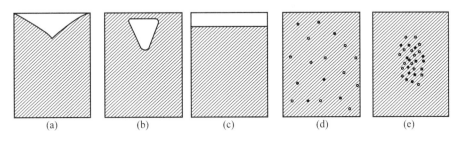

图 6.32 几种缩孔形式

(a) 缩管 (b) 缩穴 (c) 单向收缩 (d) 一般疏松 (e) 中心疏松

集中缩孔一般控制在钢锭或铸件的冒口处,随后可加以切除。但若冒口设计不当或补缩方法不当,致使缩孔较深而切除不净。这种缩孔残余对随后的加工与使用会造成严重影响。疏松是树枝晶组织凝固现象的必然结果:在树枝晶生长过程中,各枝晶间互相穿插,有可能使其中的液体被封闭。当凝固收缩得不到液体补充时,便形成细小的分散缩孔,因此,即使有了正确的冒口设计,它也会存在。

铸件中的缩孔类型与金属凝固方式有密切关系。

共晶成分的合金和纯金属相同,在恒温下进行结晶。在控制适当的结晶速率和液相内的温度梯度时,其液-固界面前沿的液相中几乎不产生成分过冷,液-固界面呈平面推移,因此凝固自型壁开始后,主要以柱状晶循序向前延伸的方式进行,这种凝固方式称为"壳状凝固",如图 6.33(a)所示。这种方式的凝固不但流动性好,而且熔液也易补缩,缩孔集中在冒口。因此,铸件内分散缩孔体积较小,成为较致密的铸件。

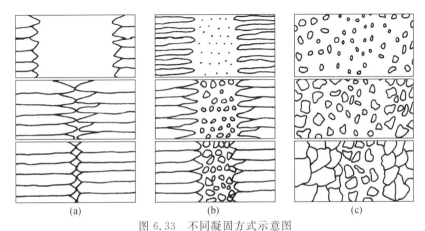

图 6.33 不同凝固方式示意图

(a) 壳状凝固 (b) 壳状-糊状混合凝固 (c) 糊状凝固

在固溶体合金中,当合金具有较宽的凝固温度范围,它的平衡分配系数 k_0 较小时,容易在液-固界面前沿的液相中产生成分过冷,使籽晶以树枝状方式生长,形成等轴晶,在完全固相区和完全液相区之间存在着宽的固相和液相并存的糊状区,因此,这种凝固方式称为"糊状凝固",如图 6.33(c)所示。显然,这种凝固方式熔液流动性差,而且,糊状区中晶体是以树枝状方式生长,多次蔓生的树枝往往互相交错,使在最后凝固的枝晶部分不易得到熔液的补充,形成分散的缩孔,也使铸件的致密性变差,但不需要留有较大的冒口。

为了改善呈糊状凝固的补缩性,常采用铸件晶粒细化的方法,这可减少发达树枝晶的形成,也就削弱了交叉的树枝晶网,有效地改善液体的流动性。另外,由于疏松往往分布在晶粒之间,细化晶粒使每个孔洞的体积减小,也有利于铸件的气密性。这个原理常在铝基和镁基合金中应用。实际合金的凝固方式常是壳状凝固和糊状凝固之间的中间状态,如图 6.33(b)所示。

合金凝固时,液体内因溶入气体过饱和而析出,形成气泡,也会使铸件内形成孔隙,减小了铸件的致密度。因此,为了减少铸件内的孔隙度,也应控制液体内气体的含量。

2) 偏析   偏析是指化学成分的不均匀性。合金铸件在不同程度上均存在着偏析,这是由合金结晶的特点所决定的。前述的正常凝固,一个合金试棒从一端以平直界面进行定向凝固时,沿试棒的长度方向会产生显著的偏析,当合金的平衡分配系数 $k_0 < 1$ 时,先结晶部分溶质含量少,后结晶部分溶质量多。但是,合金铸件的液-固界面前沿的液体中通常存在成分过冷,界面大多为树枝状,这会改变偏析的形式。当树枝状的界面向液相延伸时,溶质将沿纵向和侧向析出,纵向的溶质输送会引起平行枝晶轴方向的宏观偏析,而横向的溶质输送会引起垂直于枝晶方向的显微偏析。宏观偏析经浸蚀后是由肉眼或低倍放大可见的偏析,而显微偏析是在显微镜下才能检视到的偏析。

(1) 宏观偏析:宏观偏析又称区域偏析。宏观偏析按其所呈现的不同现象又可分为正常偏析、反偏析和比重偏析 3 类。

① 正常偏析(正偏析)。当合金的分配系数 $k_0 < 1$ 时,先凝固的外层中溶质含量较后凝固的内层为低,因此合金铸件中心所含溶质质量浓度较高的现象是凝固过程的正常现象,这种偏析就称为正常偏析。

正常偏析的程度与铸件大小、冷速快慢及结晶过程中液体的混合程度有关。一般大件中心部位正常偏析较大,这是最后结晶部分,因而溶质质量浓度较高,有时甚至会出现不平衡的第二相,如碳化物等。有些高合金工具钢的铸锭,中心部位甚至可能出现由偏析所引起的不平衡莱氏体。

正常偏析一般难以完全避免,它的存在使铸件性能不良。随后的热加工和扩散退火处理也难以使它根本改善,故应在浇注时采取适当的控制措施。

② 反偏析。反偏析与正常偏析相反,即在 $k_0 > 1$ 的合金铸件中,表层的溶质质量浓度比中心的高。

实践证明,在凝固时只有当合金体积收缩,并在铸件中心有孔隙时才能形成反偏析;而且,当合金凝固的温度范围较大和在熔液体内溶有气体或铸件内有柱状晶时,有利于反偏析的形成。根据实验,通常认为反偏析的形成原因是:铸件中心部位本应富集溶质元素,但由于铸件凝固时发生体积收缩,而在树枝晶之间产生空隙(此处为负压),加上温度的降低,液体内气体析出而形成压强,使铸件中心溶质质量浓度较高的液体沿着柱状晶之间的"渠道"被压向铸件表层,这样形成了反偏析。由于溶质质量浓度较高时,其熔点较低,因此,像 Cu-Sn 合金铸件,往往会在表面出现"冒汗"现象,这就是反偏析的明显征兆。

扩大铸件内中心等轴晶带,阻止柱状晶的发展,使富集溶质的液体不易从中心排向表层;减少液体中的气体含量,都是控制反偏析形成的途径。

③ 比重偏析。比重偏析通常产生在结晶的早期,由于初生相与溶液之间密度相差悬殊,轻者上浮,重者下沉,从而导致上下成分不均匀,这称为比重偏析。例如,$w(Sb)=15\%$ 的 Pb-Sb 合金在结晶过程中,先共晶 Sb 相密度小于液相,而共晶体(Pb+Sb)的密度大于液相,因此 Sb 晶体上浮,而(Pb+Sb)共晶体下沉,形成比重偏析。铸铁中的石墨漂浮也是一种比重偏析。

防止或减轻比重偏析的方法有:增大铸件的冷却速度,使初生相来不及上浮或下沉;或者加入第三种合金元素,形成熔点较高的、密度与液相接近的树枝晶化合物,在结晶初期形成树枝骨架,以阻挡密度小的相上浮或密度大的相下沉,如在 Cu-Pb 合金中加入 Ni 或 S(形成高熔点的 Cu-Ni 固溶体或 Cu_2S);在 Sb-Sn 合金中加入 Cu(形成 Cu_6Sn_5 或 Cu_3Sn)能有效地防止比重偏析。

(2) 显微偏析:显微偏析可分为胞状偏析、枝晶偏析和晶界偏析 3 种。

① 胞状偏析。前已指出,当成分过冷度较小时,固溶体晶体呈胞状方式生成。如果合金的分配系数 $k_0<1$,则在胞壁处将富集溶质;若 $k_0>1$,则胞壁处的溶质将贫化,这称为"胞状偏析",由于胞体尺寸较小,即成分波动的范围较小,因此很容易通过均匀化退火消除"胞状偏析"。

② 枝晶偏析。如前所述,枝晶偏析是由非平衡凝固造成的,这使先凝固的枝干和后凝固的枝干间的成分不均匀。合金通常以树枝状生长,一棵树枝晶就形成一颗晶粒,因此枝晶偏析在一个晶粒范围内,故也称为晶内偏析。影响枝晶偏析程度的主要因素有:凝固速度越大,晶内偏析越严重;偏析元素在固溶体中的扩散能力越小,则晶内偏析越大;凝固温度范围越宽,晶内偏析也越严重。

③ 晶界偏析。晶界偏析是由于溶质原子富集($k_0<1$)在最后凝固的晶界部分而造成的。当 $k_0<1$ 的合金在凝固时使液相富含溶质组元,又当相邻晶粒长大至相互接壤时,把富含溶质的液体集中在晶粒之间,凝固成为具有溶质偏析的晶界。

影响晶界偏析程度的因素大致有:溶质含量越高,偏析程度越大;非树枝晶长大使晶界偏析的程度增加,也就是说枝晶偏析可减弱晶界的偏析;结晶速度慢使溶质原子有足够的时间扩散并富集在液-固界面前沿的液相中,从而增加晶界偏析程度。

晶界偏析往往容易引起晶界断裂和晶间腐蚀,因此,一般要求设法减小晶界偏析的程度。除控制溶质含量外,还可以加入适当的第三种元素来减小晶界偏析的程度。如在铁中加入碳来减弱氧和硫的晶界偏析;加入钼来减弱磷的晶界偏析;在铜中加入铁来减弱锑在晶界上的偏析。

6.2　烧结

无机非金属材料通常由兼具离子键和共价键特征的无机化合物所构成,它们的主要特性是强度硬度高、耐高温、耐腐蚀,对电和热的绝缘性良好,但质地脆、塑性韧性差。

无机非金属材料主要指陶瓷、耐火材料、玻璃、水泥和特殊的无机非金属化合物等,其制备工艺与金属材料不同,除玻璃、水泥外,它们的生产过程包括粉体材料的制备、坯料的成型和制品的烧结三个基本步骤。

粉体材料制备是其制备的第一环节,可以通过固相、液相和气相方法得到。从粉碎过程来看,则可分为机械制粉、物理制粉和化学制粉三大类。机械制粉是通过机械破碎、研磨或气流研磨方法将大块材料或粗大颗粒细化成粉的方法;物理制粉是采用蒸发凝聚成粉或液体雾化的方法使材料的聚集状态发生改变,获得粉末;化学制粉则是依靠化学反应或电化学反应过程,生成新的粉状物质,具体的有还原法、热分解法、沉淀法、电解法等。

坯料成型是其制备的第二道工艺,即将松散的粉体加工成具有一定尺寸、形状以及一定密度和强度的坯块,俗称为制坯。采用的成形方法有模压成形、等静压成形、挤压成形、轧制成形、注浆成形、注射成形、流延成形、凝胶铸模成形和热压铸成形等。

烧结则是其制备的第三阶段,也是最后的环节,它是将粉体材料制成的具有一定外形的坯体,在低于熔点的高温作用下转变为具有一定显微结构、致密烧结体的物理化学过程。如水分或有机物的蒸发或挥发,吸附气体的排除,应力的消除,粉末颗粒表面氧化物的还原,颗粒间的物质迁移、再结晶和晶粒长大等。如果烧结过程中出现液相时,还会发生固相的溶解与析出。因此,烧结对陶瓷类制品的性能和质量影响很大。

烧结是一种古老而又现代的材料制备方法。它已是粉末冶金、陶瓷、耐火材料、超高温材料等的重要材料制备手段。烧结得到的块体材料通常是一种多晶材料,其显微结构由晶体、玻璃体和气孔组成。从材料动力学角度看,烧结过程的进行,依赖于基本动力学过程扩散,因为所有传质过程都依赖于质点的迁移。烧结中粉状物料间的种种变化,有时还会涉及到相变、固相反应等动力学过程。烧结过程的工艺条件直接影响显微结构中晶粒尺寸和形状、气孔大小形状和分布以及晶界的体积分数等,从而也直接影响烧结材料的物理、化学和力学性能。下面即着重对烧结过程的驱动力、物质传递、方法和影响因素等作一较详细的讨论。

6.2.1 烧结驱动力

在既无外力又无化学反应情况下,颗粒间只有点接触的粉体材料在高温下为什么会烧结成致密坚硬的块体材料?烧结的驱动力从何而来?与块体材料相比,粉末颗粒的比表面积大,具有较高的表面能。现有一杯氧化铝粉,若粉的颗粒尺寸为 $1\mu m$,其表面积就可达 $10^3\ m^2$,氧化铝的表面能为 $1 Jm^{-2}$,那么,一杯粉的表面能即为 $1 kJ$。显然,如此巨大的粉体表面能,必将使它处于不稳定的较高能量状态。何况,在粉体的制备过程中,又会引起粉末颗粒表面及其内部出现各种晶格缺陷,使其活化,进一步导致它处于更高能量状态。根据能量最低原理,系统将自发地降低其表面能,向低能量状态变化,故烧结的驱动力就是来自于表面能的降低。

烧结这种推动力实际上是来源于烧结颈部与粉末颗粒其他部位之间存在化学位差,有三种表现形式:首先是表面张力类似于一种机械力,它垂直作用于烧结颈曲面上,使烧结颈向外扩大,最终形成孔隙网。第二种是空位浓度梯度将引起烧结颈表面下微小区域内的空位向粉末颗粒内扩散,从而造成原子在相反方向上的迁移,使颈部得以长大;第三种是烧结颈表面与颗粒表面之间存在的蒸气压之差,将导致物质向烧结颈迁移。

一般陶瓷粉体的表面能比一般的化学反应过程中能量变化约小 2~3 个数量级,可见烧结过程的驱动力较小。因此,从理论上说,烧结温度可比其熔融温度低得多,然而,陶瓷制品若在不太高的温度下进行烧结,难以达到理论上的致密度,从而要求提高烧结温度,并且往往需要在烧结过程中添加各种烧结助剂并外加一定的压力来达到致密烧结的效果。

6.2.2 烧结时的物质传递

在烧结过程中实际上存在一个物质的传递过程,这样才能使气孔逐渐得到填充,使坯体由疏松变得致密,物质是怎样传递的呢? 图 6.34 为烧结初期物质迁移的可能途径。表 6.4 为图 6.34 中所示的各种传质途径。

在烧结过程中物质传递的方式和机理颇为复杂,不可能用单一种机理来加以解释,目前主要有以下四种观点:

表 6.4 图 6.34 中所示的各种传质途径

图 6.34 中的示号	扩散途径	物质来源	物质到达部位
1	表面扩散	表面	颈部
2	晶格扩散	表面	颈部
3	蒸发—凝聚	表面	颈部
4	晶界扩散	晶界	颈部
5	晶格扩散	晶界	颈部
6	晶格扩散	位错	颈部

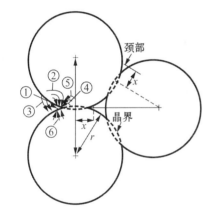

图 6.34 固态烧结初期阶段可能的传质路径

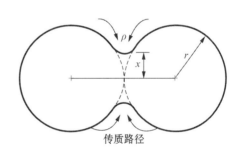

图 6.35 蒸发和凝聚传质机制示意图

1. 蒸发和凝聚

图 6.35 为蒸发和凝聚传质机制的示意图,这里 r 为粉末颗粒的半径,而 ρ 与 x 分别为颈部的曲率半径和高度。从图中可知,颗粒表面具有正的曲率半径,而两颗粒相接触的颈部则有负的曲率半径。通过对曲率半径、蒸气压和表面能三者关系的分析,可用"物理化学"中所学的开尔文(Kelvin)公式来表达:

$$\ln \frac{p_1}{p_0} = \frac{\gamma M}{dRT}\left(\frac{1}{\rho} + \frac{1}{x}\right), \tag{6.33}$$

式中,p_1 为颗粒表面蒸气压,p_0 为颗粒间颈部蒸气压,γ 为表面能,M 为蒸气相的相对分子质量,d 为材料的密度,R 为气体常数,T 为热力学温度。

由于颗粒表面各处的曲率 r 不同,从 Kelvin 公式可知,各处相应的蒸气压 p 大小也不同,

r 愈小,则 p 愈大。对于凸曲面,p 为正;对于凹曲面,p 为负。故质点容易从高能阶的凸处(如表面)蒸发,然后通过气相传递到低能阶的凹处(如颈部)凝结,使颗粒的接触面增大,颗粒和空隙形状改变,导致坯体逐渐致密化,这一过程也称气相传质。

2. 扩散

在通常条件下,陶瓷材料在高温下的挥发有限,物质主要通过表面、晶界和体积扩散进行传递,烧结主要是通过扩散传质机制来实现的。

从第 3 章"晶体缺陷"中得知,实际晶体中往往存在许多缺陷,如空位、间隙离子等,而且它们的分布是不均匀的,存在缺陷浓度梯度。何况,在粉体的制备过程中,又会引起粉末颗粒表面及其内部出现各种晶格缺陷,将进一步加剧缺陷浓度梯度的出现。那么,在缺陷浓度梯度的驱动下,缺陷浓度高的地方就会自发地向缺陷浓度低的地方作定向扩散。若缺陷是填隙离子,则离子的扩散方向和缺陷的扩散方向一致;若缺陷是空位,则离子的扩散方向却与缺陷的扩散方向相反。

在表面张力的作用下,两球状颗粒接触处的颈部的空位浓度最大,可以说颈部是个空位源。这样,从烧结颈部与粉末颗粒其他部位之间存在着一个空位浓度梯度,在它的推动下,物质通过表面、晶界和体积扩散可向颈部作定向传递,使颈部不断地得到长大,从而逐渐完成烧结过程。

从第 4 章"固体扩散"中得知,表面、晶界的扩散速度要远远高于体扩散或点阵扩散的速度。原材料的颗粒越细,表面积越大(因而驱动力越大),扩散距离越小,烧结速率越快。在其他条件都相同的情况下,达到一定紧密度的烧结时间与颗粒尺寸的三次方成正比,若颗粒尺寸增加 2 倍,烧结时间就增长 8 倍。烧结速率若以紧密化的速率来度量,它和温度 T 的关系恰似扩散系数和温度的关系一样,可由以下公式表达:

$$\frac{\mathrm{d}\rho}{\mathrm{d}t} = \frac{C}{a^n} \exp[-Q/(RT)], \tag{6.34}$$

式中,ρ 为密度,a 为颗粒尺寸,C 和 n 均为常数。当颗粒为规则的圆形时 $n=3$。R 为气体常数,Q 为烧结的激活能,通常以晶界扩散的激活能来代替。

3. 黏滞流动与塑性流动

同样从第 3 章"晶体缺陷"中得知,在不同温度下,晶体中总存在一定数目的平衡空位浓度,且随着温度升高,平衡空位浓度也提高。通常烧结温度均较高,故其平衡空位浓度也在相当高的水平上。由于空位是统计均匀分布的,故空位的这种热运动在整体上并不会有定向的物质流。但若存在着某种外力场,如在表面张力作用下,则质点(或空位)就会沿此表面张力作用方向移动,并呈现相应的定向物质流,其迁移量是与表面张力大小成比例的,并服从黏性流动关系:

$$\tau = \eta \frac{\partial v}{\partial x}, \tag{6.35}$$

式中,τ 为剪切应力(表面张力),η 为黏度系数,$\partial v/\partial x$ 为黏性流动速度梯度。

若表面张力足够大,致使晶体中位错产生滑移,这时质点通过整排原子的运动或晶面的位错滑移来实现物质传递,这种过程称塑性流动。可见塑性流动是位错运动的结果。与黏性流

动不同,塑性流动只有当作用力超过固体屈服点时才能产生,其流动服从宾汉(Bingham)型物体的流动规律:

$$\tau - \tau_l = \eta \frac{\partial \upsilon}{\partial x}, \qquad (6.36)$$

式中,τ_l 为极限剪切力。烧结时的黏性流动和塑性流动都出现在含有固、液两相的系统。当液相量较大并且液相黏度较低时,是以黏性流动为主;而当固相量较多或黏度较高时,则以塑性流动为主。

4. 溶解和沉淀

在有液相参与的烧结中,若液相能润湿和溶解固相,由于小颗粒的表面能较大,其溶解度则比大颗粒的大。它们之间存在类似于式(6.33)的关系:

$$\ln \frac{C}{C_0} = \frac{2\gamma_{SL} M}{dRTr}, \qquad (6.37)$$

式中,C, C_0 为小颗粒和普通颗粒的溶解度,γ_{SL} 为固-相界面张力,r 为小颗粒的半径,d 为固体的密度,

由式(6.37)可见,溶解度随颗粒半径减小而增大,故小颗粒将优先溶解,并通过液相不断向周围扩散,当较大颗粒周围的液相浓度达到饱和时,就会在其表面沉淀析出。这就使粒界不断推移,大小颗粒间空隙逐渐被充填,从而导致烧结和致密化。这种通过液相传质的机理称为溶解-沉淀机理。

多数研究者认为,实际上烧结过程中的物质传递现象可能有几种传质机理在起作用,但在一定条件下,某种机理占主导地位,条件改变,起主导作用的机理有可能随之改变。

烧结时的物质迁移大致可分为表面迁移和体积迁移两大类。表面迁移是由物质在颗粒表面流动而引起的。表面扩散和蒸发-凝聚是主要的表面迁移机制。烧结发生表面迁移时,烧结体的基本尺寸不发生变化,密度也还保持原来的大小。物质的体积迁移机制包括体积扩散、塑性流动以及非晶物质的黏性流动。烧结时,物质的体积迁移可以引起烧结体基本尺寸的变化。通常,物质的体积迁移过程主要发生在烧结的后期。这些不同的烧结机制对烧结的贡献大小与材料类型、粉末粒度、烧结温度以及某些工艺条件相关。何种机制起主导作用,要由具体情况而定。细粉末颗粒烧结时,表面扩散机制可能起着决定作用。高温烧结时,主要是体积扩散机制。某些易蒸发的金属粉(如锌)烧结时,可能蒸发-凝聚过程起着十分重要的作用。加压烧结时,起主要作用的则是塑性流动机制。

6.2.3 烧结技术

烧结是粉末坯块强化和致密化的过程,是一个很复杂的过程。在烧结过程中,粉末体要经历一系列的物理和化学变化,按时间先后顺序大致可分为:①黏结阶段;②烧结颈长大阶段;③闭孔隙球化和缩小阶段。

烧结在专用的烧结炉中进行。按烧结炉的工作特点,可以将其分为间歇式和连续式两大类。钟罩式炉、倒焰窑和一般真空炉属于间歇式烧结炉。大规模生产时,可采用效率高的连续式烧结炉,有网带式炉、推杆式炉、辊底式炉、步进式炉以及隧道窑等。

陶瓷烧结方法很多,根据有无外力作用,一般烧结可以分为不施加外压力的烧结和施加外

压力的烧结两大类。根据在烧结过程中有无液相存在或有无化学反应则可分为固相烧结(在其熔点以下温度烧结,无液相出现)、液相烧结(有液相参与的烧结)和反应烧结(伴随有固相反应的烧结)三大类。采用何种烧结方法必须根据对材料烧结的要求以及具体的条件来加以选择,下面介绍常见的几种烧结方法:

1. 热压烧结法(HP 法)

将粉体置于压模中,在单轴加压(10~50MPa)的同时把粉体加热至熔点以下的高温,使之加速烧结成高强度和低孔隙率的产品。在生产中,热压通常用石墨制成的模具,有时也用钢模进行热压。

热压烧结有利于气孔或空位从晶界和表面扩散,当有液相存在时,热压更能增加颗粒间的重新排列并增大接触点上粉料的溶解度。这样,就更有利于颗粒的塑性流动和塑性变形,因而缩短了致密化的进程,降低烧成温度和缩短烧成时间。铜粉在 400℃,700MPa 压力下热压,相对密度可高达 99%,而通常烧结则需在 900~1 000℃ 才能达到大于 90% 的相对密度值。在制取高温合金、难熔化合物等致密制品时,都可采用该热压工艺。当粉末可能被气氛污染时,最好采用真空热压。

由于热压烧结的烧结温度低,保温时间短,晶粒尺寸小,强度高,有效地控制了坯体的显微结构。热压时模具中的粉料大多处于塑性状态,颗粒滑移变形阻力小,成型压力低,有利于大尺寸陶瓷制品的成型和烧结。但是由于单轴向加压,因而难以进行形状复杂陶瓷产品的烧结。若在热压的基础上加上直流脉冲电流,可以有效地利用粉体颗粒间放电所产生的自身发热作用,加速体扩散和晶界扩散,促进致密化进程。另外在晶粒间界处放电会导致局部的高温,在晶粒表面引起蒸发和熔化,在晶粒接触点形成颈部,加快了物质的蒸发-凝固传递,进一步加速其致密化进程。若加入交变磁场进行烧结,可加速固液界面上的反应和促进固相通过液相的扩散及液相的均匀化,使溶解-析出过程加剧,同时烧结体内部会由于交变磁场的引入而形成感应的涡流,使烧结体温度升高,加速致密化过程。对各向异性的磁性材料,一个很弱的磁场就能引起晶粒呈各向异性排列,甚至可以得到单晶生长。

2. 热等静压烧结(HIP 法)

把粉末压坯或把装入特制容器内的粉末置于热等静压机高压容器内,让之同时经受高温和来自各个方向高压的联合作用,强化了压制和烧结过程,使其烧结成致密的材料或零件的过程,称为热等静压烧结。

热等静压烧结利用了常温等静压工艺与高温烧结相结合的新技术,解决了普通热压中缺乏横向压力和产品密度不够均匀的问题,并可使其致密度基本上达 100%。热等静压时所用压力(50~200MPa)较热压法高,且粉末体受到的压力比较均匀,而烧结温度却可以低于热压时的温度(仅为熔点的 50%~60%),在较短的时间内可得到各向同性、几乎完全致密的细晶粒显微组织结构,因而陶瓷制品具有更高的性能。目前已经有压力达到 1 000MPa 的超高压 HIP 设备和可加热至 2 600℃ 的超高温 HIP 设备,但其设备昂贵,因而生产成本高。

热等静压常采用惰性气体,如氩气或氦气作压力介质,故基本上不存在氧化脱碳现象,烧结后能精确控制制品的最终尺寸,制品只需很少的精加工甚至无需加工就能使用。同时,在热等静压过程中,可以将各种不同材料的部件粘合成为一个复杂的构件。热等静压技术在制取硬质合金、难熔金属材料及复合材料等方面均得到广泛的应用。

3. 化学气相沉积法（CVD 法）

将气体原料通过不同的方式加热，使其发生化学反应沉积在衬底材料上形成薄膜或粉体。由于该方法不需要使用烧结助剂，沉积得到薄膜材料的孔隙率非常低，甚至为零，能够得到均匀致密和高纯度的薄膜材料。但是由于薄膜材料与衬底材料的热膨胀系数往往不相同，因此在冷却后薄膜中的应力较大，薄膜的附着力也可能较差。

4. 反应烧结法

将原材料粉末以适当方式成形后，在一定气氛中加热，利用原料间的化学反应使材料合成与烧结同时完成，如在加热的硅粉中通入氮气可以制得 Si_3N_4。这种方法能很精确地控制制品的尺寸变化，制备形状复杂的陶瓷制品，而且成本低，烧结时也不需添加烧结助剂，只是成品的质量不高，气孔率较高，一般低于 90%。

近年来出现了一种与反应烧结类似的自蔓延高温合成（SHS）制备陶瓷制品的新技术。烧结时它不需要外部供热，而是利用原料自身的反应放热（燃烧放热），烧结温度可高达 3 000℃以上。

5. 真空烧结

烧结时为了防止压坯氧化，通常是在具有保护气氛或真空的连续式烧结炉内烧结。

不加机械压力的真空烧结法简称真空烧结法。真空烧结可避免 O_2，N_2 及填料成分对材料的污染，提高材料的性能；能更好地排除 Si，Al，Mg，Ca 等微量氧化物杂质；对陶瓷切削刀具，不必经过特殊的表面处理就能用普通的焊接方法焊接。这种方法生要用于烧结高温陶瓷以及含 TiC 的硬质合金、含钴的金属陶瓷等。

6. 微波烧结

陶瓷微波烧结作为一种烧结新技术极具吸引力。微波烧结的机理与常规的不同。在微波加热中，热量的产生源于材料自身内部而不是来自其他发热体。正是由于材料内部整体地吸收微波能并被加热，使得在微波场中试样内部的热梯度和热流方向与常规烧结的试样相反。

微波是一种频率为 0.3～300GHz，波长为 1～1 000mm 的电磁波，它仍遵循光的相关规律，可以被物质传递、吸收或反射。按微波与材料间的作用方式，可将材料分为以下三种类型：微波透明型，主要是低损耗的绝缘体，几乎不能吸收微波能；微波反射型，主要是金属导体，不吸收微波能，只反射微波；微波吸收型，包括损耗性绝缘体以及低损耗绝缘体与吸收体的混合物，它们可部分或全部地吸收微波能。微波烧结的特点取决于它与材料的相互作用机制。一般来说，具有明显电子或离子导电的导体及具有低损耗的绝缘体，都很难实现微波烧结。具有适中电导率和高介电损耗的材料，微波加热的效率要比导体和绝缘体都高。

总之，陶瓷的烧结方法很多，应该根据不同烧结体微结构和质量的要求，并考虑到烧结成本等诸多因素，合理地选择。

除了烧结方法的选择外，烧结过程中添加剂的选择和使用，以及烧结条件，如温度、压力等的选择也是非常重要的。

6.2.4 影响烧结的因素

影响烧结的因素很多,除了烧结方法和烧结温度、压力等条件的影响外,由于烧结体可能包含有不同的成分、不同的相结构和不同的颗粒半径,以及不同尺寸、不同分布的气孔,有结晶相和玻璃相,还可能有团聚体存在,其组织结构相当复杂,通过控制它们,同样可有效地影响烧结速度和烧结质量。下面就几个方面讨论影响烧结过程的因素。

1. 温度及保温时间

烧结温度是影响烧结的重要因素,因为随着温度升高,物料蒸气压增高,扩散系数增大,黏度降低,从而促进了蒸发-冷凝,离子和空位扩散以及颗粒重排和黏性塑性流动等过程加速,这均有利于烧结过程的进展,特别对黏性流动和溶解-沉淀过程的烧结影响尤为显著。

保温时间的影响与烧结温度影响相同,只不过影响程度不如烧结温度明显而已。延长烧结温度下的保温时间,一般都会不同程度地促使烧结过程的完成。完善坯体的显微结构,对黏性流动机理的烧结影响较为明显,而对体积扩散和表面扩散机理的烧结影响较小。不合理地延长烧结温度下的保温时间,会导致晶体过分长大,加剧二次重结晶现象的发生,致使材料性能下降。

2. 压力

外部压力对烧结的影响主要表现为坯料成型压力和烧结时的外加压力(热压)。从烧结和固相反应机理中不难理解,随成形压力增加,坯体中颗粒之间就被压得较紧密,相互的接触点和接触面积增大,有利于烧结。与此相比,热压的作用更为明显。对于一些难于烧结的材料,加压烧结大大提高了烧结驱动力,烧结过程被加速。例如,MgO 在 15MPa 压力下烧结,与普通烧结相比,其烧结温度降低了 200℃,而烧结体密度提高了 2%,而且这种趋势随压力增高而加快。

3. 原料颗粒度及活性

原材料的颗粒度对烧结过程有明显的影响。通常,颗粒越细,表面能越大,烧结动力也就越大。从 6.2.1 节中得知,烧结过程中伴随着在表面张力作用下的物质迁移过程。高温氧化物之所以较难烧结,重要的原因之一,就在于它们有较大的晶格能和较稳定的结构,质点迁移需较高的活化能,即其活性较低。因此,可以通过降低物料颗粒度来提高其活性,故此有时用超细粉作原料。但单纯依靠降低粉末颗粒的粒径来提高其活性是有限度的,况且其能耗也很高。于是,人们发现可采用化学方法来提高物料活性和加速烧结的工艺,即活性烧结。例如,采用草酸镍在 450℃烧制成的活性 NiO,很容易制得致密的烧结体,其烧结致密化时所需活化能仅为非活性 NiO 的 1/3 左右。

4. 添加剂

在烧结过程中,加入少量添加剂常会明显地改善某些性能和改变烧结速度。因为添加剂和杂质的引入会对烧结体的显微组织结构产生影响,而且它们在粉体中的分布是不均匀的。由于晶界的自由能高,杂质很容易在那里偏析聚集,使得晶格扩散系数和晶界扩散系数均有所增加,可有效地提高致密化的速率。

烧结添加剂大致分为三类:固溶体、液相或第二相。当添加剂能与烧结物形成固溶体时,将使晶格畸变而得到活化,使扩散和烧结速度增大,对烧结温度影响大。例如,在 Al_2O_3 中加入 $1\% \sim 2\%$ 的 TiO_2,可使烧结温度由 $1\,800\,℃$ 降低到 $1\,600\,℃$。图 6.36 表示添加 Ti(实质 TiO_2)对 Al_2O_3 烧结时的扩散系数的影响。

添加纳米第二相后一般将提高陶瓷的烧结温度。例如,单相的 Al_2O_3 在 $1\,500\,℃$ 时接近完全烧结;若添加 $5Vol\%$ 的纳米 SiC 后,烧结温度需升高至 $1\,700\,℃$;当加入 $10vol\%$ 的 SiC 后,烧结温度提高到 $1\,750\,℃$。若第二相的添加量过多,还可能使烧结难以进行。

如果第二相的颗粒尺寸远大于基质相的颗粒尺寸,这种大颗粒可以看作是外来包裹物,在大颗粒边缘处可能引起较大的气孔及附加的应力,这对烧结是有害的;但如果第二相颗粒尺寸与基体颗粒尺寸相当,可以抑制晶粒长大和异常晶粒生长,将有助于细晶结构的形成。

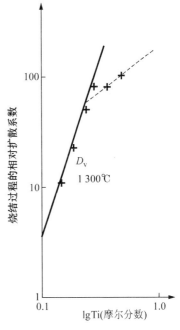

图 6.36　添加 Ti(TiO_2)对 Al_2O_3 烧结时的扩散系数的影响

对有些在烧结时发生晶型转变并伴有较大体积效应的氧化物,选用适宜的添加剂,可使晶格稳定而利于烧结。例如在 ZrO_2 中加入 CaO 等,可形成立方型的 $Zr_{1-x}Ca_xO_3$ 稳定固溶体,防止制品开裂,增加晶体中空位浓度使烧结加速。

添加剂除了能产生空位、缺陷,影响扩散和烧结外,还能与某些物料在较低温度下产生液相,促进颗粒重排和传质过程,有利于烧结。液相添加剂特别适合于 Si_3N_4 这类共价键很强的高硬度陶瓷,因为这些材料的熔点非常高,自扩散系数很小,即使在很高的温度下进行烧结,也难以达到致密化,烧结很困难。如果添加熔点较低的氧化物杂质,使其在高温下形成液相,可以促进高熔点材料的烧结。

添加剂还能富集于晶粒表面或反应生成新晶相,抑制晶粒异常长大,并促使气孔的排除,可获得致密的陶瓷材料,提高产品的机电性能。

5. 气氛

适当的烧结气氛可以防止坯体与周围环境发生有害反应,并能在烧结中去除物料中吸附的气体和有害杂质,维持或调整烧结材料中的有用成分。

烧结气氛的选择是依据坯体的材质和气体的经济性而定的。传统的烧结气氛包括吸热性气体、放热性气体、分解氨、氢气、氮气、氩气和真空等。

气氛对烧结的影响是相当复杂的。有些物料的烧结过程对气体介质十分敏感,同一种气体介质对于不同物料的烧结,往往表现出不同甚至相反的效果。但就作用机理而言,无非是物理的和化学的两方面的作用。

在气氛中烧结,会使晶体生成空位,造成缺陷,利于烧结。一般材料,如 TiO_2,BeO,Al_2O_3 等,在还原气氛中,氧可以直接从晶体表面逸出,并与气氛中的氢或一氧化碳生成 H_2O 或 CO_2。这样形成的缺陷结构,利于扩散,从而利于烧结。图 6.37 是 Al_2O_3 在不同气氛中的烧结情况,可以看出气氛中的氧分压低或在无氧气氛中烧结,有利于晶格中的氧离子逸出而形成氧缺位,促进烧结。工艺上为了兼顾烧结性和制品性能,在不同烧结阶段控制不同气氛。例如,一般日用陶瓷或电瓷烧成时,在釉玻化以前要控制氧化气氛以利于原料脱水、分解和有机物的氧化;但在高温阶段则要求还原气氛,以降低硫酸盐的分解温度,并使高价铁(Fe^{3+})还原为低价铁(Fe^{2+}),以保证产品白度的要求,并能在较低温度下形成含低价铁共熔物而促进烧结。

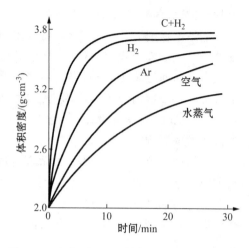

图 6.37　气氛对 Al_2O_3 烧结(1650℃)的影响

真空状态实质上就是基本上无气体介质存在。真空烧结主要适用于活性金属、难熔金属、磁性合金及硬质合金的烧结,也被广泛用于铁基零件的高温烧结。液相烧结或熔浸时,真空对致密化有显著的效果。

6.3　高分子材料的合成

从 1.3 节得知,与金属和陶瓷材料不同,高分子材料是由许多相同的、简单的结构单元以共价键形式有规律地重复连接成链状结构的化合物,它的相对分子质量高达几万甚至上百万。高分子链中的重复结构单元称为链节,而重复结构单元的数目称为聚合度。根据主链结构可将高分子材料分为碳链高分子、杂链高分子、元素高分子,以及梯形和双螺旋形高分子等;而根据高分子的来源则可简单地分为天然高分子(纤维素、蛋白质、淀粉、橡胶以及石棉、云母等)、合成高分子(聚氯乙烯、聚苯乙烯、聚甲醛、乙烯-乙酸乙烯酯共聚物、聚对苯二甲酸乙二醇酯、酚醛树脂、脲醛树脂等)和半天然高分子(醋酸纤维、改性淀粉等)三大类。

合成高分子是由单体通过聚合反应形成的,因此合成高分子材料也称为聚合物。由能够形成结构单元的小分子所组成的化合物称为单体,单体是高分子材料聚合的原料。由一种单体聚合而成的高聚物称为均聚物,这种单元又可称为单体单元,如聚氯乙烯的结构单元和所用原料氯乙烯单体完全相同;若由两种以上的单体共聚而成的高聚物则称为共聚物,如氯乙烯-醋酸乙烯共聚物。

聚合物的性质随着聚合分子的多少而改变,分子聚合的程度越大,熔点或软化温度越高,材料的强度、刚度也越高。

6.3.1　聚合反应的类别

1. 根据结构变化分类

聚合反应有许多类型,按元素组成和结构变化关系分类,早先将聚合反应分成加聚反应和缩聚反应两大类:

1) 加聚反应　单体相互间加成而聚合起来的反应称做加聚反应。加聚反应过程中无低分子逸出,加聚反应后的产物称为加聚物。加聚物的元素组成与其单体相同,仅仅是电子结构有所改变。加聚物的相对分子质量是单体相对分子质量的整数倍。氯乙烯加聚成聚氯乙烯就是典型的例子：

$$nCH_2\!=\!CH \longrightarrow \quad \underset{Cl}{\Big[CH_2-CH\Big]_n} \tag{6.38}$$

2) 缩聚反应　聚合反应过程中，除形成聚合物外，同时还有低分子副产物产生的反应，称为缩聚反应。缩聚反应的主要产物称为缩聚物。根据单体中官能团的不同，低分子副产物可能是水、醇、氨、氯化氢等。由于低分子副产物的析出，缩聚物结构单元要比单体少若干原子，缩聚物的相对分子质量不是单体相对分子质量的整数倍。己二胺和己二酸反应生成尼龙-66 是缩聚反应的典型例子：

$$nH_2N(CH_2)_6NH_2 + nHOOC(CH_2)_4COOH \longrightarrow$$
$$H\Big[NH(CH_2)_6NHCO(CH_2)_4CO\Big]_n OH + (2n-1)H_2 \tag{6.39}$$

但随着高分子化学的发展，新的聚合反应不断涌现，这些反应难于归属上述两类反应。例如开环聚合、异构化聚合、氢转移聚合、成环聚合等：

$$nCH_2 \underset{O}{\underset{\diagdown\diagup}{-}} CH_2 \xrightarrow{\text{开环}} \Big[OCH_2CH_2\Big]_n \tag{6.40}$$

$$nNH(CH_2)_5CO \xrightarrow{\text{开环}} \Big[NH(CH_2)_5CO\Big]_n \tag{6.41}$$

$$nCH_2=\underset{CONH_2}{CH} \begin{cases} \xrightarrow{\text{加聚}} \Big[CH_2-\underset{CONH_2}{CH}\Big]_n \\[3mm] \xrightarrow[\text{(异构化)}]{\text{分子内}\ \text{氢转移}} \Big[CH_2CH_2CONH\Big]_n \end{cases} \tag{6.42}$$

$$nHO-R'OH + nO\!=\!C\!=\!N-R-N\!=\!C\!=\!O \xrightarrow[\text{聚加成反应}]{\text{分子间氢转移}} \Big[O-R'-O-\overset{O}{\overset{\|}{C}}-NH-R-NH-\overset{O}{\overset{\|}{C}}\Big]_n \tag{6.43}$$

2. 根据反应机理分类

20 世纪 50～60 年代，根据聚合反应反应机理和动力学，将聚合反应分成连锁聚合反应和逐步聚合反应两大类：

1) 连锁聚合反应　用物理或化学方法产生活性中心，并且逐个向下传递的连续反应称为连锁反应。烯类单体一经引发产生了活性中心，若此活性中心有足够的能量，即能打开烯烃类单体的 π 键，连续反应生成活性链，称为连锁聚合反应。连锁聚合反应过程一般由链引发、链增长、链终止等几步基元反应所组成。各步的反应速率和活化能差别很大。链引发是活性中心的形成，单体彼此间不能反应，只能与活性中心反应而使链增长，活性中心的破坏就是链终止。连锁聚合反应中的自由基聚合，链引发缓慢，而链增长和链终止极快，结果转化率随聚合时间的延长而不断增加。反应从开始到终了产生的聚合物平均相对分子质量差别不大，体系中始终由单体和高聚物两部分组成，很少有从低相对分子质量到高相对分子质量的中间产物。

随着活性中心的不同,除自由基聚合外,还有阳离子聚合和阴离子聚合。目前发展很快的有些阴离子聚合呈现快引发、慢增长、无终止的活性聚合,其产物的分子量随转化率呈线性增加。

2）逐步聚合反应　绝大多数缩聚反应和合成聚氨酯的反应都属于逐步聚合反应。其特征是单体转变成聚合物的过程是逐步进行的。反应初期,大部分单体很快聚合成二聚体、三聚体、四聚体等低聚体,短期内转化率很高,过程中每一步的反应速率和活化能大致相同。随后,低聚体相互间继续反应,相对分子质量不断增大而得到聚合物。此时,转化率的增加变得缓慢,即单体转化率的增加是短时间的,而聚合物相对分子质量的增加是逐步的。

根据聚合反应的机理进行分类,因涉及反应的本质,这样,就有助于我们按照共同的规律来控制聚合速率、聚合物的相对分子质量等重要指标。

6.3.2　聚合反应的基本原理与特征

共价键的特征是彼此双方共用电子对,但在一定的条件下,共价键可以发生均裂或异裂。发生均裂时,共价键上一对电子均分给两个基团,它们都含有一个未成对的单电子,而含有单电子的基团称为自由基。发生异裂时,共价键上一对电子归某一基团所有,则此基团带有多余的电子即成为阴离子,另一基团缺少一个电子则成为阳离子。若有足够的活性,形成的自由基、阴离子、阳离子,均可以打开烯类 π 键而进行自由基聚合、阴离子聚合、阳离子聚合。配位离子聚合也属于连锁聚合反应。下面分别对自由基聚合、离子聚合、配位聚合和逐步聚合反应的特征进行讨论。

1. 自由基聚合

在连锁聚合反应中,其中一种主要形式是以自由基形式激活单体,即链增长活性中心为自由基,这种聚合反应称为自由基聚合。它具有操作简单、易于控制、重现性好等优点。目前对自由基聚合的各基元反应机理以及单体的结构与聚合性能的关系都研究得较透彻,可以根据单体结构,对自由基聚合性能和聚合产物的结构做到确切的预测,从而对聚合反应进行调控。所以,在高分子合成方法中,自由基聚合在产量和应用方面均占相当大的比重（60％以上）,是合成高聚物的一重要方法。

在聚合物生产中,人们所熟知的四大塑料——聚乙烯、聚氯乙烯、聚苯乙烯和聚丙烯,以及聚四氟乙烯、聚醋酸乙烯、有机玻璃,合成橡胶中的主要品种如丁基橡胶、丁苯橡胶、丁腈橡胶、氯丁橡胶,合成纤维中的聚丙烯腈、维尼龙等都是通过自由基聚合反应合成的。

自由基聚合的特征可概括如下:

（1）自由基聚合反应在微观上可以区分成链的引发、增长、终止、转移等基元反应。其中链引发反应,可以通过热、光和高能辐射,产生单体自由基,但主要是通过引发剂的热分解。一般用引发剂引发时,引发反应由两步组成:引发剂分解,形成初级自由基;初级自由基与单体加成,形成单体自由基。单体自由基继续与其他单体加聚,而使链增长。比较上述两步反应,引发剂分解是吸热反应,活化能高,反应速率小;而生成单体自由基的反应则是放热反应,活化能低,反应速率大。

链增长反应有如下特点:一为放热反应,二是反应活化能低,所以增长速率极大。链增长过程,结构单元可能存在“头-尾”、“头-头”和“尾-尾”三种连接方式。

由于自由基活性很高,能相互作用而终止。链自由基反应有结合终止和歧化终止两种方式,这与单体种类和聚合条件有关。链终止活化能很低,终止速率极高。

在自由基聚合过程中,链自由基有可能从单体、溶剂、引发剂等低分子或大分子上夺取一个原子。链自由基本身终止,而失去原子的分子成为新的自由基,继续新链的增长,这一反应称为链转移反应。自由基向低分子链转移,导致高聚物增长链变成稳定的大分子。在实际反应中常用链转移来控制高聚物的分子量。至于链转移对聚合反应速率的影响,取决于新自由基的活性。

总之,自由基聚合反应的引发速率最小,是控制总聚合速率的关键,可以概括为慢引发、快增长、速终止。

(2) 自由基聚合绝大多数是不可逆反应。

(3) 自由基聚合绝大多数是连锁反应,只有增长反应才使聚合度增加,一个单体分子转变成大分子时间极短,不能停留在中间聚合度阶段。反应混合物仅由单体和聚合物组成,在聚合全过程中,聚合度变化较小,图 6.38 所示为自由基聚合过程中相对分子质量与时间的关系。

(4) 聚合过程的动力学曲线,即聚合时的转化率与时间的关系曲线一般呈 S 形,单体浓度逐渐减小,聚合物浓度相应提高;延长聚合时间主要提高转化率,对分子质量影响较小,如图 6.39 所示。

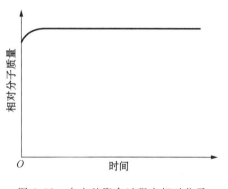

图 6.38 自由基聚合过程中相对分子质量与时间的关系

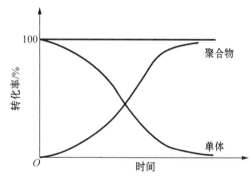

图 6.39 自由基聚合过程中转化率与时间的关系

(5) 少量(0.01%~0.1%)的阻聚剂足以使自由基聚合反应终止。

连锁聚合反应的单体通常为含有不饱和键的单体,如单烯类、共轭二烯类、炔类、羰基化合物以及一些环状化合物,特别是前两类单体。各种单体以不同机理聚合时聚合能力并不相同,主要是取代基的电子效应和空间位阻效应有很大的影响。

2. 离子聚合

以离子形式激活单体的连锁聚合反应称为离子聚合,离子聚合也是合成聚合物的重要方法之一。从前面得知,自由基聚合反应中的活性中心是含有一个未成对的单电子的自由基团(电中性),而离子聚合反应的活性中心则是离子。根据增长中心离子所带电荷的不同,又可将离子聚合分为阳离子聚合、阴离子聚合和配位离子聚合。在阳、阴离子聚合过程中,借助外加催化剂的作用,使单体形成活性中心离子,从而进行连锁聚合反应。由于离子聚合与自由基聚合的增长活性中心的性质不同,因此两者的反应特征有很大区别,现归纳如下:

1) 引发剂的种类 自由基聚合常采用过氧化物、偶氮化合物等易热解的物质作为产生自由基的引发剂。离子聚合则采用易生产活性离子的物质作为催化剂,阳离子聚合一般使用亲电试剂,如 Lewis 酸、质子酸等;阴离子聚合一般使用亲核试剂,是电子给体,属碱类。按引发机理,可分为电子转移引发和阴离子引发。这些催化剂对反应从开始到终结都有影响,而自由基聚合时,引发剂却只影响引发反应。

2) 单体选择　离子聚合比自由基聚合对单体有更高的选择性。烯类、羰基化合物、含氧及含氮杂环化合物都有可能成离子聚合的单体。就烯类单体而言,具有供电子取代基的乙烯基单体,供电子基能使双键上电子云密度增高,有利于进行亲电加成的阳离子聚合;反之具有吸电子取代基的乙烯基单体,吸电子基能使双键上电子云密度降低,则有利于阴离子聚合。而带有弱吸电子取代基的乙烯基单体、特别是那些取代基与双键发生共轭作用的单体,容易进行自由基聚合。不同聚合反应对单体的选择性不仅取决于反应前单体的结构状态,更主要取决于形成的增长活性中心结构的稳定性。

3) 溶剂影响　离子聚合中,溶剂严重影响着催化剂和单体的聚合活性以及增长活性中心离子对的形态和离解度,所以它对聚合反应速率、聚合物相对分子质量和立构规整性影响极大。而自由基聚合中,溶剂除影响链转移反应外,其他则没有那样明显的影响。

4) 反应温度　自由基聚合反应温度取决于引发反应温度,通常在 0℃ 以上,多数在 50℃ 左右进行。离子聚合时,因引发活化能小,故它可在低温下进行,且反应剧烈。如在 -100℃ 下,异丁烯即可在液体乙烯中阳离子聚合。又因为离子聚合的链终止活化能相对较大,所以在低温下也可得到相对分子质量高的聚合物。

5) 链终止方式　离子聚合中增长活性中心都具有相同的电荷,所以不能像自由基聚合那样发生耦合、歧化等双分子终止反应,在聚合中无双基终止,而只能发生单分子终止反应,或向单体和溶剂发生转移反应而中断链的增长,甚至有时不发生链终止,而以活性增长链的方式较长时间存在于溶剂中,即所谓"活性聚合物"。

6) 阻聚剂种类　自由基阻聚剂极易与自由基聚合中增长活性中心作用,使聚合反应停止,然对离子聚合却无阻聚作用。可是一些极性物质(水、酸或碱)可作为离子聚合的阻聚剂。

尽管对离子聚合的研究较早,但它远不如自由基聚合成熟,并且实验条件也较苛刻,影响因素也较多。但是,一些重要的化合物,如丁基橡胶、异戊橡胶、聚甲醛等,只能通过离子聚合来制备;此外,可通过离子聚合、配位聚合对一些常用单体如丁二烯、苯乙烯等进行聚合,形成性能各异的新型材料。另外,在制备嵌段共聚物、接枝共聚物、星形高聚物、树枝状高聚物时,离子聚合起着重要的作用。因此离子聚合的研究及工业上的应用得到人们普遍的关注。

3. 配位聚合

配位聚合是指单体分子首先在活性种的空位上配位,形成某种形式的络合物,随后单体分子相继插入过渡金属-烷基键(Mt-R)中进行增长。所以又称络合聚合或插入聚合。因此,配位离子聚合是一种在络合催化剂作用下进行的聚合反应,聚合时单体与带有非金属配位体的过渡金属活性中心先进行配位,构成配位键后使其活化,进而按离子聚合机理进行增长反应。如果活性链按阳离子机理增长,就称为配位阳离子聚合;如果活性链按阴离子机理增长,就称为配位阴离子聚合。

配位催化剂主要有三类:Ziegler-Natta 催化剂、π-烯丙基过渡金属络合物催化剂和烷基锂催化剂。其中以 Ziegler-Natta 催化剂种类最多,组分多变,应用最广。

配位聚合的特点是在反应过程中,催化剂活性中心与反应系统始终保持化学结合(配位络合),因而能通过电子效应、空间位阻效应等因素,对反应产物的结构起着重要的选择作用。人们还可以通过调节络合催化剂中配位体的种类和数量,改变其催化性能,从而达到调节聚合物的立构规整性的目的。在配位聚合引发剂和定向聚合理论的指导下,成功地合成了高密度聚乙烯、结晶聚丙烯、乙丙橡胶和聚环戊烯橡胶等。

4. 逐步聚合

逐步聚合反应是合成聚合物的主要反应之一。逐步聚合反应一般是通过具有两个或两个以上反应官能团的低分子化合物相互作用,形成具有新的键合基团的聚合物的反应过程。高聚物的分子量随聚合反应的进行逐步增大。大分子链的增长是一个逐步的过程。逐步聚合反应按元素组成和结构变化关系分为逐步缩聚反应与逐步加聚反应;按聚合产物结构不同进行分类,可分线性逐步聚合和非线性(体型)逐步聚合两大类。再根据聚合反应动力学和热力学的性质将线性逐步聚合反应分成平衡(可逆)和不平衡(不可逆)两类。

与连锁聚合反应相比,逐步聚合反应有以下的特点:

(1) 由单体合成聚合物的过程是逐步完成的。反应可停留在任一中间阶段并可分离出稳定的中间产物。

(2) 单体在反应初期很快形成二聚体、三聚体、四聚体等低聚物。单体的转化率在反应初期就很大,随反应时间变化,在反应中期和末期转化率变化不大,如图 6.40 所示。

(3) 聚合物是逐步形成的,其相对分子质量随反应时间的增加而增大,如图 6.41 所示。

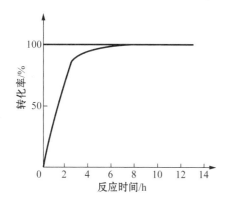 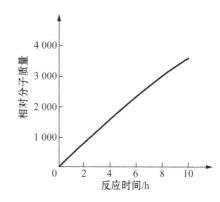

图 6.40　逐步聚合反应单体的转化率
与反应时间关系

图 6.41　逐步聚合反应相对分子质量
与反应时间关系

(4) 聚合物的形成是通过官能团之间的反应来实现的,反应活化能较高,形成大分子的速率较低。

(5) 反应热效应小,放热较少。大多数逐步聚合是可逆反应并有低分子副产物产生,反应平衡不仅受温度影响,而且与反应中生成的副产物有关。

逐步聚合反应广泛用于制备塑料、纤维、橡胶、粘合剂和涂料。人们熟知的酚醛树脂、脲醛树脂、环氧树脂和不饱和聚酯,工程塑料的优良品种,如聚碳酸酯、聚砜及聚苯醚,具有特殊性能的新型合成材料,如芳香族聚酰胺、聚酰亚胺以及合成纤维的主要品种涤纶(聚对苯二甲酸乙二醇酯)、锦纶(聚酰胺-6,尼龙-6)等都是通过逐步聚合反应合成的。

6.3.3 聚合方法

随着聚合实施方法的不同,产品的形态、性质和用途都有差异。在工业生产中常根据产品的要求选择适宜的聚合实施方法。

自由基聚合反应主要有本体聚合、溶液聚合、悬浮聚合和乳液聚合等四种;而离子型和配位聚合主要选用溶液聚合或本体聚合。缩聚反应则一般选用熔融缩聚、溶液缩聚和界面缩聚三种方法。下面分别介绍常见的若干种聚合方法。

1. 本体聚合

本体聚合是单体本身在不加溶剂和其他介质下,在引发剂或催化剂、热、光、辐射的作用下进行的聚合。有时还可添加少量的色料、增塑剂、防老剂等助剂。

根据单体对聚合物的溶解情况可有均相聚合与非均相聚合两种:

(1) 均相聚合:聚合物能够溶解于单体中的为均相聚合。聚合过程中体系黏度不断增大,最后得到透明固体聚合物。如甲基丙烯酸甲酯、苯乙烯、醋酸乙烯酯等单体的聚合属均相聚合反应。

(2) 非均相聚合:不能溶解于单体中的为非均相聚合,或称沉淀聚合。它在聚合过程中不断析出高聚物,得到不透明的白色颗粒状物。如氯乙烯、偏氯乙烯、丙烯腈等的聚合属此类。

自由基聚合、离子型聚合、缩聚都可选用本体聚合。气态、液态、固态单体均可进行本体聚合,其中液态单体的本体聚合最重要。聚酯、聚酰胺的生产是熔融本体缩聚的例子,丁钠橡胶的合成是阴离子本体聚合的典型例子。

工业上本体聚合可分间歇法和连续法。生产中的关键问题是反应热的排除。本体聚合初期,转化率不高、体系黏度不大时,散热无困难。但转化率提高,体系黏度增大后,散热不容易。加上凝胶效应,放热速率提高。如散热不良,轻则造成局部过热,使相对分子质量分布变宽,最后影响聚合物的机械强度;重则温度失调,引起爆聚。绝热聚合时,体系温度升高可超过100℃。由于这一缺点,本体聚合的工业应用受到一定限制,不如悬浮聚合和乳液聚合应用广泛。改进的办法是采用两段聚合工艺。先在较低温度下进行预聚合,转化率控制在 10%~30%,此时体系的黏度降低,散热容易,可在大型设备中进行。然后改变条件和更换聚合设备,进一步进行后聚合,直至聚合反应完成。工业上本体聚合的第二个问题是聚合物出料问题。根据产品特性,可用下列出料方法:浇铸脱模制板材或型材,熔融体挤塑造粒、粉料等。

本体聚合的优点是产品纯度高,尤其适用于制作板材、型材等产品,均相聚合可得到透明的产品;因为聚合过程中不需要其他助剂,无需后处理,故工艺过程简单,设备简单。它的缺点是聚合热不易散失,易造成局部过热,凝胶效应严重,反应不均匀造成相对分子质量分布较宽;因为聚合物的密度都较单体的密度大,故聚合过程中体积收缩,易使产品产生气泡、起皱等,从而影响聚合物的光折射率的均匀性。

2. 溶液聚合

单体和引发剂溶于适当的溶剂中进行的聚合称作溶液聚合。

自由基聚合、离子型聚合、缩聚均可选用溶液聚合。酚醛树脂、脲醛树脂、环氧树脂等的合成都属于溶液缩聚。合成尼龙-66 的初期系 66 盐在水溶液中缩聚,后期才转入熔融本体缩聚。

溶液聚合时,整个体系呈均相的溶液状态。因此,自由基溶液聚合选择溶剂时,应注意以下问题:

(1) 溶剂的活性。尽管溶剂并不直接参加聚合反应,但溶剂往往并非惰性,溶剂对引发剂有诱导分解作用,链自由基对溶剂有链转移反应。这些都有可能影响聚合速率和相对分子质量。

(2) 溶剂对聚合物的溶解性能对凝胶效应的影响。选用良溶剂时,为均相聚合,如单体浓度不高,有可能消除凝胶效应,遵循正常的自由基聚合动力学规律;选用沉淀剂时,则成为沉淀聚合,凝胶效应显著;劣质溶剂的影响则介于两者之间,影响程度视溶剂优劣程度和浓度而定。有凝胶效应时,反应自动加速,相对分子质量也增大。链转移作用和凝胶效应同时发生,相对分子质量分布将取决于这两个相反因素影响的程度。

离子型聚合选用溶剂的原则,首先应该考虑溶剂化能力,这对聚合速率、相对分子质量及其分布、聚合物微结构都有深远的影响;其次才考虑溶剂的链转移反应。

离子和配位引发剂容易被水、醇、氧、二氧化碳等所破坏,因此离子聚合和配位聚合只能选用适当的有机溶剂进行溶液聚合或本体聚合,而不能以水为介质进行悬浮和乳液聚合。

溶液聚合与本体聚合相比,体系呈均相的溶液状态,黏度较低,混合和传热较容易,温度容易控制,自动加速效应较少,可以避免局部过热。另外,由于体系中聚合产物浓度较低,所以向高聚物转移少,支化或交联产物较少;反应物料易于输送;低分子物易除去。不足之处是由于单体被稀释,聚合速率较慢,高聚物分子量较低;由于使用溶剂,还需要增加溶剂回收设备,因此,工业上溶液聚合多用于高聚物直接使用的场合,如涂料、胶黏剂、合成纤维纺丝液等。

3. 悬浮聚合

悬浮聚合是在强力搅拌下,单体以粒径为 0.01～5mm 的小液珠状悬浮于水中进行的聚合反应。水为连续相,单体为分散相,单体中溶有引发剂,属非均相聚合。工业生产悬浮聚合中水和单体比一般在(1～3):1 范围内。水少,容易凝聚或粒子变大;水多,则粒子变细,粒径分布狭窄。一个小液珠相当于一个本体单元,所以可看做为小珠本体聚合。同一般本体聚合一样,又有均相和非均相之分。凡能进行本体聚合的单体都可用悬浮聚合进行聚合反应。

在悬浮聚合中,单体在水中溶解度很小,只有万分之几到千分之几,实际上可以看作与水不互溶。故将这类单体倒入水中,单体将浮在水面上,分成两层。不溶于水的单体液层在搅拌的剪切力作用下形成液滴分散在水中,由于单体和水之间存在着一定界面张力,使液滴呈小圆珠状,但它处于不稳定的分散状态,有可能相互接触而重新凝聚。若加入适当的分散剂,可阻止或延缓单体液珠的凝聚,有利于单体液层的分散达到平衡状态。分散剂可分成两类:①水溶性高分子,如聚乙烯醇、明胶和羟基纤维素等,其作用是吸附在单体液滴表面,形成一层保护膜,提高了介质的黏度,增加了单体液滴碰撞凝聚的阻力,防止液滴粘结;②难溶于水的无机物粉末,如碳酸钙、磷酸钙,滑石粉、硅藻土等,附着在单体液滴的表面,对液滴起着机械隔离的作用。分散剂的种类对产物颗粒的形态及使用性能有很大的影响。除上述主分散剂外,另外还常加少量表面活性剂做助分散剂。一般主分散剂用量为单体的 0.1% 左右,助分散剂为 0.01%～0.03%。单体分散过程如图 6.42 所示。悬浮聚合产物的颗粒尺寸和分布取决于单体液珠的尺寸和分布。这又取决于搅拌、分散剂、油水比等因素。

悬浮聚合的优点是以水为介质,传热好,温度易控制,产品的分子量及其分布比较窄;由于产物为固体微粒,因此分离、干燥配料造粒较方便。粒状树脂可直接使用,如离子交换树脂的生产。

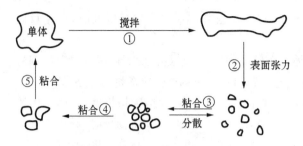

图 6.42　悬浮单体液滴分散合-模型

其不足之处是依然存在自动加速效应;产品中附有少量的分散剂残留物,要生产透明和绝缘性能高的产品,须将残留的分散剂除尽。由于悬浮聚合兼有本体和溶液聚合的优点,因此悬浮聚合在工业上得以广泛地应用。80%～85%聚氯乙烯、全部苯乙烯型离子交换树脂母体,很大一部分聚苯乙烯、聚甲基丙烯酸甲酯等都采用悬浮法生产。

4. 乳液聚合

乳液聚合是单体在乳化剂的作用及机械搅拌下,在水中形成乳状液而进行聚合反应。乳液聚合最简单的配方由单体、水、水溶性引发剂、乳化剂四组分组成。但工业上实际应用时,还常添加相对分子质量调节剂,用以调节聚合物相对分子质量,减少聚合物链的支化;加入缓冲剂用以调节介质的 pH 值,以利于引发剂的分解及乳液的稳定;同时还添加乳化剂稳定剂,它是一种保护胶体,用以防止分散胶乳的析出或沉淀。

乳液聚合中,单体与水不互溶,易分层。由于有乳化剂的存在,使单体与水混合而成稳定不易分层的乳状液,这种作用称为乳化作用。由于乳化剂分子的结构为一端亲水,一端亲油(单体),乳化剂分子在油水界面上亲水端伸向水层,亲油端伸向油层,因而降低了油滴的表面张力,在强力搅拌下分散成更细小的油滴,同时表面吸附一层乳化剂分子。在乳液中存在三个相,如图 6.43 所示:

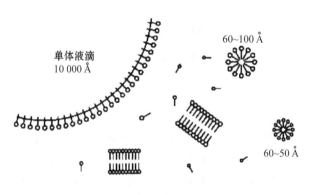

图 6.43　乳液聚合体系示意图

(1) 胶束相:当乳化剂浓度很低时,以单个分子分散在水中,乳化剂浓度达到一定时,乳化剂分子便形成了聚集体(50～100 个乳化剂分子),这种聚集体称为胶束。浓度较低时胶束呈球形,浓度较高时胶束呈棒状,其长度大约为乳化剂分子长度的两倍。无论是球状胶束还是棒状胶束,乳化剂分子的排列均是亲水一端向外,亲油一端向内。

(2) 油相:主要是单体液滴。

(3) 水相(溶解有缓冲剂、乳化剂分子、引发分子及少量单体分子)。

归纳起来,乳化剂具有以下作用:降低油-水界面张力,便于油水分成细小的液滴;能在液滴表面形成保护层,防止液滴凝聚,而使乳液稳定;有增溶作用,使部分单体溶在胶束内。

乳化剂都是表面活性剂,乳化剂可分为阴离子型、阳离子型和非离子型,用得最多的为阴离子型。

乳液聚合不同于其他聚合方法,其特性有:①聚合反应发生在单体-高聚物乳胶粒子(M/P)内;②每个 M/P 粒子仅仅含有一个自由基。

在本体聚合、溶液聚合或悬浮聚合中,使聚合速率提高的一些因素,往往使相对分子质量降低。但在乳液聚合中,速率和相对分子质量却可以同时提高。另外,乳液聚合物粒子直径约 $0.05\sim0.15\mu m$,比悬浮聚合常见粒子直径($0.05\sim2mm$)要小得多。

乳液聚合的优点是以大量的水为介质,成本低,易于散热,反应过程容易控制,便于大规模生产,聚合反应温度较低,聚合速率快,同时相对分子质量又高。聚合的胶乳可直接用作涂料、粘合剂、织物处理剂等。乳液聚合也存在如下缺点:需要固体聚合物时,要经过凝聚(破乳)、洗涤、脱水、干燥等程序,因而工艺过程复杂;由于聚合体系组分多,产品中乳化剂难以除净,致使产品纯度不够高,产品热稳定性、透明度、电性能均受到影响。

乳液聚合大量用于合成橡胶,如丁苯橡胶、氯丁橡胶、丁腈橡胶等的生产。生产造革用的 PVC、PVAC 以及聚丙烯酸酯、聚四氟乙烯等也有用乳液法生产的。

5. 缩聚反应

缩聚反应是官能团间的反应,除形成聚合物外,还伴有水、醇、氨等低分子副产品产生。

缩聚反应的方法很多,下面主要介绍熔融缩聚、溶液缩聚和界面缩聚三种方法。

1) *熔融缩聚*　熔融缩聚反应过程中不加溶剂,单体和产物都处于熔融状态,反应温度高于缩聚产物熔点 $10\sim20℃$,一般在 $200\sim300℃$ 之间进行熔融缩聚反应,而且是平衡缩聚反应。熔融缩聚反应的特点可归纳如下:

(1) 不用溶剂,从而避免了使用和回收过程的溶剂损失和能量损失,节约了成本。

(2) 减少环化反应。

(3) 反应温度较高,故要求单体和产物的热稳定性好,只有热分解温度高于熔点的产物才能用熔融缩聚法生产。但由于熔融缩聚温度不能太高,所以不适于制备高熔点的耐高温聚合物。

(4) 反应速率低,反应时间长,需在反应过程中通入惰性气体进行保护。

(5) 在缩聚反应过程中,若欲使反应停留在某一阶段,只需使此时反应器冷却即可。

熔融缩聚法的生产设备简单,且利用率高,由于不使用溶剂或介质,近年来已由过去的釜式间歇法生产改为连续法生产,如尼龙-6、尼龙-66 等。

熔融缩聚是目前大量使用的一种缩聚方法,普遍用来生产聚酰胺、聚酯和聚氨酯等。

2) *溶液缩聚*　将单体溶于一种溶剂或混合溶剂中进行的缩聚反应称溶液缩聚。按单体和缩聚产物在溶剂中溶解度的不同,溶液缩聚可分三种类型:①单体和缩聚产物都溶于溶剂中;②单体溶于溶剂,而缩聚物不溶或部分溶解,此法多用于不可逆缩聚反应;③单体部分溶于或完全不溶于溶剂中,而产物完全溶于溶剂中。

对溶液缩聚反应而言,溶剂的选择是关键,要求它:①能迅速溶解单体,降低反应体系的黏度;②能迅速吸收和导出反应热,使反应平稳进行;③有利于低分子副产物的迅速排除,以便于提高反应速率和缩聚产物的相对分子质量。由于溶剂的存在,往往增加反应过程中的副反应,增加了溶剂回收精制设备和后处理工序。为了保证聚合物有足够高的相对分子质量和良好的性能,必须严格控制单体的当量比,要求溶剂不包含有可与单体反应的单官能团物质。

对于平衡缩聚,以聚酯化反应为例,将单体溶于诸如甲苯和二甲苯等惰性溶剂中,再加入酯化反应催化剂并加热进行缩聚反应。在反应过程中连续地以共沸物蒸馏除去水与溶剂,并将溶剂精制干燥后重新返回反应器。精制干燥后循环使用的溶剂越是干燥,缩聚产物的相对分子质量越高。

溶液缩聚法常用于反应速率较高的缩聚反应,如醇酸树脂、聚氨酯、有机硅树脂、酚醛树腈、脲醛树脂合成以及由二元酰氯和二元胺生产聚酰胺等的合成反应,也用于生产耐高温的工程塑料,如聚砜、聚苯醚、聚酰亚胺及聚芳香酰胺等缩聚物。

3）界面缩聚　界面缩聚是在常温常压下,将两种单体分别溶于两种不互溶的溶剂中,在两相界面处进行的缩聚反应,属于非均相体系,适用于高活性单体。例如,将一种二元胺和少量 NaOH 溶于水中;再将一种二元酰氯溶于不与水混溶的二氯甲烷中,把两种溶液同时加入一个烧杯中。由于彼此互不相溶,杯中便出现上下两层(见图6.44),并在两相界面处立即进行缩聚反应,产生一层聚酰胺薄膜。此时,可用玻璃棒将薄膜挑起成线条,若二元胺和二元酰氯浓度调制得当,缩聚物线条可连续拉出,直至溶液浓度过低时,缩聚反应才被中断。反应中生成的 HCl 扩散到水相中与 NaOH 反应生成 NaCl,这样制得的聚酰胺相对分子质量很高。

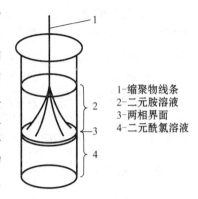

1—缩聚物线条
2—二元胺溶液
3—两相界面
4—二元酰氯溶液

图 6.44　界面缩聚反应示意图

界面缩聚的特点为:①单体活性高,反应速率快(属不平衡缩聚),缩聚产物相对分子质量高;②反应温度较低,副反应少,有利于高熔点、耐高温聚合物的合成;③对单体纯度和官能团的当量比要求不严。尽管要用高活性的单体,又需要用大量溶剂,设备利用率又低,但界面缩聚仍是一种极有前途的缩聚方法。利用界面缩聚可以制取聚酰胺、聚酯、聚碳酸酯、聚氨酯和聚脲等缩聚物。

6. 共聚与共混法

从前面得知,由一种单体进行的聚合反应称为均聚反应,其产物称为均聚物。两种或多种单体共同参加的聚合反应称为共聚反应,其产物称为共聚物。但必须指出,共聚物是由两种或两种以上单体经相互反应而连接成高聚物大分子的共聚产物,而不是由两种单体的均聚物组成的共混物。因为共混物是两种或多种聚合物组分形成的机械混合物,它是将不同种类的高分子在混合设备中通过物理或化学的方法均匀混合而成的。

自 20 世纪 60 年代以来,人们通过共聚和共混的方法,开发了许多高聚物的新品种,它们具有原先单一均聚物所没有的综合性能,所以,很有必要对共聚和共混的方法进行讨论。

1）共聚　共聚物是由两种或多种单体参加的共聚合反应而得的产物。

对于共聚合的研究,在理论上和实际应用上,都具有重要的意义。特别是通过共聚,可以改变聚合物的许多性能,如强度、弹性、塑性、柔性、玻璃化温度、塑化温度、熔点、溶解性能、染色性能、表面性能和抗老化性能等等,即可以有目的地合成出有特定性能的高聚物,开发新品种。因为每一种均聚物性能有限,而且均聚物的品种有限,通过共聚后,其结构和性能将发生明显地改变,其改变程度与第二、第三以及第四种共聚单体的种类、数量以及排列方式有关。

至于共聚物分子的微观结构,以二元共聚物为例就有下列四种主要类型:①无规共聚物;②交替共聚物;③嵌段共聚物;④接枝共聚物。无规和交替共聚物呈均相,可用一般共聚反应制成,而嵌段和接枝共聚物往往呈非均相,可由多种方法合成。

共聚合多用连锁聚合反应,如自由基共聚、离子共聚和配位共聚反应等。

自由基共聚反应条件中,通常温度、压力的变化对竞聚率(表征两单体的相对活性)影响不大,而反应介质的影响则比较复杂。两种单体进行自由基共聚时,由于其化学结构不同,两者活性也有差别,因此共聚物组成与单体配料组成常不同。可用动力学法推导其共聚物组成方程。共聚物组成往往包括瞬时组成、平均组成、序列分布。自由基共聚物组成一般取决于增长反应,而共聚速率却同时与引发、终止以及增长三步基元反应有关。在一般情况下,两种单体都能很有效地与初级自由基作用,可以认为引发速率与配料组成无关。

活性中心为离子的连锁共聚反应称为离子型共聚反应,包括阳离子型和阴离子型两种。自由基共聚物组成方程同样适用于离子型共聚反应。但离子型共聚反应与自由基共聚反应有明显的差别。首先离子型共聚对单体有较高的选择性,阳离子共聚仅限于有供电子取代基的单体;阴离子共聚则限于有吸电子取代基的单体。因此,能进行离子共聚的单体与自由基共聚的相比要少的多;其次,离子共聚的单体极性往往相近,有理想共聚的倾向。离子型共聚反应的另一特点是单体的竞聚率对于催化剂、反应介质、温度的变化等条件非常敏感。

至于配位共聚反应对单体的选择性更高,进行配位共聚一般较难。但随着各种配位聚合催化剂的开发成功,目前烯烃配位共聚已取得巨大的进展,在应用上和理论上都具有重大的意义。

2) 共混 共混聚合物是两种或多种聚合物组分形成的混合物,有时也称为多组分聚合物。正如由不同金属制得性能更佳的合金一样,由于共混高聚物与合金有许多相以之处,因此,对这类混合物有人也形象地称之为“高分子合金”。

共混物的制备通常有物理共混和化学共混两类方法。

物理共混是将两种聚合物在熔体或在溶液状态下机械共混后,经冷却固化或用沉淀剂共沉淀的方法,包括干粉共混、熔融共混、溶液共混及乳液共混等方法,最常用的是熔融共混法。共混过程一般包括混合作用和分散作用。在共混操作中,通过各种混合机械供给的能量(机械能、热能)的作用,主要是对流和剪切作用,扩散呈次要作用,被混物料粒径不断减小并相互分散,最终达到均匀分散而成为混合物。在机械共混操作中,一般仅产生物理变化,只是在强烈的机械剪切作用下,可能使少量高分子降解,产生大分子自由基,继而形成接枝或嵌段共聚物,此时伴随一定的化学过程。

化学共混则是通过接枝或嵌段的方法将两种聚合物以化学键结合在一起,包括溶液接枝和溶胀聚合等,有时也把嵌段共聚包括在内。因此,从广义上理解,聚合物共混物还包含接枝和嵌段两种类型的共聚物,但不包括无规共聚物。

从聚集态结构的角度,共混聚合物有两种类型:一类是两个组分在分子水平上互相混合而形成均相体系;另一类则不能达到分子水平的混合,两个组分分别自成一相,共混物为非均相体系。它们的聚集态结构具有不同的相形态特征,并赋予它们不同的物理和力学性能。

但是,从热力学角度出发,大多数共混聚合物体系在热力学上是不相容的,它不属于一种稳定的状态,将会发生相分离。只是由于高分子共混物体系的黏度很大,分子或链段的运动实际上处于一种冻结状态,即仍可处于一种动力学上的介稳定状态。

6.4　气相沉积

气相沉积是利用各种材料在气相之间、气相与固相基体表面间所产生的物理、化学过程而沉积薄膜的一种工艺方法。

20世纪60年代以来,用气相沉积法制备各种薄膜及其相关薄膜器件的技术发展十分迅猛,它们在半导体、航天、通信、光学、存储显示以及材料表面改性等领域已成为关键技术或关键材料。

　　气相沉积包括三个基本过程,即气相物质的产生,将之输运至基体材料表面,随后在衬底上沉积为固相薄膜的过程。按膜层形成原理它分为物理气相沉积(Physical Vapor Deposition,PVD)和化学气相沉积(Chemical Vapor Deposition,CVD)两大类。

　　物理气相沉积是用蒸发或溅射等物理方法,使需镀的源材料气化成原子、分子或使其电离成离子,形成气态或等离子态,然后输运至基体表面产生固相沉积的过程。进一步分类,可将物理气相沉积分为真空蒸镀、溅射和离子镀三类。真空蒸镀是在真空条件下,采用加热蒸发的方法使膜料转变为气相,然后在基板表面上凝聚形成固态薄膜的过程;溅射镀膜则是利用气体放电产生的正离子在电场作用下高速轰击阴极靶材表面,溅射出原子或分子,并沉积到被镀基材的表面,形成所需要的薄膜;而离子镀是在真空条件下,采用适当的方式使镀膜材料蒸发,利用气体放电使工作气体和被蒸发物质部分电离,在气体离子和被蒸发物质离子的轰击下,蒸发物质或其反应产物在基片上沉积成膜。因此,离子镀将真空蒸发技术与辉光放电、等离子体技术结合在一起,兼具有真空蒸镀和溅射镀膜的特点。至于分子束外延,从本质上而言,它属于真空蒸镀方法,只不过分子束外延系统需要超高真空,并配有原位监测和分析系统,从而能获得高质量的薄膜材料而已。故物理气相沉积具有以下特点:①需有欲镀材料的源物质;②通过物理过程将源物质转变为气相;③工作在较低的气压环境中;④在气相中与衬底表面一般不发生化学反应,唯反应沉积例外。

　　化学气相沉积是将含有组成薄膜元素的一种或几种化合物气化后输送到基体表面,借助加热,或等离子体、紫外光、激光等作用,在基体表面进行化学反应(热分解或化学合成)生成所需薄膜层的过程。根据促使化学反应的能量来源,CVD又可分为热CVD、光CVD和等离子体CVD。与PVD一样,化学气相沉积也包括气相物质的产生、输运和沉积三个基本过程。但CVD是一种化学反应方法,并且,与PVD不同的是沉积粒子束源于化合物的气相分解反应,故覆盖性好,但相对沉积温度较PVD高。

　　因此,气相沉积法,实际上是一种气-固相变过程。气-固相变与6.1节的液-固凝固相变有相似之处,但这里涉及到吸附、平衡蒸气压、真空技术、气体放电、等离子体、表面扩散和凝聚等诸多问题,其转变产物的结构和形态也有自身的特点,故有必要另行讨论。本节围绕气相沉积中的气-固相变的三个基本过程:蒸发、输运和凝聚(沉积),讨论气相沉积中的热力学条件,建立材料平衡蒸气压、蒸发温度和蒸发速率之间的关系,介绍有关气体放电和低温等离子体基本概念,分析、探讨气体输运过程中的表面扩散问题,以及沉积过程中的形核与生长等问题。

6.4.1　平衡蒸气压

　　为了满足对薄膜材料的高要求,气相沉积通常在真空环境中进行。

　　在物理气相沉积中,常通过电阻、电弧、等离子体、电子束、激光束和感应加热等方法对欲镀材料的源物质进行加热,当膜料的原子或分子获得足够的能量后,就能克服原子或分子间内聚力而逸出表面完成蒸发或升华。加热温度越高,分子的平均动能越大,蒸发或升华的粒子数量就越多。由于蒸发过程不断消耗膜料的内能,要维持蒸发,就要不断补给膜料热能。显然,蒸发过程中膜料气化的量与其受热情况密切相关。

　　在蒸发过程中的平衡蒸气压是指在一定温度下,真空室中蒸发材料的蒸气与固相或液相分子处于平衡状态下所呈现的压力。在平衡状态下,粒子会不断地从液相或固相表面蒸发或升华,同时也会有相同数量的粒子与冷凝液相或固相表面碰撞而返回到其中。平衡蒸气压与物质的种类、温度有关。对于同一种物质,其平衡蒸汽压是随温度变化而变化的。

平衡蒸气压 p_V 可以按 Clausius-Clapeylon 方程进行热力学计算：

$$\frac{\mathrm{d}p_V}{\mathrm{d}T} = \frac{\Delta H_e}{T(V_g - V_1)}。 \tag{6.44}$$

式中，ΔH_e 为摩尔气化热或蒸发热(J/mol)；V_g，V_1 分别为气相和液相的摩尔体积(cm^3)，T 为热力学温度(K)。

对于 1mol 的气体，可看成理想气体，故有

$$V = RT/p, \tag{6.45}$$

式中，R 为气体常数(8.314J/K·mol)。

通常在 1 个大气压下，$V_g/V_1 \approx 10^3$，故可认为 $V_g \gg V_1$，$V_g - V_1 \approx V_g$ 则

$$\frac{\mathrm{d}p_V}{p_V} = \frac{\Delta H_e \cdot \mathrm{d}T}{RT^2}。 \tag{6.46}$$

由于在 $T = 10 \sim 10^3$ K 的范围内，蒸发热 ΔH_e 是温度的缓变函数，可以近似认为 ΔH_e 为常数，对上式积分得

$$\ln p_V = C - \frac{\Delta H_e}{RT} \tag{6.47}$$

式中，p_V 的单位是微米汞柱(μmHg，1μmHg $= 0.133$Pa)。

式(6.47)给出了多数物质的蒸气压与温度的关系。随着蒸发温度升高，蒸气压迅速增加，若蒸发温度高于熔点，则蒸发是熔化状态的，否则是升华的。

一些单质材料的蒸气压与温度之间的关系曲线见图 6.45。在该图中同时标出各种材料

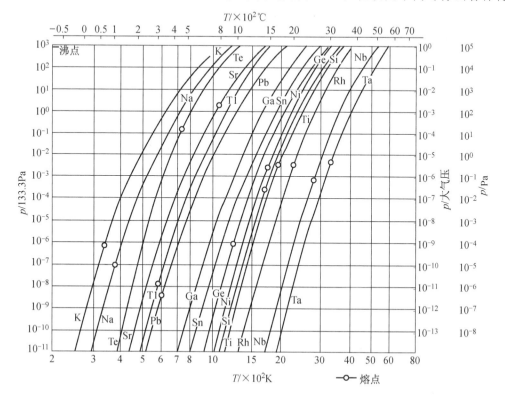

图 6.45　一些单质材料的蒸气压与温度之间的关系曲线

相应的熔点。由图中可见,除 Sr 和 Te 等外,大部分材料的蒸发温度高于熔点。蒸发源加热温度的变化,会改变蒸气压的数值而直接影响到镀膜材料的蒸发速率和蒸发方式。若蒸发温度过低时,材料蒸发速率低,薄膜生长速率也低;而过高的蒸发温度,不仅蒸发速率过高,而且会导致蒸发原子相互碰撞,甚至会因蒸发材料内气体迅速膨胀而致使蒸发原子飞溅。因此,通常将蒸发材料加热到其蒸气压达若干个 Pa 时的温度作为其蒸发温度。

6.4.2 蒸发粒子(分子、原子)的平均自由程与碰撞几率

为了满足固体材料蒸发的条件,真空容器中的气压应低于该材料的蒸气压,而且真空容器中的气压设置,还必须考虑使蒸发材料形成的气体原子尽量减少与容器内残余空气分子的碰撞(由此引起散射而不能直接到达基体表面),这里,就涉及到蒸发粒子平均自由程问题。

1. 蒸发粒子平均自由程

在真空室内除了蒸发物质的原子和分子外,还有其他残余气体,如 H_2O,O_2,CO,CO_2,N_2 等的分子,这些残余气体对膜形成过程及膜的性质都会产生一定影响。

蒸发材料的粒子在真空室中输运会与残余气体的分子碰撞,也会与真空室器壁碰撞,从而改变原来的运动方向和降低运动速度。蒸发材料的粒子在两次碰撞之间所飞行的距离为蒸发粒子的平均自由程,可表示为

$$\lambda = \frac{1}{\sqrt{2}n\pi d^2} = \frac{kT}{\sqrt{2}p\pi d^2} = \frac{2.331 \times 10^{-20} T}{p(\text{Torr})d^2} = \frac{3.107 \times 10^{-18}}{p(\text{Pa})d^2}T, \qquad (6.48)$$

式中,n 为残余气体密度;d 是碰撞截面半径,约零点几个纳米;p 为残余气体压强;T 残余气体温度。在 25℃的空气中,若 $p = 10^{-2}$ Pa,($n \approx 3 \times 10^{12}/\text{cm}^3$),可计算出,$\lambda \approx 50$ cm。或根据 $\lambda = 0.667/p$,也可计算出 $\lambda \approx 60$ cm。此时,λ 的长度与普通真空室的尺寸相当,可以认为此时蒸发粒子几乎不发生碰撞而直接到达基板。

2. 碰撞几率

平均自由程内,蒸发粒子与残余气体分子的碰撞具有统计规律。设 N_0 个蒸发粒子飞行距离 x 后,未受残余气体分子碰撞的数目为

$$N_x = N_0 e^{-x/\lambda},$$

被碰撞的粒子数为

$$N = N_0 - N_x,$$

则被碰撞的粒子百分数为

$$f = \frac{N}{N_0} = 1 - \frac{N_x}{N_0} = 1 - e^{-x/\lambda}。 \qquad (6.49)$$

图 6.46 是根据式(6.49)计算而得到的蒸发粒子在源-基之间飞行时,蒸发粒子的碰撞几率 f 与实际行程对平均自由程之比(l/λ)的曲线。当平均自由程 λ 等于源-基距 l 时,大约有 63%的蒸发粒子受到碰撞;如果平均自由程 λ 增加 10 倍,则碰撞几率 f 将减小至 9%左右。由此可见,只有当 $\lambda \gg l$,才能有效减少蒸发粒子在行进过程中的碰撞现象。

若真空度足够高,平均自由程足够大,且满足 $\lambda \gg l$,则有 $f \approx l/\lambda$,可得

$$f = 1.50 lp。 \qquad (6.50)$$

为了保证镀膜质量,要求在 $f \leqslant 0.1$ 时,源基距 $l = 25$ cm 的条件下,必须 $p \leqslant 3 \times 10^{-3}$ Pa。

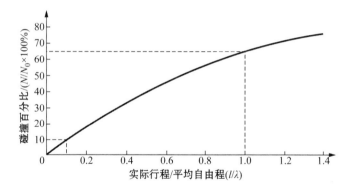

图 6.46　蒸发粒子的碰撞几率与实际行程对平均自由程之比的关系曲线

3. 蒸发速率

根据气体分子运动论,在蒸发物质(固相或液相)与其气相共存的体系中,处于热平衡状态下压强为 p、热力学温度为 T 的气体,单位时间内碰撞单位蒸发面积的分子数为

$$Z=\frac{1}{4}nv_a=\frac{p}{\sqrt{2\pi mkT}}=\frac{pN_A}{\sqrt{2\pi MRT}},\tag{6.51}$$

式中,n 为分子密度,v_a 为平均速度,其值为 $\sqrt{\dfrac{8kT}{\pi m}}$;$m$ 和 M 为气体分子质量和摩尔质量;k 为玻耳兹曼常数(1.38×10^{-23} J/K);N_A 为阿伏加德罗常数(6.023×10^{23}/mol)。若考虑碰撞蒸发面的分子中,大部分分子 α_e 被蒸发面反射至气相中,而部分分子会返回到蒸发面,产生凝结,则称 α_e 为蒸发系数($0<\alpha_e\leqslant1$)。

当蒸发材料表面液相、气相处于动态平衡,即在平衡蒸气压 p_V 下的蒸发速率 R_e 按照 Hertz—Knudsen 公式,则有

$$R_e=\frac{dN}{A\cdot dt}=\frac{\alpha_e(p_V-p_h)}{\sqrt{2\pi kmT}},\tag{6.52}$$

式中,dN 为蒸发原子(分子)数,A 为蒸发表面积,t 为时间(s),p_V 和 p_h 分别为平衡蒸气压与液体静压(Pa)。

当 $\alpha_e=1$ 和 $p_h=0$ 时,得最大蒸发速率:

$$R_m=\frac{dN}{A\cdot dt}=\frac{p_V}{\sqrt{2\pi mkT}}=2.64\times10^{24}p_V\left(\frac{1}{\sqrt{TM}}\right)(个/cm^2\cdot s\cdot Pa)。\tag{6.53}$$

如果用单位时间内单位面积上蒸发的质量,即质量蒸发速率 G 来表示,则有

$$G=mR_m=\sqrt{\frac{m}{2\pi kT}}\cdot p_V$$

$$=4.37\times10^{-3}\sqrt{\frac{M}{T}}p_V(kg/m^2\cdot s\cdot Pa)。\tag{6.54}$$

此式是描述蒸发速率的重要表达式,它建立了蒸发速率、蒸气压和蒸发温度之间的关系,从中可以发现,蒸发源温度微小变化,即可引起蒸发速率发生很大变化。

6.4.3　气体放电和低温等离子体

在气相沉积制备薄膜材料的过程中,例如,在溅射镀、离子镀、等离子体化学气相沉积以及

等离子体基离子注入等镀膜工艺中不仅要求在真空条件下进行,而且还要涉及气体放电和低温等离子体技术。

对于离子,人们并不陌生,通常金属原子失去外层价电子后就变成正离子,非金属原子得到价电子后则成负离子。那么何谓等离子体呢?

等离子体是部分电离了的气体,它实际上是电子、光子、正离子和中性粒子(包括原子、分子、原子团和它们的激发态)的混合物,而且正、负带电粒子的数目相等,宏观上属于电中性,有时称这种物质状态为第四态。利用等离子体与固态表面的交互作用,可直接影响镀膜工艺,并可使薄膜材料或材料表面改性层具有更优越的性能。当然关键先要有产生等离子体的源。等离子体源的种类很多,而且各有自己的特点。低温等离子体是指除热核反应的所需的高温等离子体外的所有较低温度下的等离子体,它的产生可通过气体放电、光照(包括激光)、燃烧和高能粒子束(电子束或离子束)等方法,其中气体放电方法装置较简单,容易实现。气体在一般情况下是电的绝缘体,但若在气体的两端加上电压,在一定条件下,气体将产生放电现象。通常把在电场作用下气体被电离而导电的现象称气体放电,由此产生的等离子体称气体放电等离子体。气体放电等离子体是将电场或电磁场的能量转变为等离子体中粒子的光能、内能(包括激发态能、解离能和电离能)和动能。至于气体放电的形式则有直流、工频、高频(13.56MHz)和微波(2 450MHz)放电等。

对于气体放电等离子体,电子温度与气体原子(或分子、正离子)的温度和气压有关,气压较低时,粒子间碰撞较少,故电子的温度(动能)远高于气体原子(或分子、正离子)的温度(动能),称非平衡态冷等离子体;而在气压增高时,电子与气体原子等粒子的碰撞频繁,粒子间充分交换能量,因此,电子温度与气体原子等粒子的温度相等,称平衡态的热等离子体。

由于气体放电等离子体中的电场不强,因此,带电粒子的运动可以认为以热运动为主,与气体中原子的热运动类似,故带电粒子的能量分布(或速率分布)近似地可以认为符合 Maxwell 分布。当然在电场库仑作用力下,还会产生定向迁移运动,若存在浓度差则还有扩散运动等。下面首先介绍有关气体放电的基本知识。

1. 低压气体放电原理

1) 原子的激发与电离   从原子结构理论中获知,原子是由位于原子中心的带正电荷的原子核和核外高速旋转带负电的电子所构成的,而且核外电子的排布遵循能量最低原理。凡是原子中所有电子都处于本身最低能级上的状态称为原子的基态,基态原子是最稳定的原子。但是基态原子中的任一电子如果接受外界的能量而跃迁至较高能级上去或离开原子,前者称为原子的激发,后者称为原子的电离。

被激发的原子称为受激原子。受激原子是不稳定的,处在大多数激发能级上的电子,约在 $10^{-7} \sim 10^{-10} s$ 内就自发地返回较低能级或最低能级(基态)。与此同时,把多余的能量以光子的形式辐射出去。但是,原子中也存在着少数几个亚稳能级。含有亚稳能级的原子称亚稳原子。亚稳原子存在的时间远比受激原子长,因此它在气体放电中起着重要的作用。

若将真空室内的电极接上直流电源,此时,真空室内固有的带电粒子在电势作用下加速运动,当电子速度达到一定值后,和中性气体原子碰撞使之电离成等离子体。如果原子激发或电离所需要的能量系由电子的动能所给予,而电子的动能是在某一电位差的电场中被加速而获得,则此电位差或电位称为激发电位 U_e 或电离电位 U_i,显然对应于亚稳能级有亚稳激发电位

U_m。各种气体原子(分子)的 U_e,U_m 和 U_i 值可参阅有关资料,通常它们均小于 25V。

2) 粒子间的碰撞　气体放电中,原子(或分子)的激发或电离主要依靠粒子间的频繁碰撞而交换能量,而具有较高能量的带电粒子(如电子)从电场中获得能量。粒子间的碰撞分类如下:

弹性碰撞(只交换动能,粒子的内能不变,碰撞前后的动能总和保持不变)

非弹性碰撞(内能变化,但总能量不变)　第一类非弹性碰撞(总的动能减少,1 个粒子的内能增加)

第二类非弹性碰撞(1 个粒子内能减少,而总动能增加或另一粒子的内能增加)

若两粒子对心弹性碰撞,且它们的质量分别为 m_1 和 m_2,碰撞前粒子 1 的速度为 v_1,粒子 2 为静止;碰撞后粒子速度分别为 v_1 和 v_2,根据能量守恒和动量守恒,则碰撞后粒子 2 获得的能量 E_2:

$$E_2 = \frac{1}{2}m_2 v_2^2 = 2\frac{m_1^2 m_2}{(m_1+m_2)}v_1^2 = 4\frac{m_1 m_2}{(m_1+m_2)}E_1。 \tag{6.55}$$

从式(6.55)可发现,当 $m_1 \approx m_2$ 时,$E_1 \approx E_2$,即粒子 1 几乎将全部的能量交给粒子 2;当 $m_1 \ll m_2$ 时,$E_2 \approx 4\frac{m_1}{m_2}E_1 \ll E_1$,即粒子 1 只有极少一部分能量交给粒子 2。由此可推断,如果气体原子或正离子相互间,电子与电子相互间作弹性碰撞时,大量交换能量;而电子与原子或正离子发生弹性碰撞时,能量交换很少。

非弹性碰撞时,碰撞后一部分的能量用于激发或电离,仍假定粒子 2 碰撞前为静止,则碰撞后粒子 2 获得内能最大值

$$E_m = \frac{m_2}{m_1+m_2}E_1。 \tag{6.56}$$

若 $m_1 \ll m_2$,则 $E_m \approx E_1$;$m_1 \approx m_2$,则 $E_m \approx \frac{1}{2}E_1$。由此可得出结论:发生非弹性碰撞时,当两粒子质量相差很远时,如电子与原子,则粒子 1(轻粒子)几乎将全部能量交给粒子 2(重粒子);如果两粒子质量相近,如正离子与原子、原子与原子,则粒子 1 只有约一半能量可交给粒子 2。

然电子碰撞气体原子的结果如何呢?

被电场加速而具有一定动能之电子,当其能量较小时,它不能激发原子,它与原子只作弹性碰撞;而当其能量较大时,它与气体原子的碰撞既可能是弹性的,也可能是非弹性的。通常把电子激发原子的次数和电子碰撞原子的总次数之比称为激发几率。激发几率与电子的能量有关,它是电子能量的函数,这个函数称为激发函数。与激发几率和激发函数类似,有电离几率和电离函数。

图 6.47 为几种气体的电离函数,当电子能量增加至某一临界值后,电离几率由零急剧上升,约在 80~120eV 时先后出现极大值,然后缓慢下降。

当然气体的激发、电离除了上述的电子与气体原子碰撞产生激发、电离外,尚有原子、正离子引起的电离以及光电离、剩余电离等,有时剩余电离往往是引起气体放电的先决条件。

3) 带电粒子在气体中运动　在气体放电空间带电粒子在气体中总是处于不断运动,其基本运动的形式有热运动、迁移运动和扩散运动三种:

（1）热运动。带电粒子的热运动可以看作是杂质气体中的热运动。在平衡状态时,气压较高,粒子间可充分交换能量,带电粒子的温度与气体的温度相同;在非平衡态时,气压较低,粒子间碰撞较少,带电粒子特别是电子的温度高于气体的温度。

（2）迁移运动。在电场作用下,带电粒子的运动可以看作在热运动的基础上迭加了一定向运动。该定向运动称迁移运动,其方向是正离子顺着电场的方向,而电子则逆着电场方向,故是库仑作用力在起作用,因此也就产生了电流。通常,带电粒子的迁移速度比其热运动速度要小得多。

（3）扩散运动。带电粒子的扩散运动类似于中性气体原子的扩散运动,它是由于放电空间存在化学势梯度的缘故。

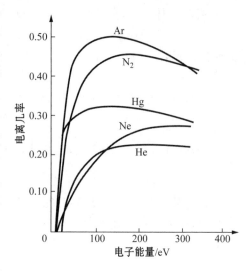

图 6.47　几种气体的电离函数

带电粒子究竟以哪种形式运动应视具体情况而定。在气体放电空间,在电场强的地方,迁移运动是主要的;而在电场弱的地方,则热运动为主;在有化学势梯度的地方则存在扩散运动。

4）带电粒子的复合　气体放电会产生带电粒子,而这些带电粒子通过带电粒子间的碰撞和在气体放电空间的运动过程中也会消亡,这就是电离的逆过程,称为消电离或带电粒子的复合。带电粒子的复合有三种形式:

（1）空间复合。凡是两种不同符号的带电粒子在空间相互作用,可以复合为中性原子。若是正、负离子的复合则称为离子复合;若是电子与正离子的复合,则称为电子复合。由于复合需要一定作用时间,故离子复合的几率要比电子复合几率大得多。另外,根据能量守恒定律,电子复合时,放出的能量等于电子的动能加上电离能。这个能量,当有第三物体存在时,就可转交给第三者,这就是所谓的三体碰撞。在高气压的情况下,空间复合几率较大。

（2）表面复合。由于电子的运动速度比正离子的大得多,往往它先移动到容器壁上,然后吸引正离子在器壁上复合,这种复合的几率较大,尤其在低气压时。

（3）电极复合。通电时,电子移动到阳极,正离子移动到阴极;而两电极无电压时,带电粒子的复合与器壁上情况相同。在大的电极表面和小的极间距离时,电极复合几率较大。

5）气体放电的伏安特性　气体的放电形式和特点与放电条件有关。在低压（10^{-1}Pa～10^2Pa）容器中,两个电极之间施加一定的直流电压,当稀薄气体被击穿,便产生有辉光的气体放电现象。气体放电时,阴阳极间的电压和电流关系不同于一般欧姆定律。图 6.48 为典型的气体放电的伏安特性曲线,根据伏安特性曲线的形状,可分成以下若干个区:

（1）非自持暗放电区。由于在放电容器内有少量气体,气体系由中性原子（分子）组成,是不导电的。但实际上始终有一小部分气体分子由于自然辐射会产生微弱电离,因此电极间存在微量残余带电粒子。无电场时,带电粒子只有热运动而无迁移运动,故电流为零。当两极间施加直流电压时,少量正离子和电子在电场作用下形成电流,电压愈高,则迁移速度愈快,带电粒子在空间停留的时间愈短,带电粒子复合愈少,故电流越大,OA 呈上升特性。若再增高电压,带电粒子来不及复合而全部迁移到电极上,对应曲线 AB 段,电流趋向饱和。B 点以后,随着电压的增加,带电粒子在电场中获得能量较大,又与其他气体原子碰撞使其电离,新产生的

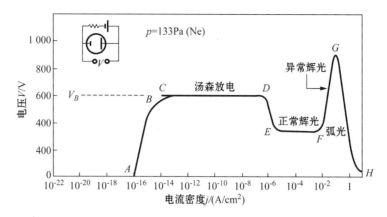

图 6.48　典型的气体放电伏安特性

带电粒子又在电场中获得能量继续与其他原子碰撞,产生电离呈雪崩式增加,电流呈指数上升,相当于曲线 *BC* 段。

　　若去除外界辐射,此区域即无游离的电子和正离子存在,则放电停止,故属非自持放电。该区域放电电流密度很小,只有 $10^{-16} \sim 10^{-14}\,\mathrm{A/cm^2}$ 左右,气体放电而不发光,称为非自持暗放电区。

　　(2) 自持暗放电区——汤森放电(Townsend discharge)　随着两极间电压逐渐升高,达到某个临界值时,气体被击穿(breakdown),也称着火。该点对应的电压称为气体击穿电压 V_B 或着火电压。此时由于气体绝缘破坏,电流急骤上升,增大几个数量级,这种放电现象称为汤生放电。在气体击穿之后,即使撤去外界辐射等引起电离的条件,也能靠自身内部的电离机制来维持,即自持放电。对应曲线 *CD* 段。*D* 平台对应的电流称为自持电流。因此,这里着火电压 V_B 是气体放电的重要参数。着火后放电从非自持放电转入自持放电,两极间的内阻从高内阻一下变为低内阻。对于两个平行平板电极系统,经推导,V_B 与阴极材料、气体种类、气压和极间距关系为

$$V_B = \frac{B(pd)}{\ln \dfrac{A(pd)}{\ln\left(1+\dfrac{1}{\gamma}\right)}}\text{。} \tag{6.57}$$

式中,A,B 是由气体种类所决定的常数,其单位为 $1/\mathrm{cm \cdot mmHg}$ 和 $\mathrm{V/cm \cdot mmHg}$;γ 为平均一个正离子轰击阴极所发射的电子数;p 和 d 分别为气压和两电极间距,其单位分别为 mmHg 和 cm。这就是著名的巴邢(Paschen)定律,它表示当阴极材料和气体种类已定时,击穿电压 V_B 与气体压强 p 和极间距 d 的乘积有关,系 pd 的函数:

$$V_B = f(pd)\text{。} \tag{6.58}$$

而且即使两平行极间的距离 d 和气压 p 各自变化,但乘积 $p \cdot d$ 不变,其击穿电压 V_B 也不变,图 6.49 为几种气体与铁阴极(除汞为阴极外)的巴邢曲线。

　　由图 6.49 可知,在某一 (pd) 值下,V_B 具有极小值。若气体压强太低或极间距离太小,二次电子在到达阴极前,不能使足够的气体分子碰撞电离,形成一定数量的离子和二次电子,辉光就会熄灭。另外,若气压太高或极距太大,二次电子因多次碰撞而得不到加速,也不能产生辉光。在大多数情况下,辉光放电溅射过程要求气体压强低,压强与极间距乘积一般都在极小值右边,故需要相当高的起辉电压。在极间距小的电极结构中,需要瞬时增加气体压强才能启

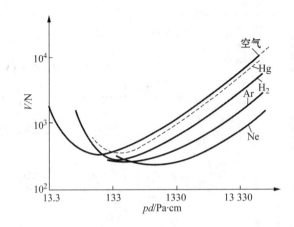

图 6.49　几种气体与铁阴极(除汞为阴极外)的巴邢曲线

动放电。

（3）过渡区——电晕放电。由于气体击穿后绝缘破坏，内阻降低，当迅速越过自持电流区后，立即出现极间电压减小的现象，并同时在电极周围产生昏暗辉光，称为电晕(corona)放电，对应于图 6.48 中曲线 DE 段。在此区，随着电流的增加，空间电荷密度增大，开始影响极间电位分布（见图 6.50）。由于电子质量小，它飞向电极的速度比正离子快得多，空间电荷主要是正离子，因此空间电位分布呈上凸曲线［见图 6.50(b)，(c)］。此时空间某处电位甚至可高于阳极电位，其结果是在飞向阳极的电子中，一些慢速电子被拉回到电位最高处附近，在此处形成了电子密度和正离子密度相等的所谓等离子区。等离子体导电性很好，可将等离子区的电位近似看成与阳极电位一样。这样，相当于阳极位置由 A 推前至 A' 处，称为虚阳极，这对电离更有利，维持自持放电所需电压可降低。

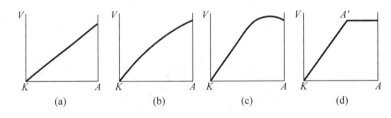

图 6.50　空间电荷效应
(a) 无空间电荷　(b) 弱空间电荷　(c) 强空间电荷　(d) 近似

（4）正常辉光放电区。越过电晕放电区后，继续增加放电功率时放电电流不断上升，同时辉光逐渐扩展到两电极之间的整个放电空间，发光也越来越明亮，称为辉光放电(glow discharge)。此时，即使自然游离不存在，导电也能继续进行，从而进入正常辉光放电区。此辉光来自被激发原子的自发跃迁辐射和正、负带电粒子的复合发光。由于各处的激发和复合情况不同，导致各处的发光亮度和颜色不同。正常辉光放电的电流增大与电压无关，只与阴极板上产生的辉光面积有关。正常辉光放电的电流密度很小，一般为 $10^{-5} \sim 10^{-2} \mathrm{A/cm^2}$，而极间电压几乎保持不变，且明显低于着火电压 V_B，此区域对应于图 6.48 中曲线 EF 段。

（5）非正常辉光区放电区。到达 F 点后，离子轰击已覆盖整个阴极表面，进一步增加功率，两极间的电流随着放电电压的增加而增加，呈上升特性，便进入非正常辉光放电区，此区域对应于图 6.48 中曲线 FG 段。在这一区域，电流可以通过电压来控制，从而使这一区成为溅射所选用的工作区域。非正常辉光区放电区的电流密度一般为 $10^{-2}\sim10^{-1}\mathrm{A/cm^2}$。当溅射电压为 V，电流密度为 j 和气体压强 p 时具有下述关系：

$$V=E+\frac{F\sqrt{j}}{p}。 \tag{6.59}$$

式中，E 和 F 是取决于电极材料、尺寸和气体种类的常数。在到达异常辉光放电区域后，继续增加电压，一方面有更多的正离子轰击阴极产生大量电子发射，另一方面因阴极暗区随电压增加而收缩，如下式所示：

$$p\cdot d=A+\frac{BF}{V-E}, \tag{6.60}$$

式中，d 为暗区宽度，A，B 为与电极材料、尺寸和气体种类的常数。当电流密度达到或超过 $0.1\mathrm{A/cm^2}$，电压开始急剧下降，便出现下面的弧光放电。

（6）弧光放电区。若进一步增加异常辉光放电的电流，当其达到一定值时，伏安特性的极间电压会突然急剧下降，而放电电流大增，放电机制从辉光放电过渡到弧光放电。弧光放电是一种稳定的放电形式，亦称热阴极自持弧光放电，其放电机制可能是热发射或场致发射，电压降至几十伏，而电流从 $0.1\mathrm{A}$ 到数千安，电极间弧光区发出很强的光和热，产生电弧等离子体，属于热等离子体。

2. 低温等离子体的特征

等离子体的基本特性是正、负带电粒子密度相等，宏观上为中性。带电粒子的密度通常绝对数较大，可达 $10^{10}\sim10^{15}/\mathrm{cm^3}$，然相对于中性粒子而言，相对比值却很低。通常将中性粒子的电离数与总粒子数之比定义为电离度，而电离度 $<10^{-4}$ 称弱电离度，$>10^{-4}$ 称强电离度。

等离子体的宏观中性是一个相对的概念。由于热运动，可能某瞬间某处出现电子或正离子过多，而另处却出现过少。然而等离子体对于电中性的破坏是非常敏感的，如果一旦出现电荷分离，立即就会产生巨大的电场，促使电中性的恢复。例如若在等离子体内带电粒子的浓度为 $10^{14}/\mathrm{cm}$，且半径 1cm 的球内有万分之一的电子跑出小球外，在球内偏离子电中性，出现了正电荷的过剩。这些过剩电荷在球面将产生 $6.7\times10^3\mathrm{V/cm}$ 的电场强度，如此大的电场将很快使等离子体恢复电中性。

1）等离子体宏观中性的判据——德拜（Debye）长度　若在如图 6.51 所示的等离子体中引入两个相距一定距离的金属球，且用电池的正负极将两球连接起来。于是，带电球将等离子体中的异号电荷吸引到其周围，把金属球屏蔽起来，在两个球的附近区域等离子体的电中性受到破坏，然对于球体远处的等离子体却并不因为带电金属球的存在而受影响。

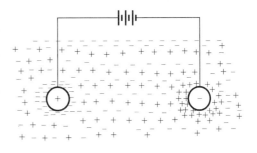

图 6.51　两金属小球在等离子体中的空间电荷

假定金属球的半径足够小，可近似地看作点电荷，根据理论分析，其电位分布为

$$V=\frac{Q}{4\pi\varepsilon_0 r}\mathrm{e}^{\frac{-r}{\lambda_\mathrm{D}}}。 \tag{6.61}$$

式中,Q 为金属球的电量,ε_0 为真空介电常数,r 为离金属球的距离,λ_D 为德拜长度。对于孤立点电荷的电位有 $V=\dfrac{Q}{4\pi\varepsilon_0 r}$,将它与式(6.61)相比较,显然等离子体中的电位分布随距离下降得快(见图6.52)。从图6.52还可发现,在 $r>\lambda_D$ 的区域,带电金属球产生的电位很小,它对等离子体的影响可忽略。

根据理论分析,德拜长度 λ_D 是指等离子体内部对局部电场产生空间屏蔽的特征距离,它取决于等离子体中的电子温度(T_e/K)和电子密度(n_e/cm^{-3})

$$\lambda_D=\sqrt{\frac{\varepsilon_0 k T_e}{n_e e^2}},\qquad(6.62)$$

式中,k 为波耳兹曼常数,e 为电子电荷,将它们的值代入,则有

$$\lambda_D=6.9\sqrt{T_e/n_e}\ (cm)。\qquad(6.63)$$

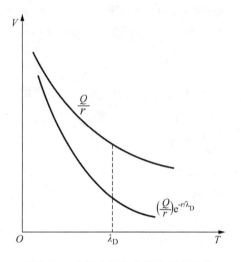

图 6.52　金属小球在空间和等离子体中的电位分布

若考虑问题的线度 $L<\lambda_D$,由于不能保持电中性,因此不论这时带电粒子的浓度有多高,充其量也只能算得电离气体。相反,如满足 $\lambda_D<L$,那么不论这时带电粒子浓度多低,均可以认为它是等离子体。三种典型等离子体的 λ_D 值如下所示:

$$\begin{cases}电离层等离子体:\lambda_D=1.66nm,n_e=10^6/cm^3,T_e=0.05eV,\\低气压放电等离子体:\lambda_D=0.33nm,n_e=10^9/cm^3,T_e=2eV,\\核聚变等离子体:\lambda_D=0.074nm,n_e=10^{14}/cm^3,T_e=10keV。\end{cases}$$

2)等离子振荡　由于电子和正离子间的静电吸引力,使等离子体具有强烈恢复宏观电中性的趋势。众所周知,离子的质量远大于电子的质量,可近似认为正离子是静止的。当电子相对于离子往复运动时,在电场作用下不断加速。由于惯性作用,它会越过平衡位置,又会造成相反方向的电离→反向电场→反向运动。这个过程不断重复就形成了等离子体内部电子的集体振荡

假定电子相对于正离子发生了位移 x,则产生电场 E 为

$$E=\frac{ne}{\varepsilon_0}x,\qquad(6.64)$$

式中,n 为等离子体中的电子密度。于是,电子受到的力 F 则为

$$F=-eE=-\frac{ne^2}{\varepsilon_0}x,\qquad(6.65)$$

这里负号表示作用力方向与位移 x 方向相反,力的大小与位移成正比,方向总是指向平衡位置。这种力称为恢复力,在恢复力的作用下,物体将简谐振动。参照弹簧振子的情况(恢复力 $F=-kx$,位移 $S=A\cos\omega t$。其中 A 为振幅,ω 为振动频率,$\omega=\sqrt{K/m}$,m 为质量,K 为弹簧偏强系数)等离子体在恢复力 $F=-\dfrac{ne^2}{\varepsilon_0}x$ 的作用下也将出现等离子振荡(或朗谬尔振荡)。若将弹簧振子的振动频率的关系式的 m 换成电子质量 m_e,K 换成 $\dfrac{ne^2}{\varepsilon_0}$,则可得到等离子体的振荡频率

$$f=\frac{\omega}{2\pi}=\frac{1}{2\pi}\sqrt{\frac{ne^2}{\varepsilon_0 m_e}}=9\ 000\ \sqrt{n}(\mathrm{s}^{-1}) \tag{6.66}$$

若电子密度 n 在 $10^8 \sim 10^{14}\,\mathrm{cm}^{-3}$ 范围,则相应的等离子体频率为 90MHz～90GHz。

3) 等离子体中的鞘层(Sheath)　等离子体处在某容器内或者等离子体中存在着浮置的固体时,等离子体与固体表面间存在鞘层,这是由等离子体的特征所决定的。

若将浮置的固体置于等离子体中,热运动的电子和正离子随机地飞向固体表面。由余弦定律得知,单位时间内飞至单位面积上的粒子数 $n_0=\frac{1}{4}\overline{nv}$。由于电子的平均速度 $\overline{v}_e$ 大,致使固体上出现净的负电荷积累,产生相对于等离子体的负电位。此负电位排斥慢速的电子飞向固体,使电子流减少,而对正离子则起加速作用。直至固体表面上的负电位达到某一值 V_f,即使等离子体电位 V_p 与 V_f 之差为一定值时,单位时间、单位面积落在固体上的电子数和正离子数相等。这时,V_f 达稳定值,同时固体上形成负的表面电荷,而在固体表面前某一薄层内形成净的正空间电荷层,即所谓的鞘层,如图 6.53 如示。

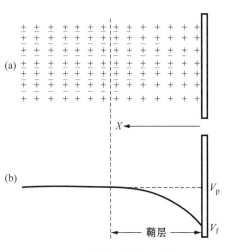

图 6.53　等离子体中的鞘层
(a) 浮置极板附近的空间电荷
(b) 鞘层中的电位分布

根据理论推导,可求得鞘层的电位降 (V_p-V_f) 和厚度 δ 分别为

$$\begin{cases} V_p-V_f=\dfrac{KT_e}{2e}\ln\left(\dfrac{m_i T_e}{m_e T_i}\right), \\[2mm] \delta=\sqrt{\dfrac{\varepsilon_0 k T_e}{n_e e^2}}=\lambda_D。 \end{cases} \tag{6.67}$$

式中,m_i 为正离子的质量。在 Ar 的等离子体中,$T_e=23\ 200\mathrm{K}$, $T_i=500\mathrm{K}$,可算得 $V_p-V_f\approx 15\mathrm{V}$,这与实验结果相近。

由于等离子体中的正离子通过鞘层不断撞击固体表面,其动能在 $1\sim 2\mathrm{eV}$ 至 $<20\mathrm{eV}$ 不等,这些正离子的轰击固体将对其产生一定影响。

4) 等离子体化学　气体放电等离子体中,电场能转变为带电粒子的动能。在冷温等离子体中,电子的动能远高于正离子的动能。它们和气体分子(原子)进行非弹性碰撞时刻发生以下几个过程:

$$M^*+e(快速)\nearrow M^*+e(慢速) \\ \searrow M_1+M_2+e(慢速) \\ M^++2e(慢速)$$

式中,M^* 为激发分子(原子),M_1, M_2 为由分子 M 解离成的原子或原子团,M^+ 为正离子。这些粒子具有较强的化学活泼性,称活性粒子,从而可促进化学反应的进行,这就是等离子体化学的原理。化学反应包括这些活性粒子在空间或在固体表面,或是它们与固体之间发生的化学反应。

由于等离子体中的电子能量近似地认为符合于 Maxwell 分布,而且分布较宽,最大能量可超过 10eV。因此,等离子体化学的特点:可进行那些能量较低的热化学反应通常难以进行、甚至不可能进行的化学反应;但由于能量分布较宽,难以对化学反应进行选择性控制。

6.4.4 表面扩散

气相沉积时,当气相物质产生后,通常在外场(电场、磁场、流场等)的作用下,将气相物质输运至基体材料表面,然后被衬底原子吸附,并通过表面扩散到合适的格点位置,成核并长大成膜。

气体运输是一个非常重要的环节,特别对 CVD 而言,因为它直接影响气相内,气相与固相之间的化学反应进程,影响 CVD 过程中的沉积速率、沉积膜层的均匀性及反应物的利用率等。这其中的表面扩散现象是一个很值得探讨的问题。

表面扩散如同表面吸附和偏析一样是一基本的表面过程。表面扩散包括两个方向的扩散,一是平行表面的扩散,从而获得均质的理想的薄膜和表面改性层;另一是垂直表面即向体内的运动,从而得到一定厚度的薄膜和表面改性层,有时也借此提高膜基之间的结合强度。

在 4.3 节"扩散机制"中,曾提及表面扩散,它也是通过热激活来实现的。由于表面这一特殊结构和环境,表面扩散所需的扩散激活能最低。许多金属的表面扩散所需的能量大约为 $62.7\sim209.4kJ/mol$。随着温度的升高,愈来愈多的表面原子可得到足够的激活能,使它与邻近原子的键合断裂而沿表面运动。所以,表面系高扩散率通道,沿自由表面扩散的速率往往在体扩散、晶界扩散和表面扩散这三者中是最最快的。表面扩散除了需激活能外,另一先决条件是要到达的位置是空的,这就要求二维点阵中存在空位或其他缺陷。因此,表面缺陷就成了扩散的主要机制。但是,表面缺陷与晶体内部的缺陷存在一定差异,因而表面扩散与体扩散亦不尽相同。

图 6.54 为考塞尔(Kossel M.)和斯春斯基(Stranski I. N.)提出固体表面微观结构的物理模型。该模型认为表面微结构主要以平台(Terrace)-台阶(Ledge 或 Step)-扭折(Kink)为特征,所以简称 TLK 模型。从图中得知晶体表存在平台、台阶和扭折,还有吸附原子、平台空位等点缺陷。当表面达到热力学平衡时,表面缺陷的浓度会固定不变。浓度的大小仅是温度的

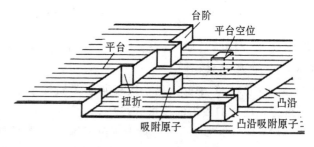

图 6.54 单晶表面的 TLK 模型

函数。从定性而言,平台-阶梯-曲折表面的最简单缺陷就是吸附原子和平台空位,它们与表面的结合能比所有其他缺陷的大,故表面扩散主要是靠它们的移动来实现的。

在计算表面缺陷的能量和熵时,这里采用经典的近似方法,并假定固体中原子之间存在成对相互作用。按表面原子之间的结合势,计算表面缺陷的形成能和迁移能。

在计算金属表面能时,Morse 曾提出一个势能函数:

$$V(r_{ij})=D[\exp(-2\alpha r_{ij})-2\exp(-\alpha r_{ij})],\tag{6.68}$$

式中,D,α 为两个调节参数,r_{ij} 为 i,j 两原子之间距离。

Wynblatt 和 Gjiostein 计算缺陷能量是用 Girifalco-Weizer 势能并考虑到围绕缺陷的点阵

松弛,给出的势能函数计算缺陷的能量,对 Morse 函数进行了修正,得到如下关系式:

$$V(r_{ij}) = A\{\exp[-2\alpha(r_{ij} - r_0)] - 2\exp[-\alpha(r_{ij} - r_0)]\}, \tag{6.69}$$

式中,α,r_0,A,为常数。

　　一个表面空位的形成能(ΔE_f^V)是由将一个原子从平台部位移到无限远所需的能量(ΔE_T),然后再将它放在一个曲折部位或台阶边缘的格点时所耗的能量(ΔE_K),以及最后使围绕此平台空位的点阵弛豫畸变所消耗的能量(ΔE_R^V)这三者累计而成:

$$\Delta E_f^V = \Delta E_T - \Delta E_K - \Delta E_R^V。 \tag{6.70}$$

　　一个吸附原子的生成能(ΔE_f^a)是由从一个曲折部位格点移走一个原子到无限远所需的能量(ΔE_K),然后把它放在平台的格点上形成一个吸附原子所耗的能量(ΔE_A),以及使紧靠吸附原子旁点阵畸变所消耗的表面弛豫能(ΔE_R^a)这三者累计而成:

$$\Delta E_f^a = \Delta E_K - \Delta E_A - \Delta E_R^a。 \tag{6.71}$$

　　下面来计算一个吸附原子的迁移能。表面扩散可看成原子离开其平衡位置沿表面运动,直至找到新的平衡位置。假如,唯一的扩散物质是吸附原子,它为了跳到相邻的位置需要一定的能量。图 6.55 表示一个吸附原子从一个平衡位置到另一个平衡位置的伴随扩散跳跃的能量变化。因为吸附原子在起始和跳跃终结时均只能占据平衡位置,在两个位置之间区域原子则处于较高的能态,即有一马鞍点。而且吸附原子在迁移前、迁移后或迁移的过程中,正常的格点弛豫都要受到周围格点弛豫的影响,所以吸附原子的迁移能实际上包含了原子处于势垒和势谷时的弛豫能。图中实线为扩散跳跃时真正的能量变化,ΔE_m 为表面吸附原子的扩散势垒的高度,即迁移能;而虚线表示原子在跳跃过程中周围格点的弛豫能,

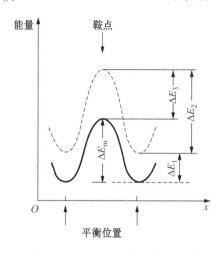

图 6.55　吸附原子扩散的能量变化

ΔE_2 为弛豫势垒的高度,ΔE_1 为势谷弛豫能,ΔE_3 为势垒弛豫能,它们关系如下:

$$\Delta E_m = \Delta E_1 + \Delta E_2 - \Delta E_3。 \tag{6.72}$$

　　当吸附原子围绕平衡位置热振动时,若原子冲击势垒的频率为 ν_0(次/s),多数时间其能量不能越过势垒,但是通过声子相互作用,偶然的能量起伏可使其能量增至 ΔE_m。这时它就会越过势垒到达新的平衡位置,因此跃到相邻位置的频率为 $\nu_0\exp[-\Delta E_m/(kT)]$,式中 k 为玻耳兹曼常数,T 为热力学温度。又因吸附原子可以跳跃 Z 个(相邻原子数)相等的相邻位置,总的可跳越频率

$$f = Z\nu_0\exp\left(\frac{-\Delta E_m}{kT}\right)。 \tag{6.73}$$

但是,分析表明,跳动激活能 ΔE_D 是表面缺陷形成能 ΔE_f 和迁移能 ΔE_m 之和,即为

$$\Delta E_D = \Delta E_f + \Delta E_m, \tag{6.74}$$

故式(6.73)则演变成:

$$f = Z\nu_0\exp\left[\frac{-(\Delta E_m + \Delta E_f^a)}{kT}\right]。 \tag{6.75}$$

　　上面研究了表面缺陷的形成能与迁移能,下面来研究表面原子的扩散。

由第 4 章得知,扩散的驱动力并非是浓度梯度,而是化学势的变化 $\frac{\partial u}{\partial x}$。对表面扩散而言,大致有两种重要的类型:①浓度梯度造成的表面扩散。这类扩散的求解方法与步骤与体扩散类似。如果已知扩散系数,可用 Fick 第一、第二定律,根据边界条件求解,计算出由于浓度梯度所引起的表面扩散通量和各区域浓度随时间的变化规律。②由毛细管作用引起的表面扩散,即表面自由能最小化引起的扩散。这类扩散包括:在晶界附近的原来平整抛光表面上形成晶粒间界沟的表面扩散,以便表面能与晶界达到平衡;人为造成周期性表面原子密度分布引起表面平坦化的表面扩散;非周期性表面原子密度分布引起表面痕迹衰变的表面扩散;与线性小面横向生长有关的表面扩散;在高温下粒子靠吸附原子从高化学势到低化学势而实现聚结的表面扩散;以及在场发射电子显微镜中触针由尖变钝的表面扩散等。表面扩散按扩散原子分也有自扩散和互扩散两种,前者是基质原子,后者则是外来原子沿表面的扩散。表面原子的自扩散与晶内原子的自扩散基本相同,只是表面原子的扩散激活能远小于体内,而且表面扩散机制会因不同晶面而异。

TLK 模型是材料表面的物理模型,TLK 的表面势能是个复杂的三维函数。表面原子沿表面扩散不可能保持均匀的单一的速率,在实际的表面上也不是一个原子而是许多原子同时进行扩散。为简化计算程序,设表面原子以平均长度 l 作无序跳动,而单位时间内原子跳动次数为

$$f = \nu_0 \exp\left(\frac{-\Delta E_D}{kT}\right), \tag{6.76}$$

式中,ν_0 为表面原子的本征频率,ΔE_D 为跳动激活能。若 p_f 为原子周围缺陷的形成几率,p_m 为原子周围缺陷的迁移几率,根据无序跳动的理论和统计理论,则表面自扩散系数表达式为

$$D_s = al^2\nu_0 p_f p_m \exp[-\Delta E_D/(kT)], \tag{6.77}$$

式中 a 为与晶体结构和缺陷运动有关的常数,对于简单立方晶系,一维运动取 $1/2$,表面二维运动取 $1/4$,体内三维运动取 $1/6$。由于表面缺陷的形成和迁移都使系统的熵增加,且

$$p_f = \exp(\Delta S_f/k), p_m = \exp(\Delta S_m/k), \tag{6.78}$$

将式(6.74)和式(6.78)代入式(6.79)得

$$\begin{aligned} D_s &= al^2\nu_0 \exp[(\Delta S_f + \Delta S_m)/k] \cdot \exp[-(\Delta E_f + \Delta E_m)/(kT)] \\ &= D_0 \exp[-(\Delta E_f + \Delta E_m)/(kT)], \end{aligned} \tag{6.79}$$

式中,$D_0 = al^2\nu_0 \exp[(\Delta S_f + \Delta S_m)/k]$。

前面研究的表面自扩散是原子跳动的距离与点阵原子间距具有相同数量级的情况,属于"短程扩散",称为"局域扩散"。若温度升高,表面原子处于较高激活状态,其跳动的长度比点阵原子间距长得多,属于"长程扩散",称为"非局域扩散"。

表面互扩散是外来原子沿表面的扩散。外来原子在表面以置换、间隙、化合、吸附等方式存在。由于异质原子受势场束缚较弱,其跳动的速度远大于自扩散。如果外来原子是置换式的,那么在点阵弛豫作用下,表面缺陷的形成和迁移几率增加,从而使扩散系数增大;如果外来原子是间隙式的,那么它们的迁移仅与表面势垒有关,扩散系数表达式中 ΔE_D(见式 6.74)仅有 ΔE_m 一项,此时 ν_0 为外来原子的振动频率。

至于表面向体内的扩散是严格按照 Fick 扩散定律进行的,可根据 Fick 第二定律的高斯(Gauss)解,即薄膜解,求得给定温度下一定时间后扩散元素沿深度的分布。例如,在 Si 表面

沉积一薄层硼(B),然后加热使之扩散。测得 $1\,100\,℃\,B$ 在 Si 中的扩散系数 D 为 $4\times10^{-7}\,m^2/s$,B 薄膜质量 $m=9.43\times10^{19}$ 原子,由薄膜的高斯解可求得 $7\times10^7\,s$ 后,表面$(x=0)$处的浓度:

$$C=\frac{m}{\sqrt{\pi Dt}}\exp\left(-\frac{x^2}{4Dt}\right)=\frac{9.43\times10^{19}}{\sqrt{\pi\times4\times10^{-7}\times7\times10^7}}\cdot e^0\approx1\times10^{19}（原子/m^3）。$$

6.4.5　薄膜形核与生长

与液-固相转变一样,气-固相转变也通过形核与长大两个基本过程进行,即固相核心的形成和晶核长大过程。首先气态原子或离子撞击到基片(衬底)的表面,然后被衬底原子吸附,而被吸附的粒子在衬底表面扩散到合适的格点位置,成核然后长大成岛,最后是岛的兼并成膜。因此薄膜的形成过程包括气态原子(离子)的凝聚、形核和长大过程,不仅依赖于外界环境,如温度、气压等,还涉及到衬底表面的晶体结构、表面能、表面吸附和表面扩散等。

1. 形核

1) 凝聚过程　薄膜的形成不是一种原子(或离子)简单地在基片上的堆积过程。首先气态原子(离子)的凝聚是气态原子(离子)与所到达基片表面通过一定的相互作用而实现的。凝聚也是吸附和脱附两个过程达到平衡的结果。根据吸附时吸引力的性质可分为物理吸附和化学吸附。若原子的入射能量不太高,则气态原子就会被物理吸附。物理吸附是依靠物理键,而化学吸附是依靠化学键,其强度可与形成化合物的作用相比。在高温下的吸附多为化学吸附,且化学吸附容易在物理吸附基础上产生。

物理吸附时原子可以在表面移动,即从一个势阱跃迁到另一个势阱;而且可以在表面有一定的停留或滞留时间,此时,吸附原子可以和其他吸附原子作用形成稳定的原子团或被表面化学吸附,同时释放出凝聚潜热。如果吸附原子没有被吸附,则会被重新蒸发或被脱附到气相中。入射粒子和基片结合在一起的几率称为凝聚或黏着系数,它是已凝聚粒子数与入射粒子总数之比。吸附和脱附之间平衡程度可用适应系数 α_T 来表征,其表达式为

$$\alpha_T=\frac{T_I-T_R}{T_I-T_S}=\frac{E_I-E_R}{E_I-E_S}, \tag{6.80}$$

式中,T_I,T_R 和 T_S 分别为入射粒子、重新蒸发(或发射)粒子和基体的等效均方根温度;E_I,E_R 和 E_S 为温度相应的等效动能。α_T 为零,则说明粒子反射后没有能量损失,属于弹性反射;而 α_T 为 1 时,意味着入射粒子已失去它的全部能量,这时它的能态完全取决于基体温度。

入射粒子与基体达成热平衡所必须的弛豫时间 τ_e 估计小于 $2/v$,这里的 v 称为粒子在基体表面的振动频率或跳跃频率。根据 McCarrol 和 Ehrlich 理论,在入射粒子数和基体粒子数都比较多的情况下,入射粒子会在晶格振动碰撞中失去它的绝大部分能量 E_I,只余下百分之几能量,这时它就沿基体表面作扩散运动。在它脱附之前可能会在表面停留一段时间,那么它的平均值被定义为入射粒子在基体表面的滞留时间 τ_s:

$$\tau_s=\frac{1}{v}\exp\left(\frac{Q_{des}}{kT}\right), \tag{6.81}$$

所以,

$$\tau_e=2\tau_s\exp\left(\frac{-Q_{des}}{kT}\right), \tag{6.82}$$

式中,Q_{des} 为粒子与基底的结合能。从式(6.82)得知当结合能较大时,即 $Q_{des}\gg kT$ 时,τ_s 很大,而 τ_e 很小,这表示可很快达到热平衡。入射粒子此时就会被局域化,只能沿基片表面作跳跃

式的扩散迁移运动。为了数学处理方便,在薄膜生长的成核理论中总是假设被吸附粒子都已达到热平衡状态。

根据扩散理论,吸附粒子在滞留时间内沿基体表面作扩散运动的平均距离可由布朗运动中的爱因斯坦关系式给出:

$$\overline{x} = (2D_s\tau_s)^{\frac{1}{2}} = (2\upsilon\tau_s)^{\frac{1}{2}} a\exp\left(\frac{-Q_d}{2kT}\right) = \sqrt{2}a\exp\left(\frac{Q_{des}-Q_d}{2kT}\right), \tag{6.83}$$

式中,a 为表面上吸附位置间的跳跃距离;表面扩散系数 $D_s = a^2\upsilon\exp\left(\frac{-Q_d}{kT}\right)$,$Q_d$ 是表面扩散跳跃的激活能。由此可见,在凝聚过程中,Q_{des} 和 Q_d 是两个非常重要的参数。

Langmuir 和 Frenkel 提出了一个凝聚模型。在这一模型中,吸附原子在所存在的时间里,在表面上移动形成原子对,而原子对则成为其他原子的凝聚中心。如果入射原子数临界密度为

$$R_c = \frac{\upsilon}{4A}\exp\left(-\frac{\mu}{kT}\right), \tag{6.84}$$

式中,A 为捕获原子的截面;μ 为单个原子吸附到表面的吸附能与一对原子的分解能之和。若入射表面和从表面脱附的原子相对比率保持恒定,则在温度 T 时,表面会形成原子对。但是,实际上产生凝聚时存在一个成核势垒,且它对表面的温度、化学本质、结构和清洁性非常敏感。在首次成核后,R_c 会迅速下降。

2)成核理论 与液-固相转变一样,气-固相转变的形核方式同样可以分为均匀形核和非均匀形核两大类。下面首先来讨论均匀形核理论。

均匀形核理论中,原子团势由吸附原子在基片表面的碰撞而形成。起初自由能随着原子团尺寸的增加而增加,直到原子团达到临界尺寸 r^* 后,其尺寸继续增加时,自由能开始下降。形核的计算与液相凝固时相似,临界半径 r^* 和临界晶核形成功 ΔG^* 表达式如下:

$$\begin{cases} r^* = -\dfrac{2\sigma_{cv}}{\Delta G_V} = \dfrac{2\sigma_{cv}V}{kT\ln\left(\dfrac{p}{p_e}\right)}, \\ \Delta G^* = \dfrac{16\pi\sigma_{cv}^3}{3\Delta G_V} = -\dfrac{16\pi\sigma_{cv}^3 V}{3kT\ln\left(\dfrac{p}{p_e}\right)} \end{cases} \tag{6.85}$$

式中,σ_{cv} 是凝聚相和气相间的表面自由能,$\Delta G_V = (-kT/V)\ln(p/p_e)$ 为凝聚相从过饱和蒸气压 p 到平衡气压 p_e 的单位体积自由能,$S = \dfrac{p}{p_e}$ 为过饱和度。当原子团半径小于 r^* 时,原子团不稳定,而当原子团尺寸大于 r^* 时,原子团集团变得稳定。

但是固体表面存在平台、台阶和扭折,还有吸附原子、平台空位、位错露头等缺陷,基底对形核有影响,它们的存在,均使 ΔG^* 降低,从而使非均匀形核的凝聚过程变得容易。根据热力学理论,如果临界核是球冠状,可以推算非均匀形核的临界形核功为

$$\Delta G^* = \frac{16\pi\sigma_{cv}^3}{3\Delta G_V^2}\varphi(\theta), \tag{6.86}$$

其中,$\varphi(\theta) = \dfrac{1}{4}(2-3\cos\theta+\cos^3\theta)$,$\theta$ 为接触角。同样可求得非均匀形核速率 I 为

$$I = Z(2\pi r^* \cdot \sin\theta)Ra_0 N_0\exp\left(\frac{Q_{des}-Q_d-\Delta G^*}{kT}\right) \tag{6.87}$$

式中，Z 是 Zeldovich 修正因子，也称 Zeldovich 非平衡系数，对冠状和盘状成核，这一因子大约为 10^{-2}；$2\pi r^* \cdot \sin\theta$ 是临界核的周长；R 为单位时间碰撞基底的有效原子数，即撞击流量，也称入射率；a_0 为吸附位置间距；N_0 为吸附位置密度。

上述是建立在自由能概念上的成核理论，Walton 等人则提出统计或原子理论，它对于小原子团更适用。根据这一理论，认为吸附原子的结合能是非连续变化，因而原子团尺寸变化也是不连续的。在低温下或较高的过饱和状态下，临界核可以是单个原子。这一原子通过无序过程与另一个原子形成原子对，从而变成稳定的原子团并自发生长。应用该理论，由于过饱和度很小，可以不考虑 Z，n^* 个原子形成临界核速率表达式为

$$I = Ra_0 N_0 \left(\frac{R}{\upsilon N_0}\right)^{n^*} \exp\left(\frac{(n^*+1)Q_{\mathrm{des}}-Q_{\mathrm{d}}+E_{n^*}}{kT}\right), \tag{6.88}$$

式中，E_{n^*} 为将 n^* 个吸附原子团分解成 n^* 个吸附在表面的单原子所需能量。

此外，还有概率过程模型。薄膜形成的概率过程模型摆脱了形核过程中核的表面能和内能等一些经典理论中使用的宏观量，同时在微观上也不采用晶核的势能概念，有其可取性。

2. 生长过程

薄膜的形成过程从形态学角度来看，可分为以下三种模型（见图 6.56）：

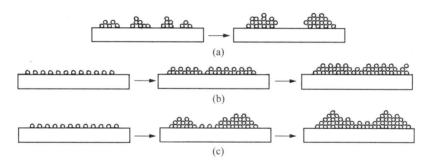

图 6.56　薄膜生长的三种基本模式

(a) 岛状生长模式　　(b) 单层生长模式　　(c) 层岛复合生长模式

(1) 岛状生长模式（Volmer-Weber 型）。

(2) 单层生长模式（Frank-Van der Merwe 型）。

(3) 层岛复合生长模式（Stranski-Krastanov 型）。

最常见是第一种模型，它可通过电子显微镜观察到，其详细过程是气态原子(离子)被统计吸附于基片表面的能量谷底，形成所谓核心，然后核凝聚长大成小岛，小岛又兼并成骨架和小通道，最后成膜。

单层生长型是在基片和薄膜原子之间以及薄膜原子之间相互作用很强时，而且前者要大于后者时出现的形式。它先形成二维的层，然后再一层一层地逐渐形成一定厚度的薄膜。

层岛模式是上述二种模式的复合，先形成单层膜，然后在单层上形成三维的核。

薄膜的形成过程除了可以通过电子显微镜分析技术进行实验观察外，近年来，许多材料工作者还采用计算机模拟技术来进行研究，而且已取得令人满意的效果。常用的薄膜形成过程模拟方法有 Monte Carlo 方法和分子动力学方法。Monte Carlo 方法是一种典型的随机方法，适合研究物理系统的平衡态，也可用于一些动力学基本过程具有随机特征的动态系统；而分子

动力学方法则是一种确定方法,较好地解释了原子随机运动系统的动力学性质。笔者等也曾采用一种新的模型,不具体考虑增原子与衬底原子和已沉积原子的相互作用,避开繁杂的作用过程,强调最终模拟结果,取得了模拟薄膜生长过程的较好效果。

以气相沉积膜形成过程为例,实验和计算机模拟结果显示,一般气态原子首先形成无序分布的三维核,随后通过凝聚过程,这些核逐渐长大形成一个个小岛,岛的形状由界面能和沉积条件决定;接着,通过物质的迁移扩散,岛的尺寸逐渐增大,岛彼此靠近,小岛合并成大岛;当岛分布达到临界状态时,孤立的岛屿迅速合并连成网络结构,岛将变得扁平以增加表面覆盖度。这个合并过程开始时很迅速,一旦形成便很快缓慢下来;随着沉积过程的进展,生长的最后阶段是网络之间慢慢被填平并连成膜,其间二次成核同时发生。

各种薄膜材料的形成过程大同小异,但每阶段的情况却变化较大,这主要取决于薄膜的沉积工艺参数和膜基体系,如真空度、气压、温度、沉积速度、基片的材质、表面状况和膜基界面相互作用等。至于决定薄膜生长的表面形貌主要有沉积、脱附和表面扩散三个因素,可采用扫描探针显微镜(SPM)来进行研究。

中英文主题词对照

材料制取	materials preparation	凝固	solidification
结晶	crystallization	驱动力	driving force
过冷	supercooling	过冷度	degree of supercooling, condensate depression
过热	superheating	临界半径	critical radius
形核	nucleation	形核位置	nucleation site
形核中心	nucleation center	核胚	embryo
均匀形核	homogeneous nucleation	非均匀形核	heterogeneous nucleation
长大	growth	连续冷却转变	continuous cooling transformation
平面生长	planar growth	枝晶生长	dendritic growth
光滑平面	smooth interface	粗糙平面	rough interface
冷却速率	cooling rate	结晶度	crystallinity
晶粒生长	grain growth	晶粒尺寸	grain size
孕育期	incubation period	温度梯度	temperature gradient
浇铸温度	pouring temperature	铸锭宏观组织	ingot macrostructure
激冷层	chill zone	微晶	microcrystalline
柱状晶	columnar grain	柱状晶区	columnar zone
等轴晶	equiaxed grain	等轴晶区	equiaxed zone
枝晶	dendrite	二次枝晶间距	secondary dendrite arm spacing
片状	lamellar	棒状	rod-like
区域熔化	zone melting	区域精炼	zone refining
约翰逊-梅尔方程	Johnson-Mehl equation	变质处理	inoculation
振动	vibration	搅拌	stirring
定向凝固	directional solidification	单晶	single crystal
凝固区间	freezing range	疏松	porosity
铸造缩孔	cavity shrinkage	气孔	gas porosity
管状缩孔	pipe shrinkage	偏析	segregation
宏观偏析	macrosegregation	微观偏析	microsegregation
枝晶偏析	dendrite segregation	非金属夹杂物	non-metallic inclusion
烧结	sintering	无机非金属材料	inorganic non-metallic materials
陶瓷合金	ceramic alloy	先进陶瓷	advanced ceramic
结构陶瓷	structure ceramic	功能陶瓷	functional ceramic
粉末冶金	powder metallurgy	粉体,粉末	powder
制坯	compact	蒸发	vapourization
溶解	dissolve	沉淀	precipitation, deposition

冷等静压	cold isostatic pressing(CIP)	热等静压	hot isostatic pressing（HIP）
热压烧结法	hot pressing	反应烧结法	reaction sintering
黏滞性流动(蠕变)	viscous flow(creep)	塑性流动	plastic flow
聚合物,高分子	polymer	均聚物	homopolymer
共聚物	copolymer	合成	synthesis,composition
加聚反应	addition polymerization	缩聚反应	condensation polymerization
热塑性聚合物	thermoplastic polymer	热固性聚合物	thermosetting polymer
气相沉积	vapour deposition	物理气相沉积	physical vapour deposition
化学气相沉积	chemical vapour diposition	凝聚态	condensed state
薄膜	thin film	表面	surface
蒸镀	evaporation deposition	蒸发速率	evaporation rate
溅射	sputtering	磁控溅射	magnetron sputtering
离子镀	ion plating	离子束辅助沉积	ion-beam-assisted deposition
平衡蒸气压	equilibrium vapor pressure	等离子体	plasma
平均自由程	average free path	碰撞	collision
输运	transport	物质(气体)输运	mass(gas) transport
凝聚(沉积)	condensation(deposition)	外延	epitaxy
均相外延	homoepitaxy	异质外延生长	heteroepitaxy
表面扩散	surface diffusion	表面吸附	surface absorption
电离	ionization	离子	ion
辉光放电	glow discharge	伏安特性	voltage-current characteristic
击穿	breakdown	汤森放电	Townsend discharge
巴邢定律	Paschen law	电晕放电	corona discharge
弧光放电	arc discharge	德拜长度	Debye length
等离子振荡	plasma oscillation	鞘层	sheath
平台-台阶-扭折(TLK)模型	terrace-ledge- kink model	岛状生长模式	island(or Volmer-Weber) mode
层状生长模式	layer(or Frank-Van der Merwe)mode	层岛状生长模式	layer plus island (or Stranski-Krastanov)mode

主要参考书目

［1］　蔡珣. 材料科学与工程基础辅导与习题［M］. 上海：上海交通大学出版社，2013.

［2］　徐祖耀，李鹏兴. 材料科学导论［M］. 上海：上海科学技术出版社，1986.

［3］　胡赓祥，蔡珣，戎咏华. 材料科学基础［M］. 第3版. 上海：上海交通大学出版社，2010.

［4］　胡赓祥，钱苗根. 金属学［M］. 上海：上海科学技术出版社，1980.

［5］　曹明盛. 物理冶金基础［M］. 北京：冶金工业出版社，1988.

［6］　潘金生，全健民，田民波. 材料科学基础［M］. 北京：清华大学出版社，1998.

［7］　余永宁. 材料科学基础［M］. 北京：高等教育出版社，2006.

［8］　周美玲,谢建新,朱宝泉.材料工程基础［M］.北京:北京工业大学出版社,2001.

［9］　何贤昶.陶瓷材料概论［M］.上海:上海科学普及出版社,2005.

［10］　王培铭.无机非金属材料学［M］.上海:同济大学出版社,1999.

［11］　江明.高分子合金的物理化学［M］.四川:四川教育出版社,1988.

［12］　何曼君,陈维孝,董西侠,高分子物理［M］.上海:复旦大学出版社,1982.

［13］　高俊刚,李源勋.高分子材料［M］.北京:化学工业出版社,2002.

［14］　吴自勤,王兵.薄膜生长［M］.北京:科学出版社,2001.

［15］　蔡珣,石玉龙,周键.现代薄膜材料与技术［M］.上海:华东理工大学出版社,2007.

［16］　郑伟涛.薄膜材料与薄膜技术［M］.北京:化学工业出版社,2004.

［17］　Askeland D R, Phule P P. The Science and Engineering of Materials［M］. 4th ed. USA: Thomson Learning, 2004.

［18］　William D. Callister, Jr. Materials Science and Engineering: An Introduction［M］. 5th ed. USA: John Wiley & Sons, 2000.

［19］　Cahn R W, Haasen P. Physical Metallurgy［M］. 4th ed. New York: Elsevier Science Publishing, 1996.

［20］　Schey J A. Introduction to Manufacturing Processes［M］. 3rd ed. New York: McGraw-Hill, 2000.

［21］　Flemings M. Solidification Processing［M］. New York: McGraw-Hill, 1974.

［22］　Kingery W D, Bowen H K, Uhlmann D R. Introduction to Ceramics［M］. 2nd ed. USA: John Wiley & Sons, 1976.

［23］　Wells A F. Structural Inorganic Chemistry［M］. 5th ed. London: Oxford, 1984.

［24］　Bassett D C. Principles of Polymer Morphology［M］. Cambridge University Press, 1981.

［25］　Fred W Billmever. Textbook of Polymer Science［M］. Wiley-Interscience Publication, 1984.

［26］　Ohring M. Materials Science of Thin Films［M］. 2nd ed. London: Academic Press, 2006.

第7章 固态相变

当外界环境(温度、压力以及磁场、应力场等)发生变化时,固体材料中的原子(离子或分子)的聚集状态将发生相应的变化过程称为固态转变。固态转变的类型很多,特征各异,它主要包括下列三种基本变化:①晶体结构变化;②化学成分的变化;③有序程度的变化。有些转变只包括一种基本变化,有些则同时包括两种甚至三种变化。如纯金属、固溶体或化合物发生同素异构转变时,只有晶体结构的变化;固溶体的调幅分解过程只有化学成分的变化;固溶体的有序-无序转变只有有序程度的变化;而过饱和固溶体的脱溶沉淀及共析转变则既有化学成分的变化,又有结构的变化。

本章所讨论的固态转变是指由一种固相到另一种固相的转变,即固态相变。至于只有组织形貌发生变化的,晶粒长大过程表现为固相间界面能上的变化,冷变形材料的回复和再结晶过程表现为固相间在应变能上的变化,而陶瓷粉末烧结表现为固相间在表面能上的变化等等。尽管这些转变均与材料的组织和性能变化密切相关,但这些内容均不在本章讨论的范围。固态相变是材料热处理的理论基础,材料的组织结构和性能在很大程度上是通过相的转变来进行调整和提高的,能否热处理强化往往就取决于材料是否存在固态相变。

本章主要从固态相变的特点和分类、固态相变的热力学和动力学、扩散型相变、马氏体型相变和贝氏体型相变等内容着手进行讨论。

7.1 固态相变的特点

与前面所学的液-固相变、气-固相变不同,固态相变是在"固态"这一特定的条件下进行的,其母相通常是晶体,固态晶体的原子呈一定周期性重复排列;而且原子间的键合比液态时牢固得多,同时母相中还存在着空位、位错和晶界等一系列晶体缺陷,新相与母相间存在着共格、半共格或非共格界面,因此,固态相变有许多自身的特点,归纳起来有以下几点:

1. 相变阻力大

固态相变时形核的阻力,来自新相与基体间形成界面所增加的界面能 E_{γ} 和体积应变能(即弹性能)E_e。其中,界面能 E_{γ} 包括两部分:一是在母相中形成新相界面时,由同类键、异类键的强度和数量变化引起的化学能项;另一部分是由界面原子不匹配(失配)引起的界面应变能项。通常,固相的界面能比气-液、液-固的界面能大得多。应变能 E_e 则是由于新相、母相两者的比体积不同,通过弹性应变来调节的体积应变能。若母相为气态、液态时,不存在体积应变能问题;但对于母相为固态时,由于受到周围母相的约束,新相不能自由胀缩,其应变能是不能忽视的。因此,与液-固和气-固相变相比,固态相变的阻力大得多。

2. 原子迁移率低

由于固态中的原子键合远比液态中牢固,所以其扩散速度远比液态的低。如液态金属中

扩散系数可达 $10^{-7}\,\mathrm{cm^2/s}$,而在固态仅为 $10^{-11}\sim10^{-12}\,\mathrm{cm^2/s}$,即使在熔点附近,原子的扩散系数也仅为液态扩散系数的十万分之一。

固体原子的扩散系数小,其原子的迁移率就低。同时在固态更易于过冷,亦即当冷却速度增加时,可获得更大的实际过冷度,相变也就在很大的过冷度下发生。随着过冷度增大,相变驱动力增大,同时由于转变温度降低,引起扩散系数降低。当驱动力增大的效果超过了扩散系数降低对相变的影响时,将导致相变速度增加。此时,由于过冷度增大,形核率高,相变后得到的组织变细;而当过冷度大到一定程度之后,扩散系数降低的影响将会超过相变驱动力增大的效果,便会造成由扩散控制的相变(扩散型相变)速度减小。

3. 相界面

固态相变时,新、旧两相之间要形成界面,此固-固相界面与液-固相界面不同:按结构特点可分为共格界面、半共格界面(部分共格界面)和非共格界面三类,图 3.71 为这三种界面结构示意图,详细的可参考 3.3.4 节。界面结构对固态相变的形核和生长以及相变后的组织形态等都有很大的影响。

4. 位向关系

固态相变时,为了减少新、旧两相之间的界面能,两种晶体之间往往存在一定的位向关系,它们常以低指数的、原子密度大而又彼此匹配较好的晶面互相平行。例如钴发生面心立方结构到密排六方结构的同素异构转变时,母相的密排面$\{111\}$与新相的(0001)面平行,母相的$<110>$晶向与新相的$<1\,1\bar{2}0>$晶向平行。

当相界面为共格或半共格界面时,新、旧两相之间必须有一定的位向关系;如果两相之间没有确定的位向关系,则界面肯定是非共格界面。

5. 惯习面

固态相变时,新相往往在母相的一定晶面上开始形成,这个晶面称为惯习面。例如在亚共析钢中,先共析铁素体从粗大的奥氏体晶粒析出时,除沿奥氏体晶界呈网状分布外,还沿奥氏体的$\{111\}$晶面析出,这种组织称为魏氏组织。这个$\{111\}_{\gamma面}$就是析出先共析铁素体的惯习面。

6. 非均匀形核

如同在液相中一样,固相中的形核几乎总是非均匀的。诸如非平衡空位、位错、晶粒边界、堆垛层错、夹杂物和自由表面等非平衡缺陷都提高了材料的自由能,它们都是合适的形核位置。如果晶核的产生结果是使缺陷消失,就会释放出一定的自由能,因此减少了(甚至消除了)激活能势垒。母相的晶粒愈细,缺陷的密度愈高,则形核愈多,相变速度愈大。

7.2　固态相变的分类

固态相变的类型很多,特征各异,表 7.1 列举了某些重要固态相变。从不同的出发点,固态相变有不同的分类方法。

表 7.1　固态相变的类型和特征

固态相变的分类	相变特征
纯金属的同素异构转变	温度或压力改变时，由一种晶体结构转变为另一种晶体结构，是重新形核和生长的过程，如 $\alpha\text{-Fe}\rightleftharpoons\gamma\text{-Fe},\alpha\text{-Co}\rightleftharpoons\beta\text{-Co}$
固溶体中多形性转变	类似于同素异构转变，如 Fe-Ni 合金中 $\gamma\rightleftharpoons\alpha$，Ti-Zr 合金中 $\beta\rightleftharpoons\alpha$
脱溶转变	过饱和固溶体的脱溶分解，析出亚稳定或稳定的第二相
共析转变	一相经过共析分解成结构不同的二相，如 Fe-C 合金中 $\gamma\rightleftharpoons\alpha+Fe_3C$，共析组织呈层片状
包析转变	不同结构的两相，经包析转变成另一相，如 Ag-Al 合金中 $\alpha+\gamma\rightleftharpoons\beta$，转变一般不能进行到底，组织中有 α 相残余
马氏体转变	相变时，新、旧相成分不发生变化，原子只作有规则的重排（切变）而不进行扩散，新、旧相之间保持严格的位向关系，并呈共格，在磨光表面上可看到浮凸效应
块状转变	金属或合金发生晶体结构改变时，新、旧相的成分不改变，相变具有形核和生长特点，只进行少量扩散，其生长速度甚快，借非共格界面的迁移而生成不规则的块状产物。如纯铁、低碳钢、Cu-Al 合金、Cu-Ga 合金等有这种转变
贝氏体转变	发生于钢及许多有色合金中，兼具马氏体转变及扩散转变的特点，产物成分改变，钢中贝氏体转变有切变机制和扩散机制两种不同的观点，转变速度缓慢
调幅分解	为非形核分解过程，固熔体分解成晶体结构相同但成分不同（在一定范围内连续）的两相
有序化转变	合金元素原子从无规则排列到有规则排列，但结构不发生变化

1. 按热力学分类

根据相变前后热力学函数的变化，可将相变分为一级相变和二级相变。

若两相的化学势相等，但化学势的一级偏导不等，称为一级相变，用数学表达式可写成：

$$\left.\begin{aligned}&\mu^{\alpha}=\mu^{\beta}\\&\left(\frac{\partial\mu^{\alpha}}{\partial T}\right)_p\neq\left(\frac{\partial\mu^{\beta}}{\partial T}\right)_p\\&\left(\frac{\partial\mu^{\alpha}}{\partial p}\right)_T\neq\left(\frac{\partial\mu^{\beta}}{\partial p}\right)_T\end{aligned}\right\}\tag{7.1}$$

由于 $\left(\dfrac{\partial\mu}{\partial T}\right)_p=-S,\left(\dfrac{\partial\mu}{\partial P}\right)_T=V$，故 $S^{\alpha}\neq S^{\beta},V^{\alpha}\neq V^{\beta}$。

因此，在一级相变时，熵及体积会发生不连续的变化，即有相变潜热和体积的突变。单元系的凝固、熔化、升华和同素异构转变以及金属合金中大多数固态相变都属于一级相变。

若除两相的化学势相等外，其一级偏导也相等，但二级偏导不等，则称为二级相变，用数学表达式可写成：

$$
\left.
\begin{aligned}
&\mu^{\alpha}=\mu^{\beta}\\
&\left(\frac{\partial \mu^{\alpha}}{\partial T}\right)_{p}=\left(\frac{\partial \mu^{\beta}}{\partial T}\right)_{p}\\
&\left(\frac{\partial \mu^{\alpha}}{\partial p}\right)_{T}=\left(\frac{\partial \mu^{\beta}}{\partial p}\right)_{T}\\
&\left(\frac{\partial^{2} \mu^{\alpha}}{\partial T^{2}}\right)_{p}\neq\left(\frac{\partial^{2} \mu^{\beta}}{\partial T^{2}}\right)_{p}\\
&\left(\frac{\partial^{2} \mu^{\alpha}}{\partial p^{2}}\right)_{T}\neq\left(\frac{\partial^{2} \mu^{\beta}}{\partial p^{2}}\right)_{T}\\
&\frac{\partial^{2} \mu^{\alpha}}{\partial T\cdot\partial p}\neq\frac{\partial^{2} \mu^{\beta}}{\partial T\cdot\partial p}
\end{aligned}
\right\}
\tag{7.2}
$$

由于

$$\left(\frac{\partial^{2} \mu}{\partial T^{2}}\right)_{p}=-\left(\frac{\partial S}{\partial T}\right)_{p}=-\frac{C_{P}}{T},$$

$$\left(\frac{\partial^{2} \mu}{\partial p^{2}}\right)_{T}=\left(\frac{\partial V}{\partial p}\right)_{T}=V\cdot k,\ k=\frac{1}{V}\left(\frac{\partial V}{\partial p}\right)_{T}$$

$$\frac{\partial^{2} \mu}{\partial T\cdot\partial p}=\left(\frac{\partial V}{\partial T}\right)_{p}=V\cdot\alpha,\ \alpha=\frac{1}{V}\left(\frac{\partial V}{\partial T}\right)_{p}$$

式中，$k=\dfrac{1}{V}\left(\dfrac{\partial V}{\partial p}\right)_{T}$ 为等温压缩系数，$\alpha=\dfrac{1}{V}\left(\dfrac{\partial V}{\partial T}\right)_{p}$ 为等压膨胀系数，可得

$$S^{\alpha}=S^{\beta},V^{\alpha}=V^{\beta},C_{p}^{\alpha}\neq C_{p}^{\beta},k^{\alpha}\neq k^{\beta},\alpha^{\alpha}\neq\alpha^{\beta}。$$

即在二级相变时，无相变潜热及体积的改变，只有热容量、压缩系数和膨胀系数的不连续变化。金属与合金中的磁性转变、导体-超导体转变，以及部分合金的无序-有序转变（如 β 黄铜中的 β-$B2$）是属于二级相变。

2. 按相变方式分类

按相变方式分类，固态相变可分为形核长大型转变（不连续型或非均匀转变）和连续型转变（均匀转变）两大类：

（1）形核长大型转变：其主要特征是在转变过程中存在着不连续的分界面，而且转变主要发生在两相的分界面上。从动力学观点看，这种转变可看作是不均匀的，因为在发生这种转变时，不是在母相整个体积中普遍形核，而是优先在某些对新相形核有利的微小地区（如晶界、杂质表面和位错等）产生新相晶核，并形成分界面，然后向基体中长大。因此，这种转变是通过形核-长大方式进行的，大多数固态相变是属于这一类型。

（2）连续型转变：这种转变是在母相的整个体积中同时发生，其反应是均匀的。主要特征是新旧两相之间无明显的分界面，相与相之间在晶体结构上完全相同，仅存在着化学成分上的差别，而且这种差别是逐渐过渡的，因此，这种转变实际上只有长大过程而没有形核过程。在固态转变中这种转变较少见，调幅分解和部分有序-无序转变属于此类型。

3. 按原子迁移情况分类

若按原子迁移情况分类，则可把固态相变分为扩散型和无扩散型两大类。前者相变过程是依靠原子（离子）的扩散运动来进行，如过饱和固溶体的分解、共析转变、同素异构转变、有序化转变等。后者在相变过程中原子不扩散，合金的成分也不变化，点阵的改组是通过共格切变

来完成的。长期以来把马氏体转变看成为无扩散型相变的典型例子。但是,还有一些相变(如贝氏体转变、块型转变)兼有扩散与无扩散的特性,对其形核机制有不同的观点,尚有争论,难以归类。

7.3 固态相变热力学

从材料热力学中得知,所有系统都有降低自由能以达到稳定状态的自发趋势。固态相变与液体凝固过程一样,也符合最小自由能原理。相变的驱动力也是新相与母相间的体积自由能差;大多数固态相变也包括形核和生长(成长、长大)两个基本阶段;而且驱动力也是靠过冷度来获得,过冷温度对形核、生长的机制和速率均会产生重要影响。

7.3.1 相变的驱动力

判断在恒温恒压下相变趋势的准则是衡量两相的体积自由能差 ΔG_V:
$$\Delta G_V = G_\beta - G_\alpha, \tag{7.3}$$
式中,G_α 代表原始相(即母相)的 Gibbs 自由能,G_β 代表生成相(即新相)的 Gibbs 自由能。

正如 5.1.1 所指出的,由于熵 S 恒为正值,各个相的自由能均随温度的升高而降低,自由能——温度曲线应是向上凸起的下降曲线。但由于各个相的熵值大小以及熵值随温度而变化的程度不一样,它们的自由能-温度关系曲线可能相交于一点,如图 7.1 所示。在交点处,$G_\alpha = G_\beta$,$\Delta G_V = 0$,因而两相处于平衡状态,可以同时共存。此温度称为理论转变温度,亦即两相平衡的转变温度(T_0)。

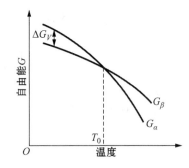

图 7.1 各相的自由能与温度的关系

固态相变应符合最小自由能原理,故只有当温度低于 T_0(即发生一定的过冷),$\Delta G_V = (G_\beta - G_\alpha) < 0$,即 ΔG_V 为负值时,在热力学上才获得 α 相全部转变为 β 相的可能性。ΔG_V 为相变的驱动力,没有这个驱动力,相变是不能实现的。由此可见,相变必须有一定的过冷,过冷度越大,则 $|\Delta G_V|$ 越大,对相变越有利。

至于促使某一固相自由能变化的因素,归纳起来有以下几种:

(1) 由于温度的变化,使合金由相图中的 α 相稳定区移到 β 相稳定区,此时 $G_\alpha > G_\beta$。

(2) 当 α 相中有应变能存在,致使 G_α 升高,此时就存在一种降低自由能以达到稳定状态的自发趋势,退火时的回复和再结晶现象就是在应变能的驱使下发生的。

(3) 若在 α 相中存在着较高的界面能,晶粒长大现象就是在界面能驱动下发生的。

(4) α 相呈粉末颗粒形式存在时,具有特别高的表面能。粉末冶金制品在烧结时之所以能凝聚成团,致密度提高,孔隙率下降,就是在表面能的驱使下发生的。

上述第(2)、(3)两项所涉及的转变将在第 10 章中论述,而第(4)项所涉及的转变则已在第 6 章中论述。本章主要讨论由于温度改变而引起的相的不稳定性和相变过程。

在讨论相的不稳定性时,需区别三种不同的稳定程度。例如,在 T_0 以上,$G_\alpha < G_\beta$,则 α 相相对于 β 相来说是稳定的;在 T_0 以下,此时 $G_\alpha > G_\beta$,从热力学角度,相变的驱动力 $\Delta G_V < 0$,α 相存在有自发转变为 β 相的趋势,能否相变还要视状态 I(α 相)与状态 II(β 相)之间是否存在

能垒？倘若状态Ⅰ，Ⅱ之间存在一能垒（见图7.2），状态Ⅰ（α相）相对于状态Ⅱ（β相）是亚稳定的，而状态Ⅱ（β相）是稳定的。要使α相→β相转变得以实现，还必须获得一种能克服能垒的激活能Q才行。倘若Ⅰ，Ⅱ两种状态之间不存在能垒，则α相是不稳的，不需要激活能就可以立即转变为β相。事实上，这种不存在能垒情况很少存在，所以在描述相变时所涉及的相，或者是稳定的，或者是亚稳定的，不稳定相几乎不出现。

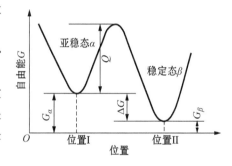

图 7.2 存在于亚稳状态与稳定
状态之间的势垒

总之，固态相变的前提条件必须要有相变驱动力（自由能差 $\Delta G_V < 0$），然相变的速率取决于动力学因素：如克服能垒的能力、原子运动方式、原子自身的活动能力或原子可动性大小等因素。特别是当处于低温时，其相变阻力大，意味着能垒 Q 大；原子迁移率小，意味着克服能垒的能力低；此时，$\alpha \to \beta$ 的相变难以发生，α 相就有可能被"永久"保存下来，系统处于亚稳状态。

7.3.2 新相的形核

如同液态金属结晶一样，大多数固态相变也要经历形核与长大两个过程。固态相变的形核过程往往是先在母相中某些微小区域内形成新相所必须的成分和结构，称为核胚；若核胚尺寸超过某一临界值，便能稳定存在并自发长大，成为新相晶核。

形核过程在固态相变中也有均匀形核和不均匀形核两种方式。通常情况下，若晶核主要是在母相的晶界、层错、位错等晶体缺陷处形成，称为不均匀形核；若晶核在母相中无择优地任意均匀分布，则称为均匀形核。发生于无缺陷地区的均匀形核是很少见的。但为便于分析，先讨论均匀形核的情况。

1. 均匀形核

严格说来，在均匀的母相中，各个微观区域之间，也存在着各式各样的起伏，例如，能量起伏、组态起伏、成分起伏、密度起伏等等。如果母相的组态、成分和密度起伏区与新相的组态、成分或密度相近似，则在这些区域中就可能形成新相胚芽（或晶胚），当这些胚芽大至一定尺寸时，就可作为稳定的晶核而长大。

固态相变时由于新相与母相的比体积不同，会产生应变能。这种应变能在液-固相变时不会出现，但在固-固相变时却起着重要的作用，所以当讨论固态相变的热力学条件时，应当把应变能包括进去。设晶胚是半径为 r 的球，则在固态相变时形成晶胚所引起系统自由能的变化（ΔG）为

$$\Delta G = \frac{4}{3}\pi r^3 (\Delta G_V + \varepsilon) + 4\pi r^2 \sigma, \tag{7.4}$$

式中，ΔG_V 为形成单位体积晶胚时的自由能变化，它常为负值；ε 为形成单位体积晶胚时所产生的应变能；σ 为晶胚与基体之间单位面积上的表面能。

图 7.3 为 ΔG 与 r 之间的函数关系图。从图中可以看出，当 $(\Delta G_V + \varepsilon) < 0$ 时，ΔG 曲线有极大值 ΔG_c，称为临界形核功，临界形核功所对应的 r_c 称为临界晶核半径。当 $r > r_c$ 时，晶核的长大使 ΔG 下降，而当 $r < r_c$ 时，晶核的长大反而使 ΔG 增加。因此，只有 $r > r_c$，才可作为稳定

的晶核而继续长大。新相的临界晶核 r_c，ΔG_c 则可令 $\dfrac{\partial(\Delta G)}{\partial r}=0$ 来求得：

$$r_c=-\frac{2\sigma}{\Delta G_V+\varepsilon},\tag{7.5}$$

$$\Delta G_c=\frac{16\pi\sigma^3}{3(\Delta G_V+\varepsilon)^2}。\tag{7.6}$$

与冷凝结晶时的临界晶核 r_c，ΔG_c 的公式(6.7 和 6.9)不同，固态相变公式中分母多了一项 ε。因为当温度低于转变温度，ΔG_V 为负值，且只有 $|\Delta G_V|>\varepsilon$，才有可能形核，故 ε 的存在，致使式(7.5)和式(7.6)中分母的绝对值减小，将使 r_c 和 ΔG_c 相应地增大。因此，当 ΔG_V 一定时，固态相变比液-固相变要困难些，所要求的过冷度要大。

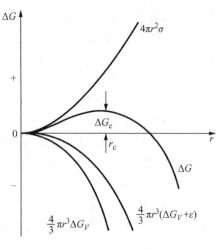

图 7.3　球形新相晶胚尺寸
r 和 ΔG 的关系

在新相与母相不共格的情况下，当两相的比容差固定时，固态相变所引起的应变能与新相的几何形状有密切关系。通常，表面能大而应变能小的新相常呈球状，应变能大而表面能小的新相常呈碟状或片状，当这两个因素的作用相近时，新相往往呈针状。

采用与凝固相似的方法计算得到的固态相变的均匀形核率为

$$\dot{N}=N\nu e^{-\frac{Q}{kT}}e^{-\frac{\Delta G_c}{kT}}。\tag{7.7}$$

式中，N 为单位体积母相的原子数；ν 为原子振动频率；Q 为新、旧相之间原子迁移的激活能；k 为玻耳兹曼常数；T 为热力学温度。

由于固相中 Q 值较大，应变能 ε 又抵消了一部分驱动力，因此在过冷度相同的条件下，固态相变的形核率比凝固时要小得多，也就是说固态相变的均匀形核更难实现。

2. 非均匀形核

固态相变中的形核几乎都是非均匀的。固相中存在的各种晶体缺陷，如空位、位错、晶粒边界、堆垛层错、夹杂物和自由表面等均可作为形核的位置。这时晶体缺陷所造成的能量增高可使晶核的形成能降低，因而比均匀形核要容易得多。

非均匀形核时系统的自由能总变化可写成：

$$\Delta G=V(\Delta G_V+\varepsilon)+S\sigma-\Delta G_d。\tag{7.8}$$

式中，V 为新相体积；ΔG_V 为新相与母相间的单位体积自由能差；ε 为新相单位体积弹性应变能；S 为新相表面积；σ 为新相与母相间的单位面积界面能。

与式(7.4)相比，式(7.8)增加了最后一项 ΔG_d，即由于晶体缺陷消失或减少所降低的能量。因此，晶体缺陷的存在将促进形核过程。下面分别说明晶体缺陷对形核的作用。

1) 晶界　若完全忽略应变能，最佳的胚胎形状应当是使总的界面能最低，因此一个非共格晶界晶核的最佳形状将是如图 7.4(a)所示，为双凸透镜形状或为两个相接的球冠，其润湿角 θ 可由界面张力的平衡条件求得：

$$\cos\theta\approx\sigma_{\alpha\alpha}/(2\sigma_{\alpha\beta})=\chi/2。\tag{7.9}$$

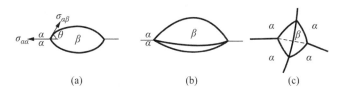

图 7.4　在晶界不同部位形核

(a) 在晶界面上　(b) 在棱边上　(c) 在角隅上

式中,$\sigma_{\alpha\alpha}$,$\sigma_{\alpha\beta}$ 分别为 α 相间晶界,α 与 β 相晶界的单位面积界面能;χ 为界面能 $\sigma_{\alpha\alpha}$,$\sigma_{\alpha\beta}$ 之比值。

若 $\sigma_{\alpha\beta}$ 是各向同性的,并且对两个晶粒是相等的。在晶界上形成这种胚胎时自由能的变化,即驱动力为

$$\Delta G^{b}=V\Delta G_{V}+S_{\alpha\beta}\sigma_{\alpha\beta}-S_{\alpha\alpha}\sigma_{\alpha\alpha}, \tag{7.10}$$

式中,V 是胚的体积,$S_{\alpha\beta}$ 为新生成的、界面能为 $\sigma_{\alpha\beta}$ 的 α-β 界面面积,$S_{\alpha\alpha}$ 为被 β 相吞食掉的 α 相晶界面积。

从式(7.10)可看出,晶界处形核和结晶凝固时在基底上形核情况一样。若将球冠的面积和体积代入,可求得球冠的临界半径:

$$r_{c}=2\sigma_{\alpha\beta}/\Delta G_{V}, \tag{7.11}$$

它也是与母相的界面能无关;而晶界处临界核心形核功 ΔG_{c}^{b} 为

$$\Delta G_{c}^{b}=\Delta G_{c}\frac{1}{2}(1-\cos\theta)^{2}(2+\cos\theta)=\Delta G_{c}\cdot S(\theta), \tag{7.12}$$

式中,ΔG_{c} 是均匀形核时的临界核心形核功[见式(7.6)],而 $S(\theta)$ 是一个形状因子。

若在晶粒棱边和晶粒角隅上形核[见图 7.4(b),(c)],形核势垒降低更多,即形核功更低。它们的形核功的数学表达式和式(7.12)相似,均为 $\cos\theta$ 的函数,只是函数形式有所不同而已。把在晶界面、晶粒棱边和角隅的临界核心的形核功和均匀形核的临界核心形核功的比值统一写成

$$f_{i}=\frac{\Delta G_{i}^{\cdot}}{\Delta G_{3}^{\cdot}}。 \tag{7.13}$$

上式各符号的下标 $i(i=0,1,2,3)$ 的数值表示形核所依附的地点的维数。即在体积形核(均匀形核)时为 3,在界面上形核时为 2,在晶粒棱边上形核时为 1,在晶粒角隅上形核时为 0。根据前面讨论知道,$f_{3}(\cos\theta)=1$,$f_{2}(\cos\theta)=(1-\cos\theta)^{2}(2+\cos\theta)/2$。$f_{i}$ 和 $\cos\theta$ 的关系示于图 7.5 中。

由式(7.10)可知,$S_{\alpha\alpha}\sigma_{\alpha\alpha}$ 是产生新相的附加驱动力,因此,母相的晶界能 $\sigma_{\alpha\alpha}$ 愈大,晶界处临界形核功 ΔG_{c}^{b} 愈小。此外,晶界的结构通常较为紊乱和疏松,易于松弛应变能,而且扩散激活能也较低,晶界又常常易于富集溶质,使过饱和度增加。这些因素都使形核功 ΔG_{c}^{b} 下降,从而易于在晶界沉淀,并且在较低温度,也可在晶界析出平衡相。

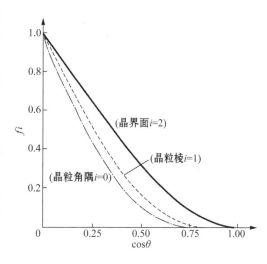

图 7.5　函数 f_{i} 随 $\cos\theta$ 的变化关系

晶界沉淀相的形核和长大,使邻近区域的溶质贫乏,产生晶界贫乏溶质区,这种现象可用来解释奥氏体不锈钢及铝铜合金的晶间腐蚀。

2) 位错　实验证明,位错也是固态相变优先形核位置之一。

位错促进形核,表现如下几个方面:

(1) 降低弹性应变能 ε 对临界形核功 ΔG_c 的贡献:比容大或小的晶核可分别在刃型位错的拉伸区或压缩区形成,从而降低弹性应变能 ε。

(2) 在新相与母相半共格界面中,界面位错降低界面能,减少形核阻力。

(3) 降低 ΔG_V:位错区可富集溶质,从而增加过饱和度,即增加过程的驱动力。

(4) 降低扩散激活能 Q_D:位错的短路扩散,可降低扩散激活能 Q_D,从而增加形核速率。

(5) 位错分解形成的层错有利于共格的 hcp 相的形核:fcc 晶体中全位错 $\frac{a}{2}\langle 110 \rangle$ 的分解:

$$\frac{a}{2}[110] \rightarrow \frac{a}{6}[121] + \frac{a}{6}[21\bar{1}]。 \tag{7.14}$$

在 $(1\bar{1}1)$ 面形成层错,这种层错的产生实质上是在 fcc 晶体的局部形成了 hcp 结构的几个原子层,自然有利于形成 hcp 晶核。例如,Al-Ag 合金中的 α 相(fcc 结构)脱溶析出过渡 γ' 相(hcp 结构)具有下述的位向关系:

$$\left.\begin{array}{l} (0001)_{\gamma} \parallel (111)_{\alpha} \\ [11\bar{2}0]_{\gamma} \parallel [1\bar{1}0]_{\alpha} \end{array}\right\}$$

与之对应的相界能低,有利于形核。

3) 空位及空位集团　空位对形核的促进作用也已得到证实,特别是在过饱和固溶体脱溶分解的情况下。当固溶体从高温快速冷却下来,与溶质原子被过饱和地保留在固溶体内的同时,大量的过饱和空位也被保留下来。它们一方面促进溶质原子的扩散,另一方面作为沉淀形核位置而促进非均匀形核,使沉淀相弥散分布于整个基体中(称为连续脱溶)。

7.3.3　新相的长大

新相晶核长大过程就是新相界面向母相迁移的过程。迁移的驱动力(长大的驱动力)是新相和母相的自由能差 $\Delta G_{\alpha \rightarrow \beta}$。然由于新相的界面耗费了部分能量,使得长大驱动力总比 $\Delta G_{\alpha \rightarrow \beta}$ 小。根据固态相变类型,可把新相的长大分为扩散式和无扩散式(切变式)两大类,它们的晶核长大机制和速率是不同。

1. 长大机制

新相的长大紧跟在形核之后,两者之间有着密切的联系。如果新相晶核与母相之间存在一定的晶体学位向关系,则在生长时此位向关系仍保持不变。新相的长大机制也与晶核的界面结构密切相关,具有共格、半共格或非共格的晶核,长大机制也各不相同。事实上,完全共格的情况是很少的,即使新、旧相原子在界面上匹配良好,但界面上也难免存在一定数量的杂质微粒,故通常看到的只是半共格与非共格两种界面。

1) 半共格界面的迁移　由于半共格界面可具有较低的界面能,故在生长过程中半共格界面往往继续保持为平面。如马氏体相变,这种晶核长大过程是以均匀切变方式进行的协同型长大。除切变机制外,还可通过半共格界面上存在的界面位错运动,使界面作法向迁移,从而实现新相晶核的长大。但伯氏矢量 b 与界面平行的界面刃型位错只能通过攀移来跟随界面移动，对界面迁移有牵制作用。

2）非共格界面的迁移　一般认为，非共格界面具有不规则排列的过渡薄层，故它可在任何位置接受原子和输出原子，随着母相原子不断地转移到新相中去，界面本身则作法向迁移，即新相得到生长（见图 7.6）。也有人认为非共格界面可能是呈台阶状（见图 7.7），平台是新相的原子最密排的晶面，台阶高度为一个原子高度）故其生长是以台阶的侧向移动而小范围地进行着。显然，此时晶核只能在某些局部地区生长。与这种界面相交的螺型位错有助于新相的生长。

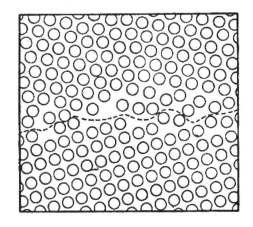

图 7.6　非共格界面的可能结构（示意图）

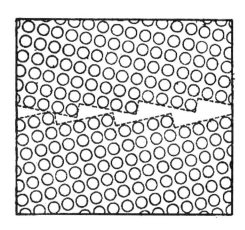

图 7.7　台阶式非共格界面（存在界面位错）

3）协同性转变与非协同性转变　多数固态相变是完全依靠扩散来进行的，但有些相变可全部或部分地通过切变完成。塑性变形的一种形式——孪生变形就是典型的切变过程（见图 10.16）。显然，在有切变的相变过程中，参与转变的所有原子运动是协调一致的，相邻原子的相对位置不变，故这种相变叫做"协同型"转变。与此对应，界面依靠原子近程扩散或远程扩敢进行移动的相变，叫做"非协同型"转变。

由于协同型转变是依靠均匀的切变进行的，因此它使晶体发生外形变化，如果事先制备一个抛光平面，则在发生这种转变后，抛光面上会出现浮凸现象（见图 7.8），可在金相显微镜下观察到这种浮凸的存在。

纯粹"协同型"转变的一般特征是：①存在着由于均匀应变而产生的形状改变；②母相与新相之间有一定的晶体学位向关系；③母相与新相的成分相同；④界面移动极快，可接近声速。

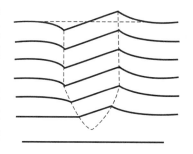

图 7.8　切变后产生的浮凸示意图

"非协同型"转变的特征是：①只有体积上的变化，没有特定的形状改变；②转变速率是受扩散控制的，即决定于扩散速度；③在合金中，新相与母相的成分往往不同。

固态相变不一定都属于单纯的协同型或非协同型。例如某些魏氏组织的形成过程，既有切变又有扩散，是协同型-非协同型的混合转变。

2. 长大速率

新相的长大速率取决于界面移动速度,故对扩散式和无扩散式(切变式)相变存在明显不同。

扩散式长大是通过母相中的原子迁移到新相中,使界面发生移动而进行的。对于无成分变化的扩散型相变(如同素异构转变、有序-无序转变等),新相的长大主要依赖于母相中靠近相界面的原子作短程扩散,跨越相界面,跳入新相中,使界面向母相中推进来实现的(此过程称为界面反应)。此时的长大速率主要受控于界面反应,故称为"界面控制的长大"。对于有成分变化的相变(如过饱和固溶体的分解))新相的长大还需要溶质原子从远离相界的地区扩散到相界处,而且界面的移动速率(即长大速率)主要为溶质原子长程扩散时的扩散速率所控制,故称为"扩散控制的长大"。扩散式长大的主要特征如图7.9中曲线 a 所示,当温度低于相变温度之后,前一阶段晶核的长大速率是随过冷度的增大(即随两相体积自由能差的增大)而增快,在中等过冷度时达最大值,随后由于温度过低,原子扩散困难,长大速率又减慢。扩散式长大速率 G 可用下式表示:

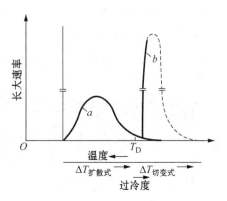

图 7.9 新相的长大速率与
过冷度之间的关系
(a) 扩散式长大 (b) 切变式长大

$$G = G_0 \exp\left(-\frac{Q}{kT}\right), \tag{7.15}$$

式中,Q 为长大激活能;G_0 为系数,取决于溶质的扩散系数和浓度梯度。

无扩散式长大是在过冷度很大、原子难于扩散的情况下发生的,其主要特征是:大量原子协作移位,而且移动距离小于原子间距,在原来点阵中是相邻的原子,经转变成新相后,这些原子仍保持相邻关系。这种方式的长大速率极快(见图7.9中曲线 b),长大的激活能几乎接近于零。马氏体转变就是属于这种类型。

7.4 固态相变动力学

相变动力学研究的是相变速率问题,即指转变过程中相变量与时间的关系。相变动力学取决于新相的形核率 $\dot{N}$ 和长大速率 G。由新相的形核率及长大速率可以计算在一定温度下随时间改变的转变量,导得相变动力学方程。

7.4.1 固态相变动力学方程和曲线

在前面6.1.4节讨论凝固结晶动力学时导出的 Avrami 动力学方程,在固态相变形核和核的长大过程中同样是适用的:

$$\varphi = 1 - \exp(-Bt^n)。 \tag{7.16}$$

式中,φ 为新相形成的体积分数,t 为相变时间,B 和 n 则为常数。其中 B 值与形核和长大速度有关,对温度颇为敏感;而只要形核机制没有变化,n 值和温度无关,它随不同的相变类型在

$1\sim4$ 之间变化。对于界面控制长大的情况,形核率为恒值时,$n=4$;若形核率随时间增加,$n>4$;形核率随时间减小,$n<4$。在晶界形核并且形核饱和后,$n=1$;在晶粒棱边形核并且饱和后,$n=2$。至于对扩散控制长大的情况,n 值则在 $0.5\sim2.5$ 之间变化。表 7.2 汇总了在不同实验条件下各类相变的 Avrami 方程式 n 值,可见大多数固态相变的实验数据均与 Avrami 方程式符合得较好。

表 7.2 各类相变的 n 值

相变类型	n 值
1. 多晶型、无扩散或胞状相变	
(a) 只在相变开始时形核	3
(b) 常速形核	4
(c) 加速形核	4
(d) 开始时形核及在晶粒边上继续形核	2
(e) 开始时形核及在晶界上继续形核	1
2. 扩散控制型相变	
(a) 只在相变开始时形核粒子的初期长大	1.5
(b) 常速形核粒子的初期长大	2.5
(c) 孤立片的长大或一定大小针的长大	1
(d) 晶边已碰遇后片的加厚	1/2

以不同温度下新相转变的体积分数 φ 为纵坐标,以转变时间为横坐标,绘出新相转变的体积分数 φ 随时间的变化关系曲线,即相变动力学曲线,如图 7.10(a)所示。这些相变动力学曲线呈典型"S"形特征,即相变过程开始均存在一个孕育期,孕育期的长短与转变温度密切相关;相变初期和后期的转变速度较小,在相变中期,即转变量为 50% 时的转变速度达到最大,而且发现所有具有形核和长大过程的相变均具有此特征。根据相变动力学曲线,可以知道在某一温度下固态相变是在什么时候开始,什么时候完成,这样就为合理地制订热处理工艺提供了依据。

如果把图 7.10(a)中的实验数据改绘成时间(Time)-温度(Temperature)-转变(Transformation)的关系曲线就得到一般常用的"等温转变曲线",亦称"TTT 曲线"[见图 7.10(b)]。由于该图中的曲线常呈"C"形或"S"形,所以又称为"C 曲线"或"S 曲线"。这是扩散型转变的典型等温转变曲线。对于从高温相转变为低温相的相变,随着转变温度降低,相变驱动力的增加,形核率和生长速率增加,但它们受到原子扩散能力降低的影响,所以相变速率先是增加,然后再降低,恒温转变动力学曲线具有 C 形曲线的特征。若从低温相转变为高温相的相变,无论相变驱动力还是扩散能力都随转变温度的提高而增大,所以相变速度亦增加,不会出现 C型曲线的特征,如图 7.10(c)所示。

下面以最常用的钢铁材料为例,进一步来讨论钢在加热和冷却时的转变动力学问题。

材料科学与工程基础

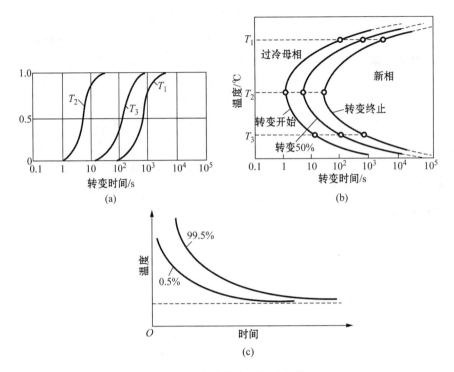

图 7.10　相变综合动力学曲线

(a) S 曲线　(b) 等温转变曲线　(c) 升温反应曲线

7.4.2　钢加热时奥氏体形成动力学

以共析钢为例,根据前面所学的知识,若共析钢的原始组织为片状珠光体(P),当加热至 A_{C1} 以上温度时,珠光体转变为奥氏体(A)。这种转变可用下式表示:

$$P(\alpha + Fe_3C) \rightarrow A(\gamma)。$$

由于 α,Fe_3C 和 γ 相三者的成分和晶体结构都相差很大。因此,奥氏体的形成过程必然包括铁、碳原子的扩散重新分布和铁晶格的改组。故珠光体向奥氏体的转变是由以下四个基本过程组成:奥氏体形核、奥氏体长大、剩余渗碳体溶解和奥氏体成分均匀化过程,如图 7.11 所示。

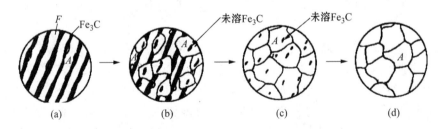

图 7.11　共析钢中奥氏体形成过程示意图

(a) A 形核　(b) A 长大　(c) 残余 Fe₃C 溶解　(d) A 均匀化

通常把钢加热获得奥氏体的转变过程称为"奥氏体化"。奥氏体形成速度取决于形核率 $\dot{N}$ 和长大速度 G。随转变温度升高,形核率 $\dot{N}$ 和长大速度 G 均增大。所以,奥氏体形成速度随转变温度升高呈单调增加,即具有图 7.10(c)曲线的特征。

1. 奥氏体等温形成动力学曲线

将一组共析碳钢试样迅速加热至 A_{c1} 点以上不同温度,保温不同时间后在盐水中急冷至室温,记录各个温度下珠光体向奥氏体转变开始、铁素体消失、渗碳体全部溶解和奥氏体成分均匀化所需要的时间,从左到右依次绘制在转变温度和时间对数坐标图上,便得到共析钢的奥氏体等温形成图(见图 7.12)。

从图中可以发现以下特点:

(1) 在 A_{c1} 以上某一温度保温时,奥氏体并不立即出现,而是保温一段时间后才开始形成,即珠光体向奥氏体的转变需要孕育期,而且加热温度愈高,孕育期就愈短。这是由于形成奥氏体晶核需要原子的扩散,而扩散需要一定的时间。随着加热温度的升高,原子扩散速率急剧加快,相变驱动力 ΔG_V 迅速增

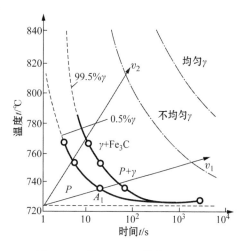

图 7.12　共析钢奥氏体等温形成图

加以及奥氏体中碳的浓度梯度显著增大,使得奥氏体的形核率和长大速度大大增加,故转变的孕育期和形成奥氏体所需全部时间也显著缩短,即奥氏体的形成速度越快。

(2) 对具体某一个加热温度,奥氏体形成速度也是在开始时较慢,以后逐渐增大,当奥氏体形成量约为 50% 时最大,以后又逐渐减慢,等温奥氏体转变量与时间的关系曲线也具有"S"形特征。

(3) 在珠光体中的铁素体全部转变为奥氏体后,还需要一段时间使剩余碳化物溶解和奥氏体均匀化。而在整个奥氏体形成过程中,剩余碳化物溶解,特别是奥氏体成分均匀化所需的时间最长。

对于亚共析钢或过共析钢,当珠光体全部转变为奥氏体后,还存在过剩相(铁素体或渗碳体)的转变过程。这些转变也需要通过碳原子在奥氏体中扩散以及奥氏体与过剩相之间的相界面推移来实现。与共析钢相比,过共析钢的碳化物溶解和奥氏体成分均匀化所需的时间则长得多。在亚共析钢或过共析钢的奥氏体等温形成图中也可以标出过剩相(铁素体或渗碳体)转变终了曲线。

2. 影响奥氏体形成速度的因素

1) 加热温度的影响　在影响奥氏体形成速度的诸多因素中,温度的作用最为显著。加热温度愈高,奥氏体形成速度就愈快。

随加热温度升高,奥氏体的形核率 $\dot{N}$ 及长大速度 G 均增大,但 $\dot{N}$ 增大速率高于 G 的增大速率。因此,奥氏体形成温度越高,获得的起始晶粒度就越细小。同时,随加热温度升高,奥氏体向铁素体中的相界面推移速度与奥氏体向渗碳体中的相界面推移速度之比增大。例如,温度为 780℃ 时,两者之比为 14.9;而当温度升高至 800℃ 时,两者之比增大到 19.1。因此,奥氏体形成温度升高时,在珠光体中的铁素体相消失(即全部转变为奥氏体)的瞬间,剩余渗碳体量增大,刚形成的奥氏体的平均碳含量降低.所以,实际热处理时加热速度愈大(或过热度愈大),钢中可能残留碳化物数量就愈多。因此,控制奥氏体的形成温度至关重要。

至于保温时间的影响与加热温度的类似,但远没有加热温度的影响显著。在较低温度下长时间加热和较高温度下短时间加热都可以得到完全的奥氏体状态。因此,在制订加热工艺时,应当全面考虑加热温度和保温时间的影响。

2) 原始组织的影响　当钢的化学成分相同时,原始组织中碳化物的分散度愈大,相界面就愈多,形核率也就愈大。同时由于珠光体的片层间距减小,奥氏体中碳的浓度梯度增大,使碳原子的扩散速度加快,而且碳原子的扩散距离也减小,这些均加快奥氏体的长大速度。因此,钢的原始组织愈细小,奥氏体的形成速度就愈快。图 7.13 为淬火态、正火态和退火态三种不同原始组织共析钢的等温奥氏体化曲线,每组曲线的左边一条是转变开始线,右边一条是转变终了线。从图中可见,奥氏体化最快的是淬火状态的钢,其次是正火状态的钢,最慢的是球化退火状态的钢。这是因为淬火状态的钢在 A_1 点以上升温过程中已经分解为微细粒状珠光体,组织最弥散,相界面最多,有利于奥氏体的形核与长大,所以转变最快。正火态的细片状珠光体,其相界面也很多,所以转变也很快。球化退火态的粒状珠光体,其相界面最少,因此奥氏体化最慢。

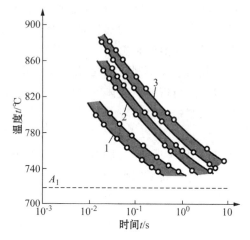

图 7.13　不同原始组织共析钢
等温奥氏体化曲线
1—淬火态　2—正火态　3—球化退火态

3) 碳含量的影响　钢中碳含量愈高,奥氏体形成速度就愈快。这是因为钢中的碳含量愈高,碳化物数量愈多,从而铁素体与渗碳体的相界面愈多,使奥氏体的形核率增大。同时,碳化物数量增多后,使碳的扩散距离减小,并且随奥氏体中碳含量增加,碳和铁原子的扩散系数增大,这些因素都加速了奥氏体的形成。但是,随碳含量增加,在过共析钢中由于碳化物数量过多,势必导致剩余碳化物溶解和奥氏体均匀化的时间延长。

4) 合金元素的影响　钢中加入合金元素并不影响珠光体向奥氏体的转变机制,但从几个方面影响奥氏体的形成速度。首先,合金元素影响碳在奥氏体中的扩散速度。非碳化物形成元素 Co 和 Ni 能提高碳在奥氏体中的扩散速度,加速奥氏体的形成;Si,Al 和 Mn 等元素对碳在奥氏体中扩散的影响不大,对奥氏体的形成速度无明显影响;而强碳化物形成元素如 Mo,W,Cr 等则会显著降低碳在奥氏体中的扩散速度,所形成特殊碳化物又不易溶解,故大大减缓奥氏体的形成速度。

其次,合金元素改变了钢的临界点和碳在奥氏体中的溶解度,从而改变了钢的过热度和碳在奥氏体中的扩散速度,而影响奥氏体的形成过程。此外,钢中合金元素在铁素体和碳化物中的分布是不均匀的,在平衡组织中,碳化物形成元素集中在碳化物中,而非碳化物形成元素则集中在铁素体中。因此,奥氏体形成后碳和合金元素在奥氏体中的分布都是极不均匀的。所以在合金钢中除了碳的均匀化之外,还有一个合金元素的均匀化过程。在相同条件下,合金元素在奥氏体中的扩散速度远比碳小得多,通常仅为碳的 1/10 000 到 1/1 000。因此,合金钢的奥氏体均匀化时间要比碳钢长得多。在制订合金钢的加热工艺时,与碳钢相比,加热温度要偏高,保温时间要偏长,原因就在此。

3. 连续加热时奥氏体的形成

在实际生产中,通常采用的是连续加热方式。钢在连续加热时珠光体向奥氏体的转变与等温加热转变大致相同,亦经过形核、长大、剩余碳化物溶解、奥氏体均匀化四个阶段,其影响因素也大致相同。图 7.12 所画出的不同速度的加热曲线(如 $v_1 < v_2$),可以定性地说明钢在连续加热条件下奥氏体形成的基本规律。但由于奥氏体的形成是在连续加热条件下进行的,所以与等温转变相比,尚有如下特点:

(1) 在一定的加热速度范围内,奥氏体开始转变的温度和转变终了的温度随加热速度增大而升高,即相变临界点向高温移动。

(2) 连续加热时奥氏体形成的各个阶段分别在一个温度范围内完成,即相变是在一个温度范围内完成的,而且随加热速度增大,各个阶段的转变温度范围均向高温推移并扩大。

(3) 加热速度越快,孕育期越短,奥氏体开始转变的温度和转变终了的温度越高,转变终了所需要的时间越短,即奥氏体形成速度越快。

(4) 随加热速度增大,由于碳化物来不及充分溶解,碳及合金元素来不及充分扩散,因此,奥氏体成分的不均匀性增大。

(5) 随加热速度增大,奥氏体起始晶粒细化。

总之,在连续加热时,随着加热速度增大,奥氏体的形成温度升高,使奥氏体的起始晶粒细化;同时,剩余碳化物数量增多,使奥氏体基体的平均碳含量降低,可使淬火马氏体获得韧化和强化。

7.4.3　过冷奥氏体等温转变动力学

从第 5 章铁碳合金相图中得知,铁素体和珠光体是常温下的稳定相,而奥氏体是高温稳定相,若冷却至临界点(A_3 或 A_1)以下就不再稳定,一般称为过冷奥氏体,它将发生固态相变。过冷奥氏体转变就是一个与温度和时间(或冷却速度)相关的过程。将奥氏体迅速冷却到临界点以下某一温度等温保持,在等温过程中发生的相变称为过冷奥氏体的等温转变。过冷奥氏体等温转变图(TTT 曲线)可以综合反映过冷奥氏体在不同过冷度下的等温转变过程:转变开始和终了时间、转变产物的类型以及转变量与温度和时间的关系等等。

若采用膨胀或磁性等物理测定方法,将不同温度下的等温转变开始时间和终了时间以及某些特定转变量(如 50%)所对应的时间绘制在温度-时间半对数坐标系中,并将不同温度下的转变开始点和转变终了点以及转变 50% 点分别连接成曲线,则可得到如图 7.14 所示的过冷奥氏体等温转变图,即 TTT 曲线。图中 abcde 线代表不同温度下的转变开始(取转变量~2%)时间,而 fghij 线和 klm,noq 线分别表示转变 50% 和转变终了(取~98%)时间。图中 M_s 和 M_f 分别为马氏体相变开始温度和终了温度。

等温转变图中还常标出临界点 $A_{C1}(A_{C3}, A_{CM})$,各个相区[γ 或 A:奥氏体,α 或 F:铁素体,P:珠光体(S:索氏体,T:托氏体),B:贝氏体,α' 或 M:马氏体,K:碳化物],转变产物的硬度,M_s 点,M_f 点等,有时也给出各类组织所占的百分数。

至于影响过冷奥氏体等温转变的因素很多,凡是能增大过冷奥氏体稳定性的因素,都会使孕育期延长,过冷奥氏体等温转变速度减慢,因而使 C 曲线往右移;反之,凡是能降低过冷奥氏体稳定性的因素,都会加速转变,使 C 曲线向左移。因此凡是影响 C 曲线形状和位置的因素都会影响到过冷奥氏体的等温转变。

1. 奥氏体化学成分的影响

奥氏体的含碳量、合金元素等对 TTT 曲线的影响最大。由于合金元素的不同影响，TTT 曲线的形状变得多种多样的。若钢中加入能使贝氏体转变温度范围下降，或使珠光体转变温度范围上升的合金元素（如 Cr，Mo，W，V 等）时，则随合金元素含量增加，珠光体转变曲线与贝氏体转变曲线逐渐分离。当合金元素含量足够高时，两曲线将完全分开，在珠光体转变和贝氏体转变之间出现一个过冷奥氏体稳定区。图 7.14 中的 TTT 曲线就是由两个"C"形曲线所组成，第一个"C"曲线与珠光体形成（$A \rightarrow P$）相对应，第二个"C"曲线与贝氏体形成（$A \rightarrow B$）相对应。曲线中的两个凸出部分称为 C 曲线的"鼻尖"，分别对应珠光体转变和贝氏体转变孕育期最短的温度。在两个曲线相重叠的区域等温时可以得到珠光体和贝氏体的混合组织。在珠光体区内，随等温温度下降，珠光体片层间距减小，珠光体组织变细，且将片层间距更小

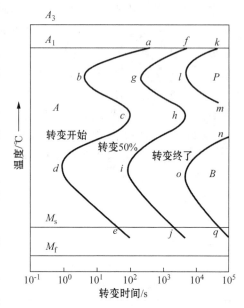

图 7.14   过冷奥氏体等温转变图

的珠光体型组织称之为索氏体或托氏体。在贝氏体上区（较高温度）等温时，获得上贝氏体，在下区（较低温度）等温时，获得下贝氏体。对于 M_s 点较高的钢，贝氏体等温转变曲线可延伸到 M_s 线以下，即贝氏体相变与马氏体相变重叠，在稍低于 M_s 点等温，则先形成少量马氏体，继而形成贝氏体。

碳钢以及含有 Si，Ni，Cu，Co 等合金元素的钢则具有单一的"C"形曲线。其鼻尖温度约为 $500 \sim 600 \, ℃$。实际上它是由两邻近的 C 曲线合并而成，在鼻尖以上等温时，形成球光体，在鼻尖以下等温时，形成贝氏体。图 7.15 为普通亚共析钢、共析钢和过共析钢过冷奥氏体等温转变曲线。从图中可看出，与共析钢相比，在亚、过共析钢的 C 曲线的上部各多出一条先共析相析出线。正是由于亚共析钢和过共析钢在珠光体转变前有先共析相析出，从而就影响到 C 曲线上半部的珠光体转变速度。对于亚共析钢，随碳质量分数的增加 C 曲线逐渐向右移，说明过冷奥氏体的稳定性提高，孕育期延长，转变速度减慢。而对于过共析钢，随着碳质量分数的增加，C 曲线反而向左移，则过冷奥氏体的稳定性降低，孕育期缩短，转变速度加快。因此共析钢的 C 曲线最靠右，过冷奥氏体稳定性最高，其向珠光体转变速度最慢，也就是说，碳的质量分数越偏离共析成分，过冷奥氏体向珠光体转变越快。对于 C 曲线下半部，即贝氏体转变部分，则随着奥氏体中碳质量分数的增加逐渐向右移，因此孕育期延长，贝氏体转变速度减慢。由图中还可以看出，随奥氏体中碳质量分数的增大，M_s 和 M_f 点逐渐降低。

各种合金元素对 TTT 曲线的影响汇总于图 7.16。图中相应部位箭头所指的方向就是合金元素对其影响趋势。总的来说，除 Co 和 Al 外的合金元素均增加过冷奥氏体的稳定性，使 TTT 曲线右移，并使 M_s 降低，其中 Mo，W，Mn 和 Ni 的影响最明显，Si，Al 的影响较小。

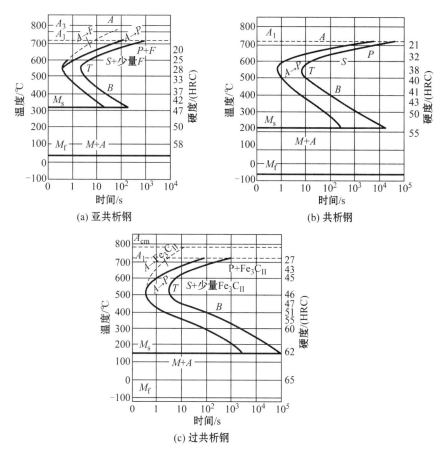

图 7.15 亚共析钢、共析钢和过共析钢过冷奥氏体等温转变曲线

(a) 亚共析钢 (b) 共析钢 (c) 过共析钢

2. 奥氏体状态的影响

奥氏体晶粒越细小,单位体积内晶界面积越大,奥氏体分解时形核率增多,从而降低奥氏体的稳定性,使 C 曲线左移。

铸态原始组织不均匀,存在成分偏析,而经轧制后,可使组织和成分变得均匀。但不均匀的奥氏体可以促进奥氏体分解,使 C 曲线左移。

奥氏体化温度越低,保温时间越短,奥氏体晶粒越细,未溶第二相越多,同时奥氏体的碳浓度和合金元素浓度越不均匀,均促进奥氏体在冷却过程中分解,使 C 曲线左移。反之,加热温度越高,保温时间越长,奥氏体成分均匀,晶粒长大,过冷奥氏体越稳定,转变速度越慢,C 曲线向右移。

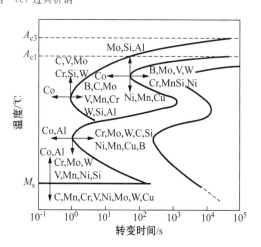

图 7.16 合金元素对过冷奥氏体
等温转变图的影响

3. 应力和塑性变形的影响

在奥氏体状态下承受拉应力将加速奥氏体的等温转变,而加等向压应力则会阻碍这种转变。这是因为奥氏体比体积最小,发生转变时总是伴随比体积的增大,尤其是马氏体转变更为剧烈。所以加拉应力促进奥氏体转变。而在等向压应力下,原子迁移阻力增大,使 C,Fe 原子扩散和晶格改组变得困难,从而减慢奥氏体的转变。

由于形变会细化奥氏体晶粒,增加亚结构,因此,在高温或低温对奥氏体进行形变也会显著影响珠光体转变速度。形变量越大,珠光体转变速度越快,使 C 曲线珠光体转变部分越向左移。但对贝氏体转变的影响却随形变温度而变化,高温形变减缓贝氏体转变,而低温则加速。

7.4.4　过冷奥氏体连续冷却转变动力学

过冷奥氏体等温转变曲线反映了过冷奥氏体等温转变的规律,可用来指导等温退火、等温淬火等热处理工艺的制订。但是实际热处理时大多数工艺如钢的正火、退火、淬火等以及钢在铸、锻、焊后的冷却都是从高温连续冷却至低温的。在连续冷却过程中,其转变规律与等温转变存在很大区别。这是由于连续冷却过程是在一个温度范围内发生组织转变,它要连续通过几个转变温度区,往往重叠出现几种转变,转变产物常常是不均匀的混合组织;而且冷却速度不同,可能发生的转变及转变相对量也不同,因而得到的组织与性能也不同。过冷奥氏体连续冷却转变曲线,又称 CCT(Continuous Cooling Transformation)曲线,反映了在连续冷却条件下过冷奥氏体的转变规律,是分析连续冷却转变产物的组织与性能的依据,也是制订热处理工艺的重要参考资料,在实际生产中具有重要的应用价值。

由于在连续冷却过程中要维持恒定冷却速度十分困难,欲保证测量时间、温度的精度也不容易,何况在连续冷却时,转变产物往往是混合的,各种组织的精确定量也比较困难,因此,相对于 TTT 曲线,CCT 曲线的测定一般较复杂。通常是综合应用膨胀法、端淬法、金相硬度法、热分析法和磁性法来测定 CCT 曲线。

图 7.17 为共析钢 CCT 曲线,其形状最为简单,只有珠光体转变区和马氏体转变区,说明共析钢连续冷却时不发生贝氏体转变。珠光体转变区由三条曲线组成:左边一条线为过冷奥氏体转变开始线,右边一条线为过冷奥氏体转变终了线,下面一条连线为过冷奥氏体转变中止线。马氏体转变区则由 M_s 和临界淬火冷却速度 v_c 线所组成。由图 7.17 还可看出,过冷奥氏体连续冷却速度不同,发生的转变及室温组织亦不同。当过冷奥氏体以 v_1 速度缓慢冷却时,当冷却曲线与珠光体转变开始线相交时,即发生珠光体转变,直至与珠光体转变终了线相交时,转变即告结束,形成 100% 的珠光体 P。当冷却速度增大到 v_c',也得到 100% 的珠光体 P,转变过程与 v_1 相同,但转变温度降低,转变温度区间增大,转变时间也缩短,得到的珠光体组

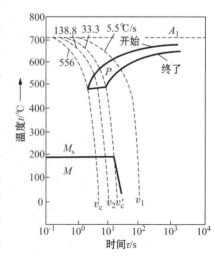

图 7.17　共析钢的连续冷却转变曲线

织弥散度加大。当冷却速度增大至 v_2 时(在 v_c 与 v_c' 之间),冷却曲线先后与珠光体转变开始线及转变中止线相交,而不再与转变终了线相遇,因此过冷奥氏体只有一部分转变成珠光体 P。当冷却曲线与中止线相交,即不再发生珠光体转变,继续冷至 M_s 线以下温度时,未转变的过冷奥氏体则发生马氏体 M 转变,因此室温组织为 $P+M$。随着冷却速度的继续增大,珠光体转变量越来越少,而马氏体转变量越来越多。当冷却速度大于 v_c 时,冷却曲线不再与珠光体转变线相遇,说明不再发生珠光体转变,当过冷到马氏体转变区时,即发生马氏体转变。冷至 M_f 点转变终止,最终得到 $M+A$(剩余)组织。

由以上分析可知,v_c 与 v_c' 是两个临界冷却速度。v_c 表示过冷奥氏体在连续冷却过程中不发生分解,全部冷至 M_s 点以下发生马氏体转变的最小冷却速度,称为上临界冷却速度或临界淬火速度;v_c' 表示过冷奥氏体全部得到珠光体的最大冷却速度,称为下临界冷却速度。当实际冷却速度大于 v_c 时只发生马氏体转变;当其小于 v_c' 时,只发生珠光体转变;当大于 v_c',而小于 v_c 时,则先发生珠光体转变后发生马氏体转变。

图 7.18(a)为过共析钢的过冷奥氏体连续冷却转变曲线,它与共析钢的连续冷却转变曲线很相近,也无贝氏体转变区,因此在连续冷却时得不到贝氏体组织。不同之处在于:一是它

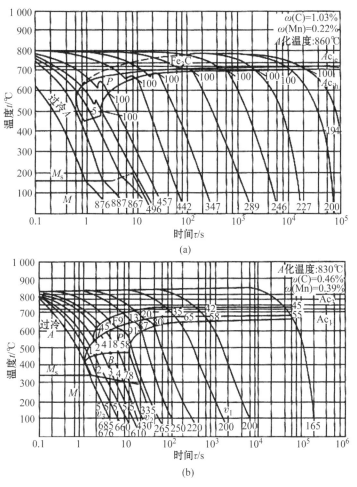

图 7.18　过冷奥氏体连续冷却变曲线

（a）过共析钢　（b）亚共析钢

有先共析渗碳体析出区;再就是 M_s 线的右端有所升高,这是由于过共析钢的奥氏体在以较慢速度冷却时,在发生马氏体转变之前,有先共析渗碳体析出,使周围奥氏体产生贫碳区所造成的。图中还有代表不同冷却速度的冷却曲线,这些冷却曲线与各转变终了线的交点旁注有数字,表示该转变产物占全部组织的百分数。并且在每条冷却曲线终端也注有数字,表示以该速度冷却后得到最终组织的维氏(或洛氏)硬度值。此外,在图的右上角通常会注明钢的成分、奥氏体化温度、时间或晶粒度等级等条件。

图 7.18(b)为亚共析钢过冷奥氏体连续冷却转变曲线,其与共析碳钢有显著区别。曲线中出现了先共析铁素体析出区和贝氏体转变区,且 M_s 线右端降低。这是由于先共析铁素体的析出和贝氏体转变均使周围奥氏体富碳,导致 M_s 点降低。当冷却速度小于下临界冷却速度时,奥氏体中只析出铁素体和发生珠光体转变,不发生贝氏体转变和马氏体转变。当冷却速度大于上临界冷却速度时,奥氏体只发生马氏体转变。若冷却速度处于上、下临界冷却速度之间时,则冷却曲线先后通过四个转变区,因而连续发生四种类型的转变,形成铁素体、珠光体、贝氏体和马氏体及剩余奥氏体的混合组织。

7.5　扩散型相变

扩散型相变是指在相变过程中有原子或离子的扩散运动,合金的成分可改变也可不变,如过饱和固溶体的脱溶(沉淀)、共析转变、有序化、调幅分解、同素异构转变等。这里只介绍脱溶分解、调幅分解和共析转变,而钢的回火转变也属于典型的扩散型相变,鉴于它是淬火后的热处理工艺,它将在 M 转变一节中介绍。

7.5.1　脱溶分解

从过饱和固溶体中析出第二相或形成溶质原子富集的亚稳态过渡相的过程称为脱溶分解,这是一种扩散型相变。凡是相图中具有溶解度变化的体系,从单相区冷却经过溶解度饱和线进入两相区时,就要发生脱溶分解,它可发生于在冷却过程甚至在加热过程中,如图 7.19 所示。在温度较高时可发生平衡脱溶,析出平衡的第二相(沉淀相);若温度较低,则可能先形成亚稳的过渡相;如快速冷却至室温或低温(称为淬火或称固溶处理),还可能保持原先的过饱和固溶体而不分解,但这种亚稳态很不稳定,在一定条件下会发生脱溶分解反应,这一现象也称为时效。时效可以显著提高合金的强度、硬度,是强化材料的一种重要途径,如铝合金、耐热合金、部分超高强度钢(沉淀硬化不锈钢、马氏体时效钢)等,都是经过时效处理进行强化的。

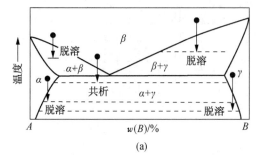
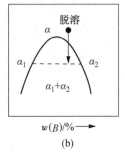
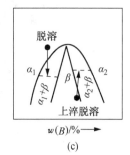

图 7.19　几种相图中脱溶转变情况

1. 脱溶过程

在过饱和固溶体脱溶分解时,由于析出的平衡相的结构通常和基体有较大差异,所以往往并不是一开始就析出平衡相,而是先析出一些形核位垒较低的过渡相,最后才析出平衡相,所以合金脱溶时遵循一定的脱溶贯序。不同合金的脱溶贯序及产物不同,就是同一种合金,在高温脱溶时也不一定有如低温脱溶时的完整贯序。脱溶合金析出的早期产物及过渡相往往与母相存在共格和半共格的关系,通常利用这些弥散析出物使合金硬化,发展成所谓时效硬化合金。下面以 $w(Cu)=4\%$ 的 Al-Cu 合金为例来讨论脱溶过程。

图 7.20 为 Al-Cu 合金富 Al 一角相图。将 $w(Cu)=4\%$ 的 Al-Cu 合金加热至 540℃ 以上温度进行固溶处理,获得以 Al 为基的单相 α 固溶体。此时,若把单相 α 固溶体剧冷到低温,得到过饱和 α 固溶体,然后加热到 0～130℃ 保温进行时效,随着时效时间延长,将发生以下过饱和固溶体脱溶过程:

$$GP \,区 \rightarrow \theta'' \rightarrow \theta' \rightarrow \theta, \qquad (7.17)$$

即在析出平衡相 $\theta(CuAl_2)$ 相之前,有三个亚稳态过渡脱溶物相继出现。

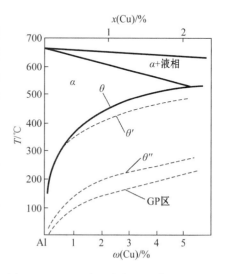

图 7.20　Al-Cu 合金在富 Al 一侧的相图

借助测试分析手段,仔细观察,过饱和 α 固溶体时效时,首先形核的脱溶物是和母相完全共格的富 Cu 区,它是约为 2 个原子层厚,直径为 10nm 的盘状产物,它们相互间距约 10nm,且盘面垂直于基体低弹性模量的(100)方向,如图 7.21 所示。这些产物无法在金相显微镜下观察到,1938 年 Guinier 和 Preston 却分别借助于 X 射线衍射条纹检测到它的存在,故称它们为 GP 区。根据垂直 GP 区方向上的共格错配畸变引起电子衍射强度局部变化,运用电子显微镜也可观察到的 GP 区图像衬度变化。

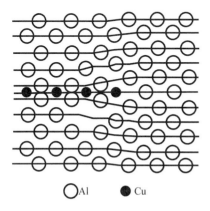

图 7.21　平行于(100)面并穿过 GP 区的截面

在 GP 区形成之后,接着析出一种称作 θ'' 的过渡相,θ'' 具有正方结构,铜和铝原子分别排列在(001)面上,(001)面的原子排列和基体的一致,见图 7.22。为了对比,图中同时给出了 fcc 的晶体结构。θ'' 相是以 $\{100\}_\alpha$ 为惯习面的完全共格盘状脱溶物,它和基体的取向关系是

$$(001)_{\theta''}//(001)_\alpha,$$
$$[001]_{\theta''}//[001]_\alpha.$$

θ'' 相厚度达 10nm,直径达 100nm。由于 θ'' 与基体 α 相保持共格,使其周围基体产生弹性应变;这种共格应变是导致合金时效强化的重要因素。

而随着时效时间延长,在析出 θ'' 后,析出另一种过渡相 θ' 相,并可在金相显微镜下观察到。它也是正方结构,成分近似于 $CuAl_2$。它的(001)面原子排列和原子间距也和基体的一样,但(010)面和(100)面的排列和基体的不同(见图 7.22),在[001]方向的错配比较大,因此 θ' 的惯习面以及和基体的取向

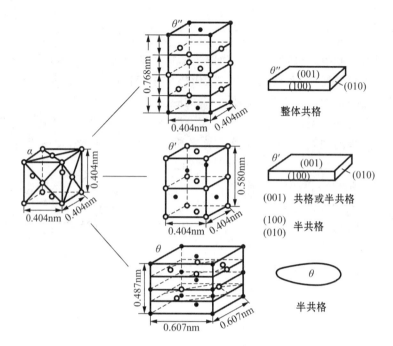

图 7.22 Al-Cu 合金中 θ',θ' 和 θ 相的结构和形态

关系和 θ'' 的一样。θ' 片的宽面开始时是完全共格的,随着长大而丧失共格。片的侧面是非共格或是复杂的半共格结构。θ' 片的直径约为 $1\mu m$,并且在宽面上有错配存在。

最后析出的是平衡相 θ,它的成分接近于 $CuAl_2$,它具有复杂体心正方结构,它没有一个面能和基体良好匹配,θ 和基体只能形成非共格或复杂的半共格界面。此时,合金显著软化。

时效过程中合金硬度的变化如图 7.23 所示,可以看出最大强化效果是在 θ'' 析出阶段,当 θ' 大量形成时,硬度就下降,称为过时效。

综上所述,θ'' 相是在原来的 GP 区位置上出现的。因为 GP 区显然是 θ'' 相的非常有利的形核位置。θ' 相则是在基体中的位错上形核,位错的应变场减小形核的错配度。随着 θ' 长大周围的 θ'' 溶解。继续延长保温时间,平衡相 θ 在晶界上或是在 θ' 与基体界面上形核。随着 θ 相长大,θ' 溶解。

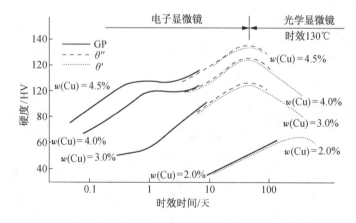

图 7.23 Al-Cu 合金的时效硬化曲线(130℃)

图 7.24 给出了 GP 区以及各种相的自由能-成分示意图。由于 GP 区和基体有相同的晶体结构,它和基体的自由能-成分曲线是同一根线,过渡相 θ'' 相和 θ' 相不如平衡相 θ 稳定,具有较高的自由能。用作公切线的办法可以得到与各种产物相平衡的基体相的不同成分 α_1, α_2, α_3 和 α_4。因此,母相成分为 α_0 的过饱和固溶体的脱溶贯序是

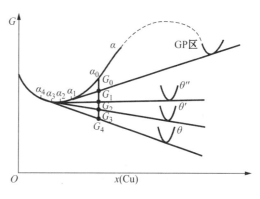

图 7.24 Al-Cu 合金在低温时的 GP 区及各析出相的自由能-成分曲线的示意图

$$\alpha_0 \rightarrow \alpha_1 + GP \ 区 \rightarrow \alpha_2 + \theta'' \rightarrow \alpha_3 + \theta' \rightarrow \alpha_4 + \theta, \tag{7.18}$$

其自由能则按如下顺序降低:

$$G_0 \rightarrow G_1 \rightarrow G_2 \rightarrow G_3 \rightarrow G_4。 \tag{7.19}$$

当达到最低自由能的平衡态时,即获得 $\alpha_4 + \theta$ 相时,转变停止。图中虽然析出平衡相 θ 时能量降低最多,即驱动力最大,但从 GP 区和过渡相的结构看出,形成 GP 区或过渡相核心具有低的界面能和弹性应变能,存在较低的形核位垒,所以可先于平衡相析出。

从自由能-成分曲线看,不是任何成分的母相在任何温度下都可以有如上述的完整析出贯序的。例如图 7.24 中的母相成分在 $\alpha_4 \sim \alpha_3$ 之间,相应于图 7.20 中处于 θ' 线以上的过冷区间,只可能析出平衡相 θ。只有在过饱和度大(或过冷度很大)时,例如成分在 α_1 以右,相应于图 7.20 中处于 GP 区线以下时,才可能获得析出 GP 区和过渡相的完整析出贯序。

注意,若把合金低温脱溶析出 GP 区加热到固溶线以上温度保温,GP 区将会溶解,相应析出在该过饱和度(过冷度)允许产生的产物。低温产物在高温溶解,这种现象称为回归。

前面介绍的是 Al-Cu 合金过饱和固溶体可能出现的脱溶过程及脱溶分解产物。由于合金成分和温度的变化,其他的时效硬化型合金的脱溶沉淀析出情况可能有差异,有的析出的 GP 区视其与基体的错配度不同可能是球形、盘状和针状,有些合金甚至并不存在 GP 区或过渡相。

2. 脱溶沉淀形式

脱溶沉淀形式可分为连续脱溶沉淀和不连续脱溶沉淀两大类,其中连续脱溶沉淀又分为均匀脱溶沉淀和局部脱溶沉淀,而不连续沉淀则总是局部脱溶沉淀。

1) 连续脱溶沉淀 若脱溶沉淀过程在母相中各处同时发生,尽管母相的成分连续变化,但其晶粒外形及位向均不改变,则称为连续脱溶沉淀。脱溶沉淀相常与母相有一定的位向关系,常见的是平行于基体低指数面呈片状的魏氏组织,在显微磨面上则被截割成针状或条状,相互按一定交角分布在基体上,如图 7.25 所示。当脱溶沉淀相与基体的结构和点阵常数均很接近时,沉淀相能

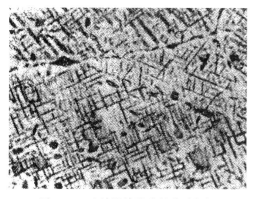

图 7.25 连续沉淀形成的魏氏组织
(Si-Mn-Al)合金从 800 ℃缓冷)1500×

与基体保持共格,呈圆盘形、小球形或立方形析出;当沉淀相与基体的结构相差很大时,它们之间不存在共格关系,沉淀相一般呈等轴状,位向散乱。

除了均匀脱溶沉淀之外,连续脱溶沉淀过程还可能呈局部脱溶沉淀,即脱溶沉淀相择优地析出于晶界、滑移带、非共格孪晶界等处(见图7.26)。局部脱溶沉淀通常发生在过冷度较小的情况下,而过冷度较大时则倾向于均匀脱溶沉淀。

2)不连续脱溶沉淀 不连续脱溶沉淀时,从过饱和固溶体 α' 中同时析出稳定的 α 与 β 相(α 为

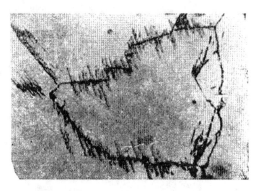

图 7.26 在晶界上的局部沉淀
(Ni-20Cr-1Al 合金)500×

成分不同于 α' 的基体相),沉淀物在晶界上形核后,以层片状相间分布并向晶内生长,转变区形成的领域(通常称为胞)与未转变的 α' 有明显分界[见图7.27(a)]。溶质的浓度在分界处发生突然改变,且 α 的晶体位向往往与 α' 不同。

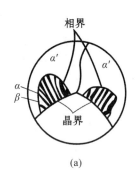

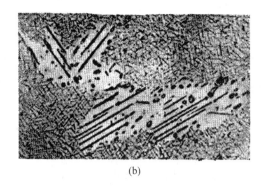

(a) (b)

图 7.27 不连续脱溶
(a) 示意图 (b) 不连续脱溶的胞状组织(Al-18Ag 合金在 300℃时效 4 小时)1000×

不连续沉淀通常是发生于高度过饱和的固溶体中,而过饱和度较低的固溶体倾向于连续沉淀。不连续沉淀时形核较为困难,然一旦形核后,其生长速率却很快,因为它不像连续沉淀那样依赖于溶质原子的长程扩散,而是借着胞与基体之间的非共格界面作快速的短程扩散来生长的。

在同一合金中,可同时有连续沉淀和不连续沉淀,但是沉淀相通常并不相同,例如 Al-18Ag 合金,连续沉淀形成亚稳定的过渡相 γ',而不连续沉淀则析出稳定的平衡相[见图7.27(b)]。

3. 沉淀相的聚集长大

当沉淀相全部析出,其总体积达到相图所预期的平衡量后,沉淀相还要进一步聚集长大(粗化),以降低其总界面能。这时,小粒子发生溶解而大粒子长大,总的体积分数保持不变。此过程是借溶质原子的扩散来进行的,扩散的驱动力来自于大小粒子周围的基体浓度差,具体分析如下:

设沉淀相 β 是半径为 r 的圆球,为了与表面张力平衡,球内应增大压强 $\Delta p = \gamma/2r$(假定基

体相的压强保持不变)。这种压强变化会使沉淀相的自由能增加 $\overline{V}\Delta p$,其中 $\overline{V}$ 为沉淀相的平均原子体积。显然沉淀相 β 的半径 r 越小,其自由能 G_β 增加越多。

图 7.28 上部为某共析相图,下部为原始相 γ 与脱溶相 α 和 β 的自由能-成分曲线。图中 $G_{r_1}^\beta$ 及 G_∞^β 分别表示 β 相半径为 r_1 及 ∞(平面)时的自由能,半径为 r_1 时的自由能将比半径为 ∞ 时的自由能高。利用公切线法则分别画出两自由能曲线的公切线,则可得出 β 相半径减小,其周围 γ 相(基体)中的浓度增高。

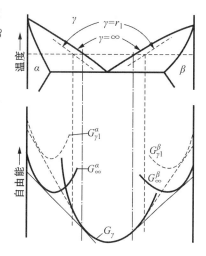

图 7.28　沉淀相半径与基体浓度

由于沉淀(时效)后各沉淀相粒子的曲率半径并不均一,故其周围基体浓度也各不相同,产生了浓度差,为溶质原子的扩散创造了条件。图 7.29 中两个圆球分别表示直径为 r_1 和 r_2 的沉淀相,$r_1 < r_2$,它们周围基体的浓度分别为 C_1 和 C_2。则根据上面的讨论,C_1 应大于 C_2,这个浓度差就使靠近小球的基体中的溶质原子向大球的方向扩散,导致小球周围溶质原子贫化而大球周围溶质原子过剩。为了保持沉淀相与基体之间的平衡,小球逐渐溶解,直至消失,大球则逐渐增大,就像小球被大球吞并一样。显然,相邻沉淀颗粒间距越小,曲率半径相差越大,温度越高,聚集过程就越快。

沉淀相的聚集长大包括两个过程:①溶质原子在基体与沉淀相之间的转移;②基体中原子的扩散。理论分析得到,沉淀相粒子平均半径与扩散系数、时间等存在下列关系:

$$\overline{R}^3 = \overline{R}_0^3 + \left(M \frac{\overline{V}^2 \gamma CD}{kT} \right) t \text{。} \tag{7.20}$$

式中,$\overline{R}_0$ 和 $\overline{R}$ 分别为沉淀相粒子在聚集前后的平均半径,$\overline{V}$ 为粒子中原子的平均体积,γ 为沉淀相与基体之间的界面张力,C 为界面是平面时基体的平衡浓度,D 为溶质在基体中的扩散系数,T 表示温度,t 表示时间,M 为一常数。

实验证明,上式对共格粒子的长大符合得很好。由于共格沉淀相的 $\overline{R}_0$ 很小,其半径的增大基本上与时间的立方根成正比,也与 γ, C, D 的立方根成正比。不难理解,共格相的界面能较小,其聚集速率比非共格沉淀相要缓慢得多,而且,基体的溶解度越小,粗化速率也越低。

沉淀相聚集长大的驱动力是表面能的减小,当沉淀相与基体不共格时,常会在粗化过程中成为球状,使系统的自由能减小,这种过程叫做球化。

沉淀相粒子的粗化将使合金强度降低,这对高温下长期工作的零件是一个值得重视的问题。从式(7.20)也可以看出,降低沉淀相与基体之间的表面能,就能降低沉淀相的聚集长大速度。例如在镍基合金中,调整成分使沉淀相 γ' 与基体之间在工作温度下的点阵错配度 δ 为 $0 \sim 0.01$,则 γ' 的聚集长大速率很低,使用寿命延长。

图 7.29　基体浓度差与沉淀相的聚集

7.5.2 调幅分解

过饱和固溶体脱溶分解除了上一节讨论的以形核和长大机制外,还有一种调幅分解机制。调幅分解是指新相的形成不经形核长大过程,系通过自发的成分涨落,由溶质原子的上坡扩散形成晶体结构相同而成分呈周期性波动的纳米尺度共格微畴,以连续变化的溶质富集区与贫化区彼此交替地均匀分布于整个固溶体之中。因此,调幅分解是一种连续型相变,又称为增幅分解或拐点分解。由于其无须形核,只受原子扩散的控制,而且成分不同的微区尺寸又小,所以调幅分解速度很快,且这种调幅组织在光学显微镜下很难分辨,常用小角度 x 线散射或电子显微镜来进行研究。

图 7.30(a)所示为一个具有溶解度间隙的相图,实线为固溶度曲线,虚线为 $\dfrac{\partial^2 G}{\partial x^2}=0$ 的 spinodal(拐点)线。虚线以内 $\dfrac{\partial^2 G}{\partial x^2}<0$,成分在虚线之间的合金将呈 spinodal 分解,经 spinodal 分解后的组织往往呈调幅结构,故人们常称之为调幅分解;成分在虚线以

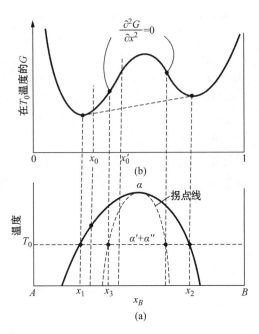

图 7.30 调幅分解

(a) 具有固溶度间隙的相图

(b) 在 T_0 温度下的吉布斯自由能-成分曲线示意图

外、实线以内的合金则进行一般呈形核和长大机制的脱溶分解。图 7.30(b)给出了可发生调幅分解的合金的自由能-成分曲线。高温的 α 相快速冷却到 T_0 温度,若成分在溶解度间隙平衡成分和拐点线之间(如 x_0),母相的任何成分涨落都导致系统吉布斯自由能的升高,转变必须克服形核位垒,按形核和长大过程进行前面所讨论的脱溶分解,最后获得成分分别为 x_1 和 x_2 的 α 平衡相。若成分在拐点线之间(如 x_0'),母相的任何成分涨落都导致系统吉布斯自由能的减小,使系统失稳而自动地分解成富 A 和富 B 两部分,转变不存在热力学的位垒,通过上坡扩散两部分的成分连续地变化,直至达到平衡成分 x_1 和 x_2 为止,这类转变称为调幅分解。Cahn 通过大量的热力学计算证实了这种连续变化。因此,发生调幅分解的条件是合金的成分必须位于自由能-成分曲线的两个拐点之间。由于自由能曲线是随温度而变化的,所以合金的成分、温度要匹配,使合金成分处于曲线拐点之内。

图 7.31 表示调幅分解时与形核-长大方式时浓度变化的特点。在调幅分解早期,微畴之间呈共格,不存在相界面,只有浓度梯度,随后逐步增加幅度,形成亚稳态的调幅结构,在条件充分时,最终可形成平衡成分的脱溶相。调幅分解的

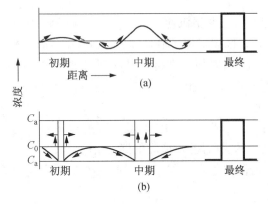

图 7.31 两种转变方式的成分变化示意图

(a) 调幅分解 (b) 形核长大

机制是溶质原子的上坡扩散,故可解扩散方程进行定量处理;而通常的形核-生长过程则不相同(见图 7.31(b)),核胚一经产生就具有最大的浓度,新相与基体之间始终存在明显的界面,其生长是通过溶质原子由高浓度处向低浓度处扩散来实现的。

应指出,即使固溶体的成分是位于拐点线以内的区域中,也不一定都能够发生调幅分解。这是因为发生调幅分解时,固溶体内的成分波动会导致额外的能量增高:①陡的浓度梯度影响原子间的化学键,使化学位升高,这部分能量称为梯度能;②由于固溶体的点阵常数随成分而变化,故成分波动时点阵常数也作相应的变化,为了保持微区之间的共格结合,就产生了共格应变,导致了应变能。这两项能量增值都是调幅分解的阻力。因此,只有当 $\left|\dfrac{\partial^2 G}{\partial x^2}\right|$ 大于梯度能阻力及应变能阻力之和时,分解过程才能自发地进行。

由于调幅分解的产物是晶体结构相同而化学成分上有差异的溶质原子贫、富区,新相和母相始终保持完全共格关系,故对金属材料的强度、磁性等有一定的影响。例如,A1-Ni-Co 型永磁合金应用调幅分解可获得高的硬磁特性。

已发现在许多二元及三元合金系中,如 Au-Pt,Au-Ni,Au-Ag,Cu-Pd,A1-Zn,Al-Ag,Fe-Cr,Fe-Mo,Fe-Be,Cu-Ni-Fe,Co-Cu-Ni,Cr-Cu-Ni,Fe-Ni-A1,Fe-Ni-Co,Fe-Mn-Co,Fe-Ni-Mn,Fe-Mn-A1,Fe-W-Co,A1-Ni-Co 等,都在一定范围内有调幅分解区。调幅分解不仅在一些合金系中发现,在陶瓷材料中也存在,例如,在 Na_2O-SiO_2 系的玻璃中,当经受很大的过冷时会由非晶态转变为调幅分解组织。有时可借助于调幅分解来获得玻璃陶瓷或结晶玻璃,以改善玻璃的结构和性能。

7.5.3　共析转变

图 7.32 为一共析相图,它与图 5.22 Pb-Sn 共晶相图相比,形式上极为相似,只不过这里高温反应相是固相而不是液相而已。当共析合金从高温 γ 相冷却到共析转变温度 T_E 以下,亚共析合金或过共析合金过冷到影线区域,通过组元原子的扩散,就会发生共析转变,即从 γ 相中同时析出 α 和 β 相,其反应可用下式表示:

$$\gamma \rightarrow \alpha + \beta。 \tag{7.21}$$

共析组织是由两种不同固相同时生长所形成,但发生共析转变时,两个新生相中必然有一个领先形核相。在一个合金系中,共析转变的领先相并不固定。通常,在热力学和浓度分布方面有利的那个相容易领先形核。亚共析合金中,先共析的 α 较易成为共析转

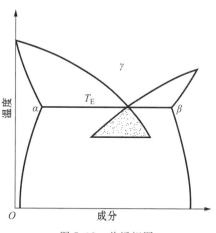

图 7.32　共析相图

变的领先相,而在过共析合金中先共析的 β 较易成为领先相。

共析组织通常由交替的 α 和 β 层片状形式构成,但当两相在数量上相差很大时,数量少的那一相可能呈纤维状或球状形式存在。当然,共析组织主要与转变温度、冷却速度以及共析转变前的变形程度等密切相关。

因此,有关共析转变的形核、生长、扩散过程以及共析组织形成机制与前面讨论的共晶转变有许多相似之处,主要差别是共析转变为固态相变,原子扩散缓慢,转变速度远比共晶转变

低,可有很大的过冷度。详细的可参考 5.4.2 节共晶相图、6.1.6 节的"共晶合金的凝固"以及 5.4.5 节的"$w(C)=0.77\%$ 的合金"的相应内容、图表和公式,在此不再进行深入讨论。

下面仅对研究最多的钢铁材料中的珠光体转变进行必要讨论,它也是最具代表性的共析相变,在热处理工艺中占有极重要的地位。

当含有 0.77%C 的共析钢从高温相——奥氏体缓慢冷却到 A_1 温度以下时,就会发生共析转变,即珠光体转变,其反应为

$$A_{(0.77\%C)} \longrightarrow P[F_{(0.0218\%C)} + Fe_3C_{(6.67\%C)}] \tag{7.22}$$

奥氏体(fcc) →珠光体[铁素体(bcc)+渗碳体(正交)]。

实际上,不仅是共析钢,对亚共析钢或过共析钢而言,当还未转变的奥氏体缓慢冷却到 A_1 温度以下时,也均会发生共析转变。从 5.4.5 节的"$w(C)=0.77\%$ 的合金"中得知,共析转变组织是铁素体和渗碳体组成的机械混合物,其形态常为层片状相间分布,由于浸蚀后在显微镜下观察与珍珠相似,故称为珠光体。珠光体的形成包含着两个同时进行的过程:一个是通过碳的扩散生成高碳的渗碳体和低碳的铁素体;另一个是晶体点阵的重构,由面心立方的奥氏体转变为体心立方点阵的铁素体和正交点阵的渗碳体。

珠光体形成时,为了使新相和母相的原子在界面上能够较好地匹配,从界面能的角度,新相与母相之间存在着一定的晶体学位向关系,其中铁素体与奥氏体的位向关系为

$$(110)_A // (112)_F;[112]_A // [110]_F。$$

而在亚共析钢中,先共析铁素体与奥氏体的位向关系为

$$(111)_A // (110)_F;[110]_A // [111]_F。$$

珠光体中渗碳体与奥氏体的位向关系较复杂。实验表明,在一个珠光体团中,铁素体与渗碳体之间存在下列两种晶体学位向关系:

$$(A)\begin{bmatrix} (001)_{Fe_3C} // (2\overline{1}1)_F \\ [100]_{Fe_3C} // [01\overline{1}]_F \\ [010]_{Fe_3C} // [111]_F \end{bmatrix}, \quad (B)\begin{bmatrix} (001)_{Fe_3C} // (5\overline{2}1)_F \\ [100]_{Fe_3C} 与 [13\overline{1}]_F 相差2.6° \\ [010]_{Fe_3C} 与 [113]_F 相差2.6° \end{bmatrix}。$$

通常,(A)类位向关系是珠光体晶核在有先共析渗碳体存在的奥氏体晶界上产生时测得的,而(B)类位向关系是珠光体晶核在纯奥氏体晶界上产生时测得的。

但也正因为界面能的关系,珠光体形成后,如在 A_1 以下长期加热保温,片状渗碳体(Fe_3C)有球化趋势,这种球化有利于降低总的界面能,使层片状珠光体组织变为球状珠光体组织,可改善其切削加工性能,这也就是高碳的工模具钢在机加工前必须要进行球化退火的目的之一。

钢的共析转变除具有上述特点外,还存在以下的特征:

(1)珠光体转变是典型的全扩散型相变,这里,不仅需要碳原子的扩散来生成高碳的渗碳体和低碳的铁素体,而且还需要铁原子的扩散来使其晶格改组。

(2)珠光体通常在晶界形核,然后向晶内推进;在原先的一个奥氏体晶粒内常常包含几个取向不同的珠光体胞块。

(3)转变温度愈低,珠光体转变愈快,珠光体层片间距愈小,即过冷度越大,珠光体组织越细密。根据珠光体片间距的大小,可将珠光体分为三类:一般所谓珠光体是指在高温转变形成的片状珠光体,其片层间距约在 150~450nm;随着转变温度下降,片层间距变小,当片层间距在 80~150nm 之间,工业上称为索氏体;在更低温度下形成片层间距为 30~80nm 的极细片

状珠光体,工业上称为托氏体,此时只有通过电子显微镜才能区分其层片状结构。

但是,注意珠光体转变速率并不随温度的下降而呈单调地增高,因为 C,Fe 的扩散系数随温度的下降而减小,故低于一定温度后转变速率就减慢,故其等温转变曲线具有典型的 C 曲线特征。另外,在非平衡冷却条件下,类似于伪共晶一样,由偏离共析成分的过冷奥氏体同样会形成伪共析体或伪珠光体。

(4) 钢中常用的合金元素,一般都推迟珠光体转变,使恒温转变的 C 曲线的鼻尖向右移动,从而增加钢的淬透性。这是合金结构钢中加入合金元素的主要原因之一。

(5) 钢的共析转变产物——珠光体组织的力学性能视其中的渗碳体的形状和片层间距的变化而变化。对片状珠光体而言,其性能主要取决于层间距,片层间距越小,则珠光体的强度和硬度越高,同时塑性和韧性也变好。这是因为珠光体的基体相系铁素体,强化相是渗碳体,而且,渗碳体的强化作用并不是依靠其高硬度,而是依靠渗碳体与铁素体间存在的大量相界面对位错运动起着阻碍作用,从而提高强度和硬度。渗碳体片越厚,相界面积越小,强化作用也越小。何况,渗碳体片越厚,越不易变形,而易形成大量微裂纹,降低其塑性和韧性。反之,渗碳体片越薄,相界面积越大,对位错运动的阻力越大,强度越高,也越容易随同铁素体一起变形而不脆裂;而对粒状珠光体而言,在相同的硬度下,粒状珠光体比片状珠光体的综合力学性能优越得多。

7.6　马氏体转变

马氏体命名源自钢铁材料加热至奥氏体(γ 固溶体)后快速冷却,抑制其扩散型分解,在较低温度(低于 M_s 点)下所形成的高硬度的针片状组织,它是为纪念德国冶金学家 Martens A. 而得名。因此,钢的马氏体转变属于一级低温转变,是典型的切变型无扩散固态相变,其转变产物为亚稳的体心四方结构,其成分与原先奥氏体相同,通常称之为碳在 α-Fe 中的过饱和固溶体,新旧相间靠切变维持严格的晶体学位向关系。转变产物为马氏体组织,具有很高的强度和硬度。马氏体转变是钢件热处理强化的主要手段。目前已得知,不仅在钢中,在其他一些合金系,以及纯金属和陶瓷材料中都可有马氏体转变,因此,凡是基本特征属于马氏体转变的相变,其相变产物均称为马氏体。表 7.3 列举了若干发生马氏体转变的有色金属及其马氏体的晶体结构。

表 7.3　一些有色金属及合金中马氏体转变情况

材料及其成分	晶体结构的变化	惯习面
纯 Ti	bcc→hcp	{8,8,11}或{8,9,12}
Ti-11%Mo	bcc→hcp	{334}与{344}
Ti-5%Mo	bcc→hcp	{334}与{344}
纯 Zr	bcc→hcp	
Zr-2.5%Nb	bcc→hcp	
Zr-0.75%Cr	bcc→hcp	
纯 Li	bcc→hcp(层错)	{144}
	bcc→fcc(应力诱发)	

（续表）

材料及其成分	晶体结构的变化	惯习面
纯 Na	bcc→hcp(层错)	
Cn-40％Zn	bcc→面心四方(层错)	～{155}
Cu-(11％～13.1％)Al	bcc→fcc(层错)	～{133}
Cu-(12.9％～14.9％)Al	bcc→正交	～{122}
Cu-Sn	bcc→fcc(层错)	
	bcc→正交	
Cu-Ca	bcc→fcc(层错)	
	bcc→正交	
Au-47.5％Cd	bcc→正交	{133}
Au-50％Mn	bcc→正交	
纯 Co	bcc→hcp	{111}
In-(18％～20％)Tl	fcc→面心四方	{011}
Mn-(0～25％)Cu	fcc→面心四方	{011}
Au-56at％Cu	fcc→复杂正交(有序⟷无序)	
U-0.40at％Cr	复杂四方→复杂正交	
U-1.4at％Cr	复杂四方→复杂正交	$(1\overline{44})$与$(1\overline{23})$之间
纯 Hg	菱方→体心四方	$(1\overline{44})$与$(1\overline{23})$之间

7.6.1 马氏体的组织、结构和性能

1. 马氏体晶体结构

就本质而言,钢中的马氏体是碳在 α-Fe 中的过饱和固溶体。从 Fe-C 相图中得知,在平衡状态下,碳在 α - Fe 中的室温溶解度不超过 $w(C)=0.002\%$,而在高温 γ-Fe 中碳的最大溶解度可高达 $w(C)=2.11\%$。快速冷却条件下,从高温 γ-Fe(奥氏体)形成的马氏体,由于铁、碳原子失去扩散能力,马氏体中的含碳量可与原奥氏体含碳量相同,甚至最高也可达 $w(C)=2.11\%$。

钢中的马氏体通常有两种晶体结构:一种是体心立方晶体,如含碳极低的低碳钢或无碳合金中的马氏体;另一种是体心四方晶体,在含碳较高的钢中出现,如图 7.33 所示,碳原子呈部分有序排列。若碳原子占据图中可能存在的位置,则 α-Fe 的体心立方晶格将发生正方畸变,c 轴伸长,而另外两个 a 轴稍有缩短,轴比 c/a 称为马氏体的正方度。从图 7.34 可看到,随着钢中含碳量的增加,点阵常数 c 呈线性增加,而 a 的数值略有减小,马氏体的正方度 c/a 不断增大,并具有下面的关系式:$c/a=1+0.46w(C)$。因此,马氏体的正方度可用来表示马氏体中碳的过饱和程度。由于合金元素在钢中形成置换式固溶体,故合金元素对马氏体点阵常数影响不大。

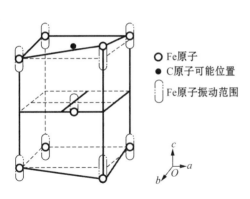

图 7.33 马氏体的体心四方晶格示意图

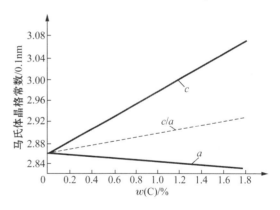

图 7.34 马氏体的点阵常数与含碳量的关系

此外,在复杂铁基合金中,低温下还可能形成其他晶体结构的马氏体,例如六方晶格的 ε-马氏体,原子呈菱面体排列的 ε'-马氏体,以及具有反常轴比的马氏体。这时马氏体的正方度与含碳量之关系不符合上述关系式。

2. 马氏体的组织形态

马氏体的组织形态因材料种类、化学成分和热处理条件不同而异,以钢中马氏体为例,随含碳量不同有两种基本形态:一种是板条状马氏体;另一种是片状马氏体。

扳条状马氏体是在低碳钢、中碳钢、马氏体时效钢、不锈钢等钢铁合金中形成的一种典型的马氏体组织。图 7.35(a)是低碳钢在光学显微镜下的马氏体组织,它是由成群的板条组成的。从图中可见,板条状马氏体成束地分布于原奥氏体晶粒内,同一束中马氏体条大致平行分布,而束与束之间则有不同的位向。应用透射电镜分析,可观察到低碳的板条状马氏体是由宽度约为零点几微米的平行板条组成的,板条内存在着密度很高的位错亚结构(位错胞),如图 7.35(b)所示。平行的马氏体条之间是小角度晶界,而不同位向的马氏体束间以大角度晶界分界。马氏体条的长轴方向是 $\langle 111 \rangle_M$ 晶向,经测得其长轴平行于母相奥氏体的晶向 $\langle 110 \rangle_A$,

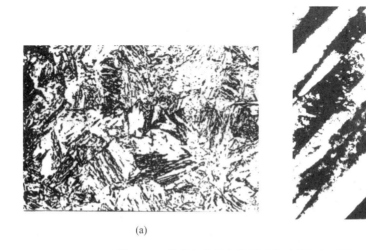

图 7.35 低碳钢中板条状马氏体显微组织形貌

(a) 质量分数 $w(C)$ 为 0.15% 的钢光学显微镜组织　(b) 质量分数 $w(C)$ 为 0.23% 的钢的透射电镜像

由此得出两者之间具有一定的位向关系：$\langle 111 \rangle_M // \langle 110 \rangle_A$。

片状马氏体常见于高碳钢、高镍的 Fe-Ni 合金以及一些有色金属及合金淬火组织中。图 7.36(a) 展示的是典型的高碳钢片状马氏体组织。片状马氏体的空间形态呈凸透镜状，由于试样磨面与其相截，因此在光学显微镜下常呈针状或竹叶状，故有时又称针状或竹叶状马氏体。片状马氏体的显微组织特征是各片之间具有不同的位向，且大小不一。在一个奥氏体晶粒内，第一片形成的马氏体往往贯穿整个奥氏体晶粒并将其分割成两半，使后形成的马氏体长度受到限制，故越是后形成的马氏体片尺寸越小；大片是先形成者，小片则分布于大片之间。片状马氏体的最大尺寸取决于原始奥氏体晶粒大小，奥氏体晶粒越大，则马氏体片越粗大。当最大尺寸的马氏体片细小到光学显微镜下不能分辨时，便称为"隐晶马氏体"。仔细观察，还可发现在片状马氏体内存在大量显微裂纹。因为马氏体形成速度极快，在其相互碰撞或与奥氏体晶界相撞时将产生相当大的应力场，片状马氏体本身又很脆，不能通过滑移或孪生变形使应力得以松弛，因此容易形成撞击裂纹。通常奥氏体晶粒越大，马氏体片越大，淬火后显微裂纹越多。显微裂纹的存在增加了高碳钢件的脆性，在内应力的作用下显微裂纹将会逐渐扩展成为宏观裂纹，可导致工件开裂或使工件的疲劳寿命明显下降。

片状马氏体内的亚结构为微孪晶，如图 7.36(b) 所示，马氏体片中的平行条纹全部是孪晶，其厚度为几个到几十纳米，图 7.36(c) 是一个大片马氏体的高倍形貌，可以看到它被一条中脊线分成 M_1 及 M_2 两部分，在 M_1 中，平行于 1 和 2 两个方向的孪晶清晰可见，而在 M_2 区域中图像较模糊，这表明两个区域有少量的位向差，当 M_1 区清晰时，M_2 区的衬度就微弱不清了，经选区电子衍射分析得出，线 1 相当于马氏体的 $(112)_M$，而线 2 则是 $(\overline{1}12)_M$，由此可知孪晶面为 $\{112\}_M$，中脊面相当于奥氏体的 $(225)_A$，这个面称为片状马氏体的惯习面。大量的分析工作确定：含碳量为 $0.6\% \sim 1.4\%$ 的片状马氏体具有 $\{225\}_A$ 惯习面，而含碳量高于 1.4% 的碳钢及 Fe-Ni 合金等其片状马氏体具有 $\{259\}_A$ 惯习面，但它们的内部亚结构均为孪晶型。

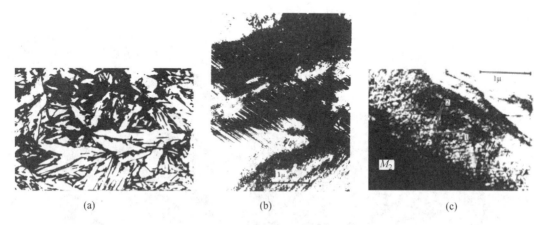

图 7.36　高碳钢中马氏体的显微组织形貌

(a) 质量分数 $w(C)$ 为 1.30% 的钢的光学显微镜组织　(b) 质量分数 $w(C)$ 为 1.28% 的钢透射电镜像

(c) 质量分数 $w(C)$ 为 1.28% 的钢，显示中脊面

事实上，淬火钢中往往同时有条状的位错型马氏体和片状的孪晶马氏体，对碳钢来说，含碳量低于 0.6% 时其淬火组织以条状马氏体为主，但也会含有一些片状马氏体；含碳量在 $0.6\% \sim 1.0\%$ 为两类马氏体混合组织，而含碳量大于 1.0% 则基本上是片状马氏体。

此外，在 Fe-Ni 合金和 Fe-Ni(Cr)-C 合金中，若在板条状和片状马氏体的形成温度范围之间的温度区域形成马氏体时,会出现具有特异形态的马氏体,其断面呈蝴蝶形,故称为蝶状马氏体。蝶状马氏体两翼的惯习面为 $\{225\}_A$,两翼相交的结合面为 $\{100\}_A$。电镜观察证实,蝶状马氏体的内部亚结构为高密度位错,无孪晶存在,与母相的晶体学位向关系大体上符合 K-S 切变模型;而在某些高合金钢[如含 Mn(w(Mn)>15%),含 Cr[w(Cr) 为 11%~19%]-Ni[w(Ni) 为 7%~17%]等]中观察到一种薄片状的马氏体,称为 ε 马氏体。它们呈平行的狭长形薄片,由于薄片很薄,故电镜观察时未能显示其亚结构,经测定,其晶体结构为密排六方型;另外,还在有的有色合金(如 In-Tl 合金,Mn-Cu 合金等)中观察到带状马氏体,呈宽大的平行带分布,其亚结构也为孪晶型。总之,马氏体组织形态及精细结构多种多样。

3. 马氏体的性能

在力学性能上,马氏体具有很高硬度和强度,而且,马氏体的硬度主要取决于其含碳量。图 7.37 为淬火钢的最大硬度与含碳量的关系,图中曲线 1 为亚共析钢高于 Ac_3 淬火所得的硬度曲线,曲线 2 为过共析钢高于 Ac_1 淬火所得的硬度曲线,曲线 3 为马氏体的硬度曲线。从图中可见,当含碳量 w(C)<0.5% 时,马氏体的硬度随含碳量的增加而急剧增高,而当含碳量 w(C) 增至 0.6% 左右时,虽然马氏体硬度会有所增高,但由于在马氏体的周围残留奥氏体量增加,反使钢的硬度有所下降。至于合金元素对马氏体的硬度影响不大,然而可以提高强度和红硬性。

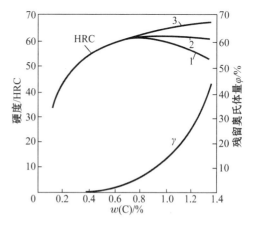

图 7.37　淬火钢的最大硬度与含碳量的关系
1—高于 Ac_3 淬火　2—高于 Ac_1 淬火
3—马氏体硬度

之所以马氏体具有高的强度和硬度是基于碳原子的固溶强化、马氏体的相变强化以及时效强化的缘故。首先,间隙原子碳处于 α 相晶格的扁八面体间隙中,造成晶格的正方畸变并形成一个应力场。该应力场与位错发生强烈的交互作用,从而提高马氏体的强度。这就是碳对马氏体晶格的固溶强化。其次,马氏体转变时在晶体内造成大量的晶体缺陷,无论条板状马氏体中的高密度位错还是片状马氏体中的孪晶均对位错运动起阻碍作用,致使马氏体强化,这就是所谓的相变强化。还有时效强化也是一个重要的强化因素,马氏体形成以后,碳及合金元素的原子向位错或其他晶体缺陷处扩散偏聚或析出,钉扎位错,使位错难以运动,从而造成马氏体强化。此外,马氏体板条群或马氏体片尺寸越小,则马氏体强度越高。这是由于马氏体相界面阻碍位错运动而造成的。所以,原始奥氏体晶粒越细,则马氏体的强度越高。

至于马氏体的塑性和韧性则主要取决于其亚结构。大量试验证明,在相同屈服强度条件下,位错马氏体比孪晶马氏体的韧性好。孪晶马氏体具有高的强度,但韧性很差。这是由于孪晶亚结构致使滑移系大大减少,并且在回火时碳化物沿孪生面不均匀析出所造成的。通常,孪晶马氏体中含碳量高,晶格畸变大,淬火应力大以及存在高密度显微裂纹,也是其韧性差的原因。而位错马氏体中的含碳量低,M_s 点较高,可以进行自回火,而且碳化物分布均匀;其次,胞状亚结构位错分布不均匀,存在低密度位错区,为位错提供了活动余地,位错的运动能缓和局部应力集中而对韧性有利;此外,淬火应力小,不存在显微裂纹,裂纹也不易通过马氏体条扩展。因此,位错马氏体具有很高的强度和良好的韧性,同时还具有脆性转折温度低、缺口敏感性和过载敏感性小等优点。目前,力图得到尽量多的位错马氏体是提高结构钢以及高碳钢强韧性的重要途径。

钢的各种组织中,奥氏体的比体积最小,而马氏体的比体积最大。例如,$w(C)＝0.2\%\sim1.44\%$的奥氏体比体积为 $0.122cm^3/g$,而马氏体的比体积为 $0.127\sim0.13cm^3/g$。因此,当钢中的含碳量由 0.4% 增加至 0.8% 时,淬火时钢的体积将增加 $1.13\%\sim1.2\%$。正因为淬火形成马氏体时,钢的体积膨胀造成工件内部产生巨大的内应力,导致工件变形甚至开裂。

至于物理性能方面,尽管奥氏体具有顺磁性,但过冷奥氏体转变为马氏体后具有铁磁性,而且马氏体的磁饱和强度随碳质量分数的增高而减小。由于马氏体组织具有很高的内应力,因而它的磁矫顽力很高。因此,也可用磁性法来测量马氏体转变量和剩余奥氏体的含量。由于马氏体是碳在 α-Fe 中的过饱和固溶体,故其电阻均比奥氏体和珠光体的高。

7.6.2　马氏体的转变特点

马氏体转变同其他固态相变一样,相变驱动力也是新相与母相的化学自由能差,相变阻力也是新相形成时的界面能及应变能。由于马氏体形成时与母相奥氏体存在共格界面,尽管其界面能很小,然而由于共格应变能较大,特别是马氏体与奥氏体比体积相差大,导致弹性应变能一项很大,故马氏体转变的相变阻力很大,需要有足够大的过冷度才能使相变驱动力大于相变阻力。因此,与其他相变不同,必须过冷到远低于两相自由能相等温度 T_0 的 M_s 点以下,才能发生奥氏体向马氏体转变。

马氏体转变是过冷奥氏体在低温范围内的转变,具有如下一系列特点:

1. 无扩散性

马氏体转变是奥氏体在很大过冷度下进行的,此时无论是铁原子、碳原子还是合金元素原子,其活动能力很低。因而,长期以来人们把马氏体转变看成为典型的无扩散型相变。然深入研究已发现在低碳马氏体中间隙原子 C 也会发生扩散现象,但它不是相变的必要过程。钢中奥氏体转变为马氏体时,仅由面心立方点阵改组为体心正方(或体心立方)点阵,而无成分变化。点阵的重构是由原子集体的、有规律的、近程的迁动完成的。原来在母相中相邻的两个原子在新相中仍然相邻,它们之间的相对位移不超过一个原子间距。正因为无扩散性,马氏体转变可以在相当低的温度下以极快的速度进行。例如,Fe-C 和 Fe-Ni 合金在 $-20\sim-195$℃之间,每片马氏体的形成时间约为 $5\times10^{-5}\sim5\times10^{-7}s$。

2. 晶体学特点

马氏体转变时,观察预先抛光的试样表面,可发现原先平整的表面因马氏体的形成而产生浮凸现象(见图 7.38)。若事先在抛光表面刻一条直线 $PQRS$,则马氏体转变后,划痕由直线变为折线(QR 段倾斜为 QR' 线段),但无弯曲或中断现象。这说明马氏体转变是以均匀的切变方式形成的,而且新相(马氏体)与母相(奥氏体)保持共格关系,相界面 $A_1'B_1'C_1'D_1'$ 及 $A_2B_2C_2D_2$ 上的原子既属于马氏体,又属于奥氏体。这一切变共格界面,又称为惯习面,在马氏体相变过程中其形状和尺寸均未改变,也未发生转动,是一个不变平面(与孪生时 $K1$ 面一样)。具有不变惯习面和均匀变形的应变称为不变平面应变,发生这类应变时,形变区中任意点的位移

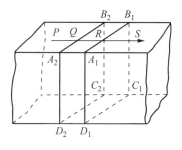 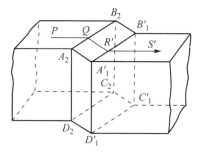

图 7.38　马氏体片形成时产生的浮凸示意图

是该点与不变平面之间距离的线性函数,这与孪生变形时的切变情况相似[见图 7.39(a)],但马氏体转变时的不变平面应变还包含有少量垂直于惯习面方向的正应变分量,如图 7.39(b)所示。

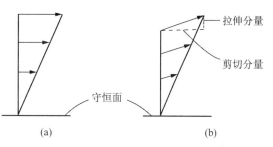

图 7.39　孪生和马氏体转变时的应变特点
(a) 孪生时的简单剪切应变　(b) 马氏体的不变平面应变

马氏体惯习面通常以母相的晶面指数来表示,而且它随着钢中含碳量及形成温度不同而异。当 $w(\mathrm{C}) < 0.6\%$ 时为 $(111)_A$,$w(\mathrm{C})$ 在 $0.6\% \sim 1.4\%$ 之间时为 $(225)_A$,$w(\mathrm{C}) > 1.4\%$ 时为 $(259)_A$。随着马氏体形成温度的下降,惯习面向高指数方向变化。因此,同一成分的钢,也可能出现两种惯习面,如先形成的马氏体惯习面为 $(225)_A$,而后形成的马氏体惯习面为 $(259)_A$。

至于马氏体转变后新相和母相间的晶体学位向关系,早在 1924 年,贝恩(Bain)提出一个由面心立方晶胞转变成体心正方晶胞的模型,如图 7.40 所示。按此模型,当含碳量为 0.8% 时,体心正方晶胞沿 c 轴收缩 $\sim 20\%$,a 和 b 轴膨胀 $\sim 12\%$,就形成 $w(\mathrm{C}) = 0.8\%$ 的马氏体晶胞,这样的膨胀和收缩称为贝恩畸变,它符合最小应变原则。从图 7.40 还可得出,马氏体转变时新、旧相之间有下列晶体学位向关系:

$$\{111\}_A /\!/ \{110\}_M, \langle 110\rangle_A /\!/ \langle 111\rangle_M。$$

对于含碳量低于 1.4% 的碳钢,Курдюмов 和 Sachs 于 1934 年首先采用 X 射线极图法验证了

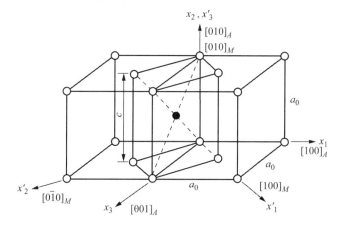

图 7.40　贝恩畸变示意图

上述取向关系,故也称为 K-S 关系。但 Nishiyama 发现 Fe-Ni 合金($w(Ni)=30\%$)和 $w(C)>$ 1.4%的碳钢在$-70℃$以下的低温形成的马氏体则具有下列的位向关系:

$$\{111\}_A\text{//}\{110\}_M,\langle211\rangle_A\text{//}\langle011\rangle_M。$$

即称为西山关系。贝恩模型只能简单地解释两者间的晶体学关系,但按此模型却没有不变平面,故不符合马氏体转变的特点。为此,需要在贝恩畸变上加以另外的应变来构成平面不变应变,后人就此提出了马氏体转变晶体学的唯象理论,以贝恩畸变为主应变,再经旋转和引入点阵不变的切变,达到平面不变应变。这里的关键是,切变不能改变贝恩畸变所构成的马氏体晶体结构,如果切变均匀地发生,必然要破坏马氏体结构,因此切变只能通过滑移或孪生方式来实现,如图 7.41(a)所示。此理论与所观察到马氏体组织是相符的,马氏体内部亚结构由平行晶面强烈滑移导致的高密度位错或由孪生形成的大量微孪晶所组成[见图 7.41(b)]。

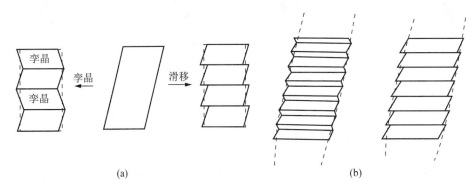

图 7.41 马氏体转变情况

(a)通过滑移或孪生实现点阵守恒切变 (b)形成的内部亚结构(孪晶或滑移带)

马氏体的结构和亚结构特点,决定了其性能不同于同样成分的平衡组织。以碳钢为例,过饱和碳原子的固溶及位错型或孪晶型亚结构使其硬度显著提高,且随含碳量的增加而不断增高。但马氏体的塑性、韧性却有不同的变化规律。低碳马氏体(板条状组织)具有良好的塑性、韧性;但含碳量提高则塑性、韧性下降,高碳的孪晶马氏体很脆,而且高碳的片状马氏体形成时,由于片和片之间的撞击而发生显微裂纹,使脆性进一步增加。根据其性能的不同,低、中碳马氏体钢可用作结构材料(中碳钢马氏体须进行"回火"处理——加热至适当温度使马氏体发生一定程度的分解,以提高韧性);高碳马氏体组织的钢则用于要求高硬度的工具、刃具等,但也要经过适当的低温回火处理以降低脆性。

3. 马氏体转变的动力学特点

马氏体转变也是通过形核和长大的方式进行的。当奥氏体过冷至某一温度时,在母相中某些有利的位置优先形成的、且尺寸大于临界晶核半径的马氏体核得以成为晶核并长大,马氏体转变即刻开始,这一温度称为马氏体转变起始温度,用 M_s 表示。马氏体形核理论主要有两种:一种是以 Olson 和 Cohen 为代表的基于经典的形核理论,提出一个以位错和层错的特殊组态的形核模型,即马氏体不均匀形核观点;另一种形核理论是 Clapp 等提出的软模形核理论,其观点基于:在基体晶体结构原子热振动(声子)中,那些振幅大、频率低的声波振动所产生的动力学不稳定性会大大降低形核能垒,故有利于形核。由于马氏体转变是原子集体的短程迁动,形核后长大速度极快($10^2\sim10^6$mm/s),甚至在极低温度下仍能高速长大。因此,马氏体转变速度主要取决于马氏体的形核率。马氏体晶核长大到一定尺寸后,共格关系遭破坏,长大即停止。当大于临界晶核半径的核胚全部耗尽时,相变停止。为使马氏体相变得以继续进行,必须不断降温,当冷却至某一温度以下,马氏体转变便不再进行,这个温度称为马氏体转变终了温度,用 M_f 表示。M_s,M_f 点在热处理生产实践中具有很重要的意义。影响钢的马氏体转变温度的主要因素有合金化学成分,其中以含碳量的影响最为显著,图 7.42 表示钢中含碳量对 M_s 点的影响,同时也显示即使少量合金元素 Mn,Si 也会影响马氏体转变温度。除化学成分外,形变与应力、奥氏体化条件、淬火冷却

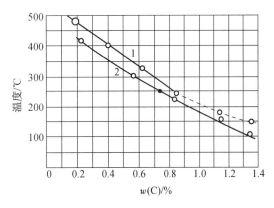

图 7.42 钢的化学成分对马氏体点的影响
1—Fe-C 合金 2—碳钢[含 $w(Mn)$ 为 0.42%~0.62%,$w(Si)$ 为 0.02%~0.25%]

速度和磁场等均会影响马氏体转变温度。由于上述的马氏体转变在瞬间形成,不需要热激活过程,故称为非热马氏体。

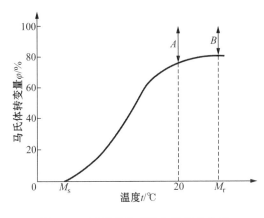

图 7.43 马氏体转变量与温度的关系

通常情况下,钢中马氏体转变是在连续(即变温)冷却过程中进行的。奥氏体以大于临界淬火速度的速度冷却到 M_s 点以下,立即形成一定数量的马氏体,相变没有孕育期;随着温度下降,又形成一定数量的马氏体,而先形成的马氏体不再长大。马氏体转变量只与转变温度有关,而与保温时间无关,即随着温度下降马氏体不断增加(见图 7.43)。注意,如果在某温度保温,往往不能使马氏体数量增加,要使马氏体数量增加,必须继续降温冷却,因为过冷度越大,临界晶核尺寸越小,只有进一步降温才能使更小的核胚成为晶核并长大成马氏体。马氏体转变量与转变温度的关系可用下列经验公式进行近似计算:

$$\varphi = 1 - \exp(-1.10 \times 10^{-2} \Delta T),$$

式中,φ 为转变为马氏体的体积分数,ΔT 为 M_s 点以下的过冷度。

众所周知,高碳钢和许多合金钢的 M_s 点在室温以上,而 M_f 点在室温以下,在热处理实践中,钢淬火通常是冷却到室温。这样,淬火冷却到室温将保留相当数量未转变的奥氏体,即残留奥氏体,用 γ' 表示。为了尽可能减少残留奥氏体,以提高钢的硬度和耐磨性,增加工件的尺寸稳定性,必要时,须将工件继续冷却到零度以下,进行"深冷处理",使残留奥氏体继续转变为马氏体。但是,在很多情况下,即使冷却到 M_f 点以下仍然得不到 100% 的马氏体,而保留一部分残留奥氏体。这是由于马氏体转变时,要发生体积膨胀,最后尚未转变的奥氏体受到周围马氏体的挤压,失去长大的条件而被保留下来。残留奥氏体的数量与其碳含量有关(见图 7.44)。奥氏体中的碳含量越高,M_s,M_f 点越低,则残留奥氏体量越多。一般低、中碳钢 M_f 点在室温以上,淬火后室温组织中残留奥氏体量少;而高碳钢的残留奥氏体量则不少,$w(C)$ 为 0.6%~

1.0%的钢,残留奥氏体量一般约为10%,而$w(C)$为1.3%~1.5%的钢,残留奥氏体量可高达$\varphi_\gamma = 30\% \sim 50\%$。若含有降低$M_s$点的合金元素,还将使钢中残留奥氏体量进一步增加。

另外,若过冷奥氏体在M_s和M_f点之间某一温度停止冷却并保温一段时间,那么它将变得更为稳定。这时,如果再继续冷却,马氏体转变需经过一段时间才能恢复,转变将在更低的温度下进行,且转变量也达不到连续冷却时的量。这种因冷却缓慢或在冷却过程停留而引起的马氏体转变滞后现象称为奥氏体的热稳定化。这种热稳定化现象只在冷却到低于某一温度时才出现,这个温度用"M_c"来表示。钢中奥

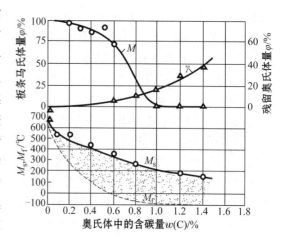

图7.44　奥氏体中的含碳量对马氏体形态的影响

氏体热稳定化现象可能与C,N等间隙原子的钉扎作用有关,而且,奥氏体热稳定化程度与在M_s点以下停留的温度和时间有关,停留温度越低,停留时间越长,奥氏体的热稳定化程度越大,最终得到的马氏体的总量越少。

注意,奥氏体的热稳定化要与前面所述及的因比容不同奥氏体受到周围马氏体的挤压而造成的奥氏体机械稳定化相区分。此外,在M_s点以上若对奥氏体进行塑性变形可促使马氏体转变,变形量越大,马氏体转变量越多,这种现象称为形变诱发马氏体相变。但当温度升高到某一温度时,形变已不能诱发马氏体相变时,这一温度称为形变马氏体点,用"M_d"表示。如果在M_d点以上对奥氏体进行大量塑性变形,可使随后的马氏体转变变得困难,使M_s点降低,马氏体转变量减少,即发生了奥氏体机械稳定化。

上面讨论的马氏体转变动力学的主要形式是变温转变。但是,也发现有些合金中马氏体能在恒温下继续转变,即在等温时形成,称为等温马氏体。等温时马氏体量的增加是藉新马氏体片不断形成的,显然,新片的形成是热激活性质的。等温马氏体的转变速率较低,且与温度有关,随着等温温度的降低先是加快,然后又减慢,形成C形转变曲线,如图7.45所示。等温马氏体相变的一个重要特征是相变不能进行到底,只有部分奥氏体可以等温转变为马氏体。发现有等温马氏体转变的合金有Fe-Ni-Mn合金、Fe-Ni-Cr合金、Cu-Au合金、Co-Pt合金、U-Cr合金等。

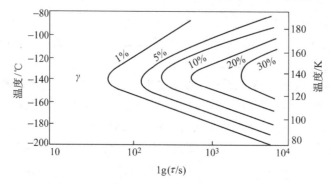

图7.45　高镍钢[$w(C)$为0.016%,$w(Ni)$为23.2%,$w(Mn)$为3.26%]
中马氏体等温转变曲线

4. 马氏体转变的可逆性

1) **热弹性马氏体转变** 早在 1949 年,库久莫夫(Kurdjmov)就发现在 Cu-Al-Ni 合金中马氏体随加热和冷却会发生消、长现象,即在加热时已形成的马氏体能无扩散地直接转为母相,冷却时又转回马氏体,这就是所谓的热弹性马氏体转变。碳钢及一般低合金钢中马氏体在加热时通常不会发生这样的逆转变,而是分解析出碳化物(回火),这是由于碳在 α-Fe 中扩散较快,加热易于析出之故。

在一些有色合金及 Fe 基等合金中,冷却时,奥氏体可以通过马氏体相变机制转变为马氏体,重新加热时,马氏体也可以通过逆向马氏体相变机制转变为奥氏体,即马氏体相变具有可逆性。一般将加热时马氏体向奥氏体的相变称为逆相变。逆相变与冷却时的马氏体相变具有相同的特点,与冷却时的 M_s 及 M_f 相对应,逆相变时也有相变开始点 A_s 及相变终了点 A_f。热弹性马氏体转变行为如图 7.46 所示,母相冷至 M_s 温度开始发生马氏体转变,继续冷却时马氏体片会长大并有新的马氏体形核生长,到 M_f 温

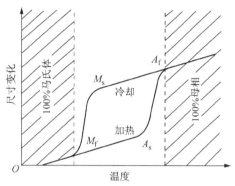

图 7.46 热弹性马氏体转变

度转变完成;当加热时,在 A_s 温度开始马氏体逆转变,形成母相,随着温度上升,马氏体量不断缩小直至最后消失,逆转变进程到 A_f 温度完成,全部变回母相。从图示还可看到,马氏体转变点与逆转变点不一致,存在温度滞后现象。通常,A_s 比 M_s 高,两者之差视合金成分而异。

热弹性马氏体转变具有以下三个特点:①相变驱动力小、热滞小,即 A_s-M_s 小;②马氏体与母相的相界面能作正、逆向迁动;③形状应变为弹性协作性质,弹性储存能提供逆相变的驱动力。一些有色合金如 Ni-Ti,In-Tl,Au-Cd,Cu-Al-Ni,Cu-Zn-Al 等的马氏体转变为热弹性转变,有些铁基合金如 Fe-30Mn-6Si,Fe-Ni-Co-Ti,Fe-Ni-C 等只能部分地满足上述特点,属于半热弹性转变;而通常的钢及 Fe-30Ni 等则为非热弹性转变。

除了温度变化能导致马氏体转变或逆转变之外,应力、应变也能对这类合金产生同样的效应。在 M_s 温度以上(不超过 M_d 温度)施加应力(或应变),也会使合金发生马氏体转变,这就是应力或应变诱发马氏体。应力和应变诱发马氏体转变的临界应力与温度的关系如图 7.47 所示。图中 AB 为应力诱发马氏体转变所需应力与温度的关系,在 M_s^σ 温度(B 点),诱发马氏体转变的临界应力与母相屈服强度相等;当高于 M_s^σ 时,马氏体转变所需应力已高于母相屈服强度,母相要发生塑性应变,故为应变诱发马氏体转变,如 BF 线所示;当温度到 M_d 点以上,马氏体转变已不能发生,称为形变马氏体点。有些应力诱发马氏体也

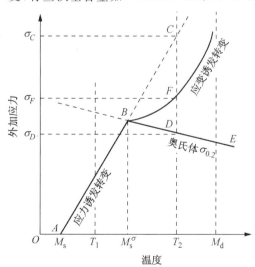

图 7.47 形成马氏体的临界应力与温度的关系示意图

属弹性马氏体,应力增加时马氏体增大;反之马氏体缩小,应力去除则马氏体消失,这种马氏体称为应力弹性马氏体。

　　2）形状记忆效应　人们在 20 世纪 50 年代初已在 Au-Cd 合金,In-Tl 合金中发现形状记忆效应,即将合金冷至 M_s 温度以下使其转变为马氏体,由于马氏体组织的自协同作用,物件并不会产生宏观的变形,但这时如果施加外力改变物件形状,然后加热至 A_f 温度以上使马氏体逆转变为母相时,则合金工件的外形会恢复到原先的形状,这是与晶体学可逆的热弹性马氏体相变相联系的,其整个过程如图 7.48 所示。具有形状记忆效应的合金称为形状记忆合金,后来又发现诸如 Ni-Ti,Cu-Al-Ni,Cu-Zn-Al,Cu-Zn-Si 等具有热弹性马氏体转变的合金都有形状记忆效应,而且半热弹性转变的一些铁基合金等也可能产生形状记忆效应,从而引起人们的重视,对它们在理论上和应用上进行了大量的研究。通常

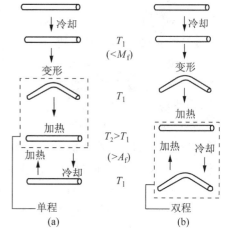

图 7.48　形状记忆效应
(a) 单程　(b) 双程

认为,呈现形状记忆效应的合金应具备三个条件:①马氏体相变只限于驱动力极小的热弹性型,即随着温度的变化,母相和马氏体间界面的移动是可逆的;②合金中的异类原子不论处于母态还是马氏体态都必须为有序结构;③“母相↔马氏体”相变,在晶体学上是可逆的。

　　形状记忆效应有单程和双程形状记忆效应之分。单程形状记忆效应是指马氏体状态(冷状态)下一个大的明显的塑性变形在加热时恢复的现象;双程形状记忆效应系指在热状态的母相形状和一个获得的冷状态下的马氏体形状之间加热和冷却所产生的可逆(双程)自发的形状变化,这种形状记忆性能要求有一个温度变化。根据应用需要,可通过对合金进行一定的“训练”,来获得双程的形状记忆效应,物件在反复加热和冷却过程中能反复地发生形状恢复和改变,如图 7.57(b)所示。目前,形状记忆合金已在多方面被应用,例如航天航空、机械、电子、生物医疗工程、化工等领域,都已取得很好的使用效果。

7.6.3　马氏体的回火转变

　　从前面得知,淬火处理后得到的马氏体系过饱和固溶体,处于亚稳定状态。马氏体的回火就是在其淬火处理后将工件加热到低于临界点 A_1 的某一温度,保温一定时间,然后冷却到室温的一种热处理工艺。在回火过程中,马氏体分解也是一种过饱和固溶体的脱溶过程,属于扩散型固态相变。下面以最常用的钢铁材料为例来讨论马氏体回火转变的相关问题。

　　钢铁材料淬火后获得的主要是马氏体或马氏体加残余奥氏体组织,马氏体是碳在 α-Fe 中的过饱和固溶体,残余奥氏体则处于过冷状态,在室温下它们都处于亚稳状态,并有向稳定状态(铁素体加碳化物组织)转变的趋势。淬火钢回火的目的是为了获得所需的稳定组织和性能,并消除或减少淬火内应力,防止工件变形或开裂。

1. 淬火钢回火时的组织转变

　　淬火钢回火时,随着回火温度升高和回火时间的延长,将相应地发生如下几个转变:

　　1）马氏体中的碳原子偏聚(前期阶段或时效阶段)　钢中的马氏体是碳在 α-Fe 中的过饱和

固溶体,由于过多的碳原子填充于体心立方的扁八面体间隙中心,致使晶格产生严重畸变。另外,马氏体中还存在大量的位错、孪晶等晶体缺陷,使马氏体的内能提高而处于不稳定的状态。

在 100℃ 以下回火时,C,N 等间隙原子只能短距离扩散迁移,在晶体内部重新分布形成偏聚状态,以降低弹性应变能。例如,含碳量 $w(C)<0.25\%$ 的低碳马氏体,由于其亚结构主要为大量的位错,间隙原子便倾向于偏聚在位错线拉应力区附近,形成柯氏气团,致使马氏体弹性畸变能降低。此时,马氏体晶格不呈现正方度,而为立方马氏体;而当马氏体中含碳量 $w(C)>0.25\%$ 时呈现片状形态,其亚结构主要为孪晶,可利用的低能量位错位置少,位错线附近可容纳的碳原子也已达到饱和时,大量碳原子将向垂直于马氏体 c 轴的 $(001)_M$ 面或孪晶面 $(112)_M$ 上富集,形成薄片状偏聚区(类似于 7.5.1 节讨论的 GP 区),其厚度只有零点几纳米,直径约为 1.0nm。由于这些偏聚区的含碳量高于马氏体的平均含碳量,为碳化物的析出创造了条件。此时,马氏体晶格才显示出一定的正方度。

2) 马氏体的分解(回火第一阶段) 当回火温度超过 80℃ 时,马氏体将发生分解,从过饱和固溶体 α' 中析出弥散的 ε-碳化物。随着马氏体中碳浓度的降低,晶格常数 c 减小,a 增大,正方度 c/a 减小。

不同碳钢中马氏体的碳浓度随回火温度的变化规律如图 7.49 所示。随着回火温度的升高,马氏体中含碳量(质量分数)不断降低,但高碳钢马氏体的碳浓度下降快,而中碳钢马氏体的碳浓度降低较缓。由图中还可以看出,碳钢在 200℃ 以上回火时,在一定的回火温度下,马氏体具有一定的碳浓度,回火温度越高,马氏体的碳浓度越低。至于回火时间对马氏体中含碳量的影响较小,回火时间与马氏体的碳浓度的关系如图

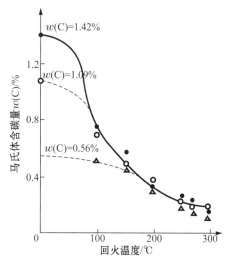

图 7.49 马氏体的含碳量与回火温度的关系

7.50 所示。从图中可看到,在回火初期马氏体的碳浓度下降很快,而且回火温度越高,回火初期碳浓度下降越多,最终马氏体的碳含量越低。当回火时间超过 2h 后,含碳量几乎不再发生变化。因此,生产中钢的回火保温时间常定为 2h 左右。

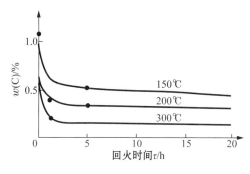

图 7.50 $w(C)=1.09\%$ 的钢在不同温度回火时马氏体中含碳量与回火时间的关系

回火温度不仅直接影响马氏体的碳浓度,而且对马氏体分解过程起着决定性作用。高碳钢在 80～150℃ 回火时,由于温度较低,碳原子活动能力差,马氏体分解只能依靠 ε-碳化物在马氏体晶体内不断生核、析出,而无法依靠 ε-碳化物的长大来实现。在紧靠 ε-碳化物周围,马氏体的碳浓度急剧降低,形成贫碳区,而距 ε-碳化物较远的马氏体仍保持淬火后较高的原始碳浓度。于是在低温加热后,钢中除弥散 ε-碳化物外,还存有碳浓度高、低不同的两种 α 相(马氏体)。这种类型的马氏体分解称为两相式分解。

当回火温度在 150～300℃ 之间时,碳原子活动能力增加,能进行较长距离扩散。因此,随着回火保温时间延长,ε-碳化物可从较远处获得碳原子而长大,故低碳 α 相增多,高碳 α 相逐渐减少。最终不存在两种不同碳浓度的 α 相,马氏体的碳浓度连续不断地下降。这就是所谓

连续式分解。直到 350℃ 左右，α 相碳浓度达到平衡时，正方度趋近于 1。至此，马氏体分解基本结束。然对于高合金钢，由于合金元素的作用，甚至可将马氏体分解延续到 600℃。

仔细分析，回火第一阶段析出的 ε-碳化物属 Fe_3N 型，具有 hcp 结构，一般用 ε-Fe_xC 表示，其中 $x=2\sim3$。ε-碳化物不是一个平衡相，而是向着稳定相(Fe_3C)转变前的一个过渡相。由于转变温度较低，马氏体中的碳并未全部析出，其中仍含有过饱和的碳，所以以回火第一阶段转变后钢的组织由过饱和固溶体 α' 和与母相保持共格联系的 ε-碳化物组成，这种组织称为回火马氏体。与淬火马氏体相比较，回火马氏体易腐蚀呈黑色。

在回火马氏体中，ε-Fe_xC 析出的惯习面常为 $\{100\}_{\alpha'}$，与母相的位向关系为

$$(0001)_{\varepsilon}//(001)_{\alpha'},$$

$$[10\bar{1}0]_{\varepsilon}//[2\bar{1}1]_{\alpha'}.$$

若是中碳钢，淬火后得到的是板条状与片状马氏体的混合组织。经低温回火后，回火马氏体仍然保持着原来的板条状或片状形态。

含碳量低于 0.2% 的板条马氏体，在淬火冷却时已发生自回火，绝大部分碳原子都偏聚到位错线附近，因此在 100～200℃ 之间回火没有 ε-碳化物析出。因此，其淬火马氏体与回火马氏体基本相同。

3）残余奥氏体的转变（回火第二阶段）　中、高碳钢淬火后总存在一定的残余奥氏体，而且残余奥氏体量随淬火加热时奥氏体中碳和合金元素的含量的增加而增多，如 $w(C)$ 为 1.06% 的钢于 1 000℃ 淬火后残余奥氏体体积分数竟高达 35%。高碳钢淬火后于 200～300℃ 之间回火时，将发生残余奥氏体分解，分解的产物为低碳马氏体和 ε-碳化物组成的机械混合物，也称回火马氏体。

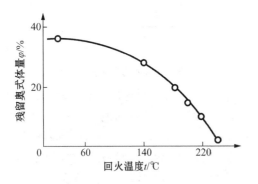

图 7.51　$w(C)=1.06\%$ 的钢油淬后残留
奥氏体量和回火温度的关系

图 7.51 为 T10 钢油淬后并经不同温度回火保温 30min 后，用 X 射线测定的残余奥氏体量。从图中可见，随回火温度升高，残余奥氏体量迅速减少，乃至消失。

残余奥氏体与过冷奥氏体并无本质区别，它们的 C 曲线很相似，只是两者的物理状态不同而使转变速度有所差异而已。图 7.52 是高碳铬钢残余奥氏体和过冷奥氏体的 C 曲线。

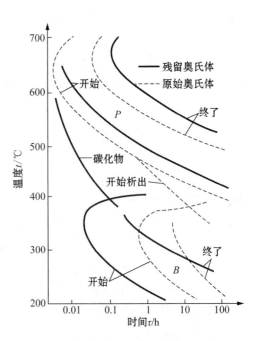

图 7.52　铬钢两种奥氏体的 C 曲线
$[w(C)=1.0\%, w(Cr)=4\%]$

由图可见,与过冷奥氏体相比,残余奥氏体向贝氏体转变速度较快,而向珠光体转变速度则较慢。残余奥氏体在高温区内回火时,先析出先共析碳化物,随后分解为珠光体;在低温区内回火时,将转变为贝氏体。在珠光体和贝氏体转变温度区间也存在一个残留奥氏体的稳定区。

4) 碳化物的转变(回火第三阶段) 马氏体分解及残余奥氏体转变形成的 ε-碳化物是亚稳定的过渡相。当回火温度升高至 250～400℃ 时,碳钢马氏体中过饱和的碳几乎已全部脱溶,并形成比 ε-碳化物更为稳定的碳化物。

碳钢中比 ε-碳化物稳定的碳化物有两种:一种是 χ-碳化物,又称 Hägg 碳化物(Fe_5C_2,单斜晶系);一种是更稳定的 θ-碳化物,即为渗碳体(Fe_3C,正交晶系)。

碳化物的转变主要取决于回火温度,也与回火时间有关。图 7.53 表示回火温度和回火时间对淬火钢中碳化物变化的影响。由图可见,随着回火时间的延长,发生碳化物转变的温度降低。

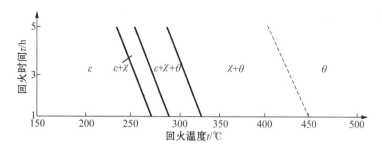

图 7.53 淬火高碳钢[$w(C)=1.34\%$]回火时碳化物转变温度和时间的关系

回火温度高于 250℃ 时,含碳量 $w(C)>0.4\%$ 的马氏体中 ε-碳化物逐渐溶解,同时沿 ${112}_M$ 晶面析出 χ-碳化物。χ-碳化物呈小片状平行地分布在马氏体中,尺寸约 5nm,它和母相马氏体有共格界面并保持一定的位向关系。由于 χ-碳化物与 ε-碳化物的惯习面和位向关系不同,所以 χ-碳化物不是由 ε-碳化物直接转变来的,而是通过 ε-碳化物溶解并在其他地方重新形核、长大的方式形成的。这种所谓"单独形核"的方式,通常叫做"离位析出"。

随着回火温度升高,钢中除析出 χ-碳化物以外,还同时析出 θ-碳化物,即 Fe_3C。析出 θ-碳化物的惯习面有两组:一组是 ${112}_M$ 晶面,与 χ-碳化物的惯习面相同,说明这组 θ-碳化物可能是从 χ-碳化物直接转变过来的,即"原位析出";另一组是 ${100}_M$ 晶面,说明这组 θ-碳化物不是由 χ-碳化物直接转变得到的,而是由 χ-碳化物首先溶解,然后重新形核长大,以"离位析出"方式形成的。刚形成的 θ-碳化物与母相仍保持共格关系,当长大到一定尺寸时,共格关系难以维持,在 300～400℃ 时共格关系陆续破坏,渗碳体脱离 α 相而析出。

当回火温度升高到 400℃ 以后,淬火马氏体完全分解,但 α 相仍保持针状外形,先前形成的 ε-碳化物和 χ-碳化物此时已经消失,全部转变为细粒状 θ-碳化物,即渗碳体。这种由针状 α 相和无共格联系的细粒状渗碳体组成的机械混合物叫做回火托氏体。所以,淬火高碳钢回火过程中的碳化物转变序列可能为

$$\alpha' \rightarrow (\alpha+\varepsilon) \rightarrow (\alpha+\varepsilon+\chi) \rightarrow (\alpha+\varepsilon+\chi+\theta) \rightarrow (\alpha+\chi+\theta) \rightarrow (\alpha+\theta)。 \tag{7.23}$$

应指出的,在含有 Mo,V,W,Ta,Nb 和 Ti 等强碳化物形成元素的高合金钢中,如高速钢、冷作模具钢 Cr12MoV 等,高于 500℃ 回火时将会析出细小、弥散分布的合金碳化物,可使这些

高合金钢出现二次硬化现象。

对中、低碳钢而言,回火温度高于200℃时,含碳量$w(C)<0.2\%$的马氏体将在碳原子偏聚区通过连续式分解方式直接析出θ-碳化物;而含碳量$w(C)$介于$0.2\%\sim0.4\%$的马氏体则可由ε-碳化物直接转变为θ-碳化物,而不形成χ-碳化物。

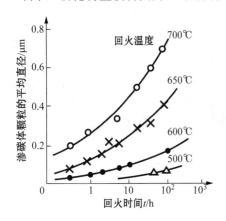

图7.54 $w(C)=0.34\%$的钢回火温度和回火时间对渗碳体颗粒直径的影响

5)渗碳体的聚集长大和α相回复、再结晶(回火第四阶段) 当碳钢的温度升高至400℃以上时,随着内应力的消除和原子扩散能力的增强,已脱离共格关系的渗碳体开始明显地聚集长大。片状渗碳体长度和宽度之比逐渐缩小,最终形成粒状渗碳体。碳化物的球化和长大过程,是按照细颗粒溶解、粗颗粒长大的机制进行的。淬火碳钢经高于500℃的回火后,碳化物已经转变为粒状渗碳体。当回火温度超过600℃时,细粒状渗碳体迅速聚集并粗化。$w(C)=0.34\%$的钢中的渗碳体颗粒直径与回火温度、回火时间的关系示于图7.54中。

在碳化物聚集长大的同时,α相的状态也在不断发生变化。由于马氏体晶粒是通过切变方式形成的,非等轴状,而且其晶格缺陷密度很高,因此,与冷变形金属相似,在回火过程中α相也会发生回复和再结晶。

扳条状马氏体的回复过程主要是α相中位错胞和胞内位错线逐渐消失,使晶体的位错密度减少,位错线变得平直。回火温度到400~500℃以上时,剩余位错发生多边化,形成亚晶粒,α相发生明显回复,此时α相的形态仍然具有板条状特征。随着回火温度的升高,亚晶粒逐渐长大,亚晶界移动的结果可以形成大角度晶界。当回火温度超过600℃时,α相开始发生再结晶,由板条晶逐渐变成位错密度很低的等轴晶。对于片状马氏体,当回火温度高于250℃时,马氏体片中的孪晶亚结构开始消失,出现位错网络。回火温度升高到400℃以上时,孪晶全部消失,α相发生回复过程。当回火温度超过600℃时,α相发生再结晶,α相的针状形态消失,形成等轴的铁素体晶粒。

淬火钢在500~650℃回火得到的回复或再结晶了的铁素体和粗粒状渗碳体的机械混合物叫做回火索氏体。在光学显微镜下能分辨出颗粒状渗碳体,在电子显微镜下可看到渗碳体颗粒明显粗化。

另一方面,当回火温度为400~600℃时,由于马氏体分解、碳化物转变、渗碳体聚集长大及α相回复或再结晶,淬火钢的残留内应力基本消除。

2. 淬火钢在回火时性能的变化

淬火钢回火时,由于内部显微组织结构随回火温度的变化而变化,其力学性能也将随之而变,淬火钢在回火时硬度变化如图7.55所示。含碳量

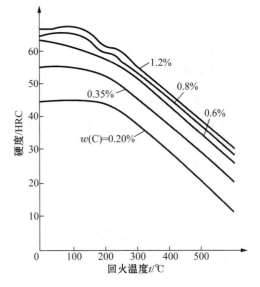

图7.55 回火温度对淬火钢回火后硬度的影响

$w(C) > 0.8\%$ 的高碳钢在 100℃ 左右回火时，硬度略有升高，这是由于马氏体中碳原子的偏聚及 ε-碳化物析出引起弥散强化的缘故；而在 200~300℃ 回火时，高碳钢硬度下降趋势比较平缓，这是由于残留奥氏体分解为回火马氏体使钢的硬度升高，以及马氏体大量分解使钢的硬度下降两方面因素综合作用的结果；回火温度在 300℃ 以上时，由于渗碳体与母相的共格关系破坏，以及渗碳体的聚集长大而使钢的硬度呈直线下降。

　　碳钢随着回火温度的升高，通常其强度 σ_b，σ_s 不断下降，而塑性 δ，ψ 不断升高（见图7.56）。但在 200~300℃ 较低温度回火时，由于内应力的消除，钢的强度和硬度都得到提高。对于工具钢而言，可采用低温回火处理，以便获得较高的强度和耐磨性[见图 7.56(c)]。高碳钢低温回火后塑性较差，而低碳钢低温回火后具有良好的综合力学性能[见图 7.56(a)]。在 300~400℃ 回火时，钢的弹性极限 σ_e 最高，因此一些弹簧钢均采用中等温度回火。当回火温度进一

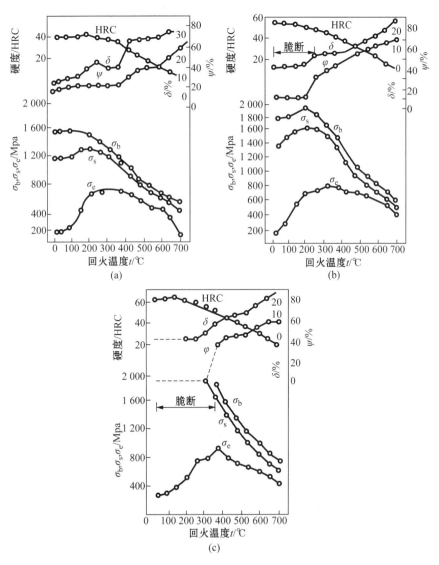

图 7.56　淬火钢拉伸性能与回火温度的关系

(a) $w(C) = 0.2\%$　(b) $w(C) = 0.41\%$　(c) $w(C) = 0.82\%$

步提高,钢的强度迅速下降,但钢的塑性和韧性却随回火温度升高而增长。在500～600℃回火时,在保留较高强度的前提下,塑性可达到相当高的值。因此中碳钢通常采用淬火加高温回火处理,即调质处理来获得良好的综合力学性能[见图7.56(b)]。

合金元素可使钢的各种回火转变温度范围向高温推移,并可减缓钢在回火过程中硬度下降的趋势,这说明合金钢的耐回火性好,即回火抗力高。与相同含碳量的碳钢相比,在高于300℃回火时,在相同回火温度和回火时间情况下,合金钢具有较高的强度和硬度。反过来,为得到相同的强度和硬度,合金钢可以在更高温度下回火,这对提高钢的韧性和塑性是有利的。

应指出的是,钢经淬火加回火处理可以得到回火屈氏体和回火索氏体组织,同一钢件尽管由过冷奥氏体直接分解也能得到屈氏体和索氏体组织,但这两类转变产物的组织和性能却有明显的差别。前者的碳化物呈颗粒状,造成应力集中小,微裂纹不易产生,钢的塑性和韧性好;而后者的碳化物呈片状,因此,其受力时容易产生应力集中,致使碳化物片产生脆断或形成微裂纹。

3. 回火脆性

淬火钢回火后的冲击韧度并不总是随同火温的升高呈单调地增大,有些钢在一定的温度范围内回火时,可能出现韧性显著降低的现象,这种脆化现象叫做钢的回火脆性(见图7.57)。钢在250～400℃温度范围内出现的回火脆性称为第一类回火脆性,也称低温回火脆性;而在450～650℃温度范围内出现的回火脆性称为第二类回火脆性,也称高温回火脆性。

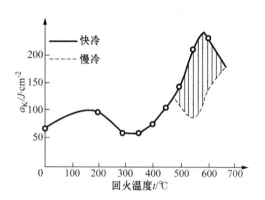

图 7.57　$w(C)=0.3\%$,$w(Cr)=1.74\%$ $w(Ni)=3.4\%$钢的冲击韧度与回火温度的关系

1) 第一类回火脆性　第一类回火脆性几乎在所有的钢中都会出现。一般认为,马氏体分解时沿马氏体条或片的界面析出断续的薄壳状碳化物,降低了晶界的断裂强度,是产生第一类回火脆性的重要原因。若出现第一类回火脆性后再加热到更高温度回火,可以将脆性消除,此时若在该温度范围内回火将不再产生这种脆性,因此,第一类回火脆性是不可逆的,故又称为不可逆回火脆性。为了防止出现第一类回火脆性,通常是避免在该温度范围内回火。合金元素一般不能抑制第一类回火脆性,但Si,Cr,Mn等合金元素可将脆化温度推向更高。例如,$w(Si)=1.0\%$～1.5%的钢,脆化产生的温度可提高到300～320℃。

2) 第二类回火脆性　第二类回火脆性的一个重要特征是除了在450～650℃之间较长时间回火时出现脆性外,在较高温度回火后缓慢冷却通过该温度时也会引起脆化,即所谓缓冷脆性。若高温回火后快冷通过脆性区则不会出现脆性。另外,对于已出现第二类回火脆性的钢,若再重新加热到～650℃以上,然后快冷至室温,则可消除脆化。但在脆化消除以后若再在脆化温度区间加热,然后缓冷,还可再次发生脆化。因此第二类回火脆性是可逆的,常称为可逆回火脆性。

第二类回火脆性主要在合金结构钢中出现,碳素钢中一般不出现这类回火脆性。当钢中含有Cr,Mn,P,As,Sb,Sn等元素时,会使第二类回火脆性倾向增大。若除Cr外,还含有Ni或较多的Mn时,则第二类回火脆性更显著。

产生第二类回火脆性的原因是由于回火慢冷时 Cr,Mn 等合金元素以及 P,As,Sb,Sn 等杂质向原奥氏体晶界偏聚,减弱了晶界上原子间结合力,降低晶界断裂强度所造成的。因此为了消除回火脆性除可采用回火后快速冷却的方法外,也可通过提高钢的纯度,减少钢中的杂质元素,以及在钢中加入适量的 Mo,W 等合金元素,来抑制杂质元素向晶界偏聚,从而降低钢的回火脆性,该方法被大截面工件用钢广泛采用。

除采用合金化及在回火脆性温度以上温度快冷抑制脆性外,采用两相区热处理也可防止回火脆性,即在淬火回火处理中增加一次在两相区($\alpha+\gamma$)温度的加热淬火处理,由于沿奥氏体晶界产生了许多相当于 14~16 级极细晶粒度的小奥氏体晶粒,从而使杂质原子在晶界上偏聚量分散减少,同时也增大了疲劳裂纹扩展的阻力。

总之,产生第一类回火脆性的零件,需重新加热淬火,产生第二类回火脆性的零件应重新回火和回火后快速冷却。

7.7 贝氏体转变

1930 年 Bain 和 Davenport 在测定钢的过冷奥氏体 TTT 曲线时,发现在中温等温时钢中会形成一种既不同于珠光体又不同于马氏体的组织,贝氏体组织因此而得名。

由于贝氏体组织是在珠光体转变温度以下、马氏体转变温度以上的温度范围内的转变产物,因此,过冷奥氏体的贝氏体转变,又称中温转变。在此温度范围内,铁原子已难以扩散,而碳原子还能进行扩散,这就决定了贝氏体转变具有某些珠光体转变和马氏体转变的特点,又有区别于它们的独特之处。同珠光体相似,贝氏体也是由铁素体和碳化物组成的机械混合物,并且,随着转变温度和合金化学成分的不同,其组织形貌也不同;与马氏体转变类似的,贝氏体转变时会产生表面浮凸现象,新相铁素体和母相奥氏体保持一定的位向关系。至于贝氏体转变机制,有切变机制和扩散机制两种观点,尚存在争议。

贝氏体,特别是下贝体通常具有优良的综合力学性能。生产上,钢从奥氏体状态快速冷却到贝氏体转变温度区发生恒温转变的等温淬火工艺就是为了得到贝氏体组织。除了钢中有贝氏体组织之外,后来发现,在一些有色合金中,如 Cu-Al,Ag-Cd,Ag-Zn,Au-Cd,Cu-Sn,Cu-Be等以及陶瓷材料中也会发生贝氏体转变,形成类似的贝氏体组织。因此,研究贝氏体的组织、性能及其转变特点具有重要意义。

7.7.1 贝氏体的组织形态和性能

1. 贝氏体的组织形态

随着钢的化学成分(如含碳量、合金元素等)变化和转变温度高低不同,钢中贝氏体组织形态有很大差异,分别有无碳化物贝氏体、上贝氏体、下贝氏体、粒状贝氏体以及柱状贝氏体等。这里仅对常见的上贝氏体、下贝氏体和粒状贝氏体进行讨论。

1)上贝氏体 通常在贝氏体转变区较高温度范围内形成的贝氏体称为上贝氏体。对于中、高碳钢,上贝氏体大约在 350~600℃ 之间形成。典型的上贝氏体组织在光学显微镜下观察呈羽毛状[见图 7.58(a)],在电镜下观察时可以看到它是由奥氏体晶界向晶内生长呈成束分布的条状铁素体和夹于其间的、断续的短杆状碳化物组成[见图 7.58(b)],束内相邻铁素体板条之间的位向差很小,束与束之间则有较大的位向差。铁素体条的形态和亚结构与板条马氏体相似,它含过饱和的碳,存在位错缠结,但其位错密度比马氏体低 $2\sim3$ 个数量级,约为 $10^8\sim10^9\,\mathrm{cm}^{-2}$;而分布于铁素体条之间的碳化物,均为渗碳体型碳化物,其形态随奥氏体中碳的质量分数的增加,从沿条间呈不连续的粒状或链珠状分布,变为杆状,甚至为连续分布。透射电镜进一步显示,渗碳体的分布方向基本上是平行于铁素体条的生长主轴。用选区电子衍射测得铁素体与渗碳体之间的晶体学取向关系主要为:$(001)_{\mathrm{Fe_3C}}\parallel(211)_{\alpha}$,$[100]_{\mathrm{Fe_3C}}\parallel[0\bar{1}1]_{\alpha}$,$[010]_{\mathrm{Fe_3C}}\parallel[1\bar{1}1]_{\alpha}$,但也有些渗碳体不按此取向关系。在一般情况下,随着形成温度的下降,上贝氏体中铁素体条宽度变细,渗碳体细化且弥散度增大。因此,上贝氏体系由铁素体和渗碳体两相组成机械混合物。

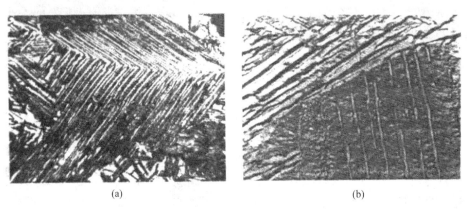

(a)   (b)

图 7.58 上贝氏体组织

(a) 金相显微组织   (b) 电子显微组织

在上贝氏体中,除铁素体和渗碳体外,还可能存在未转变的残余奥氏体,尤其是当钢中含有 Si,Al 等元素时,由于 Si,Al 能抑制渗碳体的析出,故使残余奥氏体量增多。

2)下贝氏体   下贝氏体形成于贝氏体转变区的较低温度范围,中、高碳钢约为 $350\,℃\sim M_s$ 间。含碳量低时,下贝氏体形成温度有可能高于 $350\,℃$。下贝氏体也是由铁素体和渗碳体两相组成,但铁素体的形态与碳化物的分布均与上贝氏体不同。

光学显微镜下观察,下贝氏体呈黑色针状[见图 7.59(a)]。它可在奥氏体晶界上形成,然

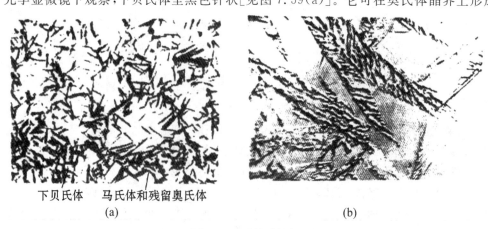

下贝氏体   马氏体和残留奥氏体
(a)   (b)

图 7.59 下贝氏组织

(a) 光学显微镜组织   (b) 电子显微镜组织

更多的是在奥氏体晶粒内沿某些晶面单独或成堆地长成针叶状。在电子显微镜下,下贝氏体由含碳过饱和的片状铁素体和其内部析出的微细 ε-碳化物组成。其中铁素体的含碳量高于上贝氏体中的铁素体,其立体形态,同片状马氏体一样,也是呈双凸透镜状;亚结构为高密度位错,位错密度比上贝氏体中铁素体的高,但没有孪晶亚结构存在。ε-碳化物具有六方点阵,成分不固定,以 Fe_xC 表示,它们之间互相平行排列并与铁素体长轴呈 55°～65° 取向[见图 7.59 (b)]。下贝氏体中碳化物与铁素体之间的晶体学取向关系为:$(001)_ε // (211)_α,[100]_ε // [0\bar{1}1]_α,[010]_ε // [1\bar{1}1]_α$。

　　3) 粒状贝氏体　在一些低碳钢及低、中碳合金钢中还发现一种粒状贝氏体。粒状贝氏体组织特征是在大块状或针状铁素体内分布着一些颗粒状小岛。这些小岛在高温下原是富碳奥氏体区,由于其形成温度高(在上贝氏体形成温度以上),碳在奥氏体中能长距离的扩散,视冷却条件和奥氏体稳定性不同,它冷却时可分解为铁素体和碳化物,形成珠光体;或可转变为马氏体;也可以残留奥氏体的形式保留下来。

2. 贝氏体的性能特点

　　由于贝氏体系铁素体和碳化物组成的机械混合物,故它的力学性能主要取决于其组织形态,其中各相的形态、大小和分布均影响其性能。

　　从上面得知,通常上贝氏体形成温度较高,铁素体晶粒和碳化物颗粒较粗大,碳化物呈短杆状平行分布在铁素体板条之间,具有明显的方向性。这种组织状态致使工件受力时形变不均匀、条间易于开裂,铁素体条本身也可能成为裂纹扩展的通道。如图 7.60 所示,在 400～550℃ 温度区间的上贝氏体不但硬度低,而且冲击韧度也显著降低。所以在工程材料中一般应避免上贝氏体组织的形成。

　　下贝氏体中铁素体针细小而均匀

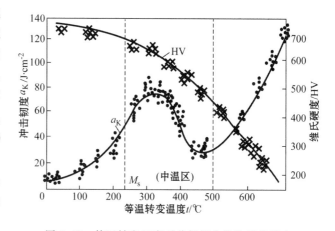

图 7.60　等温转变温度对共析钢力学性能的影响

分布,位错密度很高,在铁素体内部又沉淀有大量细小而弥散的 ε-碳化物。因此,下贝氏体不但强度高,而且韧性也很好,即具有良好的综合力学性能,甚至它比回火高碳马氏体有更高的韧性、较低的缺口敏感性和裂纹敏感性,这可能是高碳马氏体内存在大量孪晶之缘故。为了得到这种强、韧结合的下贝氏体组织,工、模具制造中广泛采用这种等温淬火工艺。

　　至于粒状贝氏体组织中,在块状或针状铁素体基体中分布着许多小岛。这些小岛无论是以残留奥氏体、马氏体,还是奥氏体的分解产物形式存在都可起到第二相强化作用,对提高其强度有利,但强化效果与小岛的体积分数和分散度有关。

7.7.2　贝氏体转变的特点

　　贝氏体转变发生在珠光体与马氏体转变之间的中温范围内,兼具有珠光体转变和马氏体转变的某些特点,又有区别于它们的独特之处。

1. 贝氏体转变的动力学曲线

贝氏体转变和珠光体转变相似,是在冷却过程中由一个高温相分解为两个相,其转变过程也是一个形核和长大过程。贝氏体转变通常需要一定的孕育期(见图7.10),孕育期长短与合金化学成分及转变温度有关。上贝氏体中铁素体晶核一般优先在奥氏体晶界贫碳区上形成,下贝氏体由于过冷度大,铁素体晶核可在奥氏体晶粒内形成。铁素体形核后,当浓度起伏合适且晶核尺寸超过临界尺寸时便开始长大,在其长大的同时,过饱和的碳从铁素体向奥氏体中扩散,并于铁素体条之间或在铁素体片内部沉淀析出碳化物。因此,贝氏体长大速度受碳的扩散所控制。通常,上贝氏体的长大速度取决于碳在奥氏体中的扩散,而下贝氏体的转变速度取决于碳在铁素体中的扩散。因此,贝氏体转变速度远比马氏体低。

另外,贝氏体转变往往不能进行到底,转变温度越低则转变越不完全,未转变的奥氏体在随后冷却时形成马氏体或保留为残余奥氏体。

2. 贝氏体转变机制

贝氏体转变机制有切变和扩散机制两种观点,目前仍是一个有争议的问题。较早的一派观点认为贝氏体转变机制是切变机制,即类似于马氏体转变,系通过铁晶格的切变和随后碳原子的扩散来实现的。该理论的主要依据是,贝氏体转变时同样产生表面浮凸现象,并且贝氏体中铁素体与母相间的晶体学位向关系也与马氏体的相类似,上贝氏体中铁素体的惯习面一般为$\{111\}_\gamma$,而下贝氏体的惯习面一般为$\{225\}_\gamma$。但是,随后有人指出贝氏体转变时所呈现出表面浮凸现象为向两侧倾斜的"帐篷型",而不是马氏体的单侧面倾斜,故不是"不变平面应变"所致;而且,有些合金中贝氏体惯习面和晶体学位向关系不同于马氏体的情况;对相界面结构进行高分辨电镜分析也显示出贝氏体与奥氏体之间的界面结构也不同于马氏体与奥氏体之间的界面结构,故从实验上对贝氏体转变的切变机制提出质疑。以徐祖耀院士为代表的学者通过对Fe-C,Fe-X-C和Cu-Zn等合金相变驱动力的计算,以热力学分析为依据提出了贝氏体转变扩散型机制,认为贝氏体转变中的铁素体是在奥氏体内通过碳原子的扩散形核的。争论的焦点主要集中在贝氏体转变的形核和生长机制上。

1) 贝氏体转变的形核 持切变转变机制的学者认为:在贝氏体转变前有一段孕育期,过冷奥氏体内会发生成分预转变,形成贫碳区和富碳区,在贫碳区内,由于成分贫化而使M_s点升高,故可以按低碳马氏体切变方式形成铁素体晶核。为了证实这个观点,有人对Cu-Zn-Al合金快冷至220℃等温60min后,测得在贫化区中Zn和Al的最大降低幅度分别达12.7%和16.4%,最大贫化区面积达1 250nm^2,故其M_s温度和贫化区面积均满足这种合金的马氏体形核的临界条件,并在电镜原位动态观察中看到贫化区出现晶核。还有人用计算机模拟方法探讨Fe-C合金中贝氏体的预相变过程及临界形核条件,由于孕育期内奥氏体中碳原子会向位错等晶体缺陷处偏聚,造成位错周围形成贫碳和富碳区,模拟计算得出,Fe-w(C)为0.45%的贫碳区可降为w(C)为0.3%,M_s点可上升到440℃,贫碳区厚度约3.5nm,有效半径达40nm以上,如图7.61所示,因此切变形核是可能发生的。

持扩散机制观点的学者认为在贝氏体转变等温过程中不可能出现贫碳区和富碳区分解,因为这种分解属调幅分解性质,应满足调幅分解的热力学条件,但通过贝氏体相变热力学活度计算,得出奥氏体在贝氏体转变温度区域的自由能活度二阶偏导大于零,故调幅分解形成贫碳

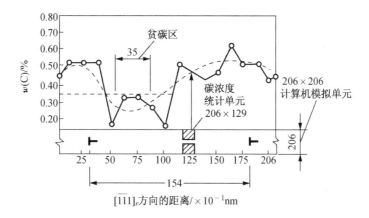

图 7.61　Fe-w(C)为 0.45％合金的奥氏体中,两列位错塞积群沿
$[11\bar{1}]_\gamma$ 方向于 400℃等温时碳浓度的分布

区和富碳区在热力学上不能发生,是过冷奥氏体发生先共析分解而析出铁素体的。因此,他们从热力学分析计算否定贝氏体转变为切变机制。

2)贝氏体转变的生长机制　贝氏体存在亚结构,持切变机制观点者认为:该亚结构是切变生长的单元,但切变长大应是速度很快的,而贝氏体长大却缓慢,这是因为单元的生长会受到阻力。例如,碳在新、旧相之间的再分配,新相与旧相体积变化的应变能等,故可观察到贝氏体中铁素体是由亚单元组成的,即当生长受阻而停止时,会激发新的晶核继续生长(如图 7.62 所示),每一个亚单元的长大尺寸很有限,故贝氏体的生长速率取决于亚单元的形成速率。在铁素体生长过程中,碳原子要发生再分配,对于上贝氏体,随着铁素体条的生长,碳原子向奥氏体中扩散,使条间未转变的奥氏体中碳成分不断增高,故碳化物最终析于板条之间。在低温转变时,下贝氏体中碳原子扩散较困难,故碳化物析于过饱和的铁素体内。

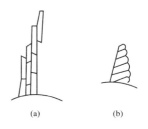

图 7.62　贝氏体中铁素体
的成长模型
(a)上贝氏体　(b)下贝氏体

扩散论者则根据先共析铁素体的台阶生长机制提出:贝氏体生长的扩散型台阶生长机制,并在电镜观察中证实了贝氏体中铁素体宽面上的生长台阶的存在。贝氏体晶核形成之后,即与母相之间建立起相界面,故其生长过程就是相界面向母相迁移的过程。晶体之间的相界面可为共格、半共格和非共格型三种类型,共格界面是以无扩散切变方式迁移使新相生长,是非热过程;半共格界面含有错配位错,其迁移较难,迁移速率低;非共格界面的结构类似于大角度晶界,藉原子扩散而迁移,为热激活过程。贝氏体相界面属半共格类型,故其迁移需要很大的驱动力,但这类界面上可存在一种结构台阶。界面上存在的非共格台阶是可以迁移的,故半共格界面的正向迁移就可通过台阶的横向运动而实现,形成“台阶增厚”机制。当现存台阶移过之后,共格的平直界面就升高一个台阶高度,通过界面刃型位错的攀移,形成新的台阶,使生长过程不断进行,如图 7.63 所示。电镜观察已证实贝氏体中铁素体宽面上生长台阶的存在,台阶高度可从几个纳米到微米尺度。最近的研究还发现,在台阶的阶面上存在次级台阶或扭折,故可通过次级台阶的扩散迁移来实现台阶迁移,提出了台阶长大的新模型,如图 7.64 所示。

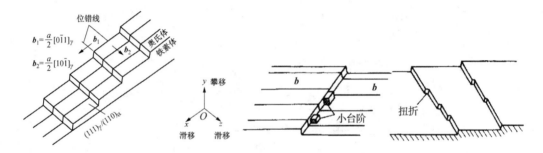

图 7.63 台阶生长模型　　　　　图 7.64 台阶生长的另一模型

有关贝氏体转变机制的争议主要是切变型转变与扩散型转变两种方式之争,自 20 世纪 60 年代末开始延续至今,两方面在理论上和实验上都不断取得进展,但仍然未能作出定论。

3. 贝氏体中碳化物的分布与形成温度有关

奥氏体在中温区等温发生贝氏体转变,由于贝氏体系铁素体和碳化物组成的机械混合物,随转变温度改变和化学成分不同,贝氏体中碳化物分布不同,贝氏体的形貌也有变化。对于低碳钢,如果转变温度比较高,碳原子扩散能力比较强,在贝氏体中铁素体形成的同时,碳原子可以由铁素体通过相界面向奥氏体进行充分地扩散,从而得到由条状铁素体组成的无碳化物贝氏体[见图 7.65(a)]。由于形成温度高,过冷度小,新相和母相自由能差小,故铁素体条较宽,数量少,条间距离较大。未转变的奥氏体在继续保温过程中可转变为珠光体或冷却至室温时转变为马氏体,也可能以残留奥氏体形式保留下来。

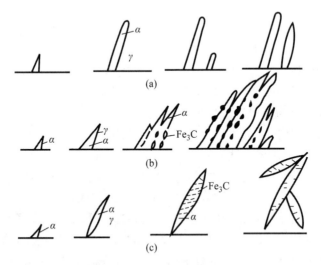

图 7.65 贝氏体转变示意图
(a) 无碳化物贝氏体 (b) 上贝氏体 (c) 下贝氏体

如果奥氏体转变温度较低,处于上贝氏体转变温度范围内,此时碳原子由铁素体通过相界面向奥氏体的扩散不能充分进行。因此在奥氏体晶界上形成相互平行的铁素体条的同时,碳仍可从铁素体向奥氏体中扩散。由于碳在铁素体中的扩散速度大于在奥氏体中的扩散速度,故当铁素体条间奥氏体的碳浓度富集到一定程度时便析出渗碳体,从而得到在铁素体条间分布断续渗碳体的羽毛状贝氏体[见图 7.65(b)]。当奥氏体转变温度更低时,碳在奥氏体中的扩散更加困难,而碳在铁素体中的扩散仍可进行。因而使碳原子只能在铁素体内某些特定晶面上偏聚,进而析出 ε-碳化物,得到针状的下贝氏体[见图 7.65(c)]。

　　总之,贝氏体转变系在珠光体与马氏体转变之间的中温转变,随合金化学成分和中温转变温度不同,贝氏体的组织形貌也不同。

中英文主题词对照

中文	英文	中文	英文
固态转变	transformations in solids	相变	phase transformation
一级相变	first-order phase transformation	二级相变	second-order phase transformation
连续型相变	continuous phase transformation	不连续型相变	discontinuous phase transformation
扩散型相变	diffusive phase transformation	无扩散型相变	nondiffusive phase transformation
形核长大型转变	nucleation and growth transformation	热激活型转变	thermally activated transformation
转变动力学	transformation kinetics	转变速率	transformation rate
恒温转变图	isothermal transformation diagram	TTT 曲线	time-temperature-transformation curve
连续冷却转变图	continuous cooling transformation diagram	过冷	undercooling，supercooling
成分过冷	constitutional undercooling	驱动力	driving force
形核	nucleation	形核率	nucleation rate
脱溶贯序	precipitation sequence	晶胚	embryo
核心，晶核	nucleus	均质形核	homogeneous nucleation
非均质形核	heterogeneous nucleation	弹性应变能	elastic strain energy
临界核心形成功	critical nucleation formation energy	光滑（小面化）界面	faceted interface
非光滑（非小面化）界面	non-faceted interface	连续或均匀长大	continuous or uniform growth
非热激活长大	non-thermally activated growth	扩散控制长大	diffusion-controlled growth
界面过程控制长大	interface process controlled growth	过饱和固溶体	super-saturated solid solution
脱溶	precipitation	不连续脱溶（胞状脱溶）	discontinuous precipitation
时效硬化	age hardening	GP. 区	Guinier-Preston zone（cluster）
亚稳定相	metastable phase	过渡相	transition phase
平衡相	equilibrium phase	自然时效	natural aging
过时效	overaging	拐点（调幅）分解	spinodal decomposition
有序-无序转变	ordered-disordered transformation	有序合金	ordered alloy
无序合金	disordered alloy	淬火	quenching

回火	tempering	回火脆	temper brittleness
回火索氏体	tempered sorbite	回火托氏体	tempered troostite
珠光体	pearlite	铁素体	ferrite
渗碳体	cementite	贝氏体型转变	bainite transformation
贝氏体	bainite	上贝氏体	upper bainite
下贝氏体	lower bainite	残余奥氏体	residual austenite
马氏体	martensite	马氏体型转变	martensite transformation
浮凸	relief	共格	coherent
惯习面	habit plane	西山关系	Nishiyama relationship
贝恩畸变	Bain distortion	板条马氏体	lath martensite
板条束	Packet	片状马氏体	plate martensite
热弹性马氏体	thermoelastic martensite	应力诱发马氏体	stress induced martensite
应变诱发马氏体	strain induced martensite	形状记忆效应	shape memory effect
单程	one way	双程	two way

主要参考书目

［1］　蔡珣. 材料科学与工程基础辅导与习题［M］. 上海：上海交通大学出版社，2013.

［2］　肖纪美. 合金相与相变［M］. 北京：冶金工业出版社，1987.

［3］　徐祖耀. 马氏体相变与马氏体［M］. 北京：科学出版社，1999.

［4］　李承基. 贝氏体相变理论［M］. 北京：机械工业出版社，1995.

［5］　徐祖耀，李鹏兴. 材料科学导论［M］. 上海：上海科学技术出版社，1986.

［6］　胡赓祥，钱苗根. 金属学［M］. 上海：上海科学技术出版社，1980.

［7］　曹明盛. 物理冶金基础［M］. 北京：冶金工业出版社，1988.

［8］　崔忠圻，覃耀春. 金属学与热处理［M］. 第 2 版. 北京：机械工业出版社，2008.

［9］　胡赓祥，蔡珣，戎咏华. 材料科学基础［M］. 第 3 版. 上海：上海交通大学出版社，2010.

［10］　余永宁. 材料科学基础［M］. 北京：高等教育出版社，2006.

［11］　潘金生，全健民，田民波. 材料科学基础［M］. 北京：清华大学出版社，1998.

［12］　徐洲，姚寿山. 材料加工原理［M］. 北京：科学出版社，2003.

［13］　文九巴. 材料科学与工程［M］. 哈尔滨：哈尔滨工业大学出版社，2007.

［14］　Heat Treating. ASM Handbook, vol. 4［M］. Asm International, Materials Park, OH，1991.

［15］　Krauss G. Steels：Heat Treatment and Processing Principles［M］. ASM International, Materials Park，OH，1990.

［16］　Askeland D R，Phule P P. The Science and Engineering of Materials［M］. 4th ed. USA：Thomson Learning，2004.

［17］　William D Callister，Jr. Materials Science and Engineering：An Introduction［M］. 5th ed. USA：John Wiley & Sons，2000.

［18］　Smith W F. Foundations of Materials Science and Engineering［M］. New York：

McGraw-Hill Book Co. 1992.

[19]　Port D A，Eastering K E. Phase Transformation in Metals and Alloys [M]. London：Chapman & Hall,1992.

[20]　Cahn R W,Haasen P. Physical Metallurgy [M]. 4th ed. New York：Elsevier Science Publishing,1996.

第8章 材料加工成形的传热过程

在冶金和机电行业中铸、锻、焊以及热处理俗称热加工,加工过程中均需要热源。由于在高温下可提高材料的塑性、降低其变形抗力,故材料加工成形多数情况是在加热状态下进行的,这里就必然涉及到热量的传递过程。传热有三种基本方式:热传导、对流和辐射。材料加工成形方法不同,加热方法不同,其传热过程也不一样;另外,加热过程中氧化、脱碳现象不可避免,对铸造、焊接加工、化学热处理以及表面改性而言,还常常伴随着化学冶金过程。所有这些均对材料的组织结构及其缺陷的形成、加工成形产品的质量和生产效率有重要的影响,故有必要对它们进行分析讨论。

本章主要对液态成形、塑性成形和焊接加工传热过程的特点、热效率和温度场进行讨论,而热处理可参考塑性成形的传热过程,至于热处理原理则已在第7章中讨论。

8.1 液态成形的传热

液态成形是将材料加热熔化到液态,然后浇注到与零件的形状、尺寸相适应的型腔中,经过冷却凝固,获得所需的毛坯或零件。熔化、凝固过程是其最重要的过程,大部分铸件缺陷产生于这一过程,其传热计算对优化铸造工艺、预测和控制铸件质量、防止各种铸造缺陷以及提高生产效率都非常重要。然由于铸件的形状、尺寸多种多样,其传热过程绝大多数为三维传热问题。何况,铸件在凝固结晶过程中不断释放出结晶潜热,铸型和铸件的热物理参数也是随温度而变化的,而且铸件与铸型的传热是通过若干个区域进行的。这些众多因素致使其传热是一个相当复杂的过程。

8.1.1 液态成形的传热特点

由于液态成形是将熔融态材料浇注到铸型中,使之冷却、凝固而获得零件的方法,故液态成形的基本传热过程包含加热熔化和冷却凝固两个部分。

获得熔融态材料的加热熔化方法常有焦炭或煤气的燃烧给热、电弧加热和感应加热等。由于加热熔化方法不同,其加热速度、热交换的方式、液态材料的温度等也不一样。通常情况下,焦炭或煤气的燃烧给热过程是以对流传热为主,以热传导为辅,传递范围广、热量大,但加热速度有限,液态材料能达到的温度也不很高;电弧加热以辐射和对流传热为主,以热传导为辅,电弧热可有效地加以集中和控制,其加热速度快,液态材料的温度也高;感应加热则是利用电磁感应产生的涡流作为热源,对具有磁性的材料进行局部集中加热,其实质是电阻加热的一种形式,这里以热传导为主,这种加热方式的能量高度集中,其加热速度很快,液态材料的温度也可达到很高。

至于熔融态材料在铸型中的凝固冷却过程是一个通过铸型向周围环境散热的过程,是不稳定的传热过程。在这里,铸件上各点的温度随时间下降,而铸型温度随时间上升。从传热方式上,热传导是主要的方式,对流和辐射则发生在边界上;而凝固成形的冷却速度与浇注方式、铸型材料及零件大小和形状有关。通常情况下,采用砂型或陶瓷型浇注较大型的铸件,其冷却速度要比采用金属型浇注小型铸件慢得多。

由铸件的形状尺寸所决定的液态成形传热过程绝大多数为三维传热问题,而且铸件在凝固过程中不断释放出大量的结晶潜热;其次,在铸件凝固冷却过程中,其断面上存在固态外壳、液固态并存的凝固区域和液态区,在金属型铸造凝固时还可能出现中间层。因此,铸件与铸型的传热是通过若干个区域进行的。此外,除了三相或四相平衡的共晶、包晶和包共晶反应外,冷却凝固过程是在一个温度区间范围内进行的,并非是恒温过程,铸型和铸件的热物理参数是随温度而变化的。由于这些因素的多样性和变化,铸件凝固传热的分析解法比一般物体的导热计算复杂得多,必须对问题进行合理的简化处理,在实际计算时常常采用的是数值计算法。

8.1.2　液态成形的热效率

从传热学中得知,在材料加热过程中,热源所提供的热量,并不能 100% 被利用,其中一部分热量将由于对流、辐射、传导以及热加工工艺方面的因素而被损失掉,这就存在着热效率的问题。

若热源提供的热量为 Q_0,而用于加热材料的有效热量为 Q,则热效率 η 的定义为

$$\eta = Q/Q_0 。 \tag{8.1}$$

影响热效率的因素很多,主要与热源的性质、热加工工艺方法、被加热材料的种类、性质及尺寸形状,以及周围介质环境等因素有关。

具体对液态成形的加热过程而言,熔化冶炼的方式、给热和被加热熔化材料不同,其热效率是不同的。以冲天炉为例,它是以焦炭燃烧给热的。焦炭发热量系由焦炭中各成分的质量分数及其发热量所决定,其计算公式为

$$Q_L = 34\,000C + 103\,000H + 10\,900(S-O) - 2\,500W , \tag{8.2}$$

式中,Q_L 为焦炭发热量(kJ/kg);C,S,O,H,W 为焦炭中碳、硫、氧、氢和水的质量分数(%)。

由于焦炭主要成分是碳,若不考虑其他元素的影响,则焦炭的发热量可近似计算为

$$Q_C = 34\,000(1-A) , \tag{8.3}$$

式中,Q_C 为不计其他元素影响的焦炭发热量(kJ/kg);A 为干焦炭中灰分的质量分数(%)。

焦炭的发热量除了与焦炭本身的质量密切相关外,还与冲天炉的送风状况、炉型及操作工艺等因素有关。

焦炭燃烧时发出的热量,除真正用于加热炉料外,另一部分将通过耐火材料、外壳、热风等各种途径而散失。据统计,冲天炉总的热效率为 30%~50%,其中预热区的热效率在 20% 以上,熔化区的热效率约为 60%,而过热区的热效率仅为 7% 左右。

电弧炉和感应加热炉炼钢的热效率要比冲天炉炼铁的热效率高得多,可参考相应的 8.3.2 和 8.2.2 节。

至于液态成形在冷却凝固过程中,通过铸型(或铸模)以及浇冒口释放的热量包括两部分:很大一部分是伴随着液相向固相转变时产生的结晶潜热 L,它取决于材料本身相变特性和结晶量;另一小部分是液相和固相在冷却降温时释放出的物理热 Q,它的释放与材料的比定压热容 c_p 和温度变化量 ΔT 密切相关。显然,凝固过程的冷却速度与材料本身、浇注凝固方式、铸型材料及零件大小和形状有关。

8.1.3　液态成形的温度场

温度场是指加热和冷却过程中某一时刻空间所有各点的温度分布状况,它是时间和空间的函数,可通过实测或数值模拟计算方法来获得。

根据铸件温度场随时间的变化,可预测其断面上每时刻的凝固区大小、凝固前沿向中心推进的速度、缩孔和疏松的位置和凝固时间等,从而为正确设计浇注系统,以及采取相应工艺措施控制凝固过程提供可靠的依据。这对于消除铸造缺陷、改善铸件组织和性能十分重要。

在 8.1.1 节讨论液态成形的传热特点时曾指出熔融液体浇入铸型后在型腔内的冷却凝固过程是一个不稳定的热扩散和三维传热问题,铸件和铸型的内部温度分布是随时间而变化的,即铸件上各点的温度随时间而下降,而铸型的温度则随时间先上升而后下降;铸件在铸型中的传热过程的复杂性还体现在凝固过程中铸件将不断释放出结晶潜热。这就是说,在凝固冷却过程释放出总热量中包括两部分:一部分是铸件内部的液相和固相在冷却降温时释放出的热量,它与材料的比定压热容 c_p 和温度变化量 ΔT 密切相关,这部分的热量仅占总释放热量的 20% 左右;另一部分是结晶潜热,而潜热的释放则取决于材料本身发生相变时所反映出的物理特性。在总的释放热量中,结晶潜热占有很大的比例,几乎占 80%。以纯铜为例,结晶潜热 L 为 211.5kJ/kg,在熔点附近的液态比定压热容 c_{pL} 为 0.46kJ/(kg·℃),则可由下式求出其等效温度区间 ΔT^*:

$$\Delta T^* = \frac{L}{c_{pL}}。 \tag{8.4}$$

可计算得纯铜 ΔT^* 为 456℃,这就是说,纯铜凝固时放出的潜热量相当于它温度下降 456℃ 时所放出的过热热量。由于结晶潜热的释放,常常使凝固时逐渐下降的金属冷却曲线出现平台或冷却速度变缓,甚至在冷却曲线中出现极小值,液相的温度又会升高,这就是所谓的再辉现象。可见,潜热对铸件凝固数值计算起着非常关键的作用。

假定单位体积、单位时间内凝固时固相部分的增加率为 $\partial f_s / \partial t$。凝固时释放出的潜热为

$$\rho L \frac{\partial f_s}{\partial t}, \tag{8.5}$$

式中,ρ 为材质的密度(kg/m^3);L 为结晶潜热(J/kg);f_s 为凝固时固相的份数。

因此,如果不考虑铸件凝固过程中液态金属发生的对流现象,铸件凝固过程可看成是一个不稳定导热过程,因此铸件凝固过程的数学模型符合不稳定导热偏微分方程。但必须考虑铸件凝固过程中的潜热释放。考虑了潜热时的不稳定导热微分方程如下:

对于一维系统,

$$\rho c \frac{\partial T}{\partial t} = \frac{\partial}{\partial x}\left(\lambda \frac{\partial T}{\partial x}\right) + \rho L \frac{\partial f_s}{\partial t}; \tag{8.6}$$

对于二维系统,

$$\rho c \frac{\partial T}{\partial t} = \frac{\partial}{\partial x}\left(\lambda \frac{\partial T}{\partial x}\right) + \frac{\partial}{\partial y}\left(\lambda \frac{\partial T}{\partial y}\right) + \rho L \frac{\partial f_s}{\partial t}; \tag{8.7}$$

对于三维系统,

$$\rho c \frac{\partial T}{\partial t} = \frac{\partial}{\partial x}\left(\lambda \frac{\partial T}{\partial x}\right) + \frac{\partial}{\partial y}\left(\lambda \frac{\partial T}{\partial y}\right) + \frac{\partial}{\partial z}\left(\lambda \frac{\partial T}{\partial z}\right) + \rho L \frac{\partial f_s}{\partial t}。 \tag{8.8}$$

式中,λ 为材料的热导率[W/(m·K)];c 为材料的比热容[J/(kg·K)];T 为温度(K)。

若对于式(8.6)表示的一维问题作如下变换：

$$\rho L \frac{\partial f_s}{\partial t} = \rho L \frac{\partial f_s}{\partial T} \frac{\partial T}{\partial t}$$

并把潜热项移到左边，则成为

$$\rho\left(c - L \frac{\partial f_s}{\partial T}\right)\frac{\partial T}{\partial t} = \frac{\partial}{\partial x}\left(\lambda \frac{\partial T}{\partial x}\right). \tag{8.9}$$

可见，如果固相份数 f_s 和温度 T 的关系已知，则式(8.9)就能很容易地进行数值求解。由于合金材质不同，潜热释放的形式也不同，在数值计算中也应采取不同的潜热处理方法。常用的方法有：温度补偿法、等价比热法、热焓法等。

另外，影响铸件凝固过程的因素除了上述因素外，铸型和铸件的热物理参数也都随温度而变化，而不是固定的数值；铸件与铸型的传热系通过若干个区域进行的，因为铸件断面上存在着已凝固的固态外壳、液固态并存的凝固区和液态区，在金属型中凝固时还可能出现中间层，等等。在求解中若要把所有的因素都考虑进去是不现实的。因此，用数学分析法研究铸件凝固过程必须作合理的简化。

下面分别介绍四种铸件和铸型的温度分布特点。

1. 绝热铸型中的凝固

由于砂型、石膏型、陶瓷型、熔模铸造等铸型材料的热扩散系数远小于凝固金属的热导率，可统称为绝热铸型。因此，在凝固传热过程中，金属铸件的温度梯度远比铸型中的温度梯度小得多，这样，可将金属中的温度梯度忽略不计，即在整个传热过程中，铸件断面的温度分布是均匀的，铸型内表面的温度接近铸件的温度。如果铸型足够厚，由于铸型的导热性很差，铸型的外表面仍然保持为初始温度 T_0。因此，绝热铸型本身的热物理性质是决定整个系统热扩散过程的主要因素。铸件和铸型的温度分布如图 8.1 所示。

2. 以界面热阻为主的金属铸型中的凝固

当较薄的铸件在工作表面涂有涂料的金属铸型中铸造时，界面处的热阻较铸件和铸型的热阻大得多，这时，凝固金属和铸型中的温度梯度均可忽略不计，即认为它们温度分布是均匀的，热扩散过程取决于涂层的热物理性质。若金属是无过热浇注，则界面处铸件的温度就等于金属的凝固温度，铸型的温度保持为 T_0，如图 8.2 所示。

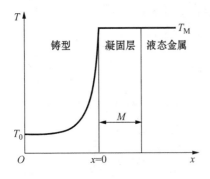

图 8.1 绝热铸型凝固的温度分布

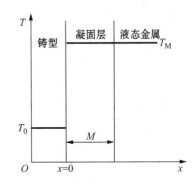

图 8.2 以界面热阻为主的温度分布

3. 厚壁金属铸型中的凝固

当金属型的涂料层很薄时,厚壁金属铸型中的凝固金属和铸型的热阻均不可忽略,因而都存在明显的温度梯度。由于此时铸件/铸型界面的热阻相对很小,可以忽略不计,则铸型内表面和铸件表面温度相同。可以认为,厚壁金属铸型中凝固热扩散为两个相连接的半无限大物体的热扩散,整个系统的热扩散过程取决于铸件和铸型的热物理性质,其温度分布如图 8.3 所示。

4. 水冷金属铸型中的凝固

在水冷金属铸型中,是通过控制冷却水温度和流量,使铸型温度保持近似的恒定,在不考虑铸件/铸型界面热阻的情况下,凝固金属表面的温度等于铸型的温度。在这种情况下,凝固传热的主要热阻是凝固金属的热阻,铸件中有较大的温度梯度。整个系统的温度分布如图8.4所示。

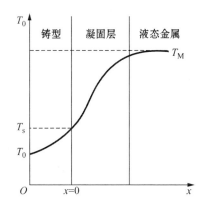

图 8.3　厚壁金属型凝固的温度分布

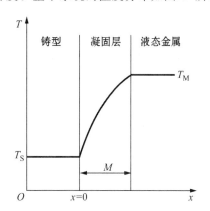

图 8.4　水冷薄壁金属型凝固的温度分布

8.2　塑性成形的传热

为了提高生产效率,对于热塑性成形加工(如热锻、热轧、热挤压等)而言,成形之前的加热是一个不可缺少的重要环节。固态材料在加热过程中,将会发生一系列的变化:如在显微组织结构方面,大多数材料不但会发生组织结构转变(有关固态相变的内容它在第 7 章中详细讨论),而且晶粒度及其形状也将发生变化,当加热温度过高或保温时间过长时,还会发生晶粒长大现象,严重时会出现过热或过烧现象,影响最终产品的质量;在力学性能方面,加热除了提高材料的塑性、降低变形抗力外,加热不均匀则会产生热应力,若热应力与组织应力相互叠加,当内应力过大时还会导致材料的开裂现象;在物理性能方面,材料的一些热物理性能参数,例如热扩散率、膨胀系数等,会随温度的变化而变化;而在化学状态方面,在高温情况下材料表层会与周围介质发生氧化或脱碳等化学反应,产生氧化或脱碳层,影响表层质量和性能。

总之,固态材料的加热过程无疑会对塑性成形加工本身以及产品的性能、质量产生重要的影响。

8.2.1　塑性成形的传热特点

从传热方式而言,固态材料的传热过程中,热源主要是通过对流和辐射的形式对材料加热,而在材料内部则主要是通过传导的形式传递热量,使材料的温度逐步均匀化。因此,热源的性质,也就是加热的方法,以及材料的热物理性能等对加热的效果均有直接的影响。

1. 金属材料在加热时热扩散性能的变化

从第 4 章中得知,在固态中扩散是唯一的物质迁移方式,扩散系数不仅受内部因素(如化学成分、组元性质以及晶体结构等)的影响,而且还受外界条件(如温度、压力等)的影响。根据 Arrhenius 方程,扩散系数 D 与温度 T 之间呈指数关系,随着温度的升高,扩散系数急剧增大。显然,加热有利于物质迁移。至于内部因素的影响,是通过对扩散激活能 Q 和扩散常数 D_0 的影响,从而对扩散系数起作用的。而所谓热扩散性,是指材料加热时温度在材料内部传播的能力。热扩散性能好的金属材料,表明加热时温度在其内部传播的速度快,因而在材料断面上的温差就小,由此产生的热应力就小。这样,加热时温度均匀化的速度快,因而可采用快速加热的方法来提高生产率;反之,若材料的热扩散性能差,则宜用缓慢加热的方法。

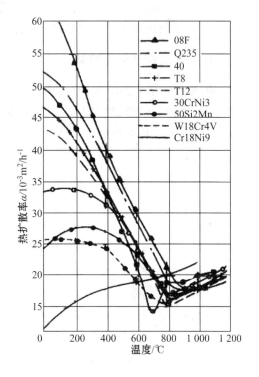

图 8.5　钢的热扩散率 a 与
温度 T 的关系曲线

金属材料的热扩散率与温度有关,图 8.5 为若干种钢材的热扩散率与温度的关系曲线。从图中可以看出,在低温阶段,各种钢的热扩散率相差很大。碳钢和低合金钢的热扩散性较好,而高合金钢的热扩散性较差,应缓慢加热。但是在加热到高温阶段时,各种钢的热扩散率基本趋于一致,并且均较低。然而,处于高温下的钢具有良好的塑性,加热引起的内应力并无危险,所以此时各种钢均可快速加热。

2. 金属材料在加热过程中的氧化和脱碳现象

1) 氧化　在高温下,金属材料表层将与炉气中的氧化性气体,如 O_2,CO_2,H_2O 等发生氧化反应,致使表层金属被氧化。对于碳钢而言,主要是铁被氧化,其氧化过程的主要反应如下:

$$
\begin{cases}
Fe + \dfrac{1}{2}O_2 \Longleftrightarrow FeO, \\[1mm]
3FeO + \dfrac{1}{2}O_2 \Longleftrightarrow Fe_3O_4, \\[1mm]
2Fe_3O_4 + \dfrac{1}{2}O_2 \Longleftrightarrow 3Fe_2O_3, \\[1mm]
Fe + CO_2 \Longleftrightarrow FeO + CO, \\[1mm]
Fe + H_2O \Longleftrightarrow FeO + H_2,
\end{cases}
\tag{8.10}
$$

注意,这些反应是可逆的。氧化实际上是个扩散过程,即炉气中的氧以原子状态吸附到材料的表面,然后向金属内部扩散,而钢表层中的铁,则由内部向表面扩散,两者在表层相遇并发生氧化反应变为氧化铁。由于氧化扩散过程是从表向里逐渐减弱，沿纵深方向氧化皮通常是由三层不同成分的氧化铁组成：表层为呈红色、组织较疏松的含氧较高的三氧化二铁（Fe_2O_3），通常氧化铁就是指三氧化二铁；中层为组织较致密且颜色较深的含氧量次之的磁性的四氧化三铁（Fe_3O_4）；内层为含氧较低、化学不稳定的氧化亚铁（FeO），如图 8.6 所示。

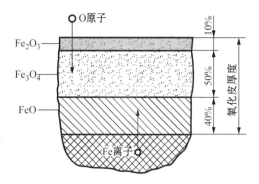

图 8.6　氧化铁皮的形成过程

影响氧化的因素有：

（1）炉气性质。火焰加热炉炉气的性质，取决于燃料燃烧时的空气供给量。当供给的空气过量时，炉气的性质呈氧化性，促进氧化反应；反之，如果供给的空气不足时，炉气的性质则为还原性，此时氧化很少，甚至不发生氧化反应。

（2）加热温度。温度对氧化反应的影响很大。对钢铁材料，一般情况下，加热温度低于 $570 \sim 600 ℃$ 时，氧化现象较轻；而当加热温度超过 $900 \sim 950 ℃$ 时，氧化现象将急剧增加。

（3）加热时间。时间的影响与温度类似，但程度上不如温度的大。加热时间越长，尤其是在高温加热时，氧化扩散量便越大，氧化现象越严重。

（4）钢的化学成分。若钢中含有 Cr，Al，Mo，Ni 等合金元素时，由于这些元素与氧的亲和力大，首先氧化并在钢的表面形成一层致密的氧化薄膜，能阻止氧化性气体向金属内部进一步扩散，而且其氧化物的膨胀系数几乎与钢一致，能牢固地覆盖在钢的表面不脱落，从而起到保护层作用。当钢中 Cr 的质量分数大于 13% 时，即成为不锈钢，它具有优良的抗氧化性能。另外，当钢中的 $w(C) > 0.3\%$ 时，随着含碳量的增加，由于 C 的氧化，在表面生成 CO，可在一定程度上削弱氧化扩散过程，氧化现象将有所减缓。

氧化引起的危害性很大：在加热过程中的氧化现象既造成钢材的烧损，又直接影响锻件的表面质量和尺寸精度；还会降低模具使用寿命，导致炉底和金属构件的腐蚀损坏。为防止氧化，在加热工艺上可采取如下措施：

（1）在保证锻件质量的前提下，尽量采用快速加热，如电感应加热、接触加热等缩短加热时间，特别是缩短高温下停留的时间。

（2）控制炉气的性质，在保证燃料完全燃烧的条件下，尽可能减少空气的过剩量，并注意减少燃料中的水分含量。

（3）加热时采用介质保护，使钢的表面与氧化性炉气隔绝，或降低炉气中的氧分压。常用保护性介质有：气体保护介质，如惰性气体、保护气氛和石油液化气等；液体保护介质，如玻璃熔体、熔盐等；固体保护介质，如玻璃粉、珐琅粉、金属镀膜等。

2）脱碳　钢在高温加热时，其表层中的碳和炉气中的氧化性气体，如 O_2，CO_2，H_2O 等，或与某些还原性气体，如 H_2 等发生化学反应，致使钢表层含碳量降低的现象称为脱碳。其化学反应式如下：

$$\begin{cases} 2Fe_3C + O_2 \Longleftrightarrow 6Fe + 2CO, \\ Fe_3C + 2H_2 \Longleftrightarrow 3Fe + CH_4, \\ Fe_3C + H_2O \Longleftrightarrow 3Fe + CO + H_2, \\ Fe_3C + CO_2 \Longleftrightarrow 3Fe + 2CO. \end{cases} \tag{8.11}$$

这些反应是可逆的，O_2，H_2，CO_2，H_2O 等使钢脱碳，而 CO，CH_4 则可使钢增碳。影响脱碳的因素与氧化一样，主要有：

（1）钢的化学成分。钢中合金元素对钢的脱碳倾向性影响不一。一般钢中含碳量越高，脱碳的倾向就越大；合金元素 W，Al 等使钢脱碳倾向增加；而 Cr，Mn 等合金元素则能阻止钢的脱碳。

（2）炉气成分。炉气成分中脱碳能力最强的是 H_2O(汽)，其次是 CO_2 和 O_2，再次是 H_2；而 CO 的含量增加，可以减少脱碳，甚至可增碳。一般在中性介质或弱氧化性介质中加热，可以减少脱碳。

（3）加热温度。钢在氧化性气氛中加热时，一般既会产生氧化，也会产生脱碳现象。在 $700\sim1\,000\,^\circ\mathrm{C}$ 时加热，由于钢表面的氧化层阻碍了碳的扩散，因此，脱碳过程比氧化过程慢。随着加热温度的升高，氧化速度加快，同时脱碳速度也加快，因为此时的氧化皮丧失了保护作用，当钢表面氧化速度小于碳从内层向外层扩散速度时，脱碳就比氧化更为剧烈。例如，GCr15 钢，在 $1\,100\sim1\,200\,^\circ\mathrm{C}$ 时，会产生强烈的脱碳现象。

（4）加热时间。加热时间越长，脱碳层就越厚，但两者不成正比关系。当脱碳层达到一定厚度后，脱碳速度将逐渐减缓。例如，高速钢在 $1\,000\,^\circ\mathrm{C}$ 加热 0.5h，脱碳层的厚度约为 0.4mm；加热 4h，增至 1.0m；加热 12h，则为 1.2mm。

脱碳使锻件表面变软，强度和耐磨性降低。对于高碳工具钢、轴承钢、高速钢及弹簧钢等，脱碳更是一种严重的缺陷。但是，如果脱碳层的厚度小于机械加工余量时，则对锻件没有什么危害。因此，在精密锻造时，锻前加热应避免脱碳现象。

在钢加热过程中的用于防止氧化的措施，一般也同样可适用于防止其脱碳。

8.2.2 塑性成形加热过程的热效率

压力加工前加热过程的热效率与加热的方法、热源以及被加工工件材料的热物理参数等多种因素有关。

坯料的加热方法，按所采用的热源分类，可分为火焰加热与电加热两大类。

1. 火焰加热

火焰加热系利用煤、焦炭、重油、柴油或煤气等燃料在火焰加热炉内充分燃烧而产生含有大量热能的高温气体，通过对流、辐射传热方式把热能传给坯料表面，再由坯料表面向中心热传导而使坯料加热到所需的温度。

当加热温度低于 $600\sim700\,^\circ\mathrm{C}$ 时，坯料加热主要是靠对流传热；而当加热温度超过 $700\sim800\,^\circ\mathrm{C}$ 时，坯料加热则以辐射传热为主，一般普通锻造加热炉在高温加热时，辐射传热占 90% 以上，对流传热只占 8%～10%。

一般情况下，火焰加热的热效率比较低。

2. 电加热

电加热系将电能直接或间接转变为热能来加热坯料，其中有感应电加热、接触电加热、电阻炉加热和盐浴炉加热等。

1）感应电加热　感应电加热是将金属坯料置于一感应线圈内，并向感应线圈中通入交变电流以产生交变磁场,使位于磁场内的坯料产生同一频率的感应电势,从而在金属坯料中产生涡流,通过涡流发热和磁化发热(在磁性范围内),使坯料加热。

根据通入感应线圈交变电流的频率的高低,感应加热可分为高频加热($f=10^5 \sim 10^6$ Hz)、中频加热($f=500 \sim 1\,000$ Hz)和工频加热($f=50$ Hz)。

感应加热时有集肤效应,因而首先是金属坯料表层被加热,然后通过热传导向金属内部传递热量。对于大直径的坯料,为了提高加热速度,应选用较低电流频率,以增大电流透入深度;而对于小直径的坯料,可采用较高电流频率,这样能够提高电效率。

2) 接触电加热　接触电加热系以低电压大电流形式直接通入金属坯料,依靠坯料内部电阻热作为热源来加热坯料,其产生的热量 Q 可按下式计算:

$$Q = I^2 Rt, \tag{8.12}$$

式中,Q 为电流通过金属坯料所产生的热量(J);I 为通过坯料的电流(A);R 为金属坯料的电阻(Ω);t 为通电时间(s)。

由于依靠坯料内部电阻发热,通常接触电加热的热效率较高。

3) 电阻炉加热　电阻炉系利用电流通入炉内均匀分布电热元件所产生的热量,以辐射、对流传热方式来加热金属坯料。电阻炉的电热元件可以是金属,也可以是非金属,甚至可以是加热介质本身。金属电热元件材料主要有镍铬系(如 Cr20Ni80)、铁铬铝系合金(如0Cr25Al15,0Cr27Ai7Mo2),其加热温度一般在 1 100℃ 以下;更高的加热温度则需用高熔点金属如钼、钨、铂等,这势必提高加热成本。当加热温度为 1 350℃ 以上时,常采用非金属电热体,如碳化硅、二硅化钼和碳系材料等。

电阻炉加热方法由于其加热温度受到电热体的限制,热效率也比其他电加热法的低。

4) 盐浴炉加热　按加热方式盐浴炉加热可分为内热式和外热式两种。内热式电极盐浴炉是利用电流通入炉内电极产生的热量把导电介质熔融,通过高温介质的对流与传导传热,将埋在介质中的金属坯料加热;而外热式坩埚盐浴炉是将导电介质盛于坩埚内,坩埚放在炉膛内,通电加热,使介质熔融,再将埋在介质中的金属坯料加热。常用的导电介质有 $BaCl_2$,NaCl,KCl,$CaCl_2$,KNO_3,$NaNO_3$ 等。通常浴盐由 75%(质量分数,下同)$BaCl_2$ 和 25% NaCl 组成,最高使用温度为 1 050℃;当浴盐为 $w_{BaCl_2} > 98\%$ 时,最高使用温度可达 1 350℃。

这种电加热法的加热速度快,加热温度均匀,变形小,氧化脱碳现象轻微,但其热效率较低(其中外热式坩埚盐浴炉更低),还有环保问题。

8.2.3　塑性成形的温度场

塑性成形在钢锭或钢材加热过程中,开始时总是表面的温度高于中心的温度,出现断面温度差,如图 8.7 所示。断面温度差 ΔT 的大小取决于钢材的热扩散性能、断面尺寸、加热速度以及炉温与料温之间的温度差。如果钢材的热扩散性差、断面尺寸大、加热速度快、炉温与料温的温差又大,则其断面温度差就大;反之,断面温度差就小。

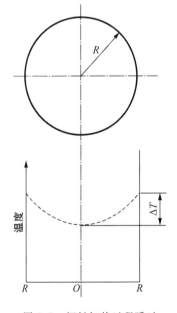

图 8.7　钢料加热过程瞬时
温度沿断面分布示意图

钢材在加热过程中形成的断面温度差,将会使锻件产生三向内应力。随着加热时间的延长,断面温差将逐渐缩小。

锻件在冷却过程中,初期表面冷却速度较快,表面的温度低于中心的温度,同样也出现断面温度差。

8.3 焊接过程的传热

在制造业生产过程中,采用连接工艺把两个或多个构件制成所需的结构或成品往往是非常经济的成形方法。焊接在连接成形特别是金属构件的连接成形中占有极其重要的地位。

同其他材料加工成形方法一样,焊接也必须由外界提供相应的能量,主要是热能,即热源是实现焊接的基本条件,因为焊接是将各种形状的构件,通过局部加热,甚至熔化凝固,连接成所需的各种结构或成品。焊接的传热过程包括焊件的加热、热能在焊件中的传播及冷却三个阶段,其主要特征是局部进行加热,焊接热源不断移动,有极高的加热和冷却速度,而且又是一个热循环过程。因此,对焊接的传热过程进行准确的分析计算和测定是进行焊接冶金分析、焊接应力应变分析、对焊接传热过程进行控制以及提高焊接质量和生产率的前提。

8.3.1 焊接过程的传热特点

焊接成形加工通常可分为熔焊、固态焊接和固液相焊接三大类。各类焊接的传热过程特点是不同的。熔焊是利用集中热源,对工件进行局部加热,使之产生局部熔化,再经过冷却凝固,形成一个牢固的接头;固态焊接是对工件进行局部加热至塑性状态,通过挤压使之成为一个牢固的接头;固液相焊接是在两工件连接处的中间加入低熔点的钎料和钎剂,通过加热使钎料和钎剂熔化,母材不熔化,然后经过冷却凝固,形成一个牢固的接头。下面主要以熔焊,特别是电弧焊传热过程为例来进行分析讨论它们共性的问题。

由于焊接时,被焊材料在热源的作用下被加热,当热源离开后,材料开始冷却。这种加热、冷却交替的焊接传热过程十分复杂,具体体现在如下五个方面:

1. 加热过程的局部性

焊接是一局部的、不均的集中加热过程。焊接热源的能量密度较大,相对加热面积较小。如钨极氩弧焊的最小加热面积仅为 $10^{-3}cm^2$,而激光焊的最小加热面积则更小,仅为 $10^{-8}cm^2$。因此,焊接熔池的中心与周边偏离加热区之间的温差很大。

2. 加热过程的瞬时性

焊接时总是瞬时把热源的热能作用在工件某点之上,这是典型非稳态导热问题。在焊接处的温度梯度很大,加热的速度很快。如钨极氩弧焊时,用热输入 Q 为 840J/cm 的热源焊接 1mm 的钢板,加热速度为 1700℃/s。这种瞬时集中热源作用下的温度场的计算是这类导热问题的分析基础。

3. 焊接热源的移动性

一般焊接时热源是移动的,焊件上直接受到热源作用的区域在不断变化,因而各点的温度是随时间而变化的,故焊接温度场在多数情况下是不稳定温度场。但是,当一个具有恒定功率的焊接热源,在焊件上作匀速直线移动时,开始一段时间内温度场是不稳定的,但经过相当一段时间以后便达到了饱和状态,形成了暂时稳定的温度场,称为准稳定温度场。此时焊件上每点的温度虽然都随时间而改变,但当热源移动时,则发现这个温度场与热源以同样的速度跟随。如果采用移动坐标系,将坐标的原点与热源的中心相重合,则焊件上各点的温度只取决于系统的空间坐标,而与时间无关。一般焊接温度场计算都是采用这种移动坐标系。

4. 热循环过程

在焊接过程中,当热源沿焊件的某一方向移动时,焊件上任一点的温度均经历由低到高的升温阶段,温度达到极大值后,又经历由高到低的降温阶段,即是一个典型的加热和冷却的热循环过程,而且,在焊缝两侧不同距离的各点,所经历的这种热循环是不同的,如图 8.8 所示。

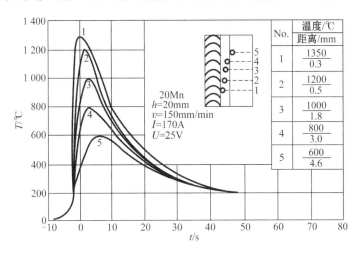

图 8.8　离焊缝不同距离点的焊接热循环

5. 焊接的复合传热

熔焊时电弧热能使被焊金属熔化并形成熔池,电弧以恒定速度沿一定方向移动。根据温度的变化,熔池可分为前后两部分。在熔池前部,输入的热量大于散失的热量,故随着电弧的移动,金属不断地熔化。在熔池后部,散失的热量多于输入的热量,则发生凝固。在熔池内部,由于自然对流、电磁力和表面张力的驱动,流体处于复杂的运动状态,而且,熔池中液态金属的流动对熔池的形态及其温度分布有着极其重要的影响。因此,焊接热传递是多种传热方式的综合,熔池中的传热应以液体的对流为主,而熔池外的传热应以固体导热为主,同时工件表面还存在着与空气的对流换热及辐射换热。

焊接的传热过程的这些特点,将影响焊接接头的固态相变、残余应力和变形,影响焊接的化学冶金过程,并直接影响焊接接头的质量。

8.3.2　焊接加热过程的热效率

焊接时,焊接热源所产生的热量因向母材以热传导的方式形成热影响区而被散失掉,同时还向周围介质散热和飞溅等,因而不能被工件全部吸收。所以,真正用于焊接的热量只是热源

提供热量的一部分。焊接时的热效率与焊接方法有关,以电弧焊为例,电弧焊时,电弧所产生的热能与电弧功率有关:

$$P_0 = UI,$$

式中,U 为电弧电压(V);I 为焊接电流(A);P_0 为电弧功率,即电弧在单位时间内放出的能量(W)。

而真正用于焊接的有效功率 P 为

$$P = \eta P_0 = \eta UI, \tag{8.13}$$

式中,η 为电弧焊的热效率(%),是指电弧的有效功率占电弧总功率的百分比。

电弧的有效热功率包括用于加热熔化母材形成焊缝部分的热能和用于加热熔化焊接材料填充焊缝部分的热能。电弧焊的热效率 η 与具体电弧焊方法、电源种类以及被焊金属材料等有关。实际上,就是同一种电弧焊方法,电源种类、极性、焊接电流、电弧电压、焊接速度、焊接材料以及周围的介质环境等众多因素均会影响电弧的热效率 η。通常情况下,电弧焊时的热效率约在 70% 左右。

而电渣焊时由于渣池处于厚大焊件的中间,热能主要损失于焊缝成形的冷却滑块,所以热量向外散失较少,而且,焊件的厚度越大,电渣焊的热效率越高。通常电渣焊的热效率约为 80% 左右。但注意,电渣焊时的速度过慢,工件熔化的同时,大量的热量传向焊缝周围的母材,对热效率不利。

至于电子束焊时因功率密度大、能量集中、穿透力强,因此焊接时能量的损失较少,其热效率可达 90% 以上;然而,尽管激光焊接时同样具有功率密度大、能量集中的特点,但激光焊的热效率取决于工件对激光束能量的吸收程度,与焊接表面状态有关。光亮的金属表面在室温下对激光具有很强的反射作用,其吸收率在 20% 以下;随着温度的提高,反射率降低,吸收率提高;在金属熔点以上吸收率急剧提高。

8.3.3 焊接过程的温度场

焊接过程中某一瞬时焊件上各点的温度分布称为焊接温度场,它是空间位置和时间的函数。研究焊接温度场是进行焊接冶金与焊接力学分析的基础。焊接温度场直接决定了焊缝和热影响区焊后的显微组织、残余应力与变形。

前面已介绍,对于焊接过程来说,焊接时焊件受集中热源的局部加热,热传导、对流和辐射都存在。至于以何种传热方式为主,视具体的焊接工艺方法而定。在电弧焊的条件下,电弧所产生的热能,主要是以辐射和对流的形式传给焊件,母材和焊条在获得热能以后,则以热传导的形式在内部进行扩散。焊接传热过程研究的主要对象是焊件上的温度分布及其随时间变化的规律,也就是研究焊接件的温度场及其热循环,因此,主要是以热传导为主,适当考虑辐射和对流的作用。

1. 焊接热传导的基本方程

众所周知,热能总是从物体的高温部位向低温部位传递的,它的流动规律服从于傅里叶(Fourier)定律。傅里叶定律认为,在导热现象中,单位时间内流入(或流出)与热流的方向 n 垂直的单位面积截面的热量 q_n,与热流方向的温度梯度 $\dfrac{\mathrm{d}T}{\mathrm{d}n}$ 正比(见图 8.9),其数学表达式为

$$q_n = \lambda \frac{\mathrm{d}T}{\mathrm{d}n}, \tag{8.14}$$

式中,λ 为热导率$[J/(cm \cdot s \cdot ℃)]$,表示物体的导热能力。

根据傅里叶定律及能量守恒定律,可导出任一无限大物体内部的热传导基本方程为

$$c\rho \frac{\partial T}{\partial t} = \frac{\partial}{\partial x}\left(\lambda \frac{\partial T}{\partial x}\right) + \frac{\partial}{\partial y}\left(\lambda \frac{\partial T}{\partial y}\right) + \frac{\partial}{\partial z}\left(\lambda \frac{\partial T}{\partial z}\right)。 \quad (8.15)$$

假定 λ 为常数,于是得到热传导的基本方程式:

$$\frac{\partial T}{\partial t} = \frac{\lambda}{c\rho}\left(\frac{\partial^2 T}{\partial x^2} + \frac{\partial^2 T}{\partial y^2} + \frac{\partial^2 T}{\partial z^2}\right) = a \nabla^2 T。 \quad (8.16)$$

式中,c 为比热容$[J/(g \cdot ℃)]$;ρ 为密度(g/cm^3);$a = \frac{\lambda}{c\rho}$ 为热扩散率

(cm^2/s);$\nabla^2 T = \frac{\partial^2 T}{\partial x^2} + \frac{\partial^2 T}{\partial y^2} + \frac{\partial^2 T}{\partial z^2}$ 为沿 x,y,z 轴三个二阶偏导函数 $T(x,$

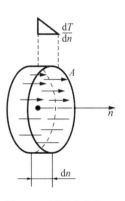

图 8.9　傅里叶定律
的热流

$y,z)$ 之和,其中∇为拉普拉斯运算符号。

$\nabla^2 T$ 表示给定点 $P(x,y,z)$ 的温度 T 相对于附近点的平均温度的偏差。$\nabla^2 T$ 为正号时,意味着在给定时间 t 内,热能是从邻近点进入给定点;若为负号时,则意味着热能是从给定点传出的。

式(8.16)表示给定点的温度变化速度同拉普拉斯运算符号成比例,即在某一时刻 t,物体上给定点 $P(x,y,z)$ 附近的温度分布越不均匀,则该点的温度变化也越快。导热的结果是使温度的不均匀性逐渐减小,温度变化速度也逐渐降低。

在特定的条件下,对式(8.16)进行求解,可发现焊接温度场是空间位置和时间的函数,其数学表达式为

$$T = f(x,y,z,t), \quad (8.17)$$

式中,T 为焊件上某一点在某一瞬时的温度;x,y,z 为焊件上某一点的空间坐标;t 为时间。

式(8.17)是热传导基本方程的一个特解。通常求解热传导方程的方法有数学分析解(精确解法)和数值解(近似解法)。数学分析解法的优点是求解过程中物理概念与逻辑推理清晰,其结果能清楚地表示各因素(边界条件、物性条件、时间条件等)对温度分布的影响;缺点是只能求解较简单的方程,对于不规则及材料物性参数不为常数等复杂情况,往往无法求解。数值解法是将方程离散化后得到代数方程组,然后利用计算机运行求解,可用于解决较复杂、多影响因素的实际问题。所采用的离散化方法主要有有限差分法和有限元法。

2. 求解焊接热传导方程的假定条件

由于焊件尺寸、形状多种多样,焊接热源有很大差异,影响因素也很多,焊接的热传导方程十分复杂。因此,用数学分析法求解焊接温度场时必须作合理的假定和简化,具体如下:

(1) 焊件与热源形式:可概括为三种模型(见图8.10):

① 半无限大物体,可在 x,y,z 三个方向空间导热,对应的热源为三维导热的点状热源[见图8.10(a)],厚板表面堆焊可视为该情况,其 $T = f(x,y,z,t)$。

② 无限大薄板,在 x,y 两个方向导热,对应的热源为二维导热的线状热源[见图8.10(b)],薄板对接焊接属于该情况,其 $T = f(x,y,t)$。

③ 无限长细杆,只有在 x 一个方向导热,对应的热源为一维导热的面状热源[见图8.10(c)],钢筋类、条棒状端面焊接属于该情况,其 $T = f(x,t)$。

（2）边界条件规定：半无限大物体的表面为绝热面，即热源的能量全部向体内传导；无限大薄板的上下表面及无限细长杆件的周边均与周围介质发生热交换，即表面传热。

（3）假定材料在固态相变时，无相变潜热发生，即除焊接热源外，无其他任何热源。

（4）假定焊接热源在单位时间内供给的能量 q 在整个焊接过程中保持恒定；除固定位置的补焊或定位焊外，焊接热源应保持直线等速运动。

（5）假定热源在运动过程中所产生的热作用效果，可视为是相继瞬时作用于各不同点的无数集中热源连续作用的总和，而多个瞬时热源相互之间并不发生影响。瞬时热源是指热源作用时间 Δt 与热的传播持续时间 t 相比，极其微小，即 $\Delta t/t \rightarrow 0$。

（6）假定金属材料的热物理性能，如 λ、c 等与温度无关，系常数。

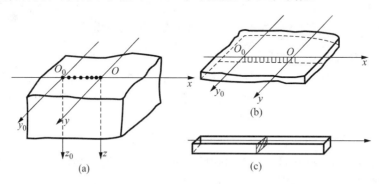

图 8.10 焊件与热源形式

（a）半无限大物体，点状热源 （b）无限大薄板，线状热源 （c）无限长细杆，面状热源

3. 瞬时热源作用下的焊接温度场

焊接热源一般视为作用于微元体上的集中热源，假定焊件的初始温度 $T_0 = 0$，利用瞬时热源法较容易求得热传导基本方程的特解。其特解的一般表达式可写为

$$T(r,t) = \frac{Q}{c\rho \,(4\pi at)^{n/2}} \exp\left(-\frac{r^2}{4at}\right)。 \tag{8.18}$$

式中，r 为所研究的给定点 P 与热源作用点 O 之间的距离（圆柱坐标）；n 为常数，与热源种类有关；Q 为焊件瞬时获得的热能（J），上述参数的取值见表 8.1。

表 8.1 式（8.18）中的 r、n、Q 值

热源	Q	n	r	备注
点热源	$Q = q\Delta t$	3	$\sqrt{x^2 + y^2 + z^2}$	
线热源	Q/h	2	$\sqrt{x^2 + y^2}$	h—薄板厚度
面热源	Q/A	1	x	A—细长杆件横截面积

根据式（8.18）及表 8.1 就可求得点、线、面三种典型热源的热传导基本方程的特解，即其温度场，下面分别讨论。

1）点热源时的特解

$$T(r,t) = \frac{q\Delta t}{c\rho \,(4\pi at)^{3/2}} \exp\left(-\frac{r^2}{4at}\right)。 \tag{8.19}$$

如果焊件的初始温度 $T_0 \neq 0$，则

$$T(r,t) - T_0 = \frac{q\Delta t}{c\rho (4\pi at)^{3/2}} \exp\left(-\frac{r^2}{4at}\right) \text{。} \tag{8.20}$$

由式(8.20)可以看出，在这种情况下所形成的温度场，是以 r 为半径的一个个等温球面。但在熔焊的条件下，热源传给焊件的热能是通过焊件表面进行的，故常称为半无限体。这时应对式(8.20)进行修正，即认为全部的热能被半无限体所获得，则

$$T(r,t) - T_0 = \frac{2q\Delta t}{c\rho (4\pi at)^{3/2}} \exp\left(-\frac{r^2}{4at}\right) \text{。} \tag{8.21}$$

式(8.21)就是厚大件(属于半无限体)瞬时集中点状热源的传热计算公式。由此式可知，热源提供给焊件热能之后，距热源为 r 的某点温度的变化是时间 t 的函数。很明显，其等温面呈现为一个个半球面状。

根据式(8.21)的计算结果，其温度场及其变化如图 8.11 所示。可见，在 $r=0$ 的原点，即瞬时热源作用点，$T \to \infty$(实际上等于热源的最高温度)；当 $t \neq 0$ 时，其温度按指数规律降低，开始较快，以后逐步变慢。而在 $r \neq 0$ 的各点，在 $t=0$ 时，均为 $T = T_0$；在随后的热传导过程中，先是升温，经过最大值后又下降。其峰值温度 T_{max} 由 $\frac{\partial T}{\partial t} = 0$ 来决定，并与 r 值有关：

$$T_{max} = \frac{2Q}{c\rho \left(\frac{2}{3}\pi t\right)^{3/2} r^3} + T_0 \text{。} \tag{8.22}$$

达到峰值温度 T_{max} 的时间 t_m 为

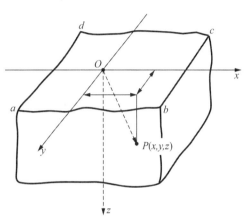

图 8.11 半无限大物体上表面的瞬时热源

$$t_m = \frac{r^3}{6a} \text{。} \tag{8.23}$$

显然，离热源中心越近，峰值温度越高，且达到峰值温度的时间越短。

2) 线热源时的特解 线热源可以视为是在 z 轴上存在无数点状热源同时作用的结果。若单位长度的热能为 Q_1(J/cm)，则 $Q = Q_1 dz$，于是沿 z 轴对式(8.18)进行积分，即可求得线热源的特解。因为在有限厚度为 h(cm)时，$Q_1 = \frac{Q}{h}$，其结果即为

$$T(r,t) = \frac{Q/h}{c\rho(4\pi at)} \exp\left(-\frac{\sqrt{x^2+y^2}}{4at}\right) \text{。} \tag{8.24}$$

同样，当焊件的初始温度 $T_0 \neq 0$ 时，则

$$T(r,t) - T_0 = \frac{Q/h}{c\rho(4\pi at)} \exp\left(-\frac{\sqrt{x^2+y^2}}{4at}\right) \text{。} \tag{8.25}$$

当 $r \neq 0$ 时，各点达到的峰值温度 T_{max} 及所需时间 t_m 可用下式表示：

$$T_{max(r)} = \frac{Q/h}{c\rho\pi ar} + T_0 \text{，} \tag{8.26}$$

$$t_m = \frac{\sqrt{x^2+y^2}}{4a} \text{。} \tag{8.27}$$

3）面热源时的特解 对于面热源，当焊件的初始温度 $T_0 \neq 0$，焊接端面积为 A 时，采用同样的方法，面热源时的特解为

$$T(r,t) - T_0 = \frac{Q/A}{c\rho\pi a r^{1/2}}\exp\left(-\frac{x^2}{4at}\right). \tag{8.28}$$

需说明的是，在前面的推导过程中，均未考虑焊件表面的传热问题。实验表明，忽略表面传热的影响是可以的，多数情况下其误差并不显著。

4. 影响焊接温度场的因素

影响焊接温度场的因素很多，概括起来主要有：

1）热源的性质 焊接热源有电弧、气体火焰、摩擦热、电渣焊的熔渣电阻热以及高能束等等。热源的性质不同，焊接时的温度场也不同。以电弧焊为例，由于自由电弧和压缩电弧的热能集中程度不同，其焊接温度场的形状各异；电子束焊接时，能量极其集中，其温度场范围很小，温度梯度很大；而氧乙炔气焊时，热源作用面积较大，因此，其温度场的范围也较大，相对温度梯度也较小。对 25mm 厚度以上的钢板采用电弧焊焊接时，可认为是点状热源；而对 100mm 以上厚度的工件进行电渣焊时，也只能认为是线状热源。

2）焊接参数 由于焊接参数不同，即使同样的焊接热源，其焊接温度场也不同。

（1）焊接速度 v 的影响。当热源能量 q（功率）＝常数时，随着焊接速度 v 的增加，某一温度的等温线所包围的范围显著缩小，即其宽度和长度都变小，用等温线表示的温度场的形状变得细长，如图 8.12（a）所示。

（2）热源能量 q 的影响。当 v＝常数时，随着 q 的增大，某一温度的等温线所包围的范围也随之增大，如图 8.12（b）所示。

当焊接热输入 $E = q/v$ 为常数时，同时增大 q 和 v，会使等温线稍加拉长，因而使等温线包围的范围被拉长，如图 8.12（c）所示。

3）被焊金属材料的热物理性质

（1）热导率 λ。λ 表示金属的导热能力，它的物理含义是在单位时间内，单位距离相差 1°C 时，沿法线方向 n 经过单位面积所传递的热能，即

$$\lambda = \frac{\mathrm{d}Q}{\mathrm{d}A\mathrm{d}t\left(-\frac{\partial T}{\partial n}\right)}, \tag{8.29}$$

式中 λ 为热导率[W/(cm·℃)]；Q 为热能(J)；A 为传热面积(cm^2)；t 为传热时间(s)；T 为温度(℃)；$\frac{\partial T}{\partial n}$ 为单位温度梯度，负号表示降温，即单位距离降低 1°C 时的温度梯度。

热导率 λ 并不是常数。当金属材料的化学成分、组织和温度不同时，λ 也不同。对于纯铁、碳钢和低合金钢来说，随着温度的增加，λ 是下降的；而对高合金钢，如不锈钢、耐热钢等，随着温度的增加，λ 是增加的，如图 8.13 所示。

在室温时，各种钢的 λ 数值相差很大，然随温度的上升，它们几乎趋向一致。当温度在 800°C 以上时，各种钢的 λ 值约在 $0.25 \sim 0.34\text{W}/(\text{cm}\cdot℃)$ 之间。

（2）比热容 c。1g 物质每升高 1°C 时所需的热能称为比热容 c。当温度上升 $\mathrm{d}T$ 时，则

$$c = \frac{\mathrm{d}Q}{\mathrm{d}T}, \tag{8.30}$$

式中，dQ 为 1g 物质温度上升 dT 时所吸收的热能(J/g)。

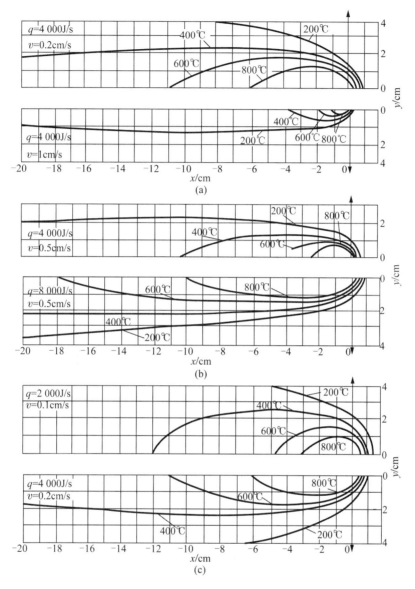

图 8.12　焊接参数对温度场的影响

　　材料不同，具有不同的比热容，而同样材料，当温度变化时，c 也随之变化，特别是在磁性转变温度附近(如低碳钢在 768℃ 左右)变化很大。为了方便起见，在进行焊接温度场计算时，常取 c 的平均值。如钢在 20～1 500℃ 时，c 的平均值为 0.67～0.76J/(g·℃)。当然，这会带来一定的误差。

　　(3) 体积比热容 c_ρ。单位体积的物质每升高 1℃ 时所需的热能，称为体积比热容，用 c_ρ 表示，单位为 J/(cm³·℃)。同样，c_ρ 也是温度的函数。c_ρ 值大的金属，温度上升缓慢。一般钢铁材料的 c_ρ 值约为 4.62～5.46J/(cm³·℃)。

　　(4) 热扩散率 a。热扩散率又称导温系数，它是表示温度传播的速度。a 与 λ 和 c_ρ 的关系

为 $a = \dfrac{\lambda}{c_\rho}$。同样，$a$ 也是随温度变化的。低碳钢在焊接时，a 的平均值约为 $0.07 \sim 0.10 \mathrm{cm^2/s}$。

（5）比焓 h。单位质量的物质所具有的全部热能称为比焓 h，h 也是与温度有关的。低碳钢加热到熔化温度时的 h 大约为 $1\,331.4 \mathrm{J/g}$。

（6）表面传热系数 α。表面传热系数 α 是表示金属材料表面传热的能力，它的物理含义是传热表面与周围介质每相差 1℃时，在单位时间内单位面积所传递的热量。传热的方式有辐射和对流。实验证明，在静止的空气中，焊接过程所传递的热能主要通过辐射，而对流的作用很小。

一般为计算方便，只考虑总的传热系数 $\alpha = \alpha_e + \alpha_c$。$\alpha_e$ 为表面辐射传热系数；α_c 为表面对流传热系数。由于传热而损失的热能，可由下式进行计算：

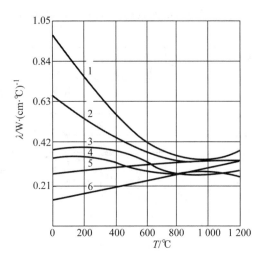

图 8.13　各种钢的热导率与温度的关系
1—纯铁　2—低碳钢[$w(\mathrm{C}) = 0.1\%$]　3—中碳钢
[$w(\mathrm{C}) = 0.45\%$]　4—低合金钢[$w(\mathrm{Cr}) = 4.98\%$]
5—高铬钢($1\mathrm{Cr}13$)　6—不锈钢(18-8 型)

$$q_s = \alpha(T - T_e)。 \tag{8.31}$$

式中，q_s 为传递的热能；α 为表面传热系数；T 为物体表面温度；T_e 为物体周围介质的温度。

由于传热而损失的热能，不但随温差增大而增加，而且温度越高，表面传热系数 α 也越大，如图 8.14 所示。

因此，当焊件的传热面积较大时，如薄板的焊接，就需考虑表面传热对温度场的影响。

根据上述介绍，材料的各种热物理性能参数均为温度的函数。焊接时的温度变化很大，温度分布极不均匀，因此给焊接温度场的精确计算带来了一定的困难。

在焊接温度场的计算中，为使问题简化，材料的热物理性能参数一般可采用在温度变化范围内的平均值。对于焊接工程中常遇到的典型金属材料，其热

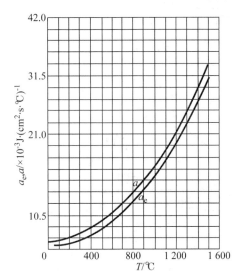

图 8.14　α 和 α_e 与温度的关系

物理性能参数可参阅表 8.2。

表 8.2　典型金属材料热物理性能参数的平均值

热物理性能参数	单位	焊接条件下选取的平均值			
		低碳钢、低合金钢	不锈钢	铝	纯铜
λ	$\mathrm{W \cdot (cm \cdot ℃)^{-1}}$	$0.378 \sim 0.504$	$0.168 \sim 0.336$	2.65	3.78
c	$\mathrm{J \cdot (g \cdot ℃)^{-1}}$	$0.652 \sim 0.756$	$0.42 \sim 0.50$	1.0	1.32
c_ρ	$\mathrm{J \cdot (cm^3 \cdot ℃)^{-1}}$	$4.83 \sim 5.46$	$3.36 \sim 4.2$	2.63	3.99

（续表）

热物理性能参数	单位	焊接条件下选取的平均值			
		低碳钢、低合金钢	不锈钢	铝	纯铜
$a = \lambda / c_\rho$	$cm^2 \cdot s^{-1}$	$0.07 \sim 0.10$	$0.05 \sim 0.07$	1.0	0.95
α	$J \cdot (cm \cdot s \cdot ℃)^{-1}$	$(0 \sim 1\,500℃)$ $(0.63 \sim 37.8) \times 10^{-3}$	—	—	—
h	$J \cdot g^{-1}$	$(0 \sim 1\,500℃)$ $1\,331.4$	—	—	—

综合上述，由于各种材料的热物理性能不同，特别是 λ 和 c_ρ 等会使焊接温度场发生很大的变化。以 10mm 厚焊件的焊接为例，在同样焊接热输入（$Q=21kJ/cm$）条件下，由于金属材料不同，焊接温度场的分布将有很大的差别，如图 8.15 所示。由图中可以看出，焊接铬镍奥氏体不锈钢时，相同的等温线范围（如 600℃）要比低碳钢焊接时为大，这是因为奥氏体不锈钢的热扩散性能比低碳钢差[铬镍奥氏体不锈钢的 $\lambda=0.252W/(cm \cdot ℃)$；低碳钢的 $\lambda=0.42W/(cm \cdot ℃)$]，因此，焊接不锈钢和耐热钢时，所选用的焊接热输入 E 应比焊接低碳钢时要小。相反，由于铜和铝的热扩散性极好，相同等温线的范围很小，因此焊接铜和铝时应选用比焊接低碳钢更大的热输入。

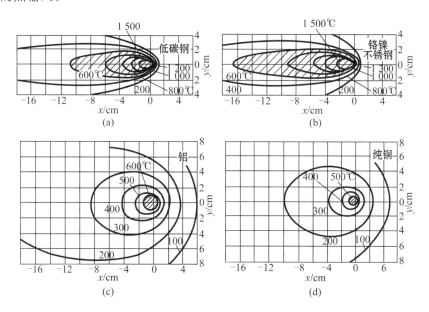

图 8.15　金属热物理性能对温度分布的影响

4）焊件的板厚及形状　焊件的几何形状、尺寸及环境状态，如环境温度、湿度、介质、预热及后热等，对焊接温度场的分布也有很大的影响。

（1）厚板焊接结构。在图 8.10 中，热源作用在 $z=0$ 的表面 O 点上，传热方向为 x,y,z 三维传热。从前面的分析已知，这种情况相当于点状热源，热的传播为半球体形，所以一般视为半无限大物体。大量实验数据显示，25mm 以上厚度的低碳钢焊件或 20mm 以上厚度的不锈钢焊件，在焊条电弧焊的条件下，都可视为半无限大物体，各个坐标系的温度场等温线分布如图 8.12 所示。

（2）薄板焊接结构。热源的特征为线状，传热方向为 x,y 二维传热。在焊条电弧焊的条件下，厚度在 8mm 以下的低碳钢板或厚度在 5mm 以下的不锈钢板，均可视为薄板结构。各坐标系的温度场分布如图 8.16 所示。

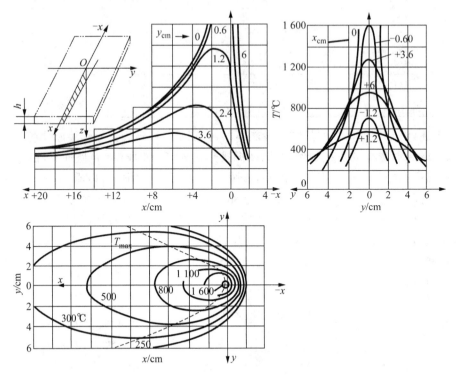

图 8.16　薄板焊接时的温度场分布

$q=4\,200\text{J/s}, V=0.1\text{cm/s}, \lambda=0.425\text{W/(cm}\cdot\text{℃)}$

（3）接头形式。焊接接头形式不同，其温度场分布的特点也不一样，如图 8.17 所示。

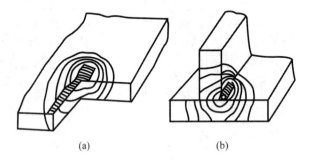

（a）　　　　　　　（b）

图 8.17　不同接头形式温度场分布

（a）表面堆焊　（b）丁字接头

8.3.4　焊接的热循环

从 8.3.1 节图 8.8 中得知，焊接是一个不均匀的加热和冷却的热循环过程，并且加热速度和冷却速度均很快。离焊缝越近的点，其加热速度越大，峰值温度越高，冷却速度也较大。也就是说，焊接是一种特殊的熔化凝固热处理过程。但它与一般金属材料热处理相比，以及与上面所述的凝固成形或塑性成形传热过程相比，其加热和冷却速度之快，保温时间之短，是完全不同的。这不仅会使焊接件的组织和性能产生不均匀变化,同时还会使焊接区域产生扭曲、残余应力和变形等。故认识焊接区域热循环对于控制和提高焊接质量具有重要意义。

1. 焊接热循环的特征参数

在实践中人们总是用对组织和性能评价至关重要且最能说明热循环本质的 4 个主要参数来表征热循环曲线:即加热速度 v_H,加热最高温度 T_{max},高温持续时间 t_H,冷却速度 v_C 或冷却时间 t_C。为了确定焊接热循环的特征参数,可以选取图 8.8 所示曲线族中的一条来加以描述,如图 8.18 所示。

1)加热速度 v_H 焊接过程的加热速度通常比常规金属热处理或热塑性成形的加热速度快的多。前面所推导的焊接的热传导基本方程(8.15)或式(8.16),可以对 v_H 进行理论计算。实际上,它就是焊接热循环曲线加热段上任一点(某一瞬时)的切线斜率或微分。

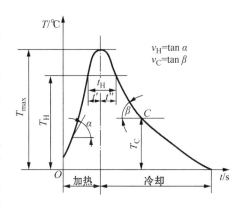

图 8.18 焊接热循环的主要参数

由于焊接的加热速度很快,从热处理知识中得知,其相变温度随之提高。对于钢铁材料而言,加热速度越快,意味着发生奥氏体转变的温度提高,奥氏体的均质化和碳化物的溶解过程就越不充分,故必然会影响到其后冷却过程组织和性能。

影响焊接加热速度的因素很多,不同的焊接方法、焊接材料、焊接工艺参数、接头形式、几何尺寸以及板厚等均会影响其加热速度。表 8.3 给出了低合金钢对接单道焊的热循环参数。

表 8.3 单层电弧焊和电渣焊低合金钢时近缝区热循环参数

焊接方法	板厚 /mm	焊接热输入/J·cm^{-1}	900℃时的加热速度 /℃·s^{-1}	900℃以上停留时间/s 加热时 t'	900℃以上停留时间/s 冷却时 t''	冷却速度/℃·s^{-1} 900℃	冷却速度/℃·s^{-1} 550℃	备注
钨机氩弧焊	1	840	1 700	0.4	1.2	240	60	对接不开坡口
	2	1 680	1 200	0.6	1.8	120	30	
埋弧焊	3	3 780	700	2.0	5.5	54	12	对接不开坡口,有焊剂垫
	5	7 140	400	2.5	7.0	40	9	
	10	19 320	200	4.0	13.0	22	5	
	15	42 000	100	9.0	22.0	9	2	V 形坡口对接,有焊剂垫
	25	105 000	60	25.0	75.0	5	1	
电渣焊	50	504 000	4	162.0	335.0	1.0	0.3	双丝
	100	672 000	7	36.0	168.0	2.3	0.7	三丝
	100	1 176 000	3.5	125.0	312.0	0.83	0.28	板极
	220	966 000	3.0	144.0	395.0	0.8	0.25	双丝

2)加热最高温度 T_{max} 焊接过程的最高温度即为峰值温度 T_{max},其计算可根据前面所推导的焊接点、线热源温度场数学表达式(8.22)和式(8.26)。对于低碳钢和低合金钢,熔合线附近的最高温度可达 1 300～1 350℃。显然,峰值温度 T_{max} 与焊件的初始温度 T_0、焊接热输入 Q、母材的热物理性能 $c\rho$、板厚 h 以及离热源中心的距离 r 或 y 等因素有关。

T_{max} 对焊后母材热影响区组织和性能有很大影响。接头上熔合线附近,若峰值温度过高,则致使晶粒迅速长大,造成粗晶脆化,韧性降低。

3) 高温持续时间 t_H 高温持续时间 t_H 是指相变温度以上的总的停留时间。它由加热过程持续时间 t' 和冷却过程持续时间 t'' 两部分组成,即 $t_H = t' + t''$。对于一般的焊接热循环有 $t' < t''$。达到峰值温度 T_{max} 的时间 t_m 计算可根据前面所推导的焊接点、线热源温度场数学表达式(8.23)和式(8.27)。但高温停留时间直接从理论上推导还有一定的困难,可根据焊接温度场的理论计算公式和实验结果相结合来确定。通常,高温停留时间 t_H 与焊接热输入 Q、被焊金属材料的热物理性能 λ 和 c_ρ、工件厚度 h、焊件的初始温度 T_0 以及加热的最高温度 T_{max} 等因素有关。表 8.3 给出了低合金钢对接单道焊的高温停留时间 t' 和 t'' 数据。

高温持续时间 t_H 对于相的溶解、组分的扩散均质化、析出以及晶粒大小都会产生很大影响。对于低碳钢和低合金钢,高温持续时间是指相变温度 A_{c_3} 以上停留时间。此时间越长,越有利于奥氏体均质化和奥氏体晶粒长大。

4) 冷却速度 v_C 或冷却时间 t_C 冷却速度 v_C 或冷却时间 t_C 是决定热影响区组织和性能的主要参量。在热循环曲线上,某一时刻的冷却速度(瞬时冷却速度)是由焊接热循环曲线上冷却阶段该时间点的切线斜率表示的,温度不同其冷却速度也不相同。瞬时冷却速度 v_C 可根据前面所推导的焊接温度场数学表达式(8.18)进行推导计算,可得

点热源
$$v_C = -2\pi\lambda \frac{(T_C - T_0)^2}{E},\tag{8.32}$$

线热源
$$v_C = -2\pi\lambda c\rho \frac{(T_C - T_0)^3}{(E/h)^2}。\tag{8.33}$$

因此,瞬时冷却速度 v_C 与焊接热输入 E、被焊金属材料的热物理性能 λ 和 c_ρ、焊件的初始温度 T_0 以及工件厚度 h 有关。需要说明的是,在热输入 Q 一定的条件下,当板厚大到一定程度时,板厚 h 将对冷却速度 v_C 不发生影响,相当于半无限大物体的点热源情况,即存在一个对冷却速度不发生影响的临界板厚 h_C。

由于影响冷却速度的因素较多,且情况较复杂,利用上述传热学理论推导计算的结果与实际情况可能会出现一定的偏差。故工程上往往采用根据试验结果建立在特定条件下的冷却速度经验计算公式。对于低碳钢和低合金钢而言,在连续冷却条件下,540℃左右组织转变最快,因此,常采用的是熔合线附近冷却到450℃左右的瞬时冷却速度。另外,实测瞬时冷却速度毕竟较麻烦,近年来国内外常用某一温度范围的冷却时间来进行研究。对于合金钢,温度由 800℃ 冷却到 500℃ 的时间 $t_{8/5}$,对给定成分材料的组织性能有决定性作用,因此,常用这一冷却时间作为热循环特征参数;对于易淬火钢,则常用 800~300℃ 的冷却时间 $t_{8/3}$ 和从峰值温度冷却到 100℃ 的冷却时间 t_{100};而温度由 400℃ 冷却到 150℃ 的时间对氢的扩散及焊接冷裂纹的产生具有重要影响,因此,这一时间也往往作为焊接热循环参数之一,见图 8.19。

焊接热循环特征参数是对焊接接头热循环的定量描述,它反映了接头组织和性能的变化本质,因此,研

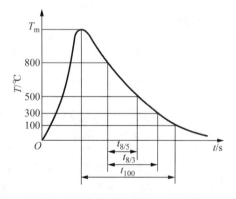

图 8.19   热循环曲线上一定温度
范围内冷却时间示意图

究焊接热循环参数,对于了解和改善接头的组织和性能具有重要意义。对于某一特定的接头焊接条件,知道这些参量后,就可以根据材料特性预测热影响区的组织、性能和焊接裂纹倾向;反之,根据对热影响区组织和性能的要求,可以合理选择热循环特征参量,从而制定合适的焊接工艺参数。

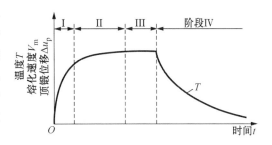

图 8.20　连续驱动摩擦焊固定端热影响区热循环曲线示意图

实际上,并不是所有的焊接方法都具有图 8.8 所示的典型热循环曲线形式,不同的焊接方法,热循环曲线会有较大差异,图 8.20 为连续驱动摩擦焊固定端热影响区热循环曲线示意图。

2. 多层焊接热循环

实际焊接生产中,单层焊较少,多数是采用多层多道焊接,特别是对厚度较大的焊接结构有时往往要焊十几层甚至更多,因此,研究多层焊接热循环更具有普遍意义。

多道焊或多层焊的热循环特性,实际上是由每一单道焊热循环综合作用的结果。每当开始焊接后一道焊缝时,前道焊缝对后面施焊的焊道起着预热的作用,而后面的焊道对前一道焊缝则起到类似于变温热处理作用。因此,这种前后道焊缝间的相互热作用对于提高焊接接头质量比单层焊更为有利。

根据不同情况,多层焊可以分为长段多层焊和短段多层焊。

1) 长段多层焊接热循环　长段多层焊是指每道焊缝较长,其长度一般大于 1m 以上。这样,在焊完第一层再焊第二层时,第一层焊缝已基本冷却到 $100 \sim 200 ℃$ 以下较低的温度。图 8.21 所示为长段多层焊接热循环曲线变化情况。从图中可以看出,不同焊道之间具有依次的热处理作用,且在焊接第三层焊缝时,近焊缝 C 点的热循环曲线,其峰值温度 T_{max} 已超过其固态相变温度 A_{c3}。在冷却速度较快时,有可能产生硬化现象。

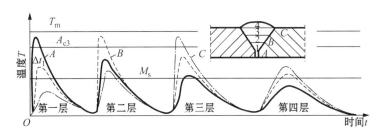

图 8.21　长段多层焊热循环简图

因此,对于一些淬硬倾向较大的钢种,一般情况下不适宜采用长段多层焊接。因为这类钢在焊接第一层以后,焊接第二层以前,由于近缝区或焊缝区的淬硬倾向较大,在冷却速度较快和温度较低的情况下,有可能产生裂纹。为此,这类钢在必须采用长段多层焊时,一定要采取相应的工艺措施,如焊前预热、控制层间温度、焊后后热缓冷等。为防止最后一层的淬硬倾向,必要时在最后一道焊缝上再附加一道焊缝,称之为回火焊道或退火焊道,以改善接头质量。

注意,长段多层焊时第一层和最后一层是保证焊接接头质量的关键。若第一层和最后一层不产生淬火组织,则其间的各层也将不会产生淬火组织。因此,第一层和最后一层的热循环特征参数具有更为重要的意义。

2）短段多层焊接热循环　短段多层焊系指每道焊缝的长度较短,约为 $50\sim400mm$。在这种情况下,未等前道焊缝冷却到较低温度（如 M_s 点）时,就开始焊接下一道焊缝。短段多层焊时焊缝不同部位点（A,C 点）的焊接热循环曲线如图 8.22 所示。从图中可以看出,施焊第一层焊道和最后一层焊道时热影响区的冷却速度较高,其他焊道焊接时热影响区的冷却速度都较低,因此,只要控制第一层焊道和最后一层焊道焊接时不出现裂纹,中间各道焊缝施焊时也不会出现裂纹;而且,对于焊缝热影响区 A,C 点尽管其峰值温度 T_{max} 已超过其固态相变温度 A_{c3},但停留时间很短,晶粒不会长大。这种施焊方式很适合淬硬倾向较大的钢种。

生产上为进一步改善焊缝及热影响区的组织和性能,最后还常常多焊一层退火焊道,以便延长奥氏体分解时间。

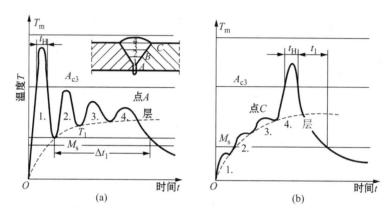

图 8.22　短段多层焊热循环简图

多层焊热循环的主要参数也可以通过理论计算的方法求得。但是由于在数学解析中忽略了某些影响因素,因而给计算结果带来一定的误差。但现有的实测资料和计算数据对比来看,还是比较吻合的。由此看来,焊接传热学对于研究近缝区组织和性能的变化以及应力场和变形等问题,有一定的实用价值。

3. 影响焊接热循环的因素

除了上面讨论时所提及的被焊材料的热物理参数外,实际上影响焊接热循环的因素还应包括焊件尺寸、形状,接头以及焊接工艺参数等。

1）焊件尺寸、形状的影响　在焊接热输入一定的条件下（电弧焊堆焊,$T_0=0$,焊条直径 $\phi=4mm$,$I=140A$,$U=30V$,$v=5cm/min$,焊道长度等于焊件长度）,焊件长度不变,当板厚 h 较小时,改变焊件宽度 b,对冷却时间 t_c 的影响很大;当 h 较大时,b 对 t_c 的影响不明显;而当 $b>150mm$,b 几乎对 t_c 没有影响。

2）接头形式的影响　接头形式不同,热扩散情况就有差异,因而对焊接热循环特性也有影响。在相同板厚的情况下,丁字接头的冷却速度要比 V 形坡口对接接头的大 1.5 倍。

3）焊道长度的影响　在同样接头形式和焊接条件下,焊道越短,其冷却速度越大。

4）焊接热输入的影响　随着焊接热输入的增加,加热的最高温度 T_{max}、高温停留时间 t_H 以及冷却时间 t_c 也随之增大。

5）预热温度的影响　预热温度的提高,可以降低冷却速度或增长冷却时间,同时也延长高温停留时间。

6）焊接时冷却条件的影响　焊接时的周围环境及冷却条件（如冬季野外施工、通风情况，等等），不仅影响到焊件的初始温度，也会影响到焊接过程中的传热条件。

8.4　热加工的化学冶金现象

除冷加工外，热加工过程（铸造、锻造、焊接和热处理等）中均要把材料加热到高温或熔化，其间材料与其周围介质发生各种各样的化学冶金反应，其结果必将导致材料成分、组织结构和性能的变化。

通常，材料与周围介质的冶金反应引起的变化多数是有害的，但可通过控制，减小或避免这些有害反应，并促成一些有益反应。例如，无保护的焊接时，当金属直接暴露在大气中进行加热和熔化时，必将引起金属的强烈氧化和吸氮、吸氢等反应，使金属中的含氧、含氮和含氢量急剧增加。相反，一些有益的合金元素则被氧化烧损，并在金属中形成氧化物夹杂，使金属的成分和性能发生恶化。但若在加工过程中采取一些相应的措施，如焊接时采用带有药皮的焊条后，结果就能得到很大的改善。

热加工过程中化学冶金反应程度及其引起的变化与加热温度、所加工材料、接触的介质特性以及加工方法有关。铸造的化学冶金反应，主要有气体杂质的溶入与污染，金属及其合金元素的氧化烧损和脱氧，金属的脱磷、脱硫、脱碳和渗合金反应等，这些反应主要发生在金属的熔炼阶段。由于金属熔炼的时间较长，在熔炼过程中的温度变化范围不大，因此冶金反应进行得较充分，可采用物理化学中的平衡方程式来进行计算与分析，能较容易地控制钢铁中各种元素的含量，保证钢铁的化学成分达到设计要求；而热处理和热塑性成形过程的化学冶金反应主要指在加热过程中金属表面与周围介质之间的氧化、脱碳与增碳、渗硫等，其反应过程相对较简单，而且有关氧化、脱碳现象及其影响因素已在 8.2.1 节中讨论。下面重点介绍焊接的化学冶金现象。

8.4.1　焊接过程中的化学冶金特点

焊接过程中，在热源的作用下，焊接区的填充材料与母材熔化为液态的熔滴和熔池，随后在冷却凝固过程中又从液态转变成固态的焊缝，在此期间各种物质之间在高温下相互作用的过程，称为焊接化学冶金过程。

焊接过程与钢铁冶炼过程相比较，在原材料及冶炼条件等方面均有很大不同，焊接化学冶金过程的主要特点如下：

（1）焊接冶金反应区温度高。液态金属与气相、熔渣接触面积大，反应时间短。所以，焊接化学冶金反应速度快而强烈，这加剧了合金元素的烧损与蒸发。

（2）熔池尺寸小。焊条电弧焊时熔池质量通常为 0.6～16g，低碳钢埋弧焊时也不超过100g。熔池内液体在各种力的作用下发生强烈运动，其运动状态受焊接方法、工艺参数、焊接材料成分、电极直径及其倾斜角度等因素的影响。

（3）焊接区域的不等温条件，使焊接化学冶金反应多数没达到平衡状态，但趋近于平衡。

（4）不同的焊接方法对焊接区金属可采用不同的方式进行保护。例如，有气体保护、熔渣保护、气-渣联合保护、真空保护等等。

（5）焊接冶金反应是在具有保护的条件下分区域（或分阶段）连续地进行的，不同的焊接方法有不同的反应区。通常，焊接冶金反应始于焊接材料（焊条、焊丝）的起弧熔化，经熔滴过渡最后到熔池之中，各阶段既有区别又互相依赖。

（6）化学冶金反应受焊接工艺条件的影响。当焊接方法或工艺参数改变时，必然引起冶金反应的条件（如反应物的数量、浓度、温度、反应时间等）发生变化。

8.4.2　焊接化学冶金反应区

焊接化学冶金反应过程是分区域或分阶段连续进行的，且各区的反应条件，如反应物的性质、浓度、温度、反应时间、相接触面积、对流和搅拌的程度等均存在较大的差别，因而反应的可能性、进行的方向以及反应进行的程度等各不相同。

不同的焊接方法有不同反应区，手工电弧焊的化学冶金反应过程最为复杂，这里主要以手工电弧焊（药皮焊条）为例，介绍焊接过程的化学冶金反应。

手工电弧焊的化学冶金反应大体可分为三个反应区，即药皮反应区、熔滴反应区和熔池反应区，如图 8.23 所示。

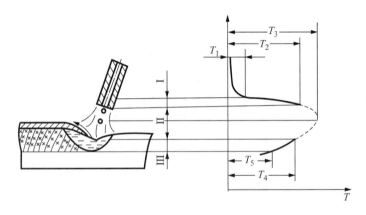

图 8.23　焊条电弧焊冶金反应区及其温度分布
Ⅰ—药皮反应区　　Ⅱ—熔滴反应区　　Ⅲ—熔池反应区
T_1—药皮开始反应温度　T_2—焊条端部熔滴温度　T_3—弧柱间熔滴温度
T_4—熔池最高温度　T_5—熔池凝固温度

1. 药皮反应区

当焊条药皮被加热时，各种组成物之间会发生物理化学反应，主要是水分的蒸发、某些物质的分解和铁合金的氧化。

当药皮加热温度超过 $100\,℃$ 时，药皮中的吸附水分全部蒸发；加热温度超过 $200\sim400\,℃$，药皮中的白泥、白云母等组成物的结晶水将被排除，而有机物（如木粉、纤维素和淀粉等）则开始发生分解；再升高到一定温度，化合水则可能析出，碳酸盐（如菱苦土 $MgCO_3$）、大理石（$CaCO_3$）和高价氧化物［如赤铁矿（Fe_2O_3）和锰矿（MnO_2）等］逐步发生分解，形成 CO_2，CO，O_2 和 H_2 等气体，这些气体既对焊接区金属有机械保护作用，又对被焊金属和药皮中的铁合金（如锰铁、硅铁、钛铁等）有很大氧化作用。当温度高于 $600\,℃$ 时，就会发生铁合金的明显氧化，其结果使气相的氧化性大大下降，这就是先期脱氧过程。因此，药皮反应区是焊接冶金反应的准备阶段,为冶金反应提供了气体和熔渣。

2. 熔滴反应区

从熔滴形成、长大至过渡到熔池中都属于熔滴反应区,从反应条件上看,该反应区存在如下特点:

(1) 熔滴的温度高。焊接区的弧柱空间温度高达 5 000～6 000℃(等离子弧则更高达30 000℃);采用电焊条焊接钢铁材料时熔滴的平均温度根据焊接规范的不同在 1 800～2 400℃范围内变化;而气体保护焊和埋弧焊时的熔滴平均温度均可接近钢的沸点,约为 2 800℃左右,故熔滴的过热度很大。

(2) 熔滴金属与气体和熔渣的接触面积大。由于熔滴的尺寸小,其比表面积可达 10^3～$10^4 cm^2/kg$,比炼钢时大 1 000 倍左右,这无疑对化学冶金反应起很大的促进作用。因此,熔滴反应区是焊接冶金反应最激烈的部位,许多反应可达到终了的程度,对焊缝的化学成分影响很大。

(3) 各相间的反应时间(接触时间)短。通常,熔滴在焊条端部的停留时间仅 0.01～0.1s,而熔滴向熔池过渡的速度高达 2.5～10m/s,故熔滴经过弧柱区间的时间极短,只有 0.000 1～0.001s。在此区各相之间接触的平均时间约为 0.01～1s。由此可知,熔滴阶段的反应主要在焊条末端进行。

(4) 熔滴金属与熔渣发生强烈的混合。在熔滴形成、长大和过渡过程中,它不断改变自己的形状,使其表面不断受到局部收缩或扩张。这样,就有可能拉断覆盖在熔滴表面的渣层,使熔渣被熔滴金属所包围。这种混合作用增加了相的接触面积,有利于反应物进入或离开反应表面,从而促使反应的进行。在熔滴反应区进行的物理、化学反应有:气体的分解和溶解、金属的蒸发、金属及其合金元素的氧化与还原,以及合金化等。但由于反应时间短,一般少于 ls,故不利于化学冶金反应达到平衡状态。

3. 熔池反应区

熔滴和熔渣落入熔池后,与熔化的母材金属混合或接触,并向熔池尾和四周运动;与此同时,各相之间进一步发生物理化学反应,直至金属凝固,形成固态焊缝金属。

由于熔池的平均温度比熔滴低(钢的熔池温度约为 1 600～1 900℃,平均可达 1 770±100℃),比表面积相对较小(300～1 300cm²/kg),所以熔池中的化学反应强烈程度要比熔滴反应区小些。另外,由于在熔池不同部位的温度分布极不均匀,因而冶金反应进行的程度也不相同。熔池的头部温度高,处于升温阶段,进行金属的熔化和气体的吸收等,有利于吸热反应;而熔池的尾部温度低,处于降温阶段,发生金属的凝固和气体逸出等,有利于放热反应。

熔池反应区反应物的相对浓度要比熔滴反应区小,故其反应的速度也比熔滴反应区小一些。但由于熔池区的反应时间较长,一般为几秒或几十秒(如手工电弧焊时为 3～8s,埋弧焊时为 6～25s),并且熔池中存在着对流和搅拌现象,这有助于熔池成分的均匀化和冶金反应的进行。因此熔池反应区对焊缝的化学成分具有决定性的影响。

此外,熔池反应区的反应物质是不断更新的。新熔化的母材、焊芯和药皮不断地进入熔池的头部,而凝固的焊缝金属和熔渣不断地从尾部退出。在焊接工艺参数恒定的情况下,这种物质的更替过程可达到稳定状态,从而获得成分均匀的焊缝金属。

总之,焊接化学冶金过程是分区域连续进行的,熔滴阶段所进行的反应,多数会在熔池阶段中继续进行,但也有少数会停止或向相反的方向进行。各阶段冶金反应的综合才能决定焊缝金属的最终成分。

8.4.3 气体与液态金属的反应

焊接过程中,焊接区内充满了大量的气体,它们主要来自:焊条药皮、焊剂和药芯中的造气剂,有机物的分解和燃烧、碳酸盐和高价氧化物的分解产生的气体;热源周围的气体介质;焊丝和母材表面存在的的铁锈、油污、杂质和吸附水等,以及材料的蒸发产生的气体。这些气体主要有 CO,CO_2,H_2O,O_2,N_2 以及金属和熔渣的蒸气等,其中对焊接质量影响最大的是 N_2,H_2 和 O_2,下面即来讨论它们与金属之间的化学冶金反应。

1. 氮与液态金属的反应

焊接区周围的空气是焊接区内氮的主要来源。焊接区一旦受到空气侵入,便会发生氮与熔化金属作用。根据氮与金属作用的特点,可将金属材料分为两类:一类金属如铜、镍、银等,它们既不溶解氮,也不会与氮形成氮化物,因此焊接这类金属时,可用氮作为保护气体;而另一类金属如铁、锰、钛、硅、铬等,则能与氮发生作用,它们既能溶解氮,又能与氮形成稳定的氮化物,焊接这类金属及其合金时,防止焊缝金属的氮化是一个重要问题。

1) 氮在金属中的溶解 由于氮分子分解为原子时所需的温度很高,因此,一般加工条件下气相中很少存在能直接溶于金属的原子态氮。它的溶解过程颇为复杂,首先是气相中的氮分子向金属表面移动,被金属表面吸附后分解为原子态的氮,最后原子态氮穿过金属表面层向金属深处扩散,即溶入液态金属。因此,这是一种纯化学溶解的过程,符合化学平衡法:

$$N_2 \Longrightarrow 2[N] \tag{8.34}$$

因此,在一定温度和氮分压的条件下,氮在金属中达到平衡时的浓度即溶解度 $w[N]$ 为

$$w[N] = K_{N_2}\sqrt{p_{N_2}}, \tag{8.35}$$

式中,K_{N_2} 为氮溶解反应的平衡常数;p_{N_2} 为气相中分子氮的分压。

式(8.35)就是一般双原子气体在金属中溶解度的平方根定律。它指出了在平衡状态下,高温时双原子气体 N_2 在液态金属中所达到的浓度与该气体分压的平方根成正比。当金属为液态铁时,分子氮的分压、溶解度与温度之间的关系具有如下关系式:

$$\lg[N] = -\frac{1050}{T} - 0.815 + \frac{1}{2}\lg p_{N_2}。 \tag{8.36}$$

当气相中分子氮的分压 $p_{N_2} = 100\text{kPa}$ 时,氮在铁(含 1%Mn)中的溶解度与温度的关系如图 8.24 所示。从图中可得知,温度为 2 200℃时,氮的溶解度达到最大值;继续升高温度,则溶解度会急剧下降,至铁的沸点(2 750℃)溶解度变为零,这是金属的蒸气压急剧增加而致使 p_{N_2} 减小的缘故。此外,从图中还可发现,当液

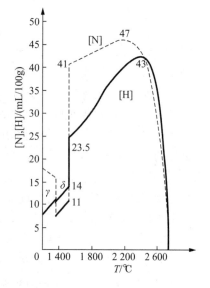

图 8.24 氮与氢在铁(Fe-1%Mn 合金)中的溶解度(p_H,$p_{N_2} = 100\text{kPa}$)

体铁凝固时,氮的溶解度突然下降至 1/4 左右,过饱和的氮以气泡的形式从液体铁中逸出,析出的氮是形成焊缝气孔的原因之一。

2) 氮对焊接质量的影响　氮为有害的杂质,它是促使焊缝产生气孔、时效脆化的主要原因之一。但有时在牺牲塑性和韧性的前提下,氮对提高低碳钢和低合金钢焊缝金属强度有一定的贡献。

(1) 在焊接碳钢时,如上所述,液态金属在高温时可以溶解大量的氮,而凝固时氮的溶解度突然下降,致使过饱和的氮以气泡的形式从熔池中逸出,当焊缝金属的结晶速度大于气泡的逸出速度时,就形成了气孔。

(2) 氮是提高低碳钢和低合金钢焊缝金属强度、降低塑性和韧性的元素。室温下氮在 α-Fe 中的溶解度很小,仅为 0.001%。若熔池中含有较多的氮,则由于焊接时冷却速度很大,一部分氮将以过饱和的形式存在于固溶体中,还有一部分氮则以针状氮化物(Fe_4N)的形式析出,分布于晶界或晶内。从而使焊缝金属的强度、硬度升高,而塑性和韧性,特别是低温韧性急剧下降。

(3) 氮是促使焊缝金属时效脆化的元素,焊缝金属中过饱和的氮处于不稳定状态,随着时间的延长,过饱和的氮会逐渐析出,形成稳定的针状 Fe_4N。这样就会使焊缝金属的强度上升,而塑性和韧性下降。在焊缝中加入能形成稳定氮化物的元素如钛、铝和锆等,可以抑制或消除这种时效现象。

3) 控制焊缝含氮量的措施

(1) 加强对焊接区的保护。氮一旦进入液态金属往往很难去除。所以控制氮的主要办法是加强保护,防止空气与液态金属发生作用。目前对焊接区金属的保护措施有气体保护、熔渣保护、气-渣联合保护以及真空保护等,而且证明是有效的。

(2) 优化焊接工艺参数。焊接参数对电弧和金属的温度、气体的分解及其与金属间的作用时间和接触面积等都有较大的影响,因此,必然会影响焊缝金属的含氮量。增加电弧电压(即增加电弧长度),会导致保护变坏,氮与熔滴的作用时间增长,故使焊缝金属的含氮量增加。在熔渣保护不良的情况下,电弧长度对焊缝含氮量的影响尤其显著。为减少焊缝中的气体含量,应尽量采用短弧焊;而增大焊接电流,可增加熔滴过渡频率,缩短氮与熔滴的作用时间,从而使焊缝金属中的含氮量减少。

(3) 添加合金元素。增加焊丝或药皮中的含碳量可降低焊缝中的含氮量。这是因为碳能够降低氮在铁中的溶解度;碳氧化生成 CO,CO_2 加强了保护,降低了氮的分压;碳氧化引起的熔池沸腾有利于氮的逸出。钛、铝、锆和稀土元素对氮有较大的亲和力,能形成稳定的氮化物,且它们不溶于液态钢而进入溶渣;这些元素对氧的亲和力也很大,可以减少气相中 N,O 的含量,所以可在一定程度上减少焊缝含氮量。自保护焊丝就是根据这个原理设计的。

总之,加强保护是控制氮的最有效措施,而其他办法都有一定的局限性。

2. 氢与液态金属的反应

氢几乎可与所有的金属发生作用,且对多数金属而言,氢是有害的杂质。焊接时,氢主要来源于焊接材料中的水分、含氢物质,电弧周围空气中的水蒸气,焊丝和母材坡口表面上的铁锈、油污等杂质。一般熔焊时,总有或多或少的氢会与金属发生作用。

1) 氢在金属中的溶解　氢分子在高温下比氮容易分解为原子氢。在焊接电弧温度

(5 000~6 000K)环境中,氢分子几乎全部分解为原子氢。氢能溶于所有金属,但分子态的氢必须分解为原子态或离子态(主要是 H^+)才能向金属中溶解。

根据与氢的相互作用和吸氢规律的不同,金属可分为两大类:与氢不形成稳定化合物的第Ⅰ类金属(如 Fe,Ni,Cu,Cr,Mo,Al,Mg,Sn 等)以及与氢能形成稳定化合物的第Ⅱ类金属(如 Ti,Zr,V,Nb 和稀土等)。对第Ⅰ类金属而言,一般熔炼条件下,当气相中的氢以分子状态存在时,这类金属的吸氢规律服从一般双原子气体在金属中溶解的平方根定律,且氢的溶解是吸热反应。但在电弧焊条件下,因为弧柱温度高,弧柱气氛中存在大量的氢原子和离子,因此焊接熔池中液态金属的吸氢量不受平方根定律的控制,大大超过了一般熔炼时的吸氢量。第Ⅱ类金属的吸氢能力很强,其吸氢过程为放热反应。在温度不太高的固态下就能吸氢,首先与氢形成固溶体,当吸氢量超过它的溶解度后就以氢化物析出。但当温度超过了氢化物稳定的临界温度后,氢化物分解为自由氢原子,并扩散外逸。所以,这类金属的吸氢量比第Ⅰ类金属的大得多。

至于氢在固态钢中的溶解度与其组织结构有关。一般在面心立方晶格的奥氏体钢中的溶解度,比体心立方晶格中的铁素体-珠光体钢中的溶解度大。在焊接过程中,液态金属所吸收的大量氢,有一部分在熔池结晶过程中可以逸出。但熔池的结晶速度很快,还有相当多的氢来不及逸出,而被留在固态焊缝金属中,对焊缝的力学性能有很大的影响。

2)氢对焊接质量的影响　许多金属及合金焊接时,氢是有害的。就结构钢的焊接而言,氢的有害作用可分为两类:一类是暂态现象,包括氢脆和白点等,但经过时效或热处理后,若氢自接头中外逸,便可消除;另一类是永久现象,包括气孔和冷裂纹等,一旦出现是不可消除的。

(1)氢脆:氢在室温附近使钢的塑性严重下降的现象称为氢脆。溶解在金属晶格中的氢容易在晶格缺陷处聚集,结合成分子氢,使缺陷内部的压力升高,从而导致金属脆化。

(2)白点:碳钢或低合金钢焊缝,如含氢量高,则常常在其拉伸或弯曲试件的断口上出现银白色圆形局部脆性断点,称之为白点。白点的直径一般为 0.5~3mm,其周围为韧性断口,故用肉眼可辨认。在许多情况下,白点的中心有小夹杂物或气孔,好像鱼眼一样,故又称鱼眼。白点产生于塑性变形过程,其成因是氢的存在及其扩散运动。如焊缝中产生了白点,则其塑性、韧性将大大下降。

(3)气孔:如果熔池吸收了大量的氢,结晶时由于氢溶解度的突然下降,使氢处于过饱和状态,并发生如下反应:

$$2[H] \longrightarrow H_2 \tag{8.37}$$

反应生成的分子氢不溶于金属,于是在金属中形成氢气泡。当气泡外逸的速度小于结晶速度时,就在焊缝中形成气孔。

(4)产生冷裂纹。冷裂纹是焊接接头冷却到较低温度时产生的一种裂纹,其危害很大。氢是促使产生这种裂纹的主要原因之一。

3)控制氢的措施　鉴于氢的上述有害作用,焊接时必须加以消除和控制,首先要减少氢的来源,其次在焊接过程中采取相应措施加以去除,必要时作焊后消氢处理。

(1)限制焊接材料中的含氢量。制造焊条、焊剂和药芯焊丝用的各种材料,如有机物、天然云母、白泥、长石、水玻璃、铁合金等均程度不同地含有吸附水、结晶水、化合水或溶解的氢。在制造焊条、焊剂和药芯焊丝时,适当提高烘焙温度可以降低焊接材料中的含水量,因而也就相应降低了焊缝中的含氢量。

焊接材料在使用前应再烘干,这是生产上去氢的最有效的方法,特别是使用低氢型焊条时。焊条、焊剂烘干后应立即使用,或放在低温(100℃)烘箱内,随用随取。

焊接用保护气体,如 Ar 和 CO_2 等也常含有微量水分,对于含水量偏高的保护气应采取去水、干燥等措施。

(2) 清除焊丝和焊件表面上的杂质。焊丝和焊件坡口表面上的铁锈、油污、吸附的水分以及其他含氢物质是增加焊缝含氢量的主要原因之一,甚至可能引起气孔的产生。因此,焊前应仔细清理。为防止焊丝生锈,许多国家都采用了表面镀铜处理。

(3) 冶金处理。在低氢型焊条及焊剂中加入 CaF_2,MgF_2,BaF_2,Na_3AlF_6 等氟化物,它们可以与氢形成不溶于液态钢的 HF,从而去氢。

增加熔池中的含氧量及气相的氧化性物质时,氧及氧化性气体(如 CO_2)能与 H 形成稳定的且不溶于液态钢的 OH,从而去氢。但这是有一定限度的,因为焊缝中含氧量过高会使其性能变坏。

(4) 控制焊接参数。焊接参数对焊缝金属的含氢量有一定的影响。焊条电弧焊时,增大焊接电流使熔滴吸收的氢量增加;增加电弧电压使焊缝含氢量减少。

气体保护焊时,射流过渡比滴状过渡时熔滴含氢量低。因为射流过渡时金属的蒸气压急剧增大,使氢的分压大大下降,同时由于过渡频率高,使熔滴与氢的接触时间缩短。

(5) 焊后脱氢处理。焊后加热焊件,促使氢扩散外逸,从而减少接头中的含氢量的工艺叫脱氢处理。在生产上,对于易产生冷裂纹的焊件,常要求进行脱氢处理。

3. 氧与液态金属的反应

1) 氧在金属中的溶解　焊接区内的氧在电弧高温的作用下,会分解为原子氧。溶解在液态铁中的氧有原子氧和氧化亚铁(FeO)两种形式。这种溶解为吸热过程,其溶解度随温度升高而增大。

在铁的冷却过程中,氧的溶解度急剧下降。在凝固温度下,其溶解度为 0.16%;在 δ - Fe 转变为 γ-Fe 时,溶解度下降到 0.05% 以下;在室温下 α - Fe 几乎不溶解氧。因此焊缝金属和钢中所含的氧几乎全部以氧化物(FeO、SiO_2、MoO、Al_2O_3 等)和硅酸盐的形式存在。焊缝含氧量一般指的是总含氧量,它既包括溶解氧,也包括非金属夹杂物中的氧。

2) 氧对焊接质量的影响　氧在焊缝中不论以何种形式存在,对焊缝的性能都有很大的影响。随着焊缝含氧量的增加,其强度、塑性、韧性均明显下降,尤其是低温冲击韧性急剧下降。此外,氧还会引起热脆、冷脆和时效硬化,对焊缝金属的物理和化学性能也有影响,如降低焊缝的导电性、导磁性及耐蚀性等。对焊接有色金属、活性金属和难熔金属时,氧的有害作用则更加突出。溶解在熔池中的氧与碳发生反应,生成不溶于金属的 CO,在熔池结晶时 CO 气泡来不及逸出还会形成气孔。氧烧损钢中的有益合金元素,使焊缝性能变坏。熔滴中含氧和碳多时,它们相互作用生成 CO 受热膨胀,使熔滴爆炸,造成飞溅,会影响焊接过程的稳定性。

但是,利用氧的强氧化性,在炼钢时可把多余的碳烧掉;在焊接过程中,可利用氧进行除氢,减少焊缝中的氢含量;为改变焊接电弧特性和获得必要的熔渣物理化学性能,有时在焊接材料中还需要加入少量的氧化剂。

3) 控制氧的措施　在正常焊接条件下,焊缝中氧的主要来源不是热源周围的空气,而是焊接材料、水分、工件和焊丝表面上的铁锈、氧化膜等。因此降低焊缝中的含氧量的主要措施有：

（1）纯化焊接材料。在焊接某些要求比较高的合金钢、合金、活性金属时，应尽量用不含氧或含氧少的焊接材料。例如，采用高纯度的惰性气体作为保护气体，采用低氧或无氧焊条、焊剂，甚至在真空条件下进行焊接。

（2）控制焊接参数。焊缝中的含氧量与焊接参数有密切关系。增加电弧电压，会使空气易于侵入电弧，并增加氧与熔滴的接触时间，所以焊缝含氧量会增加。为了减少焊缝含氧量应采用短弧焊。此外，焊接电流的种类和极性以及熔滴过渡的特性等也对焊缝中的含氧量有一定的影响。

（3）脱氧。用控制焊接参数的方法减少焊缝含氧量是很受限制的，所以必须用冶金的方法进行脱氧。例如，通过向焊条药皮或焊丝中加入某些合金元素，使这些合金元素在焊接过程中被氧化，从而保护被焊金属及其合金元素不被氧化。

8.4.4 熔渣与液态金属的反应

焊接过程中焊条药皮或焊剂熔化后，经化学反应形成覆盖于焊缝表面的非金属物质称为焊接熔渣。由于焊接时形成的熔渣因密度比液态金属小，覆盖在熔滴和熔池的表面上，从而将空气隔开，削弱了对液态金属的氧化和氮化，而且，即使液态熔渣凝固后所形成的渣壳也覆盖在焊缝上，也在一定程度上起着防止高温的焊缝金属进一步受到空气的有害作用，故熔渣具有机械保护作用；其次，若在熔渣中加入适当的物质可使电弧易于引燃、燃烧稳定，减少飞溅，保证焊条具有良好的操作性、脱渣性和焊缝成形等，可改善焊接工艺性能；在一定的条件下熔渣还可以去除焊缝中的有害杂质，如脱氧、脱硫、脱磷、去氢、还可以使焊缝金属合金化，具有冶金处理作用。

总之，熔渣与液体金属发生的一系列物理化学反应，决定焊缝金属的成分和性能。

1. 焊缝金属的氧化

气相中的氧化物气体、活性熔渣以及焊件表面的氧化物均会对焊缝金属产生氧化作用。

1）氧化性气体对金属的氧化 焊条电弧焊时，尽管采取了气-渣联合保护等措施，但空气中的氧总是或多或少地侵入电弧，焊条药皮中的高价氧化物等物质受热分解也会产生氧气，从而使铁及钢液中其他对氧亲和力比铁大的元素产生氧化。

药皮中的碳酸盐受热分解会产生 CO_2 气体，CO_2 对铁及钢中的合金元素亦有很大的氧化性。如用药皮中含有较多碳酸盐的焊条或采用 CO_2 保护焊焊接不锈钢时，CO_2 气体会使钢中的 Cr 及 Al 等合金元素氧化，同时使焊缝中含碳量增加。因此，在不锈钢焊条药皮中应加入适量的 Cr_2O_3，并适当减少碳酸盐的含量。而在超低碳不锈钢焊条中，采用钛钙型药皮，不采用含碳酸盐的药皮和 CO_2 气体保护焊。

另外，焊接气氛中的水蒸气不仅会使焊缝增氢，而且会使铁和其他合金元素氧化。当气相中含有较多的 H_2O 时，仅仅进行脱氧仍不能保证焊缝质量，因为焊缝增氢可能产生焊接缺陷或降低焊缝质量。低氢型药皮含有较多的脱氧剂，但如果用受潮的焊条焊接，则常常会产生气孔，其原因就是熔池中增氢所致。

2）熔渣对金属的氧化 不仅氧化性气体对金属产生直接氧化作用，活性熔渣对金属也有氧化作用。活性熔渣对金属的氧化可分为两种基本形式：扩散氧化和置换氧化。

（1）扩散氧化。焊接钢铁材料时，FeO 既溶于液态钢又溶于熔渣。在一定温度下平衡时 FeO 在该两相中的含量之比等于一个常数，即

$$(FeO)/[FeO] = constant \tag{8.38}$$

式中，（　）内代表熔渣中的物质；[　]内代表熔池金属中的物质。在温度不变时，增加熔渣中 FeO 的含量时，它将向熔池金属中扩散，使焊缝中的含氧量增加。温度越高，越利于 FeO 向钢中扩散，因此扩散氧化主要是在熔滴阶段和熔池高温区进行的。

在 FeO 量不变的情况下，用碱性渣时焊缝含氧量比用酸性渣时大，这就是碱性焊条对铁锈和氧化皮敏感性大的基本原因。因此，在碱性焊条药皮中一般不加入含 FeO 的物质，并要求焊接时清除焊件表面上的氧化物和铁锈，否则，将使焊缝增氧并可能产生气孔等缺陷。在酸性渣中因为含有 SiO_2、TiO_2 等酸性氧化物较多，它们与 FeO 会形成复合物（如 $FeO \cdot SiO_2$），而使 FeO 的活度减小，故在 FeO 含量相同的情况下，焊缝含氧量少。

但是，不应当由此误认为碱性焊条的焊缝含氧量比酸性焊条高，恰恰相反，因为碱性焊条药皮的氧化性小，所以碱性焊条焊缝含氧量比酸性焊条的低。

（2）置换氧化。如果熔渣含有较多的易分解的氧化物，则可能与液态铁发生置换反应使铁氧化，使另一个元素还原。置换氧化反应主要发生在熔滴阶段和熔池头部的高温区。反应的结果使铁被氧化，生成的 FeO 大部分进入熔渣，小部分溶于液态钢，使焊缝增氧。当焊条药皮中含有对氧亲和力比铁大的元素（如 Al，Ti，Cr 等）时，它们将与熔渣中的氧化物发生更加激烈的置换反应。

3）焊件表面的氧化物对金属的氧化　焊接时，焊件表面上的氧化皮和铁锈都对金属有氧化作用。铁锈在高温下发生分解，反应生成的这些 FeO 大部分进入熔渣，一部分进入焊缝，使之增氧。因此，焊前应清理焊接边缘。

2. 焊缝金属的脱氧

在焊接过程中，金属氧化的结果将引起金属中含氧量的提高和有益合金元素的烧损而使金属的性能变坏。若在焊丝或药皮中加入与氧的亲和力比铁大的某些元素，使它们在焊接过程中被氧化，从而保护被焊金属及其合金元素不被氧化。这些用来进行脱氧的元素或铁合金称为脱氧剂。

脱氧的目的是尽量减少焊缝中的含氧量。一方面要减少液态金属中溶解的氧；另一方面要排除脱氧的产物，因为它们是焊缝金属中金属氧化物夹杂的主要来源，而这些夹杂物会使焊缝含氧量增加。为满足这两条基本要求，选择脱氧剂应遵循以下原则：①脱氧剂在焊接温度下对氧的亲和力应比被焊金属对氧的亲和力大。焊接铁基合金时，C，Al，Ti，Si，Mn 等可作为脱氧剂。生产上常用这些元素的铁合金或金属粉，如锰铁、硅铁、钛铁、铝粉等。②脱氧的产物应不溶于液态金属，其密度要小于液态金属的密度，同时应尽量使脱氧产物处于液态。这样有利于脱氧产物在液态金属中聚合成大的质点，加快上浮到渣中去的速度，减少夹杂物的数量，提高脱氧效果。

选择脱氧剂时，还必须考虑脱氧剂对焊缝成分、性能以及焊接工艺性能的影响，在满足技术要求的前提下，还应考虑成本。

焊接时的脱氧反应是分阶段和区域进行的，按其进行的方式和特点分为先期脱氧、沉淀脱氧和扩散脱氧。

1) 先期脱氧　在药皮加热阶段,固态药皮中进行的脱氧反应叫先期脱氧,其特点是脱氧过程和脱氧产物与熔滴不发生直接关系。含有脱氧剂(如 Mn,Si,Al,Ti 等)的药皮被加热时,会与高价氧化物或碳酸盐分解出的氧和 CO_2 发生反应,结果使气相的氧化性减弱。Al 及 Ti 等元素与氧亲和力较大,在先期脱氧过程中大部分被烧损。碳一般不作为脱氧剂使用,只有在某些堆焊焊条和铸铁焊条中才加入较多的碳。

2) 沉淀脱氧　沉淀脱氧是在熔滴和熔池阶段进行的。溶解在液态金属中的脱氧剂与 FeO 直接置换反应,可将铁还原,而脱氧产物则沉淀析出。这是减少焊缝含氧量的关键措施。锰和硅是理想的沉淀脱氧元素,在药皮中加入适量的锰铁或焊丝中含有较多的锰时,可进行如下脱氧反应:

$$[Mn]+[FeO]=[Fe]+(MnO)。 \tag{8.39}$$

脱氧产物 MnO 进入到熔渣中,增加金属中的含锰量。若减少熔渣中的 MnO 可以提高脱氧效果。熔渣的性质对锰的脱氧效果有很大的影响,在酸性渣中含有较多的 SiO_2 和 TiO_2,它们与脱氧产物 MnO 会生产复合物 MnO·SiO_2 和 MnO,SiO_2,因此脱氧效果好;而在碱性渣中含有较多的 MnO,不利于锰脱氧,且碱度越大,锰的脱氧效果越差。正是由于这个原因,一般酸性焊条用锰铁作为脱氧剂,而碱性焊条不单独用锰铁作为脱氧剂。

硅亦可通过下述反应:

$$[Si]+2[FeO]=2[Fe]+(SiO_2), \tag{8.40}$$

进行脱氧。显然,提高熔渣的碱度和金属中的含硅量,可以提高硅的脱氧效果。

硅对氧的亲和力虽比锰大,但生成的 SiO_2 熔点高,易造成夹杂;同时 SiO_2 过多会使熔渣的黏度增大,不利于化学反应的进行,所以一般不单独用硅脱氧。

当锰和硅按适当比例加入金属中进行联合脱氧时,可以得到很好的脱氧效果。实践表明,[Mn]/[Si]=3～7 时,可形成复合硅酸盐 MnO·SiO_2,其密度小,熔点低,在液态钢中处于液态,易聚集为大直径的质点浮于熔渣中,减少焊缝中的夹杂物,从而降低焊缝中的总含氧量。

3) 扩散脱氧　扩散脱氧实质就是利用前面讲过的扩散氧化的逆反应,使那种既能溶于金属又能溶于渣的氧化物,由金属向渣中扩散转移,达到金属脱氧的目的。扩散脱氧是在液态金属与熔渣界面上进行的,是使液态金属中的 FeO 向熔渣中扩散,即

$$[FeO] \longrightarrow (FeO), \tag{8.41}$$

从而降低焊缝金属中的含氧量。温度降低时,利于扩散脱氧反应的进行,这就意味着扩散脱氧是在熔池尾部的低温区进行的。

在温度一定时,渣中的 FeO 活度越低越有利于扩散脱氧。在酸性渣中,由于 SiO_2 和 TiO_2 的存在,它们会与 FeO 生成复合物,降低 FeO 的活度,有利于扩散脱氧。而碱性渣的扩散脱氧能力比酸性渣差。

焊接时熔池和熔渣发生强烈的搅拌作用,并在气体吹力的作用下,熔渣不断向熔池尾部运动,“冲刷”熔池,把脱氧产物带到熔渣中去。这不仅有利于沉淀脱氧,而且有利于扩散脱氧。扩散脱氧的优点是不会因脱氧而产生夹杂。但是在焊接条件下,冷却速度大,扩散时间短,氧化物的扩散又慢,因此扩散脱氧是不充分的。

上面仅仅介绍了脱氧的方式,然而在具体的焊接条件下脱氧的效果究竟如何,则取决于许多因素,如脱氧剂的种类和数量,氧化剂的性质和数量,熔渣的成分、性质和物理性能,焊丝和母材的成分,焊接参数等等。

3. 焊缝金属的脱硫、脱磷

硫和磷是金属中的有害杂质,会引起钢的热脆和冷脆现象,所以焊接时要设法尽量降低焊缝金属中的硫、磷含量。

1) 脱硫　焊缝中的硫主要来源于三个方面:母材中的硫几乎可以全部过渡到焊缝中去,但母材中的含硫量是较低的;焊丝中的硫约有 $70\%\sim80\%$ 可以过渡到焊缝中去;药皮或焊剂中的硫约有 50% 可以过渡到焊缝中。可见严格控制焊接材料的含硫量是限制焊缝含硫量的关键。

制造焊接材料时,应严格按照有关标准选择原材料。低碳钢及低合金钢焊丝的含硫量 $w(S)$ 应低于 $0.03\%\sim0.04\%$;合金钢焊丝含硫量 $w(S)$ 应低于 $0.025\%\sim0.3\%$;不锈钢焊丝含硫量 w_S 应低于 0.02%。药皮、药芯和焊剂的原材料,如锰矿、赤铁矿、钛铁矿、锰铁等都含有一定的硫,而且含量变化幅度较大,因此对焊缝含硫量有很大的影响。

如同脱氧一样,可用冶金方法脱硫,即为了减少焊缝金属中的含硫量,可以选择对硫亲和力比铁大的元素,如 Ce,Ca,Mg 等元素进行脱硫。然而,在焊接条件下,这些元素对氧的亲和力硫大,因此很容易先被氧化,而失去脱硫作用。

在焊接中常用的脱硫剂是锰,其脱硫反应为

$$[FeS]+[Mn]=(MnS)+[Fe]。 \tag{8.42}$$

反应产物 MnS 不溶于钢液,大部分进入熔渣,少量残留在焊缝中形成硫化物夹杂。但因 MnS 熔点较高($1610\,℃$),夹杂物呈点状弥散分布,故危害性较 FeS 小。

熔渣中的碱性金属氧化物,如 MnO,CaO 等亦可帮助脱硫,因此酸性渣的脱硫能力比碱性渣差。增加熔渣的碱度可以提高脱硫能力。

2) 脱磷　为了减少焊缝的含磷量,首先必须限制母材、填充金属、药皮、焊剂中的含磷量。药皮和焊剂中的锰矿是焊缝中磷的主要来源。锰矿通常含有质量分数为 0.22% 左右的磷。高锰熔炼焊剂含磷量 $w(P)$ 为 0.15%,而不含锰矿的熔炼和烧结焊剂一般含磷量 $w(P)$ 不超过 0.05%。

一旦磷进入液态金属,就要采取脱磷的方法将其清除。脱磷过程非常复杂,脱磷反应一般分为两步:首先是将钢液中的 Fe_2P 或 Fe_3P 氧化生成 P_2O_5;第二步是使之与渣中的碱性氧化物(如 CaO)反应生成稳定的磷酸盐,其总的脱磷反应为

$$2[Fe_2P]+5(FeO)+4(CaO)=((CaO)_4 \cdot P_2O_5)+9[Fe]。 \tag{8.43}$$

脱磷反应是放热反应,因此降低温度对脱磷有利。从式(8.43)得知,为了有效脱磷,不仅要求熔渣具有高碱度,而且要具有强氧化性。强氧化性和降低温度这两点是与前面讲过的脱硫要求相矛盾的,在炼钢时解决这一矛盾的办法是采取分阶段脱硫和脱磷的措施。然在焊接时碱性渣中不允许含有较多的 FeO,因为它不仅不利于脱硫,而且碱性渣中 FeO 的活度高,很容易向焊缝金属中过渡,使焊缝增氧,甚至引起气孔,所以焊接过程中完全脱磷几乎是不可能的。因此,焊接时必须对母材和焊接材料中的含磷量进行严格控制。但若在碱性焊条中加入 CaF_2 则有利于脱磷,这是因为 CaF_2 可以降低熔渣中 P_2O_5 的活性,同时能降低渣的黏度,有利于物质的扩散。

中英文主题词对照

成形	forming, shaping	铸造	casting
锻造	forging	塑性加工	plastic working
焊接	welding	热处理	heat treatment
液态成形	liquid forming	加热	heating
熔化	melting	冷却	cooling
凝固	solidify	热源	heat source
燃烧热	heat of combustion	焦炭	coke
煤气	gas	火焰加热	flame heating
电加热	electric heating	电弧加热	electric arc heating
电阻加热	resistance heating	感应加热	induction heating
电子束加热	electron beam heating	激光束加热	laser beam heating
传热	heat transfer, thermal transmission	热传导	heat conduction
热对流	heat convection	热扩散	heat diffusion, thermal diffusion
热辐射	heat radiation	热效率	heat efficiency
熔化潜热	latent heat of fusion	结晶热	crystallization heat
温度场	temperature field	温度分布	temperature distribution
氧化	oxidize	脱碳	decarburizing
点焊	sport welding	气焊	gas welding
电弧焊	electric arc welding	埋弧焊	submerged-arc welding
电阻焊	resistance welding	电渣焊	electroslag welding
钎焊	soldering	激光焊	laser welding
热循环	heat (thermal) cycle	特征参数	characteristic parameters
加热速度	heating rate	加热时间	heating time
保温时间	holding time	最高加热温度	maximum heating temperature
冷却速度	cooling rate	化学冶金	chemical metallurgy
药皮	coating, covering	熔滴	droplet, molten drop
熔池	molten bath(pool)	氮	nitrogen
氢	hydrogen	氢脆	hydrogen brittleness
白点	flakes, lemon spot	气孔	gas cavity
氧	oxygen	脱氧	deoxidizing
脱氮	denitriding	脱氢	dehydrogenate
脱水	dehydrating	脱磷	dephosphorizing
脱硫	desulphurizing		

主要参考书目

［1］　蔡珣.材料科学与工程基础辅导与习题［M］.上海：上海交通大学出版社,2013.

［2］　柳百成,黄天佑.材料铸造成形工程：中国材料工程大典［M］.北京：化学工业出版社,2006,18.

［3］　胡正寰,夏巨谌.材料塑性成形工程：中国材料工程大典［M］.北京：化学工业出版社,2006,20.

［4］　史耀武.材料焊接工程：中国材料工程大典［M］.北京：化学工业出版社,2006,22.

［5］　邢建东,陈金德.材料成形技术基础［M］.北京：机械工业出版社,2007.

［6］　李言祥.材料加工原理［M］.北京：清华大学出版社,2005.

［7］　汤酞则.材料成形技术基础［M］.北京：清华大学出版社,2008.

［8］　胡德海,任家烈,陈森灿.近代材料加工原理［M］.北京：清华大学出版社,1997.

［9］　陈平昌,朱六妹,李赞.材料成形原理［M］.北京：机械工业出版社,2002.

［10］　林柏年,魏尊杰.金属热态成形传输原理［M］.哈尔滨：哈尔滨工业大学出版社,2000.

［11］　［德］D.拉达伊.焊接热效应［M］.熊第京,郑朝云,史耀武,译.北京：机械工业出版社,1997.

［12］　武传松.焊接热过程数值分析［M］.哈尔滨：哈尔滨工业大学出版社,1990.

［13］　张文钺.焊接冶金学［M］.北京：机械工业出版社,1995.

［14］　杜则裕.工程焊接冶金学［M］.北京：机械工业出版社,1993.

［15］　Murugana S, Kumara P V, Raja B, et al. Temperature Distribution during Multipass Welding of Plates ［J］. International Journal of Pressure Vessels and Piping,1998,75：891-905.

［16］　Kou S. Transport Phenomena and Materials Processing ［M］. New York：John Wiley & Sons, Inc. ,1996.

［17］　Charmachi M. Transport Phenomena and Materials Processing and Manufacturing：HTD, vol. 196 ［M］. New York：ASME,1992.

［18］　Incropera F P, DeWitt D P. Fundamentals of Heat and Mass Transfer ［M］. 5th ed. New York：John Wiley & Sons, 2001.

［19］　Poirier D R, Geiger G H. Transport Phenomena in Materials Processing. Warrendale, PA：Minerals, Metals & Materials Society, 1998.

［20］　Smith W F. Principles of Materials Science and Engineering ［M］. 3rd ed. New York：McGraw-Hill, International Edition,1996.

［21］　Schey J A. Introduction to Manufacturing Processes. 3rd ed. New York：McGraw-Hill, 2000.

第9章 材料加工成形的流动现象与力学基础

材料加工是利用其自身的变形能力在外力作用下来进行成形的。然而,即使同一种材料,若处于不同状态,在外力作用下其变形特性也是不同的。液态材料系流体,在自身重力或很小的外力作用下就可流动,呈现出水力学特性,具有占据容器的形状的能力,因而可以通过充填型腔,并在其中以凝固的方法来成形,制备出形状复杂的产品。当材料处于半固态时,则像糊状悬液,是具有黏性的流动浆料,表现为典型的流变性,而在剪切力较小时,它又具有固体性质,可搬运储藏。半固态材料在外力作用下的变形特性与液态和固态均不一样,利用材料的流变性而发展起来的半固态加工,系一种介于液态成形和固态成形之间的一种成形方法,是具有广泛应用前景的材料加工新技术。至于固态材料的塑性成形中,力与变形是材料成形的两个必不可少的条件,其中涉及的力学问题更为复杂,变形抗力也非常大,需了解在塑性成形过程中各种应力和应变状态,掌握材料在复杂应力状态下的屈服准则与变形规律;而材料在塑性变形过程中的应力-应变关系则通常采用增量和全量的流动理论来进行描述。

本章主要涉及与液态、半固态和固态成形相关的流动和变形问题,首先讨论熔融液体的流动性与充型能力,然后介绍材料的流变性和流变模型以及半固态加工的原理,最后则介绍材料塑性成形中的有关力学基础。

9.1 熔融液体的流动性

液态成形是指将材料熔化成液体,然后利用液态材料的流动性在重力或外力作用下浇入到具有一定形状、尺寸的型腔中,经冷却凝固后形成所需要的零件的加工成形方法。液态成形具有工艺灵活性大、适应性强、成形件尺寸精度高和成本低廉等特点;但也存在液态成形过程劳动强度大、生产条件较差、生产率较低,且零件的力学性能较差等缺点。

液态成形的基本过程包括流动充型和凝固两个方面,有关凝固理论已在 6.1 节详细讨论,这里主要讨论熔融液体的流动性与充型能力。

9.1.1 熔融液体的水力学特性

液态材料本身的流动能力称为"流动性",它直接影响到液态成形件的尺寸和形状精度,是材料的主要铸造性能之一。

熔化成液体的材料像水一样能流动,但由于其黏度系数较大,熔融液体在铸型型腔中流动时呈现出如下的水力学特性:

1. 黏性流体流动

熔化成液体的材料系一种有黏性的流体,其黏度大小与其成分密切相关,而且在流动过程中又随熔融液体温度的降低而不断增大。当液态材料冷却过程中出现结晶体时,液体的黏度将急剧增加,其流速和流态也会发生急剧变化。

2. 不稳定流动

在充型过程中,熔融液体的温度不断降低,而铸型的温度则不断增高,两者之间的热交换过程处于不稳定状态。熔融液体随着温度的下降,其黏度增加,流动阻力也随之增加,加之充型过程中液流的压头增加或减少,熔融液体的流速和流态也在不断地变化,因此,液态材料在充填铸型过程中的流动属于不稳定流动。

3. 多孔管中流动

由于铸型往往存在一定的粗糙度和孔隙度,可将铸型中的浇注系统和型腔看作是多孔的管道和容器。熔融液体在"多孔管"中流动时,往往不能很好地贴附于管壁,此时难免将外界杂质或气体卷入液流,造成气孔、夹杂或引起金属液的氧化等铸造缺陷。

4. 紊流流动

理论计算和生产的实测表明,熔融液体在浇注系统中流动时,其雷诺数 Re[用于比较黏滞流体流动状态的一个无量纲的数,它与流体的密度、黏度、速度和物体(管道)的线度密切相关]大于临界雷诺数($Re_c = 2\,300$),属于紊流流动。例如,ZL104 合金在 670℃浇注时,液流在直径为 20mm 的直浇道中以 50cm/s 的速度流动时,其 Re 为 25\,000,远大于 Re_c。对一些水平浇注的薄壁铸件或厚大铸件充型时,其液流上升速度很慢,也有可能得到的为层流流动。

对轻合金优质铸件浇注系统的研究表明,当 Re 小于 20\,000 时,液流表面的氧化膜不会破碎;若将 Re 控制在 4\,000～10\,000,能符合生产优质铝合金和镁合金铸件的要求。曾有学者通过水力模拟和铝合金铸件的实浇试验证明:允许的最大雷诺数 Re_{max},在直浇道内应≯10\,000,横浇道内≯7\,000,内浇道内≯1\,100,型腔内则≯280。

从上面分析得知,熔融液体的水力学特性与理想液体相比有明显的差别。但是,由于熔融液体浇注时均有一定的过热度,加之浇注系统长度不大,充型时间很短,因此,在浇注过程中浇道壁上通常不发生结晶现象,其黏度变化对流动影响并不显著。所以对液态材料的充型过程和浇注系统的设计,可以用水力学的基本公式进行分析和计算。

9.1.2　熔融液体的流动性

熔融液体凝固过程中液体的流动对其传热过程、传质过程、凝固组织及冶金缺陷均有着重要的影响,也直接影响到液态成形件的尺寸和形状精度。流动性好的熔融液体,在浇注时能迅速充满铸型型腔,同时可使其内部的气体和夹杂物易于浮出,获得优质的液态成形产品。

熔融液体的流动性一般可采用浇注螺旋流动性试样,通过测定其长度来进行衡量,如图9.1 所示。

为了详细地讨论熔融液体的流动性,首先有必要对凝固过程中的液体流动进行分类。

1. 凝固过程中的液体流动的分类

熔融液体凝固过程中的液体流动分为自然对流和强迫对流两大类型。自然对流系由液体内部密度差和液态凝固收缩引起的流动。由内部密度差引起的对流称为浮力流,而液态凝固收缩引起的对流则主要产生在枝晶之间。强迫对流是由液体受到各种外加的驱动力,如压力

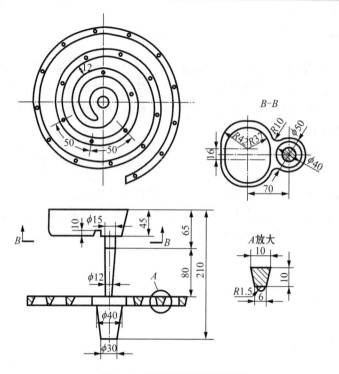

图 9.1　螺旋线形流动性试样

头、机械搅拌、振动及外加电磁场等而产生的流动。

1）自然对流　由液体内部密度差引起的浮力流是最基本而又相当普遍的对流方式。凝固过程中由于传热、传质和溶质再分配等引起液态合金内部不同部位的液体存在一定密度上的差异，在重力的作用下，密度小的液体上浮，密度大的液相则下沉，这就是双扩散对流。熔融液体中某一点的密度 ρ_L 可表示为

$$\rho_L = \rho_0 [1 - \alpha_T (T - T_0) - \alpha_C (C - C_0)]。 \tag{9.1}$$

式中，α_T，α_C 分别为热膨胀系数和溶质膨胀系数；T 为温度；C 为溶质浓度；ρ_0 是温度为 T_0、溶质浓度为 C_0 时的液体密度。

图 9.2 为垂直凝固界面前液体对流的条件与方式示意图。对应于图 9.2(b) 两种不同的液相密度分布可以产生分别为图 9.2(c) 和图 9.2(d) 所示的液相对流方式。图 9.3 则为水平凝固界面前液体对流的条件与方式示意图。如果液相内部各点的密度自下而上逐渐减小，则液相是稳定的，不会产生明显的液相对流；反之，如果液相内部密度自下而上逐渐增加，则液相是不稳定的，将形成图 9.3(d) 所示的液相对流胞。

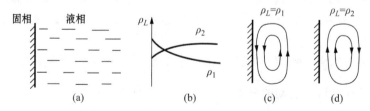

图 9.2　垂直凝固界面前对流的条件与方式

ρ_L—液相密度　ρ_1—密度分布方式 1　ρ_2—密度分布方式 2

(a) 凝固界面　(b) 液相密度分布　(c),(d) 对流方式

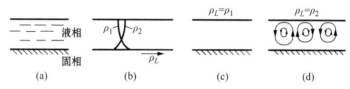

图 9.3 水平凝固界面前液相对流的条件与方式

ρ_L—液相密度 ρ_1—密度分布方式 1 ρ_2—密度分布方式 2

(a) 凝固界面 (b) 液相密度分布 (c) 无对流 (d) 形成对流胞

2) 强迫对流 在凝固过程中可以通过各种人为的方式来驱动液体促使它进行强迫对流,以达到对凝固组织形态及传热、传质条件加以控制之目的。随着液态成形技术的发展,各种新的驱动方式也层出不穷,常用的有:①在凝固过程中对液相进行电磁或机械搅拌;②在凝固过程中人为使固相或液相进行转动;③在凝固过程中让铸型连续振动;④在浇注过程中由液流冲击引起液相流动等等。

2. 凝固过程中液相区的液体流动

由于熔融液体凝固过程中液体的流动与传热和传质过程密切相关,故在分析凝固过程中液相区的流动情况时,必须考虑流场与传热、传质过程之间的耦合问题。在求解流动情况时需要联合求解流体力学中的动量方程、能量方程和连续性方程这三大基本方程。这是一个很难用解析方法求解的问题,通常可采用计算机数值模拟的方法进行分析。下面采用一维简化模型来分析凝固过程中液相区流动情况。

图 9.4 为温差对流模型,左边为一块温度为 T_2 的无限大热板,而右边为一块温度为 T_1 的无限大冷板,两板间各平面的温度分布及对流速度 v_x 分布如图所示。两板之间的液体将因温差而产生自然对流。那么,任两平面间因速度差而产生的切应力 τ 可用牛顿黏性定律来表示:

$$\tau = \eta \frac{\mathrm{d}v_x}{\mathrm{d}y}, \tag{9.2}$$

式中,η 为动力黏度,$\mathrm{d}v_x/\mathrm{d}y$ 为速度 v_x 在 y 方向的梯度变化。

于是,τ 在 y 方向上的梯度变化为

$$\frac{\mathrm{d}\tau}{\mathrm{d}y} = \eta \frac{\mathrm{d}^2 v_x}{\mathrm{d}y^2}。 \tag{9.3}$$

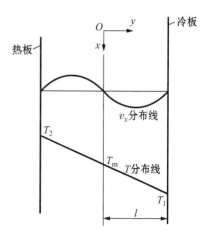

图 9.4 温差对流模型

显然,由于 y 方向上各点温度不同,各点的液体密度也不同,这个密度差就是引起液体对流的原因,也是导致切应力梯度的原因。为简便起见,假设液体中的温度分布为一直线,T_m 为平均温度的中心温度,则

$$T_m = \frac{1}{2}(T_1 + T_2) = T_1 + \frac{1}{2}\Delta T = T_2 - \frac{1}{2}\Delta T, \tag{9.4}$$

式中,$\Delta T = T_2 - T_l$。假设密度分布也为一直线,那么,若液体的黏性力大于或等于因密度变化引起的上浮力,则液体对流将不会发生。由于切应力梯度相当于作用在单位体积上的黏性力,因此切应力梯度也可用下式表示:

$$\frac{\mathrm{d}\tau}{\mathrm{d}y} = (\rho_T - \rho_0)g, \tag{9.5}$$

式中，ρ_0 为平均温度下的密度，ρ_T 为任一温度下的密度。

设 α_T 为液体的温度膨胀系数，则

$$\rho_T - \rho_0 = \rho_0 \alpha_T (T_m - T)_0 \tag{9.6}$$

由于温度分布为一直线，故对于 y 处的温度 T 有下列比例关系：

$$\frac{T_m - T}{\frac{1}{2}\Delta T} = \frac{y}{l}_0 \tag{9.7}$$

将式(9.7)代入式(9.6)，再代入式(9.5)和式(9.3)，得

$$\eta \frac{\mathrm{d}^2 v_x}{\mathrm{d}y^2} = \frac{1}{2}\rho_0 \alpha_T g \Delta T \left(\frac{y}{l}\right), \tag{9.8}$$

积分，并利用边界条件 $y = \pm 1$ 或 $y = 0$ 时，$x = 0$，求得式(9.8)之解为

$$v_x = \frac{\rho_0 \alpha_T g \Delta T l^2}{12\eta}\left[\left(\frac{y}{l}\right)^3 - \frac{y}{l}\right] = \frac{\rho_0 \alpha_T g \Delta T l^2}{12\eta}(\varphi^3 - \varphi)_0 \tag{9.9}$$

式中，$\varphi = y/l$ 为相对距离或无量纲距离。同时也可以将 v_x 化成无量纲速度（雷诺数），并以 Re 表示这个量，由于

$$Re = \frac{\rho_0 l v_x}{\eta}, \tag{9.10}$$

合并式(9.9)和式(9.10)得

$$Re = \frac{\rho_0^2 \alpha_T g \Delta T l^3}{12\eta^2}(\varphi^3 - \varphi) = \frac{1}{12}G_T(\varphi^3 - \varphi)_0 \tag{9.11}$$

式中，$Gr_T = \dfrac{\rho_0^2 \alpha_T g \Delta T l^3}{\eta^2}$ 称为格拉晓夫(Grashof)数，表示由于温度差所引起的对流强度，Gr_T 大的体系其对流强度也大。

同理，对因浓度差所引起的对流强度，Grashof 数可表示为

$$Gr_C = \frac{\rho_0^2 \alpha_C g \Delta C l^3}{\eta^2},$$

式中，ΔC 为浓度差；α_C 为液体的浓度膨胀系数。从式(9.11)可以看出，自然对流的速度取决于 Grashof 数的大小，因而可以将它看成由温差或浓度差引起自然对流的驱动力。

液相区液体的流动，将改变凝固界面前的温度场和浓度场。从而对凝固组织形态产生影响。以低熔点类透明有机物为例可观察到，当枝晶定向凝固时，在平行于凝固界面的流速较小时，将发生枝晶间距的增大；当流速增大到一定值时，原来主轴晶将无法生长，而在背流处形成新的主轴晶，并与原来的主轴晶竞相生长，获得一种特殊的凝固组织，即穗状晶。当流体流速与凝固界面垂直时，可能产生比较严重的宏观偏析。强烈的紊流可能冲刷新形成的枝晶臂，而造成晶粒繁殖，对细化等轴晶有一定的帮助。

3. 液态金属在枝晶间的流动

对于宽结晶温度范围的合金，存在大范围的液-固相两相共存区，凝固得到的是树枝晶组织，且其初生树枝晶较发达，未凝固的液体会在两相区的枝晶之间流动。液体在枝晶间流动的驱动力来自三个方面，即熔融液体凝固时的收缩力、由于凝固时液体成分变化引起的密度改变

以及液体和固体冷却时各自收缩所产生的力。枝晶间液体的流动也就是在糊状区的补缩流动,其流动阻力很大。枝晶间的距离一般在 $10\mu m$ 量级,从流体力学的观点来看,可将枝晶间液体的流动作为多孔性介质中的流动处理。但这里应考虑到液体的流量随时间延长而在不断减少,而且还要考虑到固、液两相密度不同及散热降温的影响。因此,液体在枝晶间的流动远比流体在多孔性介质中流动复杂得多。

流体通过多孔性介质的速度一般用达西(Darcy)定律来表示:

$$v = -\frac{K}{\eta f_L}(\nabla p + \rho_L g), \qquad (9.12)$$

式中,K 为介质的渗透率,∇p 为压力梯度,f_L 为液相体积分数,η 为液体的动力黏度,ρ_L 为液体的密度,g 为重力加速度。

研究表明,两相区内的渗透率 K 主要取决于液相体积分数 f_L 的大小。

$$当 f_L > 0.245 时,\quad K = \lambda_1 f_L^2; \qquad (9.13)$$
$$当 f_L < 0.245 时,\quad K = \lambda_2 f_L^6。 \qquad (9.14)$$

式中,λ_1,λ_2 为实验常数。

由式(9.14)可以看到,在凝固后期,液相体积分数很小时,渗透率 K 随液相体积分数的减小迅速减小,此时树枝状晶体间有的甚至已部分互相接触,其间的流动会变得极其困难。因此,宽结晶温度范围的合金,由于树枝晶发达,凝固过程最后的收缩往往得不到液流补充,容易形成收缩缺陷——缩松,将导致产品的力学性能、耐压防渗漏性能、耐腐蚀性能等的下降。因此,宽结晶温度范围的合金液态成形时,要特别注意补缩。

4. 熔融液体的流动性影响因素

熔融液体的流动性是由其化学成分、杂质含量、温度以及其他物理性能等因素所决定,与外界因素无关。

1) 熔融液体的化学成分及结晶特点　图 9.5 为 Pb-Sn 合金的流动性随着 Sn 量的变化规律。从图中可见,对应着纯 Pb、纯 Sn、共晶成分类型的合金,其流动性出现最大值;对于具有一定结晶温度范围的合金,特别是结晶温度范围大的合金,流动性最差,结晶温度范围小的合金流动性较好。

这是因为液体的冷却凝固过程均是从表层逐渐向中心进行,纯金属和共晶成分的合金系在恒温条件下结晶,其固、液界面比较光滑,因此,对液体的流动阻力较小;同时,由于共晶成分合金的凝固温度最低,可获得较大的过热度,能推迟合金的凝固过程,故其流动性最好。而其他成分的合金则是在一定温度范围内凝固结晶的,由于初生树枝状晶体与液体金属两相共存,粗糙的固、液界面使合金的流动阻力加大,合金的流动性变差。

2) 合金结晶潜热和晶粒形状　合金在结晶过程中放出的潜热越多,则在凝固过程中保持液态的时间就越长,流动性就越好。但这一特点受到合金结晶温度范围的影响,对于结晶温度范围较宽的合金,结晶潜热对提高流动性的影响作用较小。

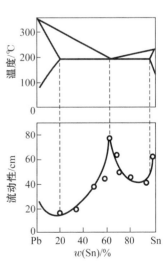

图 9.5　Pb-Sn 合金的流动性
与化学成分的关系

3）合金的物理性质　合金的密度 ρ 和比热容 c 较大、热导率 λ 较小时，因其本身含有较多的热量且热量的损失又较慢，因此流动性好。

此外，在相同条件下，一般液态合金的表面张力越大，流动性越差；液态合金的黏度越大，流动性就越差，而液态金属的黏度与其化学成分、温度和夹杂物含量有关。

熔融液体的流动性是重要的液态成形工艺性能指标。流动性对于在液态成形过程中排除液体内部的气体和杂质，凝固过程中的液体补缩，防止产品开裂，获得优质的液态成形产品，起着重要的作用。液态材料的流动性越好，其内部的气体和杂质越易于上浮，使得液体得以净化。良好的流动性有利于防止成品缩松、热裂等缺陷的出现。

9.2　熔融液体的充型能力

熔融液体充满铸型型腔，获得形状完整、轮廓清晰的铸件的能力，称为充填铸型的能力，简称熔融液体的充型能力。液态成形时，熔融液体能否充满铸型，获得尺寸精确、轮廓清晰的铸件，取决于其充型能力。在液态合金的充型过程中，若充型能力不足，伴随着结晶过程，在型腔被填满之前形成的晶粒会将充型的通道堵塞，金属液体被迫停止流动，于是铸件将产生浇不足或冷隔等缺陷。浇不足使铸件不能获得完整的形状；冷隔时，铸件虽可获得完整的外形，但因存有未完全熔合的垂直接缝，铸件的力学性能严重受损。

9.2.1　熔融液体充型能力的计算

熔融液体是在过热情况下充填型腔的，它与型壁之间发生的热交换过程是一个不稳定的传热过程，也是一个不稳定的流动过程。从理论上对液态金属的充型能力进行计算很困难。为了简化计算，需作各种假设，下面介绍其中的一种计算方法，可以比较简明地表述熔融液体的充型能力。

假设用某液态金属浇注圆形截面的水平试棒，在一定的浇注条件下，液态金属的充型能力以其能流过的长度 l 来表示：

$$l = vt, \tag{9.15}$$

式中，v 为在静压头 H 作用下液态金属在型腔中的平均流速，t 为液态金属自进入型腔到停止流动的时间（见图 9.6）。

由流体力学原理可知：

$$v = \mu\sqrt{2gH}, \tag{9.16}$$

式中，H 为液态金属的静压头，μ 为流速系数。

关于流动时间的计算，根据液态金属不同的停止流动机理，有不同的算法。对于纯金属或共晶成分合金，是由于液流末端之前的某处从型壁向中心生长的晶粒相接触，通道被堵塞而停止流动的。所以，对于这类液态金属的停止流动时间 t，可以近似地认为是试样从表面至中心的凝固时间，可根据热平衡方程求出。

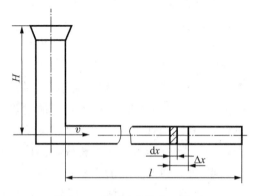

图 9.6　充型过程的物理模型

对于宽结晶温度范围的合金，液流前端由于不断与型壁接触，冷却最快，最先析出晶粒，当晶粒数量达到某一临界分数值 k 时,便发生阻塞而停止流动。这类液态金属的停止流动时间 t 可以分为两部分:第一部分为液态金属从浇注温度 T_P 降温到液相线温度 T_L,这一段是纯液态流动;第二部分为液态金属从液相线温度 T_L 降温到停止流动时的温度 T_k,这一段液态金属与前端已析出的固相晶粒一起流动。在一定的简化条件下,可以求出液态金属的流动长度:

$$l = vt = \mu\sqrt{2gH \frac{F\rho_1}{P\alpha} \frac{kL + c_1(T_P - T_k)}{T_L - T_2}}。 \tag{9.17}$$

式中,F 为铸件的断面积,P 为铸件断面的周长,ρ_1 为液态金属的密度,α 为界面换热系数,k 为停止流动时的固相分数,L 为结晶潜热,c_1 为液态金属的比热容,T_P 为液态金属的浇注温度,T_k 为合金停止流动时的温度,T_L 为合金的液相线温度,T_2 为铸型温度。

由式(9.17)可知,影响液态金属充型能力的因素是很多的。这些因素可归纳为如下四类:材质方面的因素、铸型性质方面的因素、浇注条件方面的因素和铸件结构方面的因素。对这些影响因素进行分析的目的在于,掌握它们的规律以便能够采取有效的工艺措施来提高液态金属的充型能力。

9.2.2　影响充型能力的因素

影响熔融液体的充型能力的因素较多,除了材料本身化学成分、结晶特点及其物理性能等因素外,还有很多工艺因素。

1. 流体的流动性

熔融液体的充型能力首先取决于其本身的流动能力。流体的流动性越好,其充型能力就越好,反之其充型能力就差。

注意,流动性与充型能力是两个既有一定联系又不相同的概念。流动性是影响充型能力的内因,充型能力的优劣还受外界条件的影响。

2. 浇注条件

浇注条件包括浇注温度、充型压力和浇注系统结构等。浇注温度对充型能力有决定性影响,在一定温度范围内,浇注温度越高,流体的黏度越小,充型能力越好;反之,则充型能力差。但浇注温度超过某界限后,氧化吸气严重,铸件易产生缩松、气孔等缺陷。因此,浇注温度不宜过高或过低。充型压力越大,充型能力越好。生产中常采用压力铸造或增加静压头高度来提高充型能力,但压力过大或充型速度过高会发生喷射、飞溅和冷隔等现象。至于浇注系统结构,其越复杂(如蛇形浇道),流动阻力越大,在相同静压头时,充型能力越小。

3. 铸型性质及结构

熔融液体充型时,铸型阻力及铸型对流体的冷却作用,都将影响流体的充型能力。铸型的蓄热能力系指铸型从流体中吸收和储存热量的能力。铸型材料的导热率和比热容愈大,铸型的蓄热能力愈大,熔融液体的激冷能力就强,流体的充型能力变差。预热铸型能减小流液与铸型的温差,减缓其冷却速度,故使其充型能力得以提高。由于浇注时熔融液体在型腔中的热作用会产生大量气体,若铸型排气能力差,气体来不及排出,则气体压力增大,阻碍流体的充型,因此要减少铸型的发气量,加强铸型的排气。

另外,当铸件壁厚过小,壁厚急剧变化或有大的水平面等复杂结构时,流动阻力增加,铸型充型困难。因此,设计零件结构时,要正确选择材料和结构。

总之,流动性好的材料在多数情况下其充型能力都较强,流动性差的材料其充型能力较差,但也可以通过改善其他条件,如提高熔炼质量、浇注温度和浇注速度,改善铸型条件及铸件结构等来提高其充型能力,以获得质量好而完整的铸件。

9.3 材料的流变行为

流变学是物理学中力学的一个分支,它是由宾汉(Bingham E. C.)等人于1919年建立起来的专门研究物体流动和变形规律的一门学科。需特别强调的是在这里除了力和位移外,时间因素的影响必须加以考虑。

材料加工成形过程中普遍存在流动和变形即流变学问题,如合金从液态凝固进入液相-固相两相共存的温度范围内时具有的力学行为、合金的半固态加工时流变成形等。材料的流变性是指材料在流动状态下变形的能力。尤其在冷却凝固过程和半固态加工中材料的流变性对最终的产品质量有重要影响。

9.3.1 材料流变的有关概念和模型

在讨论材料的流变性之前,先介绍有关流变学的基本概念和模型。

为了简化对问题的分析,从流变学的角度,假定存在两种理想物体:即理想液体和绝对刚体。

所谓的理想液体又称为帕斯卡体,其流变性能特点是绝对好的流动性和完全不可被压缩的特性,用数学式表示为

$$\text{切应力} \qquad \tau = 0,$$
$$\text{体积压缩应变} \qquad \varepsilon_V = 0。 \qquad (9.18)$$

它是一种没有任何黏性的液体,它在流动时,其内部不产生任何摩擦力,没有切应力,也不能承受拉力。

所谓的绝对刚体又称为欧几里得体,其流变性能特点用数学式表示为

$$\text{切应变} \qquad \gamma = 0,$$
$$\text{体积应变} \qquad \varepsilon_V = 0。 \qquad (9.19)$$

它根本不能变形,在载荷作用下其应变为零,而且当载荷达到某一临界值时,物体立即断裂,不发生体积和形状的变化。

实际上,在自然界和工程上既不存在理想液体也不存在绝对刚体,它们太理想化了。

但在工程实际中,却常将一些材料的流变性能理想化,分别称之为纯弹性、纯黏性和纯塑性体,也就是通常所说的胡克体、牛顿体和圣维南体:

1) 胡克体　符合胡克弹性定律的物体称为胡克体,其流变性能特点是在受力后物体内部的切应力 τ 是切应变 γ 的线性函数,用数学式表示为

$$\tau = G\gamma, \qquad (9.20)$$

其中,G 为剪切弹性模量。

为研究方便起见,在流变学中,常用一种机械模型表示其物体的流变性能。

胡克体流变性能的机械模型是弹簧,如图9.7所示。图9.7(a)表示作用在弹簧上的拉力为P_H,它模拟切应力τ,拉应力σ或外力P;弹簧的刚度为E^*,它模拟剪切弹性模量G,拉伸弹性模量E或体积弹性模量K;弹簧的变形量Δl,它模拟应变γ,ε或ε_V。

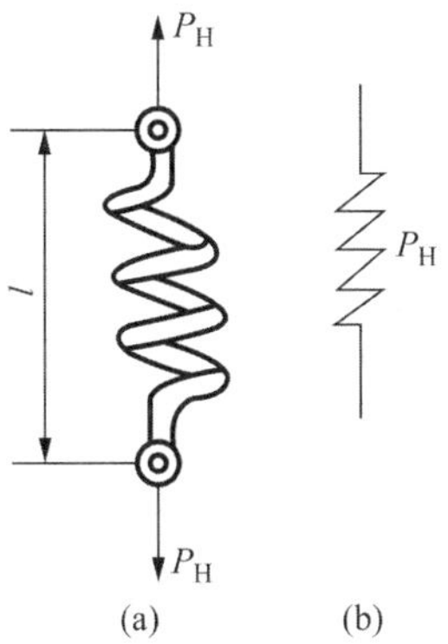

机械模型也可以用数学式来表示,此种数学式称为流变机械模型的结构公式。胡克体机械模型弹簧的变形与应力之间的关系式为

$$P_H = E^* \Delta l \tag{9.21}$$

为作图方便,胡克体机械模型弹簧的符号常用如图9.7(b)所示。

2) 牛顿体 符合牛顿黏性定律的物体称为牛顿体,其流变性能特点为切应力τ和切应变速率$\dot{\gamma}$成正比,用数学式表示为

$$\tau = \eta \dot{\gamma}, \tag{9.22}$$

其中,η为黏度系数,$\dot{\gamma} = \mathrm{d}\gamma/\mathrm{d}t$。

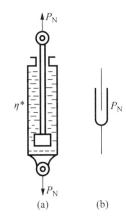

图9.7 胡克体机械模型
(a) 机械模型 (b) 符号

牛顿体的机械模型为充满黏性液体的活塞油缸,如图9.8所示。在此油缸中充满油,活塞与缸壁之间有一缝隙,如图9.8(a)所示。油缸的两端作用拉力为P_N,模拟应力τ或σ,油缸的移动速度为$(\Delta l)^*$,模拟$\dot{\gamma}$或$\dot{\varepsilon}$,活塞移动过程中遇到的黏性阻力系数$\dot{\eta}$,模拟η或λ。此油缸活塞的移动速度由牛顿定律决定:

$$(\Delta l)^* = \frac{P_N}{\eta^*}。 \tag{9.23}$$

为简化作图过程,常用图9.8(b)所示的符号表示机械模型油缸。

3) 圣维南体 圣维南体又称为圣维南塑性体,其流动变形特点是在对物体施加切应力时,当其切应力小于某一定值τ_s时,该物体就如同绝对刚体一样,不作任何变形;而当切应力大于τ_s时,物体就作流动形式的不可逆变形,其流动速度就是变形速率。与此同时,物体内的切应力保持为恒值,不再变化。用数学式表示为

$$\tau = \tau_s \text{ 或 } \sigma = \sigma_s。 \tag{9.24}$$

图9.8 牛顿体机械模型
(a) 机械模型 (b) 符号

圣维南体的机械模型为圣维南体干摩擦,如图9.9所示。P_s模拟作用在圣维南体上的应力τ或σ,而在摩擦面上的摩擦力f_s则模拟圣维南体的屈服极限值τ_s或σ_s。当作用在物体上的P_s小于f_s值的时候,物体不能滑动,即不能变形。当P_s增大至等于f_s值时,物体可作等速度的滑动,即等速变形。因此,该模型的滑动数学式为

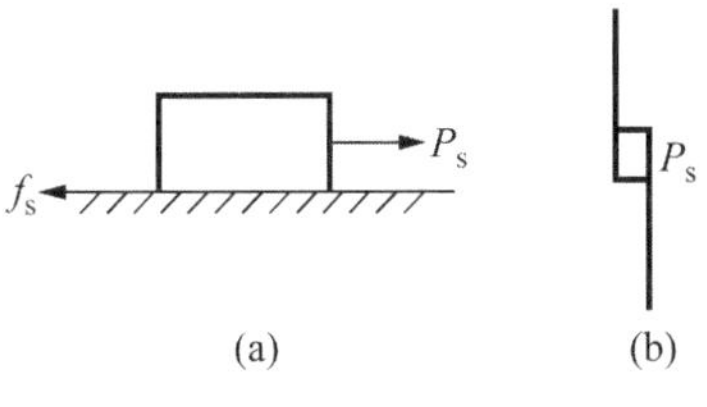

$$P_s = f_s。 \tag{9.25}$$

图9.9 圣维南体机械模型
(a) 机械模型 (b) 符号

这里,干摩擦滑动时有两种数值不同的摩擦力,即静摩擦力和动摩擦力。前者指物体在受拉力P_s的情况下即将开始滑动瞬间的摩擦力f_s^{**},后者指物体滑动开始后的摩擦力f_s^*,并且$f_s^{**} > f_s^*$。因此,圣维南体机械模型的滑动规律还可写成:

$$P_s = f_s^{**},$$

或

$$P_s = f_s^{\;*}。$$

$f_s^{\;**}$ 称为上屈服极限，$f_s^{\;*}$ 称为下屈服极限。在一般情况下，塑性体只有一个屈服极限，即 $f_s^{\;**} = f_s^{\;*}$。但有时也可能出现两个屈服极限值的塑性体，如低碳钢。金属在高温时的蠕变情况与圣维南体的变形情况相似。当对高温金属施加载荷并超过一定的数值时，金属出现定载荷作用下变形量随时间不断增大的蠕变现象。为作图方便，机械模型干摩擦常用如图 9.9(b)所示的符号表示。

有了上述的假设和模型，实际物体的复杂流变性能就可用这些理想体机械模型的不同组合来加以描述。

9.3.2　材料流变的本构方程

在工程材料中，物体的流变性能往往是相当复杂的，并不如上面所介绍的单纯弹性体、黏性体或塑性体那样简单。流变学的研究表明，不少复杂的流变性能均可用胡克弹性体、牛顿黏性体和圣维南塑性体机械模型的相互组合加以表达，利用这些模型的不同组合就可很简便地分析一些物体的复杂流变性能。

1. 采用机械模型研究材料的流变性能的若干规则

物体的复杂流变性能，一般可用胡克弹性体、牛顿黏性体和圣维南塑性体机械模型的串联、并联的不同形式的组合来表示。

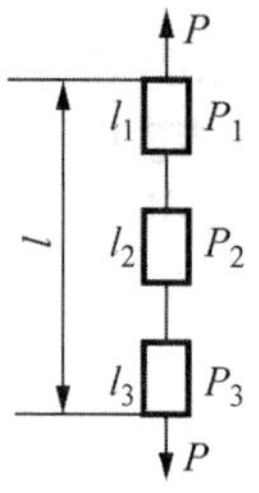

若物体的复杂流变性能用上述的机械模型串联表示（见图 9.10），则

（1）每个串联模型的载荷能相互传递，彼此相等，因此

$$P = P_1 = P_2 = P_3。 \tag{9.26}$$

式中，$P，P_1，P_2，P_3$ 为复杂物体、第一、第二、第三个串联机械模型上受的载荷。

（2）整个串联系统发生的变形量和变形速率是各个串联机械模型相应变形量和变形速率的总和，即

$$\Delta l = \Delta l_1 + \Delta l_2 + \Delta l_3， \tag{9.27}$$

$$(\Delta l)^* = (\Delta l_1)^* + (\Delta l_2)^* + (\Delta l_3)^*。 \tag{9.28}$$

式中，$\Delta l，\Delta l_1，\Delta l_2，\Delta l_3$ 为复杂物体、第一、第二、第三个串联机械模型的变形量。

图 9.10　串联体

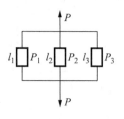

图 9.11　并联体

若物体的复杂流变性能能用胡克体、牛顿体或圣维南体机械模型的相互并联来表示（见图 9.11），则

（1）物体上的载荷 P 是各个并联机械模型所受载荷的总和，即

$$P = P_1 + P_2 + P_3。 \tag{9.29}$$

（2）各个并联机械模型的变形量相等，变形速率也相等，其值也是物体本身的变形量和变形速率，即

$$\Delta l = \Delta l_1 = \Delta l_2 = \Delta l_3， \tag{9.30}$$

$$(\Delta l)^* = (\Delta l_1)^* = (\Delta l_2)^* = (\Delta l_3)^*。 \tag{9.31}$$

在流变机械模型的结构公式中，通常用字母 H 表示机械模型弹簧——胡克体；N 表示活塞油缸——牛顿体；S 表示干摩擦即圣维南体。还用水平线（—）表示串联，用竖线（∣）表示并联。并用小括号()、中括号[]、大括号 { } 表示各单纯物体的连接层次。下面来对一些物体的

流变性能进行具体描述。

2. 开尔芬体

开尔芬体流变性能的机械模型如图 9.12 所示。该机械模型的结构公式为

$$K = H \mid N, \tag{9.32}$$

这就是说,开尔芬体是牛顿体和胡克体的并联形式。由机械模型的并联规则中得知,有

$$P_K = P_H + P_N。 \tag{9.33}$$

而 $P_H = E^* \Delta l, P_N = \eta^* (\Delta l)^*$,故

$$P_K = E^* \Delta l + \eta^* (\Delta l)^*。 \tag{9.34}$$

将此式中机械模型参数所模拟的真实物理量代入,可得开尔芬体的本构方程(应力-应变关系方程)为

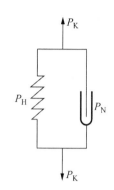

图 9.12　开尔芬体机械模型

$$\tau = G\gamma + \eta\dot\gamma, \quad t > 0。 \tag{9.35}$$

式中,$\tau, \gamma, \dot\gamma$ 都是时间 t 的函数。此微分方程的解为

$$\gamma = \exp\left[-\frac{G}{\eta}(t - t_0)\right]\left[\gamma_0 + \frac{1}{\eta}\int_{t_0}^{t} \tau \exp\left(\frac{G}{\eta}t\right)dt\right]。 \tag{9.36}$$

式中,t_0 表示初始时刻,当 $t = t_0$ 时,$\gamma = \gamma_0$,故 γ_0 是 $t = t_0$ 时物体的初始变形。

建筑用的水泥横梁、沥青、粉末冶金中压制的压坯以及铸造生产中紧实后的黏土砂型、处于固液态的铸造合金等都具有和开尔芬体一样的流变性能,此类物体也称为黏弹性体。

3. 麦克斯韦体

图 9.13　科克斯韦体
机械模型

麦克斯韦体流变性能的机械模型如图 9.13 所示。该机械模型的结构公式为

$$M = H - N, \tag{9.37}$$

即麦克斯韦体是牛顿体和胡克体的串联形式。由串联机械模型的规则中得知定,有

$$(\Delta l)_M^* = (\Delta l)_H^* + (\Delta l)_N^*, \tag{9.38}$$

式中,$(\Delta l)_M^*, (\Delta l)_H^*, (\Delta l)_N^*$ 分别为麦克斯韦体、胡克体和牛顿体模型的变形速率。式(9.38)还可写成

$$(\Delta l)_M^* = \frac{\dot P_H}{E^*} + \frac{P_N}{\eta^*}。 \tag{9.39}$$

将此式中机械模型参数所模拟的真实物理量代入,可得麦克斯韦体的本构方程为

$$\dot\gamma = \frac{\dot\tau}{G} + \frac{\tau}{\eta}, \quad t > 0。 \tag{9.40}$$

其通解为

$$\tau = \exp\left[-\frac{G}{\eta}(t - t_0)\right]\left[\tau_0 + G\int_{t_0}^{t} \dot\gamma \exp\left(\frac{G}{\eta}t\right)dt\right], \tag{9.41}$$

式中,τ_0 表示时间为 t_0 时,在物体上加载所产生的切应力。

土壤、木材、沥青、塑料熔体等都具有麦克斯韦体的流变性能,此类材料也称为弹黏性体。

4. 施韦道夫体

施韦道夫体流变性能的机械模型如图 9.14 所示。该机械模型的结构公式为

$$Sch = H - [(H-N) \mid S], \tag{9.42}$$

即施韦道夫体是胡克体串联一组由圣维南体与另一胡克体和牛顿体串联体所组成的并联模型。由于 $M=H-N$，故 $Sch=H-(M \mid S)$。施韦道夫体的本构方程为

$$\dot{\gamma} = \begin{cases} \dfrac{\dot{\tau}}{G_1}, & \tau \leqslant \tau_s; \\[3mm] \dfrac{\dot{\tau}}{G_1} + \dfrac{(\tau-\tau_s)}{G_2} + \dfrac{(\tau-\tau_s)}{\eta}, & \tau > \tau_s, t > 0. \end{cases} \tag{9.43}$$

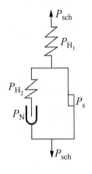

图 9.14　施韦道夫体
机械模型

其解为

$$\tau - \tau_0 = G(\gamma - \gamma_0), \quad \tau \leqslant \tau_s; \tag{9.44}$$

$$\tau = \exp\left[-\frac{G_1 G_2 (t-t_0)}{(G_1+G_2)\eta}\right]\left\{(\tau_0-\tau_s) + \frac{G_1 G_2}{(G_1+G_2)}\int_{t_0}^{t}\dot{\gamma}\exp\left[\frac{G_1 G_2 t}{(G_1+G_2)\eta}\right]\mathrm{d}t\right\} + \tau_s,$$

$$\tau > \tau_s, \quad t > 0. \tag{9.45}$$

式中，τ_0 表示 $t=t_0$ 时进行加载的物体内的切应力。

5. 宾汉体

宾汉体是在 1910 年由 Bingham 提出来的。它的流变性能系 $G_2 = \infty$ 时施韦道夫体的一种特殊情况。此时可得到如图 9.15 所示的 Bingham 体流变性能的机械模型。其结构公式为

$$B = H - (N \mid S). \tag{9.46}$$

因此，宾汉体的本构方程便可以通过将 $G_2 = \infty$ 代入式(9.43)得到

$$\dot{\gamma} = \begin{cases} \dfrac{\dot{\tau}}{G_1}, & \tau \leqslant \tau_s; \\[3mm] \dfrac{\dot{\tau}}{G_1} + \dfrac{(\tau-\tau_s)}{\eta}, & \tau > \tau_s, t > 0. \end{cases} \tag{9.47}$$

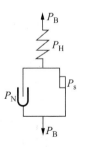

图 9.15　宾汉体
机械模型

其解为

$$\tau = \exp\left[-\frac{G(t-t_0)}{\eta}\right]\left\{(\tau_0-\tau_s) + G\int_{t_0}^{t}\dot{\gamma}\exp\left[\frac{Gt}{\eta}\right]\mathrm{d}t\right\} + \tau_s. \tag{9.48}$$

9.3.3　铸造合金的流变性能

研究表明，熔融合金液体在过热的情况下可认为是近似的牛顿黏性体，其流变性能特点为切应力 τ 和切应变速率 $\dot{\gamma}$ 成正比，其比例常数为黏度系数 η，可用式(9.22)加以描述。随着温度的下降，在凝固结晶初期(固体组分占 $15\%\sim20\%$ 时)，初生固体呈不连续的、单个的、悬浮在母液中的枝晶。当温度继续下降时，树枝晶量增加，并互相连接成网状枝晶组织，以致于使熔融液体停止流动…其流变性能比较复杂。采用实验的方法可测得钢、铝合金等材料的应变-

时间曲线。在此基础上,可建立其相应的流变模型和本构方程,并由此计算出在液相-固相两相共存的温度范围内的材料流变性能参数,如弹性模量 E、黏度系数 η、屈服极限 τ_s 等。

图 9.16 是结晶温度范围内,当切应力 τ 为恒定值时测得的 Al-Si 合金的应变 γ 与时间 t 的关系曲线。由图中可知,当 $\tau < \tau_s$(τ_s 为屈服极限)时,发生弹性变形 γ_1 和黏弹性变形 γ_2;而当 $\tau > \tau_s$ 时,则除了弹性变形、黏弹性变形外,还出现塑性流动 γ_3。运用前面介绍的流变学知识对上述曲线进行分析,可以建立 Al-Si 合金在凝固温度范围内(液相-固相)的流变性能力学模型,其机械模型如图 9.17 所示,常称为 5 元件模型。该模型系由宾汉体串联开尔芬体的组合而成,其结构公式为

$$T = H_1 - (S \mid N_1) - (H_2 \mid N_2)。 \tag{9.49}$$

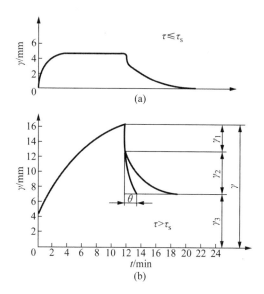

图 9.16　结晶温度范围内 Al-Si 合金的
γ-t 曲线(τ=常量)

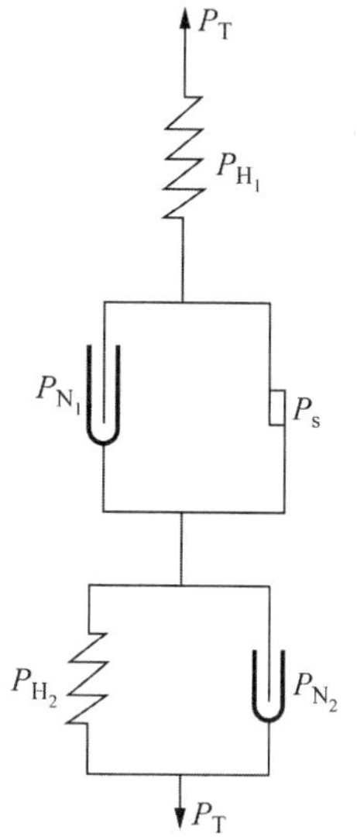

图 9.17　结晶温度范围内 Al-Si 合金的
流变性能机械模型

根据式(9.49)则可建立结晶温度范围内液-固两相区 Al-Si 合金的应力-应变关系,即其本构方程为

$$\dot{\gamma} = \frac{\dot{\tau}}{G_1} + \frac{1}{\eta_2}(G_1 + G_2)\frac{\tau}{G_1} - \frac{G_2}{\eta_2}\gamma, \ \tau \leqslant \tau_s; \tag{9.50}$$

$$\dot{\gamma} = \frac{\eta_2}{G_2}\left[\frac{\ddot{\tau}}{G_1} + \left(\frac{G_1 + G_2}{\eta_1} + \frac{G_1 + G_2}{\eta_2}\right)\frac{\dot{\tau}}{G_1} + \frac{G_2}{\eta_2}\frac{\tau - \tau_s}{\eta_1} - \ddot{\gamma}\right], \ \tau > \tau_s。 \tag{9.51}$$

式中,G_1,G_2 为胡克弹性体 H_1,H_2 的剪切弹性模量;η_1,η_2 为牛顿黏性体 N_1,N_2 的动力黏度;τ_s 为圣维南塑性体 S 的剪切屈服极限。

若在 Al-Si 合金上所施加的载荷为恒定值,则上面两式中 $\tau = \tau_s$ = 常数,故 $\dot{\tau} = 0$,$\ddot{\tau} = 0$,此时式(9.50)和式(9.51)的解分别为

$$\gamma = \frac{\tau_C}{G_1} + \frac{\tau_C}{G_2}\left[1 - \exp\left(-\frac{G_2}{\eta_2}t\right)\right], \tau_C \leqslant \tau_s; \tag{9.52}$$

$$\gamma = \frac{\tau_C}{G_1} + \frac{\tau_C}{G_2}\left[1 - \exp\left(-\frac{G_2}{\eta_2}t\right)\right] + \frac{\tau - \tau_s}{\eta_1}t, \tau_C > \tau_s。 \tag{9.53}$$

对含碳量为 0.45% 的铸钢在各种温度时的流变参数进行测定的结果表明,当温度从液相

线冷却到固相线的变化过程中,该铸钢的流变参数 G,η,τ_s 值均在一个很大范围内发生变化。在接近液相线时,G,η,τ_s 值均很小,而随着温度的降低,这些参数值将逐渐增大。到了接近固相线的某一温度时,$G_1-t,G_2-t,\eta_1-t,\eta_2-t,\tau_s-t$ 等各曲线突然变陡,其流变参数值均以很大的速度增加。例如,在 $1\,496\,℃$ 时铸钢的 G_1 为 $0.000\,97\,MPa$,而冷到 $1\,448\,℃$ 时,$G_1=2.767\,MPa$,这就是说,温度仅仅在 $48\,℃$ 的变化范围内 G_1 值就变化了近 4 个数量级。

综上所述,以铝合金、铜合金和铸钢为代表的大多数铸造合金,在液相线温度以上其流变性能类似于纯黏性液体,故在浇注系统计算时可把此时的熔融液体看作是纯黏性体,按牛顿黏性体来处理,主要考虑其黏度系数的影响。但是,当温度降至液相线温度以下和固相线温度以上时,则合金除具有黏性外,还明显表现出具有弹性和塑性。这时,可用宾汉体串联开尔芬体的力学模型来描述其流变性能。随着合金温度降低,合金的黏度、弹性模量和屈服极限将逐渐升高。当温度降至接近固相线温度时,G,η,τ_s 值都将变得很大。这种流变性能的变化对合金液的流动影响极大,在实际生产过程中必须引起高度重视。

9.3.4　材料的半固态加工

传统的材料成形方法通常有两类:一类是液态成形,如铸造、液态模锻、液态轧制、连铸等;另一类是固态成形,如轧制、拉拔、挤压、锻造、冲压等。在 20 世纪 70 年代初,美国麻省理工学院教授 Flemings M. C. 等人提出了一种金属成形的新方法——半固态加工技术。金属半固态加工,就是在金属凝固过程的液-固两相区间对其施以剧烈的搅拌作用,将树枝状的初生固相充分破碎,得到一种母液中均匀地悬浮着一定球状初生相组分的固-液混合浆料(固相组分一般为 50% 左右),即流变浆料,其表观动力黏度仅为枝晶凝固时的 1/1 000,具有很好的流动性,故易于通过普通加工方法制成产品。利用这种流变浆料直接进行成形加工的方法称为半固态金属的流变成形。若将流变浆料凝固成锭,按需要将其切成一定大小,再重新加热至金属的半固态温度区,这时的锭一般称为半固态金属坯料。利用金属的半固态坯料进行成形加工,则称为触变成形。半固态金属的上述两种成形方法合称为半固态成形或半固态加工,在国际上,通常将半固态加工简称为 SSM(semi-solid metallurgy)。

从流变学来看,半固态金属是一种具有黏性的流动浆料。当固体组分所占比例较低时,黏度较小;随着固体组分的增加,黏度逐渐增加。当固体组分达 50% 时,如不再进行搅拌,其黏度可达 $10^6\,Pa\cdot s$。这样高黏度的金属,就像固体一样可以搬运、储藏。但是,若经剧烈的搅拌,由于在母液中均匀地悬浮着的球状初生固相质点之间始终被熔融母液分隔开,固相粒子间几乎没有结合力,即使在较高固相体积分数时,其宏观流动变形抗力很低。当它受剪切力作用时,也就是当这种半固态浆料被挤压到压铸机的型腔中时,金属就会平滑地流入型腔,易于加工成所需要的零件。图 9.18 为半固态铸造过程的示意图。

固态质点为球形结构的半固态金属浆料的制备是半固态成形加工的基础。目前半固态金属浆料的制备方法很多,最主要的是电磁搅拌法和机械搅拌法。半固态浆料在强烈搅拌下枝晶形态变化过程如图 9.19 所示。结晶开始时,搅拌促进了晶核的产生,并以枝晶方式生长。随着温度的下降,虽然晶粒仍然是以枝晶方式生长,但由于搅拌的作用,致使晶粒之间互相摩擦、剪切以及液体对晶粒剧烈冲刷,这样,造成枝晶臂被打断,形成了更多的细小晶粒,其自身结构也逐渐向蔷薇形演化。随着温度的继续下降,最终这种蔷薇形结构演化成更简单的球形结构。球形结构的最终形成要靠足够的冷却速度和足够高的剪切速率;同时这是一个不可逆

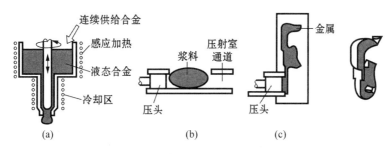

图 9.18　半固态铸造过程示意图

(a) 连续制备半固态浆料　(b) 将浆料送至压射室　(c) 成形过程　(d) 制品

的结构演化过程,一旦球形的结构生成,只要在液-固两相区,无论合金的温度如何升降,它也不会变成枝晶。

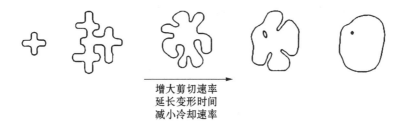

图 9.19　强烈搅拌下枝晶形态变化示意图

由于球形结构固态质点的表面光滑,在流变加工时它始终保持被熔融母液分隔开的状态。因此,具有这样内部组织的合金其表观动力黏度远比以枝晶方式生长的小,故具有很好的流动性。另外,表观动力黏度取决于合金的冷却速率和剪切速率。随着剪切速率的增大,表观动力黏度减小,并且流变浆料可在更大的固相分数下维持较好的流动性。减小冷却速率可获得与增大剪切速率相似的结果。图 9.20 为 Flemings 等人所作的 Sn-Pb$[w(Pb)=15\%]$合金流变性能的研究结果。至于流变浆料中的初生固态质点的大小和数量取决于搅拌强度、搅拌温度、合金成分以及冷却速度。通常搅拌强度越大,晶粒越细小;搅拌温度越低,其固相分数越大;冷却速度越快,固态质点的尺寸越小;而合金成分的影响则与组织的变化和成分过冷有关。

总之,由于半固态加工使用半固态金属浆料的内部特征是固-液两相混合共存,在两者界面熔化、凝固不断发生,其扩散现象十分活跃,因此,溶质元素的局部浓度可不断变化;也正因为固-液两相混合共存,在固态粒子间始终夹有液相成分,固态粒子间几乎没有结合力,因此,其宏观流动变形抗力很低,可以更高的速度成形,而且可进行复杂件成形,缩短加工周期,提高材料利用率,有利于节能节材,加工成本低。另外,由于半固态金属黏度比液态金属高,且容易控制,因此,在压铸时没有涡流现象,卷入空气少,减少了氧化,改善加工性,也减少模具黏接,改善表面光洁度,易实现自动化。也正因为其黏度较大,便可在其中加入高达 40% 的填料,如在铝合金中加入玻璃、碳化硅、石墨等粉末颗粒或纤维,用来制备复合材料。此外,当半固态金属浆料固态质点占 50% 时,即有 50% 的金属熔化潜热已经消失,同时加工温度相对较低(通常低于液相线温度),这样就显著降低了金属的温度和热量,减少了对金属压型等界面的热侵蚀作用,从而提高了压型寿命,并为高熔点合金的压铸提供了可能。

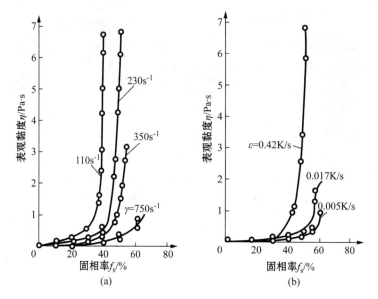

图 9.20　剪切速率和冷却速率对 Sn-15％Pb 半固态合金表现动力黏度的影响

（a）剪切速率 γ　（b）冷却速率 ε

9.4　材料加工变形的力学基础

变形和应力问题是材料加工过程中讨论的永恒主题,因为它们直接影响加工成形质量和结果,也是导致加工缺陷的重要因素。前面分析讨论的主要是液态、半固态成形相关的流动和变形问题,由于它们所具备的充型能力和流变性,其变形抗力相对较小,不仅可以更高的速度成形,还可进行复杂成形,从而缩短加工周期,提高材料利用率,降低加工成本低。但是,这里应力问题始终客观存在。何况,在液态、半固态成形中因温度分布不均匀或相变不均匀以及其他原因而导致的应力问题,如同在热处理和焊接工艺中一样,也是不容忽视的。从材料变形的角度,固态材料塑性成形加工是利用固态材料自身变形能力,在外力作用下使材料发生塑性变形,从而获得所需要形状和性能产品的一种加工方法。在塑性成形加工中,力和变形是成形的两个关键条件。

由于固态材料的组织结构与液态、半固态材料均不一样,其变形抗力大得多,其中涉及的应力、应变状态以及力学问题更加复杂。因此,有必要在本节介绍有关材料加工过程中的力学基础知识,对变形体内的应力、应变状态进行分析,掌握材料在复杂应力状态下的屈服判断准则,并讨论材料塑性变形的应力-应变关系等。至于塑性成形的物理本质和机理,在变形过程中材料的力学行为、组织与性能的变化规律则将在第 10 章详细讨论。

9.4.1　应力状态分析

1. 基本概念

从材料力学中得知,作用于物体的外力可分为表面力和体积力两大类。表面力作用于物体的表面,又称为面力,可以是集中载荷也可以是分布载荷,如风力、静水压力、两物体间的接触力等,它与物体表面面积成正比;而作用在物体内部各质点上的力,如重力、电磁力或运动物体的惯性力等,则称为体积力,简称体力,它与物体的密度成正比。

在外力的作用下,为保持变形物体的连续性,其内部各质点之间会产生相互作用的力称为内力,而单位面积上的内力则称为应力。

现假定用一平面 A 将受一组平衡力系作用的物体分为两部分(见图 9.21),若将虚线部分移去,则它对余下部分的作用则可用分布在断面上的力来代替。在断面上围绕 Q 点取一微面积元 ΔA,Q 点外法线方向上的单位向量为 N,如果作用在此微面积元上的合力等于 ΔF,则平面 A 上 Q 点的全应力 S 可定义为

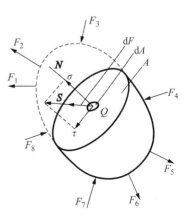

$$S = \lim_{\Delta A \to 0} \frac{\Delta F}{\Delta A} = \frac{dF}{dA}。 \tag{9.54}$$

根据平行四边形法则,全应力 S 可以分解为沿外法线方向的正应力分量 σ 和沿切线方向的切应力分量 τ。

显然,过 Q 点可以作 A_1,A_2,… 无数个不同截面,这样就有无数个相对应的应力矢量 S_1,S_2,…。这就提出了一个问

图 9.21　物体受力分析示意图

题,如何全面地描述变形体内某一点的受力情况,即它的应力状态呢? 可以证明,只要知道过该点的三个相互垂直截面上的三个应力矢量,则过该点的任意截面上的应力矢量均可求出,即该点的应力状态就完全可确定。

2. 直角坐标系中坐标面上的应力

设在直角坐标系中有一承受外力作用的物体。物体中有一任意点 Q,围绕着 Q 切取一无限小的正六面体(又称单元体),其棱边分别平行于三个坐标轴。一般,单元体各个微面上均有应力矢量作用[见图 9.22(a)],这些应力矢量沿坐标轴分解为三个分量,一个是正应力分量(又称法向应力分量),另两个为切应力分量,共有 9 个应力分量。应用弹性理论可以证明,一般情况下,某一点的应力状态可由 9 个应力分量来描述[见图 9.22(b)]。每个应力分量的符号带有两个下角标,第一个下角标表示该应力分量作用面的法线方向;第二个下角标表示它的作用方向。显然,两个下角标相同的是正应力分量,例如 σ_{xx},即表示 x 面上平行于 x 轴的正应

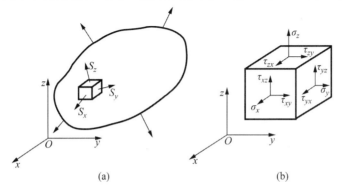

图 9.22　单元体的受力情况

(a) 物体内的单元体　(b) 单元体上的应力状态

力分量,简写为 σ_x;两个下角标不同的是切应力分量,例如 τ_{xy},即表示 x 面上平行于 y 轴的切应力分量。至于应力分量的正负号可规定如下:在单元体上外法线指向坐标轴正向的微分面叫做正面,反之称为负面;对于正面,指向坐标轴正向的应力分量为正,指向负向的为负;对于负面,情况正好相反。按此规定,正应力分量以拉为正,以压为负。由于单元体处于静力平衡状态,绕单元体各轴的合力矩必为零。由此可导出切应力互等关系式:

$$\tau_{xy}=\tau_{yx},\tau_{yz}=\tau_{zy},\tau_{zx}=\tau_{xz}。$$

因此,表示某一点的应力状态的 9 个应力分量中只有 6 个是独立的,总体称为应力张量,也即点的应力状态是二阶对称张量。注意,张量与矢量两者有所区别,张量分量是随坐标的变换而异,而矢量在直角坐标系中分量是随坐标的投影而变,故张量又可理解为广义的矢量。应力张量用矩阵表示为

$$\boldsymbol{\sigma}_{ij}=\begin{bmatrix} \sigma_x & \tau_{xy} & \tau_{xz} \\ \tau_{yx} & \sigma_y & \tau_{yz} \\ \tau_{zx} & \tau_{zy} & \sigma_z \end{bmatrix}=\begin{bmatrix} \sigma_x & \tau_{yx} & \tau_{zx} \\ . & \sigma_y & \tau_{zy} \\ . & . & \sigma_z \end{bmatrix} \tag{9.55}$$

其中,下标 i,j,表示其应力分量的下标可以是 x,y,z 中的一个或两个。

3. 任意斜面上的应力

若已知作用在三个相互垂直平面上的 6 个独立应力分量,则该点的应力状态就可完全确定。如果单元体上的 9 个应力分量已知,则与其斜切的任意斜面上的应力分量亦可求出。如图 9.23 所示,设斜面 ABC 的法线为 $\boldsymbol{N}$,$\boldsymbol{N}$ 的方向余弦为

$$l=\cos(\boldsymbol{N},x),m=\cos(\boldsymbol{N},y),n=\cos(\boldsymbol{N},z)。 \tag{9.56}$$

而该斜面面积为 $\mathrm{d}A$,斜面上的全应力 $\boldsymbol{S}$ 在 x,y,z 方向的分量依次为 S_x,S_y 和 S_z,则由静力平衡条件 $\sum F_x=0,\sum F_y=0,\sum F_z=0$ 可得

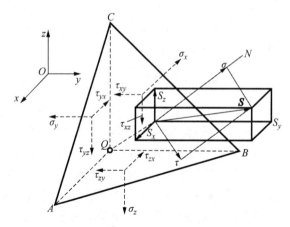

图 9.23　任意斜面上的应力

$$S_x\mathrm{d}A-\sigma_x\mathrm{d}A\cdot l-\tau_{yx}\mathrm{d}A\cdot m-\tau_{zx}\mathrm{d}A\cdot n=0,$$
$$S_y\mathrm{d}A-\tau_{xy}\mathrm{d}A\cdot l-\sigma_y\mathrm{d}A\cdot m-\tau_{zy}\mathrm{d}A\cdot n=0,$$
$$S_z\mathrm{d}A-\tau_{xz}\mathrm{d}A\cdot l-\tau_{yz}\mathrm{d}A\cdot m-\sigma_z\mathrm{d}A\cdot n=0,$$

即

$$S_x=\sigma_x l+\tau_{yx}m+\tau_{zx}n,$$
$$S_y=\tau_{xy}l+\sigma_y m+\tau_{zy}n, \tag{9.57}$$
$$S_z=\tau_{xz}l+\tau_{yz}m+\sigma_z n。$$

于是有

$$S^2=S_x^2+S_y^2+S_z^2。 \tag{9.58}$$

将 S_x,S_y,S_z 沿斜面的法向和切向分解,可得其正应力 σ 和切应力 τ 分别为

$$\boldsymbol{\sigma} = \boldsymbol{S} \cdot \boldsymbol{N} = |\boldsymbol{S}| \cos(\boldsymbol{S}, \boldsymbol{N}) = S_x l + S_y m + S_z n$$
$$= \sigma_x l^2 + \sigma_y m^2 + \sigma_z n^2 + 2(\tau_{xy} lm + \tau_{yz} mn + \tau_{zx} nl) \quad (9.59)$$

$$= [lmn] \times \begin{bmatrix} \sigma_x & \tau_{yx} & \tau_{zx} \\ \tau_{xy} & \sigma_y & \tau_{zy} \\ \tau_{xz} & \tau_{yz} & \sigma_z \end{bmatrix} \times \begin{bmatrix} l \\ m \\ n \end{bmatrix},$$

$$\tau^2 = S^2 - \sigma^2 。 \quad (9.60)$$

4. 主应力及应力张量不变量

由式(9.59)和式(9.60)可见,如果某点的应力状态已定,则过该点任意斜面上的正应力 σ 和切应力 τ 都将随该斜面的法线方向余弦 l, m, n 的数值而变化。可以证明,必然存在唯一的三个相互垂直的方向,与此三个方向相垂直的微分面上的切应力 $\tau = 0$,只存在着正应力。该微分面称为主平面,它的法向就是应力主方向或应力主轴,而此正应力称为主应力,一般用 σ_1、σ_2、σ_3 表示。

对于任一点的应力状态,一定存在相互垂直的三个主方向、三个主平面和三个主应力,这是应力张量的一个重要特征。若选取三个相互垂直的主方向作为坐标轴,那么应力张量的六个剪应力分量都将为零,可使问题大为简化。

下面讨论如何由已知的 $\boldsymbol{\sigma}_{ij}$ 求主应力和主方向。假定图 9.23 中法线方向余弦为 l, m, n 的斜切微分面 ABC 正好就是主平面,面上的切应力 $\tau = 0$,则由式(9.60)可得 $\sigma = S$。于是主应力 σ 在三个坐标轴方向上的投影 S_x, S_y, S_z 分别为

$$S_x = \sigma l, \quad S_y = \sigma m, \quad S_z = \sigma n 。$$

将式(9.57)代入上列诸式,经整理后可得

$$\left. \begin{array}{l} (\sigma_x - \sigma) l + \tau_{yx} m + \tau_{zx} n = 0 \\ \tau_{xy} l + (\sigma_y - \sigma) m + \tau_{zy} n = 0 \\ \tau_{xz} l + \tau_{yz} m + (\sigma_z - \sigma) n = 0 \end{array} \right\} \quad (9.61)$$

式(9.61)是以 l, m, n 为未知数的齐次线性方程组,其解就是主应力的方向,即应力主轴。此方程组的一组解为 $l = m = n = 0$,但由解析几何得知,方向余弦之间必须保持

$$l^2 + m^2 + n^2 = 1, \quad (9.62)$$

它们不可能同时为零,因此 $l = m = n = 0$ 并非方程组的解。式(9.61)存在非零解的条件是方程组的系数所组成的行列式等于零,即

$$\begin{vmatrix} (\sigma_x - \sigma) & \tau_{yx} & \tau_{zx} \\ \tau_{xy} & (\sigma_y - \sigma) & \tau_{zy} \\ \tau_{xz} & \tau_{yz} & (\sigma_z - \sigma) \end{vmatrix} = 0,$$

展开行列式并考虑应力张量的对称性,则得

$$\sigma^3 - \boldsymbol{I}_1 \sigma^2 + \boldsymbol{I}_2 \sigma - \boldsymbol{I}_3 = 0 。 \quad (9.63)$$

式中，　$\boldsymbol{I}_1 = \sigma_x + \sigma_y + \sigma_z,$

$\boldsymbol{I}_2 = -(\sigma_x \sigma_y + \sigma_y \sigma_z + \sigma_z \sigma_x) + (\tau_{xy}^2 + \tau_{yz}^2 + \tau_{zx}^2), \quad (9.64)$

$\boldsymbol{I}_3 = \sigma_x \sigma_y \sigma_z + 2\tau_{xy} \tau_{yz} \tau_{zx} - (\sigma_x \tau_{yz}^2 + \sigma_y \tau_{zx}^2 + \sigma_z \tau_{xy}^2) 。$

式(9.63)是以 σ 为未知数的三次方程式,称为应力状态的特征方程。可以证明,它存在三

个实根,即主应力 $\sigma_1,\sigma_2,\sigma_3$。由于一点的应力状态也可以通过三个主方向上的主应力来表示,此时,式(9.64)可由主应力来表示:

$$I_1 = \sigma_1 + \sigma_2 + \sigma_3,$$
$$I_2 = -(\sigma_1\sigma_2 + \sigma_2\sigma_3 + \sigma_3\sigma_1), \tag{9.65}$$
$$I_3 = \sigma_1\sigma_2\sigma_3。$$

将解得的每一个应力代入式(9.61)并与式(9.62)联立求解,即可求得该主应力的方向余弦,这样便可最终求得三个主方向,且这三个主方向是彼此正交的。

对于一个确定的应力状态,三个主应力是唯一的。因此特征方程(9.63)的系数 I_1,I_2,I_3 是单值的,不随坐标而变。由此可以得出结论:尽管应力张量中的各个分量会随坐标的转动而变化,但式(9.64)的函数值是不变的。把 I_1,I_2 和 I_3 分别称为应力张量第一、第二和第三不变量。存在不变量是应力张量的特征。当判别两个应力张量是否代表同一应力状态时,可以通过它们的三个应力张量不变量是否对应相等来确定。

因此,人们常根据三个主应力的特点来区分各种应力状态。当三个主应力中有两个为零时,称为单向应力状态,通常的单向拉伸试样就属于这种应力状态;如只有一个主应力为零,则称为平面应力状态,大多数板料成形工序可看成为这种应力状态;若三个主应力都不为零,则称三向应力状态,所有体积成形均属于此种应力状态。另外,如果三个主应力中有两个相等,则称为轴对称应力状态。在分析各种成形过程质点的受力情况时,若能判断其主方向,则单元体上用主应力表示更为直观,也便于分析应力状态对变形材料的工艺塑性和变形抗力的影响。

5. 主切应力和最大切应力

当物体中的最大切应力达到某个临界值时,物体便由弹性态进入塑性(屈服)状态,故物体的塑性变形系由切应力引起的。下面讨论如何由点的应力状态求切应力的极值。

设某点的三个主应力为 $\sigma_1,\sigma_2,\sigma_3$,参照式(9.57)~式(9.60)和式(9.62)可导出任意斜面上的切应力为

$$\tau^2 = (\sigma_1^2 - \sigma_3^2)l^2 + (\sigma_2^2 - \sigma_3^2)m^2 + \sigma_3^2 - [(\sigma_1 - \sigma_3)l^2 + (\sigma_2 - \sigma_3)m^2 + \sigma_3]^2,$$

或 $\quad \tau^2 = (\sigma_2^2 - \sigma_1^2)m^2 + (\sigma_3^2 - \sigma_1^2)n^2 + \sigma_1^2 - [(\sigma_2 - \sigma_1)m^2 + (\sigma_3 - \sigma_1)n^2 + \sigma_1]^2。 \tag{9.66}$

为求切应力 τ 的极值,将式(9.66)分别对 l,m,n 求偏导数,并令其等于零,除去重复解,最终可得如下三组解:

$$l = 0, \qquad m = \pm\frac{1}{\sqrt{2}}, \quad n = \pm\frac{1}{\sqrt{2}};$$
$$l = \pm\frac{1}{\sqrt{2}}, \quad m = 0, \qquad n = \pm\frac{1}{\sqrt{2}};$$
$$l = \pm\frac{1}{\sqrt{2}}, \quad m = \pm\frac{1}{\sqrt{2}}, \quad n = 0。$$

上述各组解分别表示一对相互垂直的主切应力平面,它们与某一主平面垂直,而与另两个主平面成 $45°$ 交角(见图9.24)。将上述三组方向余弦代入式(9.66),可得主切应力

$$\tau_{23} = \pm\frac{\sigma_2 - \sigma_3}{2}, \tau_{31} = \pm\frac{\sigma_3 - \sigma_1}{2}, \tau_{12} = \pm\frac{\sigma_1 - \sigma_2}{2}。 \tag{9.67}$$

主切应力中绝对值最大的一个,就是受力质点所有方向切面上切应力的最大值,以 $\tau_{\max}$ 表示,

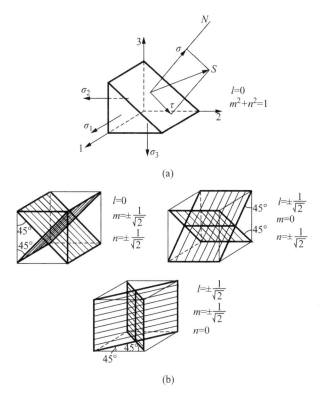

图 9.24　主剪应力平面

称为最大切应力。如 $\sigma_1 > \sigma_2 > \sigma_3$，则

$$\tau_{\max} = \frac{\sigma_1 - \sigma_3}{2}。 \qquad (9.68)$$

需要指出，主平面上只有法向应力即主应力，而无切应力；一般而言，主切应力平面上既有切应力又有正应力。将上述三组方向余弦代入式(9.59)，即可求得主切应力平面上的正应力为

$$\sigma_{23} = \frac{1}{2}(\sigma_2 + \sigma_3)，\sigma_{31} = \frac{1}{2}(\sigma_3 + \sigma_1)，\sigma_{12} = \frac{1}{2}(\sigma_1 + \sigma_2)。 \qquad (9.69)$$

6. 应力球张量与应力偏张量

应力张量与矢量一样，可以分解，点的应力状态式(9.55)可以分解成以下两部分：

$$\boldsymbol{\sigma}_{ij} = \begin{bmatrix} \sigma_x & \tau_{xy} & \tau_{xz} \\ \tau_{yx} & \sigma_y & \tau_{yz} \\ \tau_{zx} & \tau_{zy} & \sigma_z \end{bmatrix}$$

$$= \begin{bmatrix} (\sigma_x - \sigma_m) & \tau_{xy} & \tau_{xz} \\ \tau_{yx} & (\sigma_y - \sigma_m) & \tau_{yz} \\ \tau_{zx} & \tau_{zy} & (\sigma_z - \sigma_m) \end{bmatrix} + \begin{bmatrix} \sigma_m & 0 & 0 \\ 0 & \sigma_m & 0 \\ 0 & 0 & \sigma_m \end{bmatrix}。 \qquad (9.70)$$

式中，$\sigma_m = \frac{1}{3}(\sigma_x + \sigma_y + \sigma_z) = \frac{1}{3}(\sigma_1 + \sigma_2 + \sigma_3)$，称为平均应力，又称静水压力，是不变量，与所取坐标无关，对于一个确定的应力状态，它是单值的。

式(9.70)右边第二项(张量)表示一种球应力状态，称为应力球张量。当质点处于球应状态下,过该点的任意方向均为主方向,且各方向的主应力相等,而任何切面上的切应力均为零。所以应力球张量的作用与静水压力相同,它只能引起物体的体积变化,而不能使物体发生形状变化。对于一般金属而言,应力球张量所引起的体积变化是弹性的,当应力去除后,体积变化便消失。需要指出,应力球张量虽然不能使物体发生形状变化和塑性变形,但对物体的塑性变形能力(即塑性)却有重大的影响。

式(9.70)右边第一项(张量)称为应力偏张量,记为 σ'_{ij}。在应力偏张量中不再包含有各向等应力的成分(因为应力偏张量的平均应力为零),因此应力偏张量不会引起物体的体积变化。再者,应力偏张量中的切应力成分与整个应力张量中的切应力成分完全相同,因此应力偏张量完全包含了应力张量作用下的形状变化因素,也就是说,物体是否发生塑性变形只与应力偏张量有关。

总之,物体在应力张量作用下所发生的变形,包括体积变化和形状变化。前者取决于应力张量中的应力球张量;而后者则取决于应力偏张量。体积变化只能是弹性的,当应力偏张量满足一定的数量关系时,物体发生塑性变形。

7. 应力微分平衡方程

一般情况下,受力物体内各点的应力状态是不同的。设物体内有一点 Q,其坐标为(x,y,z)。以 Q 为顶点切取一个边长为 dx,dy,dz 的直角平行微六面体,其另一个顶点 Q' 的坐标为 $(x+dx,y+dy,z+dz)$。由于物体是连续的,应力的变化也应是坐标的连续函数。现设 Q 点的应力状态为 σ_{ij},其 x 面上的正应力分量为 $\sigma_x=f(x,y,z)$。

在 Q' 点的 x 面上,由于坐标变化 dx,其正应力分量将为

$$\sigma_{x+dx}=f(x+dx,y,z)\approx f(x,y,z)+\frac{\partial f}{\partial x}dx=\sigma_x+\frac{\partial \sigma_x}{\partial x}dx。$$

Q' 点的其余八个应力分量可用同样方法推出,参见图 9.25。当该微元体处于静力平衡状态,且不考虑体积力,则由平衡条件 $\sum F=0$,有

$$\left(\sigma_x+\frac{\partial \sigma_x}{\partial x}dx\right)dydz+\left(\tau_{yx}+\frac{\partial \tau_{yx}}{\partial y}dy\right)dzdx+\left(\tau_{zx}+\frac{\partial \tau_{zx}}{\partial z}dz\right)dxdy-\sigma_x dydz-\tau_{yx}dzdx-\tau_{zx}dxdy=0,$$

整理后得

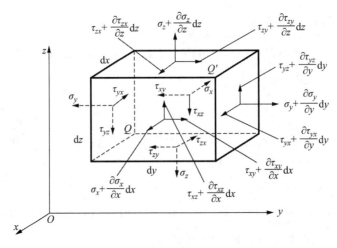

图 9.25　微元体的应力状态分析

$$\frac{\partial \sigma_x}{\partial x}+\frac{\partial \tau_{yx}}{\partial y}+\frac{\partial \tau_{zx}}{\partial z}=0。$$

根据 $\sum F_y = 0$ 和 $\sum F_z = 0$，还可推得两个式子，最后求得微元体应力微分平衡方程为

$$\left.\begin{aligned}\frac{\partial \sigma_x}{\partial x}+\frac{\partial \tau_{yx}}{\partial y}+\frac{\partial \tau_{zx}}{\partial z}=0\\[6pt]\frac{\partial \tau_{xy}}{\partial x}+\frac{\partial \sigma_y}{\partial y}+\frac{\partial \tau_{zy}}{\partial z}=0\\[6pt]\frac{\partial \tau_{xz}}{\partial x}+\frac{\partial \tau_{yz}}{\partial y}+\frac{\partial \sigma_z}{\partial z}=0\end{aligned}\right\}\tag{9.71}$$

式(9.71)是求解塑性成形问题的基本方程。但该方程组包含有六个未知数，是超静定的。为使方程能解，还应寻找补充方程，或对方程作适当简化。

对于平面应力状态和平面应变状态，前者 $\sigma_x = \tau_{zx} = \tau_{zy} = 0$，后者 $\tau_{zx} = \tau_{zy} = 0$，$\sigma_x$ 与 z 无关，故式(9.71)简化成

$$\left.\begin{aligned}\frac{\partial \sigma_x}{\partial x}+\frac{\partial \tau_{yx}}{\partial y}=0\\[6pt]\frac{\partial \tau_{xy}}{\partial x}+\frac{\partial \sigma_y}{\partial y}=0\end{aligned}\right\}\tag{9.72}$$

9.4.2　应变状态分析

当一个物体(连续介质)中任意两个质点之间发生相对位移时，认为该物体已发生变形，即存在应变。应变与物体中的位移场和速度场密切相关。这是几何学和运动学的问题，所以应变分析不论对弹性问题还是塑性问题均适用。但对于弹性变形和塑性变形，考虑的角度不尽相同。解决弹性和小塑性变形问题主要用全量应变，而解决塑性成形问题则主要用应变增量或应变速率。

点的应变状态也是二阶对称张量，它与应力张量有诸多相似的性质。

1. 位移与应变

当物体受外力作用时会发生变形，其内部质点将产生位移。设某一质点的位移矢量为 $\boldsymbol{u}$，它在三个坐标轴上的投影用 u,v,w 表示，称为位移分量。由于物体在变形后仍保持连续，故位移分量应为坐标的连续函数，即

$$u=u(x,y,z),v=v(x,y,z),w=w(x,y,z)。$$

如同应力有正应力和切应力之分，应变也有正应变和切应变两种基本方式。

正应变以线元长度的相对变化来表示，而切应变以两个相互垂直线元之间的角度变化来定义。现设有边长为 $\mathrm{d}x$、$\mathrm{d}y$ 的微面素 $ABCD$ 仅在 xy 坐标平面发生很小的正变形[见图 9.26(a)，暂不考虑其刚性位移]，此时线元 AB 伸长 $\mathrm{d}u$，线元 AD 缩短 $\mathrm{d}v$，则其正应变分别为

$$\varepsilon_x=\frac{\mathrm{d}u}{\mathrm{d}x};\varepsilon_y=-\frac{\mathrm{d}v}{\mathrm{d}y}。$$

前者称为拉应变，系正值；后者称为压应变，系负值。

若该微面素发生了切变形[见图 9.26(b)]，此时线元 AB 与 AD 的夹角缩小了 γ，此角度变化即为切应变。显然 $\gamma = \alpha_{xy} + \alpha_{yx}$。在一般情况下，$\alpha_{xy} \neq \alpha_{yx}$。但若将微面素加一刚性转动

［见图 9.26(c)］,使 $\gamma_{xy}=\gamma_{yx}=\dfrac{1}{2}\gamma$,则切应变的大小不变,纯变形效果仍然相同,$\gamma_{xy}$ 和 γ_{yx} 分别表示 x 和 y 方向的线元各向 y 和 x 方向偏转的角度。

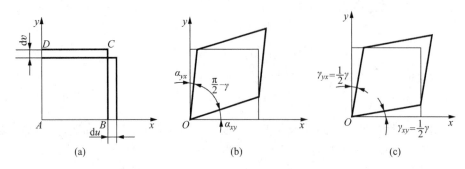

图 9.26   微面素在 xy 坐标平面内的纯变形

2. 点的应变状态和小变形几何方程

在变形体中过无限接近的两点 A 和 G 作一单元体,其边长为 $\mathrm{d}x,\mathrm{d}y,\mathrm{d}z$。变形前 A 点的坐标为 (x,y,z),G 点的坐标为 $(x+\mathrm{d}x,y+\mathrm{d}y,z+\mathrm{d}z)$。微元体变形后,$A$ 点移至 A',G 点移至 G',A 点的位移矢量在各坐标轴上的分量为 u,v,w,而 G 点的位移分量为 $u+\mathrm{d}u,v+\mathrm{d}v,w+\mathrm{d}w$。于是 A' 点的坐标为 $(x+u,y+v,z+w)$,G' 点的坐标为 $[(x+\mathrm{d}x)+(u+\mathrm{d}u),(y+\mathrm{d}y)+(v+\mathrm{d}v),(z+\mathrm{d}z)+(w+\mathrm{d}w)]$,如图 9.27 所示。

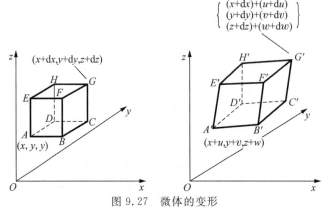

图 9.27   微体的变形

将变形前后的微元体投影于各坐标平面。图 9.28 示出其在 xOy 面上的投影 $ABCD$ 的变形情形。由图可见,原长 $\mathrm{d}x$ 的 AB 边,在 x 方向的正应变为

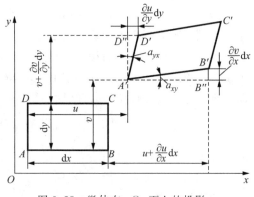

$$\varepsilon_x=\frac{A'B''-AB}{AB}=\frac{\left(\mathrm{d}x+u+\dfrac{\partial u}{\partial x}\mathrm{d}x-u\right)-\mathrm{d}x}{\mathrm{d}x}=\frac{\partial u}{\partial x}$$

AB 边在 xOy 面内的转角,考虑到 $\dfrac{\partial u}{\partial x}$ 与 1 相比为微小量可以忽略,故有

图 9.28   微体在 xOy 面上的投影

$$\alpha_{xy} \approx \tan \alpha_{xy} = \frac{B'B''}{A'B''} = \frac{\dfrac{\partial v}{\partial x}\mathrm{d}x}{\mathrm{d}x + u + \dfrac{\partial u}{\partial x}\mathrm{d}x - u} = \frac{\dfrac{\partial v}{\partial x}}{1 + \dfrac{\partial u}{\partial x}} \approx \frac{\partial v}{\partial x},$$

同理　　　　　　　　$\alpha_{yx} = \dfrac{\partial u}{\partial y}$。

按同样的方法,研究微元体在另外两个坐标平面内的应变几何关系,可有

在 yOz 面　$\varepsilon_y = \dfrac{\partial v}{\partial y}, \alpha_{yz} = \dfrac{\partial w}{\partial y}, \alpha_{zy} = \dfrac{\partial v}{\partial z}$;

在 zOx 面　$\varepsilon_z = \dfrac{\partial w}{\partial z}, \alpha_{zx} = \dfrac{\partial u}{\partial z}, \alpha_{xz} = \dfrac{\partial w}{\partial x}$。

由此可见,与应力相似,对空间变形体内的任一微元体的应变共有九个分量:三个正应变 ε_x、ε_y、ε_z;六个切应变 α_{xy}、α_{yx}、α_{yz}、α_{zy}、α_{zx}、α_{xz}。

在一般情况下 $\alpha_{xy} \neq \alpha_{yx}$,$\alpha_{yz} \neq \alpha_{zy}$,$\alpha_{zx} \neq \alpha_{xz}$。

为了使应变分量与应力分量在形式上取得一致,令

$$\frac{1}{2}\gamma_{xy} = \frac{1}{2}\gamma_{yx} = \frac{1}{2}(\alpha_{xy} + \alpha_{yx}), \quad \frac{1}{2}\gamma_{yz} = \frac{1}{2}\gamma_{zy} = \frac{1}{2}(\alpha_{yz} + \alpha_{zy}), \quad \frac{1}{2}\gamma_{zx} = \frac{1}{2}\gamma_{xz} = \frac{1}{2}(\alpha_{zx} + \alpha_{xz}),$$

这对微元体的角度变化并无影响。于是,微元体的应变状态,也可仿照应力张量的形式表示为

$$\boldsymbol{\varepsilon}_{ij} = \left\{ \begin{array}{ccc} \varepsilon_x & \dfrac{1}{2}\gamma_{xy} & \dfrac{1}{2}\gamma_{xz} \\[2mm] \dfrac{1}{2}\gamma_{yx} & \varepsilon_y & \dfrac{1}{2}\gamma_{yz} \\[2mm] \dfrac{1}{2}\gamma_{zx} & \dfrac{1}{2}\gamma_{zy} & \varepsilon_z \end{array} \right\} = \left\{ \begin{array}{ccc} \varepsilon_x & \dfrac{1}{2}\gamma_{xy} & \dfrac{1}{2}\gamma_{xz} \\[2mm] . & \varepsilon_y & \dfrac{1}{2}\gamma_{yz} \\[2mm] . & . & \varepsilon_z \end{array} \right\},$$

式中,　$$\left. \begin{array}{l} \varepsilon_x = \dfrac{\partial u}{\partial x}, \dfrac{1}{2}\gamma_{xy} = \dfrac{1}{2}\gamma_{yx} = \dfrac{1}{2}\left(\dfrac{\partial u}{\partial y} + \dfrac{\partial v}{\partial x}\right) \\[3mm] \varepsilon_y = \dfrac{\partial v}{\partial y}, \dfrac{1}{2}\gamma_{yz} = \dfrac{1}{2}\gamma_{zy} = \dfrac{1}{2}\left(\dfrac{\partial w}{\partial y} + \dfrac{\partial v}{\partial z}\right) \\[3mm] \varepsilon_z = \dfrac{\partial w}{\partial z}, \dfrac{1}{2}\gamma_{zx} = \dfrac{1}{2}\gamma_{xz} = \dfrac{1}{2}\left(\dfrac{\partial u}{\partial z} + \dfrac{\partial w}{\partial x}\right) \end{array} \right\}$$　(9.73)

式(9.73)称为小变形几何方程,即所谓的柯西方程。如变形体内的位移场 u_i 已知,则可由此几何方程求得应变场 $\boldsymbol{\varepsilon}_{ij}$,再根据塑性变形时的应力应变关系(本构方程)求得应力场 $\boldsymbol{\sigma}_{ij}$。

采用与直角坐标系下应变分量和位移分量之间关系的分析方法,可以推导出圆柱坐标系下的应变几何方程。因此,上述柯西方程是求解塑性成形问题的重要基本方程。

3. 有关应变张量的主要结论

分析研究表明,应变张量和应力张量十分相似,应力理论中的某些结论和公式,也可类推于应变理论,只要把 σ 换成 ε,τ 换成 $\dfrac{1}{2}\gamma$ 即可。

(1) 微元体的应变状态存在着三个相互垂直的主方向和主轴,在主方向上的线元没有角度偏转,没有切应变,只有正应变,称为主应变,一般以 ε_1、ε_2、ε_3 表示,它们是唯一的。对于小变形而言,可认为应变主轴和应力主轴对应重合,且如果主应力中 $\sigma_1 > \sigma_2 > \sigma_3$,则主应变的次

序也为 $\varepsilon_1 > \varepsilon_2 > \varepsilon_3$。

（2）与应力张量相似，在同一应变状态下，无论坐标系统如何选择，各应变分量如何随之变化，各应变分量之间的下列关系式恒为定值。

$$I_1 = \varepsilon_x + \varepsilon_y + \varepsilon_z = \varepsilon_1 + \varepsilon_2 + \varepsilon_3,$$

$$I_2 = -(\varepsilon_x\varepsilon_y + \varepsilon_y\varepsilon_z + \varepsilon_z\varepsilon_x) + \frac{1}{4}(\gamma_{xy}^2 + \gamma_{yz}^2 + \gamma_{zr}^2) = -(\varepsilon_1\varepsilon_2 + \varepsilon_2\varepsilon_3 + \varepsilon_3\varepsilon_1),$$

$$I_3 = \varepsilon_x\varepsilon_y\varepsilon_z + \frac{1}{4}\gamma_{xy}\gamma_{yz}\gamma_{zr} - \frac{1}{4}(\varepsilon_x\gamma_{yz}^2 + \varepsilon_y\gamma_{zr}^2 + \varepsilon_z\gamma_{xy}^2) = \varepsilon_1\varepsilon_2\varepsilon_3.$$

I_1, I_2, I_3 分别称为应变张量第一、第二和第三不变量。

（3）与主切应力相似，主切应变发生于通过一个应变主轴而与其他两个主轴成 $\pm 45°$ 的一对平面内，其几何意义为该对平面的法线在变形后偏转的角度最大。这种相互垂直的平面共有三对，主切应变与主应变之间的关系，可以仿照主切应力与主应力的关系写出。三个主切应变中的最大者，称最大切应变，如果 $\varepsilon_1 > \varepsilon_2 > \varepsilon_3$，则最大切应变为

$$\frac{1}{2}\gamma_{max} = \frac{1}{2}(\varepsilon_1 - \varepsilon_3). \tag{9.74}$$

（4）和应力张量一样，应变张量也可分解为应变偏张量和应变球张量，即

$$\boldsymbol{\varepsilon}_{ij} = \begin{pmatrix} \varepsilon_x & \dfrac{1}{2}\gamma_{xy} & \dfrac{1}{2}\gamma_{xz} \\ \cdot & \varepsilon_y & \dfrac{1}{2}\gamma_{yz} \\ \cdot & \cdot & \varepsilon_z \end{pmatrix}$$

$$= \begin{pmatrix} (\varepsilon_x - \varepsilon_m) & \dfrac{1}{2}\gamma_{xy} & \dfrac{1}{2}\gamma_{xz} \\ \cdot & (\varepsilon_y - \varepsilon_m) & \dfrac{1}{2}\gamma_{yz} \\ \cdot & \cdot & (\varepsilon_z - \varepsilon_m) \end{pmatrix} + \begin{pmatrix} \varepsilon_m & 0 & 0 \\ \cdot & \varepsilon_m & 0 \\ \cdot & \cdot & \varepsilon_m \end{pmatrix}, \tag{9.75}$$

式中，$\varepsilon_m = \dfrac{1}{3}(\varepsilon_x + \varepsilon_y + \varepsilon_z)$。

式（9.75）等号右边第一项为应变偏张量，表示单元体的形状变化；等号右边第二项为应变球张量，表示单元体的体积变化。

需要指出，上述所有应变分析都是针对小变形情况的，但所得结论仍可推广应用于大变形。因为大变形是由小变形积累而成，若将大塑性变形过程分成许多很小的变形阶段，则每阶段的变形仍可看成是小变形。

4. 塑性变形时的体积不变条件

若单元体的初始边长为 dx, dy, dz，体积为 $V_0 = dx dy dz$。小变形时，可以认为单元体的边长和体积变化完全由正应变引起。因此，变形后单元体的体积为

$$V_1 = (1 + \varepsilon_x)dx(1 + \varepsilon_y)dy(1 + \varepsilon_z)dz \approx (1 + \varepsilon_x + \varepsilon_y + \varepsilon_z)dx dy dz.$$

于是单元体的体积变化率

$$\Delta = \frac{V_1 - V_0}{V_0} = \varepsilon_x + \varepsilon_y + \varepsilon_z. \tag{9.76}$$

弹性变形时,体积变化率必须考虑。塑性变形时,虽然体积也有微量变化,但与塑性应变相比是很小的,可以忽略不计。因此,一般认为塑性变形时体积不变,故有

$$\varepsilon_x + \varepsilon_y + \varepsilon_z = 0 。 \tag{9.77}$$

式(9.77)即为塑性变形时的体积不变条件,它常作为对塑性成形过程进行力学分析的一个前提条件,也可用于工艺设计中计算原毛坯的体积。该式还表明:塑性变形时,应变球张量为零,应变张量即为应变偏张量;三个正应变分量或三个主应变分量不可能全部同号,而且如果其中的两个分量已知,则第三个正应变分量或主应变分量即可确定。

5. 变形力学简图

用主应力表示质点受力情况的示意图形,称为主应力简图。它共有九种类型,其中单向应力状态两种,平面应力状态三种,体应力状态四种。同样,用主应变表示质点变形情况的示意图形,称为主应变简图。根据塑性变形时的体积不变条件,它只能有三种类型,即两拉一压、两压一拉和一拉一压。

主应力简图和主应变简图合称为变形力学简图,应用变形力学简图分析塑性成形过程,既直观又方便。表 9.1 给出了各种塑性成形过程变形区内有代表性的质点的变形力学简图。

表 9.1　各种塑性成形过程变形区的变形力学简图

序号	成形方法名称	工序简图	变形区域(阴影区)	变形区变形力学简图		变形区塑性流动性质
				主应力图	主变形图	
1	轧制(纵轧)		轧辊间			变形区不变稳定流动
2	拉拔		模子锥形腔			变形区不变稳定流动
3	正挤压		接近凹模口			变形区不变稳定流动
4	反挤压		冲头下部分			变形区变化非稳定流动
5	镦粗		全部体积			变形区变化非稳定流动

（续表）

序号	成形方法名称	工序简图	变形区域（阴影区）	变形区变形力学简图		变形区塑性流动性质
				主应力图	主变形图	
6	开式模锻		全部体积			变形区变化非稳定流动
7	闭氏模锻		全部体积			变形区变化非稳定流动
8	拉深		压边圈下板料			变形区变化非稳定流动

9.4.3　屈服准则

在单向应力状态下，材料内的某一质点应力达到材料的屈服应力 σ_s 时，该质点处就进入塑性状态。那么在三向应力状态下，如何判定变形体内某一质点是否进入塑性状态？屈服准则就是判定该质点是否进入塑性状态的应力分量关系式，有时也称塑性条件。屈服准则的数学表达式一般可表示如下：

$$f(\sigma_{ij}) = C \tag{9.78}$$

式(9.78)的左边是应力分量的函数，右边 C 为常数。

对于各向同性的材料，经实验检验并被普遍接受的屈服准则有两个：Tresca 屈服准则和 Mises 屈服准则。

1. Tresca 屈服准则

Tresca 屈服准则可表述如下：当材料（质点）中的最大切应力达到某一临界值时，材料发生屈服；该临界值取决于材料在变形条件下的性质，而与应力状态无关。因此，Tresca 屈服准则又称为最大切应力准则，材料力学中称之为第三强度理论，其表达式为

$$\tau_{\max} = C_\circ$$

设 $\sigma_1 > \sigma_2 > \sigma_3$，则根据式(9.68)可得

$$\tau_{\max} = \frac{1}{2}(\sigma_1 - \sigma_3) = C, \tag{9.79}$$

式中，C 可通过实验求得。由于 C 值与应力状态无关，故常采用单向拉伸试验确定。当试样屈服时，$\sigma_2 = \sigma_3 = 0$，$\sigma_1 = \sigma_s$，代入式(9.79)得 $C = \frac{1}{2}\sigma_s$。于是，Tresca 屈服准则的数学表达式为

$$\sigma_1 - \sigma_3 = \sigma_{s\circ} \tag{9.80}$$

在事先不知道主应力的大小次序时，Tresca 屈服准则的普遍表达式为

$$
\left.\begin{array}{l}
|\sigma_1 - \sigma_2| = \sigma_s \\
|\sigma_2 - \sigma_3| = \sigma_s \\
|\sigma_3 - \sigma_1| = \sigma_s
\end{array}\right\} \tag{9.81}
$$

只要式(9.81)中任何一式得到满足,材料即屈服。

2. Mises 屈服准则

Mises 注意到 Tresca 屈服准则未考虑到中间主应力的影响,且在主应力的大小次序不明确的情况下难以正确选用,于是从纯数学的观点出发,建议采用如下的屈服准则

$$
\frac{1}{6}\left[(\sigma_x - \sigma_y)^2 + (\sigma_y - \sigma_z)^2 + (\sigma_z - \sigma_x)^2 + 6(\tau_{xy}^2 + \tau_{yz}^2 + \tau_{zx}^2)\right] = C_1 ,
$$

若用主应力表示,则为

$$
\frac{1}{6}\left[(\sigma_1 - \sigma_2)^2 + (\sigma_2 - \sigma_3)^2 + (\sigma_3 - \sigma_1)^2\right] = C_1 。
$$

式中,C_1 取决于材料在变形条件下的性质,而与应力状态无关。已知单向拉伸试样屈服时,$\sigma_2 = \sigma_3 = 0, \sigma_1 = \sigma_s$,将此条件代入上式,得 $C_1 = \frac{1}{3}\sigma_s^2$。于是,Mises 屈服准则的表达式为

$$
\left[(\sigma_x - \sigma_y)^2 + (\sigma_y - \sigma_z)^2 + (\sigma_z - \sigma_x)^2 + 6(\tau_{xy}^2 + \tau_{yz}^2 + \tau_{zx}^2)\right] = 2\sigma_s^2
$$

或

$$
\left[(\sigma_1 - \sigma_2)^2 + (\sigma_2 - \sigma_3)^2 + (\sigma_3 - \sigma_1)^2\right] = 2\sigma_s^2 。 \tag{9.82}
$$

显然,式(9.82)既考虑了中间主应力的影响,也无需事先区分主应力的大小次序。Mises 在提出上述准则时,并没有考虑到它所代表的物理意义。但实验结果却表明,对于塑性金属材料,这个准则更符合实际。为了说明 Mises 屈服准则的物理意义,汉基(Hencky H.)将式(9.82)两边各乘以 $\frac{1+\mu}{6E}$,其中 E 为弹性模量,μ 为泊松比,于是得

$$
\frac{1+\mu}{6E}\left[(\sigma_1 - \sigma_2)^2 + (\sigma_2 - \sigma_3)^2 + (\sigma_3 - \sigma_1)^2\right] = \frac{1+\mu}{3E}\sigma_s^2 。 \tag{9.83}
$$

可证明,式(9.83)等号左边项即为材料单位体积弹性形状变化能,而右边项即为单向拉伸屈服时,单位体积的形状变化能。

按照汉基的上述分析,Mises 屈服准则又可以表述为:材料质点屈服的条件是其单位体积的弹性形状变化能达到某一临界值;该临界值只取决于材料在变形条件下的性质,而与应力状态无关。故此,Mises 屈服准则又称为弹性形状变化能准则。

3. 两个屈服准则的比较

两个屈服准则的最主要的差别在于中间主应力 σ_2 是否影响屈服,对于 Tresca 屈服准则,中间主应力 σ_2 在 σ_1 和 σ_3 之间任意变化也不影响材料的屈服;但在 Mises 屈服准则中,中间主应力 σ_2 是有影响的。为了评价其影响,引入如下参数

$$
\mu_\sigma = \frac{\sigma_2 - \dfrac{\sigma_1 + \sigma_3}{2}}{\dfrac{\sigma_1 - \sigma_3}{2}} , \tag{9.84}
$$

式中,μ_σ 为罗代应力参数。将式(9.84)代入式(9.83),经整理后得

$$\sigma_1 - \sigma_3 = \frac{2}{\sqrt{3+\mu_\sigma^2}}\sigma_s = \beta\sigma_s \text{。} \tag{9.85}$$

式(9.85)即为 Mises 屈服准则的简化形式,这里 $\beta = \dfrac{2}{\sqrt{3+\mu_\sigma^2}}$。

显然,当 $\sigma_2 = \sigma_1$ 时,$\mu_\sigma = 1$,$\beta = 1$;

$\sigma_2 = \sigma_3$ 时,$\mu_\sigma = -1$,$\beta = 1$;

$\sigma_2 = \dfrac{1}{2}(\sigma_1 + \sigma_3)$ 时,$\mu_\sigma = 0$,$\beta = \dfrac{2}{\sqrt{3}}$。

这就是说,当 σ_2 由 σ_1 变化至 σ_3 时,相应的 β 值的变化范围为 $1 \sim \dfrac{2}{\sqrt{3}}$。现以 β 为纵坐标,μ_σ 为横坐标,可得 β 随 μ_σ 变化的几何图形,如图 9.29 所示。而对于 Tresca 屈服准则,正如前述,不论 σ_2 在 σ_1 和 σ_3 之间如何变化,其 $\beta \equiv 1$。

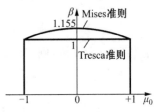

图 9.29 β 与 μ_σ 的关系

综上所述,这两种屈服条件都是在一定的假设条件下推导出来的,Tresca 屈服准则的表达式结构简单,便于工程上应用,但不足之处是未反映出中间主应力 σ_2 的影响,会带来一定的误差;而 Mises 屈服准则,对于塑性金属材料,则较符合实际。当 $\sigma_2 = \sigma_1$ 或 $\sigma_2 = \sigma_3$,即轴对称应力状态时,两个屈服准则是一致的;当 $\sigma_2 = \dfrac{1}{2}(\sigma_1 + \sigma_3)$,即平面应变状态时,两个屈服准则的差别最大,达 15.5%;而在其余应力状态下,两个屈服准则的差别小于 15.5%,视中间主应力 σ_2 的相对大小而定。

若以 σ_1,σ_2,σ_3 这三个互相正交的主应力为坐标轴,构造一个主应力空间,如图 9.30 所示,那么以与三坐标为等倾角的 OE 为中心轴,Mises 屈服准则的表达式(9.82)是以 OE 为中心轴,半径为 $\sqrt{\dfrac{2}{3}}\sigma_s$ 的圆柱表面,而 Tresca 屈服准则的表达式(9.81)则表示与 Mises 圆柱面内切的正六棱柱表面。在应力空间中 Mises 准则和 Tresca 准则的几何表示是屈服面。

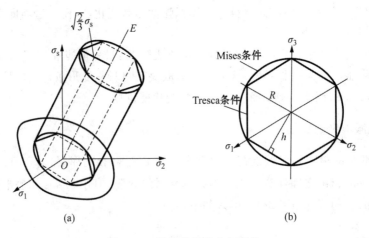

图 9.30 屈服条件的几何表示

(a) 主应力空间的屈服表面 (b) Mises 屈服条件和 Tresca 屈服条件的比较

9.4.4　塑性变形时应力-应变关系(本构方程)

为了分析塑性成形问题,需要知道塑性变形时,应力状态和应变状态之间关系的数学表达式叫做本构方程,也称物理方程。有了本构方程,根据初始条件和边界条件,通过计算机,采用有限元法或其他数值分析方法使模拟塑性变形过程成为可能。

1. 塑性变形时应力-应变关系的特点

在弹性变形时,其变形是可逆的,当外力去除后,先前的弹性变形能完全恢复;弹性应力与弹性应变呈线性关系,应力-应变之间是单值关系,一种应力状态总是对应一种应变状态,与加载历史无关;应力主轴与应变主轴重合;而且,应力球张量使物体产生弹性体积变化,其泊松比通常小于 0.5。应力-应变之间的这种线性关系,可由广义胡克定律来描述。

与弹性变形相比,塑性变形时的应力-应变关系较为复杂。首先,塑性变形是不可逆的,当外力去除后,塑性变形部分仍然保留下来;全量应变与应力主轴不一定重合;而且,塑性变形时可以认为体积不变,应变球张量为零,泊松比等于 0.5;塑性变形时应力-应变关系是非线性的,应力与应变之间没有一般的单值关系,而是与加载历史或应变路线有关,离开了加载历史来建立应力和全量塑性应变的普遍关系是不可能的。一般而言,只能建立应力与应变增量之间的关系。对于某瞬时的应力状态,与之相对应的只是塑性应变增量。要求得塑性应变全量,需根据加载过程各段的增量,依次进行积分。但是,如果加载过程中,各应力分量始终保持比例关系,且主轴的方向、顺序不变,则塑性应变分量也按比例增加。这时,塑性应变全量与应力状态,就有相对应的函数关系。这种加载状态称为简单加载状态。

到目前为止,所有描述塑性应力-应变关系的理论可分为两大类:一是增量理论,它描述塑性状态下应力和应变增量(或应变速率)之间的关系;另一类是全量理论,它描述塑性状态下应力和应变全量之间的关系。

在介绍这两类理论之前,先来了解有关等效应力和等效应变的概念。

等效应力和等效应变是两个具有特征意义的参数,它们使复杂的三维应力、应变状态等效为单向拉伸时的应力、应变状态。等效应力的数学表达式为

$$\bar{\sigma} = \frac{1}{\sqrt{2}}\sqrt{(\sigma_x - \sigma_y)^2 + (\sigma_y - \sigma_z)^2 + (\sigma_z - \sigma_x)^2 + 6(\tau_{xy}^2 + \tau_{yz}^2 + \tau_{zr}^2)}$$

$$= \frac{1}{2}\sqrt{(\sigma_1 - \sigma_2)^2 + (\sigma_2 - \sigma_3)^2 + (\sigma_3 - \sigma_1)^2}。 \tag{9.86}$$

在单向拉伸时,$\sigma_2 = \sigma_3 = 0$、$\sigma_1 = \sigma$,代入式(9.86),得 $\bar{\sigma} = \sigma$。显然,等效应力和单向拉伸时的应力是等效的。

等效应变的数学表达式为

$$\bar{\varepsilon} = \sqrt{\frac{2}{9}\left[(\varepsilon_x - \varepsilon_y)^2 + (\varepsilon_y - \varepsilon_z)^2 + (\varepsilon_z - \varepsilon_x)^2 + \frac{3}{2}(\gamma_{xy}^2 + \gamma_{yz}^2 + \gamma_{zr}^2)\right]}$$

$$= \sqrt{\frac{2}{9}\left[(\varepsilon_1 - \varepsilon_2)^2 + (\varepsilon_2 - \varepsilon_3)^2 + (\varepsilon_3 - \varepsilon_1)^2\right]}。 \tag{9.87}$$

在单向拉伸时,$\varepsilon_1 = \varepsilon$,$\varepsilon_2 = \varepsilon_3 = -\frac{1}{2}\varepsilon_1$,代入式(9.87),得 $\bar{\varepsilon} = \varepsilon$。可见,等效应变与单向拉伸时的应变也是等效的。

这样,由单向拉伸所建立的应力-应变曲线,便可和复杂应力状态下以等效应力和等效应变表示的曲线联系起来,而且实验结果表明,它们可认为是同一曲线。

2. 增量理论

增量理论亦称流动理论,它主要论述变形过程中的应变增量与应力的关系,强调变形瞬时的应变增量与应力的关系,考虑加载对变形过程的影响,不受加载条件限制,能反映变形的历史,在使用时需要按照加载过程中的变形路径进行积分才能获得最后的结果,计算比较复杂。

1) Levy-Mises 理论　该理论建立在以下假设的基础上:①材料为理想刚塑性材料,即弹性应变增量为零,塑性应变增量就是总应变增量,即 $d\varepsilon_{ij} = d\varepsilon_{ij}^{p}$;②材料服从 Mises 屈服准则,即 $\bar{\sigma} = \sigma_s$;③塑性变形时体积不变,即 $d\varepsilon_x + d\varepsilon_y + d\varepsilon_z = d\varepsilon_1 + d\varepsilon_2 + d\varepsilon_3 = 0$,则应变增量与应变偏量增量相等,$d\varepsilon_{ij} = d\varepsilon_{ij}'$;④应变增量主轴与应力主轴重合,即应变偏量分量的增量与相应的应力偏量成正比。

因此,Levy-Mises 理论的应力-应变关系表达式为

$$\frac{d\varepsilon_x'}{\sigma_x'} = \frac{d\varepsilon_y'}{\sigma_y'} = \frac{d\varepsilon_z'}{\sigma_z'} = \frac{d\gamma_{xy}}{\tau_{xy}} = \frac{d\gamma_{yz}}{\tau_{yz}} = \frac{d\gamma_{zx}}{\tau_{zx}} = d\lambda \tag{9.88}$$

简记为

$$d\boldsymbol{\varepsilon}_{ij}' = \boldsymbol{\sigma}_{ij}' d\lambda。$$

式中,$\boldsymbol{\sigma}_{ij}'$ 为应力偏张量,$d\lambda$ 为正的瞬时比例系数。

由于 $d\boldsymbol{\varepsilon}_{ij} = d\boldsymbol{\varepsilon}_{ij}'$,故有

$$d\boldsymbol{\varepsilon}_{ij} = d\boldsymbol{\varepsilon}_{ij}' = \boldsymbol{\sigma}_{ij}' d\lambda。 \tag{9.89}$$

比例系数 $d\lambda$ 可利用式(9.88),并对照式(9.86)和式(9.87)写成

$$d\lambda = \frac{3}{2}\frac{d\bar{\varepsilon}}{\bar{\sigma}}。 \tag{9.90}$$

式中,$d\bar{\varepsilon}$ 为增量形式的等效应变,称为等效应变增量;$\bar{\sigma}$ 为等效应力,根据 Mises 屈服准则可知,$\bar{\sigma} = \sigma_s$。将式(9.90)代入式(9.89)可得 Levy-Mises 理论的张量表达式为

$$d\boldsymbol{\varepsilon}_{ij} = \frac{3}{2}\frac{d\bar{\varepsilon}}{\bar{\sigma}}\boldsymbol{\sigma}_{ij}'。 \tag{9.91}$$

将式(9.91)展开可得

$$\left. \begin{aligned} d\varepsilon_x &= \frac{d\bar{\varepsilon}}{\bar{\sigma}}\left[\sigma_x - \frac{1}{2}(\sigma_y + \sigma_z)\right] \\ d\varepsilon_y &= \frac{d\bar{\varepsilon}}{\bar{\sigma}}\left[\sigma_y - \frac{1}{2}(\sigma_z + \sigma_x)\right] \\ d\varepsilon_z &= \frac{d\bar{\varepsilon}}{\bar{\sigma}}\left[\sigma_z - \frac{1}{2}(\sigma_x + \sigma_y)\right] \\ d\gamma_{xy} &= \frac{3}{2}\frac{d\bar{\varepsilon}}{\bar{\sigma}}\tau_{xy} \\ d\gamma_{yz} &= \frac{3}{2}\frac{d\bar{\varepsilon}}{\bar{\sigma}}\tau_{yz} \\ d\gamma_{zx} &= \frac{3}{2}\frac{d\bar{\varepsilon}}{\bar{\sigma}}\tau_{zx} \end{aligned} \right\} \tag{9.92}$$

2) Saint-Vennent 流动理论　Sait-Vennent 流动理论提出,材料为理想刚塑性时,其应变速率分量与应力偏量成比例。

如果应变增量在很短的时间内发生,则单位时间的应变增量即为应变速率。现将式(9.89)两边各除以 dt,则得

$$\frac{\mathrm{d}\varepsilon_{ij}}{\mathrm{d}t} = \sigma_{ij}' \frac{\mathrm{d}\lambda}{\mathrm{d}t}, \tag{9.93}$$

改写为

$$\dot{\varepsilon}_{ij} = \sigma_{ij}' \dot{\lambda}。$$

式中,$\dot{\boldsymbol{\varepsilon}}_{ij}$ 为应变速率张量;$\dot{\lambda} = \dfrac{\mathrm{d}\lambda}{\mathrm{d}t} = \dfrac{3}{2} \dfrac{\overline{\dot{\varepsilon}}}{\overline{\sigma}}$;$\overline{\dot{\varepsilon}}$ 为等效应变速率。

式(9.93)即为 Sait-Vennent 塑性流动方程。在采用速度场求解塑性成形问题时,用该方程比较方便。

3) Prandtl-Reuss 理论　Levy-Mises 理论未考虑弹性变形的影响,仅适用于大塑性变形问题。Prandtl-Reuss 理论是在 Levy-Mises 理论的基础上发展起来的。这个理论认为当变形较小时,特别当弹性应变与塑性应变部分相比属于同一量级时,略去弹性应变显然会带来较大误差,因而提出在塑性区应考虑弹性变形部分,即总应变增量等于弹性应变增量与塑性应变增量之和,即

$$\mathrm{d}\boldsymbol{\varepsilon}_{ij} = \mathrm{d}\boldsymbol{\varepsilon}_{ij}^{\mathrm{p}} + \mathrm{d}\boldsymbol{\varepsilon}_{ij}^{\mathrm{e}}。$$

其中,塑性应变增量 d$\boldsymbol{\varepsilon}_{ij}^{\mathrm{p}}$ 与应力之间的关系和 Mises 方程相同;而弹性应变增量 d$\boldsymbol{\varepsilon}_{ij}^{\mathrm{e}}$ 由广义胡克定律的微分形式确定。最后可得 Prandtl-Reuss 方程如下:

$$\mathrm{d}\boldsymbol{\varepsilon}_{ij} = \mathrm{d}\lambda\boldsymbol{\sigma}_{ij}' + \frac{1}{2G}\mathrm{d}\boldsymbol{\sigma}_{ij}' + \frac{1-2\mu}{E}\mathrm{d}\sigma_{\mathrm{m}}\,\delta_{ij}。 \tag{9.94}$$

式中,δ_{ij} 为克氏符号,当 $i=j$ 时,$\delta_{ij}=1$,当 $i \neq j$ 时,$\delta_{ij}=0$;$G = \dfrac{E}{2(1+\mu)}$;μ 为泊松比;E 为弹性模量。

3. 全量理论

上述的增量理论虽然比较严密,但对于实际变形过程,要由每一瞬时的应变增量积分到整个变形过程的应变全量是很困难的,而人们感兴趣的又往往是应变全量。

全量理论描述塑性状态下应力和应变全量之间的关系,也称形变理论。通常,全量理论在数学描述上比较简单,便于实际应用,但由于塑性应变的不可逆性,应力与应变关系完全取决于加载过程。只有对加载过程加以限制,才可能寻求到应力与应变全量的统一规律。故全量理论应用范围有限,主要适用于简单加载及小塑性变形(弹、塑性变形处于同一量级)的情况。目前全量理论主要有 Hencky 方程和 Ипыющин(伊留申)理论。下面简要介绍较实用的伊留申理论。

伊留申理论认为,若加载过程符合简单加载条件,则应力偏张量的各个分量与应变偏张量的各个分量成正比,即

$$\varepsilon_{ij}' = \lambda\sigma_{ij}', \tag{9.95}$$

式中,$\lambda = \dfrac{3}{2}\dfrac{\overline{\varepsilon}}{\overline{\sigma}}$。

对于刚塑性材料,考虑到塑性变形时体积不变,所以 $\varepsilon'_{ij} = \varepsilon_{ij}$。上述关系的正确性,在小变形中已被实验所证实,在大变形中也近似正确。

对于实际的塑性成形过程,加载情况很难严格满足简单加载条件。因此,该理论的应用受到限制。但是,如果将简单加载条件适当放宽,例如只满足主轴方向不变,主轴次序基本不变,而各应力分量并不严格按比例增加,则实践表明,上述全量理论亦可近似应用。

中英文主题词对照

流体力学	fluid mechanics	流变学	rheology
流动性	fluidity	流变成形	rheoforming
流动条件	flow condition	充型能力	mold-filling capacity
触变成形	thixoforming	半固态加工	semi-solid forming or processing
水力学	hydraulics	水力学特性	hydraulic character
黏性流动	viscous flow	非稳定流动	unsteady flow
多孔管	multihole pipe	紊流	turbulent flow
帕斯卡体	Pascal body	欧几里得体	Euclid body
胡克体	Hooke body	牛顿体	Newton body
圣维南体	Saint Venant body	开尔芬体	Kelvin body
麦克斯韦体	Maxwell body	施韦道夫体	Schwedoff body
宾汉体	Bingham body	力学基础	fundamentals of mechanics
内力	internal force	应力	stress
应力状态	stress state	应变状态	strain state
正应力	normal stress	剪应力	shear strain
应力张量	stress tensor	应力偏量	stress deviator
应变	strain	应变张量	strain tensor
应力-应变关系	stress-strain relations	胡克定律	Hooke's law
正应变	normal strain	剪应变	shear strain
主应力	principal stress	主应变	principal strain
拉伸	tension	压缩	compression
剪切	shear	轧制	rolling
弹性模量	modulus of elasticity	切变模量	shear modulus
泊松比	Poisson's ratio	弹性	elasticity
黏度	viscosity	塑性	plasticity
延展性	ductility	韧性	toughness
屈服	yielding	屈服强度	yielding strength
屈服准则	yield criteria	屈雷斯加屈服准则	Tresca yield criterion
密塞斯屈服准则	Mises yield criterion	本构方程	constitutive equation
增量理论	incremental theory		

主要参考书目

［1］　蔡珣. 材料科学与工程基础辅导与习题［M］. 上海：上海交通大学出版社，2013.

［2］　柳百成，黄天佑. 材料铸造成形工程［M］. 中国材料工程大典，vol.18. 北京：化学工

业出版社,2006.

[3] 李言祥. 材料加工原理 [M]. 北京：清华大学出版社,2005.

[4] 汤酽则. 材料成形技术基础 [M]. 北京：清华大学出版社,2008.

[5] 胡德海,任家烈,陈森灿. 近代材料加工原理 [M]. 北京：清华大学出版社,1975.

[6] 邢建东,陈金德. 材料成形技术基础 [M]. 北京：机械工业出版社,2007.

[7] 陈平昌,朱六妹,李赞. 材料成形原理 [M]. 北京：机械工业出版社,2002.

[8] 林柏年. 铸造流变学 [M]. 哈尔滨：哈尔滨工业大学出版社,1991.

[9] 林柏年,魏尊杰.金属热态成形传输原理 [M]. 哈尔滨：哈尔滨工业大学出版社,2000.

[10] 胡汉起. 金属凝固原理 [M]. 第 2 版. 北京：机械工业出版社,2002.

[11] 谢水生,黄声宏. 半固态金属加工技术及其应用 [M]. 北京：冶金工业出版社,1999.

[12] 安阁英. 铸件形成理论 [M]. 北京：机械工业出版社,1990.

[13] 汪大年.金属塑性成形原理. 北京：机械工业出版社,1982.

[14] 杨雨牲,曹桂荣,阮中燕,等. 金属塑性成形力学原理 [M]. 北京：北京工业大学出版社,1999.

[15] Kou S. Transport Phenomena and Materials Processing [M]. New York：John Wiley & Sons, Inc. ,1996.

[16] Charmachi M. Transport Phenomena and Materials Processing and Manufacturing：HTD, vol. 196 [M]. New York：ASME,1992.

[17] Bird R B, Stewart W E, Lightfoot E N. Transport Phenomenon [M]. New York：John Wiley & Sons, 2001.

[18] Incropera F P, DeWitt D P. Fundamentals of Heat and Mass Transfer [M]. 5th ed. New York：John Wiley & Sons, 2001.

[19] Poirier D R, Geiger G H. Transport Phenomenon in Materials Processing [M]. Warrendale PA：Minerals, Metals & Materials Society, 1998.

[20] Smith W F. Principles of Materials Science and Engineering [M]. 3rd ed. New York：McGraw-Hill, International Edition, 1996.

[21] Schey J A. Introduction to Manufacturing Processes [M]. 3rd ed. New York：McGraw-Hill, 2001.

第10章 材料的变形机理和回复、再结晶

在材料塑性成形过程中,力和变形是成形的两个必要条件。材料受力后要发生变形,外力较小时产生弹性变形;外力较大时产生塑性变形,而当外力过大时就会发生断裂。图10.1为低碳钢在单向拉伸时的应力-应变曲线。图中σ_e,σ_s和σ_b分别为它的弹性极限、屈服强度和抗拉强度,是工程上具有重要意义的强度指标。

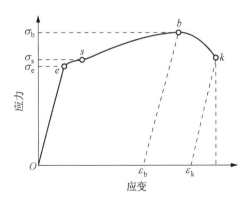

图 10.1 软钢在拉伸时的应力-应变曲线

本章将在上一章详细介绍材料加工变形的相关力学基础上,着重讨论材料塑性变形的物理基础。特别是将深入讨论材料变形的物理本质和机理,材料变形的特点,在变形过程中的材料内部组织结构和性能的变化规律以及经冷变形后在重新加热时材料发生的回复、再结晶现象,最后则介绍热加工过程中的动态回复、再结晶、蠕变和超塑性等重要现象。

10.1 弹性和黏弹性

从材料力学中得知,材料受力时总是先发生弹性变形,即弹性变形是塑性变形的先行阶段,而且在塑性变形中还伴随着一定的弹性变形

10.1.1 弹性变形的本质

弹性变形是指外力去除后能够完全恢复的那部分变形,可从原子间结合力的角度来理解它的物理本质。

当无外力作用时,晶体内原子间的结合能和结合力可通过理论计算得出,它是原子间距离的函数,如图 10.2 所示。

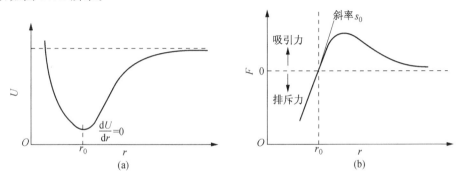

图 10.2 晶体内的原子间的结合能和结合力

(a) 体系能量与原子间距的关系 (b) 原子间作用力和距离的关系

原子处于平衡位置时,其原子间距为 r_0,位能 U 处于最低位置,相互作用力为零,这是最稳定的状态。当原子受力后将偏离其平衡位置,原子间距增大时将产生引力;原子间距减小时将产生斥力。这样,外力去除后,原子都会恢复其原来的平衡位置,所产生的变形便完全消失,这就是弹性变形。

10.1.2　弹性变形的特征和弹性模量

弹性变形的主要特征是:

(1) 理想的弹性变形是可逆变形,加载时变形,卸载时变形消失并恢复原状。

(2) 金属、陶瓷和部分高分子材料不论是加载或卸载时,只要在弹性变形范围内,其应力与应变之间都保持单值线性函数关系,即服从胡克定律:

$$\begin{aligned} \text{在正应力下} \quad & \sigma = E\varepsilon, \\ \text{在切应力下} \quad & \tau = G\gamma, \end{aligned} \tag{10.1}$$

式中,σ,τ 分别为正应力和切应力,ε,γ 分别为正应变和切应变,E,G 分别为弹性模量(杨氏模量)和切变模量。

弹性模量与切变弹性模量之间的关系为

$$G = \frac{E}{2(1+\nu)}, \tag{10.2}$$

式中,ν 为材料泊松比,表示侧向收缩能力,在拉伸试验时系指材料横向收缩率与纵向伸长率的比值。一般金属材料的泊松比在 $0.25 \sim 0.35$ 之间,高分子材料则相对较大些。

前已指出,晶体的特性之一是各向异性,各个方向的弹性模量不相同,因此,在三轴应力作用下各向异性弹性体的应力应变关系,即广义胡克定律可用矩阵形式表示为

$$\begin{Bmatrix} \sigma_x \\ \sigma_y \\ \sigma_z \\ \tau_{xy} \\ \tau_{xz} \\ \tau_{yz} \end{Bmatrix} = \begin{Bmatrix} C_{11} & C_{12} & C_{13} & C_{14} & C_{15} & C_{16} \\ C_{21} & C_{22} & C_{23} & C_{24} & C_{25} & C_{26} \\ C_{31} & C_{32} & C_{33} & C_{34} & C_{35} & C_{36} \\ C_{41} & C_{42} & C_{43} & C_{44} & C_{45} & C_{46} \\ C_{51} & C_{52} & C_{53} & C_{54} & C_{55} & C_{56} \\ C_{61} & C_{62} & C_{63} & C_{64} & C_{65} & C_{66} \end{Bmatrix} \begin{Bmatrix} \varepsilon_x \\ \varepsilon_y \\ \varepsilon_z \\ \gamma_{xy} \\ \gamma_{xz} \\ \gamma_{yz} \end{Bmatrix}, \tag{10.3}$$

式中,36 个 C_{ij} 为弹性系数,或称刚度系数。

上式还可改写为

$$\begin{Bmatrix} \varepsilon_x \\ \varepsilon_y \\ \varepsilon_z \\ \gamma_{xy} \\ \gamma_{xz} \\ \gamma_{yz} \end{Bmatrix} = \begin{Bmatrix} S_{11} & S_{12} & S_{13} & S_{14} & S_{15} & S_{16} \\ S_{21} & S_{22} & S_{23} & S_{24} & S_{25} & S_{26} \\ S_{31} & S_{32} & S_{33} & S_{34} & S_{35} & S_{36} \\ S_{41} & S_{42} & S_{43} & S_{44} & S_{45} & S_{46} \\ S_{51} & S_{52} & S_{53} & S_{54} & S_{55} & S_{56} \\ S_{61} & S_{62} & S_{63} & S_{64} & S_{65} & S_{66} \end{Bmatrix} \begin{Bmatrix} \sigma_x \\ \sigma_y \\ \sigma_z \\ \tau_{xy} \\ \tau_{xz} \\ \tau_{yz} \end{Bmatrix}, \tag{10.4}$$

式中,36 个 S_{ij} 为弹性顺度,或称柔度系数。

大多数情况下刚度矩阵与柔度矩阵互为逆矩阵:

$$\boldsymbol{C} = \boldsymbol{S}^{-1}, \quad \boldsymbol{S} = \boldsymbol{C}^{-1} \quad \text{。}$$

依据对称性要求,$C_{ij} = C_{ji}$,$S_{ij} = S_{ji}$,独立的刚度系数和柔度系数均减少为 21 个。由于晶

体存在对称性,独立的弹性系数还将进一步减少,对称性越高,系数越少。立方晶系的对称性最高,只有 3 个独立弹性系数;对于六方晶系为 5 个,正交晶系则为 9 个。

晶体受力的基本类型有拉、压和剪切,因此,除了 E 和 G 外,还有压缩模量或体弹性模量 K。它定义为压力 P 与体积变化率 $\dfrac{\Delta V}{V_0}$ 之比:$K = PV_0 / \Delta V$,并且与 E, ν 之间有如下关系:

$$K = \frac{E}{3(1 - 2\nu)}。 \tag{10.5}$$

弹性模量代表着使原子离开平衡位置的难易程度,是表征晶体中原子间结合力强弱的物理量。金刚石一类的共价键晶体由于其原子间结合力很大,故其弹性模量很高;金属和离子晶体的则相对较低;而分子键的固体如塑料、橡胶等的键合力更弱,故其弹性模量更低,通常比金属材料的低几个数量级。正因为弹性模量反映原子间的结合力,故它是组织结构不敏感参数,添加少量合金元素或者进行各种加工、处理都不能对某种材料的弹性模量产生明显的影响。例如,高强度合金钢的抗拉强度可高出低碳钢的一个数量级,而各种钢的弹性模量却基本相同。但是,对晶体材料而言,其弹性模量是各向异性的。在单晶体中,不同晶向上的弹性模量差别很大,沿着原子最密排的晶向弹性模量最高,而沿着原子排列最疏的晶向弹性模量最低。多晶体因各晶粒任意取向,总体呈各向同性。表 10.1 和表 10.2 列出部分常用材料的弹性模量。

表 10.1　各种材料的弹性模量

材　　料	$E/\times 10^3\,\text{MPa}$	$G/\times 10^3\,\text{MPa}$	泊松比 ν
铸铁	110	51	0.17
α-Fe,钢	207~215	82	0.26~0.33
Cu	110~125	44~46	0.35~0.36
Al	70~72	25~26	0.33~0.34
Ni	200~215	80	0.30~0.31
黄铜 70/30	100	37	—
Ti	107	—	—
W	360	130	0.35
Pb	16~18	5.5~6.2	0.40~0.44
金刚石	1 140	—	0.07
陶瓷	58	24	0.23
烧结 Al_2O_3	325	—	0.16
石英玻璃	76	23	0.17
火石玻璃	60	25	0.22
有机玻璃	4	1.5	0.35
硬橡胶	5	2.4	0.2
橡胶	0.1	0.03	0.42
尼龙	2.8	—	0.40
蚕丝	6.4		
聚苯乙烯	2.5		0.33
聚乙烯	0.2		0.38

表 10.2　某些金属单晶体和多晶体的弹性模量（室温）

金属类别	E/GPa			G/GPa		
	单晶		多晶体	单晶		多晶体
	最大值	最小值		最大值	最小值	
铝	76.1	63.7	70.3	28.4	24.5	26.1
铜	191.1	66.7	129.8	75.4	30.6	48.3
金	116.7	42.9	78.0	42.0	18.8	27.0
银	115.1	43.0	82.7	43.7	19.3	30.3
铅	38.6	13.4	18.0	14.4	4.9	6.18
铁	272.7	125.0	211.4	115.8	59.9	81.6
钨	384.6	384.6	411.0	151.4	151.4	160.6
镁	50.6	42.9	44.7	18.2	16.7	17.3
锌	123.5	34.9	100.7	48.7	27.3	39.4
钛	—	—	115.7	—	—	43.8
铍	—	—	260.0	—	—	—
镍	—	—	199.5	—	—	76.0

工程上，弹性模量是材料刚度的度量。在外力相同的情况下，材料的 E 越大，刚度越大，材料发生的弹性变形量就越小，如钢的 E 为铝的 3 倍，因此钢的弹性变形只是铝的 1/3。

（3）材料的最大弹性变形量随材料的不同而异。多数金属材料仅在低于比例极限 σ_p 的应力范围内符合胡克定律，弹性变形量一般不超过 0.5%；而橡胶类高分子材料的高弹形变量则可高达 1000%，但这种弹性变形往往是非线性的。

10.1.3　弹性的不完整性

上面讨论的弹性变形，通常只考虑应力和应变的关系，而不甚考虑时间的影响，即把物体看作理想弹性体来处理。但是，多数工程上应用的材料为多晶体甚至为非晶态或者是两者皆有的物质，其内部存在各种类型的缺陷，在弹性变形时，可能出现加载线与卸载线不重合、应变的发展跟不上应力的变化等有别于理想弹性变形特点的现象，称之为弹性的不完整性。

弹性不完整性的现象包括包申格效应、弹性后效、弹性滞后和循环韧性等。

1. 包申格效应

材料经预先加载产生少量塑性变形（小于 4%），而后同向加载则 σ_e 升高，反向加载则 σ_e 下降。此现象称之为包申格效应。它是多晶体在变形时因晶界的作用而产生的内应力导致的普遍现象。

包申格效应对于承受应变疲劳的工件是很重要的，因为在应变疲劳中，每一周期都产生塑性变形，在反向加载时，σ_e 下降，显示出循环软化现象。

2. 弹性后效

一些实际晶体，在加载或卸载时，应变不是瞬时达到其平衡值，而是通过一种弛豫过程来完成其变化的。这种在弹性极限 σ_e 范围内，应变滞后于外加应力，并和时间有关的现象称为弹性后效或滞弹性。

图 10.3 为弹性后效示意图。图中 Oa 为弹性应变，是瞬时产生的；$a'b$ 是在应力作用下逐渐产生的弹性应变，称为滞弹性应变；$bc = Oa$，是在应力去除时瞬间消失的弹性应变；$c'd = a'b$，是在去除应力后随着时间的延长逐渐消失的滞弹性应变。

弹性后效速率与材料成分、组织有关，也与试验条件有关。组织越不均匀、温度升高、切应力越大，弹性后效越明显。

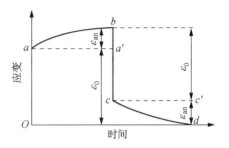

图 10.3 恒应力下的应变弛像

3. 弹性滞后

由于应变落后于应力，在 $\sigma\varepsilon$ 曲线上使加载线与卸载线不重合而形成一封闭回线，称之为弹性滞后，如图 10.4 所示。

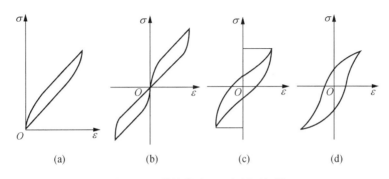

$$(a) \qquad (b) \qquad (c) \qquad (d)$$

图 10.4 弹性滞后(环)与循环韧性
(a) 单向加载弹性滞后(环) (b) 交变加载(加载速度慢)弹性滞后
(c) 交变加载(加载速度快)弹性滞后 (d) 交变加载塑性滞后(环)

弹性滞后表明加载时消耗于材料的变形功大于卸载时材料恢复所释放的变形功，多余的部分被材料内部所消耗，称之为内耗，其大小即用弹性滞后环面积度量。有关内耗问题将在以后的"物理性能"课程中详谈。

10.1.4 黏弹性

变形形式除了弹性变形、塑性变形外还有一种黏性流动。所谓黏性流动是指非晶态固体和液体在很小外力作用下便会发生没有确定形状的流变，并且在外力去除后，形变不能回复。

纯黏性流动服从牛顿黏性流动定律：

$$\sigma = \eta \frac{\mathrm{d}\varepsilon}{\mathrm{d}t}, \tag{10.6}$$

式中，σ 为应力，$\dfrac{\mathrm{d}\varepsilon}{\mathrm{d}t}$ 为应变速率，η 称为黏度系数，反映了流体的内摩擦力，即流体流动的难易程度，其单位为 $\mathrm{Pa \cdot s}$。

一些非晶体，有时甚至多晶体，在比较小的应力时可以同时表现出弹性和黏性，这就是黏弹性现象。黏弹性变形既与时间有关，又具有可回复的弹性变形性质，即具有弹性和黏性变形两方面的特征，而且外界条件(如温度)对材料(特别是高聚物)的黏弹性行为有显著的影响。

黏弹性是高分子材料的重要力学特性之一,故它也常被称为黏弹性材料。这主要是与其分子链结构密切相关。当高分子材料受到外力作用时,不仅分子内的键角和键长,即原子间的距离要相应发生变化,顺式结构链段之间也要顺着外力方向舒展开;另一方面,分子链之间还要产生相对滑动,产生黏性变形。当外力较小时,前者是可逆的弹性变形,而后者是不可逆形变。显然,这里时间因素必须加以考虑。

为了研究黏弹性变形的表象规律,可以弹簧表示弹性变形部分,黏壶表示黏性变形部分,以两者的不同组合构成不同的模型。图10.5展示了其中两种最典型的模型:麦克斯韦(Maxwell)模型和瓦依特(Voigt)模型。前者是串联型的,而后者是并联型的。这里,弹簧元件的变形同时间无关,应力、应变符合胡克定律,当应力去除后应变即回复为零。黏壶是由装有黏性流体的气缸和活塞组成。活塞的运动是黏性流动的结果,因此,符合牛顿黏性流动定律。

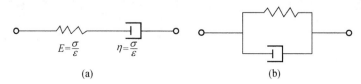

$$E = \frac{\sigma}{\varepsilon} \qquad \eta = \frac{\sigma}{\varepsilon}$$

(a) (b)

图 10.5 黏弹性体变形模型

(a) Maxwell 模型 (b) Voigt-kelvin 模型

Maxwell 模型对解释应力松弛特别有用。经计算可得出应力随时间变化关系式

$$\sigma(t) = \sigma_0 \exp\left(-\frac{Et}{\eta}\right) = \sigma_0 \exp\left(-\frac{t}{\tau'}\right), \tag{10.7}$$

式中,$\tau' = \frac{\eta}{E}$,称为松弛常数。

Voigt 模型可用来描述蠕变回复、弹性后效和弹性记忆等过程。经计算,可得到

$$\sigma(t) = E\varepsilon + \eta\frac{d\varepsilon}{dt}. \tag{10.8}$$

黏弹性变形的特点是应变落后于应力。当加上周期应力时,应力-应变曲线就成一回线,所包含的面积即为应力循环一周所损耗的能量,即内耗。其图示类似于图10.4滞弹性引起的应力-应变回线。

10.2 晶体的塑性变形

应力超过弹性极限,材料发生塑性变形,即产生不可逆的永久变形。

工程上用的材料大多为多晶体,然多晶体的变形是与其中各个晶粒的变形行为相关的。为了由简到繁,先讨论单晶体的塑性变形,然后再研究多晶体的塑性变形。

10.2.1 单晶体的塑性变形

在常温和低温下,单晶体的塑性变形主要通过滑移方式进行,此外,尚有孪生和扭折等方式。至于扩散性变形及晶界滑动和移动等方式主要见于高温形变。

1. 滑移

1) 滑移线与滑移带 当应力超过晶体的弹性极限后,晶体中就会产生层片之间的相对滑

移,大量的层片间滑动的累积就构成晶体的宏观塑性变形。

为了观察滑移现象,可将经良好抛光的单晶体金属棒试样进行适当的拉伸,使之产生一定的塑性变形,即可在金属棒表面见到一条条的细线,通常称为滑移带(见图 10.6)。这是由于晶体的滑移变形使试样的抛光表面上产生高低不一的台阶所造成的。进一步用电子显微镜作高倍分析发现:在宏观及金相观察中看到的滑移带并不是简单的一条线,而是由一系列相互平行的更细的线所组成的,称为滑移线。滑移线之间的距离仅约 100 个原子间距左右,而沿每一滑移线的滑移量可达约 1 000 个原子间距左右,如图 10.7 所示。对滑移线的观察也表明了晶体塑性变形的不均匀性,滑移只是集中发生在一些晶面上,而滑移带或滑移线之间的晶体层片则未产生变形,只是彼此之间作相对位移而已。

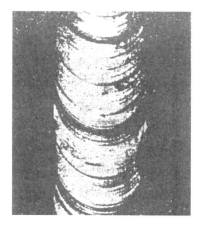

图 10.6 金属单晶体拉伸后的实物照片   图 10.7 滑移带形成示意图

2) 滑移系   如前所述,塑性变形时位错只沿着一定的晶面和晶向运动,这些晶面和晶向分别称为"滑移面"和"滑移方向"。晶体结构不同,其滑移面和滑移方向也不同。表 10.3 列出了几种常见金属的滑移面和滑移方向。

表 10.3   一些金属晶体的滑移面及滑移方向

晶体结构	金属举例	滑移面	滑移方向
面心立方	Cu,Ag,Au,Ni,Al	{111}	⟨110⟩
	Al(在高温)	{100}	⟨110⟩
体心立方	α-Fe	{110} {112} {123}	⟨111⟩
	W,Mo,Na(于 0.08~0.24T_m)	{112}	⟨111⟩
	Mo,Na(于 0.26~0.50T_m)	{110}	⟨111⟩
	Na,K(于 0.8T_m)	{123}	⟨111⟩
	Nb	{110}	⟨111⟩

（续表）

晶体结构	金属举例	滑移面	滑移方向
密排六方	Cd,Be,Te	$\{0001\}$	$\langle 11\bar{2}0\rangle$
	Zn	$\{0001\}$	$\langle 11\bar{2}0\rangle$
		$\{11\bar{2}2\}$	$\langle 11\bar{2}3\rangle$
	Be,Re,Zr	$\{10\bar{1}0\}$	$\langle 11\bar{2}0\rangle$
	Mg	$\{0001\}$	$\langle 11\bar{2}0\rangle$
		$\{11\bar{2}2\}$	$\langle 10\bar{1}0\rangle$
		$\{10\bar{1}1\}$	$\langle 11\bar{2}0\rangle$
	Ti,Zr,Hf	$\{10\bar{1}0\}$	$\langle 11\bar{2}0\rangle$
		$\{10\bar{1}1\}$	$\langle 11\bar{2}0\rangle$
		$\{0001\}$	$\langle 11\bar{2}0\rangle$

注：T_m— 熔点，用绝对温度表示。

从表中可见，滑移面和滑移方向往往是金属晶体中原子排列最密的晶面和晶向。这是因为原子密度最大的晶面其面间距最大，点阵阻力最小，因而容易沿着这些面发生滑移；至于滑移方向为原子密度最大的方向是由于最密排方向上的原子间距最短，即位错 $\boldsymbol{b}$ 最小。例如：具有 fcc 的晶体其滑移面是 $\{111\}$ 晶面，滑移方向为 $\langle 110\rangle$ 晶向；bcc 的原子密排程度不如 fcc 和 hcp，它不具有突出的最密集晶面，故其滑移面可有 $\{110\}$、$\{112\}$ 和 $\{123\}$ 三组，具体的滑移面因材料、温度等因素而定，但滑移方向总是 $\langle 111\rangle$；至于 hcp 其滑移方向一般为 $\langle 11\bar{2}0\rangle$，而滑移面除 $\{0001\}$ 之外还与其轴比（c/a）有关，当 $c/a<1.633$ 时，则 $\{0001\}$ 不再是唯一的原子密集面，滑移可发生于 $\{10\bar{1}1\}$ 或 $\{10\bar{1}0\}$ 等晶面。

一个滑移面和此面上的一个滑移方向合起来叫作一个滑移系。每一个滑移系表示晶体在进行滑移时可能采取的一个空间取向。在其他条件相同时，晶体中的滑移系越多，滑移过程可能采取的空间取向便越多，滑移容易进行，它的塑性便越好。据此，面心立方晶体的滑移系共有 $\{111\}_4\langle 110\rangle_3=12$ 个；体心立方晶体，如 α-Fe，由于可同时沿 $\{110\}$、$\{112\}$、$\{123\}$ 晶面滑移，故其滑移系共有 $\{110\}_6\langle 111\rangle_2+\{112\}_{12}\langle 111\rangle_1+\{123\}_{24}\langle 111\rangle_1=48$ 个；而密排六方晶体的滑移系仅有 $(0001)_1\langle 11\bar{2}0\rangle_3=3$ 个。由于滑移系数目太少，hcp 多晶体的塑性不如 fcc 或 bcc 的好。

3）滑移的临界分切应力　前已指出，晶体的滑移是在切应力作用下进行的，但其中许多滑移系并非同时参与滑移，而只有当外力在某一滑移系中的分切应力达到一定临界值时，该滑移系方可以首先发生滑移，该分切应力称为滑移的临界分切应力。

设有一截面积为 A 的圆柱形单晶体受轴向拉力 F 的作用，ϕ 为滑移面法线与外力 F 中心轴的夹角，λ 为滑移方向与外力 F 的夹角（见图 10.8），则 F 在滑移方向的分力为 $F\cos\lambda$，而滑移面的面积为 $A/\cos\phi$，于是，外力在该滑移面沿滑移方向的分切应力

$$\tau=\frac{F}{A}\cos\phi\cos\lambda,\tag{10.9}$$

式中，F/A 为试样拉伸时横截面上的正应力，当滑移系中的分切应力达到其临界分切应力值

τ_c 而开始滑移时,则 F/A 应为宏观上的起始屈服强度 σ_s,$\cos\phi\cos\lambda$ 称为取向因子或施密特 (Schmid)因子,它是分切应力 τ 与轴向应力 F/A 的比值,取向因子越大,则分切应力越大。这就是施密特定律,而且 $\tau_c = \sigma_s \cos\phi\cos\lambda$。

施密特认为 τ_c 取决于晶体材料本身,不受 ϕ、λ 的影响,而 σ_s 则随 ϕ、λ 变化而变。对任一给定 ϕ 角而言,若滑移方向是位于 F 与滑移面法线所组成的平面上,即 $\phi + \lambda = 90°$,则沿此方向的 τ 值较其他 λ 时的 τ 值大,这时取向因子 $\cos\phi\cos\lambda = \cos\phi\cos(90° - \phi) = \dfrac{1}{2}\sin 2\phi$,故当 ϕ 值为 45°时,取向因子具有最大值 $\dfrac{1}{2}$。图 10.9 为密排六方镁单晶的取向因子对拉伸屈服应力 σ_s 的影响,近似呈双曲线关系,图中小圆点为实验测试值,曲线为计算值,两者吻合很好。从图中可见,当 $\phi = 90°$ 或当 $\lambda = 90°$时,σ_s 均为无限大,这就是说,当滑移面与外力方向平行,或者是滑移方向与外力方向垂直的情况下不可能产生滑移;而当滑移方向位于外力方向与滑移面法线所组成的平面上,且 $\phi = 45°$时,取向因子达到最大值(0.5),σ_s 最小,即以最小的拉应力就能达到发生滑移所需的分切应力值。通常,将取向因子大的位向称为软取向;而取向因子小的位向称为硬取向。利用施密特定律,映像规则可帮助我们快速确定某外力作用下具有最大取向因子($\cos\phi\cos\lambda$)的滑移系$(hkl)[uvw]$,即首先在标准极射投影图上找出所给的外力方向在相应的取向三角形上的位置(见图 2.26),然后根据镜面对称原理,即可确定初始滑移系滑移面和滑移方向,而且还可确定是单滑移、双滑移还是多系滑移。

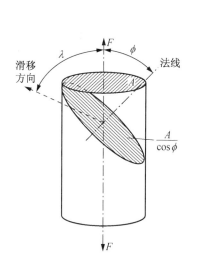

图 10.8　计算分切应力的分析图　　　　图 10.9　镁晶体拉伸的屈服应力与晶体取向的关系

综上所述,滑移的临界分切应力是一个真实反映单晶体受力起始屈服的物理量。其数值与晶体的类型、纯度以及温度等因素有关,还与该晶体的加工和处理状态、变形速度以及滑移系类型等因素有关。表 10.4 列出了一些金属晶体发生滑移的临界分切应力。

表 10.4　一些金属晶体发生滑移的临界分切应力

金　属	温　度	纯度/%	滑移面	滑移方向	临界分切应力/MPa
Ag	室　温	99.99	{111}	⟨110⟩	0.47
Al	室　温	—	{111}	⟨110⟩	0.79

（续表）

金　属	温　度	纯度/%	滑移面	滑移方向	临界分切应力/MPa
Cu	室　温	99.9	{111}	⟨110⟩	0.98
Ni	室　温	99.8	{111}	⟨110⟩	5.68
Fe	室　温	99.96	{110}	⟨111⟩	27.44
Nb	室　温	—	{110}	⟨111⟩	33.8
Ti	室　温	99.99	{10$\bar{1}$0}	⟨11$\bar{2}$0⟩	13.7
Mg	室　温	99.95	{0001}	⟨11$\bar{2}$0⟩	0.81
Mg	室　温	99.98	{0001}	⟨11$\bar{2}$0⟩	0.76
Mg	330℃	99.98	{0001}	⟨11$\bar{2}$0⟩	0.64
Mg	330℃	99.98	{10$\bar{1}$1}	⟨11$\bar{2}$0⟩	3.92

4）滑移时晶体的转动　单晶体滑移时，除滑移面发生相对位移外，往往伴随着晶体的转动，对于只有一组滑移面的 hcp，这种现象尤为明显。

图 10.10 为进行拉伸试验时单晶体发生滑移与转动的示意图。设想，如果不受试样夹头对滑移的限制，则经外力 F 轴向拉伸，将发生如图 10.10(b)所示的滑移变形和轴线偏移。但由于拉伸夹头不能作横向动作，故为了保持拉伸轴线方向不变，单晶体的取向必须进行相应地转动，滑移面逐渐趋于与轴向平行[见图 10.10(c)]。其中试样靠近两端处因受夹头之限制，晶面有可能发生一定程度的弯曲以适应中间部分的位向变化。

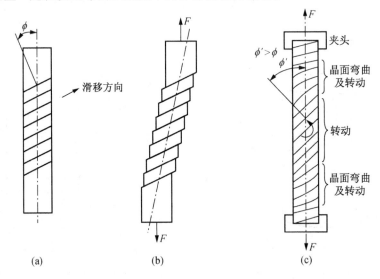

图 10.10　单晶体拉伸变形过程
(a) 原试样　(b) 自由滑移变形　(c) 受夹头限制时的变形

图 10.11 为单轴拉伸时晶体发生转动的力偶作用机制。这里给出了图 10.10(b)中部某层滑移后的受力的分解情况。在图 10.11(a)中，σ_1，σ_2 为外力在该层上下滑移面的法向分应力。在该力偶作用下，滑移面将产生转动并逐渐趋于与轴向平行。图 10.11(b)为作用于两滑移面上的最大分切应力 τ_1，τ_2 各自分解为平行于滑移方向的分应力 τ'_1，τ'_2 以及垂直于滑移方向的分应力 τ''_1，τ''_2。其中，前者即为引起滑移的有效分切应力；后者则组成力偶而使晶向发生旋转，即力求使滑移方向转至最大分切应力方向。

晶体受压变形时也要发生晶面转动,但转动的结果是使滑移面逐渐趋于与压力轴线相垂直,如图 10.12 所示。

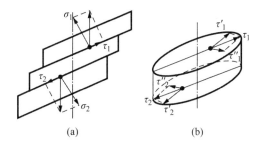

图 10.11　单轴拉伸时晶体转动的力偶作用

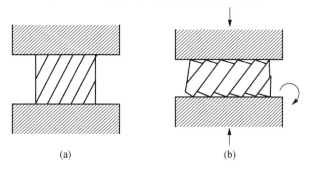

图 10.12　晶体受压时的晶面转动

(a) 压缩前　(b) 压缩后

由上可知,晶体在滑移过程中不仅滑移面发生转动,而且滑移方向也逐渐改变,最后导致滑移面上的分切应力也随之发生变化。由于在 $\phi=45°$ 时,其滑移系上的分切应力最大,故经滑移与转动后,若 ϕ 角趋近 45°,则分切应力不断增大而有利于滑移;反之,若 ϕ 角远离 45°,则分切应力逐渐减小,而使滑移系的进一步滑移趋于困难。

5) 多系滑移　对于具有多组滑移系的晶体,滑移首先在取向最有利的滑移系(其分切应力最大)中进行,但由于变形时晶体转动的结果,另一组滑移面上的分切应力也可能逐渐增加到足以发生滑移的临界值以上,于是晶体的滑移就可能在两组或更多的滑移面上同时进行或交替地进行,从而产生多系滑移。

对于具有较多滑移系的晶体而言,除多系滑移外,还常可发现交滑移现象,即两个或多个滑移面沿着某个共同的滑移方向同时或交替滑移。交滑移的实质是螺型位错在不改变滑移方向的前提下,从一个滑移面转到相交接的另一个滑移面的过程,可见交滑移可以使滑移有更大的灵活性。

但是值得指出的是,在多系滑移的情况下,会因不同滑移系的位错相互交截而给位错的继续运动带来困难,这也是一种重要的强化机制。

6) 滑移的位错机制　第 3 章中已指出,实际测得晶体滑移的临界分切应力值较理论计算值低 3~4 个数量级,表明晶体滑移并不是晶体的一部分相对于另一部分沿着滑移面作刚性整体位移,而是借助位错在滑移面上运动来逐步地进行的。通常,可将位错线看作是晶体中已滑移区与未滑移区域的分界。当移动到晶体外表面时,晶体沿其滑移面产生了位移量为一个 b 的滑移,而大量的(n 个)位错沿着同一滑移面移到晶体表面就形成了显微观察到的滑移带($\Delta = nb$)。

晶体的滑移必须在一定的外力作用下才能发生,这说明位错的运动要克服阻力。

位错运动的阻力首先来自点阵阻力。由于点阵结构的周期性,当位错沿滑移面运动时,位错中心的能量也要发生周期性的变化,如图 10.13 所示。图中 1 和 2 为等同位置,当位错处于这种平衡位置时,其能量最小,相当于处在能谷中。当位错从位置 1 移动到位置 2 时,需要越过一个势垒,这就是说位错在运动时会遇到点阵阻力。由于派尔斯(Peierls)和纳巴罗(Nabarro)首先估算了这一阻力,故又称为派-纳(P-N)力。

派-纳力与晶体的结构和原子间作用力等因素有关,采用连续介质模型可近似地求得派-纳力

$$\tau_{\mathrm{P-N}} = \frac{2G}{1-\nu}\exp\left[-\frac{2\pi d}{(1-\nu)b}\right] = \frac{2G}{1-\nu}\exp\left[-\frac{2\pi W}{b}\right]。 \tag{10.10}$$

它相当于在理想的简单立方晶体中使一刃型位错运动所需的临界分切应力(见图 10.14)。式中,d 为滑移面的面间距,b 为滑移方向上的原子间距,ν 为泊松比,而 $W = \dfrac{d}{1-\nu}$ 代表位错的宽度。

图 10.13　位错滑移时核心能量的变化　　　　图 10.14　简单立方点阵中的刃型位错

对于简单立方结构 $d = b$,如取 $\nu = 0.3$,则可求得 $\tau_{\mathrm{P-N}} = 3.6 \times 10^{-4}G$;如取 $\nu = 0.35$,则 $\tau_{\mathrm{P-N}} = 2 \times 10^{-4}G$。这一数值比理论剪切强度($\tau \approx G/30$)小得多,而与临界分切应力的实测值具有同一数量级。说明位错滑移是容易进行的。

由派-纳力公式可知,位错宽度越大,则派-纳力越小,这是因为位错宽度表示了位错所导致的点阵严重畸变区的范围,宽度大则位错周围的原子就能比较接近于平衡位置,点阵的弹性畸变能低,故位错移动时其他原子所作相应移动的距离较小,产生的阻力也较小。此结论是符合实验结果的,例如,面心立方结构金属具有大的位错宽度,故其派-纳力甚小,屈服应力低;而体心立方金属的位错宽度较窄,故派-纳力较大,屈服应力较高;至于原子间作用力具有强烈方向性的共价晶体和离子晶体,其位错宽度极窄,则表现出硬而脆的特性。

此外,$\tau_{\mathrm{P-N}}$ 与 $(-d/b)$ 成指数关系,因此,当 d 值越大,b 值越小,即滑移面的面间距越大,位错强度越小,则派-纳力也越小,因而越容易滑移。由于晶体中原子最密排面的面间距最大,密排面上最密排方向上的原子间距最短,这就解释了为什么晶体的滑移面和滑移方向一般都是晶体的原子密排面与密排方向。

在实际晶体中,在一定温度下,当位错线从一个能谷位置移向相邻能谷位置时,并不是沿其全长同时越过能峰。很可能在热激活帮助下,有一小段位错线先越过能峰,如图 10.15 所示,同时形成位错扭折,即在两个能谷之间横跨能峰的一小段位错。位错扭折可以很容易地沿位错线向旁侧运动,结果使整个位错线向前滑移。通过这种机制可以使位错滑移所需的应力进一步降低。

位错运动的阻力除点阵阻力外,还有位错与位错的交互作用产生的阻力;运动位错交截后

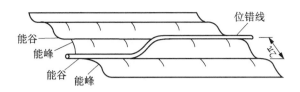

图 10.15　位错的扭折运动

形成的扭折和割阶,尤其是螺型位错的割阶将对位错起钉扎作用,致使位错运动的阻力增加;位错与其他晶体缺陷如点缺陷、其他位错、晶界和第二相质点等交互作用产生的阻力,对位错运动均会产生阻力,导致晶体强化。

2. 孪生

孪生是塑性变形的另一种重要形式,它常作为滑移不易进行时的补充。

1) 孪生变形过程　孪生变形过程的示意图如图 10.16 所示。从晶体学基础中得知,面心立方晶体可看成一系列(111)沿着[111]方向按 $ABCABC\cdots$ 的规律堆垛而成。当晶体在切应力作用下发生孪生变形时,晶体内局部地区的各个(111)晶面沿着[11$\bar{2}$]方向(即 AC' 方向),产生彼此相对移动距离为 $\dfrac{a}{6}[11\bar{2}]$ 的均匀切变,即可得到如图 10.16(b)所示的情况。图中纸面相当于($\bar{1}$10),(111)面垂直于纸面;AB 为(111)面与纸面的交线,相当于[11$\bar{2}$]晶向。从图中可看出,均匀切变集中发生在中部,由 AB 至 GH 中的每个(111)面都相对于其邻面沿[11$\bar{2}$]方向移动了大小为 $\dfrac{a}{6}[11\bar{2}]$ 的距离。这样的切变并未使晶体的点阵类型发生变化,但它却使均匀切变区中的晶体取向发生变更,变为与未切变区晶体呈镜面对称的取向。这一变形过程称为孪生。变形与未变形两部分晶体合称为孪晶;均匀切变区与未切变区的分界面(即两者的镜面对称面)称为孪晶界;发生均匀切变的那组晶面称为孪晶面(即(111)面);孪生面的移动方向(即[11$\bar{2}$]方向)称为孪生方向。图 10.17 为密排六方结晶 Zn 金属在拉伸过程中形成的孪晶组织照片。

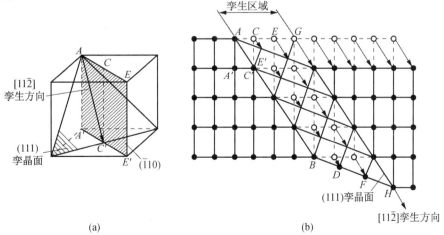

图 10.16　面心立方晶体孪生变形示意图

(a) 孪晶面和孪生方向　(b) 孪生变形时原子的移动

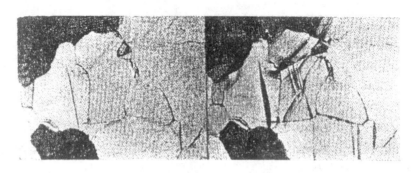

图 10.17　锌拉伸过程中形成孪晶的生长

2)　孪生的特点　根据以上对孪生变形过程的分析,孪生具有以下特点:

(1)　孪生变形也是在切应力作用下发生的,并通常出现于滑移受阻而引起的应力集中区,因此,孪生所需的临界切应力要比滑移时大得多。

(2)　孪生是一种均匀切变,即切变区内与孪晶面平行的每一层原子面均相对于其毗邻晶面沿孪生方向位移了一定的距离,且每一层原子相对于孪生面的切变量跟它与孪生面的距离成正比。在孪生过程中存在两个不畸变面和两个不畸变方向,即该面上任何晶向在孪生后均不改变其长度,故该面的面积和形状均不变,它们一起被称为孪生的四要素。

(3)　孪晶的两部分晶体形成镜面对称的位向关系。

3)　孪晶的形成　在晶体中形成孪晶的主要方式有三种:其一是通过机械变形而产生的孪晶,也称为“变形孪晶”或“机械孪晶”,它的特征通常呈透镜状或片状;其二为“生长孪晶”,它包括晶体自气态(如气相沉积)、液态(液相凝固)或固体中长大时形成的孪晶;其三是变形金属在其再结晶退火过程中形成的孪晶,也称为“退火孪晶”,它往往以相互平行的孪晶面为界横贯整个晶粒,是在再结晶过程中通过堆垛层错的生长形成的。它实际上也应属于生长孪晶,系从固体中生长过程中形成。

变形孪晶的生成同样可分为形核和长大两个阶段。晶体变形时先是以极快的速度爆发出薄片孪晶,常称之为“形核”,然后通过孪晶界扩展来使孪晶增宽。

就变形孪晶的萌生而言,一般需要较大的应力,即孪生所需的临界切应力要比滑移的大得多。例如,测得 Mg 晶体孪生所需的分切应力应为 $4.9\sim34.3$ MPa,而滑移时临界分切应力仅为 0.49 MPa,所以,只有在滑移受阻时,应力就可能累积起孪生所需的数值,导致孪生变形。孪晶的萌生通常发生于晶体中应力高度集中的地方,如晶界等,但孪晶在萌生后的长大所需的应力则相对较小。如在 Zn 单晶中,孪晶形核时的局部应力必须超过 $10^{-1}G$(G 为切变模量),但成核后,只要应力略微超过 $10^{-4}G$ 即可长大。因此,孪晶的长大速度极快,与冲击波的传播速度相当。由于在孪生形成时,在极短的时间内有相当数量的能量被释放出来,因而有时可伴随明显的声响。

图 10.18 是铜单晶在 4.2K 测得的拉伸曲线,开始塑性变形阶段的光滑曲线是与滑移过程相对应的,但应力增高到一定程度后发生突然下降,然后又反复地上升和下降,出现了锯齿形的变化,这就是孪生变形所造成的。因为形核所需的

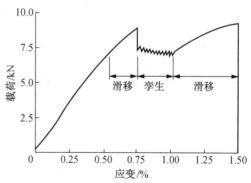

图 10.18　铜单晶在 4.2K 的拉伸曲线

应力远高于扩展所需的应力,故当孪晶出现时就伴随以载荷突然下降的现象,在变形过程中孪晶不断地形成,就导致了锯齿形的拉伸曲线。图 10.18 中拉伸曲线的后阶段又呈光滑曲线,表明变形又转为滑移方式进行,这是由于孪生造成了晶体位向的改变,使某些滑移系处于有利的位向,于是又开始了滑移变形。

通常,对称性低、滑移系少的密排六方金属,如 Cd,Zn,Mg 等往往容易出现孪生变形。密排六方金属的孪生面为$\{10\bar{1}2\}$,孪生方向为$\langle10\bar{1}1\rangle$;对具有体心立方晶体结构的金属,当形变温度较低、形变速度极快或由于其他原因的限制使滑移过程难以进行时,也会通过孪生的方式进行塑性变形。体心立方金属的孪生面为$\{112\}$,孪生方向为$\langle111\rangle$;面心立方金属由于对称性高,滑移系多而易于滑移,所以孪生很难发生,常见的是退火孪晶,只有在极低温度(4~78K)下滑移极为困难时,才会产生孪生。面心立方金属的孪生面为$\{111\}$,孪生方向为$\langle112\rangle$。

与滑移相比,孪生本身对晶体变形量的直接贡献是较小的。例如,一个密排六方结构的 Zn 晶体单纯依靠孪生变形时,其伸长率仅为 7.2%。但是,由于孪晶的形成改变了晶体的位向,从而使其中某些原处于不利的滑移系转换到有利于发生滑移的位置,可以激发进一步的滑移和晶体变形。这样,滑移与孪生交替进行,相辅相成,可使晶体获得较大的变形量。

4) 孪生的位错机制　由于孪生变形时整个孪晶区发生均匀切变,其各层晶面的相对位移是借助一个不全位错(肖克利不全位错)运动而造成的。以面心立方晶体为例(见图 10.19),如在某一$\{111\}$滑移面上有一个全位错$\frac{a}{2}\langle110\rangle$扫过,滑移两侧晶体将产生一个原子间距$\left(\frac{\sqrt{2}}{2}a\right)$的相对滑移量,且$\{111\}$面的堆垛顺序不变,即仍为 $ABCABC\cdots$。但如在相互平行且相邻的一组$\{111\}$面上各有一个肖克利不全位错扫过,则各滑移面间的相对位移就不是一个原子间距,而是$\frac{\sqrt{6}}{6}a$,由于晶面发生层错而使堆垛顺序由原来的 $ABCABC$ 改变为 $ABCACBACB$ (即△△△▽▽▽▽▽),这样就在晶体的上半部形成一片孪晶。

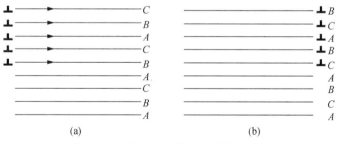

(a)　　　　　　　　　　(b)

图 10.19　面心立方晶体中孪晶的形成

这个过程是如何产生的呢?柯垂耳(A. H. Cottrell)和比耳贝(B. A. Bilby)提出形成孪晶是通过位错增值的极轴机制形成的。图 10.20 是孪生的位错极轴机制示意图。其中 OA,OB 和 OC 三条位错线相交于结点 O。位错 OA 与 OB 不在滑移面上,属于不动位错(此处称为极轴位错)。位错 OC 及其伯氏矢量 b_3 都位于滑移面上,它可以绕结点 O 作旋转运动。称为扫动位错,其滑移面称为扫动面。如果扫动位错 OC 为一个不全

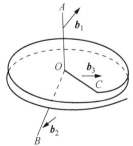

图 10.20　孪生的位错极轴机制

位错,且 OA 和 OB 的伯氏矢量 $\boldsymbol{b}_1$ 和 $\boldsymbol{b}_2$ 各有一个垂直于扫动面的分量,其值等于扫动面(滑移面)的面间距,那么,扫动面将不是一个平面,而是一个连续蜷面(螺旋面)。在这种情况下,扫动位错 OC 每旋转一周,晶体便产生一个单原子层的孪晶,与此同时,OC 本身也攀移一个原子间距而上升到相邻的晶面上。扫动位错如此不断地扫动,就使位错线 OC 和结点 O 不断地上升,也就相当于每个面都有一个不全位错在扫动,于是会在晶体中一个相当宽的区域内造成均匀切变,即在晶体中形成变形孪晶。

3. 扭折

由于各种原因,晶体中不同部位的受力情况和形变方式可能有很大的差异,对于那些既不能进行滑移也不能进行孪生的地方,晶体将通过其他方式进行塑性变形。以密排六方结构的镉单晶进行纵向压缩变形为例,若外力恰与 hcp 的底面(0001)(即滑移面)平行,由于此时 $\phi = 90°$,$\cos\phi = 0$,滑移面上的分切应力为零,晶体不能作滑移变形;若此时孪生过程阻力也很大,因而无法进行。在此情况下,如继续增大压力,则为了使晶体的形状与外力相适应,当外力超过某一临界值时晶体将会产生局部弯曲,如图10.21所示,这种变形方式称为扭折,变形区域则称为扭折带。由图10.21(a)可见,扭折变形与孪生不同,它使扭折区晶体的取向发生了不对称性的变化,在 $ABCD$ 区域内的点阵发生了扭曲,其左右两侧则发生了弯曲,扭曲区的上下界面(AB,CD)是由符号相反的两列刃型位错所构

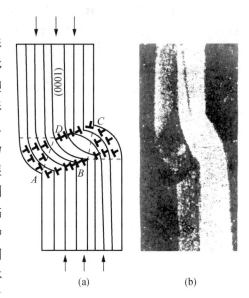

图 10.21　单晶镉被压缩时的扭折
(a) 扭折示意图　(b) 镉单晶中的扭折带

成的,而每一弯曲区则由同号位错堆积而成,取向是逐渐弯曲过渡的,但左右两侧的位错符号恰好相反。这说明扭折区最初是一个由其他区域运动过来的位错所汇集的区域,位错的汇集产生了弯曲应力,使晶体点阵发生折曲和弯曲从而形成扭折带。所以,扭折是一种协调性变形,它能引起应力松弛,使晶体不致断裂。晶体经扭折之后,扭折区内的晶体取向与原来的取向不再相同,有可能使该区域内的滑移系处于有利取向,从而产生滑移。

扭折带不仅限于上述情况下发生,还会伴随着形成孪晶而出现。在晶体作孪生变形时,由于孪晶区域的切变位移,迫使与之接壤的周围晶体产生甚大的应变,特别是在晶体两端受有约束的情况下(例如拉伸夹头的限制作用),则与孪晶接壤地区的应变更大,为了消除这种影响来适应其约束条件,在接壤区往往形成扭折带以实现过渡,如图10.22所示。

图 10.22　伴随着形成孪晶而产生的扭折带

10.2.2　多晶体的塑性变形

实际使用的材料通常是由多晶体组成的。室温下,多晶体中每个晶粒变形的基本方式与单晶体相同,但由于相邻晶粒之间取向不同,以及晶界的存在,因而多晶体的变形既须克服晶界的阻碍,又要求各晶粒的变形相互协调与配合,故多晶体的塑性变形较为复杂,下面分别加以讨论。

1. 晶粒取向的影响

晶粒取向对多晶体塑性变形的影响,主要表现在各晶粒变形过程中的相互制约和协调性。

当外力作用于多晶体时,由于晶体的各向异性,位向不同的各个晶体所受应力并不一致,而作用在各晶粒的滑移系上的分切应力更因晶粒位向不同而相差很大,因此各晶粒并非同时开始变形,处于有利位向的晶粒首先发生滑移,处于不利方位的晶粒却还未开始滑移。而且,不同位向晶粒的滑移系取向也不相同,滑移方向也不相同,故滑移不可能从一个晶粒直接延续到另一晶粒中。但多晶体中每个晶粒都处于其他晶粒包围之中,它的变形必然与其邻近晶粒相互协调配合,不然就难以进行变形,甚至不能保持晶粒之间的连续性,会造成空隙而导致材料的破裂。为了使多晶体中各晶粒之间的变形得到相互协调与配合,每个晶粒不只是在取向最有利的单滑移系上进行滑移,而必须在几个滑移系(其中包括取向并非有利的滑移系)上进行,其形状才能相应地作各种改变。理论分析指出,多晶体塑性变形时要求每个晶粒至少能在 5 个独立的滑移系上进行滑移。这是因为任意变形均可用 ε_{xx}、ε_{yy}、ε_{zz}、γ_{xy}、γ_{yz}、γ_{xz} 6 个应变分量来表示,但塑性变形时,晶体的体积不变 $\left(\dfrac{\Delta V}{V} = \varepsilon_{xx} + \varepsilon_{yy} + \varepsilon_{zz} = 0\right)$,故只有 5 个独立的应变分量,每个独立的应变分量是由一个独立滑移系来产生的。可见,多晶体的塑性变形是通过各晶粒的多系滑移来保证相互间协调的,即一个多晶体是否能够塑性变形,决定于它是否具备有 5 个独立的滑移系来满足各晶粒变形时相互协调的要求。这就与晶体的结构类型有关:滑移系甚多的面心立方和体心立方晶体能满足这个条件,故它们的多晶体具有很好的塑性;相反,密排六方晶体由于滑移系少,晶粒之间的应变协调性很差,所以其多晶体的塑性变形能力很低。

2. 晶界的影响

从第 3 章得知,晶界上原子排列不规则,点阵畸变严重,何况晶界两侧的晶粒取向不同,滑移方向和滑移面彼此不一致,因此,滑移要从一个晶粒直接延续到下一个晶粒是极其困难的,也就是说,在室温下晶界对滑移具有阻碍效应。

对只有 2~3 个晶粒的试样进行拉伸试验表明,在晶界处呈竹节状(见图 10.23),这说明晶界附近滑移受阻,变形量较小,而晶粒内部变形量较大,整个晶粒变形是不均匀的。

多晶体试样经拉伸后,每一晶粒中的滑移带都终止在晶界附近。通过电镜仔细观察,可看到在变形过程中位错难以通过晶界被堵塞在晶界附近的情形,如图 10.24 所示。这种在晶界附近产生的位错塞积群会对晶内的位错源产生一反作用力。此反作用力随位错塞积的数目 n 而增大:

$$n = \frac{k\pi\tau_0 L}{Gb},\tag{10.11}$$

式中，τ_0 为作用于滑移面上外加分切应力，L 为位错源至晶界之距离，k 为系数，螺型位错 $k=1$，刃型位错 $k=1-\nu$。当它增大到某一数值时，可使位错源停止开动，使晶体显著强化。

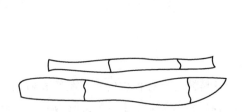

<table>
<tr><td>图 10.23　经拉伸后晶界处呈竹节状</td><td>图 10.24　位错在晶界上被塞积的示意图</td></tr>
</table>

总之，由于晶界上点阵畸变严重且晶界两侧的晶粒取向不同，因而在一侧晶粒中滑移的位错不能直接进入第二晶粒，要使第二晶粒产生滑移，就必须增大外加应力以启动第二晶粒中的位错源动作。因此，对多晶体而言，外加应力必须大至足以激发大量晶粒中的位错源动作，产生滑移，才能觉察到宏观的塑性变形。

由于晶界数量直接取决于晶粒的大小，因此，晶界对多晶体起始塑变抗力的影响可通过晶粒大小直接体现。实践证明，多晶体的强度随其晶粒细化而提高。多晶体的屈服强度 σ_s 与晶粒平均直径 d 的关系可用著名的霍尔-佩奇（Hall-Petch）公式表示：

$$\sigma_s = \sigma_0 + Kd^{-\frac{1}{2}}, \tag{10.12}$$

式中，σ_0 反映晶内对变形的阻力，相当于极大单晶的屈服强度，K 反映晶界对变形的影响系数，与晶界结构有关。图 10.25 为一些低碳钢的下屈服点与晶粒直径间的关系，与霍耳-佩奇公式符合得甚好。

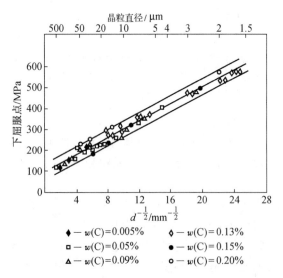

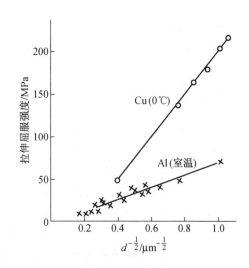

<table>
<tr><td>图 10.25　一些低碳钢的下屈服点与晶粒直径的关系</td><td>图 10.26　铜和铝的屈服值与其亚晶尺寸的关系</td></tr>
</table>

尽管霍耳-佩奇公式最初是一经验关系式，但也可根据位错理论，利用位错群在晶界附近引起的塞积模型导出。进一步实验证明，其适用性甚广。亚晶粒大小或者是两相片状组织的层片间距对屈服强度的影响（见图 10.26），塑性材料的流变应力与晶粒大小之间；脆性材料的

脆断应力与晶粒大小之间,以及金属材料的疲劳强度、硬度与其晶粒大小之间的关系也都可用霍耳-佩奇公式来表达。

因为细晶粒不仅使材料具有较高的强度、硬度,而且也使它具有良好的塑性和韧性,即具有良好的综合力学性能。因此,一般在室温使用的结构材料都希望获得细小而均匀的晶粒。

但是,当变形温度高于 $0.5T_m$(熔点)以上时,由于原子活动能力的增大,以及原子沿晶界的扩散速率加快,使高温下的晶界具有一定的黏滞性特点,它对变形的阻力大为减弱,即使施加很小的应力,只要作用时间足够长,也会发生晶粒沿晶界的相对滑动,成为多晶体在高温时一种重要的变形方式(详见 10.4.3 节)。此外,在高温时,多晶体特别是细晶粒的多晶体还可能出现另一种称为扩散性蠕变的变形机制,这个过程与空位的扩散有关。因为晶界本身是空位的源和湮设阱,多晶体的晶粒越细,扩散蠕变速度就越大,对高温强度越不利。

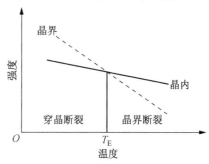

图 10.27　等温强度示意图

据此,在多晶体材料中往往存在一"等强温度 T_E",低于 T_E 时晶界强度高于晶粒内部的;高于 T_E 时则得到相反的结果(见图 10.27)。

10.2.3　合金的塑性变形

工程上使用的金属材料绝大多数是合金。其变形方式,总的说来和金属的情况类似,只是由于合金元素的存在,又具有一些新的特点。

按合金组成相不同,主要可分为单相固溶体合金和多相合金,它们的塑性变形又各具有不同特点。

1. 单相固溶体合金的塑性变形

和纯金属相比最大的区别在于单相固溶体合金中存在溶质原子。溶质原子对合金塑性变形的影响主要表现在固溶强化作用,提高了塑性变形的阻力,此外,有些固溶体会出现明显的屈服点和应变时效现象,现分述如下:

1) 固溶强化　溶质原子的存在及其固溶度的增加,使基体金属的变形抗力随之提高。图 10.28 为 Cu-Ni 固溶体的强度和塑性随溶质含量的增加,合金的强度、硬度提高,而塑性有所下降,即产生固溶强化效果。固溶强化的强化效果可用下列表达式表示:

$$\tau = \frac{\mathrm{d}\tau}{\mathrm{d}x}x \quad 或 \quad \sigma_s = A\frac{x}{a_0^2 b}, \tag{10.13}$$

式中, $\frac{\mathrm{d}\tau}{\mathrm{d}x}$ 为单位溶质原子造成点阵畸变引起临界分切应力的增量, x 为溶质原子的原子数分数, a_0 为溶剂晶体的点阵常数, b 为位错的伯氏矢量, A 为常数。

比较纯金属与不同浓度的固溶体的应力-应变曲线(见图 10.29),可看到溶质原子的加入不仅提高了整个应力-应变曲线的水平,而且使合金的加工硬化速率增大。

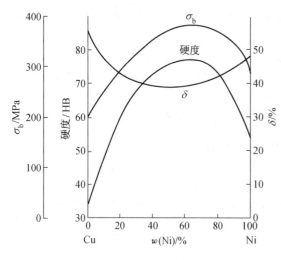

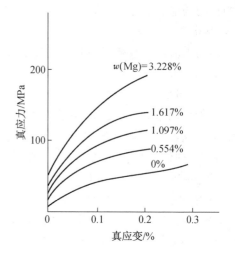

图 10.28 铜镍固溶体的力学性能与成分的关系   图 10.29 铝溶有镁后的应力-应变曲线

不同溶质原子所引起的固溶强化效果存在很大的差别。图 10.30 为几种合金元素分别溶入铜单晶而引起的临界分切应力的变化情况。影响固溶强化的因素很多,主要有以下几个方面:

(1) 溶质原子的原子数分数越高,强化作用也越大,特别是当原子数分数很低时的强化效应更为显著。

(2) 溶质原子与基体金属的原子尺寸相差越大,强化作用也越大。

(3) 间隙型溶质原子比置换原子具有较大的固溶强化效果,且由于间隙原子在体心立方晶体中的点阵畸变属非对称性的,故其强化作用大于面心立方晶体的;但间隙原子的固溶度很有限,故实际强化效果也有限。

(4) 溶质原子与基体金属的价电子数相差越大,固溶强化作用越显著,即固溶体的屈服强度随合金电子浓度的增加而提高。

一般认为固溶强化是由于多方面的作用,主要有溶质原子与位错的弹性交互作用、化学交互作用和静电交互作用,以及当固溶体产生塑性变形时,位错运动改变了溶质原子在固溶体结构中以短程有序或偏聚形式存在的分布状态,从而引起系统能量的升高,由此也增加了滑移变形的阻力。

2) 屈服现象与应变时效   图 10.31 为低碳钢典型的应力-应变曲线,它与一般拉伸曲线不同,出现了明显的屈服点。当拉伸试样开始屈服时,应力随即突然下降,并在应力基本恒定情况下继续发生屈服伸长,所以拉伸曲线出现应力平台区。开始屈服与下降时所对应的应力值分别为上、下屈服点。在发生屈服延伸阶段,试样的应变是不均匀的。当应力达到上屈服点时,首先,在试样的应力集中处开始塑性变形,并在试样表面产生一个与拉伸轴约成 45° 交角的变形带——吕德斯(Lüders)带,与此同时,应力降到下屈服点。随后,这种变形带沿试样长度方向不断形成与扩展,从而产生拉伸曲线平台的屈服伸长。其中,应力的每一次微小波动,即对应一个新变形带的形成,如图 10.31 中放大部分所示。当屈服扩展到整个试样标距范围时,屈服延伸阶段就告结束。需指出的是屈服过程的吕德斯带与滑移带不同,它是由许多晶粒协调变形的结果,即吕德斯带穿过了试样横截面上的每个晶粒,而其中每个晶粒内部则仍按各自的滑移系进行滑移变形。

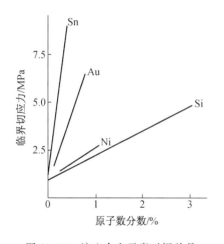

图 10.30　溶入合金元素对铜单晶
临界分切应力的影响

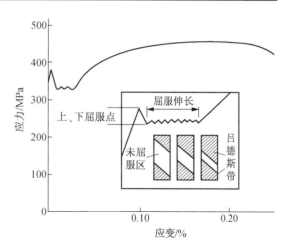

图 10.31　低碳钢退火态的工程应力-应变
曲线及屈服现象

屈服现象最初是在低碳钢中发现的。在适当条件下,上、下屈服点的差别可达 10%～20%,屈服伸长可超过 10%。后来在许多其他的金属和合金(如 Mo,Ti 和 Al 合金及 Cd,Zn 单晶、α 和 β 黄铜等)中,只要这些金属材料中含有适量的溶质原子足以锚住位错,屈服现象均可发生。

通常认为在固溶体合金中,溶质原子或杂质原子可以与位错交互作用而形成溶质原子气团,即所谓的 Cottrell 气团。由刃型位错的应力场可知,在滑移面以上,位错中心区域为压应力,而滑移面以下的区域为拉应力。若有间隙原子 C,N 或比溶剂尺寸大的置换溶质原子存在,就会与位错交互作用偏聚于刃型位错的下方,以抵消部分或全部的张应力,从而使位错的弹性应变能降低。当位错处于能量较低的状态时,位错趋向稳定不易运动,即对位错有着"钉扎作用",尤其在体心立方晶体中,间隙型溶质原子和位错的交互作用很强,位错被牢固地钉扎住。位错要运动,必须在更大的应力作用下才能挣脱 Cottrell 气团的钉扎而移动,这就形成了上屈服点;而一旦挣脱之后位错的运动就比较容易,因此有应力降落,出现下屈服点和水平台。这就是屈服现象的物理本质。

Cottrell 这一理论最初被人们广为接受。但在 20 世纪 60 年代后,Gilman 和 Johnston 发现:无位错的铜晶须、低位错密度的共价键晶体 Si,Ge,以及离子晶体 LiF 等也都有不连续屈服现象,这又如何解释? 因此,需要从位错运动本身的规律来加以说明,这就发展了更一般的位错增殖理论。

从位错理论中得知,材料塑性变形的应变速率 $\dot{\varepsilon}_p$ 与晶体中可动位错的密度 ρ_m、位错运动的平均速度 v 以及位错的伯氏矢量 b 成正比:

$$\dot{\varepsilon}_p \propto \rho_m \cdot v \cdot b。 \qquad (10.14)$$

而位错的平均运动速度 v 又与应力密切相关:

$$v = \left(\frac{\tau}{\tau_0}\right)^{m'},$$

式中,τ_0 为位错作单位速度运动所需的应力,τ 为位错受到的有效切应力,m' 称为应力敏感指数,与材料有关。

在拉伸试验中,$\dot{\varepsilon}_p$ 由试验机夹头的运动速度决定,接近于恒值。在塑性变形开始之前,晶体中的位错密度很低,或虽有大量位错但被钉扎住,可动位错密度 ρ_{m} 较低,此时要维持一定的 $\dot{\varepsilon}_{\mathrm{p}}$ 值,势必使 v 增大,而要使 v 增大就需要提高 τ,这就是上屈服点应力较高的原因。然而,一旦塑性变形开始后,位错迅速增值,ρ_{m} 迅速增大,此时 $\dot{\varepsilon}_{\mathrm{p}}$ 仍维持一定值,故 ρ_{m} 的突然增大必然导致 v 的突然下降,于是所需的应力 τ 也突然下降,产生了屈服降落,这也就是下屈服点应力较低的原因。

两种理论并不是互相排斥而是互相补充的。两者结合起来可更好地解释低碳钢的屈服现象。单纯的位错增殖理论,其前提要求原晶体材料中的可动位错密度很低。低碳钢中的原始位错密度 ρ 为 $10^8 \mathrm{cm}^{-2}$,但 ρ_{m} 只有 $10^3 \mathrm{cm}^{-2}$,低碳钢之所以可动位错如此之低,正是因为碳原子强烈钉扎位错,形成了 Cottrell 气团之故。

与低碳钢屈服现象相关连的还存在一种应变时效行为,如图 10.32 所示。当退火状态低碳钢试样拉伸到超过屈服点发生少量塑性变形后(曲线 1)卸载,然后立即重新加载拉伸,则可见其拉伸曲线不再出现屈服点(曲线 2),此时试样不发生屈服现象。如果不采取上述方案,而是将预变形试样在常温下放置几天或经 $200℃$ 左右短时加热后再行拉伸,则屈服现象又复出现,且屈服应力进一步提高(曲线 3),此现象通常称为应变时效。

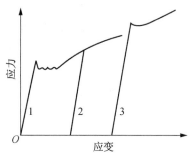

图 10.32　低碳钢的拉伸试验
1—预塑性变形　2—去载后立即再行加载　3—去载后放置一段时期或在 $200℃$ 加热后再加载

同样,Cottrell 气团理论能很好地解释低碳钢的应变时效。当卸载后立即重新加载,由于位错已经挣脱出气团的钉扎,故不出现屈服点;如果卸载后放置较长时间或经时效则溶质原子已经通过扩散而重新聚集到位错周围形成了气团,故屈服现象又复出现。

2. 多相合金的塑性变形

工程上用的金属材料基本上都是两相或多相合金。多相合金与单相固溶体合金的不同之处是除基体相外,尚有其他相存在。由于第二相的数量、尺寸、形状和分布不同,它与基体相的结合状况不一以及第二相的形变特征与基体相的差异,使得多相合金的塑性变形更加复杂。

根据第二相粒子的尺寸大小可将合金分成两大类:若第二相粒子与基体晶粒尺寸属同一数量级,称为聚合型合金;若第二相粒子细小而弥散地分布在基体晶粒中,称为弥散分布型合金。这两类合金的塑性变形情况和强化规律有所不同。

1)聚合型合金的塑性变形　当组成合金的两相晶粒尺寸属同一数量级,且都为塑性相时,则合金的变形能力取决于两相的体积分数。作为一级近似,可以分别假设合金变形时两相的应变相同和应力相同。于是,合金在一定应变下的平均流变应力 $\bar{\sigma}$ 和一定应力下的平均应变 $\bar{\varepsilon}$ 可由混合律表达:

$$\bar{\sigma} = \varphi_1\sigma_1 + \varphi_2\sigma_2,$$
$$\bar{\varepsilon} = \varphi_1\varepsilon_1 + \varphi_2\varepsilon_2,$$

式中,φ_1 和 φ_2 分别为两相的体积分数($\varphi_1 + \varphi_2 = 1$),$\sigma_1$ 和 σ_2 分别为一定应变时的两相流变应力,ε_1 和 ε_2 分别为一定应力时的两相应变。图 10.33 为等应变和等应力情况下的应力-应变曲线。

事实上,不论是应力或应变都不可能在两相之间是均匀的。上述假设及其混合律只能作

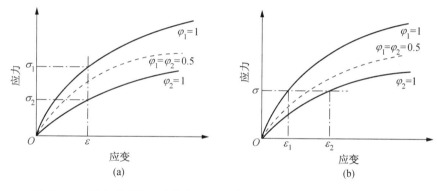

图 10.33　聚合型两相合金等应变(a)与等应力(b)情况下的应力-应变曲线

为第二相体积分数影响的定性估算。实验证明,这类合金在发生塑性变形时,滑移往往首先发生在较软的相中,如果较强相数量较少时,则塑性变形基本上是在较弱的相中;只有当第二相为较强相,且体积分数 φ 大于 30% 时,才能起明显的强化作用。

如果聚合型合金两相中一个是塑性相,而另一个是脆性相时,则合金在塑性变形过程中所表现的性能,不仅取决于第二相的相对数量,而且与其形状、大小和分布密切相关。

以碳钢中的渗碳体(Fe_3C,硬而脆)在铁素体(以 α-Fe 为基的固溶体)基体中存在的情况为例,表 10.5 给出了渗碳体的形态与大小对碳钢力学性能的影响。

表 10.5　碳钢中渗碳体存在情况对力学性能的影响

材料及组织	工业纯铁	共析钢　　(w(C)=0.8%)					w(C)=1.2%
		片状珠光体 (片间距≈630nm)	索氏体 (片间距≈250nm)	屈氏体 (片间距≈100nm)	球状珠光体	淬火+ 350℃回火	网状渗碳体
σ_b/MPa	275	780	1060	1310	580	1760	700
δ/%	47	15	16	14	29	3.8	4

2) 弥散分布型合金的塑性变形　当第二相以细小弥散的微粒均匀分布于基体相中时,将会产生显著的强化作用。第二相粒子的强化作用是通过其对位错运动的阻碍作用而表现出来的。通常可将第二相粒子分为"不可变形的"和"可变形的"两类。这两类粒子与位错交互作用的方式不同,其强化的途径也就不同。一般来说,弥散强化型合金中的第二相粒子(借助粉末冶金方法加入的)是属于不可变形的,而沉淀相粒子(通过时效处理从过饱和固溶体中析出)多属可变形的,但当沉淀粒子在时效过程中长大到一定程度后,也能起着不可变形粒子的作用。

(1) 不可变形粒子的强化作用。不可变形粒子对位错的阻碍作用如图 10.34 所示。当运动位错与其相遇时,将受到粒子阻挡,使位错线绕着它发生弯曲。随着外加应力的增大,位错线受阻部分的弯曲更剧,以致围绕着粒子的位错线在左右两边相遇,于是正负位错彼此抵消,形成包围着粒子的位错环留下,而位错线的其余部分则越过粒子继续移动。显然,位错按这种方式移动时受到的阻力是很大的,而且每个留下的位错环要作用于位错源一反向应力,故继续变形时必须增大应力以克服此反向应力,使流变应力迅速提高。

根据位错理论,迫使位错线弯曲到曲率半径为 R 时所需切应力

$$\tau = \frac{Gb}{2R}。$$

此时由于 $R = \frac{\lambda}{2}$，所以位错线弯曲到该状态所需的切应力

$$\tau = \frac{Gb}{\lambda}。 \tag{10.15}$$

这是一临界值，只有外加应力大于此值时，位错线才能绕过去。由上式可见，不可变形粒子的强化作用与粒子间距 λ 成反比，即粒子越多，粒子间距越小，强化作用越明显。因此，减小粒子尺寸(在同样的体积分数时，粒子越小，则粒子间距也越小)或提高粒子的体积分数都会导致合金强度的提高。

上述位错绕过障碍物的机制是由奥罗万(E. Orowan)首先提出的，故通常称为奥罗万机制，它已被实验所证实。

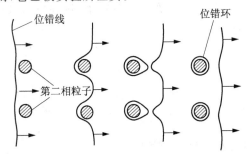 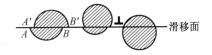

图 10.34　位错绕过第二相粒子的示意图　　　　图 10.35　位错切割粒子的机制

(2) 可变形微粒的强化作用。当第二相粒子为可变形微粒时，位错将切过粒子使之随同基体一起变形，如图 10.35 所示。在这种情况下，强化作用主要决定于粒子本身的性质，以及与基体的联系，其强化机制甚为复杂，且因合金而异，其主要作用如下：

① 位错切过粒子时，粒子产生宽度为 b 的表面台阶，由于出现了新的表面积，使总的界面能升高；

② 当粒子是有序结构时，则位错切过粒子时会打乱滑移面上下的有序排列，产生反相畴界，引起能量的升高；

③ 由于第二相粒子与基体的晶体点阵不同或至少是点阵常数不同，故当位错切过粒子时必然在其滑移面上引起原子的错排，需要额外作功，给位错运动带来困难；

④ 由于粒子与基体的比体积差别，而且沉淀粒子与母相之间保持共格或半共格结合，故在粒子周围产生弹性应力场，此应力场与位错会产生交互作用，对位错运动有阻碍；

⑤ 由于基体与粒子中的滑移面取向不相一致，则位错切过后会产生一割阶，割阶存在会阻碍整个位错线的运动；

⑥ 由于粒子的层错能与基体不同，当扩展位错通过后，其宽度会发生变化，引起能量升高。

以上这些强化因素的综合作用，使合金的强度得到提高。

总之，上述两种机制不仅可解释多相合金中第二相的强化效应，而且也可解释多相合金的塑性。然而不管哪种机制均受控于粒子的本性、尺寸和分布等因素，故合理地控制这些参数，可使沉淀强化型合金和弥散强化型合金的强度和塑性在一定范围内进行调整。

10.2.4　塑性变形对材料组织与性能的影响

塑性变形不但可以改变材料的外形和尺寸,而且能够使材料的内部组织和各种性能发生变化。

1. 显微组织的变化

经塑性变形后,金属材料的显微组织发生明显的改变。除了每个晶粒内部出现大量的滑移带或孪晶带外,随着变形度的增加,原来的等轴晶粒将逐渐沿其变形方向伸长,如图 10.36所示。当变形量很大时,晶粒变得模糊不清,晶粒已难以分辨而呈现出一片如纤维状的条纹,这称为纤维组织。纤维的分布方向即是材料流变伸展的方向。注意:冷变形金属的组织与所观察的试样截面位置有关,如果沿垂直变形方向截取试样,则截面的显微组织不能真实反映晶粒的变形情况。

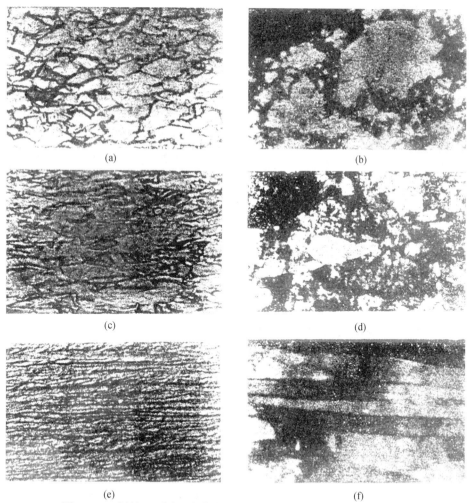

(a)

(b)

(c)

(d)

(e)

(f)

图 10.36　铜材经不同程度冷轧后的光学显微组织及薄膜透射电镜像

(a) 30％压缩率　300×　(b) 30％压缩率　30 000×　(c) 50％压缩率　300×
(d) 50％压缩率　30 000×　(e) 99％压缩率　30　(d) 99％压缩率　30 000×

2. 亚结构的变化

前已指出,晶体的塑性变形是借助位错在应力作用下运动和不断增殖的。随着变形度的增大,晶体中的位错密度迅速提高,经严重冷变形后,位错密度可从原先退火态的 $10^6 \sim 10^7 \, cm^{-2}$ 增至 $10^{11} \sim 10^{12} \, cm^{-2}$。

变形晶体中的位错组态及其分布等亚结构的变化,主要可借助透射电子显微分析来了解。经一定量的塑性变形后,晶体中的位错线通过运动与交互作用,开始呈现纷乱的不均匀分布,并形成位错缠结[见图 10.36(b)]。进一步增加变形度时,大量位错发生聚集,并由缠结的位错组成胞状亚结构[见图 10.36(d)],其中,高密度的缠结位错主要集中于胞的周围,构成了胞壁,而胞内的位错密度甚低。此时,变形晶粒是由许多这种胞状亚结构组成,各胞之间存在微小的位向差。随着变形度的增大,变形胞的数量增多、尺寸减小。如果经强烈冷轧或冷拉等变形,则伴随纤维组织的出现,其亚结构也将由大量细长状变形胞组成[见图 10.36(f)]。

研究指出,胞状亚结构的形成不仅与变形程度有关,而且还取决于材料类型。对于层错能较高的金属和合金(如铝、铁等),其扩展位错区较窄,可通过束集而发生交滑移,故在变形过程中经位错的增殖和交互作用,容易出现明显的胞状结构(见图 10.37);而层错能较低的金属材料(如不锈钢、α 黄铜),其扩展位错区较宽,使交滑移很困难,因此在这类材料中易观察到位错塞积群的存在。由于位错的移动性差,形变后大量的位错杂乱地排列于晶体中,构成较为均匀分布的复杂网络(见图 10.38),故这类材料即使在大量变形时,出现胞状亚结构的倾向性较小。

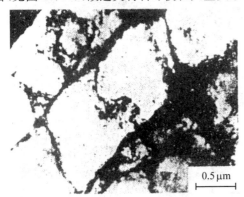

图 10.37　纯铁室温形变的胞状结构,20％应变

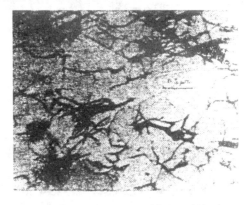

图 10.38　经冷轧变形 2％后,不锈钢中位错的复杂网络(透射电镜像)

3. 性能的变化

材料在塑性变形过程中,随着内部组织与结构的变化,其力学、物理和化学性能均发生明显的改变。

1) 加工硬化　图 10.39 是铜材经不同程度冷轧后的强度和塑性变化情况,表 10.6 是冷拉对低碳钢(C 的质量分数为 0.16％)力学性能的影响。从上述两例可清楚地看到,金属材料经冷加工变形后,强度(硬度)显著提高,而塑性则很快下降,即产生了加工硬化现象。加工硬化是金属材料的一项重要特性,可被用作强化金属的途径。特别是对那些不能通过热处理强化的材料如纯金属,以及某些合金,如奥氏体不锈钢等,主要是借冷加工实现强化的。

表 10.6　冷拉对低碳钢（C 的质量分数为 0.16%）力学性能的影响

冷拉截面减缩率/%	屈服强度/MPa	抗拉强度/MPa	延伸率/%	断面收缩率/%
0	276	456	34	70
10	497	518	20	65
20	566	580	17	63
40	593	656	16	60
60	607	704	14	54
80	662	792	7	26

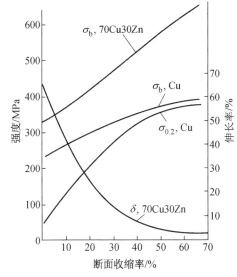

图 10.39　冷轧对铜材拉伸性能的影响

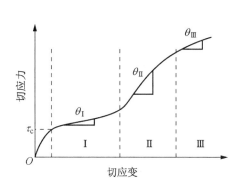

图 10.40　单晶体的切应力-切应变曲线
显示塑性变形的三个阶段

图 10.40 是金属单晶体的典型应力-应变曲线（也称加工硬化曲线），其塑性变形部分是由三个阶段所组成：

Ⅰ 阶段——易滑移阶段：当 τ 达到晶体的 τ_c 后，应力增加不多，便能产生相当大的变形。此段接近于直线，其斜率 $\theta_Ⅰ$ $\left(\theta = \dfrac{\mathrm{d}\tau}{\mathrm{d}\gamma}\ \text{或}\ \theta = \dfrac{\mathrm{d}\sigma}{\mathrm{d}\varepsilon}\right)$ 即加工硬化率低，一般 $\theta_Ⅰ$ 为 $\sim 10^{-4}G$ 数量级（G 为材料的切变模量）。

Ⅱ 阶段——线性硬化阶段：随着应变量增加，应力线性增长，此段也呈直线，且斜率较大，加工硬化十分显著，$\theta_Ⅱ \approx G/300$，近乎常数。

Ⅲ 阶段——抛物线型硬化阶段：随应变增加，应力上升缓慢，呈抛物线型，$\theta_Ⅲ$ 逐渐下降。

各种晶体的实际曲线因其晶体结构类型、晶体位向、杂质含量，以及试验温度等因素的不同而有所变化，但总的说，其基本特征相同，只是各阶段的长短通过位错的运动、增殖和交互作用而受影响，甚至某一阶段可能就不再出现。图 10.41 为三种典型晶体结构金属单晶体的硬化曲线，其中面心立方和体心立方晶体显示出典型的三阶段加工硬化情况，只是当含有微量杂质原子的体心立方晶体，则因杂质原子与位错交互作用，将产生前面所述的屈服现象并使曲线有所变化，至于密排六方金属单晶体的第Ⅰ阶段通常很长，远远超过其他结构的晶体，以致于第Ⅱ阶段还未充分发展时试样就已经断裂了。

多晶体的塑性变形由于晶界的阻碍作用和晶粒之间的协调配合要求,各晶粒不可能以单一滑移系动作,而必然有多组滑移系同时作用,因此多晶体的应力-应变曲线不会出现单晶曲线的第Ⅰ阶段,而且其硬化曲线通常更陡,细晶粒多晶体在变形开始阶段尤为明显(见图 10.42)。

有关加工硬化的机制曾提出不同的理论,然而,最终导出的强化效果的表达式基本相同,即流变应力是位错密度的平方根的线性函数:

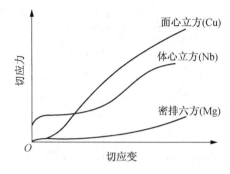

图 10.41 典型的面心立方、体心立方和密排六方金属单晶体的应力-应变曲线

$$\tau = \tau_0 + \alpha Gb\sqrt{\rho}, \tag{10.16}$$

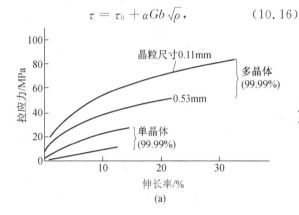

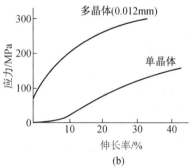

图 10.42 单晶与多晶的应力-应变曲线的比较(室温)

(a) Al (b) Cu

式中,τ 为加工硬化后所需要的切应力,τ_0 为无加工硬化时所需要的切应力,α 为与材料有关的常数,通常取 $0.3\sim0.5$,G 为切变模量,b 为位错的伯氏矢量,ρ 为位错密度。

上式已被许多实验证实。因此,塑性变形过程中位错密度的增加及其所产生的钉扎作用是导致加工硬化的决定性因素。

2) 其他性能的变化 经塑性变形后的金属材料,由于点阵畸变,空位和位错等结构缺陷的增加,使其物理性能和化学性能也发生一定的变化。如塑性变形通常可使金属的电阻率增高,增加的程度与形变量成正比,但增加的速率因材料而异,差别很大。例如,冷拔形变率为82%的纯铜丝电阻率升高 2%,同样形变率的 H70 黄铜丝电阻率升高 20%,而冷拔形变率99%的钨丝电阻率升高 50%。另外,塑性变形后,金属的电阻温度系数下降,磁导率下降,热导率也有所降低,铁磁材料的磁滞损耗及矫顽力增大。

由于塑性变形使得金属中的结构缺陷增多,自由焓升高,因而导致金属中的扩散过程加速,金属的化学活性增大,腐蚀速度也加快。

4. 形变织构

在塑性变形中,随着形变程度的增加,各个晶粒的滑移面和滑移方向都要向主形变方向转动,逐渐使多晶体中原来取向互不相同的各个晶粒在空间取向上呈现一定程度的规律性,这一现象称为择优取向,这种组织状态则称为形变织构。

形变织构由于加工变形方式的不同,可分为两种类型:拔丝时形成的织构称为丝织构,其主要特征为各晶粒的某一晶向大致与拔丝方向相平行;轧板时形成的织构称为板织构,其主要特征为各晶粒的某一晶面和晶向分别趋于同轧面与轧向相平行。几种常见金属的丝织构与板织构如表 10.7 所列。

表 10.7 常见金属的丝织构与板织构

晶体结构	金属或合金	丝织构	板织构
体心立方	α-Fe,Mo,W 铁素体钢	$\langle 110\rangle$	$\{100\}\langle 011\rangle+\{112\}\langle 110\rangle$ $+\{111\}\langle 112\rangle$
面心立方	Al,Cu,Au,Ni,Cu-Ni Cu+<Zn 的质量分数为 50%	$\langle 111\rangle$ $\langle 111\rangle+\langle 100\rangle$	$\{110\}\langle 112\rangle+\{112\}\langle 111\rangle$ $\{110\}\langle 112\rangle$
密排六方	Mg,Mg 合金 Zn	$\langle 2130\rangle$ $\langle 0001\rangle$ 与丝轴成 70°	$\{0001\}\langle 10\overline{1}0\rangle$ $\{0001\}$ 与轧制面成 70°

实际上,多晶体材料无论经过多么激烈的塑性变形,也不可能使所有晶粒都完全转到织构的取向上去,其集中程度决定于加工变形的方法、变形量、变形温度,以及材料本身情况(金属类型、杂质、材料内原始取向等)等因素。在实用中,经常用变形金属的极射赤面投影图来描述它的织构及各晶粒向织构取向的集中程度。

由于织构造成了各向异性,故它的存在对材料的加工成形性和使用性能都有很大的影响,尤其因为织构不仅出现在冷加工变形的材料中,即使进行了退火处理也仍然存在,故在工业生产中应予以高度重视。一般说,不希望金属板材存在织构,特别是用于深冲压成形的板材,织构会造成其沿各方向变形的不均匀性,使工件的边缘出现高低不平,产生了所谓"制耳"。但在某些情况下,又有利用织构提高板材性能的例子,如变压器用硅钢片,由于 α-Fe$\langle 100\rangle$ 方向最易磁化,故生产中通过适当控制轧制工艺可获得具有 (110)[001] 织构和磁化性能优异的硅钢片。

5. 残余应力

塑性变形中外力所作的功除大部分转化成热之外,还有一小部分以畸变能的形式储存在形变材料内部。这部分能量叫做储存能,其大小因形变量、形变方式、形变温度,以及材料本身性质而异,约占总形变功的百分之几。储存能的具体表现方式为:宏观残余应力、微观残余应力及点阵畸变。残余应力是一种内应力,它在工件中处于自相平衡状态,其产生是由于工件内部各区域变形不均匀性,以及相互间的牵制作用所致。按照残余应力平衡范围的不同,通常可将其分为三种:

(1) 第一类内应力,又称宏观残余应力,它是由工件不同部分的宏观变形不均匀性引起的,故其应力平衡范围包括整个工件。例如,将金属棒施以弯曲载荷(见图 10.43),则上边受拉而伸长,下边受到压缩;变形超过弹性极限产生了塑性变形时,则外力去除后被伸长的一边就存在压应力,短边为张应力;又如,金属线材经拔丝加工后(见图 10.44),由于拔丝模壁的阻力作用,线材的外表面较心部变形少,故表面受拉应力,而心部受压应力。这类残余应力所对应的畸变能不大,仅占总储存能的 0.1% 左右。

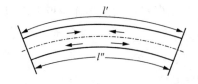

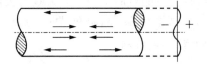

图 10.43　金属棒弯曲变形后的残留应力　　　　图 10.44　金属拉丝后的残留应力

（2）第二类内应力，又称微观残余应力，它是由晶粒或亚晶粒之间的变形不均匀性产生的。其作用范围与晶粒尺寸相当，即在晶粒或亚晶粒之间保持平衡。这种内应力有时可达到很大的数值，甚至可能造成显微裂纹并导致工件破坏。

（3）第三类内应力，又称点阵畸变。其作用范围是几十至几百纳米，它是由于工件在塑性变形中形成的大量点阵缺陷（如空位、间隙原子、位错等）引起的。变形金属中储存能的绝大部分（80%～90%）用于形成点阵畸变。这部分能量提高了变形晶体的能量，使之处于热力学不稳定状态，故它有一种使变形金属重新恢复到自由焓最低的稳定结构状态的自发趋势，并导致塑性变形金属在加热时的回复及再结晶过程。

金属材料经塑性变形后的残余应力是不可避免的，它将对工件的变形、开裂和应力腐蚀产生影响和危害，故必须及时采取消除措施（如去应力退火处理）。但是，在某些特定条件下，残余应力的存在也是有利的。例如，承受交变载荷的零件，若用表面滚压和喷丸处理，使零件表面产生压应力的应变层，借以达到强化表面的目的，可使其疲劳寿命成倍提高。

10.3　回复和再结晶

如上一节所述，金属和合金经塑性变形后，不仅内部组织结构与各项性能均发生相应的变化，而且由于空位、位错等结构缺陷密度的增加，以及畸变能的升高，将使其处于热力学不稳定的高自由能状态。因此，经塑性变形的材料具有自发恢复到变形前低自由能状态的趋势。当冷变形金属加热时会发生回复、再结晶和晶粒长大等过程。了解这些过程的发生和发展规律，对于改善和控制金属材料的组织和性能具有重要的意义。

10.3.1　冷变形金属在加热时的组织与性能变化

冷变形后材料经重新加热进行退火之后，其组织和性能会发生变化。观察在不同加热温度下变化的特点可将退火过程分为回复、再结晶和晶粒长大三个阶段。回复是指新的无畸变晶粒出现之前所产生的亚结构和性能变化的阶段；再结晶是指出现无畸变的等轴新晶粒逐步取代变形晶粒的过程；晶粒长大是指再结晶结束之后晶粒的继续长大。

图 10.45 为冷变形金属在退火过程中显微组织的变化。由图可见，在回复阶段，由于不发生大角度晶界的迁移，所以晶粒的形状和大小与变形态的相同，仍保持着纤维状或扁平状，从光学显微组织上几乎看不出变化。在再结晶阶段，首先是在畸变度大的区域产生新的无畸变晶粒的核心，然后逐渐消耗周围的变形基体而长大，直到形变组织完全改组为新的、无畸变的细等轴晶粒为止。最后，在晶界表面能的驱动下，新晶粒互相吞食而长大，从而得到一个在该条件下较为稳定的尺寸，这称为晶粒长大阶段。

图 10.46 展示了冷变形金属在退火过程中的性能和能量变化。

（1）强度与硬度：回复阶段的硬度变化很小，约占总变化的 1/5，而再结晶阶段则下降较

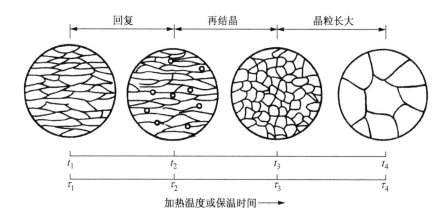

图 10.45　冷变形金属退火时晶粒形状和大小的变化

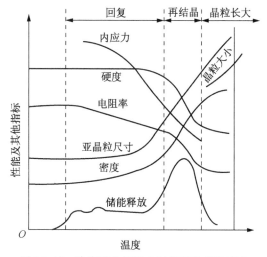

图 10.46　冷变形金属退火时某些性能的变化

大。可以推断,强度具有与硬度相似的变化规律。上述情况主要与金属中的位错机制有关,即回复阶段时,变形金属仍保持很高的位错密度,而发生再结晶后,则由于位错密度显著降低,故强度与硬度明显下降。

(2) 电阻:变形金属的电阻在回复阶段已表现明显的下降趋势。因为电阻率与晶体点阵中的点缺陷(如空位、间隙原子等)密切相关。点缺陷所引起的点阵畸变会使传导电子产生散射,提高电阻率。它的散射作用比位错所引起的更为强烈。因此,在回复阶段电阻率的明显下降就标志着在此阶段点缺陷浓度有明显的减小。

(3) 内应力:在回复阶段,大部或全部的宏观内应力可以消除,而微观内应力则只有通过再结晶方可全部消除。

(4) 亚晶粒尺寸:在回复的前期,亚晶粒尺寸变化不大,但在后期,尤其在接近再结晶时,亚晶粒尺寸就显著增大。

(5) 密度:变形金属的密度在再结晶阶段发生急剧增高,显然除与前期点缺陷数目减少有关外,主要是因再结晶阶段中位错密度显著降低所致。

(6) 储能的释放:当冷变形金属加热到足以引起应力松弛的温度时,储能就被释放出来。

回复阶段时各材料释放的储存能量均较小,再结晶晶粒出现的温度对应于储能释放曲线的高峰处。

10.3.2　回复

1. 回复动力学

回复是冷变形金属在退火时发生组织性能变化的早期阶段,在此阶段内物理或力学性能(如强度和电阻率等)的回复程度是随温度和时间而变化的。图 10.47 为同一变形程度的多晶体铁在不同温度退火时,屈服强度的回复动力学曲线。图中横坐标为时间,纵坐标为剩余应变硬化分数 $(1-R)$,R 为屈服强度回复率 $=(\sigma_m - \sigma_r)/(\sigma_m - \sigma_o)$,其中 σ_m,σ_r 和 σ_o 分别代表变形后,回复后和完全退火后的屈服强度。显然,$(1-R)$ 越小,即 R 越大,则表示回复程度越大。

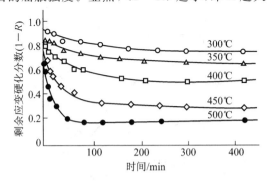

图 10.47　同一变形程度的多晶体铁在不同温度
退火时,屈服强度的回复动力学曲线

动力学曲线表明,回复是一个弛豫过程。其特点为:① 没有孕育期;② 在一定温度下,初期的回复速率很大,随后即逐渐变慢,直到趋近于零;③ 每一温度的回复程度有一极限值,退火温度越高,这个极限值也越高,而达到此一极限值所需时间则越短;④ 预变形量越大,起始的回复速率也越快;晶粒尺寸减小也有利于回复过程的加快。

这种回复特征通常可用一级反应方程来表达:

$$\frac{\mathrm{d}x}{\mathrm{d}t} = -cx, \tag{10.17}$$

式中,t 为恒温下的加热时间,x 为冷变形导致的性能增量经加热后的残留分数,c 为与材料和温度有关的比例常数,c 值与温度的关系具有典型的热激活过程的特点,可由著名的阿累尼乌斯(Arrhenius)方程来描述:

$$c = c_0 e^{-Q/RT}, \tag{10.18}$$

式中,Q 为激活能,R 为气体常数,T 为绝对温度,c_0 为比例常数。

将上式代入一级反应方程中并积分,以 x_0 表示开始时性能增量的残留分数,则得

$$\int_{x_0}^{x} \frac{\mathrm{d}x}{x} = -c_0 e^{-Q/RT} \int_0^t \mathrm{d}t,$$

$$\ln \frac{x_0}{x} = c_0 t e^{-Q/RT}.$$

在不同温度下,如以回复到相同程度作比较,此时上式的左边为一常数,两边取对数,可得

$$\ln t = A + \frac{Q}{RT},\qquad(10.19)$$

式中，A 为常数。作 $\ln t$-$1/T$ 图，如为直线，则由直线斜率可求得回复过程的激活能。

实验研究表明，对冷变形铁，在回复时其激活能因回复程度不同而有不同的激活能值。如在短时间回复时求得的激活能与空位迁移能相近，而在长时间回复时求得的激活能则与自扩散激活能相近。这说明对于冷变形铁的回复，不能用一种单一的回复机制来描述。

2. 回复机制

回复阶段的加热温度不同，冷变形金属的回复机制各异。

1) 低温回复　低温时，回复主要与点缺陷的迁移有关。冷变形时产生的大量点缺陷——空位和间隙原子，而从 3.1 中得知，点缺陷运动所需的热激活较低，因而可在较低温度就可进行。它们可迁移至晶界（或金属表面），并通过空位与位错的交互作用、空位与间隙原子的重新结合，以及空位聚合起来形成空位对、空位群和空位片——崩塌成位错环而消失，从而使点缺陷密度明显下降。故对点缺陷很敏感的电阻率此时也明显下降。

2) 中温回复　加热温度稍高时，会发生位错运动和重新分布。回复的机制主要与位错的滑移有关：同一滑移面上异号位错可以相互吸引而抵消；位错偶极子的两根位错线相消等。

3) 高温回复　高温($\sim 0.3 T_m$)时，刃型位错可获得足够能量产生攀移。攀移产生了两个重要的后果：① 使滑移面上不规则的位错重新分布，刃型位错垂直排列成墙，这种分布可显著降低位错的弹性畸变能，因此，可看到对应于此温度范围，有较大的应变能释放。② 沿垂直于滑移面方向排列并具有一定取向差的位错墙（小角度亚晶界），以及由此所产生的亚晶，即多边化结构。

显然，高温回复多边化过程的驱动力主要来自应变能的下降。多边化过程产生的条件：① 塑性变形使晶体点阵发生弯曲。② 在滑移面上有塞积的同号刃型位错。③ 须加热到较高的温度，使刃型位错能够产生攀移运动。多边化后刃型位错的排列情况如图 10.48 所示，故形成了亚晶界。一般认为，在产生单滑移的单晶体中多边化过程最为典型；而在多晶体中，由于容易发生多系滑移，不同滑移系上的位错

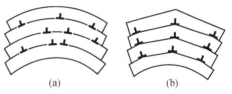

图 10.48　位错在多边化过程中重新分布
(a) 多边化前刃型位错散乱分布
(b) 多边化后刃型位错排列成位错壁

往往会缠结在一起，会形成胞状组织，故多晶体的高温回复机制比单晶体更为复杂，但从本质上看也是包含位错的滑移和攀移。通过攀移使同一滑移面上异号位错相消，位错密度下降，位错重排成较稳定的组态，构成亚晶界，形成回复后的亚晶结构。

从上述回复机制可以理解，回复过程中电阻率的明显下降主要是由于过量空位的减少和位错应变能的降低；内应力的降低主要是由于晶体内弹性应变的基本消除；硬度及强度下降不多则是由于位错密度下降不多，亚晶还较细小之故。

据此，回复退火主要是用作去应力退火，使冷加工的金属在基本上保持加工硬化状态的条件下降低其内应力，以避免变形并改善工件的耐蚀性。

10.3.3 再结晶

冷变形后的金属加热到一定温度之后,在原变形组织中重新产生了无畸变的新晶粒,而性能也发生了明显的变化并恢复到变形前的状况,这个过程称之为再结晶。因此,与前述回复的变化不同,再结晶是一个显微组织重新改组的过程。

再结晶的驱动力是变形金属经回复后未被释放的储存能(相当于变形总储能的 90%)。通过再结晶退火可以消除冷加工的影响,故在实际生产中起着重要作用。

1. 再结晶过程

再结晶是一种形核和长大过程,即通过在变形组织的基体上产生新的无畸变再结晶晶核,并通过逐渐长大形成等轴晶粒,从而取代全部变形组织的过程。不过,再结晶的晶核不是新相,其晶体结构并未改变,这是与其他固态相变不同的地方。

1) 形核 再结晶时,晶核是如何产生的? 透射电镜观察表明,再结晶晶核是现存于局部高能量区域内的,以多边化形成的亚晶为基础形核。由此提出了几种不同的再结晶形核机制:

(1) 晶界弓出形核。对于变形程度较小(一般小于 20%)的金属,其再结晶核心多以晶界弓出方式形成,即应变诱导晶界移动或称为凸出形核机制。

当变形度较小时,各晶粒之间将由于变形不均匀性而引起位错密度不同。如图10.49所示,A,B 两相邻晶粒中,若 B 晶粒因变形度较大而具有较高的位错密度时,则经多边化后,其中所形成亚晶尺寸也相对较为细小。于是,为了降低系统的自由能,在一定温度条件下,晶界处 A 晶粒的某些亚晶将开始通过晶界弓出迁移而凸入 B 晶粒中,以吞食 B 晶粒中亚晶的方式开始形成无畸变的再结晶晶核。

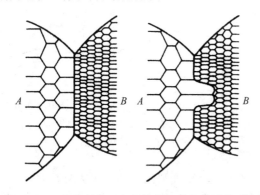 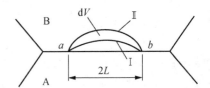

图 10.49 具有亚晶粒组织的晶粒间的凸出形核示意图   图 10.50 晶界弓出形核模型

再结晶时,晶界弓出形核的能量条件可根据图 10.50 所示的模型推导。设弓出的晶界由位置Ⅰ移到位置Ⅱ时扫过的体积为 dV,其面积为 dA,由此而引起的单位体积总的自由能变化为 ΔG,令晶界的表面能为 γ,而冷变形晶粒中单位体积的储存能为 E_s。假定晶界扫过地方的储存能全部释放,则弓出的晶界由位置Ⅰ移到位置Ⅱ时的自由能变化

$$\Delta G = -E_s + \gamma \frac{dA}{dV}。 \tag{10.20}$$

对一个任意曲面,可以定义两个主曲率半径 r_1 与 r_2,当这个曲面移动时,有

$$\frac{dA}{dV} = \frac{1}{r_1} + \frac{1}{r_2}。 \tag{10.21}$$

如果该曲面为一球面,则 $r_1 = r_2 = r$,而

$$\frac{\mathrm{d}A}{\mathrm{d}V} = \frac{2}{r}。 \tag{10.22}$$

故,当弓出的晶界为一球面时,其自由能变化

$$\Delta G = -E_s + \frac{2\gamma}{r}。 \tag{10.23}$$

显然,若晶界弓出段两端 a,b 固定,且 γ 值恒定,则开始阶段随 ab 弓出弯曲,r 逐渐减小,ΔG 值增大,当 r 达到最小值($r_{\min} = \frac{ab}{2} = L$)时,$\Delta G$ 将达到最大值。此后,若继续弓出,由于 r 的增大而使 ΔG 减小,于是,晶界将自发地向前推移。因此,一段长为 $2L$ 的晶界,其弓出形核的能量条件为 $\Delta G < 0$,即

$$E_s \geqslant \frac{2\gamma}{L}。 \tag{10.24}$$

这样,再结晶的形核将在现成晶界上两点间距离为 $2L$,而弓出距离大于 L 的凸起处进行。使弓出距离达到 L 所需的时间即为再结晶的孕育期。

(2)亚晶形核。此机制一般是在大的变形度下发生。前面已述及,当变形度较大时,晶体中位错不断增殖,由位错缠结组成的胞状结构,将在加热过程中容易发生胞壁平直化,并形成亚晶。借助亚晶作为再结晶的核心,其形核机制又可分为以下两种:

① 亚晶合并机制。在回复阶段形成的亚晶,其相邻亚晶边界上的位错网络通过解离、拆散,以及位错的攀移与滑移,逐渐转移到周围其他亚晶界上,从而导致相邻亚晶边界的消失和亚晶的合并。合并后的亚晶,由于尺寸增大,以及亚晶界上位错密度的增加,使相邻亚晶的位向差相应增大,并逐渐转化为大角度晶界,它比小角度晶界具有大得多的迁移率,故可以迅速移动,清除其移动路程中存在的位错,使在它后面留下无畸变的晶体,从而构成再结晶核心。在变形程度较大且具有高层错能的金属中,多以这种亚晶合并机制形核。

② 亚晶迁移机制。由于位错密度较高的亚晶界,其两侧亚晶的位向差较大,故在加热过程中容易发生迁移并逐渐变为大角晶界,于是就可作为再结晶核心而长大。此机制常出现在变形度很大的低层错能金属中。

上述两机制都是依靠亚晶粒的粗化来发展为再结晶核心的。亚晶粒本身是在剧烈应变的基体只通过多边化形成的,几乎无位错的低能量地区,它通过消耗周围的高能量区长大成为再结晶的有效核心,因此,随着形变度的增大会产生更多的亚晶而有利于再结晶形核。这就可解释再结晶后的晶粒为什么会随着变形度的增大而变细的问题。

图 10.51 为三种再结晶形核方式的示意图。

2) 长大　再结晶晶核形成之后,它就借界面的移动而向周围畸变区域长大。界面迁移的推动力是无畸变的新晶粒本身与周围畸变的母体(即旧晶粒)之间的应变能差,晶界总是背离其曲率中心,向着畸变区域推进,直到全部形成无畸变的等轴晶粒为止,再结晶即告完成。

2. 再结晶动力学

再结晶动力学决定于形核率 $\dot{N}$ 和长大速率 G 的大小。若以纵坐标表示已发生再结晶的体积分数,横坐标表示时间,则由试验得到的恒温动力学曲线具有图 10.52 所示的典型"S"曲线特征。该图表明,再结晶过程有一孕育期,且再结晶开始时的速度很慢,随之逐渐加快,至再

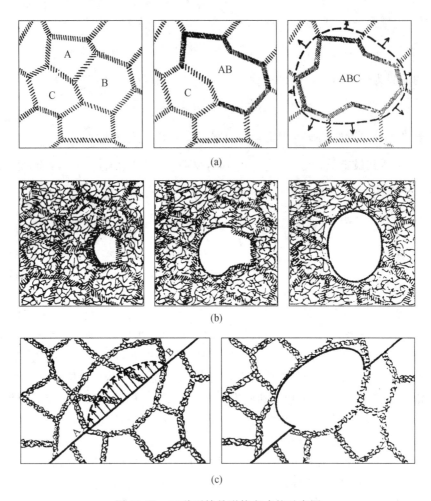

(a)

(b)

(c)

图 10.51　三种再结晶形核方式的示意图

(a) 亚晶粒合并形核　(b) 亚晶粒长大形核　(c) 凸出形核

结晶的体积分数约为 50% 时速度达到最大,最后又逐渐变慢,这与回复动力学有明显的区别。

　　Johnson 和 Mehl 在假定均匀形核、晶核为球形,$\dot{N}$ 和 G 不随时间而改变的情况下,推导出在恒温下经过 t 时间后,已经再结晶的体积分数 φ_R 可用下式表示:

$$\varphi_R = 1 - \exp\left(\frac{-\pi \dot{N} G^3 t^4}{3}\right)。 \tag{10.25}$$

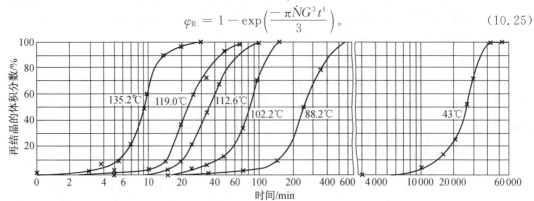

图 10.52　经 98% 冷轧的纯铜[质量分数 $w(\text{Cu})$ 为 99.999%]在不同温度下的等温再结晶曲线

这就是约翰逊-梅厄方程,它适用于符合上述假定条件的任何相变(一些固态相变倾向于在晶界形核生长,不符合均匀形核条件,此方程就不能直接应用)。用它对 Al 的计算结果与实验符合。

但是,由于恒温再结晶时的形核率 $\dot{N}$ 是随时间的增加而呈指数关系衰减的,故通常采用阿弗拉密(Avrami)方程进行描述,即

$$\varphi_R = 1 - \exp(-Bt^K)$$

或

$$\lg\ln\frac{1}{1-\varphi_R} = \lg B + K\lg t, \tag{10.26}$$

式中,B 和 K 均为常数,可通过实验确定:作 $\lg\ln\dfrac{1}{1-\varphi_R}$-$\lg t$ 图,直线的斜率即为 K 值,直线的截距为 $\lg B$。

等温温度对再结晶速率 v 的影响可用阿累尼乌斯公式表示之,即 $v = Ae^{-Q/RT}$,而再结晶速率和产生某一体积分数 φ_R 所需的时间 t 成反比,即 $v\propto\dfrac{1}{t}$,故此,

$$\frac{1}{t} = A'e^{-Q/RT}, \tag{10.27}$$

式中,A' 为常数,Q 为再结晶的激活能,R 为气体常数,T 为绝对温度。对上式两边取对数,则得

$$\ln\frac{1}{t} = \ln A' - \frac{Q}{R}\cdot\frac{1}{T}。 \tag{10.28}$$

应用常用对数($2.3\lg x = \ln x$)可得 $\dfrac{1}{T} = \dfrac{2.3R}{Q}\lg A' + \dfrac{2.3R}{Q}\lg t$。作 $\lg t$-$\dfrac{1}{T}$ 图,直线的斜率为 $2.3R/Q$。作图时常以 φ_R 为 50% 时作为比较标准(见图 10.53)。照此方法求出的再结晶激活能是一定值,它与回复动力学中求出的激活能因回复程度而改变是有区别的。

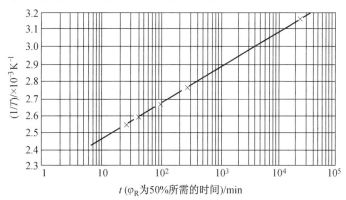

图 10.53 经 98% 冷轧的纯铜[质量分数 w(Cu)为 99.999%]在不同温度下等温再结晶时的 $\dfrac{1}{T}$-$\lg t$ 图

和等温回复的情况相似,在两个不同的恒定温度产生同样程度的再结晶时,可得

$$\frac{t_1}{t_2} = e^{-\frac{Q}{R}\left(\frac{1}{T_2}-\frac{1}{T_1}\right)}。 \tag{10.29}$$

这样,若已知某晶体的再结晶激活能及此晶体在某恒定温度完成再结晶所需的等温退火时间,就可计算出它在另一温度等温退火时完成再结晶所需的时间。例如 H70 黄铜的再结晶激活能为 251kJ/mol,它在 400℃ 的恒温下完成再结晶需要 1h,若在 390℃ 的恒温下完成再结晶就

需 1.97h。

3. 再结晶温度及其影响因素

由于再结晶可以在一定温度范围内进行,为了便于讨论和比较不同材料再结晶的难易,以及各种因素的影响,须对再结晶温度进行定义。

冷变形金属开始进行再结晶的最低温度称为再结晶温度,它可用金相法或硬度法测定,即以显微镜中出现第一颗新晶粒时的温度或以硬度下降 50% 所对应的温度,定为再结晶温度。工业生产中则通常以经过大变形量(~70% 以上)的冷变形金属,经 1h 退火能完成再结晶($\varphi_R \geqslant 95\%$)所对应的温度定为再结晶温度。

再结晶温度并不是一个物理常数,它不仅随材料而改变,同一材料其冷变形程度、原始晶粒度等因素也影响着再结晶温度。

1) 变形程度的影响　随着冷变形程度的增加,储能也增多,再结晶的驱动力就越大,因此再结晶温度越低(见图 10.54),同时等温退火时的再结晶速度也越快。但当变形量增大到一定程度后,再结晶温度就基本上稳定不变了。对工业纯金属,经强烈冷变形后的最低再结晶温度 $T_R(K)$ 约等于其熔点 $T_m(K)$ 的 0.35~0.4。表 10.8 列出了一些金属的再结晶温度。

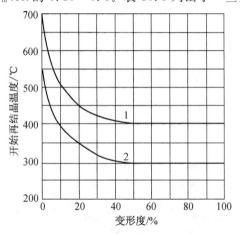

图 10.54　铁和铝的开始再结晶温度与预先冷变形程度的关系

1—电解铁　2—铝(质量分数 w_{Al} 为 99%)

表 10.8　一些金属的再结晶温度(T_R)(工业纯,经强烈冷变形,在 1h 退火后完全再结晶)

金　属	再结晶温度 /℃	熔点/℃	T_R/T_m	金　属	再结晶温度 /℃	熔点/℃	T_R/T_m
Sn	<15	232	—	Cu	200	1 083	0.35
Pb	<15	327	—	Fe	450	1 538	0.40
Zn	15	419	0.43	Ni	600	1 455	0.51
Al	150	660	0.45	Mo	900	2 625	0.41
Mg	150	650	0.46	W	1200	3 410	0.40
Ag	200	960	0.39				

注意,在给定温度下发生再结晶需要一个最小变形量(临界变形度)。低于此变形度,不发生再结晶。

2）原始晶粒尺寸　在其他条件相同的情况下,金属的原始晶粒越细小,则变形的抗力越大,冷变形后储存的能量较高,再结晶温度则较低。此外,晶界往往是再结晶形核的有利地区,故细晶粒金属的再结晶形核率 $\dot{N}$ 和长大速率 $\dot{G}$ 均增加,所形成的新晶粒更细小,再结晶温度也将降低。

3）微量溶质原子　微量溶质原子的存在对金属的再结晶有很大的影响。表 10.9 列出了一些微量溶质原子对冷变形纯铜的再结晶温度的影响。微量溶质原子的存在显著提高再结晶温度的原因,可能是溶质原子与位错及晶界间存在着交互作用,使溶质原子倾向于在位错及晶界处偏聚,对位错的滑移与攀移和晶界的迁移起着阻碍作用,从而不利于再结晶的形核和核的长大,阻碍了再结晶过程。

表 10.9　微量溶质元素对光谱纯铜［质量分数 $w(Cu)$ 为 99.999％］50％再结晶的温度的影响

材　　　料	50％再结晶的温度／℃	材　　　料	50％再结晶的温度／℃
光谱纯铜	140	光谱纯铜中加入 $w(Sn)$ 为 0.01％	315
光谱纯铜中加入 $w(Ag)$ 为 0.01％	205	光谱纯铜中加入 $w(Sb)$ 为 0.01％	320
光谱纯铜中加入 $w(Cd)$ 为 0.01％	305	光谱纯铜中加入 $w(Te)$ 为 0.01％	370

4）第二相粒子　第二相粒子的存在既可能促进基体金属的再结晶,也可能阻碍再结晶,这主要取决于基体上分散相粒子的大小及其分布。当第二相粒子尺寸较大,间距较宽(一般大于 $1\mu m$)时,再结晶核心能在其表面产生。在钢中常可见到再结晶核心在夹杂物 MnO 或第二相粒状 Fe_3C 表面上产生;当第二相粒子尺寸很小且又较密集时,则会阻碍再结晶的进行,在钢中常加入 Nb,V 或 Al 形成 NbC,V_4C_3,AlN 等尺寸很小的化合物(<100nm),它们会抑制形核。

5）再结晶退火工艺参数　加热速度、加热温度与保温时间等退火工艺参数,对变形金属的再结晶有着不同程度的影响。

若加热速度过于缓慢时,变形金属在加热过程中有足够的时间进行回复,使点阵畸变度降低,储能减小,从而使再结晶的驱动力减小,再结晶温度上升。但是,极快速度的加热也会因在各温度下停留时间过短而来不及形核与长大,致使再结晶温度升高。

当变形程度和退火保温时间一定时,退火温度越高,再结晶速度越快,产生一定体积分数的再结晶所需要的时间也越短,再结晶后的晶粒越粗大。

至于在一定范围内延长保温时间会降低再结晶温度,见图 10.55 所示。

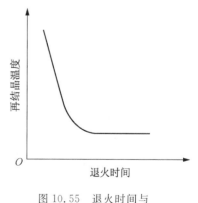

图 10.55　退火时间与
再结晶温度的关系

4. 再结晶后的晶粒大小

再结晶完成以后,位错密度较小的新的无畸变晶粒取代了位错密度很高的冷变形晶粒。由于晶粒大小对材料性能将产生重要影响,因此,调整再结晶退火参数,控制再结晶的晶粒尺寸,在生产中具有一定的实际意义。

利用约翰逊-梅厄方程,可以证明再结晶后晶粒尺寸 d 与 $\dot{N}$ 和长大速率 $\dot{G}$ 之间存在着下列关系:

$$d = k \cdot \left(\frac{\dot{G}}{\dot{N}} \right)^{\frac{1}{4}}。 \tag{10.30}$$

式中 k 为常数。

由此可见,凡是影响 $\dot{N}, \dot{G}$ 的因素,均影响再结晶的晶粒大小。

1) 变形度的影响　冷变形程度对再结晶后晶粒大小的影响如图 10.56 所示。当变形程度很小时,晶粒尺寸即为原始晶粒的尺寸,这是因为变形量过小,造成的储存能不足以驱动再结晶,所以晶粒大小没有变化。当变形程度增大到一定数值后,此时的畸变能已足以引起再结晶,但由于变形程度不大,$\dot{N}/\dot{G}$ 比值很小,因此得到特别粗大的晶粒。通常,把对应于再结晶后得到特别粗大晶粒的变形程度称为"临界变形度",一般金属的临界变形度约为 $2\% \sim 10\%$。在生产实践中,要求细晶粒的金属材料应当避开这个变形量,以免恶化工件性能。

当变形量大于临界变形量之后,驱动形核与长大的储存能不断增大,而且形核率 $\dot{N}$ 增大较快,使 $\dot{N}/\dot{G}$ 变大,因此,再结晶后晶粒细化,且变形度越大,晶粒越细化。

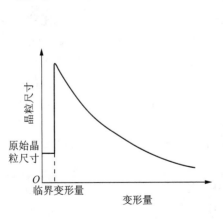

图 10.56　变形量与再结晶
晶粒尺寸的关系

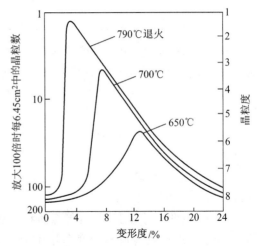

图 10.57　低碳钢[质量
分数 $w(C)$ 为 0.06%]变形度及退火
温度对再结晶后晶粒大小的影响

2) 退火温度的影响　退火温度对刚完成再结晶时晶粒尺寸的影响比较弱,这是因为它对 $\dot{N}/\dot{G}$ 比值影响微弱。但提高退火温度可使再结晶的速度显著加快,临界变形度数值变小(见图 10.57)。若再结晶过程已完成,随后还有一个晶粒长大阶段很明显,温度越高晶粒越粗。

如果将变形程度、退火温度及再结晶后晶粒大小的关系表示在一个立体图上,就构成了所谓"再结晶全图"(见图 10.63),它对于控制冷变形后退火的金属材料的晶粒大小有很好的参考价值。

此外,原始晶粒大小、杂质含量,以及形变温度等均对再结晶后的晶粒大小有影响,在此不一一叙述。

10.3.4　晶粒长大

再结晶结束后,材料通常得到细小等轴晶粒,若继续提高加热温度或延长加热时间,将引起晶粒进一步长大。

对晶粒长大而言,晶界移动的驱动力通常来自总的界面能的降低。晶粒长大按其特点可分为两类:正常晶粒长大与异常晶粒长大(二次再结晶),前者表现为大多数晶粒几乎同时逐渐均匀长大;而后者则为少数晶粒突发性的不均匀长大。

1. 晶粒的正常长大及其影响因素

再结晶完成后,晶粒长大是一自发过程。从整个系统而言,晶粒长大的驱动力是降低其总界面能。若就个别晶粒长大的微观过程来说,晶粒界面的不同曲率是造成晶界迁移的直接原因。实际上晶粒长大时,晶界总是向着曲率中心的方向移动,并不断平直化。因此,晶粒长大过程就是"大吞并小"和凹面变平的过程。在二维坐标中,晶界平直且夹角为 $120°$ 的六边形是二维晶粒的最终稳定形状。

正常晶粒长大时,晶界的平均移动速度 $\bar{v}$ 由下式决定:

$$\bar{v} = \bar{m} \cdot \bar{p} = \bar{m} \cdot \frac{2\gamma_b}{\bar{R}} \approx \frac{\mathrm{d}\bar{D}}{\mathrm{d}t}, \tag{10.31}$$

式中, $\bar{m}$ 为晶界的平均迁移率, $\bar{p}$ 为晶界的平均驱动力, $\bar{R}$ 为晶界的平均曲率半径, γ_b 为单位面积的晶界能, $\dfrac{\mathrm{d}\bar{D}}{\mathrm{d}t}$ 为晶粒平均直径的增大速度。对于大致上均匀的晶粒组织而言, $\bar{R} \approx \bar{D}/2$,而 $\bar{m}$ 和 γ_b 对各种金属在一定温度下均可看作常数。因此上式可写成:

$$K \cdot \frac{1}{\bar{D}} = \frac{\mathrm{d}\bar{D}}{\mathrm{d}t}。 \tag{10.32}$$

分离变量并积分,可得

$$\bar{D}_t^2 - \bar{D}_0^2 = K't,$$

式中, $\bar{D}_0$ 为恒定温度情况下的起始平均晶粒直径, $\bar{D}_t$ 为 t 时间时的平均晶粒直径, K' 为常数。

若 $\bar{D}_t \gg \bar{D}_0$,则上式中 $\bar{D}_0^2$ 项可略去不计,则近似有

$$\bar{D}_t^2 = K't \text{ 或 } \bar{D}_t = Ct^{1/2}, \tag{10.33}$$

式中, $C = \sqrt{K'}$ 。这表明在恒温下发生正常晶粒长大时,平均晶粒直径随保温时间的平方根而增大。这与一些实验所表明的恒温下的晶粒长大结果是符合的,如图 10.58 所示。

但当金属中存在阻碍晶界迁移的因素(如杂质)时。 t 的指数项常小于 $1/2$,所以一般可表示为 $\bar{D}_t = Ct^n$ 。

由于晶粒长大是通过大角度晶界的迁移来进行的,因而所有影响晶界迁移的因素均对晶粒长大有影响。

1)温度　由图 10.58 可看出,温度越高,晶粒的长大速度也越快。这是因为晶界的平均迁移率 $\bar{m}$ 与 $e^{-Q_m/RT}$ 成正比(Q_m 为晶界迁移的激活能或原子扩散通过晶界的激活能)。因此,代入(10.31)式,恒温下的晶粒长大速度与温度的关系存在如下关系式:

$$\frac{\mathrm{d}\bar{D}}{\mathrm{d}t} = K_1 \cdot \frac{1}{\bar{D}} e^{-Q_m/RT}, \tag{10.34}$$

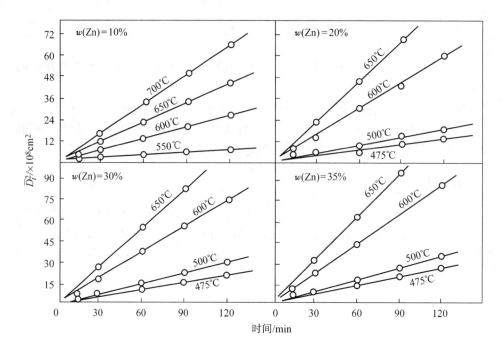

图 10.58 α黄铜在恒温下的晶粒长大曲线

式中，K_1 为常数。将上式积分，则

$$\overline{D}_t^2 - \overline{D}_0^2 = K_2 e^{-Q_m/RT} \cdot t \qquad (10.35)$$

或

$$\lg\left(\frac{\overline{D}_t^2 - \overline{D}_0^2}{t}\right) = \lg K_2 - \frac{Q_m}{2.3RT}。$$

若将实验所测得的数据绘于 $\lg\left(\dfrac{\overline{D}_t^2 - \overline{D}_0^2}{t}\right) - \dfrac{1}{T}$ 坐标中应构成直线，直线的斜率为 $-Q_m/2.3R$。

图 10.59 为 H90 黄铜的晶粒长大速度 $\dfrac{\overline{D}_t^2 - \overline{D}_0^2}{t}$ 与 $\dfrac{1}{T}$ 的关系，它呈线性关系，由此求得 H90 黄铜的晶界移动的激活能 Q_m 为 73.6kJ/mol。

2）分散相粒子　当合金中存在第二相粒子时，由于分散颗粒对晶界的阻碍作用，从而使晶粒长大速度降低。为讨论方便，假设第二相粒子为球形，其半径为 r，单位面积的晶界能为 γ_b，当第二相粒子与晶界的相对位置如图 10.60(a)所示时，其晶界面积减小 πr^2，晶界能则减小 $\pi r^2 \gamma_b$，从而处于晶界能最小状态，同时此时粒子与晶界是处于力学上平衡的位置。当晶界右移至图 10.60(b)所示的位置时，不但因为晶界面积增大而增加了晶界能，此外在晶界表面张力的作用下，与粒子相接触处晶界还会发生弯曲，以使晶界与粒子表面

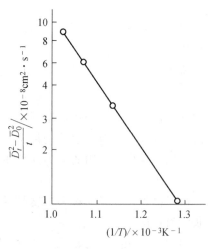

图 10.59　α黄铜[质量分数 $w(Zn)$ 为 10%] 的晶粒长大速度 $\dfrac{\overline{D}_t^2 - \overline{D}_0^2}{t}$ 与 $\dfrac{1}{T}$ 的关系

相垂直。若以 θ 表示与粒子接触处晶界表面张力的作用方向与晶界平衡位置间的夹角,则晶界右移至此位置时,晶界沿其移动方向对粒子所施的拉力

$$F = 2\pi r cos\theta \cdot \gamma_b sin\theta = \pi r \gamma_b sin2\theta。 \tag{10.36}$$

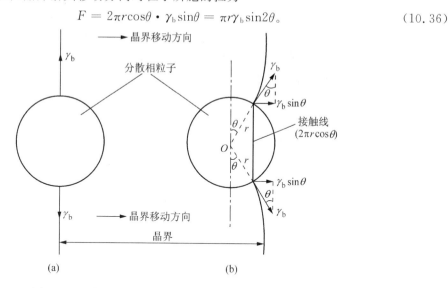

图 10.60　移动中的晶界与分散相粒子的交互作用示意图

根据牛顿第二定律,此力也等于在晶界移动的相反方向粒子对晶界移动所施的后拉力或约束力,当 $\theta = 45°$ 时此约束力为最大,即

$$F_{max} = \pi r \gamma_b。 \tag{10.37}$$

实际上,由于合金基体均匀分布着许多第二相颗粒,因此,晶界迁移能力及其所决定的晶粒长大速度,不仅与分散相粒子的尺寸有关,而且单位体积中第二相粒子的数量也具有重要影响。通常,在第二相颗粒所占体积分数一定的条件下,颗粒越细,其数量越多,则晶界迁移所受到的阻力也越大,故晶粒长大速度随第二相颗粒的细化而减小。当晶界能所提供的晶界迁移驱动力正好与分散相粒子对晶界迁移所施加的阻力相等时,晶粒的正常长大即行停止。此时的晶粒平均直径称为极限的晶粒平均直径 $\overline{D}_{lim}$。经分析与推导,可存在下列关系式:

$$\overline{D}_{lim} = \frac{4r}{3\varphi}, \tag{10.38}$$

式中,φ 为单位体积合金中分散相粒子所占的体积分数。可见,当 φ 一定时,粒子的尺寸越小,极限平均晶粒尺寸也越小。

3) 晶粒间的位向差　实验表明,相邻晶粒间的位向差对晶界的迁移有很大影响。当晶界两侧的晶粒位向较为接近或具有孪晶位向时,晶界迁移速度很小。但若晶粒间具有大角晶界的位向差时,则由于晶界能和扩散系数相应增大,因而其晶界的迁移速度也随之加快。

4) 杂质与微量合金元素　图 10.61 所示为微量 Sn 在高纯 Pb 中对 300℃时晶界迁移速度的影响。从中可见,当 Sn 在纯 Pb 中 $w(Sn)$ 由小于 1×10^{-6} 增加到 60×10^{-6} 时,一般晶界的迁移速度降低约 4 个数量级。通常认为,由于微量杂质原子与晶界的交互作用及其在晶界区域的吸附,形成了一种阻碍晶界迁移的"气团"(如 Cottrell 气团对位错运动的钉扎),从而随着杂质含量的增加,显著降低了晶界的迁移速度。但是,如图中虚线所示,微量杂质原子对某些具有特殊位向差的晶界迁移速度影响较小,这可能与该类晶界结构中的点阵重合性较高,从而不利于杂质原子的吸附有关。

2. 异常晶粒长大（二次再结晶）

异常晶粒长大又称不连续晶粒长大或二次再结晶，是一种特殊的晶粒长大现象。

发生异常晶粒长大的基本条件是正常晶粒长大过程被分散相微粒、织构或表面的热蚀沟等所强烈阻碍。当晶粒细小的一次再结晶组织被继续加热时，上述阻碍正常晶粒长大的因素一旦开始消除时，少数特殊晶界将迅速迁移，这些晶粒一旦长到超过它周围的晶粒时，由于大晶粒的晶界总是凹向外侧的，因而晶界总是向外迁移而扩大，结果它就越长越大，直至互相接触为止，形成二次再结晶。因此，二次再结晶的驱动力是来自界面能的降低，而不是来自应变能。它不是靠重新产生新的晶核，而是以一次再结晶后的某些特殊晶粒作为基础而长大的。图 10.62 为纯的和含少量的 MnS 的 Fe-3Si 合金（变形度为 50%）于不同温度退火 1h 后晶粒尺寸的变化。可从图中清楚地看到二次再结晶的某些特征。

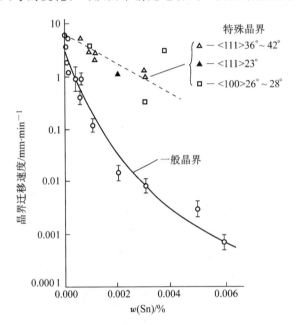 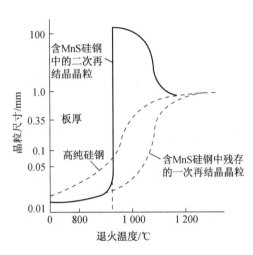

图 10.61　300℃时，微量锡对区域提纯的高纯铅的晶界迁移速度的影响

图 10.62　纯的和含 MnS 的 Fe-3Si 合金（冷轧到 0.35mm 厚，ε＝50%）在不同温度退火 1h 的晶粒尺寸

10.3.5　再结晶退火后的组织

1. 再结晶退火后的晶粒大小

从前面讨论得知，再结晶退火后的晶粒大小主要取决于预先变形度和退火温度。通常，变形度越大，退火后的晶粒越细小，而退火温度越高，则晶粒越粗大。若将再结晶退火后的晶粒大小与冷变形量和退火温度间的关系绘制成三维图形，即构成静态再结晶图。

图 10.63 为工业纯铝的再结晶图。在图中发现在临界变形度下和二次再结晶阶段有两个粗大晶粒区。因此，尽管再结晶图不可能将所有影响晶粒尺寸的因素都反映出来，但对制定冷变形金属材料的退火工艺规范，控制其晶粒尺寸，有很好的参考价值。

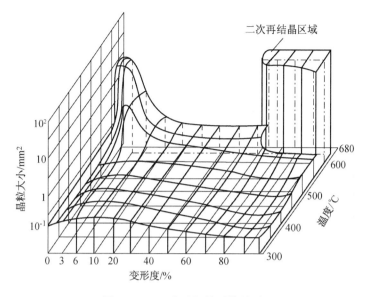

图 10.63　工业纯铝的再结晶图

2. 再结晶织构

通常具有变形织构的金属经再结晶后的新晶粒若仍具有择优取向,称为再结晶织构。

再结晶织构与原变形织构之间可存在以下三种情况:① 与原有的织构相一致;② 原有织构消失而代之以新的织构;③ 原有织构消失不再形成新的织构。

关于再结晶织构的形成机制,有两种主要的理论:定向生长理论与定向形核理论。

定向生长理论认为:一次再结晶过程中形成了各种位向的晶核,但只有某些具有特殊位向的晶核才可能迅速向变形基体中长大,即形成了再结晶织构。当基体存在变形织构时,其中大多数晶粒取向是相近的,晶粒不易长大,而某些与变形织构呈特殊位向关系的再结晶晶核,其晶界则具有很高的迁移速度,故发生择优生长,并通过逐渐吞食其周围变形基体达到互相接触,形成与原变形织构取向不同的再结晶织构。

定向形核理论认为:当变形量较大的金属组织存在变形织构时,由于各亚晶的位向相近,而使再结晶形核具有择优取向,并经长大形成与原有织构相一致的再结晶织构。

许多研究工作表明,定向生长理论较为接近实际情况,有人还提出了定向形核加择优生长的综合理论更符合实际。表 10.10 列出了一些金属及合金的再结晶织构。

表 10.10　一些金属及合金的再结晶织构

	冷拔线材的再结晶织构
面心立方金属	$\langle 111 \rangle + \langle 100 \rangle$;以及$\langle 112 \rangle$
体心立方金属	$\langle 110 \rangle$
密排六方金属	
Be	$\langle 11\bar{1}0 \rangle$
Ti,Zr	$\langle 11\bar{2}0 \rangle$

（续表）

冷轧板材的再结晶织构	
面心立方金属：	
Al,Au,Cu,Cu-Ni,Ni,Fe-Cu-Ni,Ni-Fe,Th	{100}⟨001⟩
Ag,Ag-30%Au,Ag-1%Zn,Cu-5%～39%Zn,	
Cu-1%～5%Sn,Cu-0.5%Be,Cu-0.5%Cd,	
Cu-0.05%P,Cu-10%Fe	{113}⟨2$\bar{1}$1⟩
体心立方金属：	
Mo	与变形织构相同
Fe,Fe-Si,V	{111}⟨$\bar{2}$11⟩；以及{001}＋{112}且⟨110⟩与轧制方向呈15°角
Fe-Si	经两阶段轧制及退火（高斯法）后{110}⟨001⟩；以及经高温（＞1100℃）退火后{110}⟨001⟩,{100}⟨001⟩
Ta	{111}⟨$\bar{2}$11⟩
W（＜1 800℃）	与变形织构相同
W（＞1 800℃）	{001}且⟨110⟩与轧制方向呈12°角
密排六方金属	与变形织构相同

3. 退火孪晶

某些面心立方金属和合金,如铜及铜合金,镍及镍合金和奥氏体不锈钢等冷变形后经再结晶退火后,其晶粒中会出现图10.64所示的退火孪晶。图中的 A,B,C 代表三种典型的退火孪晶形态: A 为晶界交角处的退火孪晶; B 为贯穿晶粒的完整退火孪晶; C 为一端终止于晶内的不完整退火孪晶。孪晶带两侧互相平行的孪晶界属于共格的孪晶界,由(111)组成;孪晶带在晶粒内终止处的孪晶界,以及共格孪晶界的台阶处均属于非共格的孪晶界。

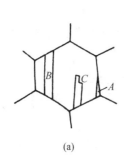

(a) (b)

图 10.64 退火孪晶

(a) 示意图 (b) 纯铜的退火孪晶

在面心立方晶体中形成退火孪晶需在{111}面的堆垛次序中发生层错,即由正常堆垛顺序 $ABCABC\cdots$ 改变为 $AB\bar{C}BACBACBA\bar{C}ABC\cdots$ 如图10.65所示,其中 $\bar{C}$ 和 $\bar{C}$ 两面为共格孪晶界面,其间的晶体则构成一退火孪晶带。

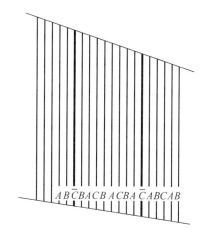

图 10.65　面心立方结构的金属形成退火孪晶时(111)面的堆垛次序

　　关于退火孪晶的形成机制,一般认为退火孪晶是在晶粒生长过程中形成的。如图 10.66 所示,当晶粒通过晶界移动而生长时,原子层在晶界角处(111)面上的堆垛顺序偶然错堆,就会出现一共格的孪晶界,并随之而在晶界角处形成退火孪晶,这种退火孪晶通过大角度晶界的移动而长大。在长大过程中,如果原子在(111)表面再次发生错堆而恢复原来的堆垛顺序,则又形成第二个共格孪晶界,构成了孪晶带。同样,形成退火孪晶必须满足能量条件,层错能低的晶体容易形成退火孪晶。

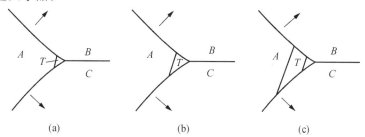

图 10.66　晶粒生长时晶界角处退火孪晶的形成及其长大

10.4　热变形与动态回复、再结晶

　　工程上常将再结晶温度以上的加工称为"热加工",而把再结晶温度以下而又不加热的加工称为"冷加工"。至于"温加工"则介于两者之间,其变形温度低于再结晶温度,却高于室温。例如,Sn 的再结晶温度为 −3℃,故在室温时对 Sn 进行加工系热加工,而 W 的最低再结晶温度为 1200℃,在 1000℃以下拉制钨丝则属于温加工。因此,再结晶温度是区分冷、热加工的分界线。

　　热加工时,由于变形温度高于再结晶温度,故在变形的同时伴随着回复、再结晶过程。为了与上节讨论的回复、再结晶加以区分,这里称之为动态回复和动态再结晶过程。因此,在热加工过程中,因形变而产生的加工硬化过程与动态回复、再结晶所引起的软化过程是同时存在的,热加工后金属的组织和性能就取决于它们之间相互抵消的程度。

10.4.1 动态回复与动态再结晶

热加工时的回复和再结晶过程比较复杂,按其特征可分为以下五种形式:

(1) 动态回复
(2) 动态再结晶 } 它们是在热变形时,即在外力和温度共同作用下发生的;

(3) 亚动态再结晶——在热加工完毕去除外力后,已在动态再结晶时形成的再结晶核心及正在迁移的再结晶晶粒界面,不必再经过任何孕育期继续长大和迁移;

(4) 静态回复
(5) 静态再结晶 } 它们是热加工完毕或中断后的冷却过程中,即在无外力作用下发生的。

其中,静态回复和静态再结晶的变化规律与上一节讨论一致,唯一不同之处是它们利用热加工的余热来进行,而不需要重新加热,故在这里不再进行赘述,下面仅对动态回复和动态再结晶进行论述。

1. 动态回复

通常高层错能金属(如 Al,α-Fe,Zr、Mo 和 W 等)的扩展位错很窄,螺型位错的交滑移和刃型位错的攀移均较易进行,这样就容易从结点和位错网中解脱出来而与异号位错相互抵消,因此,亚组织中的位错密度较低,剩余的储能不足以引起动态再结晶,动态回复是这类金属热加工过程中起主导作用的软化机制。

1)动态回复时应力-应变曲线 图 10.67 为发生动态回复时真应力-真应变曲线。动态回复可以分为三个不同的阶段:

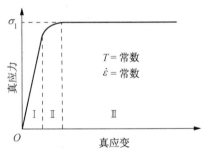

图 10.67 发生动态回复时真应力-真应变曲线的特征

Ⅰ——微应变阶段,应力增大很快,并开始出现加工硬化,总应变<1%。

Ⅱ——均匀应变阶段,斜率逐渐下降,材料开始均匀塑性变形,同时出现动态回复,"加工硬化"部分被动态回复所引起"软化"所抵消。

Ⅲ——稳态流变阶段,加工硬化与动态回复作用接近平衡,加工硬化率趋于零,出现应力不随应变而增高的稳定状态。稳态流变的应力受温度和应变速率影响很大。

2)动态回复机制 随着应变量的增加,位错通过增殖,其密度不断增加,开始形成位错缠结和胞状亚结构。但由于热变形温度较高,从而为回复过程提供了热激活条件。通过刃型位错的攀移、螺型位错的交滑移、位错结点的脱钉,以及随后在新滑移面上异号位错相遇而发生抵消等过程,从而使位错密度不断减小。而位错的增殖速率和消亡速率达到平衡时,因而不发生硬化,应力-应变曲线转为水平时的稳态流变阶段。

3)动态回复时的组织结构 在动态回复所引起的稳态流变过程中,随着持续应变,虽然晶粒沿变形方向伸长呈纤维状,但晶粒内部却保持等轴亚晶无应变的结构如图 10.68 所示。

动态回复所形成的亚晶,其完整程度、尺寸大小及相邻亚晶间的位向差,主要取决于变形温度和变形速率,有以下关系:

$$d^{-1} = a + b\lg Z \tag{10.39}$$

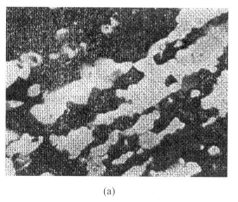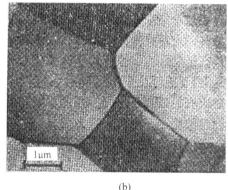

(a)　　　　　　　　　　　　　　　　(b)

图 10.68　铝在 400℃挤压所形成的动态回复亚晶

(a) 光学显微组织(偏振光 430×)　(b) 透射电子显微组织

式中,d 是亚晶的平均直径,a,b 为常数,$Z = \dot{\varepsilon}e^{Q/RT}$ 为用温度修正过的应变速率,其中 Q 为过程激活能,R 为气体常数。

2. 动态再结晶

对于低层错能金属(如 Cu,Ni,γ-Fe,不锈钢等),由于它们的扩展位错宽度很宽,难以通过交滑移和刃型位错的攀移来进行动态回复,发生动态再结晶的倾向性大。

1) 动态再结晶时应力-应变曲线　金属发生动态再结晶时真应力-真应变曲线具有图 10.69 所示的特征。在高应变速率下,动态再结晶过程也分三个阶段:

Ⅰ——微应变加工硬化阶段。$\varepsilon < \varepsilon_c$(开始发生动态再结晶的临界应变度),应力随应变增加而迅速增加,不发生动态再结晶。

Ⅱ——动态再结晶开始阶段。$\varepsilon > \varepsilon_c$,此时虽已经出现动态再结晶软化作用,但加工硬化仍占主导地位。当 $\sigma = \sigma_{max}$ 后,由于再结晶加快,应力将随应变增加而下降。

Ⅲ——稳态流变阶段。$\varepsilon > \varepsilon_s$(发生均匀变形的应变量),加工硬化与动态再结晶软化达到动态平衡。

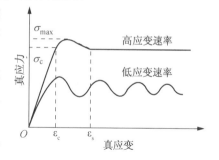

图 10.69　发生动态再结晶
真应力-真应变曲线

在低应变速率情况下,稳态流变曲线出现波动,主要与变形引起的加工硬化和动态再结晶产生的软化交替作用及周期性变化有关。

注意,当 $t(℃) = $ 常数,随 $\dot{\varepsilon}$ 增加,动态再结晶的应力 - 应变曲线向上、向右移动,σ_{max} 所对应的 ε 增大;而当 $\dot{\varepsilon} = $ 常数,随 $t(℃)$ 提高,应力 - 应变曲线向下、向左移动,σ_{max} 所对应的 ε 减小。

2) 动态再结晶的机制　在热加工过程中,动态再结晶也是通过形核和长大完成的。动态再结晶的形核方式与 $\dot{\varepsilon}$ 及由此引起的位错组态变化有关。当 $\dot{\varepsilon}$ 较低时,动态再结晶是通过原晶界的弓出机制形核;而当 $\dot{\varepsilon}$ 较高时,则通过亚晶聚集长大方式进行,具体可参考静态再结晶形核机制。

3) 动态再结晶的组织结构　在稳态变形期间,金属的晶粒是等轴的,晶界呈锯齿状。在透射电镜下观察,则晶粒内还包含着被位错所分割的亚晶(见图 10.70)。这与退火时静态再结晶所产生的位错密度很低的晶粒显然不同。故同样晶粒大小的动态再结晶组织的强度和硬度要比静态再结晶的组织高。

动态再结晶后的晶粒大小与流变应力成反比(见图 10.71)。另外,应变速率越低,变形温度越高,则动态再结晶后的晶粒越大,而且越完整。因此,控制应变速率、温度、每道次变形的应变量和间隔时间,以及冷却速度,就可以调整热加工材料的晶粒度和强度。

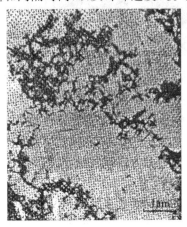

图 10.70　镍在 934℃变形时
($\dot{\varepsilon}=1.63\times10^{-2}\,\mathrm{s}^{-1}$,$\varepsilon=7.0$)动态再
结晶晶粒中被位错所分隔的亚结构

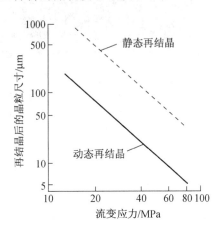

图 10.71　镍再结晶晶粒尺寸与流变
应力之间的关系

此外,溶质原子的存在常常阻碍动态回复,而有利于动态再结晶的发生;在热加工时形成弥散分布的沉淀物,能稳定亚晶粒,阻碍晶界移动,减缓动态再结晶的进行,有利于获得细小的晶粒。

10.4.2　热加工对组织性能的影响

除了铸件和烧结件外,几乎所有的金属材料在制成成品的过程中均须经过热加工,而且不管是中间工序还是最终工序,金属热加工后组织与性能必然会对最终产品性能带来巨大的影响。

1. 热加工对室温力学性能的影响

热加工不会使金属材料发生加工硬化,但能消除铸造中的某些缺陷,如将气孔、疏松焊合;改善夹杂物和脆性物的形状、大小及分布;部分消除某些偏析;将粗大柱状晶、树枝晶变为细小、均匀的等轴晶粒,其结果使材料的致密度和力学性能有所提高。因此,金属材料经热加工后较铸态具有较佳的力学性能。

金属热加工时通过对动态回复的控制,使亚晶细化,这种亚组织可借适当的冷却速度使之保留到室温,具有这种组织的材料,其强度要比动态再结晶的金属高。通常把形成亚组织而产生的强化称为"亚组织强化",它可作为提高金属强度的有效途径。例如,铝及其合金的亚组织强化,钢和高温合金的形变热处理,低合金高强度钢控制轧制等,均与亚晶细化有关。

室温下金属的屈服强度 σ_s 与亚晶平均直径 d 有如下关系:

$$\sigma_s = \sigma_0 + kd^{-\rho},\tag{10.40}$$

式中，σ_0 为不存在亚晶界时单晶屈服强度，k 为常数，指数 ρ 对大多数金属约为 1～2。

2. 热加工材料的组织特征

1）加工流线 热加工时，由于夹杂物、偏析、第二相和晶界、相界等随着应变量的增大，逐渐沿变形方向延伸，在经浸蚀的宏观磨面上会出现流线（见图 10.72）或热加工纤维组织。这种纤维组织的存在，会使材料的力学性能呈现各向异性，顺纤维的方向较垂直于纤维方向具有较高的力学性能，特别是塑性与韧性。为了充分利用热加工纤维组织这一力学性能特点，用热加工方法制造零件时，所制定的热加工工艺应保证零件中的流线有正确的分布，尽量使流线与零件工作时所受到最大拉应力的方向相一致，而与外加的切应力或冲击力的方向垂直。

2）带状组织 复相合金中的各个相，在热加工时沿着变形方向交替地呈带状分布，这种组织称为"带状组织"。例如，低碳钢经热轧后，珠光体和铁素体常沿轧向呈带状或层状分布，构成"带状组织"（见图 10.73）。对于高碳高合金钢，由于存在较多的共晶碳化物，因而在加热时也呈带状分布。带状组织往往是由于枝晶偏析或夹杂物在压力加工过程中被拉长所造成的。另外一种是铸锭中存在偏析，压延时偏析区沿变形方向伸长呈条带状分布，冷却时，由于偏析区成分不同而转变为不同的组织。

图 10.72 锻钢件中的流线

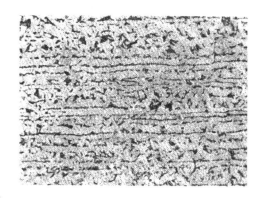

图 10.73 热轧低碳钢板的带状组织（×100）

带状组织的存在也将引起性能明显的方向性，尤其是在同时兼有纤维状夹杂物情况下，其横向的塑性和冲击韧性显著降低。为了防止和消除带状组织，一是不在两相区变形；二是减小夹杂物元素的含量；三是可用正火处理或高温扩散退火加正火处理消除之。

10.4.3 蠕变

在高压蒸汽锅炉、汽轮机、化工炼油设备，以及航空发动机中，许多金属零部件和在冶金炉、烧结炉及热处理炉中的耐火材料均长期在高温条件下工作。对于它们，如果仅考虑常温短时静载下的力学性能，显然是不够的。这里须引入一个蠕变的概念，对其温度和载荷持续作用时间因素的影响加以特别考虑。所谓蠕变，是指在某温度下恒定应力（通常 $<\sigma_s$）下所发生的缓慢而连续的塑性流变现象。一般蠕变时应变速率很小，在 $10^{-10}\sim10^{-3}$ 范围内，且依应力大小而定，对金属晶体，通常 $T>0.3T_m$ 时，蠕变现象才比较明显。因此，对蠕变的研究，对于高温使用的材料具有重要的意义。

1. 蠕变曲线

材料蠕变过程可用蠕变曲线来描述。典型的蠕变曲线如图 10.74 所示。蠕变曲线上的任一点的斜率,表示该点的蠕变速率。整个蠕变过程可分为三个阶段:

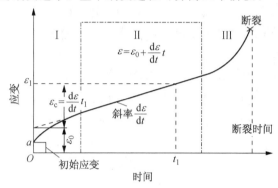

图 10.74　典型蠕变曲线

Ⅰ——瞬态或减速蠕变阶段。oa 为外载荷引起的初始应变,从 a 点开始产生蠕变,且一开始蠕变速率很大,随时间延长,蠕变速率逐渐减小,是一加工硬化过程。

Ⅱ——稳态蠕变阶段。这一阶段特点是蠕变速率保持不变,因而也称恒速蠕变阶段。一般所指蠕变速率就是指这一阶段的 $\dot{\varepsilon}_s$。

Ⅲ——加速蠕变阶段。蠕变过程后期,蠕变速率不断增大直至断裂。

不同材料在不同条件下的蠕变曲线是不同的。同一种材料的蠕变曲线随着温度和应力的增高,蠕变第二阶段变短,直至完全消失,很快从 Ⅰ→Ⅲ,在高温下服役的零件寿命大大缩短。

蠕变过程最重要的参数是稳态的蠕变速率 $\dot{\varepsilon}_s$,因为蠕变寿命和总的伸长均决定于它。实验表明,$\dot{\varepsilon}_s$ 与应力有指数关系,并考虑到蠕变同回复再结晶等过程一样也是热激活过程,因此可用下列一般关系式表示:

$$\dot{\varepsilon} = C\sigma^n \exp\left(-\frac{Q}{RT}\right),$$
$$Q = R\ln\frac{\dot{\varepsilon}_1}{\dot{\varepsilon}_2}\Big/\left(\frac{1}{T_2} - \frac{1}{T_1}\right), \tag{10.41}$$

式中,Q 为蠕变激活能,C 为材料常数,$\dot{\varepsilon}_1,\dot{\varepsilon}_2$ 为 T_1,T_2 温度下蠕变速率,n 为应力指数,对高分子材料为 $1\sim 2$,对金属在 $3\sim 7$。显然,固定 σ,分别测定 $\dot{\varepsilon}$ 与 $\frac{1}{T}$,可从 $\ln\dot{\varepsilon}$ 与 $\frac{1}{T}$ 关系中求得蠕变激活能 Q。对大多数金属和陶瓷,当 $T = 0.5T_m$ 时,蠕变激活能与自扩散的激活能十分相似,这说明蠕变现象可看作在应力作用下原子流的扩散,扩散过程起着决定性作用。

2. 蠕变机制

已知晶体在室温下或者温度在 $<0.3\,T_m$ 时变形,变形机制主要是通过滑移和孪生两种方式进行的。热加工时,由于应变率大,位错滑移仍占重要地位。当应变率较小时,除了位错滑移之外,高温使空位(原子)的扩散得以明显地进行,这时变形的机制也会不同。

1) 位错蠕变(回复蠕变)　在蠕变过程中,滑移仍然是一种重要的变形方式。在一般情况下,若滑移面上的位错运动受阻产生塞积,滑移便不能进行,只有在更大的切应力下才能使位错重新开动增殖。但在高温下,刃型位错可借助热激活攀移到邻近的滑移面上并可继续滑移,很明显,攀移减小了位错塞积产生的应力集中,也就是使加工硬化减弱了。这个过程和螺型位错交滑移能减少加工硬化的相似,但交滑移只在较低温度下对减弱强化是有效的,而在 $0.3T_m$ 以上,刃型位错的攀移就起较大的作用了。刃型位错通过攀移形成亚晶,或正负刃型位错通过攀移后相互消失,回复过程能充分进行,故高温下的回复过程主要是刃型位错的攀移。当蠕变变形引起的加工硬化速率和高温回复的软化速率相等时,就形成稳定的蠕变第二阶段。蠕变速率与应力和温度之间遵循(10.41)关系式。

2) 扩散蠕变　当温度很高($\sim 0.9T_m$)和应力很低时,扩散蠕变是其变形机理。它是在高温条件下空位的移动造成的。如图 10.75 所示,当多晶体两端有拉应力 σ 作用时,与外力垂直的晶界受拉伸,与外力轴平行的晶界受压缩。因为晶界本身是空位的源和湮没阱,垂直于力轴方向的晶界空位形成能低,空位数目多;而平行于力轴的晶界空位形成能高,空位数目少,从而在晶粒内部形成一定的空位浓度差。空位沿实线箭头方向向两侧流动,原子则朝着虚线箭头的方向流动,从而使晶体产生伸长的塑性变形。这种现象称为扩散蠕变。

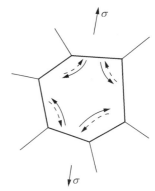

图 10.75　晶粒内部扩散蠕变示意图
实线——空位移动方向
虚线----原子移动方向

蠕变速率 $\dot{\varepsilon}$ 与应力 σ 和温度 T 可用下列关系式表示:

$$\dot{\varepsilon} = C\sigma e^{-\frac{Q}{RT}}, \tag{10.42}$$

式中,C 为材料常数,Q 为扩散蠕变激活能。

3) 晶界滑动蠕变　在高温下,由于晶界上的原子容易扩散,受力后易产生滑动,故促进蠕变进行。随着温度升高、应力降低、晶粒尺寸减小,晶界滑动对蠕变的贡献也就增大。但在总的蠕变量中所占的比例并不大,一般约为 10% 左右。

实际上,为保持相邻晶粒之间的密合,扩散蠕变总是伴随着晶界滑动。晶界的滑动是沿最大切应力方向进行的,主要靠晶界位错源产生的固有晶界位错来进行,与温度和晶界形貌等因素有关。

10.4.4　超塑性

材料在一定条件下进行热变形,可获得延伸率达 $500\% \sim 2\,000\%$ 的均匀塑性变形,且不发生缩颈现象,材料的这种特性称为超塑性。

为了使材料获得超塑性,通常应满足以下三个条件:

(1) 具有等轴细小两相组织,晶粒直径 $<10\,\mu m$,而且在超塑性变形过程中晶粒不显著长大。

(2) 超塑性形变在 $(0.5 \sim 0.65)T_m$ 温度范围内进行。

(3) 低的应变速率 $\dot{\varepsilon}$,一般在 $10^{-2} \sim 10^{-4}\,s^{-1}$ 范围内,以保证晶界扩散过程得以顺利进行。

1. 超塑性的特征

在高温下材料的流变应力 σ 不仅是应变 ε 和温度 T 的函数,而且对应变速率 $\dot{\varepsilon}$ 也很敏感,并存在以下关系：

$$\sigma(\varepsilon, T) = K\dot{\varepsilon}^{m}, \tag{10.43}$$

式中，K 为常数，m 称之为应变速率敏感系数。在室温下，对一般的金属材料 m 值很小，在 $0.01 \sim 0.04$ 范围，温度升高，晶粒变细，m 值可变大。要使金属具备超塑性，m 至少在 0.3 以上（见图 10.76）。故在组织超塑性中，获得微晶是相当关键的。对共晶合金可经热变形，让共晶组织发生再结晶来获得微晶；对共析合金可经热变形或淬火后来获得；而对析出型合金则经热变形或降温形变时析出来获得微晶组织。m 值反应了材料拉伸时抗缩颈能力，是评定材料潜在超塑性的重要参数。一般来说，材料的延伸率随 m 值的增大而增大（见图 10.77）。

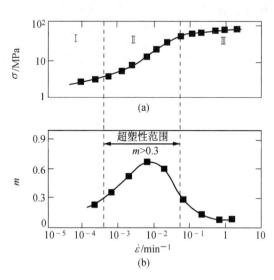

图 10.76　Mg-Al 合金在 350℃变形时 σ, m 与 $\dot{\varepsilon}$ 的关系（晶粒尺寸：10.6 μm）

图 10.77　一些金属材料的延伸率与应变速率敏感指数 m 的关系

○—Fe-1.2Cr-1.2Mo-0.2V　　△—Pb-Sn
●—Fe-1.3Cr-1.2Mo　　　　　×—Zircalloy4
■—Ni　　　　　　　　　　　◲—Ti-5Al-2.5Sn
□—Mg-0.5Zr　　　　　　　　▲—Pu
◰—Ti-6Al-4V

为了获得较高的超塑性，要求材料的 m 值一般不小于 0.5。m 值越大，表示应力对应变速率越敏感，超塑性现象越显著。m 值可以从下式求得：

$$m = \left(\frac{\partial \lg\sigma}{\partial \lg\dot{\varepsilon}}\right)_{\varepsilon, T} \approx \frac{\Delta\lg\sigma}{\Delta\lg\dot{\varepsilon}} = \frac{\lg\sigma_2 - \lg\sigma_1}{\lg\dot{\varepsilon}_2 - \lg\dot{\varepsilon}_1} = \frac{\lg\sigma_2/\sigma_1}{\lg\dot{\varepsilon}_2/\dot{\varepsilon}_1}。 \tag{10.44}$$

2. 超塑性的本质

关于超塑性变形的本质，多数观点认为系由晶界的转动与晶粒的转动所致。图 10.78 很好解释超塑性材料在很大的应变之后为什么还能保持等轴晶位。从图中可以看出，假若对一组由四个六角晶粒所组成的整体沿纵向施一拉伸应力，则横向必受一压力，在这些应力作用下，通过晶界滑移、移动和原子的定向扩散，晶粒由初始状态（Ⅰ）经过中间状态（Ⅱ）至最终状态（Ⅲ）。初始和最终状态的晶粒形状相同，但位置发生了变化，并导致整体沿纵向伸长，使整个试样发生变形。

大量实验表明，超塑性变形时组织结构变化具有以下特征：

（1）超塑性变形时，没有晶内滑移也没有位错密度的增高。

（2）由于超塑性变形在高温下长时间进行，因此晶粒会有所长大。

（3）尽管变形量很大，但晶粒形状始终保持等轴。

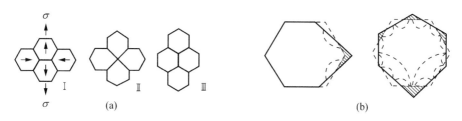

图 10.78　微晶超塑性变形的机制

图中虚线代表整体扩散方向

（a）晶粒转换机制二维表示法　（b）伴随定向扩展的晶界滑移机制

（4）原来两相呈带状分布的合金,在超塑性变形后可变为均匀分布。

（5）当用冷形变和再结晶方法制取超细晶粒合金时,如果合金具有织构,在超塑性变形后织构消失。

注意,除了上述的组织超塑性外,还有一种相变超塑性,即对具有固态相变的材料可以采用在相变温度上下循环加热与冷却,来诱导它们发生反复的相变过程,使其中的原子在未施加外力时就发生剧烈的运动,从而获得超塑性。

3. 超塑性的应用

超塑性合金在特定的 $T, \dot{\varepsilon}$ 下,延展性特别大,具有和高温聚合物及玻璃相似的特征,故可采用塑料和玻璃工业的成型法加工,如像玻璃那样进行吹制,而且形状复杂的零件可以一次成型。由于在形变时无弹性变形,成型后也就没有回弹,故尺寸精密度高,光洁度好。

对于板材冲压,可以用一阴模,利用压力或真空一次成型;对于大块金属,也可用闭模压制一次成型,所需的设备吨位大大降低。另外,因形变速率低,故对模具材料要求也不高。

但该工艺也有缺点,如为了获得超塑性,有时要求多次形变、多次热处理,工艺较复杂。另外,它要求等温下成型,而成型速度慢,因而模具易氧化。目前超塑性已在 Sn 基、Zn 基、Al 基、Cu 基、Ti 基、Mg 基、Ni 基等一系列合金及多种钢中获得,并在工业中得到实际应用。

10.5　陶瓷材料的变形特点

相对金属和高分子材料而言,脆、难以变形是陶瓷材料的一大特点,这与它的原子键合的类型和晶体结构密切相关。

陶瓷材料原子之间通常是由离子键、共价键所构成的。在共价键结合的陶瓷中,原子之间是通过共用电子对形式进行键合的,具有方向性和饱和性,并且其键能相当高。在塑性变形时,位错运动必须破坏这种强的原子键合,何况共价键晶体的位错宽度一般极窄,因此,位错运动遇到很大的点阵阻力（P-N 力）,而位错在金属晶体中运动,却不会破坏由大量自由电子与金属正离子构成的金属键。所以,结合键的本质就决定了金属固有的特性是容易变形,而共价晶体固有特性是难以变形。

对离子键合的陶瓷材料,其离子晶体要求正负离子相间排列,在外力作用下,当位错运动一个原子间距时,由于存在巨大的同号离子的库仑静电斥力,致使位错沿垂直或平行于离子键方向很难运动。但若位错沿着 $45°$ 方向运动,则在滑移过程中,相邻晶面始终由库仑力保持吸引（见图 10.79）,因此,如 NaCl,MgO 等单晶体在室温压应力作用下,可承受较大的塑性变形。

然而,多晶体陶瓷变形时,为了满足相邻晶粒变形相互协调、相互制约的条件,必须有至少 5 个独立的滑移系,这对即使具有 fcc 结构的 NaCl 型多晶体而言也难以实现。因 NaCl 单晶体的滑移系为 $\{110\}\langle 1\overline{1}0\rangle$,总共为 6 个,而在多晶体中它只有 2 个独立的滑移系(见表 10.11),因此对于离子键的多晶体陶瓷,往往很脆,且易在晶界形成裂纹,最终导致脆断。

图 10.79　结合键对位错运动的影响

(a) 共价键　(b) 离子键

表 10.11　几种材料中的独立滑移系统

温度范围	晶体化合物	滑移系统	独立系统数目	力学行为
低	MgO	$\{110\}\langle 1\overline{1}0\rangle$	2	部分脆性
	CaF_2,UO_2	$\{001\}\langle 110\rangle$	3	
高	金刚石	$\{111\}\langle 1\overline{1}0\rangle$	5	
	Al_2O_3,BeO,石墨	$\{0001\}\langle 11\overline{2}1\rangle$	2	部分脆性
	MgO	$\{110\}\langle 1\overline{1}0\rangle$ $\{001\}\langle 1\overline{1}0\rangle$ $\{111\}\langle 1\overline{1}0\rangle$	5	高温延展
	CaF_2,UO_2	$\{001\}\langle 1\overline{1}0\rangle$ $\{110\}\langle 1\overline{1}0\rangle$ $\{111\}\langle 1\overline{1}0\rangle$	5	高温延展
	TiO_2	$\{101\}\langle 10\overline{1}\rangle$ $\{110\}\langle 1\overline{1}0\rangle$	4	部分脆性
	$MgAl_2O_4$	$\{111\}\langle 1\overline{1}0\rangle$ $\{110\}\langle 1\overline{1}0\rangle$	5	

陶瓷脆性还与材料的工艺制备因素有关。烧结合成的陶瓷材料难免存在显微孔隙,在加热冷却过程中,由于热应力的存在,往往导致显微裂纹,并由氧化腐蚀等因素在其表面形成裂纹,因此,在陶瓷材料中先天性裂纹或多或少地总是存在。在外力作用下,在裂纹尖端会产生严重的应力集中。按照弹性力学估算,裂纹尖端的最大应力可达到理论断裂强度,何况陶瓷晶体中可动位错少,位错运动又极其困难,故一旦达到屈服往往就脆断了。当然,这也导致陶瓷材料在拉伸和压缩情况下,其力学特性也有明显的不同。例如,Al_2O_3 烧结多晶体拉伸断裂应力为 280MPa,而压缩的断裂应力则为 2100MPa。因为在拉伸时,当裂纹一达到临界尺寸就失稳,扩展并立即断裂,故陶瓷的抗拉强度是由晶体中最大裂纹尺寸决定的;而压缩时裂纹是闭合或稳态缓慢扩展,并转向平行于压缩轴,故压缩强度是由裂纹的平均尺寸决定的。

还必须指出以下几点:

（1）非晶态陶瓷与晶态陶瓷不同，在玻璃化温度 T_g 以下，产生弹性变形，在 T_g 以上，材料的变形则类似液体发生黏滞性流动，此时可用(10.6)式来描述其力学行为。

（2）变形温度同样对陶瓷材料的力学行为产生显著影响。图 10.80 为多晶 MgO 的应力-应变曲线。从图中可以清楚看出，室温下几乎脆断，随变形温度提高致使塑性变形所需外加的力大幅下降，塑性变形能力变大，脆性则变小。在高温下，陶瓷除了塑性变形变得容易外，还会发生蠕变和黏性流动现象。

（3）为了改善陶瓷的脆性，目前采取降低晶粒尺寸，使其亚微米或纳米化来提高其塑性和韧性，采取氧化锆增韧、相变增韧或采用纤维或颗粒原位生长增强等有效途径来改善之。

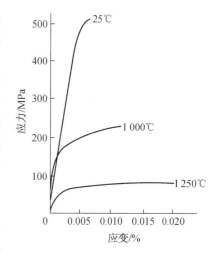

图 10.80　MgO 多晶体应力-应变行为

10.6　高聚物的变形特点

高分子材料受力时，它也显示出弹性和塑性的变形行为，其总应变

$$\varepsilon_t = \varepsilon_e + \varepsilon_p。 \tag{10.45}$$

弹性变形 ε_e 由两种机制组成，即链内部键的拉伸和畸变，以及整个链段的可回复运动，而且在 10.1 节中指出高分子材料显示出独特的高弹性和黏弹性的特点。

聚合物的塑性变形 ε_p 是靠黏性流动而不是靠滑移产生的。当聚合物中的链彼此相对滑动时，就产生黏性流动。当外力去除时，这些链停留在新的位置上，聚合物就产生塑性变形。

聚合物产生塑性变形的难易程度与该材料的黏度有关。如图 10.81 所示，黏度 η 可表示为

$$\eta = \frac{\tau}{\Delta v / \Delta x}, \tag{10.46}$$

式中，τ 为使链滑动的切应力，$\Delta v / \Delta x$ 代表链的位移。如果黏度高，就要施加大的应力才能产生所要求的位移。因此，高黏度聚合物的黏性变形小。

必须指出，与金属材料相比，高聚物的力学性能对温度和时间的依赖性要强烈得多，而且随其结晶度和交联程度的不同，其变形特性也不尽相同。例如，对无定形线性聚合物在 T_g 以下只发生弹性变形，是刚硬的，在 T_g 以上就产生黏滞性流动，其变形情况与玻璃相似；而对晶态聚合物其变形特性则与金属相似。

应力-应变试验是一种常用的研究高分子材料的力学行为试验。从应力-应变曲线上可以获得模量、屈服强度、断裂强度和断裂伸长率等一些评价材料性能的重要的特征参数。不同高分子具有不同的应力-应变曲线，典型的应力-应变曲线见图 10.82 所示。曲线 1 是脆性高分子的应力-应变特性，它在材料出现屈服之前发生断裂，是脆性断裂。在这种情况下，材料断裂前只发生很小的变形；曲线 2 是玻璃态聚合物的应力-应变行为，它在开始时是弹性形变，然后出现了一个转折点，即屈服点，最后进入塑性变形区域，材料呈现塑性行为。此时若除去应力，材料不再恢复原样，而留有永久变形；曲线 3 是弹性体的应力-应变曲线。

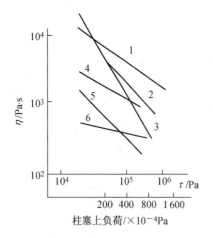

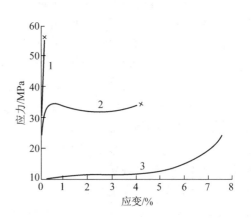

图 10.81　表观黏度与切应力的关系

1—聚碳酸酯(280℃)　2—聚乙烯(200℃)

3—聚甲醛(200℃)　4—聚甲基丙烯酸甲酯(200℃)

5—醋酸纤维(180℃)　6—尼龙(230℃)

图 10.82　应力-应变曲线

1—脆性高分子　2—玻璃态聚合物　3—弹性体

很多高分子材料在塑性变形时往往会出现均匀形变的不稳定性。在试样某个部位的应变比试样整体的应变增加得更加迅速,使本来均匀的形变变成了不均匀的形变,呈现出各种塑性不稳定性,最常见的和最重要的是拉伸试验中细颈的形成。图 10.83 是典型的半结晶高分子在单向拉伸时的应力-应变曲线。整个曲线可分为 3 段,第一段应力随应变线性地增加,试样被均匀地拉长,伸长率可达百分之几到百分之十几,随后进入屈服。聚合物在屈服点的应变值通常比金属材料大得多,而且许多聚合物过了屈服点之后,均发生应变软化现象。接着开始进入第二阶段,试样的截面突然变得不均匀,出现一个或几个细颈。在第二阶段,细颈与非细颈部分的截面积分别维持不变,而细颈部分不断扩展,非细颈部分逐渐缩短,直至整个试样完全变细为止。第三阶段是应力随应变的增加而增大直到断裂点。

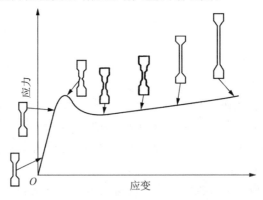

图 10.83　半结晶高分子拉伸过程应力-应变曲线及试样外形变化示意图

当结晶高分子受拉发生形变时,分子排列发生很大变化,尤其在屈服点附近,分子链及其微晶沿拉伸方向开始取向和重排,甚至有些晶体可能破裂成更小的单位,然后在取向的情况下再结晶,即前后发生结晶的破坏、取向和再结晶过程,其过程颇为复杂。这个变化过程可用图10.84较好地加以解释。

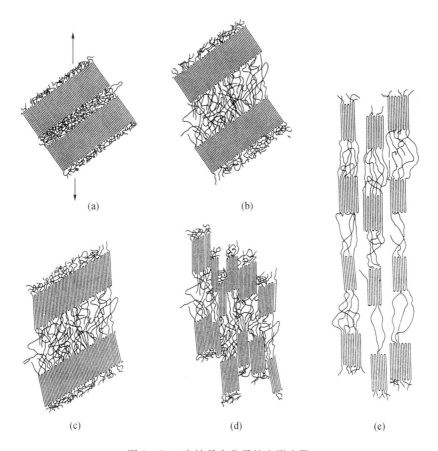

图 10.84　半结晶高分子的变形步骤

（a）在变形之前两邻近折叠链片晶及片晶间无定型区

（b）在变形的第一阶段无定型系带链的伸展　（c）在第二阶段折叠链片晶的倾斜

（d）在第三阶段晶体链段的分离　（e）在最后变形阶段晶体和系带链沿着拉伸轴方向取向

中英文主题词对照

弹性回复	elastic recovery	泊松比	Poisson's ratio
滞弹性	anelasticity	弛豫	relaxation
黏弹性	viscoelasticity	弹性极限	elastic limit
弹性变形	elastic deformation	回弹	resilience
塑性变形	plastic deformation	抗拉强度	tensile strength
剪切强度	shear strength	伸长率	percentage elongation
断面收缩率	percentage reduction of area	延展性	ductility
韧性	toughness	真应力	true stress
真应变	true strain	工程应力	engineering stress
工程应变	engineering strain	屈服现象	yielding phenomenon
屈服强度	yield strength	上屈服点	upper yield point
下屈服点	lower yield point	应变时效	strain age
滑移系	slip system	主滑移系	primary slip system
分切应力	resolved shear stress	临界分切应力	critical resolved shear stress
施密特定律	Schmid's law	取向因子	orientation factor
派-纳力	Peirls-Nabarro stress	晶格畸变	lattice distortion
柯垂耳气团	Cottrell atmosphere	择优取向	preferred orientation
变形(再结晶) 织构	deformation (recrystalli-zation)texture	霍尔-佩奇关系	Hall-Petch relationship
晶粒细化	grain refinement	细晶强化	strengthening by grain size reduction
固溶强化	solid-solution strengthening	滑移	slip
双交滑移	double cross slip	多系滑移	poly slip
孪生	twinning	孪生变形	twinning deformation
孪晶	twin crystal	孪生面	twinning plane
孪晶滑移面	twin gliding plane	孪生方向	twinning axis
扭折	kink	冷加工	cold working
热加工	hot working	应变硬化	strain hardening
应变硬化指数	strain hardening exponent	加工硬化	work hardening
纤维组织	fiber microstructure	弥散相	disperse phase
弥散强化	dispersion strengthening	弥散硬化	dispersion-hardening
残余应力	residual stress	储存能	stored energy
加热	heating	回复	recovery
回复动力学	recovery kinetics	多边形化	polygonization
再结晶	recrystallization	再结晶退火	recrystallization annealing
临界形变度	critical degree of deformation	一次再结晶	primary recrystallization

二次再结晶	secondary recrystallization	再结晶温度	recrystallization temperature
再结晶图	recrystallization diagram	晶粒长大	grain growth
正常晶粒长大	normal grain growth	异常晶粒长大	abnormal grain growth
动态回复	dynamic recovery	动态再结晶	dynamic recrystallization
蠕变	creep	晶界迁移	grain-boundary migration
超塑性	superplasticity	脆性断裂	brittle fracture
极限强度	ultimate (tensile) strength	弹性体	elastomer
黏度系数	viscosity coefficient	形成颈缩	necking-down

主要参考书目

[1] 蔡珣. 材料科学与工程基础辅导与习题[M]. 上海：上海交通大学出版社，2013.

[2] 徐祖耀，李鹏兴. 材料科学导论 [M]. 上海：上海科学技术出版社，1986.

[3] 胡赓祥，蔡珣，戎咏华. 材料科学基础 [M]. 第 3 版. 上海：上海交通大学出版社，2010.

[4] 胡赓祥，钱苗根. 金属学 [M]. 上海：上海科学技术出版社，1980.

[5] 李庆生，材料强度学 [M]. 太原：山西科学教育出版社，1990.

[6] 卢光熙，侯增寿。金属学教程 [M]. 上海：上海科学技术出版社，1985.

[7] 潘金生，仝健民，田民波. 材料科学基础 [M]. 北京：清华大学出版社，1998.

[8] 曹明盛. 物理冶金基础 [M]. 北京：冶金工业出版社，1988.

[9] Askeland D R，Phule P P. The Science and Engineering of Materials [M]. 4th ed. USA：Thomson Learning，2004.

[10] William D Callister，Jr. Materials Science and Engineering：An Introduction [M]. 5th ed. USA：John Wiley & Sons，2000.

[11] Smith W F，Hashimi J. Foundations of Materials Science and Engineering [M]. 4th ed. New York：McGraw-Hill Book Co. 2006.

[12] Cahn R W，Haasen P. Physical Metallurgy [M]. 4th ed. New York：Elsevier Science Publishing，1996.

[13] Hertzberg R W. Deformation and Fracture Mechanics of Engineering Materials [M]. New York：John Wiley & Sons，1976.

[14] Honeycombe R W K. The Plastic Deformation of Metals [M]. 2nd ed. London：Edward Arnold Ltd，1984.

[15] Arsenault R J. Plastic Deformation of Materials. V. 6 [M]. New York：Academic Press，1975.

[16] Haessner F. Recrystallization of Metallic Materials [M]. Stuttgart：Dr. Riederer Verlag Gmbh，1978.

元素周期表

原子序数 ← 92 U → 元素符号，空心字指放射性元素
铀 → 元素名称 注*的是人造元素
原子量 ← 23.80
$5f^36d^17s^2$ → 外围电子的构型 括号指可能的构型

金属　非金属　惰性气体　过渡元素

族 / 周期	1	2	3	4	5	6	7	8	9	10	11	12	13	14	15	16	17	18	电子层	0族电子数
	IA	IIA	IIIB	IVB	VB	VIB	VIIB	VIII			IB	IIB	IIIA	IVA	VA	VIA	VIIA	0		
1	1 H 氢 $1s^1$ 1.007 94(7)																	2 He 氦 $1s^2$ 4.002 602(2)	K	2
2	3 Li 锂 $2s^1$ 6.941(2)	4 Be 铍 $2s^2$ 9.012 182(3)											5 B 硼 $2s^22p^1$ 10.811(7)	6 C 碳 $2s^22p^2$ 12.010 7(8)	7 N 氮 $2s^22p^3$ 14.006 7(2)	8 O 氧 $2s^22p^4$ 15.999 4(3)	9 F 氟 $2s^22p^5$ 18.998 403 2(5)	10 Ne 氖 $2s^22p^6$ 20.179 7(6)	L K	8 2
3	11 Na 钠 $3s^1$ 22.989 769 28(2)	12 Mg 镁 $3s^2$ 24.305 0(6)											13 Al 铝 $3s^23p^1$ 26.981 538 6(8)	14 Si 硅 $3s^23p^2$ 28.085 5(3)	15 P 磷 $3s^23p^3$ 30.973 762(2)	16 S 硫 $3s^23p^4$ 32.065(5)	17 Cl 氯 $3s^23p^5$ 35.453(2)	18 Ar 氩 $3s^23p^6$ 39.948(1)	M L K	8 8 2
4	19 K 钾 $4s^1$ 39.098 3(1)	20 Ca 钙 $4s^2$ 40.078(4)	21 Sc 钪 $3d^14s^2$ 44.955 912(6)	22 Ti 钛 $3d^24s^2$ 47.867(1)	23 V 钒 $3d^34s^2$ 50.941 5(1)	24 Cr 铬 $3d^54s^1$ 51.996 1(6)	25 Mn 锰 $3d^54s^2$ 54.938 045(5)	26 Fe 铁 $3d^64s^2$ 55.845(2)	27 Co 钴 $3d^74s^2$ 58.933 195(5)	28 Ni 镍 $3d^84s^2$ 58.693 4(4)	29 Cu 铜 $3d^{10}4s^1$ 63.546(3)	30 Zn 锌 $3d^{10}4s^2$ 65.38(2)	31 Ga 镓 $4s^24p^1$ 69.723(1)	32 Ge 锗 $4s^24p^2$ 72.64(1)	33 As 砷 $4s^24p^3$ 74.921 60(2)	34 Se 硒 $4s^24p^4$ 78.96(3)	35 Br 溴 $4s^24p^5$ 79.904(1)	36 Kr 氪 $4s^24p^6$ 83.798(2)	N M L K	8 18 8 2
5	37 Rb 铷 $5s^1$ 85.467 8(3)	38 Sr 锶 $5s^2$ 87.62(1)	39 Y 钇 $4d^15s^2$ 88.905 85(2)	40 Zr 锆 $4d^25s^2$ 91.224(2)	41 Nb 铌 $4d^45s^1$ 92.906 38(2)	42 Mo 钼 $4d^55s^1$ 95.96(2)	43 Tc 锝 $4d^55s^2$	44 Ru 钌 $4d^75s^1$ 101.07(2)	45 Rh 铑 $4d^85s^1$ 102.905 50(2)	46 Pd 钯 $4d^{10}$ 106.42(1)	47 Ag 银 $4d^{10}5s^1$ 107.868 2(2)	48 Cd 镉 $4d^{10}5s^2$ 112.411(8)	49 In 铟 $5s^25p^1$ 114.818(3)	50 Sn 锡 $5s^25p^2$ 118.710(7)	51 Sb 锑 $5s^25p^3$ 121.760(1)	52 Te 碲 $5s^25p^4$ 127.60(3)	53 I 碘 $5s^25p^5$ 126.904 47(3)	54 Xe 氙 $5s^25p^6$ 131.293(6)	O N M L K	8 18 18 8 2
6	55 Cs 铯 $6s^1$ 132.905 451 9(2)	56 Ba 钡 $6s^2$ 137.327(7)	57—71 La—Lu 镧系	72 Hf 铪 $5d^26s^2$ 178.49(2)	73 Ta 钽 $5d^36s^2$ 180.947 88(2)	74 W 钨 $5d^46s^2$ 183.84(1)	75 Re 铼 $5d^56s^2$ 186.207(1)	76 Os 锇 $5d^66s^2$ 190.23(3)	77 Ir 铱 $5d^76s^2$ 192.217(3)	78 Pt 铂 $5d^96s^1$ 195.084(9)	79 Au 金 $5d^{10}6s^1$ 196.966 569(4)	80 Hg 汞 $5d^{10}6s^2$ 200.59(2)	81 Tl 铊 $6s^26p^1$ 204.383 3(2)	82 Pb 铅 $6s^26p^2$ 207.2(1)	83 Bi 铋 $6s^26p^3$ 208.980 40(1)	84 Po 钋 $6s^26p^4$	85 At 砹 $6s^26p^5$	86 Rn 氡 $6s^26p^6$	P O N M L K	8 18 32 18 8 2
7	87 Fr 钫 $7s^1$	88 Ra 镭 $7s^2$	89—103 Ac—Lr 锕系	104 Rf 𬬻* $(6d^27s^2)$	105 Db 𬭊* $(6d^37s^2)$	106 Sg 𬭳* $(6d^47s^2)$	107 Bh 𬭛* $(6d^57s^2)$	108 Hs 𬭶* $(6d^67s^2)$	109 Mt 鿏* $(6d^77s^2)$	110 Ds 𫟼* $(6d^87s^2)$	111 Rg 𬬭* $(6d^{10}7s^1)$									

镧系	57 La 镧 $5d^16s^2$ 138.905 47(7)	58 Ce 铈 $4f^15d^16s^2$ 140.116(1)	59 Pr 镨 $4f^36s^2$ 140.907 65(2)	60 Nd 钕 $4f^46s^2$ 144.242(3)	61 Pm 钷 $4f^56s^2$	62 Sm 钐 $4f^66s^2$ 150.36(2)	63 Eu 铕 $4f^76s^2$ 151.964(1)	64 Gd 钆 $4f^75d^16s^2$ 157.25(3)	65 Tb 铽 $4f^96s^2$ 158.925 35(2)	66 Dy 镝 $4f^{10}6s^2$ 162.500(1)	67 Ho 钬 $4f^{11}6s^2$ 164.930 32(2)	68 Er 铒 $4f^{12}6s^2$ 167.259(3)	69 Tm 铥 $4f^{13}6s^2$ 168.934 21(2)	70 Yb 镱 $4f^{14}6s^2$ 173.054(5)	71 Lu 镥 $4f^{14}5d^16s^2$ 174.966 8(1)
锕系	89 Ac 锕 $6d^17s^2$	90 Th 钍 $6d^27s^2$ 232.038 06(2)	91 Pa 镤 $5f^26d^17s^2$ 231.035 88(2)	92 U 铀 $5f^36d^17s^2$ 238.028 91(3)	93 Np 镎 $5f^46d^17s^2$	94 Pu 钚 $5f^67s^2$	95 Am 镅* $5f^77s^2$	96 Cm 锔* $5f^76d^17s^2$	97 Bk 锫* $5f^97s^2$	98 Cf 锎* $5f^{10}7s^2$	99 Es 锿* $5f^{11}7s^2$	100 Fm 镄* $5f^{12}7s^2$	101 Md 钔* $(5f^{13}7s^2)$	102 No 锘* $(5f^{14}7s^2)$	103 Lr 铹* $(5f^{14}6d^17s^2)$

注：1．原子量录自2007年国际原子量表，以$^{12}C=12$为基准。原子量末位数的准确度加注在其后括号内。

2．近年国际纯粹化学和应用化学联合会（IUPAC）推荐元素周期表按顺序由第1至第18进行分族。

图1.4 元素周期表*

*有关元素周期表的说明见本书第3页中第1.1.4节元素周期表的内容